石油和化工行业"十四五"规划教材

高等学校规划教材

有机化学

（双色版）

王 亮　胡思前　李 栋　主编

化学工业出版社

·北京·

内容简介

《有机化学》共分为十八章，按照官能团体系分章编写，包括绪论，烷烃，烯烃，炔烃和二烯烃，有机波谱分析，对映异构，脂环烃，卤代烃，芳烃，醇、酚、醚，醛、酮、醌，羧酸及其衍生物，含氮和含磷有机化合物，杂环化合物，碳水化合物，氨基酸、多肽和蛋白质，萜类和甾体化合物，周环反应。本书从有机化合物的结构、性质、制备、应用等几个方面循序渐进地加以叙述。每章内容都配有相应的思考题、参考答案、教学课件，扫描书中二维码即可获取，帮助学生更好地掌握相关知识。对于较难理解的抽象知识，配有动画视频，帮助学生深入理解、反复学习。

《有机化学》可作为化学、应用化学、高分子材料与工程、新能源材料与器件、化学工程与工艺、生物技术、食品科学与工程、临床医学、药学等专业本科生和研究生的教学用书，也可作为《有机化学》课程各类考试的参考用书。对《有机化学》感兴趣的读者亦可以从中得到诸多启发。

图书在版编目（CIP）数据

有机化学：双色版 / 王亮，胡思前，李栋主编. —北京：
化学工业出版社，2022.7（2025.1 重印）
ISBN 978-7-122-41180-8

Ⅰ.①有… Ⅱ.①王… ②胡… ③李… Ⅲ.①有机化学-高等
学校-教材 Ⅳ.①O62

中国版本图书馆 CIP 数据核字（2022）第 058096 号

责任编辑：李 琰 宋林青　　　　　　　　　装帧设计：关 飞
责任校对：宋 玮

出版发行：化学工业出版社（北京市东城区青年湖南街 13 号　邮政编码 100011）
印　　装：三河市航远印刷有限公司
787mm×1092mm　1/16　印张 26¼　字数 672 千字　　2025 年 1 月北京第 1 版第 3 次印刷

购书咨询：010-64518888　　　　　　　　　售后服务：010-64518899
网　　址：http://www.cip.com.cn
凡购买本书，如有缺损质量问题，本社销售中心负责调换。

定　　价：79.80 元　　　　　　　　　　　　　版权所有　违者必究

《有机化学》编写人员名单

主　　编：王　亮（江汉大学）

胡思前（江汉大学）

李　栋（湖北工业大学）

副 主 编：何晓强（荆楚理工学院）

蔡　群（武汉科技大学）

谭　芬（湖北第二师范学院）

阮志军（黄冈师范学院）

陆良秋（华中师范大学）

姜红宇（湖南科技学院）

汪海平（江汉大学）

刘　芸（江汉大学）

周宝晗（湖北工业大学）

万　洪（武汉瑞阳化工有限公司）

其他编委：王德宇（江汉大学）

殷玮琰（武汉纺织大学）

朱　磊（湖北工程学院）

王　刚（武汉工程大学）

彭望明（江汉大学）

喻艳华（江汉大学）

高　琳（江汉大学）

朱天容（江汉大学）

龚四林（江汉大学）

李艾华（江汉大学）

高阳光（江汉大学）

丁　菲（江汉大学）

余　韵（江汉大学）

吴文海（汉江师范学院）

张　谦（湖北工业大学）

前 言

微信扫码
获取答案

  有机化学是化学学科中一个极为重要的分支，在生命科学、材料科学、环境科学、医学、农学等诸多学科的发展中起着非常重要的作用。随着有机化学的不断发展以及教学改革的不断深化，不同学校、不同学科、不同专业对"有机化学"课程的要求也不完全相同。

  有机化学是面对高校相关专业低年级学生开设的课程。掌握有机化学的基本知识、基本理论和基本反应，是学生后续进行专业课程学习的重要基础。根据编者多年有机化学教学经验的积累，本书对有机化学教学内容进行了精选。按官能团体系进行编写，注重学科的系统性、逻辑性与完整性。同时，注重基础知识和基本原理的重要性，遵循由浅入深、由易到难的原则，有利于帮助学生系统掌握有机化学知识。

  《有机化学》共分为十八章，按照官能团体系分章编写，包括绪论，烷烃，烯烃，炔烃和二烯烃，有机波谱分析，对映异构，脂环烃，卤代烃，芳烃，醇、酚、醚，醛、酮、醌，羧酸及其衍生物，含氮和含磷有机化合物，杂环化合物，碳水化合物，氨基酸、多肽和蛋白质，萜类和甾体化合物，周环反应。本书从有机化合物的结构、性质、制备、应用等几个方面循序渐进地加以叙述。每章内容都配有相应的思考题、参考答案、教学课件，扫描书中二维码即可获取，帮助学生更好地掌握相关知识。对于较难理解的抽象知识，配有动画视频，帮助学生深入理解、反复学习。

  本书在编写过程中，获得了江汉大学研究生教材建设项目的资助，得到了江汉大学研究生处、教务处、光电材料与技术学院、光电化学材料与器件教育部重点实验室等部门的领导和同事的关心和帮助。与此同时，也得到了武汉科技大学、湖北工业大学、武汉工程大学、武汉纺织大学、湖北工程学院、湖北第二师范学院、湖南科技学院、黄冈师范学院、荆楚理工学院等兄弟院校老师的密切协作和大力支持，并提出了许多宝贵的建议。此外，还参阅和借鉴了许多国内外有机化学的相关教材，在此，编者深深表示感谢！

  由于编者水平有限，书中难免存在疏漏及不妥之处，敬请读者批评指正。

编者

2021 年 12 月

微信扫码

本书配套习题答案
配套动画视频展示

目 录

第5章　有机波谱分析 / 55

第6章　对映异构 / 81

第7章　脂环烃 / 102

第 11 章　醛、酮、醌 / 203

第 12 章　羧酸及其衍生物 / 231

微信
扫码

本书配套习题答案
配套动画视频展示

微信扫码

本书配套习题答案
配套动画视频展示

第1章

绪 论

1.1 有机化学发展简史

　　有机化学是研究有机化合物的组成、结构、性质、制备、功能及其应用的一门科学，是化学学科的一个重要分支。"有机化合物"的原意为"有生机的化合物"，这是因为早期的有机化合物均来自生命体。历史上，A. Kekülè（1829—1896）和 K. Sehorlemmer（1834—1892）曾先后将有机化合物定义为"碳化合物"和"碳氢化合物及其衍生物"，显然后者更准确地反映了有机化合物的结构组成特征。

　　人类接触有机化合物的历史从人类诞生之时就已经开始了。有机化学的发展历史可以分为三个时期。第一个时期是素材的积累时期，这经历了一个漫长的过程。在这个时期，人们逐渐从动植物及微生物次生代谢物中分离得到了一些纯的有机化合物，如草酸、柠檬酸、苹果酸、乳酸、尿酸、酒石酸、吗啡等。此时的人们相信，这些有机化合物只能从生物体中得到，它们是由生物体中存在的一种特殊而神秘的"生命力"所创造的，不可能用人工方法来合成。这一时期可称为有机化学的朦胧期。第二个时期是以 F. Wöhler 人工合成尿素为标志的，可称为有机化学的觉醒期。Wöhler 是德国 Gottingen 大学的教授，他在实验室里尝试使用氯化铵和氰酸银经复分解反应制备氰酸，结果意外地得到了尿素：

$$AgOCN + NH_4Cl \longrightarrow NH_4(OCN) + AgCl\downarrow$$

$$\downarrow \triangle$$

$$\underset{\text{尿素}}{H_2N \overset{\overset{\displaystyle O}{\|}}{} NH_2}$$

　　这一发现的意义是巨大的。首先，它宣告了"生命力"学说的终结，说明有机化合物不仅可以人工合成，而且可以由纯粹的无机化合物合成；其次，它使得有机化学从此走上了人工合成的道路。随后，原本由生物体中提取的有机化合物陆续被人工合成出来，如 1845 年 H. Kolbe 合成出醋酸；同年，M. Berthelot 合成出油脂等。在这一时期，初步的有机化学结构理论也逐渐建立起来，如 1858 年 A. Kekülé 和 A. Coupe 提出的碳四价和碳链的概念，1865 年 A. Kekülé 提出苯的结构式，1874 年 Van't Hoff 和 J. A. Le Bel 共同建立起有机分子的立体概念，阐释了对映异构和几何异构现象等。第三个时期是以 20 世纪初价键理论的建立和量子化学在有机化学中的应用为标志的。20 世纪中叶，各种仪器分析方法如红外光谱、紫外-可见光谱、核磁共振波谱、质谱及 X 射线晶体衍射等在有机化学中的全面应用，这使得有机化学从此进入了蓬勃发展的时期，因此这一时期可称为有机化学快速发展时期，并一直延续到现在。如今，有机化学各分支学科的发展非常迅猛，新的研究成果层出不穷，展现了这一古老而又年轻学科的无穷魅力。

有机化学所涵盖的范围非常广。首先，它是我们了解生命存在和生命过程的基础。亿万年以前，大多数地球上的碳原子是以甲烷形式存在的，它与 H_2O、NH_3 和 H_2 是构成大气层的主要成分。当闪电或其他高能辐射大气层时，甲烷被裂分成高活性的碎片，这些碎片彼此结合逐步形成较复杂的分子，包括氨基酸、甲醛、氢氰酸、嘌呤和嘧啶等，此后这些化合物被雨水冲入大海，成为生命形成和发展的基础物质；氨基酸的自身聚合形成早期的蛋白质，甲醛自身聚合形成糖，这些糖中的一部分与无机磷酸盐及嘌呤和嘧啶结合形成简单的脱氧核糖核酸（DNA）和核糖核酸（RNA），RNA 能携带遗传信息和作为酶在最初原始的自我复制系统中起作用。从这些早期系统，以迄今还远未弄清楚的方式，通过长期的自我选择，形成了今天地球上的各种生物。事实上，就生物体而言，它本身就是一个复杂的有机化学系统，分子生物学中的分子实际上就是有机化合物。

其次，有机化学也为我们人类提高生活水平、改善生活质量提供了重要保证。人类的生产活动和日常生活的各个方面都与有机化合物有着密切的联系，如汽油、合成橡胶、塑料、树脂、医药、农药、新型材料等。但是，如果使用不当，有机化合物也会给人类带来许多严重的环境污染问题。

深刻了解有机化合物的性质特点，就可趋利避害，让其造福人类，而这正是我们学习和研究有机化学的主要目的。

1.2 有机化合物结构理论和有机反应机理

1.2.1 原子结构理论

原子是构成分子的基本结构单元，由原子核和核外电子构成，而原子核又由质子和中子构成。由于在化学反应的层次上不涉及原子核的变化，主要是原子核外电子的运动状态发生变化所致，因此对核外电子运动状态的了解非常关键。

核外电子围绕在原子核周围做高速运动，其具有波粒二象性。根据测不准原理，人们无法同时准确地测出电子的能量和位置，其运动状态只能用薛定谔方程来描述。薛定谔方程的解就是描述电子运动的波函数，用 Φ 来表示，这些波函数也称为原子轨道，表示能量为 E 的电子在相应能级轨道中出现的概率。

1. 原子轨道的角度分布

确定某个电子的运动状态需要 4 个量子数：主量子数、角量子数、磁量子数和自旋量子数；它们的关系见表 1-1。

表 1-1　4 个量子数

名称	符号	可能的数值	主要性质
主量子数	n	$1，2，3，\cdots，n$	原子轨道的大小和能量
角量子数	l	$0，1，2，\cdots，n-1$	原子轨道的形状
磁量子数	m	$0，\pm 1，\pm 2，\cdots，\pm(n-1)$	原子轨道的伸展方向
自旋量子数	m_s	$1/2，-1/2$	电子自旋的方向

当 n、l、m、m_s 取不同的值时，波函数的计算公式便不相同，据此绘出的原子轨道也就不一样，通常用 s、p、d、f 等来表示不同类型的原子轨道。在 $n=1$ 的能层中，原子轨道只有一种，称为 1s 态，在 $n=2$ 的能层中，原子轨道有两种，即 2s 态和 2p 态；在 $n=3$ 的能层中，原子轨道有三种，即 3s、3p 和 3d 态。量子数与态的关系如表 1-2 所示。

表 1-2　量子数与态的关系

n	1	2		3		
l	0	0	1	0	1	2
m	0	0	-1、0、$+1$	0	-1、0、$+1$	-2、-1、0、$+1$、$+2$
态	1s	2s	2p	3s	3p	3d
角度分布	s	s	p_x, p_y, p_z	s	p_x, p_y, p_z	d_{xy}, d_{yz}, d_{xz}, $d_{x^2-y^2}$, d_{z^2}

如图 1-1 所示，s 轨道的形状是以原子核为中心的球面，沿轨道对称轴旋转任何角度，轨道的位相都不会改变，因此没有方向性。

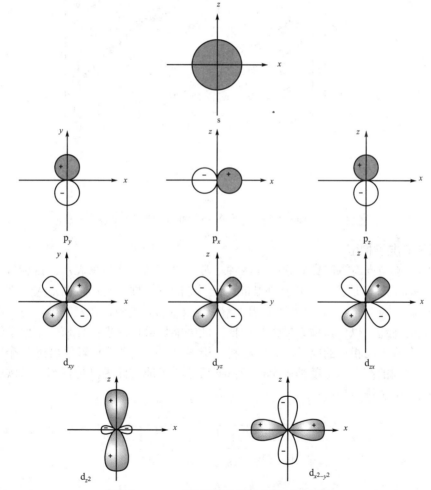

图 1-1　s、p、d 轨道的角度分布图（剖面图）

p 轨道沿着 x、y、z 坐标轴三个方向伸展，分别称为 p_x、p_y 和 p_z 轨道，彼此垂直呈哑铃形，由两瓣组成，原子核处于两瓣之间，能量比同能层的 s 轨道高，其中的正、负号表示波函数 Φ

在不同位相的符号，而不是表示电荷。每个轨道有一个节面，轨道被节面分为两部分，在节面的两侧波函数的符号相反。这些轨道能量相同，称为简并轨道。

2. 原子轨道的能级

电子运动状态不同，反映出原子轨道的能量不同，各种原子轨道的能级大小可以参见科顿原子轨道能级图（图1-2）。可见，原子轨道的能级可以分为几组，同组内的原子轨道之间的能级相差较小，而不同组之间的能级相差较大。

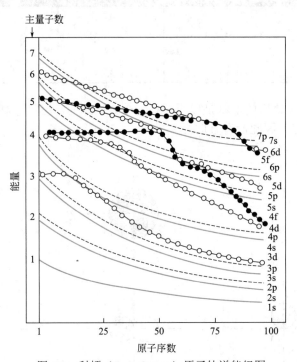

图1-2　科顿（F. A. Cotton）原子轨道能级图

3. 原子的电子构型

电子的自旋方向有顺时针和逆时针两种，常用"↓"和"↑"来表示。自旋量子数反映的就是这种运动状态。原子核外电子的排布具有一定的规律性，它们遵循三大原则，即能量最低原理、泡利（W. Pauli）不相容原理和洪特（F. Hund）规则。在基态下，电子会尽可能占据能量最低的轨道，以保持体系的能量最低，此为能量最低原理；任何一个原子轨道最多只能容纳两个自旋方向相反的电子，此为泡利不相容原理；一个轨道若要填充 2 个电子，只有在与之能量相同的简并轨道都被一个电子占据后才有可能，此为洪特规则。以碳原子为例，其在基态时的电子排布为：

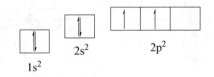

每个占有电子的最外层轨道称为价层轨道或价电子层，价层轨道中没有填充电子的称为空轨道。电子在获取能量后受到激发，可以从低能级的轨道跃迁到高能级的轨道上去，称为电子的跃迁。跃迁后的电子排布状态称为激发态。例如：

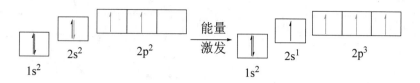

1.2.2 有机化合物结构理论

1. 价键理论和杂化轨道理论

价键的形成可看作是原子轨道的重叠或电子配对的结果，成键的电子只是在相连的两个原子之间运动。如果两个原子都有未成对的电子，并且自旋方向相反就能配对，原子轨道就能重叠形成共价键。由一对电子形成的共价键叫单键，用短横线"—"表示；由两个原子中的两对电子或三对电子形成的共价键叫双键或叁键，分别以"═"或"≡"表示。原子的未成对电子数通常就是其原子价数。

如果一个原子的未成对电子已经配对，它就不能再与其他电子配对了，即共价键具有饱和性。另外，共价键还有方向性，即轨道重叠总是按重叠最多的方向进行，这样形成的共价键最强。例如 1s 轨道与 $2p_x$ 轨道沿 x 轴方向能有最大重叠，因而可以成键。若按其他方向重叠，则重叠较少或不能重叠，因此不能成键（见图1-3）。像这种电子云沿键轴方向重叠形成的共价键称为 σ 键，其特征是电子云的分布沿键轴呈圆柱形对称，如 s-s 键、s-p_x 键和 p_x-p_x键等均为 σ 键。如果两个原子的 p 轨道从侧面平行重叠，所形成的共价键则称为 π 键，其特征是其电子云分布在两个成键原子键轴平面的上、下方，键轴周围的电子云密度较低。

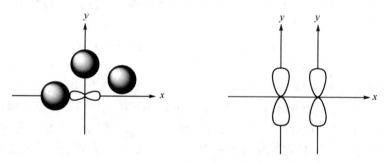

图 1-3　$2p_x$轨道与 1s 轨道及 2p 轨道之间的重叠

按照价键理论的推断，碳原子在基态下的 4 个价层轨道是不同的，它只有 2 个未成对电子，因此，它理应形成二价化合物。但事实是，在有机化合物中，碳基本上都表现为四价，而且在如甲烷这样的对称分子中，其四价是等同的。

为了解释这一现象，L. Pauling 于 1931 年提出了杂化轨道理论。杂化轨道理论认为：为了使原子的成键能力更强，体系能量更低，能量相近的原子轨道在成键的瞬间可进行杂化，组成能量相等的杂化轨道，这样成键后可以达到最稳定的分子状态。以甲烷为例，成键时碳原子 2s 轨道上的一个电子受激发到 $2p_z$ 轨道，然后 2s 轨道与 3 个 2p 轨道重新组合（杂化），形成 4 个完全相同的杂化轨道，称为 sp^3 杂化轨道（四面体形），每个轨道中含 1/4 的 s 轨道成分和 3/4 的 p 轨道成分（图1-4）。这种轨道的形状既不同于 s 轨道，也不同于 p 轨道，而是电子云集中在原子核一端，呈一头大、一头小的"梨"形轨道，这样使轨道的方向性加强了。

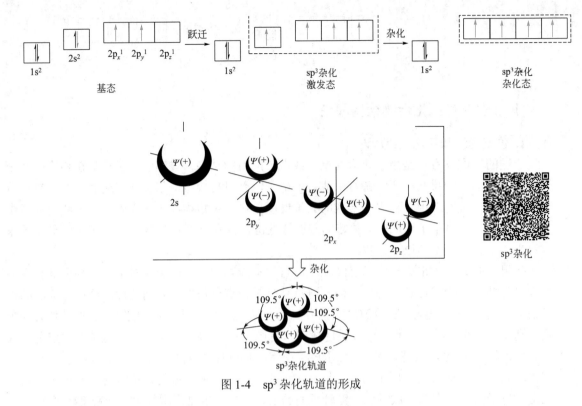

图1-4 sp³杂化轨道的形成

除了 sp³ 杂化轨道外，还有 sp² 杂化轨道（平面三角形）和 sp 杂化轨道（直线形）。

2. 分子轨道理论

分子轨道理论认为，两个原子形成分子后，电子就在整个分子区域内运动，而不是局限于某一个原子周围。分子中价电子的运动状态即分子轨道，用波函数 Ψ 表示。

求解分子轨道 Ψ 很困难，一般采用近似解法，其中最常用的方法是原子轨道线性组合法，简称为 LCAO（Linear Combination of Atomic Orbitals）法。由原子轨道组成分子轨道时，有多少个原子轨道就可以组成多少个分子轨道，比组合前原子轨道能量低的称为成键分子轨道，用 Ψ 表示；比组合前原子轨道能量高的称为反键分子轨道，用 Ψ^* 表示；与组合前原子轨道能量相等的称为非键分子轨道，一般用 n 表示。

以氢分子为例，两个氢原子的两个 1s 轨道可以通过线性组合形成 2 个分子轨道，分别为：

$$\Psi_1(\sigma_{1s}) = C_1(\Phi_A + \Phi_B)$$
$$\Psi_2(\sigma_{1s}^*) = C_1(\Phi_A - \Phi_B)$$

Ψ_1 表示 Φ_A 和 Φ_B 的符号相同，即位相相同，它们之间的作用互相加强，原子核间的电子云密度增加，分子能量降低，称为成键轨道。Ψ_2 表示 Φ_A 和 Φ_B 的符号相反，即位相相反，它们之间的作用互相削弱，原子核间的电子云密度减小，分子能量升高，称为反键轨道（见图1-5）。

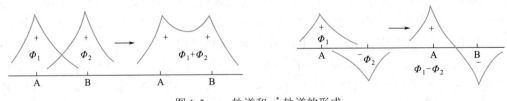

图1-5 σ_{1s} 轨道和 σ_{1s}^* 轨道的形成

原子轨道组成分子轨道时,还必须满足能量相近、轨道最大重叠和对称性匹配 3 个条件:

（1）能量相近

两个原子轨道的能量必须相近,才能有效地组成分子轨道。如 1s 轨道与 2p 轨道能量相近,可以成键。但 1s 轨道与 4p 轨道能量相差太大,则不易成键。

（2）对称性匹配

两个原子轨道必须以相同的位相叠加,才能有效地成键,否则不能形成有效的分子轨道。如 p_y 和 p_y 轨道符号相同,能侧面平行重叠有效地成键,组成分子轨道。而 s 轨道与 p_y 轨道从侧面虽有部分重叠,但因其中一部分符号相同,另一部分符号相反,二者正好相互抵消,不能有效地成键（见图 1-6）。

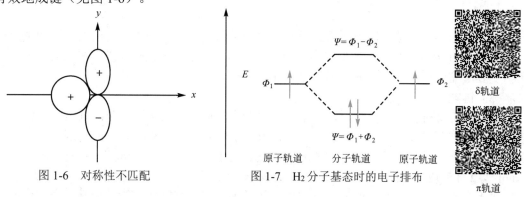

图 1-6　对称性不匹配　　图 1-7　H_2 分子基态时的电子排布

δ轨道

π轨道

（3）轨道最大重叠

两个原子轨道在重叠时还必须保持一定的方向性,以便重叠最大,形成的键最强。每个分子轨道都有相应的能量和图像,分子的能量等于分子中电子能量的总和,而电子的能量即为被它们所占据的分子轨道的能量。根据原子轨道的重叠方式和形成的分子轨道的对称性不同,可将分子轨道分为 σ 成键轨道、π 成键轨道和 σ* 反键轨道、π* 反键轨道。按分子轨道的能量大小,可以排出分子轨道的近似能级图。

原子轨道组成分子轨道后,分子中所有电子便依据原子轨道电子排布三条原则进入分子轨道,即得分子的基态电子构型。如氢分子基态时的电子排布见图 1-7。

3. 共价键的键参数

共价键的重要性质表现在键长、键角、键能、键的极性等键参数上,通过这些参数,可以对化合物的性质及其立体结构有进一步的了解。

（1）键长

形成共价键的两个原子之间的平均核间距为键长,单位为 nm。用 X 射线衍射、光谱等现代物理学方法,可以测定各种共价键的键长。表 1-3 列出了常见共价键的键长数据。

表 1-3　常见共价键的键长

共价键	键长/nm	共价键	键长/nm	共价键	键长/nm
C—H	0.109	N—H	0.103	C=N	0.130
C—C	0.154	O—H	0.097	C≡N	0.116
C—Cl	0.176	C=C	0.134	C=O	0.122
C—Br	0.194	C≡C	0.120		
C—I	0.214	C—N	0.147		

需要注意的是，同一类型的共价键，在不同的化合物中键长也可能稍有区别。这是因为构成共价键的原子在分子中不是孤立的，而是相互影响的。表 1-4 列出了 C—C 键在不同分子中的键长。

表 1-4 在不同分子中的 C—C 键键长

键类型	化合物	键长/nm	键类型	化合物	键长/nm
sp³-sp³	CH₃—CH₃	0.153	sp³-sp	H₃C—C≡CH	0.146
sp³-sp²	CH₃—CH=CH₂	0.151	sp²-sp	H₂C=CH—C≡CH	0.143
sp²-sp²	H₂C=CH—CH=CH₂	0.147	sp-sp	HC≡C—C≡CH	0.137

（2）键角

键角是指参与成键的原子轨道之间的夹角。键角决定了分子的空间构型。饱和碳原子的轨道夹角是 109º28'，呈四面体形状。当中心原子连接的基团体积较大或存在孤对电子时，键角会受到压缩或扩张，但若偏离正常键角过大，则会影响分子的稳定性。

（3）键能

形成共价键时会释放能量，从而使体系的能量降低，当共价键断裂时则需吸收能量。形成一个共价键所释放的能量或断裂这个共价键所需吸收的能量称为该键的离解能。所谓键能是指断裂分子中同类共价键的离解能的平均值。对于双原子分子，键能就是离解能。例如将 1 mol 氢气分解成 2 mol 氢原子需要吸收 435 kJ 热量，则 H—H 键的键能就是 435 kJ/mol。

对于多原子分子，共价键的键能和离解能是不同的，其键能一般是指同一类共价键离解能的平均值。例如，甲烷有 4 个 C—H 键，逐级离解所需的离解能分别为：

$$CH_4 \longrightarrow \cdot CH_3 + \cdot H \quad \Delta H = 435 \text{ kJ/mol}$$

$$\cdot CH_3 \longrightarrow \cdot \dot{C}H_2 + \cdot H \quad \Delta H = 444 \text{ kJ/mol}$$

$$\cdot \dot{C}H_2 \longrightarrow \cdot \ddot{C}H + \cdot H \quad \Delta H = 444 \text{ kJ/mol}$$

$$\cdot \ddot{C}H \longrightarrow \cdot \dddot{C} \cdot + \cdot H \quad \Delta H = 439 \text{ kJ/mol}$$

故其 C—H 键的平均键能为 $\Delta H = \dfrac{1}{4}$（435+444+444+439）kJ/mol = 440.5 kJ/mol。键能是化学键强度的主要标志。键能越大，轨道的重叠程度越大，结合越牢固，共价键也越稳定。常见共价键的键能见表 1-5。

表 1-5 常见共价键的平均键能

共价键	键能/(kJ/mol)	共价键	键能/(kJ/mol)	共价键	键能/(kJ/mol)
C—H	415.0	C=N	614.5	S—O	397.4
C—C	345.3	C≡N	886.2	F—F	154.7
C=C	609.4	C—F	484.9	F—H	568.5
N—H	390.4	C—Cl	338.6	Cl—Cl	442.4
N—N	163.0	C—Br	284.2	Cl—H	430.5
N≡N	943.8	C—I	216.8	Br—Br	192.3
C≡C	834.3	C—S	271.7	Br—H	365.8
C—O	357.4	H—S	434.7	I—I	150.5
C=O(醛)	735.7	N—O	200.6	I—H	296.8
C=O(酮)	748.2	O—H	462.3		
C—N	304.3	S—H	346.9		

（4）极性

原子对电子的吸引能力称为原子的电负性，不同原子的电负性不同。相同原子组成的共价键，其共用电子对均匀地分布在两个原子之间。当正、负电荷中心重合时，这样的键没有极性，称为非极性共价键，所形成的分子称为非极性分子，如 H_2、Cl_2 等。不同原子组成的共价键，由于两个原子的电负性差异，共用电子对会偏向电负性较大的原子一侧，正负电荷中心不能重合，这样的键具有极性，称为极性共价键。其极性的强弱取决于两个成键原子电负性差异的大小。电子对偏向的原子带部分负电荷，电子对偏离的原子带部分正电荷，例如：

$$\overset{\delta^+}{H}-\overset{\delta^-}{Cl} \qquad \overset{\delta^+}{H_2C}-\overset{\delta^-}{Cl}$$

共价键极性的大小可用键矩 μ 来表示。键矩是矢量，单位为库仑·米（$C \cdot m$），其方向是由正电荷指向负电荷。表 1-6 和表 1-7 分别列举了部分原子的电负性和一些共价键的键矩。

表 1-6　部分原子的电负性

H	Li	Be	B	C	N	O	F	Na	Mg	Al	Si	P	S	Cl	K	Ca	Br
2.15	0.95	1.5	2.0	2.6	3.0	3.5	3.9	0.9	1.2	1.5	1.9	2.1	2.6	3.1	0.8	1.0	2.9

表 1-7　一些共价键的键矩（$\times 10^{-30} C \cdot m$）

共价键	键矩	共价键	键矩
C—H	1.334(0.40 D)	C—I	6.672(2.00 D)
C—O	5.001(1.50 D)	N—H	4.370(1.31 D)
C—Cl	7.672(2.30 D)	C—N	3.836(1.15 D)
C—Br	7.339(2.20 D)	O—H	5.004(1.50 D)

分子的极性可用偶极矩来衡量，它是分子中各共价键键矩的矢量和，单位也是 $C \cdot m$，也可用德拜（D）来表示。对于双原子分子，共价键的极性就是分子的极性。而对多原子分子，其分子的极性就是所有共价键键矩的矢量和。因此，在某些对称型分子中，虽然共价键具有极性，但因为分子的对称性而使极性相互抵消，致使整个分子不显极性，是非极性分子，如 CO_2、CH_4、CCl_4 等。

分子的极性对化合物的熔点、沸点和溶解度都有重要影响，是分子的一个重要理化参数。键的极性则对分子的化学反应性能具有决定性的影响。

1.2.3　有机反应机理

反应机理也叫反应历程或反应机制，是指一个化学反应所经历的过程。总体来说，化学反应的实质是原子核外电子运动状态发生变化的结果，即从反应物分子中的运动状态转化为生成物分子中运动状态的过程，这个过程涉及反应物中化学键的断裂和生成物中化学键的形成。

如前所述，一个共价键是由两个原子共用一对电子形成的。当这个键断裂时，这对电子的转移方式就决定了这个反应的机理。一般而言，有机化学反应可分为均裂、异裂和协同三种方式。

1. 均裂反应（homolytic reaction）

当共价键断裂时，成键电子对平均分属两个成键原子，这种断裂方式称为均裂。例如：

$$A \overset{\frown}{:} B \longrightarrow A\cdot + \cdot B$$

$$\underset{\overset{|}{H}}{\overset{\overset{H}{|}}{H-C-H}} + \cdot Cl \longrightarrow \underset{\overset{|}{H}}{\overset{\overset{H}{|}}{H-C\cdot}} + HCl$$

均裂时所生成的带单电子的原子或原子团称为自由基或游离基（free radical），它是电中性的。由于碳原子的价电子层不满足八隅体规则，因此是不稳定的中间体。这种以键的均裂生成自由基的方式所进行的反应称为自由基反应，其所需的能量较高，一般在光照、高温或自由基引发剂存在的条件下进行。

2. 异裂反应（heterolytic reaction）

当共价键断裂时，成键电子对完全转移到其中一个成键原子上，这种断裂方式称为异裂。例如：

$$A\overset{..}{:}B \longrightarrow A^+ + B^- \quad 或 \quad A\overset{..}{:}B \longrightarrow A^- + B^+$$

$$(CH_3)_3C-Br \longrightarrow (CH_3)_3C^+ + Br^-$$

异裂时生成碳正离子或碳负离子，其中碳正离子的价电子层也不满足八隅体规则，因此也是不稳定的中间体，而碳负离子则因为满足八隅体规则，因此相对稳定。这种经过共价键的异裂生成碳正离子或碳负离子的反应称为离子型反应。离子型反应一般在酸、碱或极性物质催化下进行。

3. 协同反应（concerted reaction）

以上两种反应是按先断裂，后重建的方式进行的。除此以外，还有一种反应其旧键的断裂和新键的形成是同时进行的，即同时有多个反应中心，反应过程中没有离子或自由基中间体产生，也不能分辨共价键是均裂还是异裂，这种反应称为协同反应。如双烯合成反应就是经过一个六元环状过渡态完成的：

$$\left\lgroup\vbox to 20pt{}\right. + \| \overset{\triangle}{\longrightarrow} \left[\bigcirc\right]^{\ddagger} \longrightarrow \bigcirc$$

有机化学反应数量众多，以上是反应的总体类型，掌握这个总纲，就可以比较顺利地理解各种类型的反应过程。应该说明的是，即使是同类型的反应，不同化合物的反应机理也有较大的区别，这将在后面介绍到各类化合物时分别介绍。

1.3 有机化合物的特点和研究方法

1.3.1 有机化合物的特点

有机化合物数量非常庞大，绝大多数为共价化合物。相比于经典的离子型化合物，它们具有如下特点。

1. 容易燃烧

离子型化合物大多不易燃烧，而有机化合物则大多容易燃烧，有些还可以烧尽，完全转化为气体产物。这是区别于离子型化合物的一大标志，常可用于简单鉴别有机物和无机物。但应注意，有些有机物也是不易燃烧的，如一些有机阻燃剂。

2. 热稳定性差

有机化合物的热稳定性大多较差，在较高温度下容易产生分解，如淀粉、蛋白质等，而无机离子型化合物则非常稳定，很难分解。

3. 熔点低

有机化合物的熔点大多在 300℃以下，这是由于其晶格能小，而离子型化合物的熔点往往超过 1000℃。

4. 极性弱

由于有机化合物大多由共价键组成，分子的极性很弱，而离子型化合物均为强极性化合物。

5. 水溶性差

绝大多数有机化合物的水溶性都较差，较易溶于弱极性或非极性有机溶剂中，这是由于其极性弱。

6. 反应速率慢

大多数离子型化合物的反应均可在瞬间完成，如复分解反应。而有机化合物的反应通常需要较长时间，有时需要几小时，甚至数天。当然，也有一些有机化学反应可以瞬间完成，如黄色炸药（TNT）的爆炸。

7. 反应副产物多

有机化合物内存在性能相近的官能团，往往同时有几个部位可以参与反应，因此容易产生副产物。

1.3.2 有机化合物的研究方法

有机化学的研究对象是有机化合物，其研究内容通常包括如下方面。

1. 有机化合物的制备

制备有机化合物一般有从天然产物（动植物体内或微生物代谢物）中提取和人工合成两条途径，其相对应的分支学科有天然产物化学和有机合成化学。在有机化学飞速发展的今天，这两个分支学科也取得了极大的进步，尤其是有机合成化学，已成为最具吸引力的学科之一。

无论是从天然产物提取还是人工合成，都需要对所得到的化合物进行分离纯化。对于大量和常量化合物的制备，可以采用常压蒸馏、分馏、水蒸气蒸馏、减压蒸馏、共沸蒸馏、萃取、重结晶、升华等传统方法完成。而对于微量化合物，则可采用柱色谱、薄层色谱，甚至制备色谱来实现。对于获得的纯净化合物，其纯度可通过测定其熔点或沸点来判断，也可以通过色谱方法来测定。

2. 有机化合物的结构鉴定

对于一个未知的化合物，首先应该对其进行元素分析，包括定性分析和定量分析。前者用于确定有机化合物的元素组成，而后者用于确定各元素的相对含量，根据含量就可得出该化合物的实验式。例如，通过元素分析得知某有机化合物由 C、H、N 和 O 四种元素组成，其相对含量分别为：C，61.31%；H，5.14%；N，10.24%；O，23.31%（由于元素分析一般采用燃烧法，所以在元素分析中，O 的含量一般不直接测定，而是用间接推导的方法确定），则各元素的比例可以如下计算：C = 61.31/12=5.11，H = 5.14/1 = 5.14，N = 10.24/14 = 0.73，O = 23.31/16 = 1.46，其元素组成比例为 $C_{5.11}H_{5.14}N_{0.73}O_{1.46}$。由于分子中的原子数目只能为整数，用以上各值除以 0.73，即可得其整数式为 $C_7H_7NO_2$，这就是该化合物的实验式，其式量为 137。

确定了实验式，下一步就是确定分子量了。不同的化合物可以采取不同的方法，一般气体和容易挥发的液体可采用蒸气密度法，而液体和固体化合物可采用沸点升高法或凝固点降低法，后者往往更常用。其所依据的原理为拉乌尔定律，通过下式求出分子量：

$$M_Y = \frac{1000bE}{a \times \Delta T}$$

式中，M_Y 为分子量；E 为摩尔凝固点降低常数；ΔT 为将 bg 样品溶于 ag 溶剂内所观察到的凝固点降低的数值。根据测得的分子量，除以式量，就可以求出化合物的分子式了。

这是早期的方法，比较麻烦。随着高分辨质谱的出现，采用该方法不仅可以得到一个有机化合物的精确的分子量，而且可以根据它来计算得到化合物的分子式，比以前方便了很多。

下一个工作就是确定有机化合物的结构了，这是有机化学研究中极其重要的一个方面。这里所说的一个有机化合物的结构包括构造、构型和构象三个层面。早期的结构鉴定主要依靠的是化学方法，费时而且不准确。如确定胆固醇的结构用了整整 40 年的时间，后来发现所定的结构还不完全正确。现代物理分析方法的应用使这项工作变得既轻松省力，又快速准确。这些方法包括紫外（UV）光谱法、红外（IR）光谱法、核磁共振（NMR）波谱法、质谱法、圆二色谱法、X 射线单晶衍射法等。

3. 有机化合物的性质和应用

有机化合物的性质包括物理性质、化学性质、生物学性质等，通过对这些性质的认识，来确定有机化合物的应用领域，并由此派生出许多有机化学的应用分支学科，如药物化学、农药化学、有机材料化学、香料化学、染料化学、食品化学、日用化学等。这些应用学科将有机化学的触角延伸到我们的日常生活，使得有机化学成为一门真正的"中心科学"。

1.4　有机化合物的分类

有机化合物数目众多，种类繁杂，为了便于研究和介绍，必须对其进行分类。一般分类方法有两种，一是根据分子中碳原子的连接方式（碳骨架）的不同进行分类；二是根据决定分子主要化学性质的官能团进行分类。

1.4.1　按碳骨架分类

（1）开链化合物　指碳原子相互结合连成链状结构而不形成环状的化合物。例如：

正丁烷　　　　　　正丁醇　　　　　　正丁酸

（2）碳环化合物　即完全由碳原子形成的环状化合物，又可进一步分为脂环化合物和芳香化合物。

① 脂环化合物　指含有由开链化合物环化而成的含碳环的化合物。例如：

环丙烷　　　　环丙基甲酸　　环戊二烯

② 芳香化合物　指含有碳原子组成的同一平面内的环状闭合共轭体系的分子。它们大多数含有苯环，具有"芳香性"。例如：

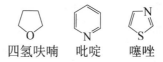

苯　　　　萘　　　　　联苯　　　　　苯甲醛　　　苯甲酸

芳香烃　　　　　　　　芳香醛　　　芳香酸

（3）杂环化合物　指含有由碳原子与其他元素的原子（如 N、O、S 等）共同组成的环状化合物。如：

四氢呋喃　　吡啶　　噻唑

1.4.2　按官能团分类

官能团是指分子中容易发生化学反应的一些原子或原子团，即分子中的反应中心。一般而言，具有相同官能团的化合物能进行类似的化学反应，因而可以把它们归于一类。表 1-8 列出了典型化合物的种类及其官能团。

表 1-8　有机化合物的种类及官能团

化合物类别	官能团		化合物举例
	结构	名称	
烷烃	无	—	C_2H_6 乙烷
烯烃	C＝C	双键	$H_2C＝CH_2$ 乙烯
炔烃	C≡C	叁键	$HC≡CH$ 乙炔
卤代烃	—X	卤素	$CH_3—I$ 碘代甲烷
醇和酚	—OH	羟基	C_2H_5OH 乙醇；C_6H_5OH 苯酚
醚	C—O—C	醚键	$C_2H_5OC_2H_5$ 乙醚
醛和酮	C＝O	羰基	CH_3CHO 乙醛；$CH_3\overset{O}{\overset{\parallel}{C}}CH_3$ 丙酮
羧酸	—COOH	羧基	CH_3COOH 乙酸
硝基化合物	—NO_2	硝基	CH_3NO_2 硝基甲烷
胺	—NH_2	氨基	$C_6H_5NH_2$ 苯胺
偶氮化合物	—N＝N—	偶氮基	Ph—N＝N—Ph 偶氮苯
重氮化合物	—N＝N—X	重氮基	Ph—N＝N—Cl 氯化重氮苯
硫醇和硫酚	—SH	巯基	C_2H_5SH 乙硫醇；C_6H_5SH 苯硫酚
磺酸	—SO_3H	磺酸基	$C_6H_5SO_3H$ 苯磺酸

1. 试画出 sp³ 杂化轨道和 1s 轨道形成 σ 键的示意图。

2. 什么是键能？与键的离解能有何区别？

3. 指出下列分子哪些具有偶极矩，并指出方向。

(1) H_2O (2) CCl_4

(3)   HI   (4) $CHCl_3$

(5) CH_3Cl (6) CH_3OCH_3

(7) Br_2 (8) CH_3OH

4. 根据元素电负性大小，将下列共价键的极性按照由弱到强排列。

(1) H—O, H—C, H—N, H—F

(2) C—F, C—Br, C—N, C—O

注：几种元素的电负性如下：

H	C	N	O	Cl	Br	F
2.1	2.5	3.0	3.5	3.0	2.8	4.0

5. 指出下列各化合物所含官能团的名称。

(1) CH_3CH_2Br (2) $\underset{\underset{OH}{|}}{CH_3CHCH_3}$

(3) $HOOCCH_2COOH$ (4) CH_3CH_2CHO

(5) $CH_3CH{=}CHCH_3$ (6) $\underset{\underset{O}{\|}}{CH_3CCH_3}$

(7)   ⬡—NH_2 (8) $CH_3CH_2CH_2C{\equiv}CH$

6. 烟酰胺是 B 族维生素之一，可以防治糙皮病。其元素分析结果如下：C (59.10%)，H (4.92%)，N (22.91%)，O (13.07%)。已知烟酰胺的分子量为 122，请写出其实验式和分子式。

7. 燃烧 0.132g 樟脑，得到 CO_2（0.382 g）、H_2O（0.126 g）。定性分析表明，分子中除含碳、氢、氧三种元素外不含其他元素，通过质量分析方法测得其分子量为 152。请求出其实验式和分子式。

第2章

烷 烃

分子中只含有碳和氢两种元素的有机化合物叫作碳氢化合物，简称烃。按分子骨架分类，可把烃分为开链烃和闭链烃两大类：只含有碳链的烃称为开链烃，又叫脂肪烃，脂肪烃又可分为饱和链烃（烷烃）和不饱和链烃（烯烃、二烯烃和炔烃等）；含有碳环的烃称为闭链烃，闭链烃又分为脂环烃和芳香烃两类。脂环烃包括环烷烃、环烯烃、环炔烃等。芳香烃最早是从植物胶中提取出来的具有芳香气味的物质，现将具有芳香性的闭链烃称为芳香烃。

烃是一切有机化合物的母体，其他有机化合物都可看作烃的衍生物。因此，熟悉和理解烃分子的结构和性质对于理解其他各类有机化合物的结构和性质具有重要的意义。

2.1 烷烃的通式、同系列和构造异构

开链烃分子中碳原子全部以单键相连的烃称为烷烃，其分子组成可用通式 C_nH_{2n+2} 表示（$n \geqslant 1$）。最简单的烷烃是甲烷，分子式为 CH_4，甲烷碳原子的四个价键都与氢原子相结合；而其他烷烃分子中，碳原子的四个价键，除以单键与其他碳原子互相结合成碳链外，其余的价键都与氢原子相结合，与含相同数目碳原子的不饱和链烃相比，氢原子的数目最多，因此烷烃又称为饱和链烃。把结构、性质相似，分子组成相差 CH_2 原子团整数倍的一系列化合物，称为同系列。如：甲烷、乙烷、丙烷、丁烷……一系列烷烃称为烷烃同系列，同系列中的各化合物之间互称为同系物（homologue），CH_2 原子团称为同系差。

一般有机化合物的结构分为三个层次：构造、构型和构象。构造是指一个分子中各原子互相连接的次序和方式，是有机分子的一级结构；构型是指具有一定构造的分子中有限制碳-碳单键自由旋转的因素存在时，原子或原子团在空间的不同排列方式；构象则是指由分子内碳-碳单键的自由旋转所带来的不同空间结构。同一化学式的分子无论是构造不同，还是构型不同，都是不同的分子，它们的物理、化学性质也会不一样。这种分子式相同，而结构不同，因而性质也不同的分子称为同分异构体。这种现象称为同分异构现象。同分异构现象的存在是有机化合物数量庞大的重要原因之一。

在烷烃中，当碳原子数目达到四个及以上时就会出现构造异构现象。

如：丁烷有 2 个构造异构体，戊烷有 3 个构造异构体：

正丁烷　异丁烷　　正戊烷　　异戊烷　　新戊烷

十二烷的构造异构体的数目将达到 355 个。

2.2 烷烃的命名

有机化合物的命名方法有多种，如：系统命名法、普通命名法、习惯命名法等。其中系统命名法是根据国际纯粹和应用化学联合会（IUPAC）制定的命名规则命名的，是标准命名系统。我国现用的系统命名法，就是根据 IUPAC 规定的原则，再结合我国文字上的特点而制订的。

烷烃的命名是各类有机化合物命名的基础。烷烃的命名通常分为普通命名法和系统命名法。

普通命名法适合结构简单的烷烃的命名。直链烷烃分子中碳原子数目在十个以下的，用天干（甲、乙、丙、丁、戊、己、庚、辛、壬、癸）表示碳原子的个数，如：甲烷、乙烷……癸烷；含十个以上碳原子的直链烷烃用中文数字命名，如 $C_{11}H_{24}$（十一烷）等。

后来发现了异构体，就冠以"正""异""新"为词头以示区别。

直链烷烃叫"正某烷"，碳链一端具有 $H_3C-\overset{\displaystyle CH_3}{\underset{}{CH}}-$ 叫"异某烷"，碳链一端具有 $H_3C-\overset{\displaystyle CH_3}{\underset{\displaystyle CH_3}{C}}-$ 叫"新某烷"。

例如：

$$CH_3CH_2CH_2CH_2CH_3 \qquad CH_3\overset{\displaystyle CH_3}{CH}CH_2CH_3 \qquad H_3C-\overset{\displaystyle CH_3}{\underset{\displaystyle CH_3}{C}}-CH_3$$

正戊烷   异戊烷   新戊烷

烷烃的碳原子均为饱和碳原子，按照与它直接连接的碳原子的数目不同，可分为伯、仲、叔、季碳原子，又称为一、二、三、四级碳原子，分别用 $1°$、$2°$、$3°$、$4°$ 表示。

例如：

$$H_3C-\overset{1°\ CH_3}{\underset{1°\ CH_3}{\overset{\displaystyle |}{\underset{\displaystyle |}{C}}}}^{4°}-\overset{2°}{CH_2}-\overset{3°}{\underset{\displaystyle CH_3}{\overset{\displaystyle |}{CH}}}-CH_3$$

烃分子中去掉一个氢原子后所剩余的基团叫烃基，用 R— 表示。命名烷基时，把相应的烷烃命名中的"烷"字改为"基"字。常见的烷基结构和名称如下：

H_3C-	甲基（methyl，缩写 Me）
CH_3CH_2-	乙基（ethyl，缩写 Et）
$CH_3CH_2CH_2-$	正丙基（*n*-propyl，缩写 *n*-Pr）
$H_3C-\overset{\displaystyle CH_3}{\underset{}{CH}}-$	异丙基（isopropyl，缩写 *i*-Pr）
$CH_3CH_2CH_2CH_2-$	正丁基（*n*-butyl，缩写 *n*-Bu）
$CH_3\overset{}{CH}CH_2-$ 与 CH_3	异丁基（isobutyl，缩写 *i*-Bu）

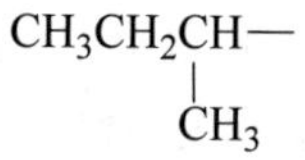

$$CH_3CH_2CH-$$
$$\quad\quad\quad |$$
$$\quad\quad\quad CH_3$$
仲丁基（*sec*-butyl，缩写 *s*-Bu）

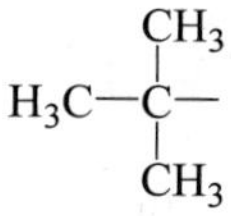

$$\quad\quad\quad CH_3$$
$$\quad\quad\quad |$$
$$H_3C-C-$$
$$\quad\quad\quad |$$
$$\quad\quad\quad CH_3$$
叔丁基（*tert*-butyl，缩写 t-Bu）

烷烃的系统命名规则如下：

1. 选主链：选择含取代基尽可能多的最长碳链为主链，根据主链上的碳原子数目命名为某烷。

2. 编号：从主链的两个端点碳原子分别开始编号，当主链以两种方向编号，得到两种不同编号的系列时，则依次列出取代基在两种编号系列中的位次，顺次逐项比较，最先出现差别的那项中，以位次最小者定为"最低系列"，取此系列的编号为主链编号。

例如：

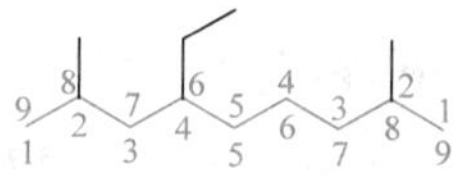

按式子上方的编号系列，取代基位次为 2、6、8；按式子下方的编号系列，取代基位次为 2、4、8。两种编号顺次逐项比较，最先出现差别的是第二项，位次最小者为"4"，应选择按式子下方的编号系列为取代基的位次，即 2、4、8。

3. 命名："取代基位次-取代基名称某烷"，某是主链上碳原子总数所对应的天干或中文数字。若连有多个相同的取代基时，位次用"，"隔开，名称前用二、三、四等中文数字合并写在取代基名称前面。

例如：

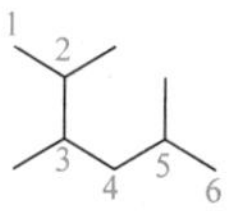

2,3,5-三甲基己烷

主链上若连有不同的取代基，应先按次序规则比较优先次序，再按优先基团后列出原则列出各取代基。

常见烷基的优先次序是：异丙基＞异丁基＞丁基＞丙基＞乙基＞甲基

例如：

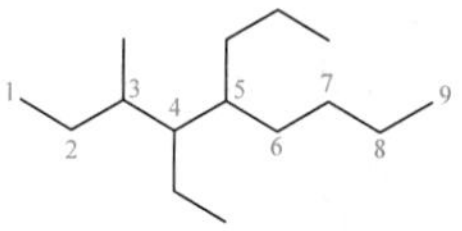

3-甲基-4-乙基-5-丙基壬烷

2.3 烷烃的结构

烷烃同系列的结构和化学性质与甲烷相似，所以甲烷是烷烃的代表物。用物理方法测得甲烷分子为一正四面体结构，碳原子居于正四面体的中心，四个氢原子居于正四面体的四个顶点，四个碳氢键键长都为 0.109 nm，H—C—H 的键角都是 109°28′。甲烷的正四面体结构见图 2-1。

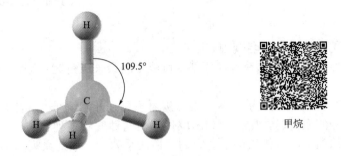

图 2-1 甲烷的分子结构（球棍模型）

碳原子基态的电子排布是 $1s^2 2s^2 2p^2$。按杂化轨道理论，在形成甲烷分子时，先从碳原子的 2s 轨道上激发一个电子到空的 2p 轨道上去，这样就具有了四个各占据一个轨道的未成对的价电子，然后碳原子的一个 2s 轨道和三个 2p 轨道"杂化"，组成四个等能量、同形状新的原子轨道——sp^3 杂化轨道，每一个 sp^3 杂化轨道含有 $\frac{1}{4}$ s 成分和 $\frac{3}{4}$ p 成分，它们的空间取向是指向正四面体的四个顶点，sp^3 杂化轨道的对称轴之间以最大夹角分布互成 109°28′，这样可使杂化轨道间的排斥力最小，杂化轨道与其他原子轨道重叠成键能力增强，且稳定性增强。见图 2-2。

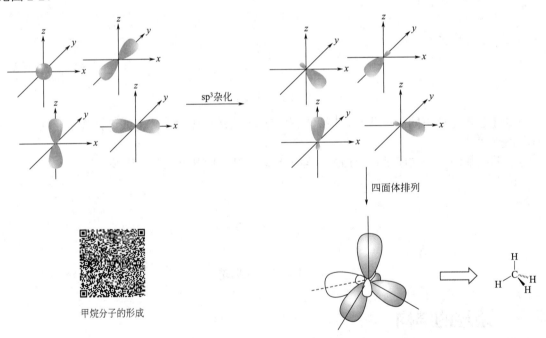

甲烷分子的形成

图 2-2 甲烷正四面体结构的形成

甲烷分子中的碳氢键是沿着 sp^3 杂化轨道对称轴方向发生轨道重叠而形成的，电子云分布呈圆柱形轴对称，称为 σ 键。以 σ 键相连接的两个原子可以绕键轴相对旋转而不影响键参数。

为了清楚地表示分子的立体构型，IUPAC 建议在书写立体结构时使用如下两种方法：即楔形式和费歇尔（Fischer）投影式，如甲烷可表示为：

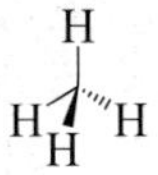

楔形式 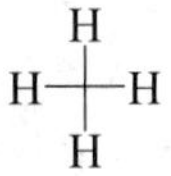   Fischer投影式

2.4 烷烃的构象

2.4.1 乙烷的构象

σ 键旋转会造成分子中原子或原子团呈现许多不同的空间排布，这种特定的排列形式称为构象，由此产生的异构体称为构象异构体。一个分子的构象异构体数目是无限多的，但在分析探讨时，一般只讨论那些具有代表性的构象异构体。

在乙烷分子中，固定一个碳原子，另一个碳原子围绕 C—C σ 键轴进行旋转时，则该碳原子上的三个氢原子相对另一个碳原子上的三个氢，可产生无数种空间排列，即有无数个构象异构体，其中重叠式（eclipsed）和交叉式（staggered）是两种典型构象。其他的构象均介于这两种极限构象之间，统称为扭曲式构象。

烷烃的构象可用锯架式、楔形式和纽曼投影式表示。例如乙烷的两种极限构象可以表示如下。

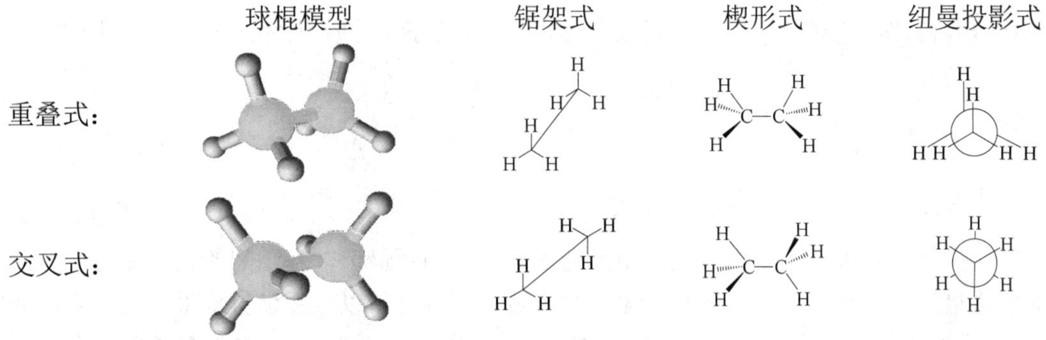

乙烷的构象

球棍模型　　锯架式　　楔形式　　纽曼投影式

重叠式：

交叉式：

重叠式构象中两组氢原子处于重叠的位置，相互间距离最近，能量最高，位于图 2-3 位能曲线的最高点，最不稳定。交叉式构象中前后两组氢原子处于交错的位置，相互间距离最远，能量最低，位于图 2-3 位能曲线的最低点。由交叉式构象转变为重叠式构象时必须吸收 12.6 kJ/mol 的能量，反之，由重叠式构象转变为交叉式构象时会放出 12.6 kJ/mol 的能量。这种旋转和能量的变化关系如图 2-3 所示。

乙烷分子的形成

由此可见，虽然乙烷分子中的 σ 键可以旋转，但并不是完全自由的，它需要克服 12.6 kJ/mol 的能垒。但在室温时，仅分子间的碰撞就可产生 83.6 kJ/mol 的能量，足以克服这一能垒，因此，在室温下并不能分离出这些构象异构体。同时，由于各构象的能量不同，它们在构象混合物中所占的比例也会不一样，如20℃时，乙烷的交叉式构象占99.5%。

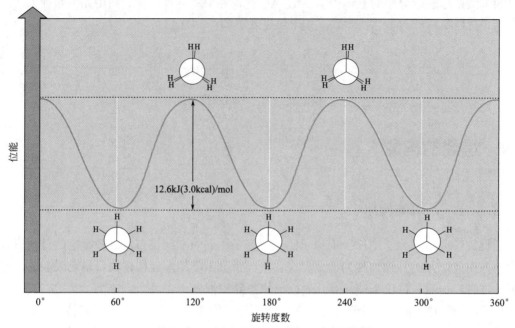

图2-3 乙烷分子中各种构象的能量曲线图

2.4.2 丁烷的构象

丁烷的构象

同理，正丁烷也会有无数个构象，由于其三个C—C σ键均可自由旋转，因此可以产生更多的构象异构体，这里只讨论C_2—C_3 σ键旋转所产生的4种典型的构象异构体，即对位交叉式、邻位交叉式、部分重叠式和全重叠式。

对位交叉式   邻位交叉式   部分重叠式   全重叠式

在对位交叉式中两个体积较大的甲基处在对位，相距最远，基团间的相互斥力最小，分子的能量最低，这是正丁烷的优势构象，大多数正丁烷分子以这种优势构象存在；从这个构象出发，顺时针方向旋转60°可得到如图2-4所示构象：部分重叠式，其能量较对位交叉式高约14.6 kJ/mol；邻位交叉式，其能量较对位交叉式高约3.8 kJ/mol，但低于部分重叠式；全重叠式，能量最高，约比对位交叉式高21 kJ/mol，稳定性最小。因此这四种典型构象的稳定性次序为：对位交叉式>邻位交叉式>部分重叠式>全重叠式。

正丁烷各种构象之间的能量差别不太大，在室温下分子碰撞的能量足可引起各构象间的迅速转化，因此正丁烷实际上是构象异构体的混合物。在室温下，正丁烷主要以对位交叉式（占68%）和邻位交叉式的构象存在，其他两种构象所占的比例很小，但同样不可分离。图2-4说明丁烷分子中C_2—C_3单键旋转360°的能量变化曲线。

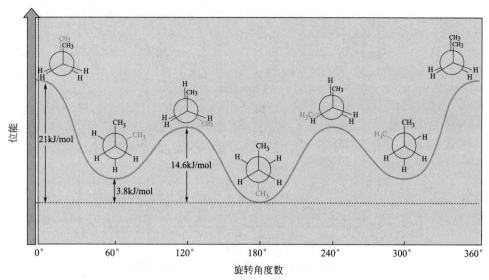

图 2-4 正丁烷 C_2—C_3 旋转时各种构象的能量曲线图

2.5 烷烃的物理性质

有机化合物的物理性质，一般是指状态、沸点、熔点、密度、溶解度、折射率等。烷烃同系物的物理性质通常随碳原子数的增加，而呈现规律性的变化。

在室温和常压下，正烷烃中含有 1～4 个碳原子的是气体，5～16 个碳原子的是液体，含17 个以上碳原子的是固体。低沸点的烷烃为无色液体，有特殊气味；高沸点的烷烃为油状黏稠液体，无味。

烷烃的熔点随分子量的增加而增加。受晶格能的影响，对称性好的分子晶格能较大，因而熔点较高，反之则较低。例如，戊烷的 3 个异构体的熔点分别为：正戊烷−129.7℃，异戊烷−159.6℃，新戊烷−17.0℃，就是因为新戊烷的分子对称性高，能堆砌紧密，晶格能较高。在直链烷烃中，含偶数碳原子烷烃的熔点比相邻的含奇数碳原子烷烃的熔点高一些，如图 2-5所示。这是因为晶格中的分子在极短的距离内作用，范德华引力与分子作用距离的 6 次方呈反比，所以晶格力受分子形状的影响更为敏感。X 射线衍射结果表明，偶数碳原子的烷烃分子具有较好的对称性，在晶格中排列得比较紧密，故其熔点增高幅度较大。

正烷烃的沸点也随分子量的增加而增高。从戊烷开始，每增加一个碳原子，沸点平均升高 20～30℃，这种规律同样表现在其他同系列中。烷烃为非极性或弱极性分子，分子间仅有微弱的范德华力（色散力），该作用力与分子的接触面积呈正比，而接触面积又与分子量呈正比。所以在同分异构体中，支链越多，分子越接近球形，则分子间的接触面积就越小，因而沸点越低。

烷烃的密度也随着分子量的增大而增大，但由于分子量增大时，分子的体积也在增大，所以当密度增大到一定数值后变化就很小了。烷烃相对密度的最高值接近 0.8 g/cm³。

溶解是溶质分散到溶剂分子中的过程。烷烃是非极性或弱极性分子，根据"相似相溶原理"，烷烃可溶于非极性或弱极性溶剂如四氯化碳、苯、汽油、醚中，但难溶于极性溶剂如水中。

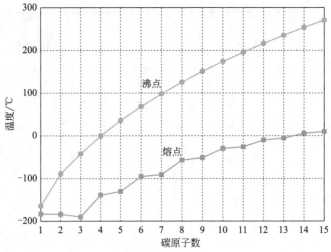

图 2-5　直链烷烃的熔点和沸点与分子中碳原子数的关系

2.6　烷烃的化学性质

烷烃分子中只有 σ 键，其特性是键能较大，折射率小，可极化性（电子云在外界电磁场作用下产生变形的能力）差，因此表现出化学"惰性"，比较稳定，与强酸、强碱、氧化剂、还原剂一般不发生反应。虽然 σ 键的键能较大，但在外界剧烈条件（如高温、光照、催化剂等）的影响下，烷烃可以发生一些反应，如：卤代反应、燃烧反应和热裂解反应。

2.6.1　烷烃的卤代反应

烷烃的卤代反应是指烷烃分子中的氢原子被卤素原子（F、Cl、Br、I）取代的反应。如：甲烷与氯气在紫外线照射或高温作用下可反应生成氯甲烷和氯化氢。在日光照射下则发生爆炸性反应生成氯化氢和碳。

$$CH_4 + Cl_2 \xrightarrow{\text{光或热}} CH_3Cl + HCl$$

$$CH_4 + 2Cl_2 \xrightarrow{\text{光}} 4HCl + C$$

1. 反应机理

反应机理是对某个化学反应逐步变化过程的详细描述。烷烃的卤代反应可分为链引发、链增长和链终止三个阶段。以甲烷的氯代反应为例，反应机理如下。

链引发阶段：在高温或光照下，氯气从光和热中获得能量率先发生键的均裂生成氯自由基，由于自由基的价电子层没有满足八隅体的电子构型，因此是一个活泼的中间体，可以引发一系列的自由基反应。

链增长阶段：氯自由基与甲烷分子碰撞，夺取一个氢原子造成 C—H 键的均裂，形成甲基自由基和氯化氢；甲基自由基再与氯气分子碰撞，形成一氯甲烷和新的氯自由基；当氯自由基与氯甲烷碰撞时，又可产生氯甲基自由基，后者与氯气反应则生成二氯甲烷。这一过程可以持续下去，直到四个氢原子均被取代形成四氯化碳。

链终止阶段：在反应后期，反应物的量较少，自由基自相碰撞的机会增多，自由基之间相互碰撞形成稳定的分子而"湮灭"，反应才可停止。这种以自由基链反应方式进行的取代反应称为自由基取代反应。

因此甲烷的氯代通常得到的是混合物，可以根据实际需要，控制反应条件分别得到某一组分为主的产品。

链引发　　$\overbrace{Cl-Cl}$　$\xrightarrow{h\nu}$　$2Cl\cdot$　　　　　(1) $\Delta H = 242.4 \text{ kJ/mol}$

链增长 $\begin{cases} Cl\cdot + CH_4 \longrightarrow HCl + \cdot CH_3 & (2)\ \Delta H = 4.2 \text{ kJ/mol} \\ \cdot CH_3 + Cl_2 \longrightarrow CH_3Cl + Cl\cdot & (3)\ \Delta H = -108.7 \text{ kJ/mol} \end{cases}$

链终止 $\begin{cases} Cl\cdot + Cl\cdot \longrightarrow Cl_2 & (4)\ \Delta H = -242.4 \text{ kJ/mol} \\ \cdot CH_3 + \cdot CH_3 \longrightarrow CH_3-CH_3 & (5)\ \Delta H = -367.8 \text{ kJ/mol} \\ \cdot CH_3 + Cl\cdot \longrightarrow CH_3-Cl & (6)\ \Delta H = -351.1 \text{ kJ/mol} \end{cases}$

在自由基取代反应中，一些能够捕捉自由基的杂质如氧，与甲基自由基会形成一些不活泼的自由基，造成反应的停止，这些杂质称为阻抑剂。只有当氧消耗完后，自由基链反应才会开始。所以自由基取代反应往往会有一个诱导期，反应很慢，一旦启动，反应速率会很快，这是这类反应的特征之一。

2. 反应的能量变化

化学反应的过程是一个反应体系能量不断变化的过程。如在由甲烷氯化生成氯甲烷的反应中，在链的引发阶段只有 Cl—Cl 键的断裂，是一个强吸热反应，因此需在光照或高温下进行；在链终止阶段，只有新键生成，而无旧键断裂，是强放热反应；而在链增长阶段，每一步都伴随有旧键的断裂和新键的形成，其中反应（2）中断一个 C—H 键需要吸热，其吸收的热量（435.2kJ/mol）比生成 H—Cl 键放出的能量（–431 kJ/mol）高，因此是一个轻微的吸热反应，而反应（3）则是一个放热反应。

实验表明，要使反应（2）发生，只提供 4.2 kJ/mol 的能量是不够的，而是必须提供 16.7 kJ/mol 的能量才能使反应发生，这种为了发生有效碰撞而所需提供的最小能量叫作活化能（activation energy），用 E_a 表示。一般来说，凡是有化学键断裂的反应，都必须具有一定的活化能，即使放热反应也是如此。如反应（3）。

一个化学反应，通常都会通过活化能最低的方式来进行。例如，在链增长阶段，氯自由基也可以选择与 C—H 键中的 C 结合直接生成一氯甲烷和氢自由基：

$$H_3C-H + Cl\cdot \longrightarrow H_3C-Cl + H\cdot \quad \Delta H = 83 \text{ kJ/mol}$$

但这是一个需要吸收较大能量的过程，因此反应不易发生。

烷烃氯代的过程不是一蹴而就的。当氯自由基与甲烷分子发生碰撞时，氯自由基首先进攻处于四面体顶点的氢核，同时弱化 C—H 键，Cl—H 键逐渐形成，而 C—H 键逐渐断裂，碳原子的构型也逐渐由四面体向甲基自由基的平面构型转化，在此过程中体系能量首先逐渐上升，当能量达到最高点时的结构称为过渡态，可用[Cl···H···CH₃]来表示。过渡态很不稳定，瞬间即逝，一般无法分离得到。过渡态释放出一定的能量，形成甲基自由基中间体，再与氯气分子碰撞，吸收活化能形成过渡态，再形成产物一氯甲烷和新的氯自由基。

甲烷氯代链增长阶段的反应（2）和（3）中的能量变化如图 2-6 所示。

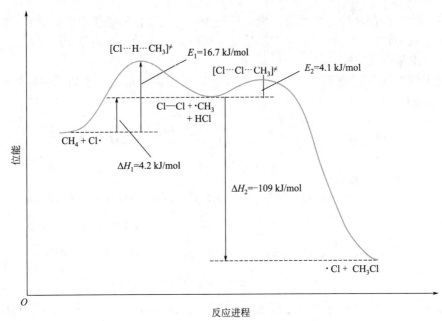

图 2-6　甲烷氯代反应中的能量变化

由图 2-6 可见这是一个放热反应，体系能量在两个过渡态时达到最高，随后逐渐降低，过渡态能量与反应物分子平均能量差即为活化能。在一个多步骤的反应中，反应速率最慢（活化能最高）的一步对反应速率的影响最大，称为速率控制步骤。

由图还可以看出，该反应的逆反应的活化能远高于正反应，因此事实上是不可能发生的。

3. 卤素活性的比较

如上所述，烷烃卤代的第二步为速率控制步骤，该步的活化能大小决定了卤代反应的速率。不同的卤素，在进行该步反应时所需要的活化能及产生的热量变化是不同的。如表 2-1 所示。

表 2-1　不同卤素在第二步反应中的活化能及反应热比较

卤素	E_a/(kJ/mol)	ΔH/(kJ/mol)
F	4.2	−133.5
Cl	16.7	4.2
Br	75	66.5
I	>141	136.4

由此可见，氟与甲烷的反应最容易，仅需 4.2 kJ/mol 的活化能，而放出的热量是巨大的，如果不能及时移除，将导致爆炸性的反应。而碘与甲烷的反应需要大于 141 kJ/mol 的能量，因此反应难以进行，其逆反应较易完成。所以烷烃在常温下不能直接进行氟代和碘代，烷烃的卤代通常是指氯代和溴代，而氯代的速率远高于溴代。

4. 其他烷烃的卤代

除了甲烷和乙烷外，其他烷烃在进行一卤代时将面临选择性的问题。实验发现，丙烷在四氯化碳溶剂中于 25℃下进行氯代时，得到的产物中 1-氯丙烷和 2-氯丙烷的含量分别为 45% 和 55%。

$$H_3C-CH_2-CH_3 \xrightarrow[hv,\ 25℃]{Cl_2/CCl_4} H_3C-CH_2-CH_2Cl + H_3C-\underset{\underset{Cl}{|}}{CH}-CH_3$$

$$45\% \qquad\qquad 55\%$$

丙烷中有 6 个 1°H，2 个 2°H，假使它们的活性相同，产物仅由碰撞概率来决定，则 1-氯丙烷和 2-氯丙烷的含量比应为 3∶1，但事实上并非如此。可见它们虽然都是 C—H σ 键，但反应活性不同，其活性比为 $(45/6)∶(55/2)=1∶3.7$。

同样，在异丁烷分子中存在 9 个 1°H 和 1 个 3°H，其氯代产物 2-甲基-1-氯丙烷与 2-甲基-2-氯丙烷的含量分别为 64% 和 36%，则 1°H 和 3°H 的活性比为 $(64/9)∶(36/1)=1∶5.1$。

$$H_3C-\underset{\underset{CH_3}{|}}{CH}-CH_3 \xrightarrow[hv,\ 25℃]{Cl_2/CCl_4} H_3C-\underset{\underset{CH_3}{|}}{CH}-CH_2Cl + H_3C-\underset{\underset{Cl}{|}}{\overset{\overset{CH_3}{|}}{C}}-CH_3$$

$$64\% \qquad\qquad 36\%$$

烷烃氯代时 3°H、2°H 和 1°H 的活性比为：5.1∶3.7∶1。

另据实验证实，甲烷 H 与 1°H 的活性比为 1∶267。所以烷烃中 H 的活性顺序为：3°H>2°H>1°H>CH₃—H

不同的烷烃在溴代时活性也是不一样的，3°H、2°H 和 1°H 的活性比为 1600∶82∶1。这是因为溴代反应所需的活化能较高，能够获得足够能量的分子少，因此选择性更强，这在有机化学反应中是一个普遍现象，即反应活性与选择性一般呈相反的关系。

不同类型的氢原子活性不同，其原因当然是形成的过渡态的能量不同，而这种能量的差别是由超共轭效应造成的。当卤素自由基进攻不同类型的氢原子时，会形成不同的自由基，如丙烷与氯的反应，当氯自由基进攻丙烷上的 1°H 或 2°H 时，其形成的活性中间体分别为丙基自由基和异丙基自由基：

$$CH_3CH_2CH_2 \qquad\qquad CH_3CHCH_3$$

后者有 α 位的 6 个 C—H σ 键产生的超共轭效应，而前者只有 2 个，因此后者更稳定，能量更低，所以更易形成，这是 2°H 活性高于 1°H 的原因。同理可以解释 3°H 比 2°H 更活泼，叔丁基自由基比异丙基自由基更易形成。

从这种活性中间体的稳定性也可以理解过渡态的稳定性，因为在过渡态中产物逐渐形成，因此，中间体的稳定性与过渡态的稳定性顺序是一致的。

从不同类型氢原子的活性可以推测产物的比例。例如，正丁烷在 25℃ 下的氯代，其 1-氯丁烷和 2-氯丁烷的比例应为：

$$\frac{1\text{-氯丁烷}}{2\text{-氯丁烷}}=\frac{1°H\text{数目}}{2°H\text{数目}}\times\frac{1°H\text{活性}}{2°H\text{活性}}=\frac{6}{4}\times\frac{1}{3.7}\approx\frac{28\%}{72\%}$$

实验结果也是如此。

2.6.2 烷烃的氧化反应

烷烃是可燃的，完全燃烧的最终产物为 CO_2 和 H_2O，同时放出大量的热，这也是内燃机的工作原理。其反应式为：

$$C_nH_{2n+2} + \frac{3n+1}{2}O_2 \rightarrow nCO_2 + (n+1)H_2O + Q$$

烷烃在室温下，一般不与氧化剂反应，与空气中的氧气也不发生反应，但在高温和加压下或在催化剂作用下可以使它发生部分氧化，生成各种含氧衍生物如醇、醛、酸等，烷烃的氧化过程是自由基反应。由于这些产品用途广，而且烷烃来源丰富，故利用烷烃进行选择性氧化生成各种含氧衍生物已成为多年来攻关的课题，目前重要的成功实例如在 170~200℃ 和 7MPa 压力下，用空气氧化丁烷生产乙酸。

高级烷烃氧化成高级脂肪酸也已实现工业化，由此得到脂肪酸的混合物可用来代替植物油脂制造肥皂，节省大量的食用油脂。

2.6.3 烷烃的热裂解反应

在无氧条件下将烷烃加热到 800℃ 左右，可使烷烃分解生成小分子的烷烃和烯烃，这种反应称为烷烃的热裂解，也称裂化。热裂解也是自由基反应，其过程和产物都很复杂。如丙烷的热裂：

$$CH_3CH_2CH_3 \longrightarrow \overset{\cdot}{C}H_3 + CH_3\overset{\cdot}{C}H_2$$

$$CH_3\overset{\cdot}{C}H_2 + CH_3CH_2CH_3 \longrightarrow CH_3CH_3 + CH_3CH_2{-}\overset{\cdot}{C}H_2 + CH_3\overset{\cdot}{C}HCH_3$$

$$CH_3CH_2{-}\overset{\cdot}{C}H_2 \longrightarrow \begin{cases} CH_3{-}CH{=}CH_2 + H\cdot \\ H_2C{=}CH_2 + \overset{\cdot}{C}H_3 \end{cases}$$

新生成的烯烃又可以通过加成生成新的自由基，自由基也可以互相结合生成分子，总的结果是分子量较大的烷烃裂解成较小的烷烃和烯烃，工业上正是用此方法生产乙烯、丙烯、丁二烯等基础化工原料的。烷烃的热裂解在石油化工中非常重要，为了降低裂解温度，可以加入一些催化剂，如铂、硅酸盐、氧化铝等，在催化剂作用下的裂化反应称为催化重整。石油加工除得到汽油外，还有煤油、柴油等较大的烷烃，通过催化重整，可以提高汽油的品位。

2.7 烷烃的来源与用途

人类使用的烷烃主要来自石油、天然气和煤。天然气中大致含甲烷 75%、乙烷 15%、丙烷 5%，其他为较高级的烷烃。石油中所含的烷烃种类最多，可根据需要将它们分馏成不同的馏分加以应用。表 2-2 列出了各种石油产品的组成及用途。

表 2-2　石油各馏分的组成和用途

产品	主要成分	沸点范围/℃	用途
石油气	$C_1{\sim}C_4$ 的烷烃	<20	燃料、液化石油气
石油醚(轻汽油)	$C_4{\sim}C_6$ 的烷烃	40~70	溶剂、化工原料
汽油	$C_5{\sim}C_8$ 的烷烃	40~150	溶剂、内燃机燃料
航空煤油	$C_8{\sim}C_{15}$ 的烷烃	150~250	喷气式飞机燃料
煤油	$C_{11}{\sim}C_{17}$ 的烷烃	160~300	燃料、工业洗涤剂

产品	主要成分	沸点范围/℃	用途
柴油	$C_{12} \sim C_{19}$ 的烷烃	$180 \sim 350$	柴油机燃料
润滑油	$C_{16} \sim C_{20}$ 的烷烃与环烷烃		防锈剂
石蜡	$C_{20} \sim C_{30}$ 的烷烃		蜡纸、多级脂肪酸
沥青	$> C_{30}$ 的烷烃		铺路、防腐剂

习 题

微信扫码
获取答案

1. 用系统命名法命名下列化合物：

（1）$H_3C-CH-CH-CH_2CH_3$
（其中上方为 CH_3，下方为 $CH_2CH_2CH_3$）

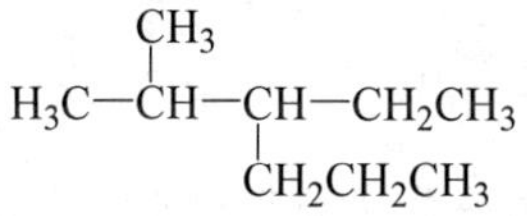

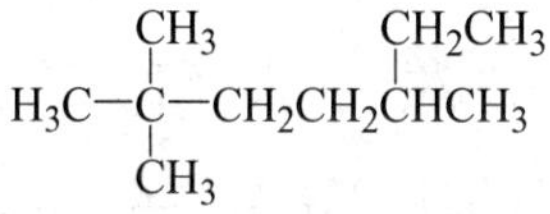

（2）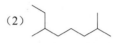

（3）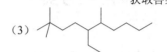

（4）$H_3C-C-CH_2CH_2CHCH_3$
（上方为 CH_3 和 CH_2CH_3，下方为 CH_3）

（5）$CH_3CHCH_2CH_2CH_3$，其中含 $H_3C-CH-CH_3$ 和 CH_3 支链

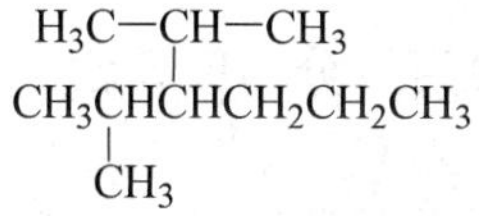

2. 写出下列化合物的结构式：

（1）3,4-二甲基壬烷　（2）4,4-二甲基-3-乙基庚烷　（3）2,2-二甲基-4-丙基辛烷　（4）2,2,4-三甲基戊烷

3. 沿着丙烷分子中 C—C 键的方向观察，画出最稳定和最不稳定构象的 Newman 投影式。

4. 将下列化合物按沸点降低的顺序排列。

（1）戊烷，异戊烷，新戊烷　（2）己烷，2-甲基戊烷，3-甲基戊烷，2,3-二甲基丁烷，2,2-二甲基丁烷

5. 将下列自由基按稳定性从大到小的次序排列。

$$CH_3CH_2\dot{C}H_2 \qquad CH_3CH_2\dot{C}HCH_3 \qquad (CH_3CH_2)_3\dot{C} \qquad \dot{C}H_3$$

6. 将下列两个楔形透视式写成纽曼投影式，它们是不是同一个构象？

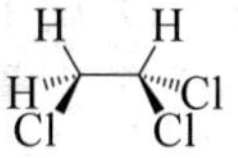

（图A和图B）

A 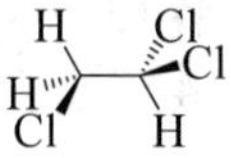　　　　　　B

7. 化合物 2,2,4,6-四甲基庚烷分子中的碳原子，各属于哪一类型（伯、仲、叔、季）碳原子？

8. 某烷烃的分子量为72，氯化时，（1）只得一种一氯代产物；（2）得三种一氯代产物；（3）得四种一氯代产物；（4）只有两种二氯衍生物。分别写出这些烷烃的构造式。

第3章

烯 烃

3.1 烯烃的分类

分子中只含有碳碳双键的烃称为烯烃，由于其可以通过加一分子氢而达到"饱和"（生成烷烃），因而是不饱和烃。

根据碳碳双键的数目，烯烃可以分为单烯烃、二烯烃和多烯烃等。只含一个双键的烯烃称为单烯烃，链状单烯烃的通式为 C_nH_{2n}（$n \geq 2$）。

烯烃的同分异构现象比烷烃要复杂得多，既有如烷烃一样的碳架异构，又有双键处于不同位置的位置异构，以及双键两侧的基团在空间的位置不同产生的顺反异构。此外，相同碳数的单烯烃和单环烷烃互为同分异构体。以分子式为 C_4H_8 的化合物为例，其所有可能的同分异构体包括：

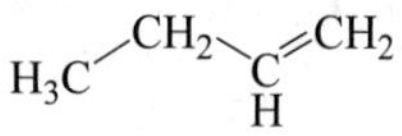

| 1-丁烯 | 2-甲基丙烯 | 顺-2-丁烯 | 反-2-丁烯 | 甲基环丙烷 | 环丁烷 |
| (1) | (2) | (3) | (4) | (5) | (6) |

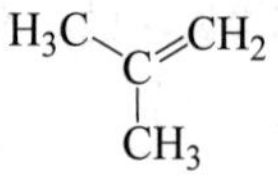

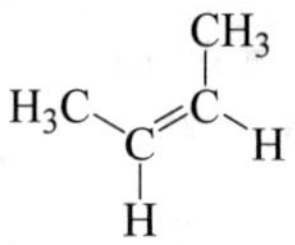

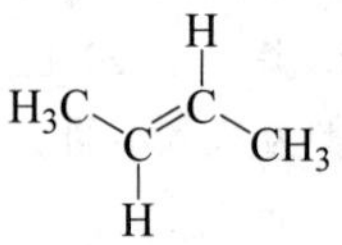

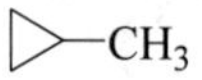

其中（1）与（2）属于碳架异构，（1）与（3）属于双键位置异构，（3）与（4）属于顺反异构。（1）、（2）、（3）、（4）与（5）、（6）分别是同分异构的烯烃与环烷烃，也可称为官能团异构。

3.2 烯烃的命名

单烯烃的命名规则如下：

（1）选取含有双键的最长的碳链为主链，根据主链碳原子的数目命名为某烯。如丁烯、己烯、环己烯等。

（2）将主链从离双键近的一端开始编号，两个双键碳原子中较小的编号为双键的位置，将数字加在主链名称前。如 1-丁烯、2-己烯、4-辛烯等。当双键到两端的距离相等时，选取距离取代基更近的一端开始编号。

（3）在主链名称前面再加上各取代基的位置、数目和名称。如 3-甲基-2-乙基-1-丁烯、2,4-

二甲基-2-己烯、3-甲基-1-环己烯等。

举例如下：

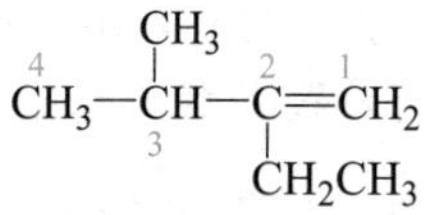

CH₃—CH—C=CH₂ 3-甲基-2-乙基-1-丁烯

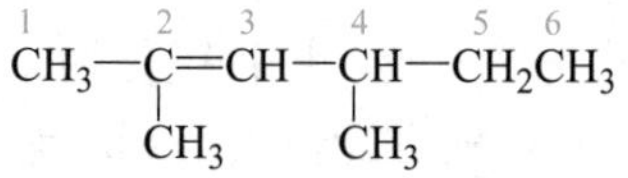

CH₃—C=CH—CH—CH₂CH₃ 2,4-二甲基-2-己烯

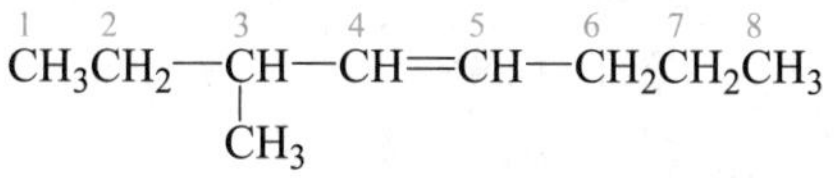

CH₃CH₂—CH—CH=CH—CH₂CH₂CH₃ 3-甲基-4-辛烯

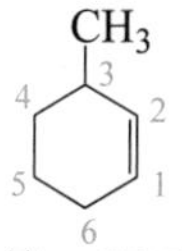

3-甲基-1-环己烯

3.3　烯烃的结构

3.3.1　烯烃的结构

sp² 杂化：处于激发态的碳原子，在成键时也可以以 sp² 杂化的方式进行，即在进行轨道杂化时，2s 轨道与 2 个 2p 轨道杂化形成 3 个等同的 sp² 杂化轨道，剩下 1 个未参与杂化的 p 轨道。

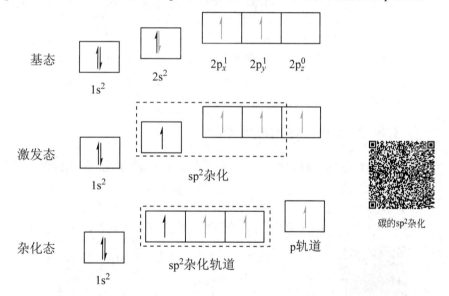

碳的sp²杂化

sp² 杂化轨道呈平面三角形，未参与杂化的一个 p 轨道处于与该平面垂直的位置，因此形成的分子呈平面形构型。

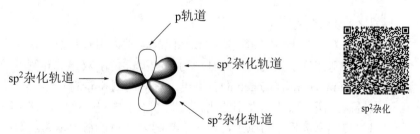

sp²杂化

以乙烯为例，在形成乙烯分子时，两个碳原子各以一个sp²杂化轨道以"头碰头"的方式形成一个sp²-sp²型σ键，每个碳原子另外两个sp²杂化轨道分别与两个氢原子的s轨道形成一个sp²-s型σ键。这样，每个碳原子上分别还余下一个未参与杂化的p轨道，这2个p轨道互相平行，以"肩并肩"的方式重叠成键，这种键称为π键。这样在乙烯分子中两个碳原子之间就存在一个σ键和一个π键，σ键的键能较大，π键键能较小。

乙烯分子的形成

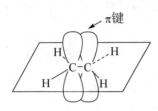

由乙烯的成键方式可以看出烯烃化合物的结构特点如下：

（1）与双键相连的原子都在同一个平面上，σ键与σ键的键角接近120°，这是由sp²杂化轨道的性质决定的。

（2）π键是2个p轨道侧面重叠形成的，因此碳碳双键不能自由旋转（旋转就会造成π键的破裂）。这种性质使得当烯烃的每个碳原子上分别连接不同的基团时，会出现异构现象，如：

乙烯Kekule模型

在这两个分子中，两个甲基处于同侧的为顺式异构体，异侧的为反式异构体，它们互呈顺反异构的关系。显然，在这两个分子中，基团之间的几何距离是不一样的，因此它们也称为几何异构体或立体异构体。

3.3.2 顺反异构体的命名

当烯烃存在顺、反异构体时，必须在全名的前面明确标出烯烃的构型。顺反异构体构型的命名方法有两种。

1. 顺反命名法

两个双键碳上相同的原子或原子团在双键的同一侧者，称为顺式，反之称为反式。

丁烯的顺反异构

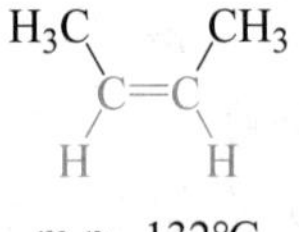

m.p.–132℃
顺-2-丁烯

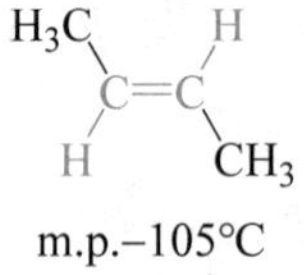

m.p.–105℃
反-2-丁烯

2. Z，E-命名法

当两个双键碳上没有相同原子或基团时，难以用顺反命名法命名，此时，当两个双键碳上相对大的基团位于双键同一侧时，为Z构型；位于双键的异侧时，为E型（Z和E分别为德文zuzammen和entgegen的首字母，意即同侧和异侧）。

双键碳上两个取代基大小的比较按照"次序规则"确定，该规则规定如下：

（1）与碳直接相连的原子，原子序数越大，则该基团越大。如：

$$I > Br > Cl > S > P > O > N > C > D > H$$

（2）如果与碳直接相连的原子相同，则顺序比较第 2 个原子，第 2 个仍然相同时，则比较第 3 个，依此类推。如：

$$BrCH_2 > ClCH_2 > CH_3，BrCH_2CH_2 > ClCH_2CH_2 > CH_3CH_2 > CH_3$$

（3）双键和叁键分别按连接 2 个或 3 个相同的原子处理，例如：

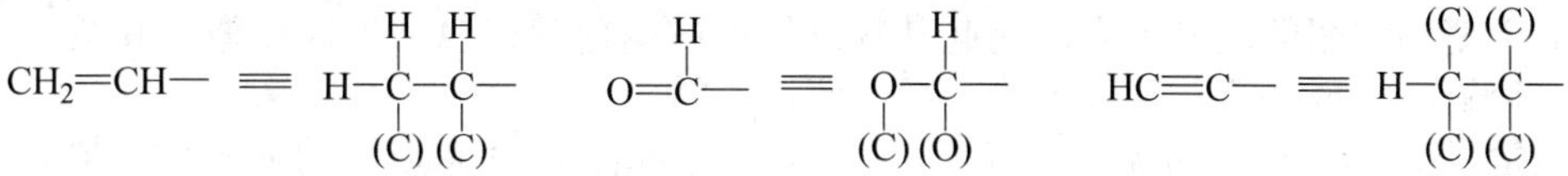

所以有：

$CH_2{=\!\!=}CH— > (CH_3)_2CH—，CHO > CH_2OH$。

举例如下：

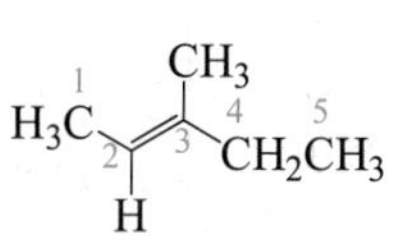

(E)-3-甲基-2-戊烯
顺-3-甲基-2-戊烯

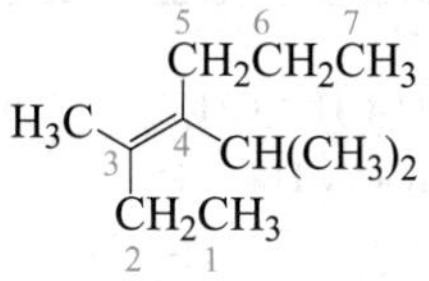

(Z)-3-甲基-4-异丙基-3-庚烯

3.4 烯烃的存在及用途

烯烃的性质很活泼，因此小分子的烯烃在自然界存在较少。乙烯是一种广泛存在于植物体内的天然激素，与植物果实的成熟过程密切相关。大分子甚至高分子的烯烃，尤其是共轭烯烃则普遍存在于自然界中，如番茄红素、胡萝卜素、天然橡胶等，含有碳碳双键的物质更是比比皆是，如不饱和脂肪酸等，它们在生物体内起着非常重要的生理作用。

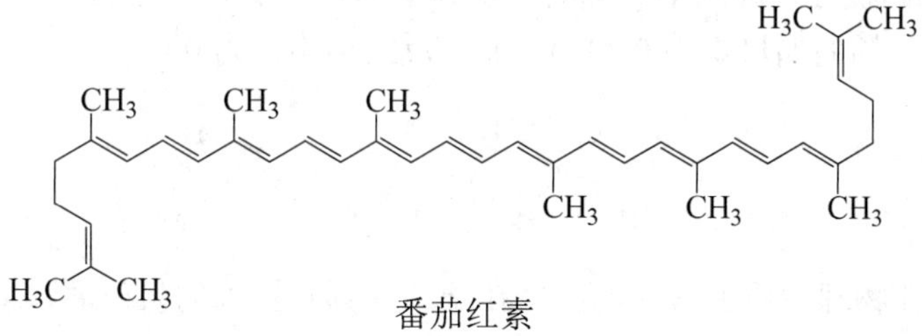

番茄红素

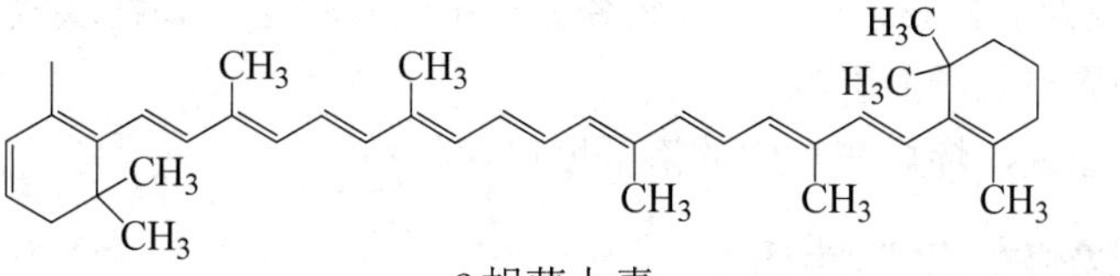

β-胡萝卜素

烯烃是重要的基础化工原料，如乙烯、丙烯、丁二烯、苯乙烯等，它们都是聚烯烃塑料的单体原料，这些烯烃的产量是衡量一个国家化工水平的重要参数。工业上烯烃的生产一般采用石油催化裂解的方法。

3.5 烯烃的物理性质和化学性质

3.5.1 烯烃的物理性质

与烷烃相似，烯烃分子主要也是由非极性的碳-碳键和弱极性的碳-氢键组成的，分子间的作用力主要为较弱的范德华力，因此其物理性质的变化规律也与烷烃相似，其熔点、沸点、密度、溶解度等也是随着碳原子数的增加而递变的。

在常温下，$C_2 \sim C_4$ 的烯烃为气体，$C_5 \sim C_{16}$ 的为液体，C_{17} 以上的为固体。烯烃的相对密度均小于 1，为不溶于水、易溶于有机溶剂的无色物质。乙烯稍带甜味，液体烯烃则具有汽油的气味。表 3-1 列出了一些常见烯烃的物理常数。

表 3-1　常见烯烃的物理常数

名称	结构式	熔点/℃	沸点/℃	相对密度
乙烯	$H_2C{=}CH_2$	−169.0	−103.7	0.5660(−102℃)
丙烯	$CH_3CH{=}CH_2$	−185.2	−47.4	0.5193
1-丁烯	$CH_3CH_2CH{=}CH_2$	−185.3	−6.3	0.5951
顺-2-丁烯	$\begin{array}{c}H_3C\quad CH_3\\ \diagdown\;\diagup\\ C{=}C\\ \diagup\;\diagdown\\ H\qquad H\end{array}$	−138.9	3.7	0.6213
反-2-丁烯	$\begin{array}{c}H_3C\qquad H\\ \diagdown\;\diagup\\ C{=}C\\ \diagup\;\diagdown\\ H\qquad CH_3\end{array}$	−105.5	0.9	0.6042
异丁烯	$\begin{array}{c}H_3C{-}C{=}CH_2\\ \quad\mid\\ \quad CH_3\end{array}$	−140.3	−6.9	0.5942
1-戊烯	$CH_3CH_2CH_2CH{=}CH_2$	−138.0	30	0.6405
1-己烯	$CH_3CH_2CH_2CH_2CH{=}CH_2$	−139.8	63.3	0.6731
1-庚烯	$CH_3CH_2CH_2CH_2CH_2CH{=}CH_2$	−119.0	93.6	0.6970

烯烃分子中由于存在 sp^2 和 sp^3 两种杂化状态的碳原子，它们的轨道电负性不同，造成这种 C–C 键具有弱的极性，因此不对称的烯烃分子具有一定的极性。

例如，顺-2-丁烯的偶极矩为 0.33 D，而其反式异构体为 0 D。

$$\begin{array}{cc}\begin{array}{c}H_3C\;\;\searrow\quad\swarrow\;CH_3\\ C{=}C\\ \diagup\;\diagdown\\ H\qquad H\end{array} & \uparrow\qquad\begin{array}{c}H_3C\;\;\searrow\quad H\\ C{=}C\\ \diagup\;\searrow\\ H\qquad CH_3\end{array}\end{array}$$

烯烃和烷烃在物理性质上最大的区别在于烯烃具有较大的折射率，如环己烯的折射率为1.4465，而环己烷为 1.4262。这是因为烯烃分子中的 π 轨道重叠程度较小，受核的吸引力小，因此容易受到外界电磁场的影响。

由于同样的原因，烯烃在水中的溶解度比烷烃略大。

3.5.2 烯烃的化学性质

烯烃中的 π 分子轨道的能级比 σ 分子轨道高，位于成键轨道的最上层，犹如原子中最外层的价电子层。由于 π 键是由 p 轨道侧面重叠而形成的，重叠程度不如轴向重叠的 σ 键大，因此 π 键不如 σ 键牢固，键能较低，约为 264.4 kJ/mol（σ 键为 345.6 kJ/mol），所以烯烃的

反应多发生在 π 键上。

1. 加成反应

加成反应是烯烃的典型反应，是 π 键打开，形成两个新的 σ 键的过程。

（1）催化加氢

催化加氢也叫催化氢化，在镍、钯、铂等金属催化剂的作用下，烯烃可以与氢气加成生成烷烃。

$$\text{C=C} + H_2 \xrightarrow{\text{催化剂}} -\underset{H}{\overset{|}{C}}-\underset{H}{\overset{|}{C}}- + \text{热量}$$

实验表明，该反应在没有催化剂存在时很难发生，催化剂的存在大大降低了反应所需的活化能。催化氢化发生在金属催化剂的表面，高度分散的金属粉末具有极高的表面活性，能活化吸附在其表面的烯烃和氢气分子中的化学键，促使它们相互发生反应，形成产物后从催化剂表面再解吸出来。同时，催化加氢反应是可逆的，过量的氢气、较低的温度和适当的压力对反应是有利的。

烯烃的催化加氢是一个顺式加成反应，即两个氢原子都加成到双键平面的同一侧，例如：

$$\underset{H_3C}{\overset{H_3C}{\diagdown}}\text{环戊烯} \xrightarrow[Pt]{H_2} \underset{H_3C}{\overset{H_3C}{\diagdown}}\text{环戊烷}$$

催化氢化是一个放热反应。1 mol 烯烃加氢时所放出的热量称为烯烃的氢化热，每个双键的氢化热约为 125 kJ/mol 。氢化热的大小反映了分子的稳定性，氢化热越低，稳定性越高。表 3-2 列出了一些烯烃分子的氢化热值。

表 3-2　一些烯烃的氢化热

烯烃	氢化热/(kJ/mol)	烯烃	氢化热/(kJ/mol)
乙烯	137	顺-2-戊烯	120
1-丁烯	127	反-2-戊烯	115
顺-2-丁烯	120	2-甲基-1-丁烯	119
反-2-丁烯	115	2-甲基-2-丁烯	113
1-戊烯	126	2,3-二甲基-2-丁烯	111

烯烃的催化氢化无论是理论上还是实际应用上都具有非常重要的价值。

（2）烯烃的亲电加成反应

烯烃中的碳碳双键是富电子体系，容易受到缺电子的试剂进攻。由缺电子试剂进攻而发生的加成反应称为亲电加成（Electrophilic addition）反应。其反应通式为：

$$\text{C=C} + E\text{-}Nu \longrightarrow -\underset{E}{\overset{|}{C}}-\underset{Nu}{\overset{|}{C}}- + \text{热量}$$

式中，E 和 Nu 分别代表加成分子中的亲电基团和亲核基团。

① 与卤素的加成　烯烃与卤素加成可得到邻二卤代物：

$$-\overset{|}{C}=\overset{|}{C}- + X_2 \xrightarrow{CCl_4} -\underset{X}{\overset{|}{C}}-\underset{X}{\overset{|}{C}}-$$

此反应在室温下即可顺利进行。溴的四氯化碳溶液在反应后红棕色会迅速消失，可作为检测烯烃存在的简便方法。

不同卤素的反应活性顺序是：氟>氯>溴>碘。氟的加成反应很剧烈，往往会使烯烃分解，而碘难以发生直接加成，因此本反应中的卤素通常指氯和溴。

溴与烯烃的加成反应中，许多实验事实证明，反应是分两步进行的。当溴分子与烯烃接近时，受 π 电子的影响，溴分子发生诱导极化，靠近 π 电子的溴原子带微量正电荷，离得较远的溴原子带微量负电荷。带正电荷的溴率先向双键碳原子进攻生成碳正离子，由于溴原子上带有具有亲核性的孤对电子，而其体积又足够大，所以会与碳正离子形成一个三元环的正离子，称为溴鎓离子。在第二步，溴负离子从原双键平面的另一面进攻溴鎓离子完成加成，因此该反应为反式加成反应。

溴鎓离子

例如：

反-1,2-二溴环己烷

上述机理也得到其他实验事实的佐证。如在含有其他亲核试剂的情况下，反应将得到混合物。例如乙烯在氯化钠水溶液中与溴加成，会得到 1,2-二溴乙烷、1-氯-2-溴乙烷和 2-溴乙醇的混合物，就是因为形成的溴鎓离子既可以与溴负离子反应，也可与体系中的氯负离子或水反应：

$$CH_2=CH_2 + Br_2 \xrightarrow[H_2O]{NaCl} BrCH_2CH_2Br + BrCH_2CH_2Cl + BrHCH_2CH_3OH$$

那么烯烃与卤素的加成是否是完全的反式加成呢？也不一定。如反-1-苯基丙烯在四氯化碳溶液中分别与溴和氯的加成：

	试剂	反式加成产物比例	顺式加成产物比例
	Br_2/CCl_4	83%	17%
	Cl_2/CCl_4	32%	68%

显然，烯烃与卤素的加成不仅不完全是反式加成，而且产物的比例与卤素的种类也有很大关系。这是因为，卤素受 π 电子的诱导产生异裂并不是一蹴而就的，有一个逐步断裂的过程。卤鎓离子的形成和卤素负离子向邻位碳原子的进攻其实是一个相互竞争的反应。在溴的情况下，已连上去的溴原子体积较大，相对于溴负离子有较大的空间位阻，因此已连上去的溴就以其孤对电子作为亲核中心进攻相邻碳原子，形成了溴鎓离子。溴负离子则只好从背面进攻完成反式加成，所得到的反式加成产物正是这一竞争的结果。而在氯的情况下，由于氯原子的体积较小，对氯负离子的空间位阻较小，而且氯的亲核性也较弱，因此在双键的同一面给氯负离子留下了较多的机会，它会就近进攻邻位的碳原子，而不需要绕到背面，这是其顺式产物较多的原因。

② 与酸的加成 强酸中的 H^+ 是最简单的亲电试剂，能与烯烃直接发生亲电加成反应，

较弱的酸如乙酸、乙醇、水等在强酸的催化下也可发生亲电加成反应。例如：

$$H_2C=CH_2 \begin{array}{l} \xrightarrow{HCl} CH_3CH_2Cl \quad 氯乙烷 \\ \xrightarrow{H-OSO_3H} CH_3CH_2OSO_3H \quad 硫酸氢乙酯 \\ \xrightarrow{CH_3COOH} CH_3CH_2OCOCH_3 \quad 乙酸乙酯 \\ \xrightarrow{C_2H_5OH,\ H^+} CH_3CH_2OCH_2CH_3 \quad 乙醚 \\ \xrightarrow{H_2O,\ H^+} CH_3CH_2OH \quad 乙醇 \end{array}$$

该反应的反应机理如下：

$$\ \underset{}{>}C=C\underset{}{<} + H^+ \longrightarrow \left[\underset{}{>}\overset{H^+}{\underset{}{C}}\text{—}\overset{}{C}\underset{}{<} \right] \longrightarrow \underset{}{>}\overset{+}{C}\text{—}\overset{Nu}{\underset{H}{C}}\underset{}{<} \longrightarrow \underset{Nu}{>}C\text{—}\overset{}{\underset{H}{C}}\underset{}{<}$$

$$碳正离子$$

富电子的 π 键在酸的作用下发生异裂，生成活性中间体碳正离子，后者再与富电子的亲核试剂如 Cl⁻、$HOSO_3^-$、ROH、H_2O、HOAc 等反应完成加成。

很显然，当烯烃是不对称烯烃时，π 键的异裂会有两种可能，即质子加成会产生两种碳正离子。如丙烯与 HCl 的加成：

$$CH_3\text{—}CH=CH_2 + H^+ \longrightarrow \underset{异丙基碳正离子}{CH_3\text{—}\overset{+}{C}H\text{—}CH_3} \quad \underset{正丙基碳正离子}{CH_3\text{—}CH_2\text{—}\overset{+}{C}H_2}$$

$$\overset{Cl^-}{\downarrow} \qquad\qquad \overset{Cl^-}{\downarrow}$$

$$\underset{}{\overset{Cl}{\underset{}{CH_3\text{—}CH\text{—}CH_3}}} \qquad CH_3\text{—}CH_2\text{—}CH_2Cl$$

产生的两种碳正离子再与氯离子加成分别形成 2-氯丙烷和 1-氯丙烷。实验结果表明，其中 2-氯丙烷较多，而 1-氯丙烷较少，即反应是有选择性的，这种选择性称为区域选择性（regioselectivity）。

1870 年 V. Markovnikov 总结了大量的类似实验结果后指出：当不对称烯烃与酸加成时，质子主要加到双键中含氢较多的碳原子上，其余部分则加到含氢较少的碳原子上。这一规律称为马氏规则。符合这一规律的加成称为马氏加成，而不符合这一规律的加成反应称为反马氏加成。

之所以产生这种区域选择性，第一个原因是底物烯烃的结构。在诱导效应和超共轭效应的共同作用下，丙烯的 π 键会产生极化，从而使得末端碳原子上电子云密度较高，因此更容易受到亲电试剂的进攻：

$$CH_3 \longrightarrow \overset{\delta^+}{CH}=\overset{\delta^-}{CH_2}$$

第二个原因是中间体碳正离子的稳定性。与碳自由基一样，碳正离子也具有平面构型，邻近 α 位 C—H 键上的 σ 电子会通过超共轭效应稳定缺电子的碳正离子。因此，碳正离子上的烷基取代基越多，超共轭效应越强，这样的碳正离子就越稳定。异丙基碳正离子上有两个烷基取代基，而正丙基碳正离子只有一个，所以前者能量较低，稳定性更强。相对应的，其形成时的过渡态能量较低，因此更容易形成。碳正离子一旦形成，很快就会与亲核基团反应生成产物。

根据碳正离子上所带烷基取代基的数目，分为一级（1°）碳正离子，二级（2°）碳正离子和三级（3°）碳正离子。不同碳正离子的稳定性顺序为：

$$-\overset{|}{\underset{|}{C}}{}^{+} \quad > \quad -\overset{|}{C}H \quad > \quad -\overset{+}{C}H_2 \quad > \quad \overset{+}{C}H_3$$

三级碳正离子　　　二级碳正离子　　　一级碳正离子　　　甲基碳正离子

$$3℃^+ \qquad\qquad 2℃^+ \qquad\qquad 1℃^+$$

在经由碳正离子进行的反应中，当形成的碳正离子稳定性较差，而有可能转化为更稳定的碳正离子时，就会发生重排（rearrangement）。例如：

$$H_3C-\overset{CH_3}{\underset{H}{C}}-CH=CH_2 \xrightarrow{HCl} H_3C-\overset{CH_3}{\underset{H}{C}}-\overset{}{\underset{Cl}{C}}H-CH_3 + H_3C-\overset{CH_3}{\underset{Cl}{C}}-CH_2-CH_3$$

$$(1) \qquad\qquad\qquad (2)$$

产物（1）是预期的马氏加成产物，（2）的生成机理为：

$$H_3C-\overset{CH_3}{\underset{H}{C}}-CH=CH_2 \xrightarrow{HCl} H_3C-\overset{CH_3}{\underset{H}{C}}-\overset{+}{C}H-CH_3 \xrightarrow{重排} H_3C-\overset{CH_3}{\underset{+}{C}}-CH_2-CH_3 \xrightarrow{Cl^-} (2)$$

先生成的碳正离子是二级碳正离子，而重排后变成三级碳正离子，稳定性强得多，因此会发生氢的迁移，进行重排。迁移的基团可以是氢原子，也可以是烷基。例如：

$$H_3C-\overset{CH_3}{\underset{CH_3}{C}}-CH=CH_2 \xrightarrow{HCl} H_3C-\overset{CH_3}{\underset{CH_3}{C}}-\overset{}{\underset{Cl}{C}}H-CH_3 + H_3C-\overset{CH_3}{\underset{Cl}{C}}-\overset{CH_3}{C}H-CH_3$$

由此可见，烯烃的亲电加成反应具有区域选择性的根本原因是双键碳原子上的电子云密度的分布和碳正离子中间体的稳定性，而不在于碳原子上氢的多少。如下面的反应：

$$CF_3-CH=CH_2 + HCl \left[\begin{array}{l} \xmapsto{\times} CF_3-\overset{}{\underset{Cl}{C}}H-CH_3 \\ \longrightarrow CF_3-CH_2-CH_2Cl \end{array} \right.$$

质子并没有加到含氢较多的碳原子上。这是因为氟原子强的电负性，使得三氟甲基对双键产生吸电子的诱导效应（-I），这样双键碳原子上的电子云密度分布与丙烯双键碳原子上的电子云密度分布相反。

所以，马氏规则更确切的说法应该是：当一个不对称试剂与双键发生离子型加成反应时，试剂中正电性的部分总是加到电子云密度较高的碳原子上，并生成较稳定的碳正离子中间体。

③ 与水的加成　烯烃与水的加成反应通常需要酸催化，反应生成醇，该反应又叫烯烃的水合反应，是工业上制备醇的重要方法。

$$\overset{}{\underset{}{C}}=\overset{}{\underset{}{C} }+ H_2O \xrightarrow{H^+} -\overset{}{\underset{H}{C}}-\overset{}{\underset{OH}{C}}-$$

烯烃与水的加成反应也是先生成碳正离子中间体，产物的选择性遵循马氏规则。

$$CH_3-CH=CH_2 + H_2O \xrightarrow{H_3PO_4} CH_3-\underset{\underset{OH}{|}}{CH}-CH_3$$

$$CH_3-\underset{\overset{|}{CH_3}}{C}=CH_2 + H_2O \xrightarrow{H_2SO_4} CH_3-\underset{\underset{OH}{|}}{\overset{\overset{CH_3}{|}}{C}}-CH_3$$

④ 与次卤酸的加成　烯烃与卤素的水溶液加成会得到邻卤代醇：

$$\underset{}{C}=\underset{}{C} + HOX \longrightarrow -\underset{\underset{X}{|}}{C}-\underset{\underset{OH}{|}}{C}-$$

次卤酸处于一个平衡体系：$X_2 + H_2O \rightleftharpoons HOX + HX$

此反应既可以理解为烯烃与卤素反应先生成卤鎓离子，再与水反应得到卤代醇。也可以理解为次卤酸分子极化产生的卤素正离子先与烯烃反应生成卤鎓离子，再与氢氧根反应得到卤代醇。所以这一反应也多为反式加成。

（3）烯烃与硼烷的加成反应

烯烃与硼烷加成反应生成烷基硼化物，后者在碱性条件下经双氧水氧化，可得到醇和硼酸，这一反应称为硼氢化-氧化反应。

$$3R-CH=CH_2 + \frac{1}{2}B_2H_6 \longrightarrow \underset{\text{三烷基硼}}{(RCH_2CH_2)_3B} \xrightarrow[OH^-]{H_2O_2} 3RCH_2CH_2OH + H_3BO_3$$

$$\underset{\text{乙硼烷}}{}$$

乙硼烷是一种有毒气体，可在空气中自燃，通常在乙醚或四氢呋喃中保存和使用。在进行反应时，乙硼烷能迅速分解成甲硼烷（BH_3）与醚的配合物，实际与烯烃进行反应的是甲硼烷。

硼氢化-氧化反应是制备低级醇的较好的方法，从结果来看，它相当于烯烃与水的反马氏加成。例如：

$$CH_3\underset{\overset{|}{CH_3}}{CH}CH_2CH=CH_2 \xrightarrow{B_2H_6} \xrightarrow[OH^-]{H_2O_2} \underset{80\%}{CH_3\underset{\overset{|}{CH_3}}{CH}CH_2CH_2CH_2OH}$$

因为硼的电负性比氢小，在硼烷中，硼带微量正电荷。在硼氢化反应中，硼与双键中电子云密度较高的碳结合，而氢与电子云密度较低的碳结合，形成一个四元环的过渡态，最后 B—H 键和 π 键断裂，C—B 键和 C—H 键形成，这一过程是同时发生的。硼和氢在双键平面的同一侧加成到碳原子上，是顺式加成反应。

$$\overset{}{\underset{}{}} \xrightarrow{BH_3} \left[\underset{\text{四元环过渡态}}{H_2B^{\cdot}H} \right] \longrightarrow \underset{\text{烷基硼}}{H_2B \quad H} \xrightarrow{\text{烯烃}} \xrightarrow{\text{烯烃}} \underset{\text{三烷基硼}}{R_3B}$$

2. 烯烃的氧化反应

烯烃容易被各种氧化剂氧化生成不同的氧化产物。

（1）高锰酸钾氧化

弱碱性或中性的高锰酸钾稀溶液在 5℃以下很容易将烯烃的双键氧化成顺式邻二醇，该反应先通过加成得到锰酸酯，再水解得到产物。例如：

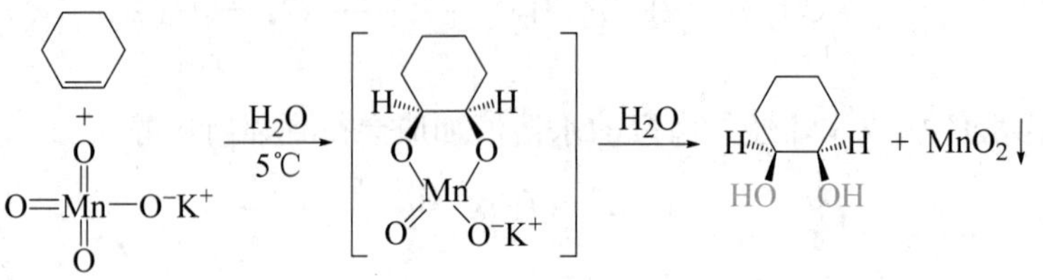

反应过程中高锰酸钾的紫色消失，生成棕褐色 MnO_2 沉淀。实验室可根据这一现象鉴别烯烃，称为拜耳试验。

较高温度下，在酸性或碱性介质中，高锰酸钾将烯烃的双键断裂，生成酮或羧酸。

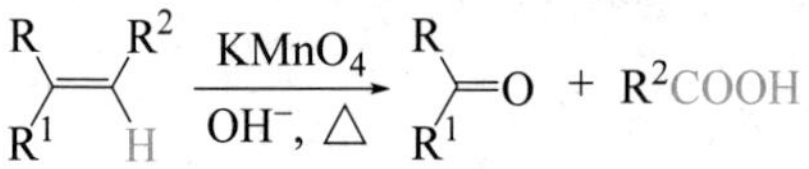

（2）四氧化锇氧化

在乙醚、四氢呋喃等溶剂中，四氧化锇也可将烯烃氧化成顺式邻二醇。

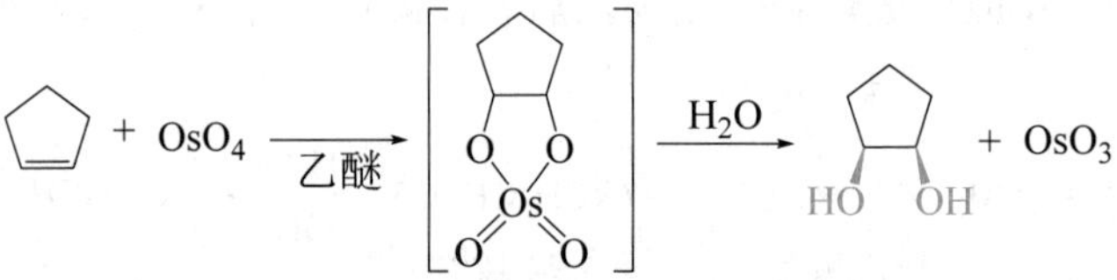

该反应收率一般比高锰酸钾法高，但四氧化锇价格昂贵，而且剧毒。更经济的办法是使用 H_2O_2 与催化量的 OsO_4，H_2O_2 可将反应中生成的 OsO_3 重新氧化成 OsO_4 继续进行反应。

（3）环氧化

烯烃被氧化生成环氧化合物的反应称为环氧化反应。有机过氧酸是常用的环氧化剂，常用的有过氧苯甲酸、间氯过氧苯甲酸（m-CPBA）、过氧乙酸、三氯过氧乙酸等。过氧酸可由有机酸在强酸催化下用双氧水氧化而得，过氧酸不稳定，一般使用前制备或低温保存。

烯烃与有机过氧酸反应可得到环氧化合物，后者在酸催化下水解可得到反式邻二醇。例如：

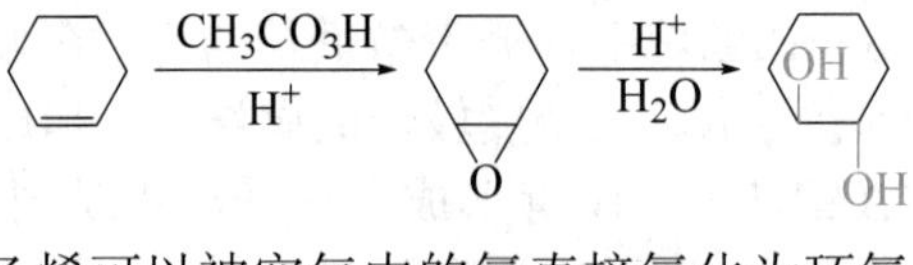

在银催化剂的存在下，乙烯可以被空气中的氧直接氧化为环氧乙烷，这是工业上生产环氧乙烷的方法。

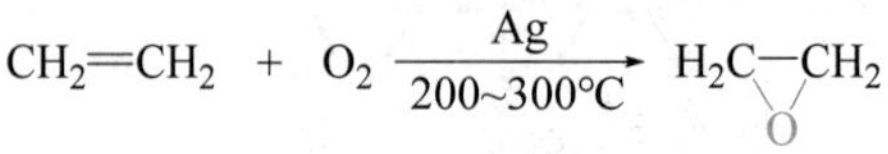

（4）臭氧化

在低温（常为–80℃）下，将含有臭氧的空气通入烯烃溶液中，臭氧先与烯烃发生加成反应生成一级臭氧化物，然后很快重排生成二级臭氧化物，不经分离直接用锌粉进行还原，可得到两分子的醛或酮，该反应又称臭氧化-水解反应。

$$R^1 \underset{H}{\overset{R}{>}}C=C\overset{R^2}{\underset{H}{<}} \xrightarrow{O_3} \quad \text{一级臭氧化物} \quad \longrightarrow \quad \text{二级臭氧化物} \quad \xrightarrow[H_2O]{Zn} \quad R\overset{O}{\underset{R^1}{\parallel}}C + R^2\overset{O}{\underset{H}{\parallel}}C$$

一级臭氧化物　　二级臭氧化物

该反应的选择性很强，可以根据产物的结构推断烯烃的结构，因此常在复杂烯烃的结构解析中使用。

3. 烯烃的聚合反应

烯烃的 π 键在一定条件下可以发生断裂，分子间彼此相互结合，成为高分子化合物。如乙烯在烷基铝-四氯化钛催化剂的作用下可以低压聚合形成聚乙烯：

$$n\,CH_2{=}CH_2 \xrightarrow[\text{0.1~1MPa，60~75℃}]{Al(C_2H_5)_3\text{-}TiCl_4} {\leftarrow}CH_2{-}CH_2{\rightarrow}_n$$

乙烯(单体)　　　　　　　　　　　聚乙烯(高分子)

这种由许多单个分子互相加成生成高分子化合物的反应称为聚合反应，其起始原料称为单体，如乙烯是聚乙烯的单体。聚合反应是烯烃的重要性能之一，其产物聚烯烃是重要的化工原料，在化工行业具有非常重要的地位。如聚乙烯是电绝缘性能良好、用途广泛的塑料。

烯类化合物的聚合多属于链聚合反应，根据反应中形成的活性中间体是自由基、碳正离子、碳负离子或配位化合物，链聚合反应可分为自由基聚合反应、正离子聚合反应、负离子聚合反应与配位聚合反应。

4. 烯烃 *α*-H 的取代反应

烯烃中与双键直接相连的碳原子称为 *α*-碳，*α*-碳上的氢原子称为 *α*-氢。一般烷烃的 C—H 键键能为 410 kJ/mol，而丙烯 α 位的 C—H 键键能为 364 kJ/mol，说明这个 C—H 键容易断裂发生反应，或者说双键的 *α*-H 比较活泼。烯烃的 *α*-H 容易发生自由基取代反应。例如，丙烯与氯气在室温下发生的是亲电加成反应，得到1,2-二氯丙烷；而在高温（500℃）或光照下则发生 *α*-氢的取代，得到3-氯丙烯。

$$CH_3{-}CH{=}CH_2 \xrightarrow{Cl_2} \quad \begin{matrix} \xrightarrow{25℃} CH_3{-}\underset{Cl}{CH}{-}\underset{Cl}{CH_2} \\ \\ \xrightarrow{500℃} \underset{Cl}{CH_2}{-}CH{=}CH_2 \end{matrix}$$

与烷烃的卤代一样，该反应也是自由基取代反应。在链增长阶段，氯自由基进攻 *α*-H 形成烯丙基型自由基，后者再与氯气反应得到取代产物：

$$\overset{H}{\underset{}{CH_2}}{-}CH{=}CH_2 \xrightarrow{Cl\cdot} \cdot CH_2{-}CH{=}CH_2 + HCl$$

$$\cdot CH_2{-}CH{=}CH_2 \xrightarrow{Cl_2} \underset{Cl}{CH_2}{-}CH{=}CH_2 + Cl\cdot$$

烯烃 *α*-H 的溴代可以以一种温和的溴代试剂——*N*-溴代琥珀酰亚胺（NBS）来实现。

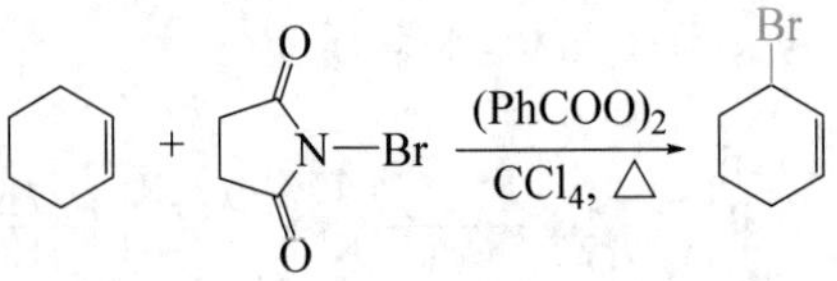

NBS

烯烃是不饱和化合物的典型代表，是研究 π 键性质的理想模型化合物。以上只是介绍了烯烃基本的一些化学性质，其还有很多令人着迷的性质，读者可以做更多的延伸阅读。除了前面介绍的反应外，烯烃化合物还可进行 Diels-Alder 环加成反应、Sharpless 不对称环氧化、烯烃的复分解反应等，这些研究均获得过诺贝尔化学奖，展示了该领域研究的重要性与巨大价值。

微信扫码
获取答案

习　题

1. 写出分子式为 C_5H_{10} 的所有同分异构体，并用系统命名法命名。

2. 根据名称写出下列化合物的结构式。

（1）4-甲基-2-戊烯　　（2）3-丙基-1-己烯

（3）(*E*)-3,4-二甲基-2-己烯　　（4）1-甲基-5-乙基-1-环己烯

3. 用系统命名法命名下列化合物。

（1）$CH_3CH{=}CH_2CH(CH_2CH_3)_2$　　（2）$CH_3CH{=}C(Br)CH_2CH_3$

（3）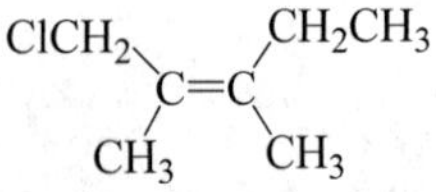

（4）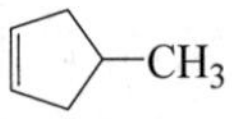

4. 判断下列哪些烯烃有顺反异构体，若有，画出两种顺反异构体的结构。

（1）3-庚烯　（2）3-氯-丙烯　（3）1-己烯　（4）2-溴-2-丁烯

5. 完成下列反应

（1）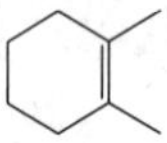 $\xrightarrow[Pt]{H_2}$

（2）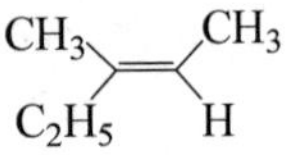

$\xrightarrow[H^+]{H_2O}$

（3）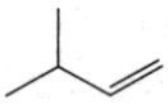 + HBr $\longrightarrow$

（4）$CF_3{-}CH{=}CH_2 + HBr \longrightarrow$

（5）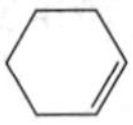 + HOCl $\longrightarrow$

（6）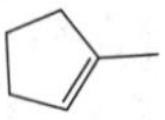 $\xrightarrow[(2)\ H_2O_2,\ OH^-]{(1)\ BH_3}$

（7）$CH_3CH{=}C(CH_3)CH_2CH_3 \xrightarrow[(2)\ Zn,\ H_2O]{(1)\ O_3}$

（8）$CH_3CH{=}CHCH_2CH_3 \xrightarrow[(2)\ H^+,\ H_2O]{(1)\ CH_3COOOH}$

6. 通过烯烃臭氧化-水解后得到的产物，推断原烯烃的结构。

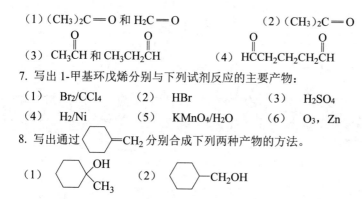

(1) $(CH_3)_2C=O$ 和 $H_2C=O$ (2) $(CH_3)_2C=O$

(3) $\overset{O}{\overset{\|}{CH_3CH}}$ 和 $\overset{O}{\overset{\|}{CH_3CH_2CH}}$ (4) $\overset{O}{\overset{\|}{HCCH_2CH_2}}\overset{O}{\overset{\|}{CH_2CH}}$

7. 写出 1-甲基环戊烯分别与下列试剂反应的主要产物:

(1) Br_2/CCl_4 (2) HBr (3) H_2SO_4

(4) H_2/Ni (5) $KMnO_4/H_2O$ (6) O_3, Zn

8. 写出通过 ⬡=CH₂ 分别合成下列两种产物的方法。

(1) ⬡ $\overset{OH}{\underset{CH_3}{|}}$ (2) ⬡—CH_2OH

9. 化合物 A、B、C 均为分子式为 C_5H_{10} 的烯烃,催化氢化后都得到 2-甲基丁烷。A 和 B 经水合反应都生成同一种叔醇,而 B 和 C 经硼氢化-氧化反应可得到不同的伯醇。试推测 A、B、C 的结构。

10. 化合物 A 的分子式为 C_9H_{16},其催化氢化可以吸收 1 mol 氢气生成异丙基环己烷,A 经臭氧化、还原水解得到等物质的量的两种酮 B 和 C。试推测 A、B、C 的结构。

第**4**章

炔烃和二烯烃

4.1 炔烃的结构与命名

分子中含有碳碳叁键的烃叫作炔烃，链状单炔烃的通式是 C_nH_{2n-2}。

4.1.1 炔烃的结构

在炔烃中，叁键碳原子为 sp 杂化。处于激发态的碳原子，在成键时可以 sp 杂化的方式进行，即在进行轨道杂化时，2s 轨道与 1 个 2p 轨道杂化形成 2 个 sp 杂化轨道，剩下 2 个未参与杂化的 p 轨道：

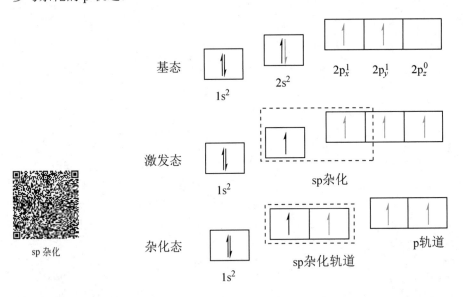

两个 sp 杂化轨道处在同一直线上，未参与杂化的 2 个 p 轨道垂直于该直线，且相互垂直：

sp 杂化

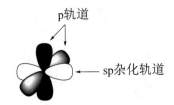

碳的 sp 杂化

以乙炔的形成为例，两个碳原子分别以一个 sp 杂化轨道"头碰头"重叠形成 sp-sp 型 σ 键，每个碳原子另外一个 sp 杂化轨道与氢原子的 1s 轨道形成 sp-s 型 σ 键，每个碳原子上未参与杂化的 2 个 p 轨道以"肩并肩"的形式形成 2 个 π 键，故乙炔的结构为：

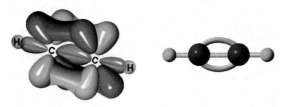

乙炔Kekule模型

可见，乙炔分子中所有原子在一条直线上，键角为 180°。碳碳叁键由一个 σ 键和两个 π 键构成，键长比双键更短。与 sp^2、sp^3 杂化轨道相比，sp 杂化轨道中 s 的成分更多，因此轨道离原子核更近，原子核对 sp 杂化轨道中的电子束缚能力更强，sp 杂化碳的电负性比 sp^2 杂化碳的电负性更大。

4.1.2 炔烃的命名

炔烃的命名与烯烃相似，首先选取含叁键最多的最长的碳链为主链，命名为某炔。然后从最靠近炔碳的一端开始编号，以位次小的炔碳的编号放在主链命名之前。然后在母体名称前面加上取代基的位置、数目和名称。例如：

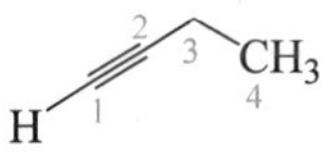

1-丁炔 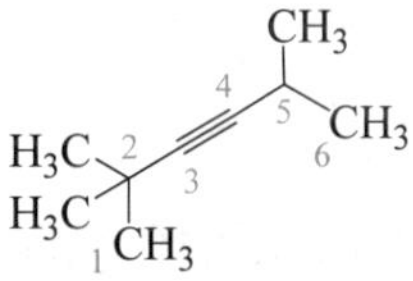   2,2,5-三甲基-3-己炔 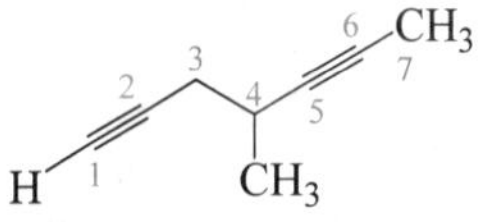   4-甲基-1,5-庚二炔

乙炔分子的形成

同时含有双键和三键的烃叫作烯炔，命名时采用与烯烃和炔烃相同的命名法命名即可，编号时以双键和叁键的位次和最小为原则，在位次和相同时以双键位次小为准。如：

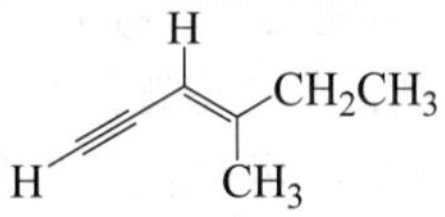

(E)-4-甲基-3-己烯-1-炔    1-戊烯-4-炔

4.2 炔烃的物理性质与化学性质

4.2.1 炔烃的物理性质

炔烃的物理性质与烯烃相似，也随碳原子数目的增加而呈规律性的变化。由于炔烃中 sp 杂化碳的电负性比烯烃的 sp^2 杂化碳的电负性更大，因此，炔烃的极性更强。同时叁键呈线形结构，在液态和固态中分子可以靠得更近，因此与同碳原子数目的烯烃相比，其熔点、沸点和密度更高。表 4-1 列出了部分炔烃的物理常数。

表 4-1　一些常见炔烃的物理常数

名称	熔点/℃	沸点/℃	相对密度(20 ℃)
乙炔	−82	−82（升华）	0.620
丙炔	−102.5	−23	0.670
1-丁炔	−122	8	0.670
1-戊炔	−98	40	0.695
1-己炔	−124	71	0.719
1-庚炔	−80	100	0.733
1-辛炔	−70	126	0.747
2-丁炔	−24	27	0.694
2-戊炔	−101	56	0.714
3-甲基-1-丁炔	−89.7	29	0.665
2-己炔	−88	84	0.730
3-己炔	−105	81	0.725
3,3-二甲基-1-丁炔	−81	38	0.669

炔烃难溶于水，易溶于有机溶剂中，如石油醚、苯、丙酮、四氯化碳等，其溶解度随压力增加而增大。乙炔在一定压力下很容易发生爆炸，但其丙酮溶液是比较稳定的，因此常用浸透丙酮的多孔性物质如硅藻土、石棉等填充在乙炔储存钢瓶中，以减少爆炸的危险。

4.2.2 炔烃的化学性质

1. 还原反应

炔烃的还原方法主要有三种。

① 催化加氢　炔烃也可以在镍、钯、铂等金属催化剂催化下进行催化加氢，先生成烯烃，再进一步氢化生成烷烃。

$$R-C\equiv C-R' \xrightarrow[H_2]{催化剂} R-CH=CH-R' \xrightarrow[H_2]{催化剂} R-CH_2-CH_2-R'$$

如果降低催化剂的活性，如加入一些化合物使其"中毒"，则可使反应停留在烯烃阶段。如 Lindlar 催化剂就是一个很好的选择性还原剂，它是将钯沉积在硫酸钡上并用醋酸铅或喹啉处理，或将钯吸附于碳酸钙及少量氧化铅上而得，可以使钯催化剂的活性降低，将炔烃选择性还原成烯烃。由于催化氢化是顺式加成反应，所以得到的是顺式烯烃。例如

$$C_2H_5-C\equiv C-C_2H_5 \xrightarrow[H_2, 喹啉]{Pd/BaSO_4}$$

顺-3-己烯

炔烃的催化氢化较烯烃容易，因此当分子中同时含有双键和叁键时，采用 Lindlar 催化剂将选择性地还原叁键而不影响双键。例如：

$$C_2H_5-CH=CH-C\equiv C-CH_3 \xrightarrow[H_2, 喹啉]{Pd/BaSO_4} C_2H_5-CH=CH-CH=CH-CH_3$$

② 硼氢化还原　炔烃的硼氢化加成产物经酸解也可得到顺式烯烃。

$$C_2H_5-C\equiv C-CH_3 \xrightarrow[0℃]{B_2H_6} \left[\begin{array}{c} B \\ \text{(顺式加成中间体)} \\ C_2H_5 \quad CH_3 \end{array}\right] \xrightarrow[0℃]{HOAc} \begin{array}{c} H \\ C_2H_5 \quad CH_3 \end{array}$$

顺-2-戊烯

③金属-液氨还原　用金属钠或锂在液氨（−33℃）或乙胺中还原炔烃，可以得到反式烯烃。如：

$$C_2H_5-C\equiv C-CH_3 \xrightarrow[-33℃]{\text{钠-液氨}} \begin{array}{c} CH_3 \\ H \quad H \\ C_2H_5 \end{array}$$

反-2-戊烯

因此运用不同的还原方法，可以选择性地得到顺式或反式烯烃，立体选择性很高。

2. 亲电加成反应

炔烃中的碳碳叁键也可以发生类似烯烃的加成等反应，但炔烃的亲电加成反应活性比烯烃差，如与溴的加成反应速率可能相差 500～50000 倍，乙烯可以使溴的四氯化碳溶液很快褪色，而乙炔则需要反应几分钟才可以褪色。再如乙炔与氯化氢的加成需要汞盐催化才可以进行。

炔烃活性差的原因可以从三个方面来理解。首先，叁键的结合比双键紧密，键能更大，破坏它需要较高的能量；其次，位于更高能级的 π 电子会受到处于较低能级的 σ 电子的屏蔽，被屏蔽较多的 π 电子受原子核的吸引力小，更易失去，显然烯烃比炔烃拥有更多 σ 电子的屏蔽，所以其活性较高；第三，它们进行亲电加成反应时生成的中间体不同，炔烃加成时生成的烯基碳正离子的稳定性比烷基碳正离子差得多，不容易形成。

$$\text{烯烃} \quad RCH=CHR \xrightarrow{E^+} \overset{E}{RCH-\overset{+}{C}HR}$$

$$\text{炔烃} \quad R-\!\!\!\equiv\!\!\!-R \xrightarrow{E^+} R-\overset{E}{C}=\overset{+}{C}-R$$

炔烃的亲电加成反应也遵循马氏规则，形成的二取代烯烃还可以继续进行加成生成四取代烷烃，控制条件可以使反应停留在二取代烯烃。例如炔烃与卤素的加成：

$$H-\!\!\!\equiv\!\!\!-H \xrightarrow{Br_2} \begin{array}{c} Br \quad Br \\ H \quad H \end{array} \xrightarrow{Br_2} Br_2CHCHBr_2$$

炔烃与卤化氢的加成：

$$H-\!\!\!\equiv\!\!\!-H + HCl \xrightarrow[120\sim180℃]{HgCl_2} H_2C=CHCl$$

炔烃与水的加成通常在汞盐催化下进行，叁键水合后生成一个不稳定的产物——烯醇，随后异构化生成羰基化合物：

$$R-\!\!\!\equiv\!\!\!-H + H_2O \xrightarrow{HgCl_2} \left[\begin{array}{c} R-C=CH_2 \\ | \\ OH \end{array}\right] \longrightarrow \begin{array}{c} R-C-CH_3 \\ \| \\ O \end{array}$$

烯醇

炔烃的硼氢化-氧化反应相当于与水的反马氏加成，也可以生成烯醇后再异构化成醛或酮类化合物。例如：

$$R-C\equiv CH \xrightarrow{B_2H_6} \left[\begin{array}{c} R-C=CH \\ | \quad\ | \\ H \quad B \end{array} \right] \xrightarrow[OH^-]{H_2O_2} \underset{H \quad\ OH}{R-C=CH} \rightleftharpoons \underset{\underset{醛}{O}}{R-CH_2-CH}$$

3. 亲核加成反应

与烯烃不同，炔烃不仅可以发生亲电加成，在适当条件下也可与亲核试剂发生亲核加成反应，生成烯基化合物。例如乙炔与醇、氢氰酸、羧酸的亲核加成反应分别生成乙烯基醚、丙烯腈和乙烯酯：

$$HC\equiv CH + ROH \xrightarrow[150℃,加压]{ROK} \underset{烷基乙烯基醚}{CH_2=CH-OR}$$

$$HC\equiv CH + HCN \xrightarrow[70℃]{CuCl_2-H_2O} \underset{丙烯腈}{CH_2=CHCN}$$

$$HC\equiv CH + CH_3COOH \xrightarrow[150\sim180℃]{OH^-} \underset{乙酸乙烯酯}{CH_3COOCH=CH_2}$$

生成的烯基化合物是重要的聚合物单体，这些聚合物是重要的材料，如聚丙烯腈、聚乙酸乙烯酯等。

4. 聚合反应

与烯烃一样，炔烃在不同条件下也可形成不同的聚合物。例如：

$$2HC\equiv CH \xrightarrow[NH_4Cl]{Cu_2Cl_2} \underset{乙烯基乙炔}{CH_2=CH-C\equiv CH} \xrightarrow{HC\equiv CH} \underset{二乙烯基乙炔}{CH_2=CH-C\equiv C-CH=CH_2}$$

乙烯基乙炔是生产氯丁橡胶的重要单体。

在高温下，乙炔可以聚合生成苯，此反应虽然因为收率低、副产物多而无制备价值，但对苯的结构研究提供了重要线索。

$$3\ HC\equiv CH \xrightarrow{500℃} \underset{苯}{\bigcirc}$$

在稀土催化剂作用下，乙炔发生聚合生成聚乙炔。聚乙炔是 1971 年由日本科学家发现的，由于其存在长的共轭链，电子可以在所有碳原子上离域，就像一根导线一样，因此具有高度的导电性，可制成有机导电体。

$$nHC\equiv CH \xrightarrow{催化剂} \underset{聚乙炔}{+HC=CH+_n}$$

5. 氧化反应

碳碳叁键也可被臭氧或高锰酸钾等强氧化剂氧化生成羧酸。例如：

$$CH_3CH_2CH_2C{\equiv}CCH_2CH_3 \xrightarrow[CCl_4]{O_3} \xrightarrow{H_2O} CH_3CH_2CH_2COOH + CH_3CH_2COOH$$

$$3\ RC{\equiv}CH + 8\ KMnO_4 + KOH \longrightarrow 3RCOOK + 8MnO_2 + 3\ K_2CO_3 + 2\ H_2O$$

但是炔烃比烯烃氧化难，所以当分子中同时存在叁键和双键时，通常双键首先被氧化。例如：

$$HC{\equiv}C(CH_2)_7CH{=}C(CH_3)_2 \xrightarrow{CrO_3} HC{\equiv}C(CH_2)_7CHO + CH_3COCH_3$$

6. 末端炔烃的反应

由于炔碳采取 sp 杂化方式，其电负性较大，从而使得末端炔烃上的氢原子具有较弱的酸性（$pK_a \approx 25$），可与强碱或重金属离子作用生成金属炔化物。

（1）活泼金属炔化物　末端炔与强碱作用可生成金属炔化物：

$$RC{\equiv}CH + NaNH_2 \xrightarrow{液氨} RC{\equiv}C^-Na^+ + NH_3$$

$$RC{\equiv}CH + C_2H_5MgBr \longrightarrow RC{\equiv}CMgBr + C_2H_6$$

$$RC{\equiv}CH + n\text{-}C_4H_9Li \longrightarrow RC{\equiv}CLi + n\text{-}C_4H_{10}$$

金属炔化物是一种很强的亲核试剂，可与许多缺电子试剂作用生成加成产物或取代产物，是增长碳链和合成炔类化合物的主要手段。例如：

$$C_2H_5C{\equiv}C^-Na^+ + CH_3Cl \longrightarrow C_2H_5C{\equiv}CCH_3 + NaCl \quad 取代$$

$$C_2H_5C{\equiv}C^-Na^+ + H_3C{-}\underset{O}{\overset{}{C}}{-}CH_3 \longrightarrow C_2H_5C{\equiv}C{-}\overset{OH}{\underset{}{C}}(CH_3)_2 \quad 加成$$

金属炔化物同时也是强碱，遇弱酸即可转化为末端炔。

$$C_2H_5C{\equiv}C^-Na^+ + H_2O \longrightarrow C_2H_5C{\equiv}CH + NaOH$$

（2）重金属炔化物　末端炔与重金属盐反应可以生成炔盐的沉淀。如将乙炔通入硝酸银或氯化亚铜的氨溶液中时，可分别生成乙炔银和乙炔亚铜沉淀。

$$HC{\equiv}CH + 2AgNO_3 + 2NH_4OH \longrightarrow AgC{\equiv}CAg\downarrow + 2\ NH_4NO_3 + 2\ H_2O$$
$$(白)$$

$$HC{\equiv}CH + Cu_2Cl_2 + 2NH_4OH \longrightarrow CuC{\equiv}CCu\downarrow + 2\ NH_4Cl + 2\ H_2O$$
$$(棕红色)$$

这两个反应比较灵敏，现象明显，可用于鉴别乙炔和末端炔烃。但由于生成的产物在干燥条件下容易爆炸，所以在鉴别完后应立即用酸将其分解掉，以免发生危险。

4.3　炔烃的制备

含碳碳叁键的化合物在自然界很少见，因此，炔烃主要靠人工合成方法来制备。炔烃的直接应用也很少，主要用作合成原料或中间体。

4.3.1 卤代烃脱卤化氢

邻二卤代烷或偕二卤代烷在一定条件下先脱去一分子卤化氢生成卤代烯烃，后者在更强烈条件下（强碱和高温）再脱去一分子卤化氢生成炔。

$$XH_2C-CH_2X \xrightarrow[C_2H_5OH]{KOH} H_2C=CHX \xrightarrow[C_2H_5OH]{KOH, 高温} HC\equiv CH$$

$$H_3C-CHX_2 \xrightarrow[C_2H_5OH]{KOH} H_2C=CHX \xrightarrow[C_2H_5OH]{KOH, 高温} HC\equiv CH$$

氨基钠是由相应的二卤代烷制备炔烃的常用试剂。例如：

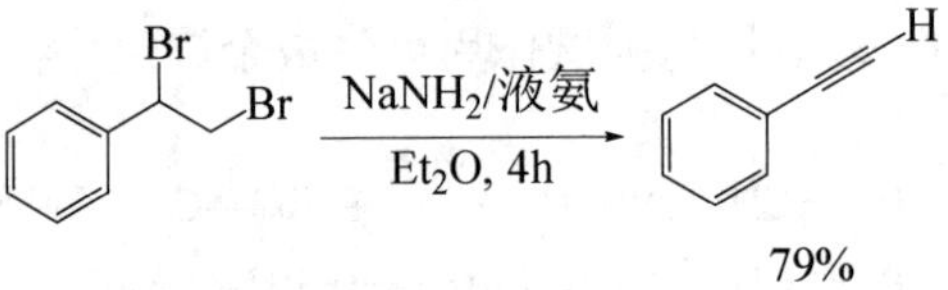

79%

4.3.2 四卤代烃脱卤素

四卤代烷在金属锌的作用下，可以脱去卤化锌生成炔烃：

$$Ar-\underset{\underset{X}{|}}{\overset{\overset{X}{|}}{C}}-\underset{\underset{X}{|}}{\overset{\overset{X}{|}}{C}}-R + 2Zn \xrightarrow{\triangle} Ar-\!\!\!\equiv\!\!\!-R + 2ZnX_2$$

4.3.3 从末端炔烃制备

利用末端炔烃的酸性，可以将其先与强碱反应生成末端炔盐，再通过亲核取代反应或亲核加成反应得到相应的炔基化合物。

$$R-C\equiv C-M + R'X \longrightarrow R-C\equiv C-R' + MX$$

M=Li, Na, K

4.4 二烯烃的分类与命名

4.4.1 二烯烃的分类

二烯烃是分子中含两个碳碳双键的烯烃，通式为 C_nH_{2n-2}，属于多烯烃的一种。根据分子中两个双键的相对位置可以分为三类。

（1）累积二烯烃：分子中两个双键连在同一个碳原子上。

（2）孤立二烯烃：分子中两个双键被一个以上的单键所隔开。

（3）共轭二烯烃：分子中两个双键被一个单键所隔开。

丙二烯分子的形成

$CH_2=C=CH_2$	$CH_2=CH-CH_2-CH=CH_2$	$CH_2=CH-CH=CH_2$
累积二烯烃	孤立二烯烃	共轭二烯烃

4.4.2　二烯烃的命名

二烯烃的命名与单烯烃类似，选取含双键尽可能多的最长的碳链为主链，编号时以双键位次和最小为原则，当位次和相同时从离取代基最近的一端编起，然后将相应双键的位置及构型标出即可。例如：

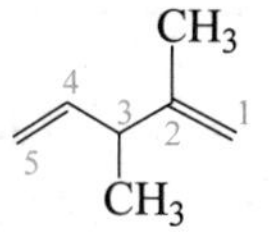

2,3-二甲基-1,4-戊二烯 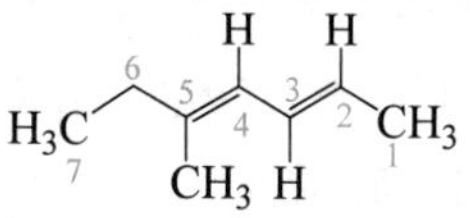　　　　　　(2*E*,4*E*)-5-甲基-2,4-庚二烯

4.5　共轭二烯烃的结构和共轭效应

二烯烃中，累积二烯烃数目很少，孤立二烯烃与一般烯烃性质相似，共轭二烯烃最为重要，具有某些不同于普通烯烃的性质。本节主要讨论共轭二烯烃。

4.5.1　共轭二烯烃的结构

以 1,3-丁二烯为例，该分子中的 4 个碳原子均采取 sp^2 杂化，每个碳原子上均有一个未参与杂化的 p 轨道，其中两两形成 2 个 π 键，处于其中间的 sp^2–sp^2 σ 键与一般的 σ 键不同，因为这两个碳原子上的 p 轨道之间也可以产生类似于 π 键"肩并肩"式的重叠。

两个双键的 4 个 π 电子可以离域到四个碳原子周围，其结果是在 1,3-丁二烯分子中出现键长的平均化，即双键变长而单键变短的现象。

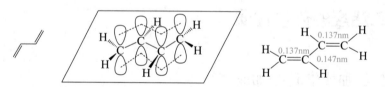

丁二烯的分子的
形成

4.5.2　共轭效应

像这种由单双键交替连接的共轭二烯分子体系称为 π-π 共轭体系，共轭体系会表现出一些特殊的性质，称为共轭效应。主要包括如下几点。

（1）键长的平均化。共轭体系中原子间的键长不是孤立单键或双键的键长，而是单键变短，双键变长，即所谓键长平均化。

（2）内能降低，分子更稳定。表现为分子氢化热（1mol 不饱和化合物加氢时所释放的能量）降低。每个双键的氢化热越小，表明分子越稳定。表 4-2 列出了部分烯烃和二烯烃的氢化热值。

表 4-2　烯烃的氢化热

化合物	分子的氢化热/(kJ/mol)	平均每个双键的氢化热/(kJ/mol)
$CH_3-CH=CH_2$	125.2	125.2
$CH_3CH_2-CH=CH_2$	126.8	126.8

化合物	分子的氢化热/(kJ/mol)	平均每个双键的氢化热/(kJ/mol)
$CH_2=CH-CH=CH_2$	238.9	119.5
$CH_3CH_2CH_2-CH=CH_2$	125.9	125.9
$CH_2=CH-CH_2-CH=CH_2$	254.4	127.2
$CH_3-CH=CH-CH=CH_2$	226.4	113.2

可见，孤立二烯烃中每个双键的氢化热与单烯烃类似，而共轭二烯烃的氢化热要低得多。说明共轭二烯分子的内能较孤立二烯分子的内能低，其低出的部分通常称为共轭能。一般而言，共轭链越长，则共轭能越大，分子就越稳定。

（3）共轭体系内的 π 电子具有离域性，可以在整个共轭体系内流动。当共轭体系一端的电子云密度受到影响时，该体系中的每一个碳原子上的电子云密度均会受到影响。共轭链有多长，影响范围就有多长，不会因为距离的增长而减弱。

（4）共轭体系内各化学键仍保留有部分单、双键的属性。电子在各原子间流动速度不同，所以当共轭体系的一端发生极性改变时，各原子上的电子云密度会出现疏密交替的现象，称为交叉极化。例如：

$$CH_3 \longrightarrow \underset{\delta^+}{CH}=\underset{\delta^-}{CH}-\underset{\delta^+}{CH}=\underset{\delta^-}{CH}-\underset{\delta^+}{CH}=\underset{\delta^-}{CH_2}$$

除了 π-π 共轭体系外，还有一种 p-π 共轭体系，是由与 π 键体系相连接的原子上的 p 轨道与 π 体系相互作用形成的。例如：

$$H_2C=CH-\overset{+}{C}H_2 \qquad H_2C=CH-OH$$

4.6　共轭二烯烃的化学性质

4.6.1　1,2-加成和 1,4-加成

共轭二烯烃更容易发生亲电加成反应，由于共轭体系的缘故，加成时有 1,2-加成和 1,4-加成两种形式。如 1,3-丁二烯与溴化氢的加成：

$$CH_2=CH-CH=CH_2 \xrightarrow{HBr} CH_3-\underset{Br}{CH}-CH=CH_2 + CH_3-CH=CH-\underset{Br}{CH_2}$$

$$\qquad\qquad\qquad\qquad\qquad\quad 1,2\text{-加成产物} \qquad\qquad\quad 1,4\text{-加成产物}$$

加成反应的机理与单烯烃相同，首先质子进攻 π 键形成碳正离子：

$$CH_2=CH-CH=CH_2 \xrightarrow{H^+} CH_3-\overset{+}{C}H-CH=CH_2 + \overset{+}{C}H_2-CH_2-CH=CH_2$$

$$\qquad\qquad\qquad\qquad\qquad\qquad\quad 中间体(1) \qquad\qquad\quad 中间体(2)$$

其中中间体（1）由于体系中存在着强的 p-π 共轭效应，从而使得正电荷产生离域化而稳定。

$$CH_3-\overset{1}{C}H\!=\!\!=\!\overset{2}{C}H\!\cdots\!\overset{3}{C}H\!\cdots\!\overset{4}{C}H_2^{+}$$

当溴负离子进攻 2 位碳原子时即完成 1,2-加成，当进攻 4 位碳原子时完成的就是 1,4-加成。中间体（2）稳定性比（1）差很多，因此基本不会按（2）的途径进行。

反应到底主要按 1,2-加成，还是按 1,4-加成，取决于反应的温度、溶剂等实验条件。一般在低温下，分子的热运动较慢，碳正离子形成时，溴负离子离去得不远，所以反应容易按 1,2-加成进行，反之则主要按 1,4-加成进行。在非极性溶剂中，分子受到的极化较弱，反应容易按 1,2-加成进行；而在极性溶剂中，极化效应影响的范围较远，主要按 1,4-加成进行。例如：

$$CH_2\!=\!CH\!-\!CH\!=\!CH_2 \xrightarrow{HBr} CH_3\!-\!\underset{Br}{C}H\!-\!CH\!=\!CH_2 \;+\; CH_3\!-\!CH\!=\!CH\!-\!\underset{Br}{C}H_2$$

−80℃	80%	20%
40℃	20%	80%

4.6.2　环加成

在光或热的作用下，1,3-丁二烯、环戊二烯等可以发生二聚生成六元脂环化合物：

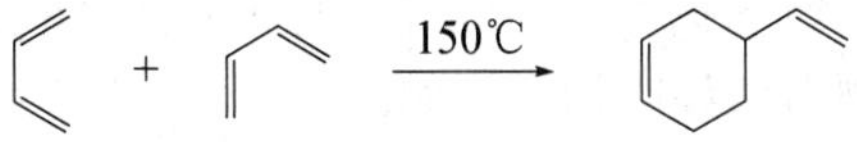

显然这是一个分子的单个双键与另一分子的共轭双键进行的[4+2]环加成反应。事实上共轭二烯烃可以与许多含有不饱和键的化合物发生这种[4+2]环加成反应生成环状化合物。如：

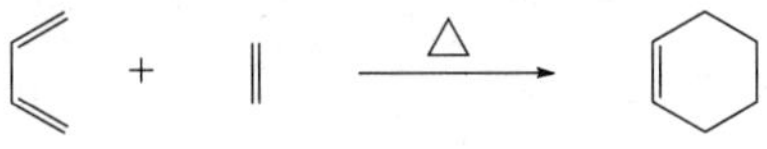

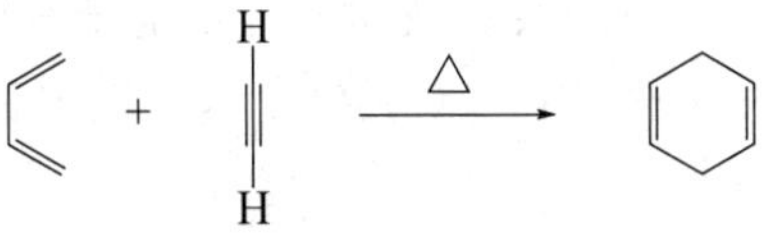

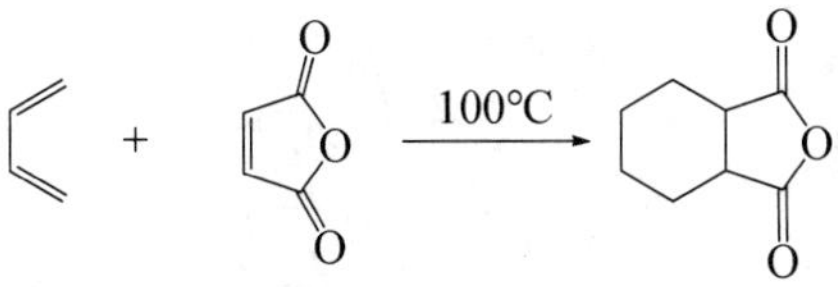

这类反应是 O. P. H.Diels 和 K. Alder 发展起来的，称作 Diels-Alder 反应，也叫双烯合成反应，二人因此获得了 1950 年度诺贝尔化学奖。Diels-Alder 反应是从开链烃构建脂环烃的重要方法之一。双烯合成是周环反应的一种，属于协同反应，在周环反应一章中将详细介绍其反应原理。

双烯合成的主体有两个，即双烯体和亲双烯体，反应一般具有以下几个特点。

（1）双烯体必须取 s-顺式构象，不能取 s-顺式构象的双烯体不能发生该反应。例如：

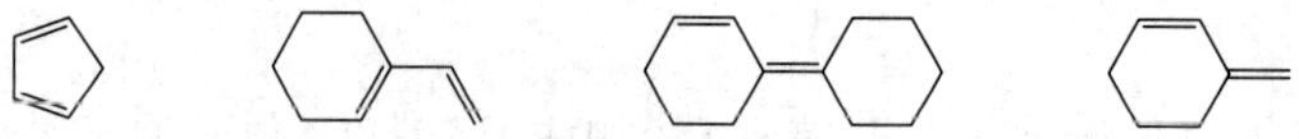

（1）　　　　（2）　　　　　　（3）　　　　　　（4）

化合物（1）（2）因为具备 s-顺式构象，所以可以发生双烯合成反应，而化合物（3）（4）是反式结构，则不能发生双烯合成。

（2）该反应是立体专一性的顺式加成，因此反应前后亲双烯体上取代基的顺、反位置关系不变。例如：

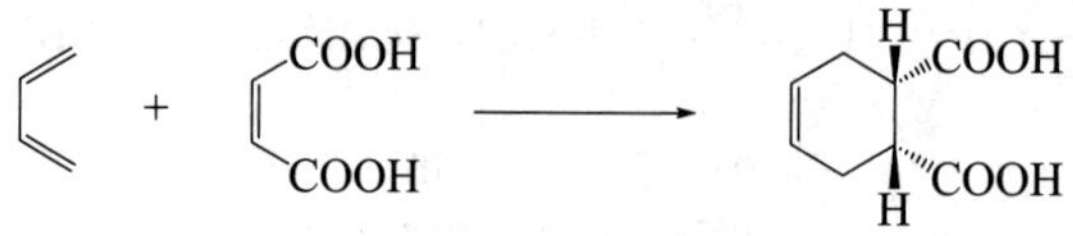

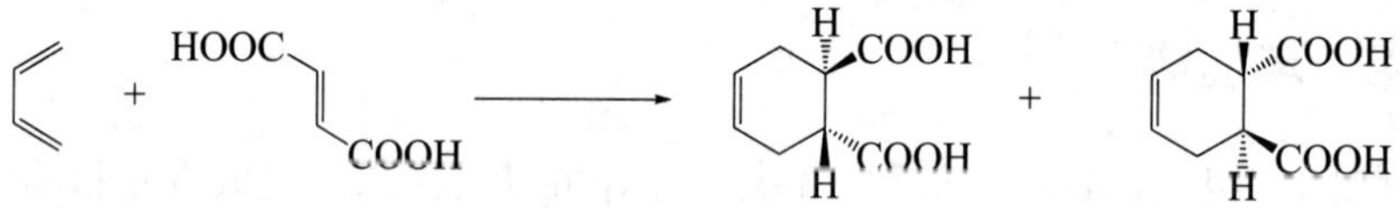

（3）反应具有很强的区域选择性。当双烯体与亲双烯体均带有取代基时，一般以两个取代基处于邻位和对位的产物为优势产物。例如：

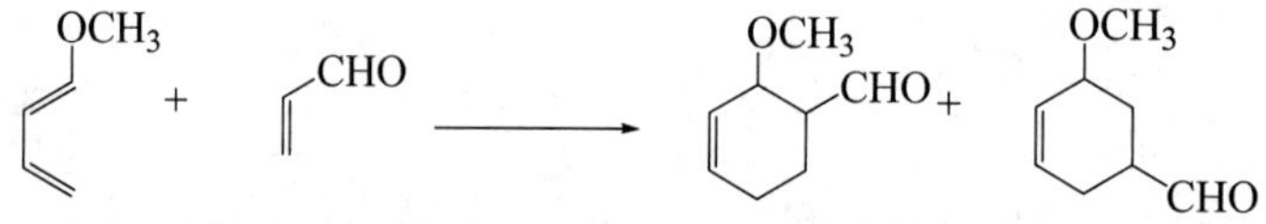

主产物

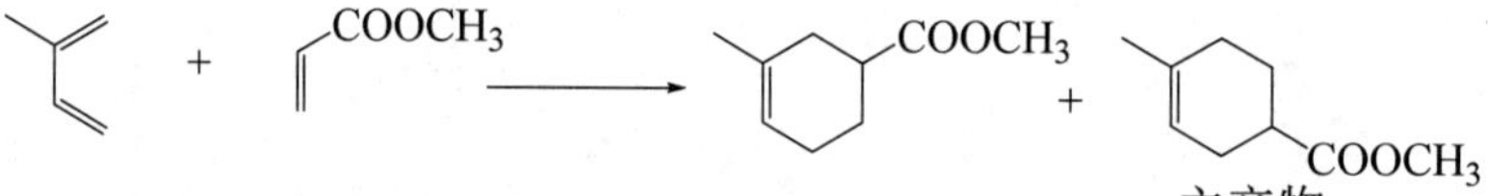

主产物

（4）当双烯体上有给电子基团，亲双烯体上有吸电子基团时，反应容易进行，并优先生成内型（endo）加成产物（亲双烯体中与双键处于共轭的基团在加成中与双烯体中的 C_2—C_3 键处于同一侧）。例如：

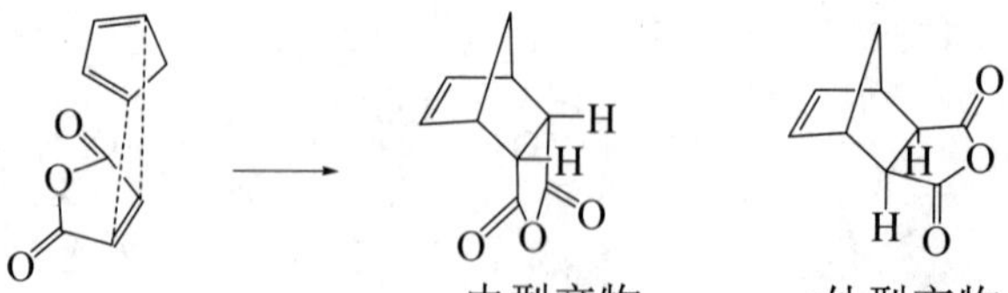

内型产物　　　　外型产物

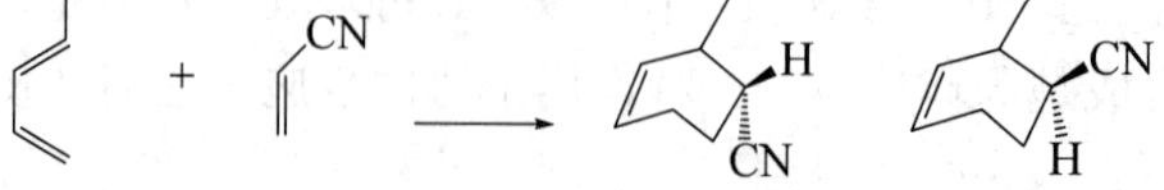

内型产物　　　　外型产物

习 题

1. 用系统命名法命名下列化合物

（1） CH₃CHC≡CCH₃
　　　 |
　　　 CH₂CH₃

（2）
　　　　　　　　Cl
　　　　　　　　|
　　　CH₃C≡C—CHCH₃

（3） CH₃C≡C—CH=CH₂

（4）
　　CH₂=CHCHCH₂CH₂CH₃
　　　　　　|
　　　　　CH=CH₂

（5）
　　　　　　CH₃
　　　　　　|
　　CH₂=CHCHCH₂CH₂CH=CH₂

（6）
　　　　CH₃
　　　　
　　　　　　　CH₂CH₃

2. 根据名称写出下列化合物的结构式

（1）2,2-二甲基-3-己炔

（2）5-甲基-4-溴-2-庚炔

（3）2-甲基-1-丁烯-3-炔

（4）2,3-二氯-1,3-环戊二烯

3. 下面是菌霉素（mycomycin）的分子结构式：

HC≡C—C≡C—CH=C=CH—CH=CH—CH=CH—CH₂—C(=O)—OH

请为分子中所有碳原子编号，并指出里面存在哪些共轭、累积或孤立二（多）烯烃的结构。

4. 写出下列反应的主要产物。

（1） CH₃—C≡C—CH₂CH₂CH₃ $\xrightarrow[\text{液氨}]{\text{Na}}$

（2） CH₃C≡C—CH=CH₂ $\xrightarrow[\text{Lindlar催化剂}]{\text{H}_2}$

（3） CH₃CH₂C≡CCH₂CH₃ $\xrightarrow{\text{Br}_2\,(1\text{ mol})}$ $\xrightarrow{\text{Br}_2\,(1\text{ mol})}$

（4） CH₃CH₂C≡CH $\xrightarrow{\text{B}_2\text{H}_6}$ $\xrightarrow[\text{OH}^-]{\text{H}_2\text{O}_2}$

（5） CH₃C≡CH $\xrightarrow{\text{NaNH}_2}$ $\xrightarrow{\underset{}{\overset{\text{Br}}{|}\;\text{CH}_3\text{CHCH}_3}}$

（6）
　　　CH₃
　　　|
　CH₂=C—CH=CH₂ $\xrightarrow{\text{HBr}}$

（7）
　　　　　　　　　　COOCH₃
　　　　　　　　　　|
　　　　　　　＋
　　　　　　　　　　COOCH₃
　　$\longrightarrow$

5. 如何用化学方法区别下列各组化合物

（1）正己烷、1,4-己二烯、1-己炔

（2）1-戊炔、2-戊炔、2-甲基戊烷

6. 以乙炔为原料合成下列化合物，其他无机试剂任选。

（1）CH₃COCH₂CH₃

（2）CH₃CCl₂CH₂CH₃

（3）CH₃CHBr CH₂CH₃

7. 指出下列化合物可由哪些原料通过 Diels-Alder 反应合成而得？

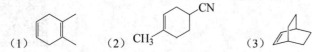

（1）　　　　（2）　　　　（3）

8. 一个碳氢化合物 C_5H_8，能使高锰酸钾水溶液和溴的四氯化碳溶液褪色，与银氨溶液反应生成白色沉淀；和硫酸汞的稀硫酸溶液反应生成一个含氧的化合物，请写出该碳氢化合物所有可能的构造式。

9. 化合物 A 与 B 的分子式均为 C_4H_6，都能使溴的四氯化碳溶液褪色。A 与 $Ag(NH_3)_2^+$ 溶液产生沉淀，A 经 $KMnO_4$ 热溶液氧化得 CO_2 和 CH_3CH_2COOH；B 不与银氨溶液反应，用热 $KMnO_4$ 溶液氧化得到 CO_2 和 HOOCCOOH。写出 A 与 B 的结构式及有关反应的反应式。

10. 某二烯烃和一分子溴加成生成 2,5-二溴-3-己烯，该二烯烃经臭氧分解而生成两分子乙醛和一分子乙二醛，写出该二烯烃的构造式；若上述的二溴加成物，再加上一分子溴，得到的产物是什么？

第5章

有机波谱分析

　　有机化合物的结构分析是有机化合物性质和功能研究的基础，是有机化学的重要组成部分之一。在有机化学学科发展的早期，化合物的结构鉴定主要依赖于化学分析法，比较困难和复杂，需要很强的专业基础知识才能进行，同时需要相当长的时间。对于一个结构比较复杂的化合物，往往需要几年，甚至几十年的时间，且结果往往还存在某些"偏差"。例如，确定胆固醇的结构花费了近 40 年时间（1889—1927），完成人 H. Wieland 因此获得 1927 年度诺贝尔化学奖，但后来经 X 射线晶体衍射法证实这一结果还有一些错误，由此可见早期有机化合物结构鉴定之艰难。

　　但这一状况从 20 世纪 60 年代以来已经得到根本性的改观，各种物理分析方法被成功应用于有机化合物的结构鉴定，同时也是得益于计算机技术的突飞猛进，使得结构鉴定不再是那么望而生畏的事情。例如红外光谱、拉曼光谱、核磁共振及电子能谱等方法可以提供分子内有关物质的动态结构信息；电子自旋共振、核磁共振、质谱分析等研究手段还可以测定不稳定分子和反应中间体的结构等。这些物理方法不仅快速、准确，而且需要的样品数量比化学分析法大大减少，有些方法（如核磁共振法）的样品还可以回收，这对研究微量化合物的结构非常重要。这些物理方法在有机结构研究上的成功应用大大促进了有机化学学科的发展，这些手段现在已是现代有机化学研究中常用的和必不可少的工具。

　　本章主要介绍在有机结构鉴定中使用最为广泛的紫外光谱（ultraviolet spectrum，UV）、红外光谱（infrared spectroscopy，IR）、核磁共振波谱（nuclear magnetic resonance，NMR）和质谱（mass spectrum，MS）。

5.1　电磁波谱的一般概念

　　电磁波是电磁场的一种运动形态。电与磁可以说是一体两面，电流会产生磁场，变动的磁场则会产生电流。变化的电场和磁场构成了一个不可分离的统一场，就是电磁场，而变化的电磁场在空间的传播形成了电磁波。宇宙中充斥着各种电磁波，它包括了一个极广阔的领域，从波长只有百万分之一埃（Å，$1 \text{ Å} = 10^{-10} \text{ m}$）的宇宙射线到波长用米、甚至千米计的无线电波等都包括在内（见图 5-1）。

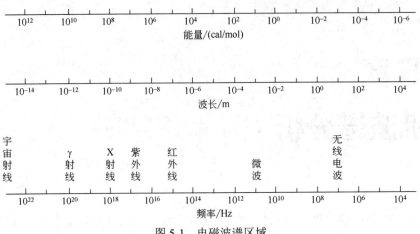

图 5-1　电磁波谱区域

所有电磁波的运行速度都与光速相同，即 $3×10^{10}$ cm/s。根据

$$\nu = c/\lambda$$

可知，波长越短，频率越高（其中 ν 为频率，单位为 Hz 或周/秒；λ 为波长，单位为 cm；c 为光速）。

波长还可以用 nm、μm、Å 等单位来表示：

$$1\ \text{nm} = 10^{-7}\ \text{cm} = 10^{-3}\ \text{μm} = 10\ \text{Å}$$

频率的单位也可以用"波数"来表示，即在 1 cm 长的距离内的波数。例如，波长为 300 nm 的光，它的频率为：

$$\nu = c / \lambda = \frac{3×10^{10}\ \text{cm}/\text{s}}{300×10^{-7}\ \text{cm}} = 10^{15}\ \text{s}^{-1}$$

如用波数表示则为：

$$\tilde{\nu} = 1/(300×10^{-7}) = 3333\ \text{cm}^{-1}$$

即波长为 300 nm 的光，其波数为 3333 cm^{-1}。

电磁辐射是一种能量形式，当其遇上有机分子时，分子就可以从中获得能量，从而使分子的运动状态发生变化，如增加分子的平动、转动和振动能，或使电子产生激发，从低能级跃迁到高能级。当分子获取的能量足够大时，甚至会造成化学键的断裂，从而引发化学反应。

当电磁辐射的频率与分子的各种能级跃迁所需的频率相合时，就会引起分子能级的跃迁，从而产生各种特征的分子光谱。一般而言，分子吸收光谱可以分为三类。

（1）转动光谱。在转动光谱中，分子所吸收的能量只引起转动能级的变化，即使分子从较低的转动能级激发到较高的转动能级。由于分子的转动能级差很小，根据 $\triangle E = h\nu$，所需要吸收的电磁波的频率较低，即处于电磁波谱中的长波部分，波长范围 25～500 μm，在远红外及微波区内。转动光谱在有机化合物分子的结构解析中用处不是太大，但简单分子的转动光谱可以用于测定分子的键长、键角和二面角等。

（2）振动光谱。在振动光谱中，分子所吸收的能量会引起振动能级的变化。分子的振动能级差要比同一振动能级中转动能级差大 100 倍左右。振动能级的变化常伴随有转动能级的变化，因此振动光谱是由一系列谱带组成的，波长范围 1～25 μm，它们大多在近红外区内，所以称为红外光谱。

（3）电子光谱。在电子光谱中，分子所吸收的能量能使分子中的电子从较低能级激发到较高的能级。使电子能级发生变化所需要的能量约为使振动能级发生变化所需能量的 10～100

倍。电子能级发生变化时常伴随有振动能级和转动能级的变化，因此电子光谱的谱线不是一条，而是无数条，实际观测到的是一些互相重叠的谱带，在一般情况下很难确定电子能级的变化究竟相当于哪一个波长，所以一般是标出吸收带中吸收强度最大的波长。电子光谱波长范围 200～800 nm，在可见及紫外区域内，因此称为紫外-可见光谱。

5.2 紫外-可见光谱

5.2.1 一般概念

1. 紫外-可见光区电磁波

紫外、可见光区位于电磁波谱中的 X 射线与红外光区之间，即波长 100～800 nm 范围内的电磁波。其中 100～400 nm 区域为紫外区，400～800 nm 区域为可见光区。紫外区又可分为近紫外区和远紫外区，前者波长范围 200～400 nm，常说的紫外光谱就是这一区域的吸收光谱。由于普通玻璃对波长小于 300 nm 的电磁波会产生强烈吸收，所以在测定 300 nm 以下的吸收光谱时，有关光学元件应以石英玻璃取代，故 200～300 nm 区间的电磁波也称为石英区。远紫外区波长范围 100～200 nm，空气中的水分、氧气、氮气和二氧化碳等都会对这一波段的电磁波产生吸收，因此当在这一区域进行测量时，必须将仪器的光路系统抽成真空，以避免这些气体的干扰，因此这一区域又称为真空紫外区，这一区域的吸收光谱在结构分析中价值不大。

2. 电子吸收光谱的表示方法

电子吸收光谱是电子从低能级轨道向高能级轨道跃迁产生的结果。由于电子能级跃迁所需能量是量子化的，当一束光通过有机化合物分子时，该物质对其中某一波长的光可能吸收很强，而对其他波长的光则吸收很弱，或根本不吸收。通过仪器记录，吸收部分为峰，不吸收或弱吸收部分为谷。

使用紫外光谱仪，使紫外光束依次照射一定浓度的样品溶液，分别测得吸光系数 E，以吸光系数或摩尔吸光系数 ε 或 $\lg\varepsilon$ 为纵坐标，以波长 λ（nm）为横坐标作图即得吸收曲线，即紫外光谱图。图 5-2 为丙酮在环己烷溶液中的紫外光谱图。

根据朗伯-比尔定律（Lambert-Beer 定律），透射光的强度（I）与入射光的强度（I_0）之比称透射比，$\lg(I_0/I)$ 称为吸光度（A）。则

$$A=\lg(I_0/I)=EcL$$

式中，E 为吸光系数；c 为溶液浓度，mol/L；L 为液层厚度，cm。一般溶液含量为 1%，液层厚度为 1cm 时，指定波长的吸光系数用 $E_{1cm}^{1\%}$ 表示，称为百分吸光系数，可作为鉴别药物的物理常数之一。

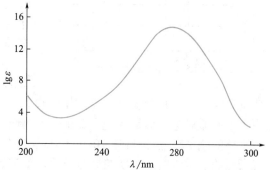

图 5-2　丙酮在环己烷溶液中的紫外光谱图

若化合物的分子量是已知的，则可用摩尔吸光系数 $\varepsilon = E \times M$ 来表示吸收强度。一般文献中的紫外光谱数据多为化合物的最大吸收峰的波长位置及摩尔吸光系数。如

$$\lambda_{max}（甲醇）= 252 \text{ nm} \qquad \varepsilon = 12300$$

即表示该样品在甲醇溶液中，于 252 nm 处有最大吸收峰，其摩尔吸光系数为 12300。ε 的最大值约为 10^5。当吸光系数很大时，一般用 $\lg E$ 或 $\lg\varepsilon$ 代替。

3. 分光光度计

测定紫外-可见吸收光谱所使用的仪器为分光光度计。图 5-3 是一个典型的双光束分光光度计的光学系统，包括辐射光源区、单色器、光度计、样品区和检测器 5 个区域。

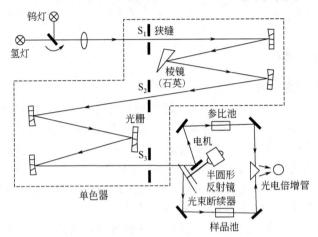

图 5-3　双光束分光光度计的光学系统

5.2.2　紫外-可见光谱的解析与应用

1. 电子跃迁

分子吸收紫外-可见光的能量后，处于前线轨道的电子可以从低能级向高能级跃迁。从化学键的性质分析，与电子吸收光谱有关的电子跃迁主要有以下 3 种（见图 5-4）。

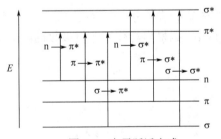

图 5-4　电子跃迁方式

（1）σ→σ*跃迁。σ 电子是结合得最牢固的价电子，在基态下，处于 σ 成键轨道中的电子能量最低，而其相对应的 σ*轨道能量最高。因此电子从 σ 轨道向 σ*轨道跃迁需要相当高的能量，即需要吸收频率较高、波长较短的电磁波，一般仅在 200 nm 以下才能观测到。例如，烷烃的吸收带在远紫外区，只有用真空紫外光谱仪才能测量出来。

（2）n 电子跃迁。n 电子是指分子中未参与成键的价电子，即孤对电子，它们所处的分子轨道称为非键轨道，一般其能级位于 π 成键轨道和 π*反键轨道之间。如有机分子中氧、氮、卤素等杂原子上的孤对电子均是 n 电子。n 电子的跃迁有两种形式，即 n→π*跃迁和 n→σ*跃迁，前者所需要的能量较低，出现在 200 nm 以上区域，图 5-2 中丙酮的吸收带就是这种跃迁造成的；后者所需的能量较高，出现在远紫外区，如醇、醚中的 n→σ*跃迁吸收带均出现在远紫外区。

（3）π→π*跃迁。π→π*跃迁是指位于 π 成键轨道上的电子向 π*反键轨道的跃迁，其所需能量介于 n→σ*跃迁和 σ→σ*跃迁之间。孤立 π 键的 π→π*跃迁吸收在远紫外区，但随着其共轭链的增长，吸收逐渐向长波方向移动而进入紫外区，甚至可见光区，其特征是吸收强，摩尔吸光系数大于 10000。紫外-可见光谱在结构解析上主要是揭示这种共轭体系的结构。

2. 紫外-可见光谱与分子结构的关系

如前所述，随着有机分子共轭链的增长，最大吸收峰的波长增加，吸收逐渐进入紫外区甚至可见光区。表 5-1 列出了共轭多烯化合物与吸收光谱的关系。

表 5-1　共轭多烯化合物的吸收光谱

化合物	乙烯基数目	λ_{max}	ε_{max}	颜色
乙烯	1	162	15000	
丁二烯	2	217	20900	
己三烯	3	258	35000	
二甲基辛四烯	4	296	52000	
癸五烯	5	335	118000	
α-羟基-β-胡萝卜素	8	415	210000	橙色
反式番茄色素	11	470	185000	红色
去氢番茄色素	15	504	15000	紫色

人们发现，除了 C═C 键外，在有颜色的化合物中，往往含有硝基（NO_2）、羰基（C═O）、重氮基等不饱和官能团，这些官能团被称为发色基团或生色基团，现在则把凡是可以使分子在紫外-可见光区产生吸收的原子团均称为发色团。表 5-2 列出了常见发色团的紫外吸收光谱。

表 5-2　常见发色团的紫外吸收光谱

	实例	结构式	λ_{max}/nm	ε_{max}	溶剂
RCH═CHR	乙烯	CH_2═CH_2	165	15000	蒸气
—C≡C—	1-丁炔	HC≡CCH_2CH_3	172	4500	蒸气
C═O	乙醛	CH_3CHO	289	12.5	蒸气
	樟脑	O	182	10000	
			295	14	乙烷
—COOH	乙酸	CH_3COOH	204	41	乙醇
—COOR	乙酸乙酯	$CH_3COOC_2H_5$	204	60	水
$CONH_2$	乙酰胺	CH_3CONH_2	205	160	甲醇
—ONO_2	硝酸乙酯	$C_2H_5ONO_2$	270	12	二氧六环
—NO_2	硝基甲烷	CH_3NO_2	271	18.6	醇
—NO	亚硝基丁烷	C_4H_9NO	300	100	醚
—ONO	亚硝基正戊酯	$C_5H_{11}ONO$	218.5	1120	石油醚
H_2C═N═N	重氮甲烷	CH_2N_2	417	7	乙醚
—N═N—	反-偶氮甲烷	CH_3—N═N—H_3C	343	25	水
—C═N—	N-亚甲基丁胺	C_4H_9N═CHC_2H_5	238	200	异辛烷
苯	苯		254 203.5	205 7400	水
S═O	环己基甲基亚砜	O S CH_3	210	1500	醇

还有一类原子和原子团，如含有孤对电子的—OH、—OR、—SR、—NH_2、—NR_2、—X（卤素）等，它们本身单独在分子中出现时，并不能使分子在紫外-可见光区产生吸收，但若

将其连接到发色团上时，由于其可以通过 p-π 共轭效应使得电子的离域性增强，因此也可导致其吸收带向红波方向移动（红移），并往往使得吸收强度增加。具有这种功能的原子或原子团称为助色团。

化合物的空间结构也会对吸收光谱产生影响，例如：

λ_{max}/nm 280   290

ε_{max} 14000   27000

这是因为在顺式结构中，两个苯环间存在较大的空间排斥力，使得它们与双键间的共轭平面产生了一定的扭曲，从而导致其共轭程度没有反式异构体强。

除了化合物本身的结构因素外，测定电子吸收光谱时所用的溶剂也可通过与溶质分子间产生氢键、偶极作用等而使得吸收波长产生位移，通常极性溶剂的影响比非极性溶剂大。一般而言，溶剂极性增大会使 π→π* 跃迁向长波方向移动（红移），而使 n→π* 跃迁向短波方向移动（蓝移）。所以在记录紫外-可见吸收光谱时均需标明所使用的溶剂。

3. 紫外-可见光谱在有机分子结构解析中的应用

由于紫外-可见光谱主要揭示的是生色团和助色团的信息，因此即便化合物的结构差异很大，但只要有相同或相似的生色团和助色团，它们就会表现出相同或相似的电子吸收光谱。因此，仅凭紫外-可见光谱很难独立地解决某个有机化合物的结构问题。尽管如此，利用紫外-可见光谱来研究共轭体系还是有其独到之处，对于采用其他方法推导出来的结构也是一个有益的补充和验证。

在利用紫外-可见光谱来解析有机化合物分子结构时，以下几条经验规律可供参考。

（1）如果紫外光谱仅在 270～350 nm 区域内出现一个弱的吸收带（$\varepsilon = 10～200$），而在其他区域内又无明显的吸收，则这个吸收带很可能是含有孤对电子的未共轭发色团如 C＝O 等产生的 n→π* 跃迁吸收带。

（2）如果紫外光谱中在 200～300 nm 区域内有一个强的吸收带（$\varepsilon = 10000～20000$），则至少有两个发色团共轭。如果在 210～300 nm 区域内有一个中等强度的吸收带（$\varepsilon = 5000～16000$），则这个化合物很可能是含有极性取代基的苯的衍生物。

（3）如果紫外光谱中出现几个吸收带，其中波长最长的已进入可见光区，则这个化合物至少含有 4～5 个共轭的发色团和助色团。

（4）可以在谱图库中查找与未知化合物的紫外图谱相似的化合物，以其为模板确定未知化合物的分子骨架结构信息。

表 5-3 列出了部分简单有机化合物的紫外吸收光谱数据。

表 5-3   部分简单有机化合物的紫外吸收光谱数据

生色团	实例	跃迁方式	λ_{max}/nm	ε_{max}	溶剂
C＝C	乙烯	π→π*	165	15000	蒸气
C≡C	乙炔	π→π*	173	6000	蒸气
C＝C—C＝C	1,3-丁二烯	π→π*	226	21400	环己烷
⬡	苯	π→π*	255	215	醇
	苯乙烯	π→π*	244	12000	醇
		π→π*	282	450	

生色团	实例	跃迁方式	λ_{max}/nm	ε_{max}	溶剂
芳基	苯酚	$\pi\to\pi^*$ $\pi\to\pi^*$	210 270	6200 1450	水
	硝基苯	$\pi\to\pi^*$ $\pi\to\pi^*$	252 280	10000 1000	己烷
	联苯	$\pi\to\pi^*$ $\pi\to\pi^*$	330 246	125 20000	己烷
	氯甲烷	$n\to\sigma^*$	173	200	己烷
—X	溴甲烷	$n\to\sigma^*$	208	300	己烷
	碘甲烷	$n\to\sigma^*$	259	400	己烷
—OH	乙醇	$n\to\sigma^*$	177	200	己烷
	乙醛		290	16	庚烷
C=O	丙酮	$\pi\to\pi^*$ $n\to\pi^*$	188 279	900 15	己烷
C=C—C=O	丙烯醛	$\pi\to\pi^*$ $n\to\pi^*$	210 315	25500 13.8	水 醇
—COOH	乙酸	$n\to\pi^*$	204	60	水
—COOR	乙酸乙酯	$n\to\pi^*$	207	69	石油醚
—COCl	乙酰氯	$n\to\pi^*$	235	53	己烷
—COOCO—	乙酸酐	$n\to\pi^*$	225	47	异辛烷
—CONH₂	乙酰胺	$n\to\pi^*$	220(肩峰)	—	水

除了用于结构分析外，紫外-可见光谱还可用于互变异构研究、定量分析、分子量的测定等诸多方面，在分析化学中的应用尤其广泛。

5.3 红外光谱

5.3.1 基本原理

1. 红外吸收光谱的产生

红外光区处于可见光区与微波区之间，是波长 0.5~1000 μm 范围内的电磁辐射，其中 0.5~2.5 μm 区域为近红外区，2.5~15.4 μm 区域为中红外区，大于 50 μm 的区域为远红外区。应用最为广泛的是中红外区吸收光谱，波数在 65~4000 cm⁻¹ 范围内。

物质的红外吸收光谱仅仅涉及分子的振动和转动能级变化，二者会同时发生，因此称为振-转跃迁。由此产生的吸收光谱称为振-转光谱，即常见的红外光谱。

分子必须满足两个条件才可以产生红外吸收光谱，即：①分子振动和转动时必须伴有瞬间偶极矩的变化；②由于振动能级的变化也是量子化的，因此分子的振动频率必须与红外辐射的频率相同。

2. 红外吸收光谱的表示

红外光谱多以波长 λ（μm）或波数 $\tilde{\nu}$（cm⁻¹）为横坐标，表示吸收峰的位置。以吸光度 A（absorption）或透过度 $T\%$（transmittance）为纵坐标，表示吸收峰的强弱。如用吸光度表示，则吸收带向上；如用透过度表示，则吸收带向下。后者使用更普遍一些。图 5-5 是一张典型的红外吸收光谱图。

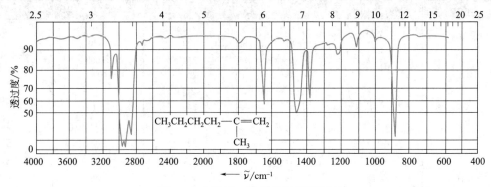

图 5-5　2-甲基-1-己烯的红外光谱图

3. 红外光谱仪

测定红外光谱所使用的仪器为红外光谱仪，其基本构造与紫外光谱仪相似，但红外光谱一般采用双光系统，其优点是对光源和检测部件的要求比单光系统低，并更容易配接自动记录系统。图 5-6 是典型的红外光谱仪的光路系统示意。

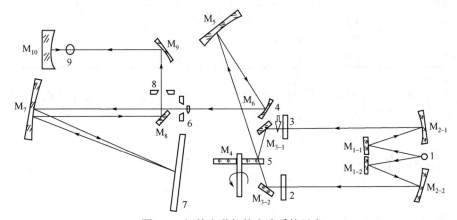

图 5-6　红外光谱仪的光路系统示意

1—光源；2—样品；3—参比池；4—衰减器；5—切光器；6—入射狭缝；7—反射光栅；8—出射狭缝；9—检测器

5.3.2　红外光谱的解析与应用

1. 分子振动

如果把一个质点（相对于分子中的某一个原子）放在一个三维坐标系内，那么它的运动可以用 3 个坐标来表示，称这个质点有 3 个自由度，每个自由度就是该质点在坐标系三个方向（x，y，z）之一的平动。对于一个有 N 个原子的分子，其总自由度应为 $3N$ 个，除了 3 个平动自由度和 3 个转动自由度外（都不引起分子瞬间偶极矩的变化），余下的都为分子内的振动自由度，即 $3N-6$ 个。对于线形分子，当转动原子与分子轴重合时，转动原子在空间的坐标不变，这样其转动自由度事实上只有 2 个，所以线形分子的振动自由度为 $3N-5$ 个。这些基本振动称为简正振动，当其中某一简正振动导致分子偶极矩发生变化，而其振动频率又刚好与照射它的红外光波频率相同时，分子就能对光波产生吸收，记录在图谱上就会出现一个吸收带。

在分子的各简正振动中，有的振动频率相似，它们的吸收带就会重合，称为**简并**。由于这一原因，在图谱上出现的吸收带的数量要比真实振动的数量少。

分子的简正振动可以分为**伸缩振动**和**弯曲（变形）振动**两种方式。伸缩振动沿着轴方向做规律性的移动，使得键长伸长或缩短。弯曲振动比较复杂，它可以是共有一个原子的各化学键间键角的改变，也可以是一个原子团相当于分子的其他部分的移动，但原子团内各原子彼此间是不移动的。图5-7是亚甲基振动的形式。

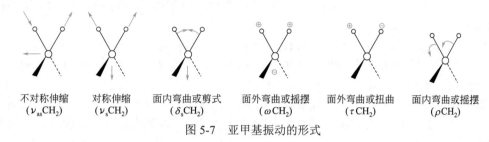

不对称伸缩	对称伸缩	面内弯曲或剪式	面外弯曲或摇摆	面外弯曲或扭曲	面内弯曲或摇摆
$(\nu_{as}CH_2)$	$(\nu_{s}CH_2)$	$(\delta_{s}CH_2)$	(ωCH_2)	(τCH_2)	(ρCH_2)

图 5-7　亚甲基振动的形式

2. 红外吸收光谱与分子偶极矩和振动频率的关系

（1）分子偶极矩与红外吸收光谱

量子力学计算表明，分子吸收红外辐射的能力（吸收强度）与跃迁的概率有关，如果跃迁的概率不等于零，称为**允许跃迁**，相应的吸收就强；反之，若跃迁的概率等于零则称为**禁阻跃迁**，相应的吸收就很弱。

对于允许跃迁，理论上可以证明，在分子振动时必然伴随有瞬间偶极矩的变化，从而显示红外活性，而与分子是否具有永久偶极矩无关。例如二氧化碳是对称的线形分子，其永久偶极矩为零，但由于它的不对称振动仍可带来瞬间偶极矩的变化，所以它是一个红外活性分子，能够产生红外吸收光谱。事实上，只有同核的双原子分子，如氢气、氮气等才是完全红外非活性的。

（2）振动频率与红外吸收光谱

以化学键连接起来的两个原子，可以看作是由一根弹簧拴起来做简谐振动的两个小球，如图5-8所示。

根据弹性力学的胡克定律和牛顿定律，它们的振动频率为：

$$\nu = \frac{1}{2\pi}\sqrt{\frac{k}{\mu}} \tag{5-1}$$

或

$$\tilde{\nu} = \frac{1}{2\pi c}\sqrt{\frac{k}{\mu}} \tag{5-2}$$

式中，μ 为折合质量，$\mu = M_1 \times M_2 / (M_1 + M_2)$；$k$ 为化学键的力常数（键的强度）。

从式（5-1）可以看出，影响振动频率的因素有两个，即键的力常数和成键原子的折合质量。

当辐射光波的频率正好与振动的频率相匹配时，振动就可从光波中吸收能量，从而产生特征吸收峰。例如一个典型的C—H键的振动频率为 9×10^{13} 次/秒，那么它可以吸收同样频率的光波。其吸收峰的波长为：$\lambda = c/\nu = 3\times10^{10}/(9\times10^{13}) = 3.33\times10^{-4}$ cm $= 3.33$ μm，其相应的波数为 3000 cm^{-1}。在红外光谱图上就可观察到这一吸收带。由此可见，红外吸收信号可以通过理论计算得出，也可以由红外吸收峰的位置来计算

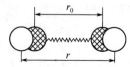

图 5-8　双球振动模型

某一化学键的振动频率。

应该指出的是，除了分子本身的结构因素外，其他一些因素如氢键、溶剂的类型及浓度、物态和测试温度等都会对吸收频率、带形及吸收强度产生影响，应视具体情况而定。

3. 红外光谱的解析与应用

根据有机分子中各原子团在红外光谱中出现吸收峰的位置，大致可以将一张红外光谱图分成 4 个区域。

（1）第一峰区，即波数 4000～2500 cm⁻¹ 的区域。主要是 C—H、O—H、N—H 等化学键伸缩振动的吸收范围。

（2）第二峰区，即波数 2500～1900 cm⁻¹ 的区域。主要是叁键和累积双键的伸缩振动吸收峰。

（3）第三峰区，即波数 1900～1500 cm⁻¹ 的区域。主要是 C＝C、C＝O 等双键，以及苯环骨架的伸缩振动吸收峰。

有机化合物中各种官能团的大多数伸缩振动出现在第一到第三峰区，因此这些区域又称为官能团区，由此区域的吸收可以判断官能团的存在。该区域吸收峰通常较少，也较强，在分析中有很大价值。

（4）第四峰区，即波数 1500～600 cm⁻¹ 的区域。主要为 C—C、C—O、C—N 等单键的伸缩振动和各类弯曲振动。这一区域的吸收往往很复杂，伸缩振动和弯曲振动吸收都有，如人的指纹一样，所以又称为指纹区。该区域吸收峰较多，互相重叠，不易归属，但对于结构相似化合物的鉴定极为有用。

通过研究大量有机化合物的红外光谱，现已基本上可以判定在一定频率范围内出现的谱带是由哪种化学键的振动产生的。表 5-4 列出了一些重要化学键的特征吸收频率。

表 5-4　一些重要键的特征吸收频率

化学键	振动方式	吸收频率/cm⁻¹
—CH₃, —CH₂, —CH	伸缩振动	2960～2850
	弯曲振动	1475～1300
＝C—H	伸缩振动	3100～3000
	非平面摇摆振动	1000～800
C＝C	伸缩振动	1680～1500
≡C—H	伸缩振动	3300～2900
	弯曲振动	700～600
C≡C	伸缩振动	2200～2100
Ar—H	面外弯曲振动	900～650
	伸缩振动	3110～3010
C—F	伸缩振动	1350～1100
C—Cl	伸缩振动	850～550
C—Br	伸缩振动	690～515
C—I	伸缩振动	600～500
O—H	伸缩振动	3650～3200
C—O	伸缩振动	1240～940
C＝O	伸缩振动	1870～1540
N—H	伸缩振动	3500～3300
C—N	伸缩振动	1360～1030
C＝N	伸缩振动	1690～1480
C≡N	伸缩振动	2260～2215
N＝N	伸缩振动	1630～1575

下面以 β-苯乙醇为例来说明红外光谱图的解析（见图 5-9）。

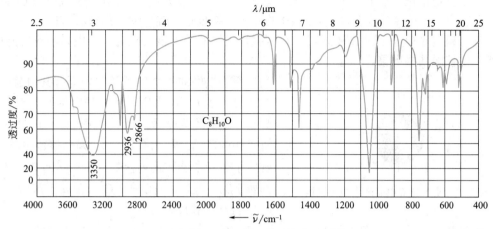

图 5-9 β-苯乙醇的红外吸收光谱图

一个中心在 3350 cm^{-1} 宽而强的吸收带可能为醇类或酚类（注意此处吸收峰受样品浓度及氢键强度的影响较大），辅以 1050 cm^{-1} 处强的吸收带（C—O 伸缩振动），可证明其为伯醇。3080 cm^{-1}、3060 cm^{-1}、3030 cm^{-1} 处 3 个中等强度的尖锐吸收带，以及 1615 cm^{-1}、1500 cm^{-1} 处 2 个中等强度的尖锐吸收带，均表明分子中苯环的存在。750 cm^{-1} 和 700 cm^{-1} 处的两个吸收峰符合一元取代苯的特征。2935 cm^{-1}、2855 cm^{-1}、1460 cm^{-1} 三个吸收带分别是亚甲基的伸缩振动和弯曲振动所引起的。无 1380 cm^{-1} 吸收带，说明分子中不存在甲基。综合以上信息，可以得出该化合物的结构式为：

同样应该说明的是，仅凭红外光谱来判断一个化合物的结构是很困难的，即便解释和归属一个已知化合物红外光谱图中的所有吸收带也不是一件容易的事。由于红外光谱主要揭示的是存在的官能团，在存在相似官能团时很难作出准确判断，因此要准确解析一个化合物的结构，还需配合其他分析手段。在后续章节中，会对各类化合物的红外吸收光谱特征分别予以介绍。

5.4 核磁共振谱

核磁共振现象是 1946 年由 Block 和 Pucell 等发现的，这一发现立即引起科学界极大的兴趣。60 多年来，核磁共振技术在理论和实践上都得到了极大的发展，并在化学、生物学、医学、化学生物学等诸多领域得到了广泛应用，特别是在有机化合物的结构测定中，已成为最为广泛和有效的工具之一。

核磁共振（NMR）与紫外光谱和红外光谱一样，也是一种吸收波谱。根据测定的对象不同，可以分为核磁共振氢谱（^{1}H NMR）、碳谱（^{13}C NMR）、氮谱（^{15}N NMR）、磷谱（^{31}P NMR）等，其中以氢谱和碳谱应用最为广泛。

5.4.1 基本原理

原子核是带正电荷的粒子，其自旋运动与自旋量子数 I 有关，自旋量子数可取 0，1/2，1，3/2 等值，$I = 0$ 意味着没有自旋。$I \neq 0$ 的原子核绕核轴自旋，使得沿核轴方向产生一个磁偶极，具有磁偶极矩（见图 5-10）。只有有磁偶极矩的原子核在磁场中用电磁波进行照射时，才能产生核磁共振现象。

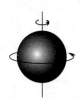

图 5-10　质子自旋电荷产生的磁偶极

原子核中的每个质子和中子都有其自身的自旋，自旋量子数 I 是所有质子和中子自旋的合量。若质子数和中子数均为奇数，则 I 为正整数（1，2…）；若质子和中子的总和为奇数，则 I 为半整数（1/2，2/3…）；若质子数和中子数均为偶数时，则 I 为 0。^{1}H 和 ^{13}C 都属于第二类，而 ^{12}C 和 ^{16}O 等都属于最后一类，因此它们无核磁共振信号。

核磁共振是处于磁场中的自旋原子核，吸收射频波的能量，引起核自旋能级的跃迁而产生的。以氢核为例，当它自旋时，顺着它的自旋轴会产生一个微小的磁场，就像一个微小的磁铁，具有两极。在没有外界磁场存在时，每个小磁铁的磁性方向是杂乱无章的。但当把这些小磁铁放到一个均匀磁场中时，它们立即会有两种取向（处于外界磁场中的自旋核的取向数目为 $2I+1$，对于氢核 $I = 1/2$，$2I+1 = 2$），即与外加磁场方向同向（a，顺着外加磁场方向排列）和反向（b，逆着外加磁场方向排列），如图 5-11 所示。其中 a 是低能态（稳定态），b 是高能态（不稳定态），这两种能态之间的能量差为 ΔE。当给予其一定能量时，a 就可以发生跃迁转化为 b，这种能量的吸收也是量子化的，即符合 $\Delta E = h\nu$ 的频率的辐射才可以被吸收。

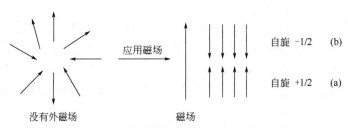

图 5-11　自旋磁场在外界磁场作用下的变化

量子力学计算结果表明，这种辐射波的频率与外界磁场的强度直接相关，只有当辐射波的频率与外界磁场达到一定关系时才能产生吸收：

$$\Delta E = \frac{rhH_0}{2\pi} \tag{5-3}$$

式中，H_0 为外加磁场强度；h 为普朗克常数；γ 为磁旋比，是原子核的特征常数，对于氢核 $\gamma = 26750$。结合 $\Delta E = h\nu$，则有：

$$\nu = \frac{rH_0}{2\pi} \tag{5-4}$$

所以，理论上无论改变外加磁场强度还是改变辐射波的频率，均可满足能级跃迁的条件，原子核可以吸收这一能量，发生核磁共振，可从仪表中测量出从振动器流过的电流。图 5-12 是核磁共振仪的原理示意图。

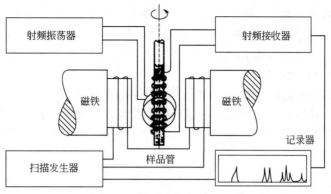

图 5-12　核磁共振仪原理示意

5.4.2　化学位移

1. 化学位移的概念

根据式（5-4），同一种原子核放在外磁场中时，应该只有一个共振吸收频率。但核磁共振实验的结果表明，即便是同一化合物中的同一种原子核，在核磁共振中也会出现不同的共振信号。图 5-13 是乙酸甲酯的 ^{1}H NMR 图谱，分子中的 6 个氢原子分为两组，出现 2 个位置不同的共振信号。

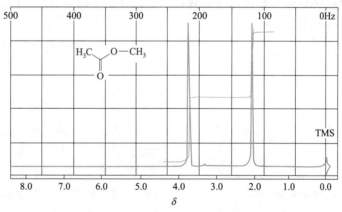

图 5-13　乙酸甲酯的 ^{1}H NMR 图谱

造成这一差异的原因是两组氢原子所处的"化学环境"不同，即原子核周围的电子云密度以及邻近化学键排布的情况不同。因为原子核不是孤立的"裸核"，其核外的电子以及核附近的成键电子在外磁场（H_0）的作用下会产生一个与 H_0 成比例的感应磁场。若感应磁场与外界磁场方向相同，原子核会受到该感应磁场的"屏蔽效应"，若感应磁场与外界磁场方向相反，原子核会受到"去屏蔽效应"。这样实际所感受到磁场强度除与 H_0 有关外，还与此感应磁场有关。原子核实际感受到的磁场强度一般表示为：

$$H'_0=H_0-\sigma H_0=（1-\sigma）H_0 \tag{5-5}$$

式中，σ 为屏蔽常数，它是原子核受核外电子屏蔽强弱的度量，是特定原子核所处化学环境的反映。结合式（5-4），磁场的共振频率就应为：

$$\nu=\frac{r(1-\sigma)H_0}{2\pi} \tag{5-6}$$

因此，即便对同一种原子核，只要其所处的化学环境不同，则其 σ 值就不同，它们就会有不同的共振频率，在核磁共振图谱上吸收峰的位置会产生变化，这一现象就称为化学位移。受到屏蔽效应强的核会在高场出峰，而受到去屏蔽效应强的核会在低场出峰。

2. 化学位移的表示法

　有机化合物的同类磁核因化学环境差异而产生的共振频率之差与它们的共振频率相比是非常小的，因此用共振频率的绝对值来描述化学位移很不方便，目前广泛采用的是相对表示法。即选择适当化合物做参照标准，将其他不同环境中的同类磁核与之比较，它们的差值就是化学位移 δ：

$$\delta = \frac{\nu_{\text{样品}} - \nu_{\text{标准物}}}{\nu_{\text{标准物}}} \times 10^6 \tag{5-7}$$

　δ 值的单位为百万分之一，是一个与磁场无关的数值，因此同一磁核在不同磁场强度的仪器中测得的结果是一致的。

　在氢谱中，通常采用四甲基硅烷（Me_4Si，TMS）中的质子作为标准，将它的信号位置 δ 值定为 0。因为四甲基硅烷中有 12 个氢核，它显示为一个强的尖峰。且硅原子的电负性很低，分子中的氢核受到屏蔽作用比大多数有机化合物中的氢都大，因此大多数有机分子中氢的核磁吸收峰都出现在它的左侧。

3. 化学位移与分子结构的关系

　化学位移值是利用 NMR 技术推断有机化合物分子结构的重要参数，影响其数值大小的结构因素主要有以下几个方面。

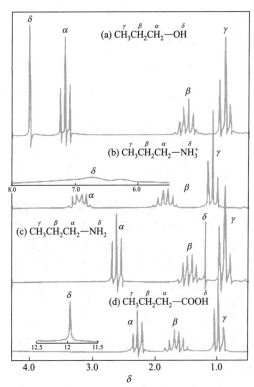

图 5-14　诱导效应对质子化学位移的影响

（1）取代基的诱导效应和共轭效应

　取代基的电负性将直接影响与之相连的碳原子上质子的化学位移值，这种影响会通过诱导效应传递给邻近碳原子上的质子。电负性较高的基团使得周围的电子云密度降低（去屏蔽），因此会导致与之相连的碳原子上的质子的共振信号向低场移动。取代基的电负性越大，则相关质子的 δ 值越大。图 5-14 清楚地显示了诱导效应对质子化学位移的影响。

　共轭效应的影响与诱导效应相似，吸电子共轭效应（$-C$）使得 δ_H 增大（去屏蔽），而给电子共轭效应（$+C$）使得 δ_H 减小（屏蔽）。

（2）碳原子的杂化状态

　处于不同杂化状态下的碳原子的电负性是不同的，杂化轨道中的 s 轨道成分越多，电负性越大，其去屏蔽作用就越大，δ_H 值也越大（见表 5-5）。

（3）邻近基团的磁各向异性效应

　① 芳环。芳香族化合物的环状 π 电子云在外磁场的作用下，会产生垂直于 H_0 的环形电子流，环流电子所产生的感应磁场与 H_0 方向相反。

因此在苯环附近出现屏蔽区和去屏蔽区，苯环上的质子出现在去屏蔽区，所以信号出现在低场（$\delta_H = 7.2$，见图 5-15）。而环外质子处于屏蔽区，信号出现在高场。

② 双键。以羰基（C＝O）为例（见图 5-16），羰基的碳原子取 sp^2 杂化，三个 σ 键位于同一平面上，π 电子云位于该平面的两侧。在外磁场作用下，π 电子形成环流，平面两侧的两个锥体是屏蔽区，而平面内是去屏蔽区。醛基氢的化学位移在低场出现，δ 较大。

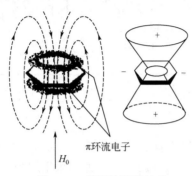

图 5-15　苯环的屏蔽效应

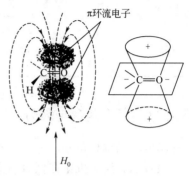

图 5-16　双键的屏蔽效应

③ 叁键。炔烃 π 电子云绕叁键键轴呈圆筒形对称分布，在外磁场作用下，π 环流电子产生的感应磁场方向与键轴平行，并与 H_0 方向相反，产生屏蔽效应（见图 5-17），因此炔氢在高场产生吸收。

④ 单键。C–C 键也有抗磁各向异性效应，但比 π 电子云要弱得多。单键的去屏蔽区就是以碳碳单键为轴的圆锥体，因此当甲烷上的氢原子逐个被烷基取代后，剩下的氢原子将受到越来越强的去屏蔽作用，所以共振信号向低场移动。例如：

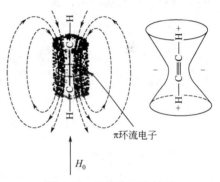

图 5-17　炔键的屏蔽效应

R₃CH	R₂CH₂	RCH₃	CH₄
1.40～1.65	1.20～1.48	0.85～0.95	0.22

（4）氢键和溶剂效应

除了以上因素外，对于液体或溶液样品，其化学位移值受溶剂与分子之间的作用和氢键等的影响有时也很大。如当分子中含有氨基、羟基、巯基等官能团时，就可能在分子间或分子内形成氢键，引起化学键上电荷的再分配，使参与氢键形成的质子周围电子云密度降低。氢键越强，活泼氢的化学位移值就越大。表 5-5 列出了常见有机化合物分子中质子的化学位移。

表 5-5　某些基团中质子的化学位移

H 的类型	化学位移 δ	H 的类型	化学位移 δ
R—CH₃(一级 H)	0.9	O—C—H(醇或醚)	3.3～4
R₃CH₂(二级 H)	1.3	R—O—H	1～5.5
R₃CH(三级 H)	1.5	Ar—O—H	4～12
C＝C—H	4.5～6.0	RCOOC—H	3.7～4.1
C≡C—H	2～3	H—CCOOR	2～2.2

H 的类型	化学位移 δ	H 的类型	化学位移 δ
Ar—H	6～8.5	H—CCOOH	2～2.6
Ar—C—H	2.2～3	RCOOH	10～13
C—C—C—H	1.6～1.9	RCHO	9～10
Cl—C—H	3～4	O—C—H (O上方)	5.3
Br—C—H	2.5～4	RCOC—H	2～2.7
I—C—H	2～4	R—NH₂	1～5
C≡C—O—H	15～17		

5.4.3 自旋偶合与裂分

从化学位移的推导可知，分子中有多少种化学环境不同的磁核，就应在 NMR 图谱中出现多少个吸收峰。这一推论在低分辨率的 NMR 中通常是对的，但如果采用高分辨率的仪器进行测定，结果就往往不是那么简单，会发现某些磁核的吸收峰出现分裂。如图 5-18 是 3-氯丁酮的高分辨核磁共振氢谱，其中 a 和 c 两组质子的信号就出现了裂分。

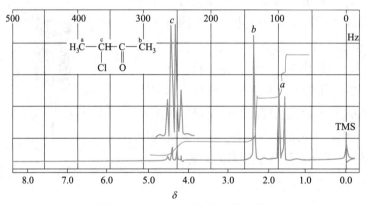

图 5-18　3-氯丁酮的高分辨氢谱

产生这种裂分的原因是，分子中的质子不仅受到外磁场和外围电子的感应磁场的作用，还会受到邻近质子的自旋所产生的微小磁场的影响，这种影响就是自旋偶合。

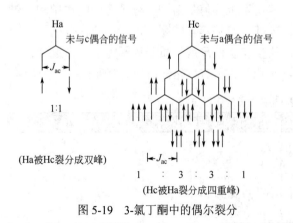

图 5-19　3-氯丁酮中的偶尔裂分

以 3-氯丁酮为例来说明自旋偶合和裂分的情形。a 组 3 个质子的化学环境相同，但由于邻近 c 质子的存在，当外磁场照射 a 质子时，c 质子的自旋磁场会对 a 质子所感受到的磁场强度产生影响。由于 c 质子的自旋有两种取向，且概率均等，所产生的自旋磁场对于外加磁场将产生等量的增强或减弱。这样就使 a 组质子的信号裂分为强度相同的 2 个峰。以同样的方式可以理解 c 组质子被 a 组的 3 个质子裂分为四重峰，其峰面积的比为 1：3：3：1（见图 5-19）。b 组质子相邻碳上没有其他质子，故信号仍为单峰。

由此也可以看出，自旋偶合使得 NMR 谱中的信号被分裂为多重峰，相邻两个峰之间的距离称为偶合常数（J），其单位为 Hz。在结构上等价的 H（如甲基上的 3 个 H）相互不产生裂分。

以上介绍的只是极简单的情形，在较复杂的体系中，偶合裂分也相对比较复杂，一般可以依下列情况进行计算。

① $n+1$ 规则：一组质子与邻近质子发生自旋偶合裂分，在邻近质子都相同时，峰的数目等于 $n+1$，n 是邻近质子的数目。如上例 H_a 的共振信号峰数为 1+1=2，H_c 的共振信号峰数为 3+1=4。这些峰的强度比刚好是 $(a+b)^n$ 展开后各项系数之比，可用巴斯卡三角来表示：

单峰(singlet)				1			
双峰(doublet)			1		1		
三重峰(triplet)			1	2	1		
四重峰(quartet)		1	3		3	1	
五重峰(quintet)		1	4	6	4	1	
六重峰(sixtet)	1	5	10		10	5	1

② 当邻近氢原子不相同时，其裂分峰的数目为 $(n'+1)(n''+1)$。如在化合物 $Cl_2CHCH_2CHBr_2$ 中的两个次甲基氢并不相同，因而亚甲基的共振信号峰为 $(1+1)×(1+1)=4$ 重峰，这四重峰的强度比为 1:1:1:1。又如在 $ClCH_2CH_2CH_2Br$ 中，中间亚甲基的共振信号峰为 $(2+1)×(2+1)=9$ 重峰，其强度比为 1:2:1:2:4:2:1:2:1。因为峰数太多，往往不易分辨。

自旋偶合一般有以下几个特点：①所谓邻近质子通常是指邻位碳上的质子，自旋偶合作用随着距离增大而很快消失，通常相隔 3 个以上 σ 键作用就很小了；②通常多键的作用比单键要大；③如果 H 比较活泼，如甲醇羟基上的 H，一般只有单峰，即不产生偶合。有机化合物中常见的质子间的偶合常数见表 5-6。

表 5-6 某些质子间的偶合常数

发生偶合的 H 的类型	J_{ab}	发生偶合的 H 的类型	J_{ab}
$H_a—C—C—H_b$	6~8	H_a 苯环 H_b	邻-6~10 间-1~3 对-0~1
H_a $C=C$ H_b（甲基）	6~12	环己烷 H_a H_b	a-a 8~10 a-e 2~3 e-e 2~3
H_b $C=C$ H_a（甲基）	12~18		
H_b H_a $C=C$（甲基甲基）	0~3		

5.4.4 核磁共振氢谱的解析

解析一张核磁共振氢谱，需要考察 3 个最基本和最重要的参数：化学位移、信号强度（峰面积）与偶合常数。化学位移可以提供质子种类的信息，信号强度可以给出各类质子的相对数目，而偶合常数则可以给出质子周围其他质子的种类和数目。下面以图 5-20 为例说明一般的解析氢谱的方法。

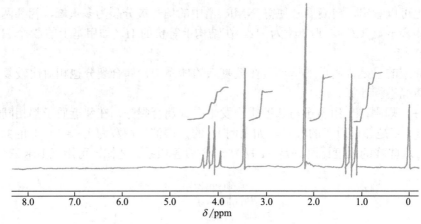

图 5-20　未知化合物 $C_6H_{10}O_3$ 的 ^1H NMR 图谱

从图中可以看出，该化合物有 4 组质子，峰面积比为 2 : 2 : 3 : 3。其中 δ 1.29 处的 3 个质子为三重峰，应该是一个与 CH_2 相连的 CH_3。δ 2.27 和 δ 3.45 的两组单峰分别为有 3 个和 2 个质子，应该是一个 CH_3 和一个 CH_2，相邻碳上没有质子对其进行裂分，且这两组质子都与吸电子基团如 $C=O$ 相连，导致化学位移处于低场。δ 4.20 的 2 个质子显示为四重峰，是一个与 CH_3 相连的 CH_2，且与杂原子氧相连，化学位移处于低场。综合以上信息，可以推断该化合物的结构可能为：

$$CH_3-\overset{O}{\overset{\|}{C}}-CH_2-\overset{O}{\overset{\|}{C}}-O-CH_2-CH_3$$

5.5　质谱

5.5.1　基本原理

质谱不是电磁波谱，而是一种质量分析方法，所用的仪器为质谱仪。图 5-21 是质谱仪的工作原理图。

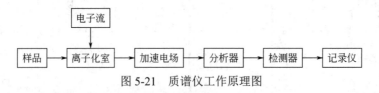

图 5-21　质谱仪工作原理图

处于气态的分子，在质谱仪离子化室中受到高能电子流（约 70 eV）的轰击，失去一个外层电子，成为带有一个正电荷的分子离子，这些分子离子在极短的时间（$10^{-10} \sim 10^{-3}$ s）内又碎裂成质量不同的碎片正离子、中性分子或自由基。碎片正离子在加速电场中受到电场（$1000 \sim 8000$ V）加速，以速度 v 进入分析器。若离子在加速前的动能略去不计，则加速后的动能应等于加速前的势能，即：

$$\frac{1}{2}mv^2 = eV \tag{5-8}$$

式中，m 为正离子质量；v 为正离子速度；e 为正离子电荷；V 为外加电场电压。具有速

度 v 的带电粒子进入质谱分析器的电磁场中，有规律地改变磁场强度或加速电压（即所谓扫描），就可使具有不同质荷比 m/e（现统一表示为 m/z，电荷数 z 一般等于 1）的离子进行分离，并加以记录。

质谱仪由高真空系统、进样系统、离子源、加速电场、质量分析器、收集和记录装置组成。离子源的选择对样品测定的成败至关重要，尤其当分子离子峰不容易出现时，选择适合的离子源就可能得到所需要的质谱数据。最常用的离子源是电子流轰击（EI，即在外电场作用下，用铼丝或钨丝产生的热电子流去轰击样品，产生各种离子）和化学电离法（CI），此外还有场致电离（FI）、场解吸附（FD）、快原子轰击（FAB）等多种方法。

5.5.2 质谱表示法

质谱所反映的是分子离子和碎片离子的质量以及它们被记录的强度。图 5-22 是甲苯的质谱图。

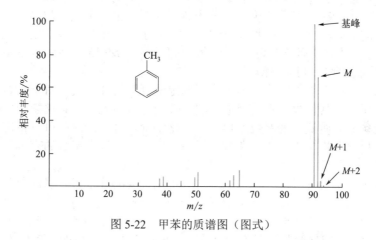

图 5-22 甲苯的质谱图（图式）

图中横坐标为离子的质荷比（m/z），也就是离子的质量；纵坐标为离子的强度，用相对强度（有的教材中称相对丰度）表示。选取最强的一个峰作标准，称为基峰，强度定为 100，相对强度是峰相当于基峰的百分比，表示其他离子的强度，写在质荷比数值后面的括号内。如甲苯质谱中的几个峰可以表示为 m/z 91（100）、m/z 65（11）、m/z 39（9.1）等，这是最常用的表示法。

5.5.3 质谱分析的应用

1. 分子量和分子式的确定

在一个未知有机化合物的结构分析中，分子量和分子式的确定是非常重要的，质谱所给出的分子离子峰就是该化合物的分子量。但在质谱中，往往由于化合物的类型、离子化方法以及样品的纯度等原因，最高质量数的峰并不总代表化合物的分子量。可以利用以下几点经验规律作为判断分子离子峰的依据。

（1）最高质量数的峰通常是同位素分子离子峰。比分子离子峰大 1, 2, 3（$a.\,m.\,u$）的峰，是由分子中的同位素引起的，强度一般较弱，但在同位素丰度较大时，同位素分子离子峰也可能很强。图 5-23 是一卤代甲烷的分子离子峰及同位素峰。有些化合物的分子离子峰右侧出现一个强度较大的（$M+1$）峰，这是分子离子与中性分子碰撞时夺取一个 H 原子所形成的峰，不能误认为分子离子峰。

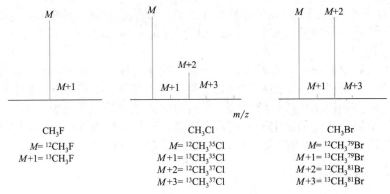

图 5-23　三种一卤代甲烷的质谱

（2）如果在最右侧峰（最高质量峰）的左侧 3～14 范围内出现峰，则最右侧的峰不可能是分子离子峰。因为在大多数情况下，分子离子断裂失去一个氢（$M-1$）是正常的，失去两个氢（$M-2$）也是可能的，但失去 3 个氢（$M-3$）生成离子只在极个别情况下才会出现。此外，除了氢原子，从分子离子上丢失最小的碎片是甲基（$M-15$）。因此，在比分子离子小 3～14 的范围内不会出现任何其他碎片峰。

（3）应用"氮律"来判断分子离子峰，选定最可能的分子式。对于大多数元素，一般质量数为偶数的元素，其化学价也是偶数；质量数为奇数的元素，其化学价也是奇数。但是氮元素与此相反，氮的质量数为偶数（14），但化学价是奇数。由此可以得出"氮律"：分子量为偶数的有机化合物，不含或含偶数个氮原子；而分子量为奇数的有机化合物，只能含有奇数个氮原子。

质谱不仅可以确定分子量，还可以确定有机化合物的分子式。从高分辨质谱上，可由分子离子峰的精确质量数，通过查表可知其代表的分子式。所谓高分辨质谱是指分辨率（仪器对相邻峰的分辨能力）在 10000 以上的质谱，它能精确测量离子的质量数到几位小数。如分子式为 $C_{13}H_{19}N_5O_3$ 的化合物，计算分子量为 294.15607，HRMS（高分辨质谱）实测值为 294.15604。

分辨率在 1000 以下的低分辨质谱能分开有机化合物质量数为 1 的峰，因而可以测定分子量的整数值。对于低分辨质谱，根据其同位素峰的强度同样也可求得化合物的分子式。因为组成有机化合物的大多数元素都有天然同位素（F、I、P 等除外），由于各种同位素的含量并不相同，因此在质谱上就会出现强度不同的同位素峰，这些峰由现在比它们各自的轻同位素峰高 1～2 处，很易判别。表 5-7 是常见元素的同位素及其天然丰度。

表 5-7　常见元素的同位素及其天然丰度

元素	丰度					
碳	^{12}C	100	^{13}C	1.08		
氢	^{1}H	100	^{2}H	0.016		
氧	^{14}N	100	^{15}N	0.38		
氮	^{16}O	100	^{17}O	0.04	^{18}O	0.20
氟	^{19}F	100				
氯	^{35}Cl	100			^{37}Cl	32.5
溴	^{79}Br	100			^{81}Br	98
碘	^{127}I	100				
硫	^{32}S	100	^{33}S	0.78	^{34}S	4.40
磷	^{32}P	100				

有机化合物中的元素是各种同位素的混合物，同位素峰的强度取决于分子中所含有关同位素的数目以及它们的天然丰度。

2. 结构鉴定

有机化合物分子在离子化室中除生成分子离子外，还可能通过化学键断裂形成各种碎片离子，这种过程叫裂解。由于裂解大多发生在化学键容易断裂的部位，因此裂解方式与化合物的结构有关。不同的有机化合物有不同的裂解规律，在它们的质谱中，碎片离子提供了它们的结构特征信息，有助于化合物的结构分析。

质谱中的碎片离子峰强弱不等，它们的形成和强度主要受 3 个因素的影响：①键强度；②裂解产物的稳定性，特别是正离子的稳定性；③原子和原子间的空间排列。一般强度最大的质谱峰相应于最稳定的碎片离子，通过各种碎片离子相对峰高的分析，有可能获得整个分子结构的信息。下面是质谱中裂解过程的一般规律，这些规律对于大多数化合物都是适用的。

（1）断裂一个键

规律 1：在烷烃中，直链化合物的分子离子峰的相对丰度在同系物中最大，但随碳链的增长而减弱。在侧链化合物中，侧链越多越容易断裂，侧链上最大的取代基优先作为自由基断裂，生成稳定的仲碳或叔碳正离子。它们的稳定性顺序与碳正离子的稳定性顺序相同。

规律 2：具有侧链的环烷烃，优先在侧链部位断裂，生成带电荷的环状碎片。

规律 3：含有双键、芳环或芳杂环的化合物，它们的分子离子稳定，因而较强。

规律 4：在双键、芳环或芳杂环的 β-键上容易发生断裂（β-断裂），生成的正离子因与双键、芳环或芳杂环共轭，因而稳定。

规律 5：含有杂原子的化合物如醇、醚、胺、硫醚、硫醇等，也容易发生 β-断裂，生成锌离子。杂原子上的孤对电子对碳原子上的正电荷具有稳定作用，其稳定能力为：

$$N > S > O > X（卤素）$$

规律 6：在含羰基的化合物（醛、酮、酸、酯等）中容易发生 α 键断裂。

（2）断裂两个键。在这种断裂中，常伴随有分子或离子的重排发生，如 McLafferty 重排和亲核重排等。如具有下列通式的烯烃或其他化合物（如醛、酮、酸、酯、酰胺、腈和芳香族化合物等），在裂解过程中处于 C=Q 键 γ 位的氢原子，可以通过六元环状过渡态迁移到电离的双键或杂原子（Q）上，同时 β 键断裂产生中性分子和一个自由基正离子。这种重排称为 McLafferty 重排或 γ-氢迁移重排。其中 M=H，R，OH，OR，NR₂；Q=C，O，N，S 等；X，Y，Z 均为碳原子，或其中一个是氧（或氮）原子，其余为碳原子。

（3）断裂两个以上的键，并有氢的迁移。在环醇、卤代环烷烃、环烷胺及环酮等类化合物中，环上两个键断裂，并伴有氢原子的转移，形成稳定的锌离子：

其中 X = OH，OR，NH，NH₂，NR₂ 或卤素。

5.6 谱图综合解析

前面介绍了紫外光谱、红外光谱、核磁共振谱和质谱分析的基本原理和简单解析方法。事实上，在实际工作中单独使用其中的任何一种方法来确定一个未知有机化合物的结构都是困难的，因此往往需要多种分析方法，有时还需结合化学方法进行综合解析，才能获得正确的结果。

在分析谱图之前，有两点工作是必要的，一是弄清样品的来源，它可以大大缩小要分析的范围；二是通过分子式（给出的或通过分析求出的）计算分子的不饱和度，它同样可以排除一些不可能的结构。

不饱和度是指分子中环和不饱和键的数目，一个双键或一个环为 1 个不饱和度，一个叁键为 2 个不饱和度。可由下式计算得到：

$$UN = n_C + \frac{n_N - (n_H + n_X)}{2} + 1$$

式中，n_C、n_N、n_H、n_X 分别为四种原子的数目（X=卤素）。例如苯的不饱和度为 $UN = 6 + [0-(6+0)]/2+1 = 4$，即苯环有 4 个不饱和度。如果一个分子的不饱和度小于 4，则肯定不含有苯环。

下面举一个具体实例来说明如何利用谱图数据来确定有机化合物的分子结构。

【例】已知某化合物的分子式为 $C_{14}H_{19}N$，其紫外吸收光谱数据为：

λ_{max}（己烷）　　252nm（ε_{max}=20400）　　210nm（ε_{max}=20000）

图 5-24～图 5-26 分别为其 IR、^1H NMR 和 MS 图谱。

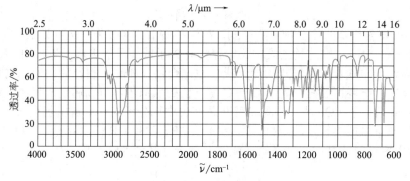

图 5-24　未知化合物的红外光谱图

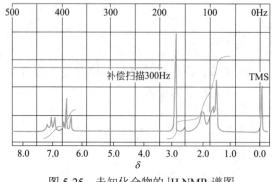

图 5-25　未知化合物的 ^1H NMR 谱图

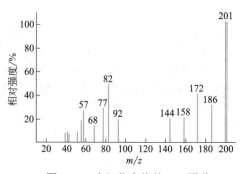

图 5-26　未知化合物的 MS 图谱

解析：（1）不饱和度 $UN = 14+[1-(19+0)]/2+1 = 6$，可能含有苯环；

（2）^{1}H NMR 的 δ 6.4～7.3，MS 中的 m/z 77，IR 中的 3100～3000cm^{-1}，1600cm^{-1}，1500cm^{-1}，750cm^{-1}，695cm^{-1} 等信息都表明分子中存在一个苯环；

（3）IR 的 750cm^{-1}，695cm^{-1} 吸收峰，^{1}H NMR 中各组峰的积分值都表明这是一个单取代苯；

（4）与苯比，其 ^{1}H NMR 中的苯基质子出现在较高场，说明苯环上存在给电子取代基，可能是氨基；

（5）IR 和 ^{1}H NMR 中均未观察到 N—H 键的吸收，因此这是一个叔胺；

（6）δ 2.85（s，3H）的信号应是 N—CH$_3$ 的吸收；

（7）除苯环外还有两个不饱和度。在 IR 中，1680 cm^{-1} 处弱的吸收带为 C=C 伸缩振动吸收，但 ^{1}H NMR 中无烯氢信号，说明可能是一个四取代烯烃。δ 1.5（s，3H）的信号只能是 C=C—CH$_3$ 上的甲基；δ 2.0（4H）代表 2 个亚甲基，且都是直接连接在双键上，旁边还有一组与之偶合的质子；δ 1.65（4H）代表 2 个亚甲基。由此推断，该分子中含有如下结构单元：

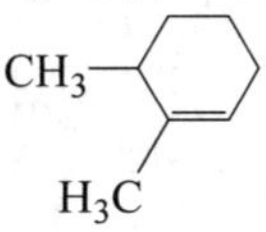

因此该化合物的结构为：

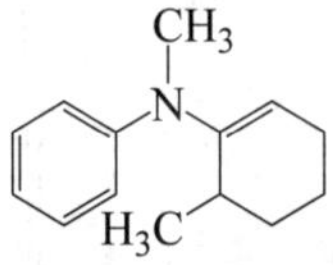

这可由 UV 和 MS 数据来证明：

UV：λ_{max}（己烷）= 252 nm（ε_{max} = 20400）为苯环吸收带，这与 N,N-二甲基苯相似 [λ_{max}（己烷）= 250 nm（ε_{max} = 13750）]。而 λ_{max}（己烷）= 210 nm（ε_{max} = 20000）是典型的烯胺双键吸收带。

MS：

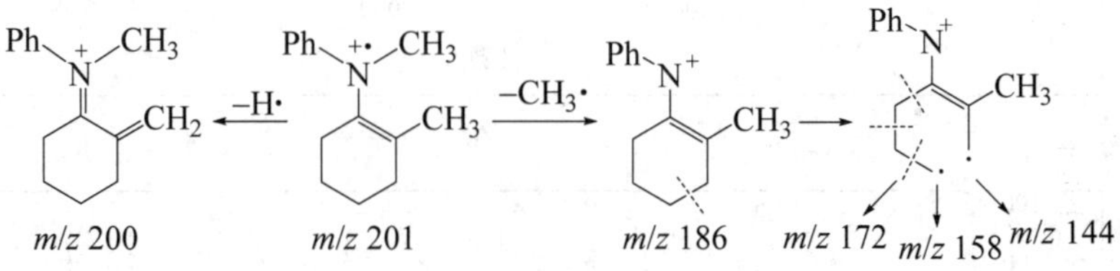

m/z 200 m/z 201 m/z 186 m/z 172 m/z 158 m/z 144

习 题

1. 若只考虑 $\pi\rightarrow\pi^*$ 跃迁，预期下列化合物中何者的 λ_{max} 值最大，为什么？

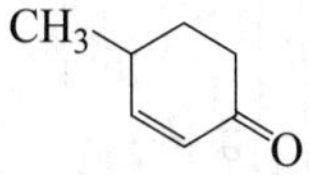

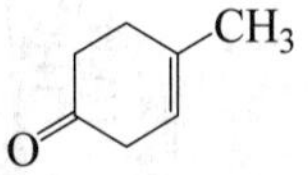

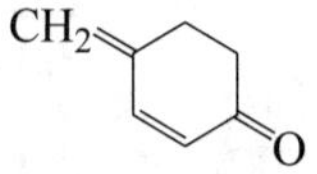

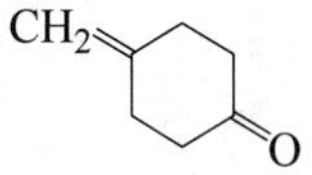

微信扫码
获取答案

(a)   (b)   (c)   (d)

2. 将下列各组化合物按在紫外光谱中吸收波长从长到短排序。

（1）(a) CH$_2$=CH—CH=CH$_2$ (b) CH$_2$=CH—CH=CH—CH$_3$ (c) CH$_2$=CH$_2$

（2）(a) CH$_3$Cl   (b) CH$_3$Br   (c) CH$_3$I

（3）(a)    (b) 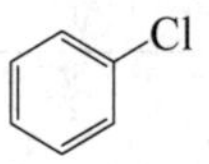   (c)

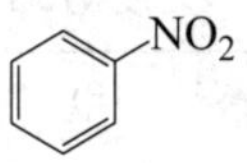

3. 某化合物的分子式为 C$_6$H$_7$N，红外光谱图如下所示。试识别图谱中的主要吸收峰并推导其结构。

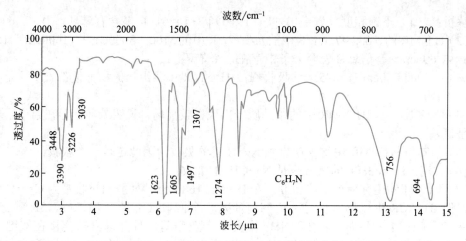

4. 下图（A）和（B）是乙酸乙酯和1-己烯的红外谱图，试分辨各图分别对应哪一个化合物。

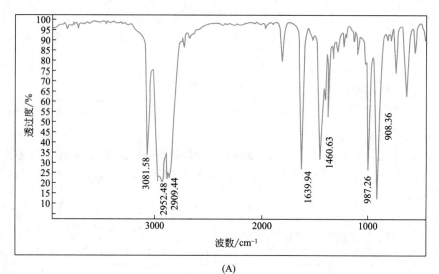

(A)

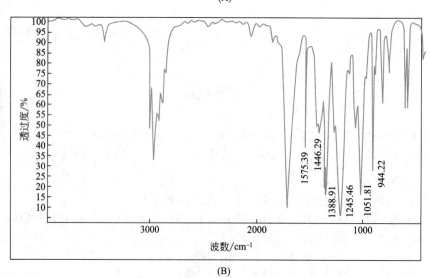

(B)

5. 预测下列化合物可能有几个核磁信号及其信号的化学位移值的相对高低。

（1）$Cl_2CHCHCl_2$　　　　（2）$ClCH_2CH_2I$　　　　（3）$CHCl_2CH_2CH_3$

（4）$HC\equiv C-CH_3$　　（5）$CH_3-CH=CH_2$　　（6）$CH_2=CH-CH=CH_2$

6. 写出具有下列分子式但仅有一个氢谱核磁共振信号的化合物的结构式

（1）C_5H_{12}　　　　（2）C_2H_6O　　　　（3）C_3H_6　　　　（4）C_4H_6

7. 化合物 A 和 B 的分子式均为 $C_2H_4Br_2$，A 的核磁共振氢谱有一个单峰；B 则有两组信号，一组是双重峰，一组是四重峰。试推断 A 和 B 的结构。

8. 某烃类化合物 C_9H_{12} 的核磁共振谱如下所示，试确定其结构。

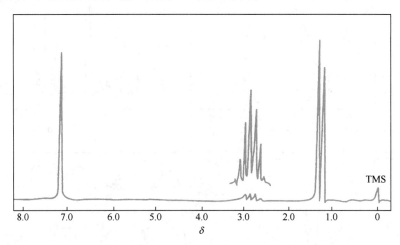

9. 一个未知液体，分子式为 $C_6H_{10}O_2$，IR 光谱上于 1715 cm^{-1} 处有强吸收，$^1H\,NMR$ 谱数据如下：

峰位	峰重数	积分高度	比例	氢原子个数
$\delta_{2.1}$	单	9	3	6
$\delta_{2.6}$	单	6	2	4

试推测其结构。

10. 化合物 $C_8H_{14}O_4$ 在红外光谱中 3000 cm^{-1} 以上区域无吸收，但在 1730 cm^{-1} 处有强吸收，它的核磁共振谱如下图所示。试推测其结构式。

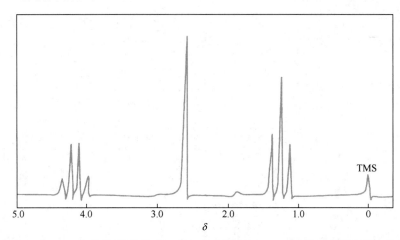

11. 一个化合物 A（$C_9H_{10}O$）不起碘仿反应，其红外光谱在 1690 cm^{-1} 处有强吸收峰，核磁共振谱数据如下：δ 1.2（t，3H），δ 3.0（q，2H），δ 7.7（m，5H），推断 A 的结构。B 为 A 的异构体，能起碘仿反应，其红外光谱在 1705 cm^{-1} 处有强峰，核磁共振谱数据为：δ 2.0（s，3H），δ 3.5（s，2H），δ 7.1（m，5H），推测 B 的结构。

12. 某化合物的 UV，IR 谱和 $^1H\,NMR$ 谱分别如图所示，试推导其可能结构式。

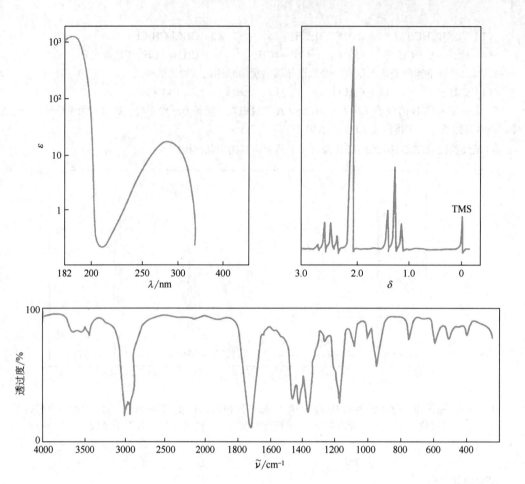

第6章

对映异构

同分异构现象在有机化合物中十分普遍。我们知道,物质的结构包括构造、构型和构象三个层面,三个层面均可产生异构现象,由它们引起的同分异构现象分别称为构造异构、构型异构和构象异构,其中后两者属于物质的空间结构,因此统称为立体异构。

凡因分子中原子或原子团连接的顺序或键合物质不同而产生的同分异构现象称为构造异构,如碳链异构、位置异构和官能团异构。凡化合物分子中原子间连接的次序相同,但由于空间排列不同而产生的异构现象称为构型异构;凡构造和构型均相同,只是因为分子中 σ 键的旋转而产生的异构现象称为构象异构或旋转异构。在构型异构中,除了前文已介绍过的顺、反异构(也称几何异构)外,还有另外一种极为重要的异构现象,即本章将要介绍的对映异构现象。

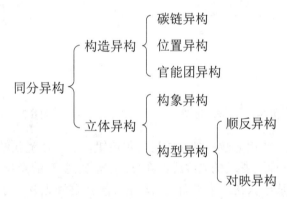

人们在剧烈运动后,肌肉中会产生一种乳酸(α-羟基丙酸),乳糖经过发酵后也能得到乳酸,虽然这两种乳酸的分子式和构造式完全相同,一般的物理和化学性质也相同,但它们对平面偏振光的旋光性能却不一样,实验发现,肌肉乳酸可使平面偏振光向右旋转,而发酵乳酸却使其向左旋转。这是由两者的空间构型不同造成的,两者的空间构型犹如物体自身与其镜像一样互呈对映的关系。像这种分子式和构造式相同,构型不同互呈镜像对映关系的立体异构现象称为对映异构(enantiomerism),也称为旋光异构或光学异构。互呈镜像对映关系的立体异构体互称为对映异构体(enantiomer)。

对映异构现象在自然界十分普遍,生物体对对映异构体"识别"的专一性很强,许多生物活性物质都是具有旋光性的,如天然氨基酸、糖类等。20 世纪的"反应停事件"就是由对映异构体的性质差别造成的。"反应停"(沙利度胺)是防止孕妇妊娠呕吐反应的药物,但后来发现它会导致新生儿畸形,罪魁祸首就是其中的(S)-异构体。

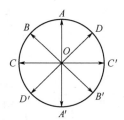

沙利度胺（反应停）

对映异构现象从此受到了极大的关注，与对映异构相关的研究也成为当前有机化学中最为火热的研究领域之一，研究有机化合物的对映异构现象具有非常重要的意义。

6.1 物质的旋光性

6.1.1 平面偏振光和物质的旋光性

光波是一种电磁波，它的振动方向与其前进方向垂直（见图6-1），在普通光线里，光波可以在垂直于它前进方向的任何可能的平面上振动（见图6-2）。

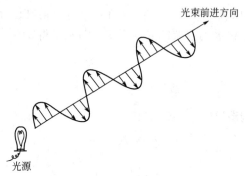

图 6-1 光波示意图　　　　图 6-2 普通光线的振动示意图

如果将光线通过一个用方解石制成的尼科尔棱镜，这个棱镜就像栅栏一样，只会允许与棱镜晶轴方向平行的平面上振动的光线透过，而其他方向上振动的光线则被挡住，如图6-3所示。这样透过去的光线就成了只在一个平面上振动的光波，这种光波就称为平面偏振光。

如让平面偏振光通过某一物质的溶液或纯液体，则光波会与物质分子中的电子产生作用。当光波通过某些物质，如水、乙醇、丙酮等后，光波的振动平面不发生变化，而在光线的发射处放置另一个与前一个晶轴方向相同的尼科尔棱镜时，光波依然可以通过，也就是说，这些物质没有使平面偏振光的振动平面发生变化，则它们是非光活性的。而另外一些物质，如乳酸、葡萄糖等的溶液，光波通过后其振动的方向会发生变化，必须将后一个棱镜旋转一定的角度，才可使透过的光线通过（见图6-4），则这样的物质是光活性的。这种能使偏振光振动平面发生改变的性质称为物质的旋光性，具有旋光性的物质称为光活性物质或旋光物质。

物质的旋光性用旋光度 α 来表示，即平面偏振光旋转的角度。面向光源观察，如果旋光物质使得平面偏振光向顺时针方向旋转，则称其为右旋体，用"+"或"D"来表示；反之，向逆时针方向旋转，则称为左旋体，用"−"或"L"来表示。

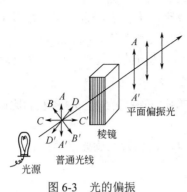

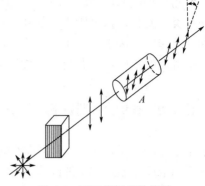

图 6-3　光的偏振　　　　　　　　　　　图 6-4　平面偏振光的旋转

6.1.2　旋光仪和比旋光度

1. 旋光仪

将上述原理仪器化就可制成旋光仪，图 6-5 是常用旋光仪的横截面示意图。

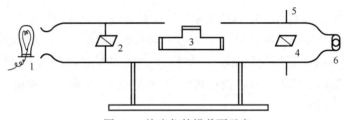

图 6-5　旋光仪的横截面示意

1—光源；2—起偏棱镜；3—样品管；4—检偏棱镜；5—刻度盘；6—观测目镜

当检偏棱镜与起偏棱镜平行时，平面偏振光就可通过，测定时以此为零点。若测定的样品无旋光性，则平面偏振光照样能够通过；但当测定的样品有旋光性时，则偏转后的平面偏振光不能再通过检偏棱镜，这时就必须将检偏棱镜旋转一定的角度，使得偏转后平面偏振光的振动平面与检偏棱镜的晶轴平行，这时平面偏振光才能通过。这样，从刻度盘上读出的检偏棱镜旋转的角度就是该物质的旋光度。

2. 比旋光度

每一种旋光物质在一定条件下都有一定的旋光度。但旋光度会受到溶液的浓度、样品管的长度、温度以及测定光波波长等的影响，同一种物质在不同条件下测得的旋光度就会不一样。因此，为了方便地比较物质的旋光性能，常用比旋光度来表示物质的旋光性能，其定义为：

$$[\alpha]_\lambda^t = \frac{\alpha}{L(\text{dm}) \times c(\text{g/mL})}$$

即比旋光度是在温度 t 下，用波长为 λ 的光照射，将浓度为 1 g/mL 的旋光性物质的溶液，放在 1 dm 长的样品管中测得的该物质的旋光度。比旋光度是光活性物质特有的物理常数。

如所测定的物质为纯液体，则可按下式计算其比旋光度：

$$[\alpha]_\lambda^t = \frac{\alpha}{Ld}$$

式中，d 为该物质的密度。

当所测的物质为溶液时，溶剂不同会影响它的比旋光度，因此在不用水作溶剂时要标明溶剂的种类。此外，浓度因素虽然在上述式中有所体现，但由于缔合、离解以及溶质与溶剂之间的相互作用等因素的作用，浓度的改变也会影响比旋光度值。因此在记录比旋光度时还必须标明测定的浓度。以右旋酒石酸为例，一个光活性物质的比旋光度值可以记录为：

$$[\alpha]_D^{20} = +3.79° \quad （乙醇，5\%）$$

其意义为，在钠光灯照射下，于 20℃测得的右旋酒石酸的 5%乙醇溶液的比旋光度值为+3.79°。

根据上面的式子，不仅可以计算物质的比旋光度，在已知比旋光度值的情况下，也可以测定物质的浓度或鉴定物质的纯度。

6.2 对映异构现象与分子结构的关系

6.2.1 对映异构现象的发现

1813 年，J. B. Biot 首先发现石英能使平面偏振光发生偏转，即具有旋光性。1818 年，他又发现糖的溶液也具有旋光性，但这一发现在当时未引起人们的充分重视。

1848 年，L. Pasteur 采用优先结晶法从外消旋酒石酸钠铵中分离出了两种不同的晶体，它们在外形上呈实物和镜像的关系，测定它们的旋光性能时发现，一种是右旋的，而另一种是左旋的，但旋光度相同。

1874 年，Van't Hoff 首次提出了碳正四面体的概念，从而把有机分子内在的空间结构与其溶液的旋光性联系起来。他指出，已知的光活性化合物都具有手性碳原子，即当一个碳原子分别与四个不同的基团相连接时，那么它在空间就可以有两种排列方式，即具有两种不同的四面体构型，这两种构型互呈实物和镜像的对映关系，相似但不能重合（见图 6-6）。

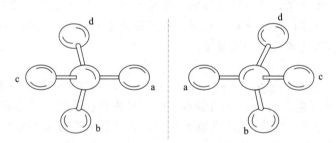

图 6-6　Cabcd 型化合物异构体呈镜像关系

这些工作奠定了经典的有机结构理论，并标志着立体化学的诞生。这种与四个不同基团相连的碳原子称为手性碳原子或不对称碳原子，通常用星号"*"标示。例如：

$$H_3C \overset{*}{\underset{OH}{\mid}} COOH$$

如果四个基团中有两个或两个以上是相同的，那么这样的分子在空间就只有一种排列方式，它的实物和镜像就能重合，因而不存在对映异构现象，也不具有光活性。

6.2.2　手性和对称因素

如前所述，如果物质的分子与其镜像不能重合，这种物质就具有旋光性，反之，则不具有旋光性。由此可知，物质的分子具有与其镜像不能重合的特征是物质具有旋光性和产生对映异构体的必要条件。

物质的分子与其镜像不能重合，如同人的左右手一样，因此把物质的这种特性称为手性或手征性（chirality），手性是物质具有旋光性和对映异构现象的充分和必要条件，具有手性的分子称为手性分子。

判断一个分子是否具有手性，可以通过考察其是否具有某些对称因素来确定。根据一个化合物分子所含的可能对称因素，可以把它的对称性分为三种类型。

（1）具有对称面、对称中心或交叠对称轴的化合物称为对称化合物，它们能与其镜像重合，因此没有光活性。

所谓对称面是指分子中存在这样一个平面，即分子相对于这个平面呈对称分布。如图 6-7 所示的 1，1-二氯乙烷和反-1，2-二氯乙烯：

所谓对称中心是指分子中存在这么一个点 P，如果通过这个点画任何直线，则在离 P 点等距离的直线两端都有相同的基团，如图 6-8。一个分子不可能具有一个以上的对称中心。

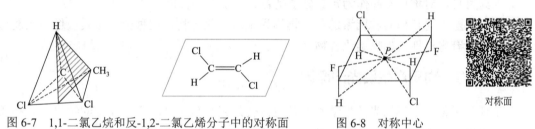

图 6-7　1,1-二氯乙烷和反-1,2-二氯乙烯分子中的对称面　　　图 6-8　对称中心

如果将一个分子沿一根轴旋转 $360°/n$ 的角度后，所得的镜像能与原分子重合，再用一面垂直于该轴的镜子将其反射，则该轴就叫作该分子的具有 n 重交叠对称轴。如图 6-9，化合物就具有四重交叠对称轴。

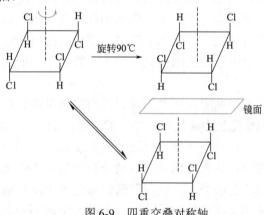

图 6-9　四重交叠对称轴

（2）不含对称面、对称中心或交叠对称轴，但含有一个甚至多个对称轴的化合物称为非对称化合物，该类化合物可能具有手性，也可能没有手性。

如果穿过分子画一根直线，分子以它为轴旋转 $360°/n$ 后，可以获得与分子旋转前相同的形象，则此轴称为该分子的 n 重对称轴。如图 6-10（a）的三个分子中分别存在 2 重、2 重和 6 重对称轴，但它们都不具有手性。而图 6-10（b）的分子中也存在一个 2 重对称轴（亚甲基碳原子与其他两个碳原子间的中间点的连线），但该化合物与其镜像不能重叠，因而具有手性。

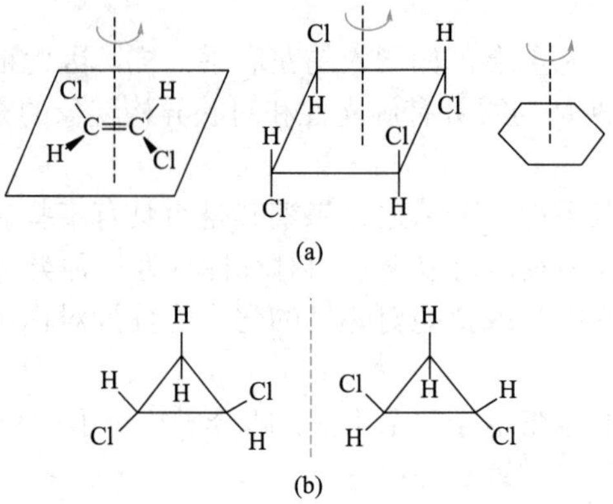

(a)

(b)

图 6-10　对称轴

由此可见，对称轴不能作为判断分子是否具有手性的标准。

（3）完全不含任何对称因素的化合物称为不对称化合物，这种分子与其镜像是不能重合的，因此具有光活性，如螺旋化合物。

6.2.3　物质产生旋光的原因

手性分子使平面偏振光的振动平面发生偏转是光与分子之间相互作用的结果，这种相互作用可以用量子力学理论进行定性甚至定量的计算。事实上，有些分子的旋光度值和旋光方向已用这种方法进行了计算。本节只用经典的电磁理论对此现象作定性分析。

光是一种电磁波，其振动频率很高，形成了快速的交流电场。当光线照射到透明物质的分子时，分子中的原子核和电子都受到光的电场影响。因为电子的质量较小，容易受光的电场影响而发生振动。光波与电子振动之间的相互影响使得光波前进的速度减慢，从而产生折射现象。物质的折射率越大，光在前进过程中受到的阻力越大，其速度就越小，亦即物质分子中的电子振动越强。物质的极化度越大，物质与光的相互作用就越强，折射率就越大。

平面偏振光可以看作是由两股围绕着光前进方向的轴呈螺旋形向前传播的圆偏振光合并而成的，其中一股圆偏振光呈右螺旋形，另一股呈左螺旋形（见图 6-11），它们互为镜像关系。当偏振光经过一个对称的区域时，这两股光受到分子的阻碍力相等，所以它们以相同的速度经过这个区域时，偏振光原来的振动平面不变，不表现出旋光性。倘若偏振光遇到的是手性分子，如右旋乳酸分子，则两股圆偏振光一个从右边接近分子，另一个从左边接近分子，由于不同基团极化度的差异，它们的折射率就不相同。经实验测定，右旋乳酸对右旋圆偏振光的折射率为 1.10011，而对左旋圆偏振光的折射率为 1.10017，折射率不同说明这两个圆偏振光经过手性分子时受到的阻力不等，这样速度减慢的程度也就不一样，结果导致偏振光振动平面不能再维持在原来的方向上，而是产生一定的偏转，从而表现出旋光性。

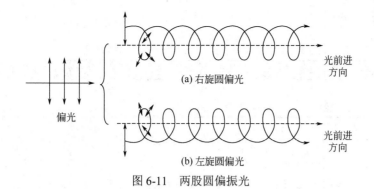

对映异构(乳酸)

(a) 右旋圆偏光

光前进方向

偏光

(b) 左旋圆偏光

光前进方向

图 6-11　两股圆偏振光

　　由于在液体和气体中，分子的排列是杂乱无章的，因此即使对具有对称面的物质分子来说，也很少有机会能使偏振光的振动平面恰好与分子的对称面相一致。所以，当分子按其他空间取向时，虽然分子是对称的，它也会使偏振光的振动平面旋转。从理论上讲，几乎所有物质的分子，包括对称分子都会使偏振光的振动平面旋转一个极小的角度，而且旋转的方向和程度随这个分子在光束中的取向而有所不同。众所周知，即使在测量时使用极少量的纯物质，它也是由许许多多任意排布着的分子组成的。因此偏振光照射对称分子时，虽然它会有少许的旋光性，但由于它和镜像的可重叠性，在光路上必然还会遇到另外一些和它互呈镜像的相同分子，由于它们的取向正好和前面的取向相反，又会使稍许旋转的偏振光平面反转回来。因此，从统计的观点来看，其净结果是没有旋转，即无旋光性。所以通常说一个物质不具有旋光性，不是指单个分子的性质，而是大量任意排布的非手性分子宏观统计的结果。

　　然而对手性分子来说，它与镜像不能重合，一个分子的镜像并不是另一个相同的分子，而是它的对映异构体。这样在一种纯旋光物质的大量分子中，就没有分子能充当另一个分子的镜像，因此不能完全抵消旋转，结果在统计上就表现出了旋光性。

6.3　含不同手性因素的化合物的立体化学

6.3.1　含手性中心的化合物

　　当一个碳原子上连接有四个不同的基团时，它就可能具有对映异构现象，这种碳原子称为手性碳。除碳原子外，还有一些其他的原子，如 N、P、Si、S 等都可能具有四面体的构型。因此当它们连上不同的基团时，也可能具有对映异构现象，像这类具有四面体构型的原子统称为手性中心，本章主要讨论含手性碳原子的化合物。

1. 含一个手性碳原子的化合物

　　含一个手性碳原子的化合物在空间有两种排列方式，这两种排列方式互呈实物和镜像的关系，称为一对对映异构体（enantiomers），其中一个为左旋体，另一个为右旋体。在顺、反异构体中，与双键或环相连的两个基团之间的距离是不等的，在顺式中距离近，而在反式中距离远，因而它们的物理与化学性质都是不相同的。因为它们是在几何尺寸上有差别，所以顺反异构体又称作几何异构体。而在对映异构体中，围绕着不对称碳原子的四个基团间的距离是相同的，即在几何尺寸上是完全相等的，因而对映异构体的物理和化学性质一般都相同。例如，右旋和左旋的 2-甲基-1-丁醇具有相同的沸点、密度和折射率，两者的比旋光度数值也相同，仅旋光方向相反（见表 6-1）。

表 6-1　2-甲基-1-丁醇对映异构体的物理性质比较

化合物	沸点/℃	密度	折射率(20℃)	比旋光度[α]
(+)-2-甲基-1-丁醇	128	0.8193	1.4102	+5.756
(−)-2-甲基-1-丁醇	128	0.8193	1.4102	−5.756

在化学性质方面，它们在非手性环境下的反应没有区别，例如，它们在用硫酸处理时可以脱水生成同样的烯，用醋酸处理时生成相同的酯等，且反应速率完全一样。但在手性环境中，两者的反应可能存在本质的差别，如生物体内的酶往往只能与一个对映体进行反应，具有高度的"识别"功能，这是某些手性药物的对映异构体生物活性存在差异的根本原因。

如果将等量的一对对映异构体混合，由于左旋体和右旋体对平面偏振光的作用相互抵消，所以混合物没有旋光性，这种混合物叫作外消旋体（racemate）或外消旋混合物，用（±或 D，L）来表示。如药用的合霉素就是左旋氯霉素（有效体）与其对映体（无效体）的等量混合物，因而不表现出光活性，是外消旋体。

外消旋体与相应的左旋体和右旋体相比，除了旋光性能不同外，其他物理性质也有差异，但化学性质基本相同。例如，左、右旋乳酸的熔点为 53℃，而外消旋体的熔点为 18℃（与其他混合物相比，其熔程很短），但它们的化学性质相同。在生理作用方面，外消旋体仍各发挥其所含左旋体和右旋体的相应效能。例如，合霉素的抗菌能力仅为左旋氯霉素的一半。

有的光活性化合物在保存过程中会逐渐失去其光活性，这是因为部分分子转化成了它们的对映异构体，当达到平衡时两者的比例相等，成为了外消旋体，因而光活性消失。一个光活性物质转化为外消旋体的过程称为外消旋化。例如：

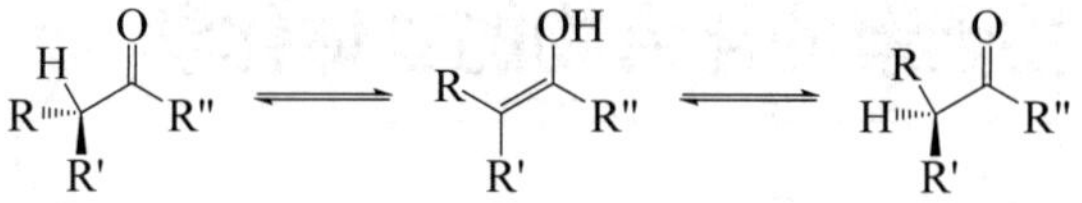

对映异构体的构造式相同，但空间排布不同，所以要用构型来表示。例如乳酸的一对对映异构体可以表示为：

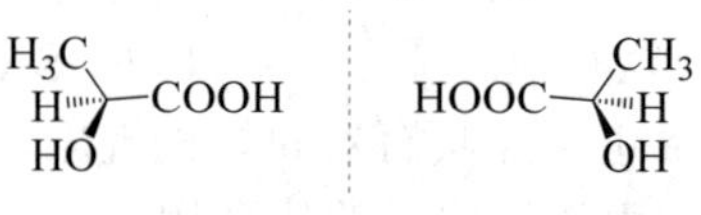

这种表示法称为楔形式，即将手性碳原子和其中的两个基团放在一个平面上，另外两个基团中，朝向平面里面的用虚线表示，而朝向平面外的用实线表示。这种表示法可以很清楚地看出分子中各基团之间的位置关系，但在书写复杂分子时就很不方便了。为了便于比较，一般采用费歇尔投影式（Fischer projection）来表示。

假定不对称碳原子是在纸平面上，则四面体的两个顶点指向前方，两个指向后方，把指向前方的用横线表示，而指向后方的用竖线表示，并且尽量将含有碳原子的基团放在竖线相连的位置上，编号较小的碳原子放在上面，大的放在下面，就得到构型的费歇尔投影式。例如甘油醛的楔形式和费歇尔投影式的关系为：

```
        CHO              CHO
  H ─────── OH     HO ─────── H        楔形式
        CH₂OH            CH₂OH
          ‖                ‖
        CHO              CHO
  H ──┼── OH       HO ──┼── H          费歇尔投影式
        CH₂OH            CH₂OH
        （Ⅰ）             （Ⅱ）
   D-(+)-甘油醛        L-(−)-甘油醛
```

　　使用费歇尔投影式时必须注意的是：①投影式在纸平面上旋转 90° 时会引起构型的改变，而旋转 180° 时不变；②取代基的位置互换奇数次会引起构型的改变，而互换偶数次构型不变；③费歇尔投影式不能离开纸平面翻转。

　　解决了构型的书写方式后，接下来的问题就是如何将一对对映异构体与它的真实构型联系起来，即如何确定有机分子的立体构型问题，这对有机立体化学和反应机理的研究具有重要的意义。在 1951 年前，还没有适当的方法测定旋光物质的真实构型（或称绝对构型），这给研究带来了很大的困难。因此为了方便，就选择了一些物质作为标准，并人为地规定它们的构型。如甘油醛有一对对映异构体，当时人为规定右旋甘油醛具有 Ⅰ 的构型，并用符号 D 来标记，命名为 D-(+)-甘油醛；左旋甘油醛具有 Ⅱ 的构型，并用符号 L 来标记，命名为 L-(−)-甘油醛。这里 D 和 L 表示构型，而+和−表示旋光方向。

　　确定标准物质后，其他光活性物质的构型就通过化学关联的方法来予以确定。例如乳酸的构型可以这样确定：

```
      CHO                    COOH                   COOH
  H ──┼── OH    HgO      H ──┼── OH                H ──┼── OH
      CH₂OH    ────→         CH₂OH      ──────→         CH₃

  D-(+)-甘油醛           D-(−)-甘油酸              D-(−)-乳酸
```

　　这样的构型是相对于标准物质确定的，所以称为相对构型。于是规定，凡是由 D-(+)-甘油醛转变而来的，或能转变成 D-(+)-甘油醛的化合物具有 D 系构型；凡是由 L-(−)-甘油醛转变而来的，或能转变成 L-(−)-甘油醛的化合物具有 L 系构型。需要说明的是，在进行化学关联时，与手性碳原子相连的四个化学键不能发生断裂。

　　从上例也可以看出，物质的构型与其旋光性之间没有必然的关系，D 构型的化合物可以是左旋的，也可以是右旋的。

　　1951 年，J. M. Bijvoet 通过 X 射线衍射法测得了右旋酒石酸的绝对构型，巧合的是它正好与人为规定的由甘油醛关联而来的构型一致，这样，由标准物质关联而来相对构型就成了绝对构型（真实构型）了，从而避免了不少麻烦。

　　虽然右旋化合物的绝对构型可以用 X 射线衍射法进行测定，但这种方法困难且费时，因此许多化合物的构型还是通过化学方法与已知构型的化合物相关联而得到的。但是，随着立体异构方面实践知识的大量积累，人们越来越感到仅用 D，L 来表示构型的不便，而且往往引起混乱。这是因为，一方面有些物质，如环状化合物很难与标准物质相关联，另一方面化学转化也无一个公认的规则。如在多手性碳原子的化合物中，选择不同的标准物质往往会得出相反的构型。所以，现在除了糖类和氨基酸类等天然产物还沿用 D，L 命名法外，其他化合物已普遍采用系统命名法。

　　1970 年，国际上根据 IUPAC 的建议采用 *R*，*S* 构型系统命名法。此法规定，将与手性碳原子相连接的四个基团按照"次序规则"从大到小的顺序排列，如在 a、b、c、d 中，a>b>c>d，然后沿着手性碳与最小基团之间的键轴观察（即 C—d 键轴），剩下来的 3 个基团按从大到小的顺序排列，如果是顺时针方向排列的，则称为 R 构型，反之，如是逆时针排列的，则命名为 S 构型。

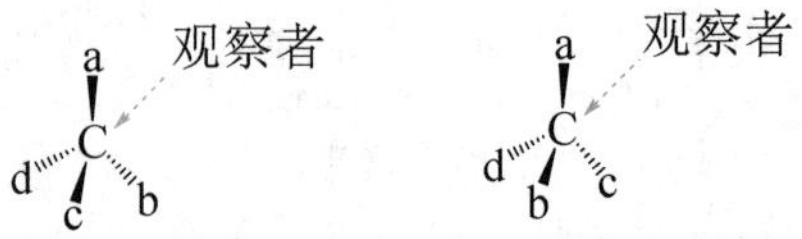

R构型 S构型

基团的大小按"次序规则"进行比较。次序规则在前面已作过一些介绍，现再补充几点：

（1）对原子团来说，首先比较第一个原子的原子序数，例如—SO_3H>—OH>—NH_2>—CH_3；

（2）如果第一个原子相同，则顺序比较与第一个原子相连的原子的原子序数，例如—OR>—OH，—CH_2Cl>—CH_3，—NR_2>—NHR>—NH_2 等，如果第二个又相同，则再比较第三个，依此类推；

（3）如果原子团含有双键或叁键，则当作两个或三个单键看待。例如：

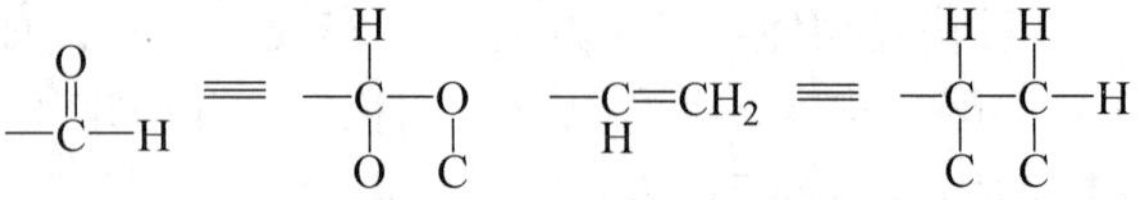

所以有：

$>$ $>$ —CH_2OH；—CH=CH_2 $>$ —CH_2CH_3

现将一般原子或原子团的次序（由大到小）排列如下：

—I，—Br，—Cl，—SO_2R，—SR，—SH，—F，—OCOR，—OR，—OH，—NO_2，—NR_2，—NHCOR，—NHR，—NH_2，—CCl_3，—COOR，—COOH，—COR，—CHO，—CR_2OH，—CHROH，—CH_2OH，—C_6H_5，—C$\equiv$CH，—CR_3，—CH$=$$CH_2$，—$CHR_2$，—$CH_3$，D，H

下面举几个 R、S 命名的例子：

例 1：

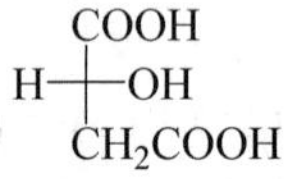

(R)-2-羟基丁二酸（苹果酸）

例 2：

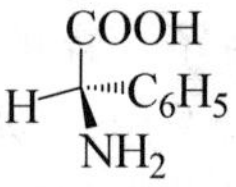

(R)-2-氨基苯乙酸

如果分子中有两个以上的手性碳原子，则每个手性碳原子按 R，S 命名，然后标明所标记的是哪个碳原子。

例 3：

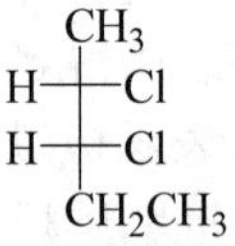

($2S,3R$)-2,3-二氯戊烷

例 4：

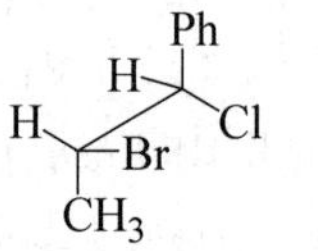

($1R,2R$)-1-氯-2-溴-1-苯基丙烷

在使用 R，S 命名系统时应该注意到，一个手性碳原子是 R 构型还是 S 构型，只与手性碳原子所连接的基团在空间的相对位置次序有关，而与反应过程中的构型联系无关（与 D、L 命名法比较），不能认为一个分子的 R 构型转化到另一个分子的 R 构型就一定保持了原来的

构型未变，同样也不能认为从一个分子的 R 构型转化到另一个分子的 S 构型就一定是进行了构型的翻转。

2. 含两个手性碳原子的化合物

随着手性碳原子数目的增加，有机化合物分子的立体异构现象也越来越复杂。当分子中含有两个手性碳原子时，根据它们各自所连接的四个基团是否相同，可以分为不相同和完全相同两类。

含有两个不同手性碳原子的化合物有四种空间构型，例如氯代苹果酸，它的四种空间构型可用费歇尔投影式表示为：

$$
\begin{array}{cccc}
\text{COOH} & \text{COOH} & \text{COOH} & \text{COOH} \\
\text{H——OH} & \text{HO——H} & \text{H——OH} & \text{HO——H} \\
\text{H——Cl} & \text{Cl——H} & \text{Cl——H} & \text{H——Cl} \\
\text{COOH} & \text{COOH} & \text{COOH} & \text{COOH}
\end{array}
$$

$[\alpha]$	$-7.1°$	$+7.1°$	$-9.3°$	$+9.3°$
	（Ⅰ）	（Ⅱ）	（Ⅲ）	（Ⅳ）

很容易看出，Ⅰ和Ⅱ互呈实物与镜像的关系，它们的旋光度数值相等，方向相反，是一对对映异构体。同样Ⅲ和Ⅳ也是一对对映异构体。如果将Ⅰ和Ⅱ或Ⅲ和Ⅳ等量混合，则可组成两组外消旋体。

而在Ⅰ和Ⅲ中，上面手性碳原子的构型相同，而下面手性碳原子的构型相反，因此整个分子不呈实物与镜像的关系，像这种不呈镜像对映关系的立体异构体称为非对映异构体，简称非对映体（diastereomer）。同样Ⅰ与Ⅳ、Ⅱ与Ⅲ、Ⅱ与Ⅳ也都是非对映异构体的关系。

当分子中含有两个或两个以上的手性中心时，就有非对映异构现象存在。非对映体的物理性质，如熔点、沸点、折射率、溶解度等均不同，比旋光度也不同，其旋光方向可能相同，也可能不同。由于它们具有相同的官能团，属同类化合物，因此它们的化学性质相似，但因为它们分子中相应基团之间的距离并不相等，所以它们与同一试剂反应时的反应速率不等。

在光活性化合物中，随着手性碳原子数目的增多，其立体异构体的数目也增多。当含有 n 个不同的手性碳原子时，就可以有 2^n 个立体异构体，即 2^{n-1} 对对映异构体。

如果分子中含有相同的手性碳原子，其立体异构体的数目就要少于 2^n 个。以酒石酸为例，它的两个手性碳原子所连接的四个基团完全一样，它也可以写出四个空间构型：

$$
\begin{array}{cccc}
\text{COOH} & \text{COOH} & \text{COOH} & \text{COOH} \\
\text{H——OH} & \text{HO——H} & \text{H——OH} & \text{HO——H} \\
\text{HO——H} & \text{H——OH} & \text{H——OH} & \text{HO——H} \\
\text{COOH} & \text{COOH} & \text{COOH} & \text{COOH}
\end{array}
$$

（Ⅰ）	（Ⅱ）	（Ⅲ）	（Ⅳ）

Ⅰ和Ⅱ是一对对映异构体，Ⅲ和Ⅳ表面上也呈实物和镜像的对映关系，但如把Ⅳ在纸平面上旋转 $180°$，则变为Ⅲ，所以它们是同一物质，而不是一对对映异构体。事实上，如果在 C_2 和 C_3 的中间放一面镜子，就可发现分子的上下部互呈实物和镜像的关系，即该分子中存在对称面，所以该化合物不具有光活性。像这种由于分子中含有相同的手性碳原子，分子的两半部分互为实物与镜像的关系，从而使分子内部的旋光性能相互抵消的非光活性化合物称为内消旋体（用 *meso-* 表示）。

因此酒石酸只有三个立体异构体，即左旋体、右旋体和内消旋体，左、右旋体分别与内消旋体互为非对映异构体。

内消旋体与外消旋体虽然都不具有旋光性。但它们有着本质的不同，内消旋体是一种纯净的化合物，而外消旋体是左、右旋体等量组成的混合物。表 6-2 是酒石酸三种异构体及外消旋体的物理性质。

表6-2　酒石酸的物理性质

酒石酸	熔点/℃	$[\alpha]_D^{25}$ (20%水溶液)	溶解度 /(g/100g 水)	密度(20℃) /(g/mL)	pK_{a1}	pK_{a2}
左旋体	170	+12°	139	1.760	2.93	4.23
右旋体	170	−12°	139	1.760	2.93	4.23
内消旋体	140	0	125	1.667	3.11	4.80
外消旋体	206	0	20.6	1.680	2.96	4.24

3. 环状化合物

环状化合物的立体异构现象比链状化合物复杂，往往顺反异构和对映异构同时存在。下面以三到六元环状化合物的邻二取代羧酸为例说明环状化合物的立体异构现象。

在环丙烷-1,2-二羧酸中，两个羧基可以排布在环的同一侧或环的两侧，成为一对顺反异构体。其中顺式异构体分子中存在一个对称面，因而是一个内消旋体，没有旋光性；而反式异构体分子中没有对称面，只有一个二重对称轴，其实物和镜像之间不能重合，因而具有手性。所以反式异构体存在一对对映异构体Ⅰ和Ⅱ，事实上已经将它们拆分得到。

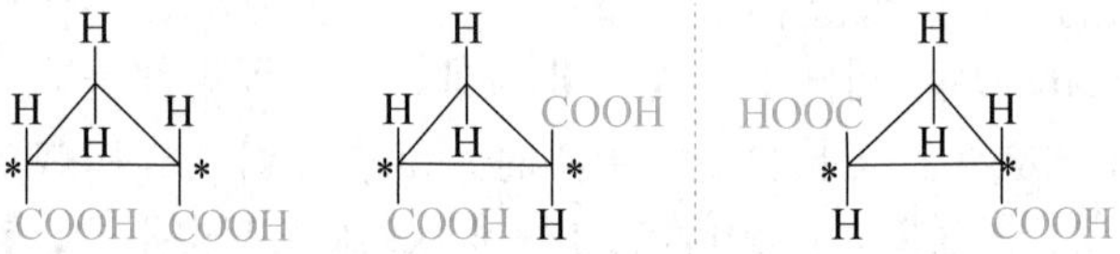

顺式（Z）　　　　反式（E）
熔点139℃　　　熔点175℃

而对其他邻二取代环状化合物来说，既存在构型问题，又存在构象问题。以环己烷-1,2-二羧酸为例，ee 型的反式化合物与它的镜像不能重合，因此存在一对对映异构体，实际上已将反式-1,2-环己二甲酸的对映异构体拆分开，它们的比旋光度分别为+18.2°和−18.2°。

反式-1，2-环己二甲酸的对映异构体

顺式-1,2-环己二羧酸的稳定构象是两个羧基分处 ae 键的椅式构象Ⅰ。如前所述，由于分子的热运动，它可以转化为另一种椅式构象Ⅱ，这两种构象是可以迅速相互转变的，不能分离。如果用一个镜面来反映Ⅱ就会发现，Ⅱ的镜像与Ⅰ是相同的，即Ⅱ与其镜像之间是迅速互变的，得到的是平衡混合物，因而不具有旋光性。

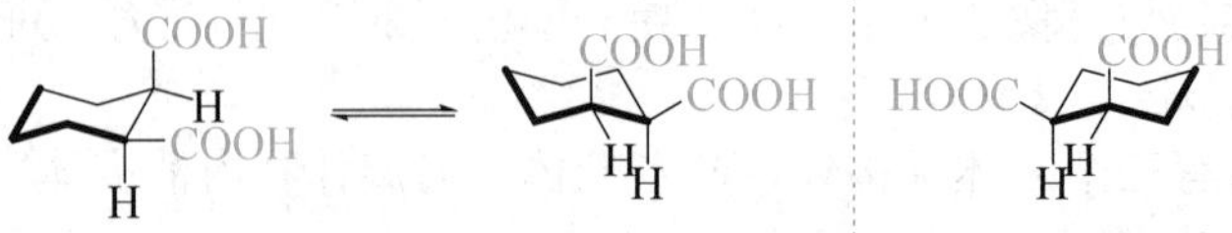

（Ⅰ）　　　　　　　　　　（Ⅱ）

环己烷衍生物的构象问题是分子在不断热运动中出现的。由于构象转变非常迅速，并且不造成化学键的断裂，不影响分子的构型，因此在研究环己烷衍生物的立体异构现象时，对由构象引起的手性现象可以不予考虑，直接用平面六角形来考察其顺反异构和对映异构，可以得到同样正确的结果。如 1,2-环己二羧酸可表示为：

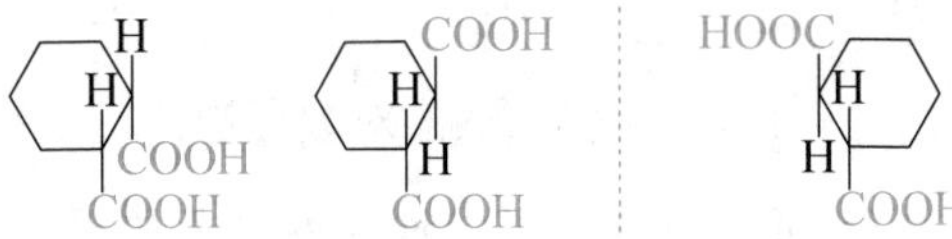

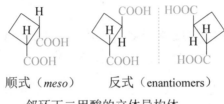

顺式（*meso*）　　　　反式（enantiomers）

在顺式异构体中存在一个对称面，所以是内消旋体，没有旋光性。而反式异构体的实物和其镜像不能重合，因而具有旋光性。

同理，对其他邻二取代环状化合物，如四元、五元环状化合物可作同样的分析。例如：

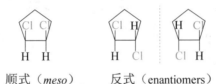

顺式（*meso*）　　　　反式（enantiomers）

邻环丁二甲酸的立体异构体

顺式（*meso*）　　　　反式（enantiomers）

1，2-二氯代环戊烷的立体异构体

可以看出，顺式与反式既是顺反异构体，也是非对映异构体。所以可以根据立体异构体是否为镜像关系，把构型异构分为对映异构和非对映异构，顺反异构只是非对映异构中的一个特殊类型。

同时要注意这是两个手性碳原子相同的情形，对于具有两个不同手性碳原子的环状化合物应作另外的分析。

6.3.2　含手性轴的化合物

从上面的讨论可知，含手性碳（包括其他手性中心）的化合物并不一定具有手性，因此手性中心不是化合物具有手性的充分条件。那么具有手性的化合物是否一定含有手性中心呢？从下面的讨论可以看出，某些不含手性中心，但含有其他手性因素的化合物也具有手性。所以手性中心的存在与否既不是分子具有手性的充分条件，也不是必要条件。

1. 丙二烯型化合物

当丙二烯的两端碳原子上连接不同的基团时，如：

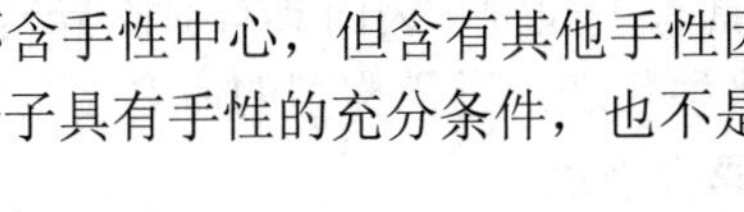

由于四个取代基位于相互垂直的平面上,分子中没有对称面和对称中心,因而具有手性。如 2,3-戊二烯就已分离出一对对映异构体。

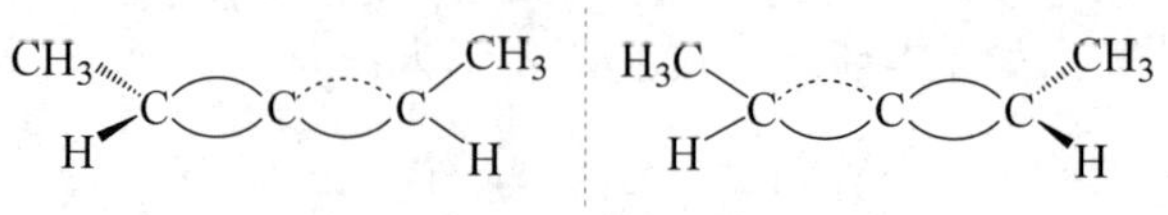

2,3-戊二烯的对映异构体

在丙二烯化合物中,当任何一个碳原子上连接两个相同的基团时,则该分子就存在对称面,因而不再具有旋光性。

在具有手性的丙二烯化合物中,贯穿整个分子可以画一根手性轴,围绕这个手性轴可以区别两个不同构型的排布:

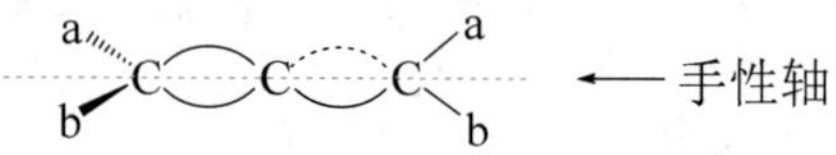

这类化合物的命名与手性碳的命名类似。沿手性轴的方向将分子投影到纸平面上,排序时位于近端的两个基团优先(两者的顺序按次序规则确定)。如上例左边异构体投影后得到:

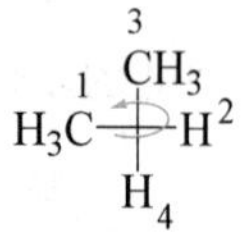

所以该化合物命名为(S)-2,3-戊二烯。

2. 亚烷基环己烷类化合物

如下结构的化合物:

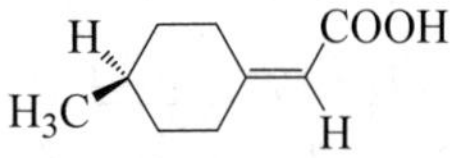

其结构与丙二烯型化合物一样,也有两个相互垂直的平面,具有一根手性轴,因此也有对映异构现象。这种环系也可能具有不同的构象,但通常可将其看作刚性平面,其构型的命名与丙二烯型化合物相同。如上例化合物命名为(R)-4-甲基环己亚乙酸。

3. 螺烷类化合物

如下结构的螺烷类化合物也具有丙二烯型化合物的结构特征:

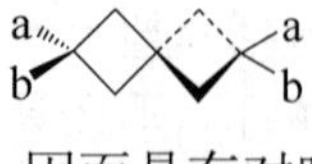

当 a≠b 时,分子中同样具有手性轴,因而具有对映异构现象。如(+)-螺[3. 3]庚烷-2,6-二羧酸就是这类手性化合物的典型代表。它们构型的命名法则也与丙二烯型化合物相同。

4. 联苯类化合物及阻转异构现象

联苯虽然两个苯环间因为 π-π 共轭而趋于共平面,但其中的 C—C σ 键还是具有一定的可旋转性。当联苯的邻位, 即 2,2',6,6'-位上有较多的取代基时, 这种旋转就会受到限制。如果基团的体积足够大,则两个苯环将不能共平面。当同一苯环上的两个取代基不相同时,则分子中既没有对称面,也没有对称中心,因而具有对映异构现象。如 6,6'-二硝基联苯-2,2'-

二羧酸具有稳定的对映异构体，是第一个被拆分的光活性联苯类化合物。

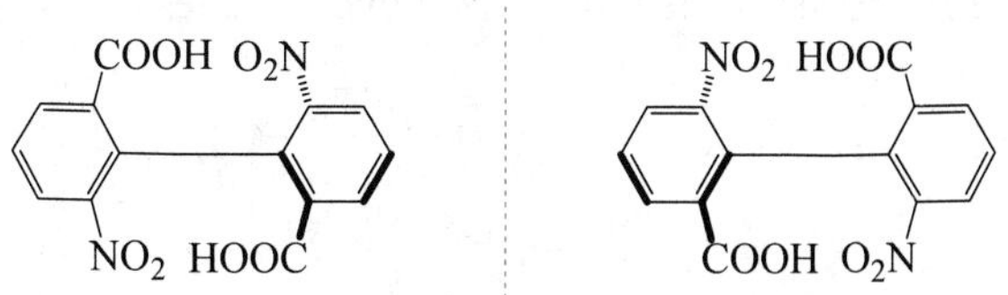

$[\alpha]_D$ −127°   +127°

这类分子中也具有一根对称轴，像这种因单键旋转受阻而产生的立体异构现象称为阻转异构现象（atropisomerism）。许多联苯型化合物都具有阻转异构现象。如：

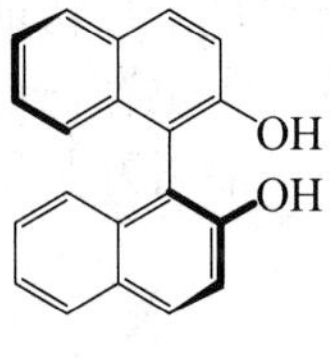

联萘酚 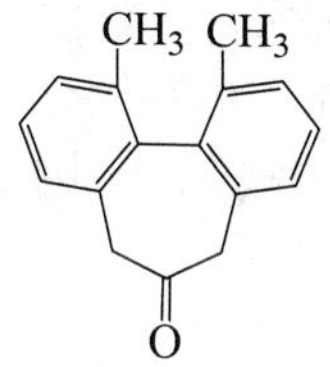   桥连联苯 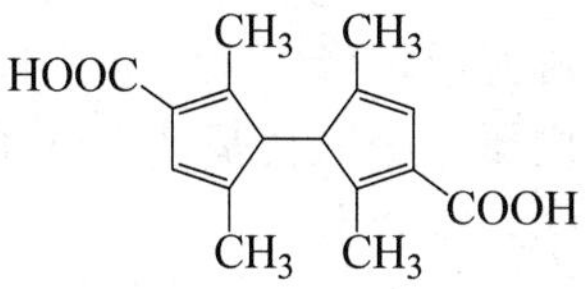   联吡咯

如前所述，对映异构现象是一个构型问题，而绕 σ 键轴旋转产生的异构现象是构象问题，那么阻转异构现象就是将一个构象问题上升成了构型问题，这是一个很有趣的现象。读者可通过阅读其他相关资料，自行揣摩。

5. 金刚烷类化合物

非对称取代的金刚烷类化合物也具有轴手性，如金刚烷-2,6-二甲酸，其手性轴贯穿于两个被取代的碳原子及环系的几何中心。

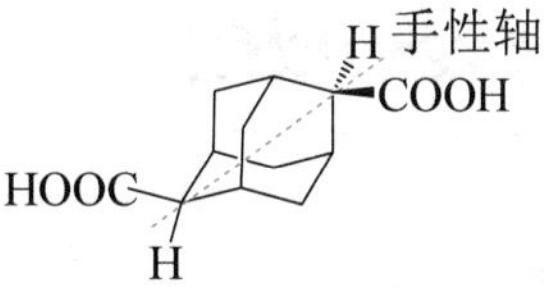

6.3.3 含手性面的化合物

下面的醚类化合物由于像提篮的把手，故称为把手化合物（ansa-compounds）：

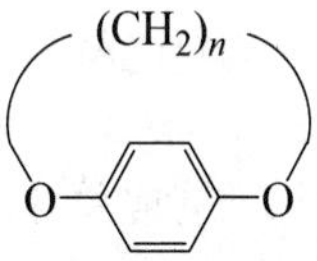

当苯环上有足够大的取代基，而醚链又较短时，苯环的转动就会受到阻碍。如果苯环上的取代基不是对称分布的，就有对映异构体存在。例如下面化合物的对映异构体已经分离出来。

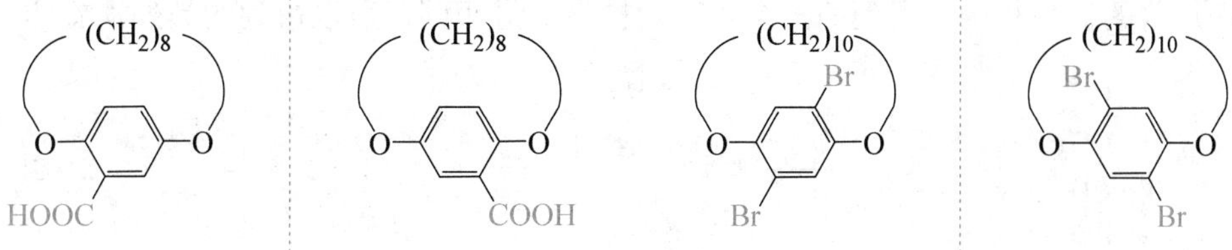

这些分子都具有一个手性面，即包含氧原子并和苯环垂直的平面。

与把手化合物相似的还有环番类化合物（cyclophanes）等。如：

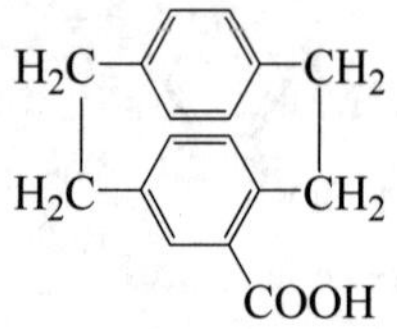

6.3.4 螺旋手性

螺旋世界是一种常见的自然现象，如贝壳、漩涡等。螺旋也是一种特征手性，一种螺旋与它的反向螺旋互呈镜像关系，但不能重合。在有机化合物分子中也存在这样的分子，如取代的苯并菲，由于两个取代基使得分子内部很拥挤，因而苯环不能很好共平面，整个分子因扭曲而偏离平面呈螺旋形。

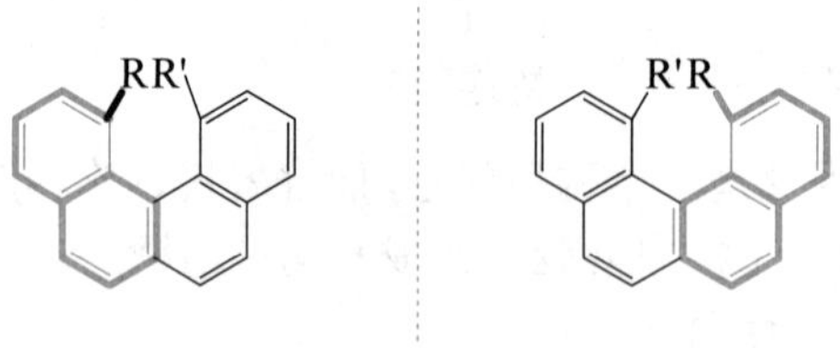

螺旋化合物的命名很简单，按螺纹的旋转方向，顺时针的为右手螺旋，用 P 表示，逆时针的为左手螺旋，用 M 表示。

6.4 不对称合成和立体专一反应

6.4.1 不对称合成

"不对称合成"这一术语是 E. Fischer 于 1894 年首次提出的，经过不断完善，Morrison 和 Mosher 提出了一个广义的且更完整的定义：所谓不对称合成反应，是指这样一个反应，其中底物分子整体中的非手性单元由反应试剂以不等量地生成立体异构产物的途径转化为手性单元。也就是说，不对称合成是指这样一个过程，它将潜手性单元转化为手性单元，使得产生不等量的立体异构产物。

由非手性化合物合成手性化合物时，通常总是得到外消旋混合物。例如丁烷在进行氯代时，可以得到许多氯代产物，其中一个是 2-氯丁烷。

在 2-氯丁烷中有一个手性碳原子，但分离得到的 2-氯丁烷是无光活性的，说明得到的是一个外消旋体，这是由其自由基机理所决定的。因为自由基中间体为平面构型，Cl_2 分子从平面两侧进攻的概率相同，得到的两个对映异构体的量相同，所以得到的是外消旋体。

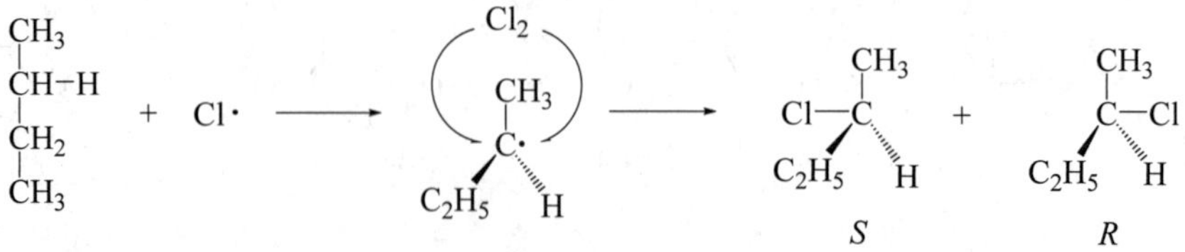

如果用一定方法将这两个对映异构体分开，选择其一（如 S 异构体）来进行二元氯代，得到的产物中有一种为 2,3-二氯丁烷，它是一对非对映异构体（2S, 3R)-2,3-二氯丁烷和（2S, 3S)-2,3-二氯丁烷的混合物。但这样得到的混合物中二者的比例不再是相等的，而是 71∶29，即（2S, 3R)-2,3-二氯丁烷（内消旋体）占多数，这说明在二次氯代中，Cl_2 从自由基两侧进攻的概率是不同的。这可以用图 6-12 来说明。

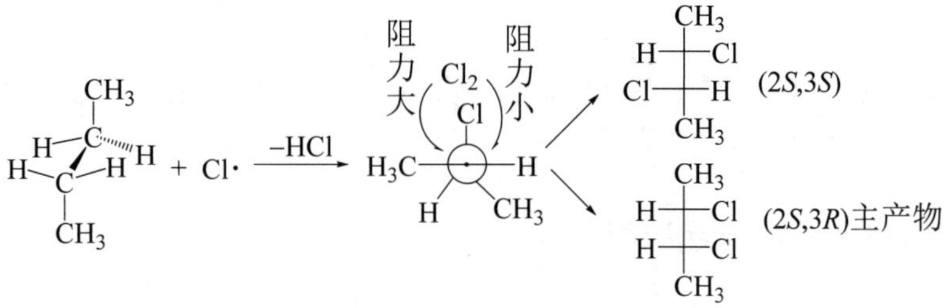

图 6-12　S-2-氯丁烷的氯代

从上例可以看出，在已有一个手性中心的分子中引入第二个手性中心时，得到的非对映体的量是不相同的，也就是第一个手性中心对第二个手性中心的构型有控制作用，或者说第二个手性中心的形成具有立体选择性。

凡是有立体选择性的反应，产物中必然有某一个立体异构体为主要产物，像这种使某一个立体异构体的量占优势的合成反应称为不对称合成（asymmetric synthesis）。不对称合成反应选择性的高低一般用对映体过量百分数 e. e.% 来表示：

$$\text{对映体过量百分数 } e. e. \% = R\% - S\% = \frac{[R]-[S]}{[R]+[S]} \times 100\%$$
(Enantiomer excess)

如上例反应写为 e. e. % = 71%−29%= 42%。e. e.值越大，说明反应的立体选择性越好。这一点在天然产物的合成中尤其重要。

不对称合成是当前有机化学学科中最为活跃的研究领域之一，目前人们已掌握了一些高选择性的不对称合成方法，但与自然界中的酶相比就黯然失色多了，发展像酶一样的催化体系是对人类智慧和创造力的有力挑战。

6.4.2　立体专一反应

如上所述，S-2-氯丁烷的氯代是立体选择性的反应，得到的是非对映异构体的混合物，而且内消旋体较多。

如由 2-丁烯与卤素加成，也同样得到 2,3-二卤代丁烷，但产物的构型却因 2-丁烯的构型而异。以溴化为例，烯烃与溴的加成为反式加成，可以按 a 或 b 两种方式进行，得到两个异构体的机会是均等的。

顺-2-丁烯的加成产物为外消旋体：

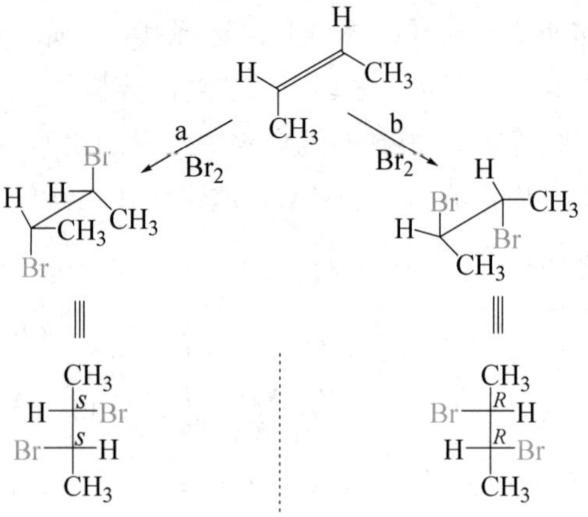

反-2-丁烯的加成产物则为内消旋体：

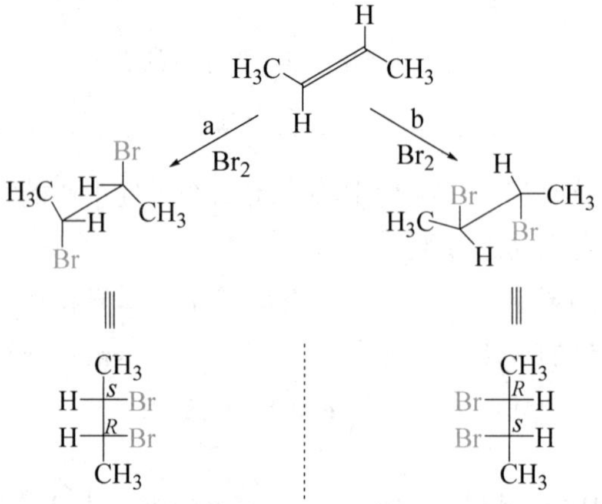

这种由某一种立体异构的反应物只得到某一种特定的立体异构体产物的反应称为立体专一性反应（stereospecific reactions）。烯烃与卤素的加成反应机理就是根据产物的构型推断出来的。

6.5 外消旋体的拆分

外消旋体是由一对对映异构体等量组成的，由于对映异构体的物理性质及一般的化学性质均相同，用一般的分离方法，如分馏、重结晶等都无法将其分开，所以只有采取特殊的方法才能将其分离为左旋体和右旋体。这种将外消旋体分离为光学纯对映异构体的过程称为外消旋体的拆分（resolution）。目前用于拆分的主要方法如下。

1. 非对映体拆分法

由于非对映异构体的物理性质、化学性质是不相同的，如果能将外消旋体转化为非对映异构体，就可以利用它们物理性质、化学性质的不同将它们分开。将外消旋体转化为非对映异构体的方法是使它和某一有光活性的化合物反应。例如分离外消旋的某酸(±)-A 时，可以选择一个光活性的碱，如(+)-B 与之反应，这样会得到(+)-A(+)-B 和(−)-A(+)-B 两种盐：

$$(+)A \atop (-)A \qquad + \quad (+)B \qquad \longrightarrow \qquad {(+)A \cdot (+)B \atop (-)A \cdot (+)B}$$

它们是一对非对映异构体，因而可利用其物理性质的不同（如溶解度的差异）将其分开，然后用强酸分别处理这两个非对映异构体就可以将(+)-A 和(−)-A 分别游离出来，再经过一定的纯化步骤，就可得到左旋体和右旋体。

其他类似的方法有成酯或成酰胺，然后水解来分离光活性酸或碱；采用光活性跟踪的方法分离光活性醛、酮等。

2. 生物分离法

酶对于化学反应往往有很强的专一性，因此可以选择适当的酶作为外消旋体的拆分试剂。例如，乙酰水解酶只能选择性水解(+)-苯丙氨酸酰胺，因此分离外消旋苯丙氨酸时，可先将其乙酰化得到(±)-*N*-乙酰基苯丙氨酸，然后再用乙酰水解酶将其水解：

另外，利用某些微生物也可达到上述目的，因为生物在生长过程中总是只利用对映异构体中的某一个作为它生长的营养物质。例如，在含有外消旋酒石酸的培养液中培养青霉菌，经过一定时间以后，在培养液中留下的就只有左旋酒石酸。

与之类似的是动力学拆分法。其原理是利用对映异构体在手性环境中的化学反应速率不一样，将外消旋体与手性试剂反应一定时间后淬灭，则反应速率慢的对映异构体即可被分离出来。

3. 晶种结晶法

这种方法是在外消旋体的过饱和溶液中加入一定量的左旋体或右旋体晶种，则与晶种相同的异构体会优先析出。例如，向某一外消旋体(±)-A 的饱和溶液中加入(+)-A 的晶种，则(+)-A 会优先析出，且析出的量多于加入的晶种的量。滤出析出的(+)-A，则滤液中(−)-A 便相对过量，这时在滤液中再加入外消旋混合物，就可析出一部分(−)-A 结晶。如此反复处理就可以得到相当数量的左旋体和右旋体。这种方法已用于工业生产。但该方法一般不适用于左、右旋体的熔点高于外消旋体的情况。

除了以上三种方法外，还有诸如色谱法、分子化合物法等多种方法，均可有效地将对映异构体分开。

习 题

微信扫码
获取答案

1. 名词解释

（1）构造异构；（2）立体异构；（3）旋光性；（4）对映异构

2. 下列分子中哪些存在手性碳原子？

（A）CH_3CH_2Br （B）$CH_3CHClCOOCH_3$

（C）CH_3CH_2COOH （D）$CH_3CH(CH_3)COOH$

3. 下列 Fischer 投影式中，哪些为 R 构型？

（1）   （2）HO─┼─H   （3）HO─┼─H   （4）H₂N─┼─H

$$
\begin{array}{c} CHO \\ H\text{—}\!\!\!-\!\!\!\text{—}OH \\ CH_3 \end{array}
\quad
\begin{array}{c} CHO \\ HO\text{—}\!\!\!-\!\!\!\text{—}H \\ CH_3 \end{array}
\quad
\begin{array}{c} COOH \\ HO\text{—}\!\!\!-\!\!\!\text{—}H \\ CH_3 \end{array}
\quad
\begin{array}{c} COOH \\ H_2N\text{—}\!\!\!-\!\!\!\text{—}H \\ CH_3 \end{array}
$$

4. 用系统命名法命名下列化合物？

（1）$\begin{array}{c} CH_2CH_3 \\ H_3C-\!\!\!-\!\!\!-H \\ C\!\equiv\!CH \end{array}$ （2）$\begin{array}{c} C_2H_5 \\ H\cdots\!\!\!-\!\!\!-\!\!\!\cdots \\ Br\quad CH(CH_3)_2 \end{array}$ （3）$\begin{array}{c} CH_3 \\ H-\!\!\!-\!\!\!-OH \\ H-\!\!\!-\!\!\!-Et \\ C\!\equiv\!CH \end{array}$ （4）

5. 下列化合物对称面有几个？

（1）$\begin{array}{c} Br\quad Br \\ C\!=\!C \\ H\quad\ H \end{array}$；（2）$\begin{array}{c} Br\quad\ H \\ C\!=\!C \\ H\quad Br \end{array}$；（3）$CH_3Cl$；（4）$CH_2Cl_2$

6. 指出下列化合物是否存在对称中心？

（1）； （2）CH_3Br； （3）C_2H_6； （4）$\begin{array}{c} Br\quad\ H \\ C\!=\!C \\ H\quad Br \end{array}$

7. 指出下列化合物是否有旋光性？

（1）$\begin{array}{c} H\qquad\quad H \\ C\!=\!C\!=\!C \\ H_3C\qquad CH_3 \end{array}$ （2）$HOOC\cdots\qquad\qquad H$

（3）$\begin{array}{c} Br \\ Br \end{array}\!\!\!\!\!\!\!\!-\!\!\!-\!\!\!- \begin{array}{c} COOCH_3 \\ CH_3 \end{array}$ （4）$\begin{array}{c} H_3C\qquad\quad CH_3 \\ C\!=\!C\!=\!C\!=\!C \\ H_3C\qquad\quad D \end{array}$

（5） （6）

（7） （8）

8. 下列化合物有无立体异构体？用投影式表示每种异构体，判断手性碳原子的构型，并说明异构体之间的关系。

（1）$CH_3CHBrCHBrCOOH$ （2）$HOOCCHBrCHBrCOOH$

9. 写出顺-1-甲基-2-乙基环己烷的两种典型椅式构象，指出其中的优势构象，并用 R，S 标明分子中手性碳原子的构型。

10. 麻黄碱的构造式为 $PhCH（OH）CH（NHCH_3）CH_3$，请用 Fischer 投影式画出其所有旋光异构体的构型。

11. 标记下列化合物中手性碳原子的构型？

（1）$\begin{array}{c} COOH \\ H\!-\!\!\!|\!\!\!-Cl \\ Cl\!-\!\!\!|\!\!\!-H \\ CH_3 \end{array}$ （2）$\begin{array}{c} CHO \\ H\quad H \\ HO\quad OH \end{array}$ （3）$\begin{array}{c} CH_3\ C_2H_5 \\ Cl\,\cdots\!\!\!-\!\!\!-\!\!\!\cdots Cl \\ C_2H_5\quad CH_3 \end{array}$

（4）$\begin{array}{c} CH_3 \\ CH_3 \\ H \end{array}$ （5）$\begin{array}{c} CHO \\ Br\!-\!\!\!-\!\!\!-Cl \\ CH_2OCH_3 \end{array}$ （6）$\begin{array}{c} HC\!=\!CH_2 \\ H\!-\!\!\!|\!\!\!-OH \\ H\!-\!\!\!|\!\!\!-Cl \\ CH_3 \end{array}$

12. 判断下列结构式哪些与

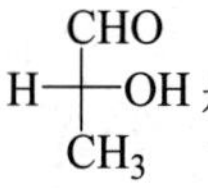

$$\begin{array}{c} CHO \\ H\!-\!\!-\!\!-\!OH \\ CH_3 \end{array}$$

是同一化合物，哪些是对映异构体？

（1） 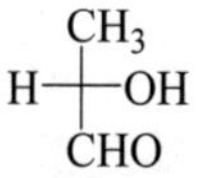
$$\begin{array}{c} CH_3 \\ H\!-\!\!-\!\!-\!OH \\ CHO \end{array}$$

（2）
$$\begin{array}{c} OH \\ OHC \,\cdots\!\!-\!\!-\! CH_3 \end{array}$$

（3）
$$\begin{array}{c} H \quad H \\ H\!-\!\!-\!\!-\!\!-\!OH \\ CHO \end{array}$$

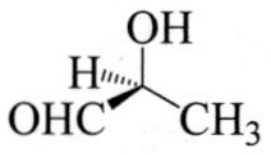

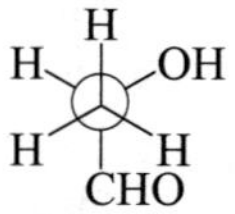

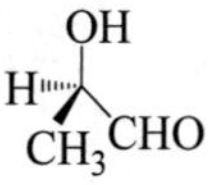

（4）
$$\begin{array}{c} OH \\ H\!\cdots\!\!-\!\!-\! CHO \\ CH_3 \end{array}$$

（5）
$$\begin{array}{c} CHO \\ H_3C\!-\!\!-\!\!-\!OH \\ H \end{array}$$

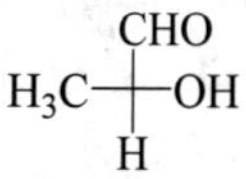

13. 下列分子的旋光异构体有几种？其中有几对异构体？每一个异构体有几个非对映异构体？

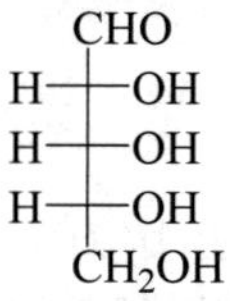

$$\begin{array}{c} CHO \\ H\!-\!\!-\!\!-\!OH \\ H\!-\!\!-\!\!-\!OH \\ H\!-\!\!-\!\!-\!OH \\ CH_2OH \end{array}$$

第7章

脂　环　烃

脂环烃指碳干为环状而性质和开链烃相似的烃类。脂环烃及其衍生物广泛存在于自然界中。石油中含有环己烷、甲基环己烷、甲基环戊烷和二甲基环戊烷等脂环烃，植物香精油中也含有大量不饱和脂环烃及其含氧衍生物。

7.1　脂环烃的分类和命名

7.1.1　脂环烃的分类

脂环烃按照碳原子的饱和程度可以分为环烷烃、环烯烃和环炔烃。按环的多少可以分为单环化合物和多环化合物。单环化合物可以根据环上碳原子的数目分为三元环、四元环、五元环、六元环……n 元环，其中 3、4 元环称为小环，5、6、7 元环称为普环，8～11 元环称为中环，12 元及以上的环称为大环。多环化合物又可以根据环之间的连接方式分为螺环和桥环，螺环是两个环共用一个碳原子形成的，这个碳称为螺碳；桥环是两个环共用 2 个或 2 个以上碳原子形成的，其中两环相接的碳原子称为桥头碳，连接桥头碳的碳链称为桥。

7.1.2　脂环烃的命名

单环脂烃的命名是根据环上碳原子的数目将母体命名为环某烷（烯、炔）。

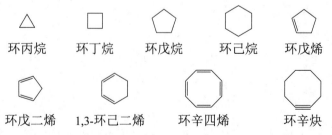

环上有取代基的单环烷烃命名分两种情况。当环上只有一个取代基时，通常将环作为母

体，以取代基加母体来命名。环上有两个或多个取代基时，要对母体环进行编号，编号仍遵守基团优先次序规则。例如：

乙基环己烷   1-甲基-2-乙基-4-异丙基环己烷

当环上的取代基比较复杂时，应将链烃作为母体，将环作为取代基，按链烷烃的命名原则和命名方法来命名。例：

2-甲基-3-环己基戊烷   2-甲基-1-环丙基-5-环戊基戊烷

脂环烃最重要的同分异构现象是顺、反异构现象。由于环不能旋转，当取代基位于环的同侧和两侧时，会出现顺、反异构体。如：

顺-1,2-二甲基环己烷   反-1,2-二甲基环己烷

螺环烃的命名是根据环上所有碳（包括螺碳）原子的数目命名为螺某烷（烯、炔），在"螺"字与某烷（烯、炔）之间用[m.n]表示环的大小，其中 m 和 n 分别是小环和大环上除了螺碳原子外其他碳原子的数目。然后从较小环最靠近螺碳原子的位置开始给小环编号，经螺碳向大环编号。如果两个环的大小一样，则从含有较多不饱和键的环或较多取代基的环开始编号，根据编号将环上取代基的名称、位次和数目标于母体名称的前面。如：

螺[4.5]癸烷   4-甲基螺[2.4]庚烷   1-甲基螺[3.5]-5-壬烯

桥环烃的命名规则是根据环的数目和环上所有碳原子的数目称为几环某烷（烯、炔），在中间用[m.n.p]标明每个桥上不包括桥头碳的碳原子数目（m>n>p）。碳原子编号顺序为在遵守官能团（烯、炔）位次最小及取代基位次之和最小的原则下将一个桥头碳编号为 1 位，然后按最长链、次长链到最短链的次序对每个环上碳原子编号，在母体名称前标上取代基的名称、位次和个数。例如：

二环[4.4.0]癸烷   二环[3.2.1]辛烷   2,7,7-三甲基二环[2.2.1]庚烷

二环[2.2.2]-2,5,7-辛三烯 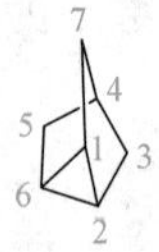 　　　三环[2.2.1.0²,⁶]庚烷 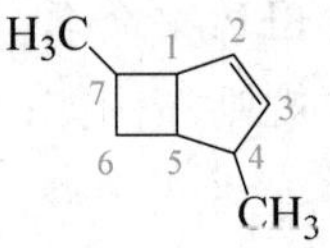 　　　4,7-二甲基二环[3.2.0]-2-庚烯

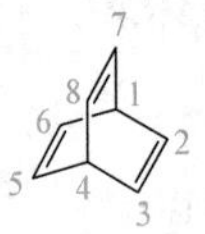

上式三环烃中右上角的数字表示环中桥接碳原子的位次。对于一些结构复杂的桥环化合物，常用俗名。

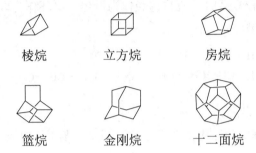

棱烷　　　　　　立方烷　　　　　　房烷

篮烷　　　　　　金刚烷　　　　　　十二面烷

7.2　脂环烃的性质

7.2.1　环烷烃的物理性质

环烷烃的熔点、沸点和密度均较具有相同碳原子数目的烷烃高，这可能是因为链形分子可以比较自由地摇动，分子间"拉"得不紧，分子间作用力较小，因此容易挥发。同样由于这种摇动也使得链形分子在晶格内的排列不如环烷烃紧密，因此密度较小。表 7-1 列出了几种环烷烃的物理性质。

表 7-1　环烷烃的物理常数

名称	熔点/℃	沸点/℃	相对密度(20℃)
环丙烷	−126.6	−33	—
环丁烷	−80	13	—
环戊烷	−94	49	0.751
环己烷	6.5	81	0.779
环庚烷	−12	118.5	0.811
环辛烷	13.5	149	0.834

7.2.2　环烷烃的化学性质

1. 自由基取代反应

在光照或高温下，环烷烃也可以发生自由基取代反应。例如：

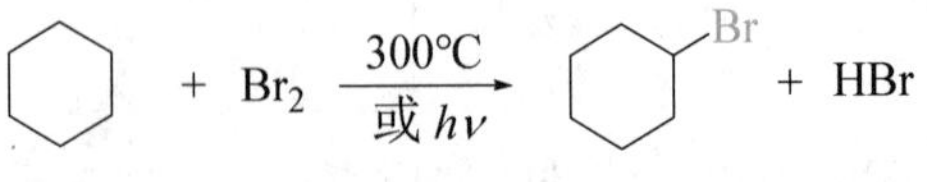

$$\text{环己烷} + Br_2 \xrightarrow[\text{或}\ h\nu]{300℃} \text{溴代环己烷} + HBr$$

当环上有取代基时，反应优先发生在 3° 碳原子上。如：

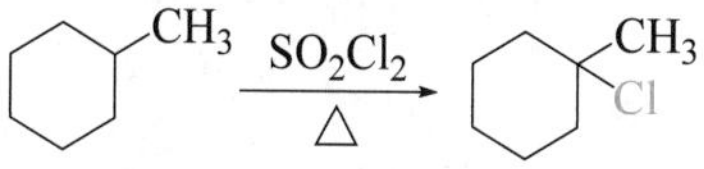

2. 小环烷烃的加成反应

小环烷烃与烯烃相似，可以进行催化氢化，也可与酸、卤素、卤化氢等亲电试剂发生亲电加成反应而开环。例如：

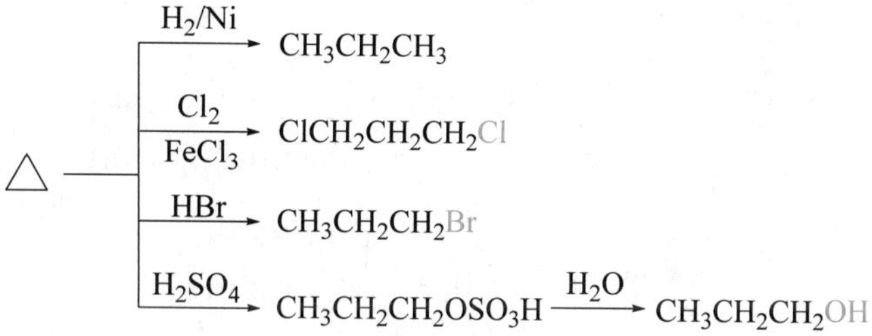

烷基取代的环丙烷在进行亲电加成时遵循马氏规则，具有区域选择性。例如：

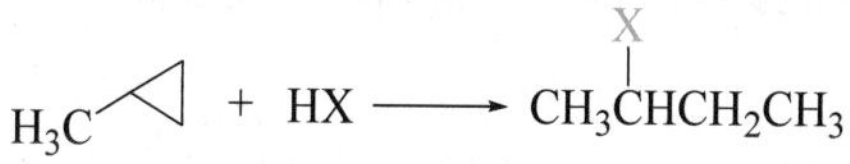

五元及其以上的环则难以发生亲电加成反应。

3. 环烷烃的氧化反应

环烷烃对氧化剂比烯烃稳定，在常温下，环烷烃与一般氧化剂（如高锰酸钾水溶液等）不能发生反应，所以当分子中同时存在这两种基团时，双键优先被氧化。这一性质差异，可用于鉴别环烷烃和烯烃，或除去环烷烃中的少量烯烃杂质。

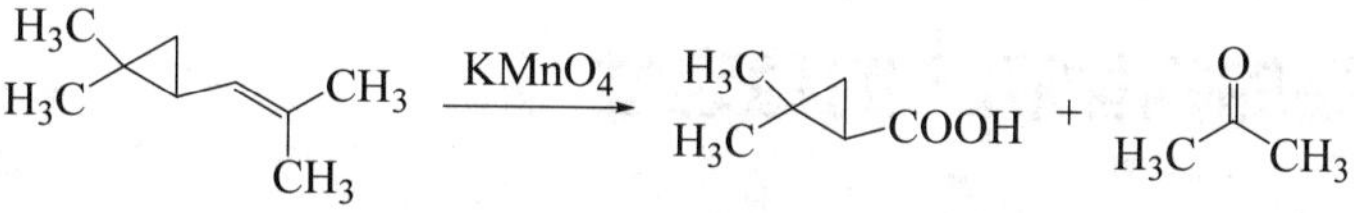

臭氧作为氧化剂时，取代环丙烷容易发生 α-H 的氧化，生成羰基化合物。其他取代环烷烃容易发生 3°H 的选择性氧化，生成叔醇产物。例如：

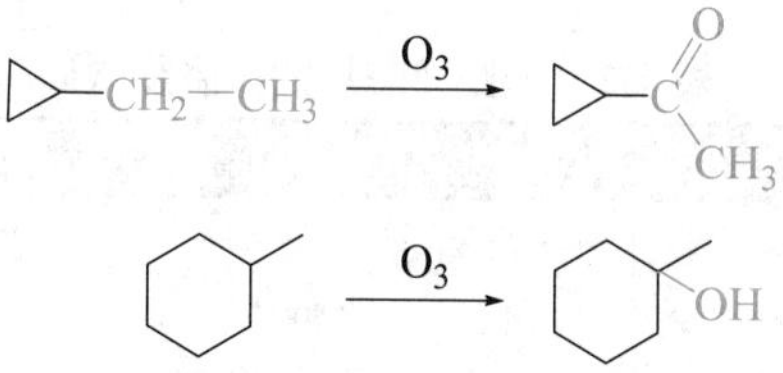

在加热时与强氧化剂作用，或是催化剂存在下用空气氧化，环烷烃可以氧化成各种氧化产物。例如，用热硝酸氧化环己烷，则开环生成二元羧酸。

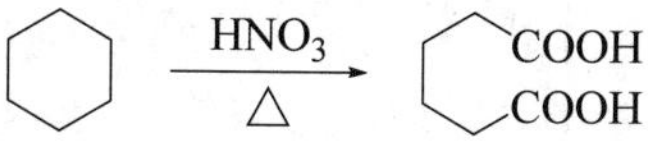

7.2.3 环烯烃的化学性质

1. 环烯烃的加成反应

环烯烃像烯烃一样，双键很容易发生加氢、加卤素、加卤化氢、加硫酸等反应。例如：

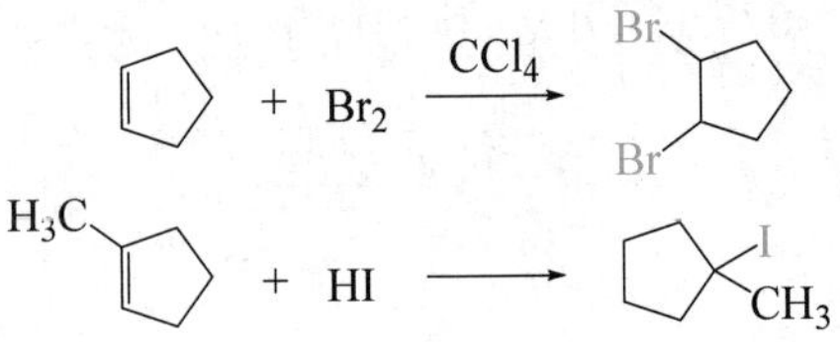

2. 环烯烃的氧化反应

环烯烃的双键也容易被氧化剂如高锰酸钾、臭氧等氧化而断裂生成开链的氧化产物，例如：

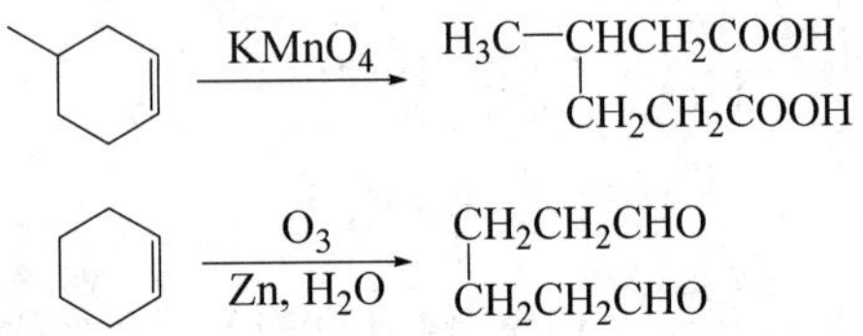

3. 共轭环二烯烃的双烯加成反应

具有共轭双键的环二烯烃具有共轭二烯烃的一般性质，也能与某些不饱和化合物发生双烯加成反应。例如：

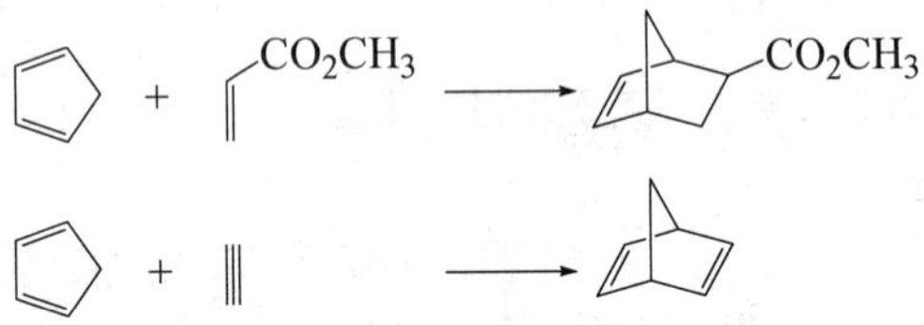

环戊二烯的双烯加成反应，是合成含有六元环的双环化合物的好方法。

7.3 环烷烃的构型和环的稳定性

燃烧热的大小可以反映出分子内能的高低。由热化学实验可以测得不同的环烷烃分子中每个亚甲基的燃烧热，见表 7-2。

表 7-2 一些环烷烃的燃烧热（kJ/mol）

烃	碳原子数	燃烧热(Hc)	每个—CH_2—的燃烧热(Hc/n)	总张力能(Hc/n-658.6)×n
乙烯	2	1422.6	711.3	105.4
环丙烷	3	2091.2	697.1	115.5
环丁烷	4	2744.3	686.1	110.0
环戊烷	5	3320.0	664.0	27.0
环己烷	6	3951.8	658.6	0
环庚烷	7	4636.7	662.4	26.6
环辛烷	8	5310.3	663.8	41.6
环壬烷	9	5981.0	664.6	54.0
环癸烷	10	6635.8	663.6	50.0
环十四烷	14	9220.4	658.6	0
环十五烷	15	9884.7	659.0	0.6
正烷烃	—	—	658.6	

从表 7-2 可以看出，虽然同为亚甲基—CH_2—，但处于不同分子中其燃烧热值是不同的，从三元环到六元环，其燃烧热值逐渐减小，说明其分子逐渐趋于稳定化，环己烷的稳定性与开链烃基本相同。而从六元环到九元环，其燃烧热值又逐渐增大，说明分子的稳定性减弱。随后随着环的进一步扩大，其燃烧热已接近正烷烃，说明大环化合物的稳定性也与正烷烃相似。

为什么会具有如此规律呢？这是由分子内的各种张力所决定的。1885 年，A. Von Baeyer 提出了张力学说。该学说认为，所有环状化合物都具有平面型结构，因此，可以用公式"偏转角=（109°28′-正多边形的内角)/2"来计算不同碳环化合物中 C—C—C 键角与 sp³ 杂化轨道的正常键角 109°28′ 的偏离程度。他根据碳的正四面体结构，假设成环后所有碳原子都在一个平面上，这样得出结论：假如成环后所有碳原子的正常键角仍是 109°28′，那么这种环不但容易形成，而且生成的环状化合物是很稳定的。如果成环后碳原子的键角偏离 109°28′，则这样的分子是不稳定的，不容易形成。

按照此学说，形成三元环时，两个碳原子间的夹角为 60°，偏转角 =（109°28′-60°）/2= 24°44′，即键需向内屈挠 24°44′。

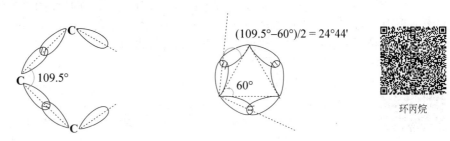

同理，四元环的偏转角为 9°44′，五元环的偏转角为 0°44′，即键需分别向内屈挠 9°44′ 和 0°44′，六元环的偏转角为 -5°16′，七元环的偏转角为 -9°33′，则应分别向外屈挠 5°16′ 和 9°33′。

键的屈挠意味着在分子内部产生了张力，这种由键角的屈挠所产生的张力称为角张力，也称 Baeyer 张力。张力越大的环，其能量越高，稳定性越差。因此对于三、四元环而言，用张力学说解释是比较容易理解的。但是随着环的扩大，按照该学说，其相邻两个碳原子间的键角越来越偏离其正常键角，应该张力越来越大，分子的稳定性越来越差，但从表 7-2 可以看出，事实却并非如此。

造成这一问题的原因是 Baeyer 张力学说对于环状化合物平面结构的假设。事实上，环状化合物可以通过环的扭曲来舒缓其内部的张力，因此，在环烷烃的同系列化合物中，除环丙烷外，其他化合物均不是平面结构。

对于 sp³ 杂化的碳原子，要形成最大重叠，必须满足 109°28′ 的键角要求，但在环丙烷分子中，三角形的构型决定了其键角不可能满足这一条件。为了实现轨道间的最大重叠，必须将杂化轨道的夹角压缩。量子化学计算结果表明，sp³ 杂化轨道成键时其夹角不能小于 104°，所以环丙烷中的 σ 键并不是轨道间轴向重叠，而是以弯曲方向重叠，成键后的 C—C 键也是弯曲的，称为弯曲键。弯曲键的电子云重叠程度小，稳定性较差。如图 7-1 所示，环丙烷分子中的 C—C—C 键角实际为 105.5°。

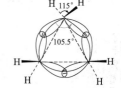

图 7-1 环丙烷的弯曲键

环丁烷与环丙烷类似，其碳碳键角约为111.5°，也形成弯曲键，但弯曲程度不及环丙烷，因此角张力要小一些。随着环的扩大，其键角逐渐趋于正常，角张力减小。至于中环化合物的稳定性较差则是由分子中的扭转张力造成的，将在构象一节中探讨。

7.4 环烷烃的构象

7.4.1 小环烷烃的构象

如前所述，环丙烷的三个碳原子只能在一个平面上，分子中的 C—C 单键虽是 σ 键，却并不能自由旋转。因此环丙烷分子的构象只能有一种，并且为全重叠式构象。如图 7-2 所示。

由于交叉式构象比重叠式构象稳定，因此环丙烷分子中既存在很大的角张力，也存在较大的扭转张力，因此内能很高。环丙烷中由于弯曲键的存在，电子云分布在连接两个碳原子直线的外侧，易被亲电试剂进攻，因此具有部分烯烃的性质，如发生亲电加成反应等。

环丁烷则不然，它的 4 个碳原子并不在同一个平面上，而是如图 7-3 所示，为一个折叠的环，这样可以"舒缓"由于氢原子之间的斥力造成的扭转张力，但尽管如此，它还是不能完全形成邻位交叉式的构象，仍然具有一定的扭转张力。

环丁烷的构象

图 7-2 环丙烷的重叠式构象

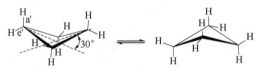

图 7-3 环丁烷的蝴蝶式构象

环丁烷的 4 个碳原子构成两个平面，它们之间的两面角（即两个平面之间的夹角，也叫折叠角）为30°。在此构象中，处于横位的 C—H 键称为假横键，以 e′ 表示；处于竖位的 C—H 键称为假竖键，以 a′ 表示。这种构象形式可发生翻转，成为另一种蝴蝶式构象，同时 e′ 键和 a′ 键进行交换。这种翻转的能垒约为 4.6～6.3 kJ/mol，常温下不能实现分离。

7.4.2 普通环烷烃的构象

环戊烷的 C—C 键间键角约为 105°，已经接近 sp³ 杂化碳原子的正常键角，因此，其角张力很小。环戊烷有半椅式和信封式两种构象，如图 7-4 所示，其中以后者为更稳定的构象，其转动能垒约为 17 kJ/mol，在半椅式构象中，相邻的 3 个碳原子处于一个平面上，另外 2 个碳原子以相等的距离分布在平面的上下方。而在信封式构象中，4 个碳原子处于一个平面上，另外一个位于平面之外。这两种构象的环外 C—H 键也分为竖键（a）和横键（e），还有一种称为等倾键，用 i 表示。

环戊烷的构象

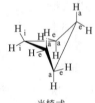

半椅式

信封式

图 7-4 环戊烷的构象

环上引入取代基会破坏五元环的对称性，这时取代环戊烷会采取不同的优势构象，如甲基环戊烷以信封式为优势构象，1,2-二甲基环戊烷以半椅式为优势构象，而1,3-二甲基环戊烷又以信封式为优势构象。如图 7-5 所示。

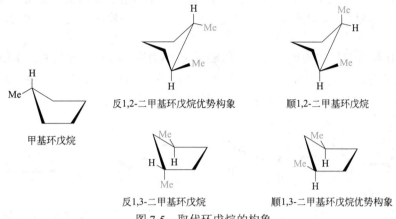

图 7-5　取代环戊烷的构象

从表 7-2 的燃烧热数据可以看出，环己烷是最稳定的环烷烃。在合成及天然环烷烃衍生物中，环己烷衍生物的存在最为广泛，对其构象的研究也是最重要和最透彻的。环己烷的构象主要有 3 种：椅式、船式和扭船式，如图 7-6 所示。

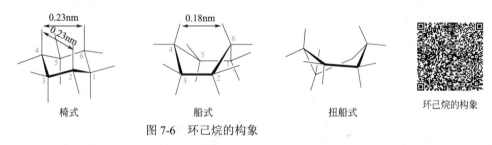

图 7-6　环己烷的构象

在椅式构象中，C-1、C-3 和 C-5 或 C-2、C-4 和 C-6 上处于垂直方向的 3 个氢原子之间的距离为 0.23nm，大约等于氢原子的范德华半径之和（0.25nm）因此不存在斥力（空间张力）。从 Newman 投影式来看，椅式环己烷具有如正丁烷中的邻位交叉式构象[见图 7-7（a）]，扭转张力最小。

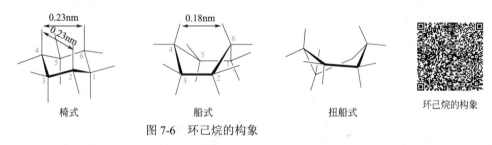

(a) 椅式　　　　　　　　　　(b) 船式

图 7-7　环己烷构象的纽曼投影式

而在船式构象[见图 7-7（b）]中，一方面两个船头碳原子上的一对氢原子之间的距离只有0.18nm，远小于氢原子的范德华半径之和，因此存在范德华斥力（空间张力）；另一方面船式构象具有如正丁烷中的全重叠式构象，因此也存在较大的扭转张力。这两种因素使得船式构象为一种能量较高的构象，它们之间的能量差约为 29.7 kJ/mol。

如果把船式构象通过碳碳 σ 键旋转，如图 7-8 所示，使 C-3 和 C-6 转下去，C-2 和 C-5 转上来，C-1 和 C-4 上的氢原子距离逐渐变远，而 C-3 和 C-6 上的氢原子逐渐变近，当这两对氢原子的距离相等时停止转动，此时整个分子中每对碳原子的构象既不是全重叠，也不是全交叉，扭转张力大于椅式而小于船式，该构象称为扭船式构象，如图 7-8 所示。扭船式构象比椅式构象能高 23 kJ/mol。可见环己烷的几种典型构象的稳定性顺序为：椅式>扭船式>船式。

椅式、扭船式和船式构象之间是可以随着 σ 键的旋转而相互转化的。由椅式构象转变为扭船式和船式构象时，要经过一个张力最大、势能最高（46 kJ/mol）的不稳定的半椅式构象，如图 7-9 所示，此时 C-1、C-2、C-3、C-4 在同一平面上。

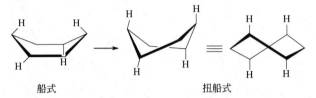

船式　　　　　　　扭船式

图 7-8　环己烷的扭船式构象

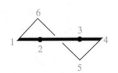

图 7-9　环己烷的半椅式构象

环己烷各种构象之间转化的势能变化如图 7-10 所示。

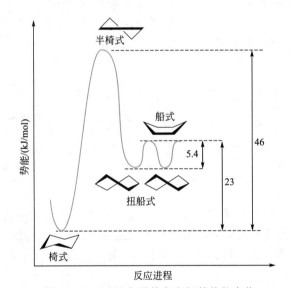

图 7-10　环己烷各种构象之间的势能变化

应该指出的是，虽然半椅式构象的势能较高，但在室温下即可达到，因此环己烷的各个构象处于可逆变化的动态平衡状态中，由于椅式势能较低，平衡有利于椅式。室温下椅式：扭船式=10000：1，即环己烷中约 99.99%是以椅式构象存在的。

在环己烷的椅式构象中，12 个氢原子所处的位置是不同的，可以分为两组，与分子对称轴近乎平行的 C—H 键称为直立键或 a 键（axial bonds），而与直立键成接近 109°28′ 键角的 C—H 键称为平伏键或 e 键（equatorial bonds）。如图 7-11 所示。

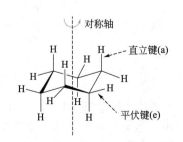

图 7-11　环己烷的直立键和平伏键

环己烷的椅式构象 I 可以通过 σ 键的旋转而转化为另一个椅式构象 II，这种转变称为翻环作用，如图 7-12 所示。翻环时要克服大约 46 kJ/mol 的能垒，室温下分子即具有足够的动能来克服它，因此这种翻环极其迅速。翻环后原来的 a 键和 e 键互换。

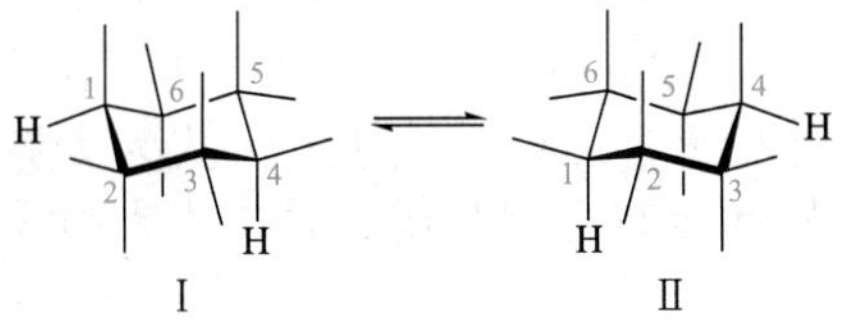

图 7-12　环己烷的翻转作用

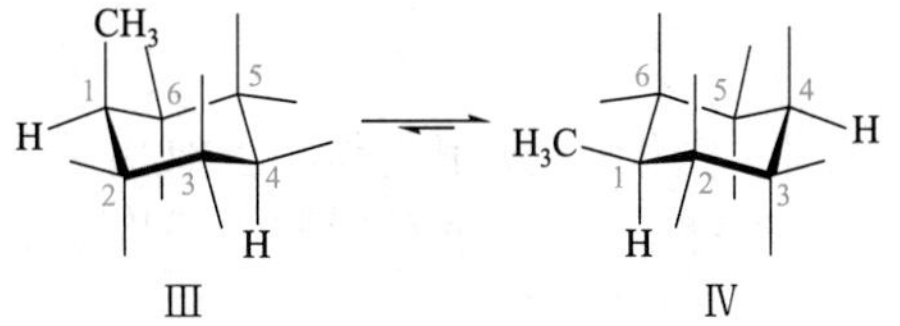

图 7-13　取代环己烷的翻转作用

对于无取代的环己烷而言，I 和 II 的能量是等同的，不可区分。但对于取代环己烷情况就不一样了，如甲基环己烷，根据甲基所处的位置不同，可以产生两种椅式构象 III 和 IV，如图 7-13，在两种构象中甲基分别处于 a 键和 e 键。其中甲基处于 e 键位置的椅式构象 IV 能量较低，为优势构象。因为在 III 中，甲基占据 a 键，与 C-3 和 C-5 上的两个氢原子距离较近，有较大的空间排斥作用，能量较高；而在 IV 中，处于平伏键的甲基与氢原子距离相对较远，无此张力，因而能量较低，两者的能量差约为 7.5 kJ/mol。当取代基的体积增大时，二者的能量差会增大。因此，取代环己烷一般以体积较大的取代基处于平伏键的椅式构象为优势构象。例如在室温下，甲基环己烷中甲基处于 e 键上的优势构象占 95%，而叔丁基环己烷中叔丁基处于 e 键上的优势构象占 100%。表 7-3 列出了一些常见基团一取代环己烷后两种椅式构象之间的位能差。

表 7-3　一些常见基团取代环己烷后两种椅式构象之间的位能差

取代基	$-\Delta G^{\ominus}$/(kJ/mol)	取代基	$-\Delta G^{\ominus}$/(kJ/mol)
甲基（—CH_3）	7.5	碘（—I）	17
乙基（—CH_2CH_3）	8	羟基（—OH）	～3.3
异丙基[—$CH(CH_3)_2$]	8.8	甲氧基（—OCH_3）	2.9
叔丁基[—$C(CH_3)_3$]	20.9～25.1	苯基（—C_6H_5）	13.0
氟（—F）	0.8	氰基（—CN）	0.8
氯（—Cl）	1.7	羧基（—COOH）	5.2
溴（—Br）	1.7	氨基（—NH_2）	～6.5

当环上有两个或两个以上取代基时，情况就更复杂了。由于环的限制，σ 键不能完全自由旋转，此时会出现顺、反异构现象。以 1,2 一二甲基环己烷为例，其顺式异构体的两种椅式构象为：

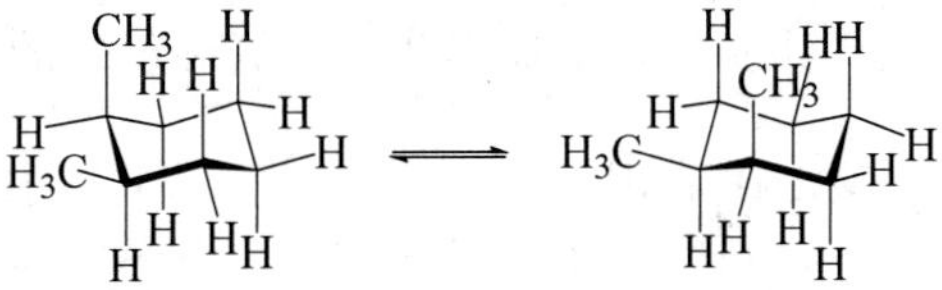

ae 式　　　　　　　　　ea 式

由于都为 ae 式构象，因此能量是相等的，稳定性相同，各占 50%。而其反式异构体的两种椅式构象为 ee 式和 aa 式：

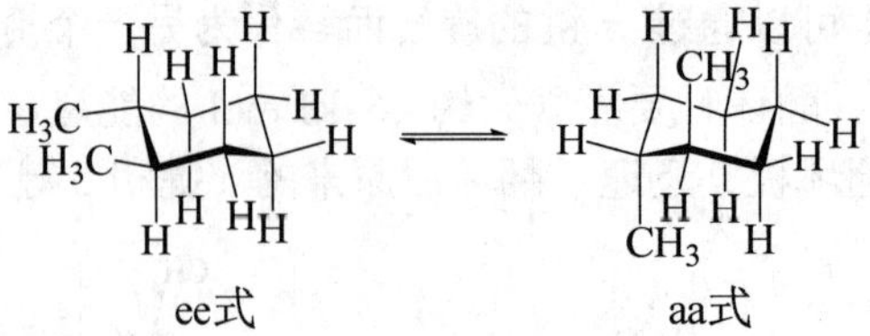

ee式   aa式

其中，由于 aa 式甲基与相近氢原子之间的排斥作用而能量较高，因此 ee 式为优势构象。由于反式异构体有能量较低的优势构象，而顺式异构体没有，因此反式异构体比顺式异构体更稳定，约占 99.6%。

1,3-二甲基环己烷由于只有顺式异构体存在 ee 式的低能量构象，所以其顺式异构体比反式异构体稳定。

顺式

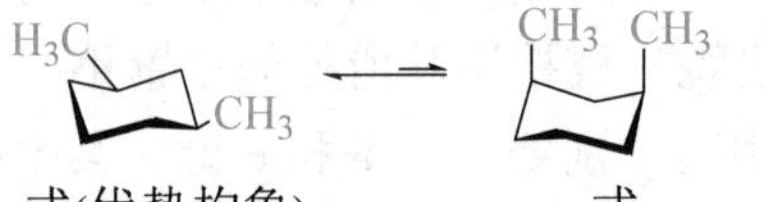

ee式(优势构象)   aa式

反式

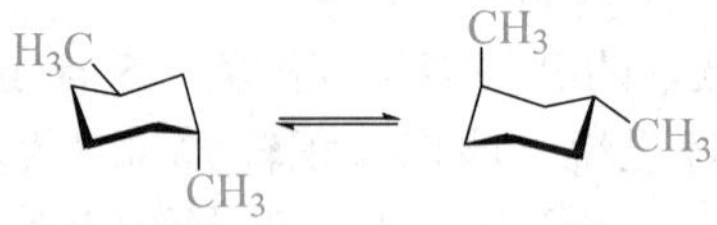

ea式   ae式

同理可以推断，1,4-二甲基环己烷的情形与 1,2-二甲基环己烷相同。

当两个取代基不同时，可由 a 键取代和 e 键取代的能量差来推断构象的稳定性。例如 1-甲基-4-异丙基环己烷，由表 7-3 可知，甲基位于 a 键和 e 键时的位能差为 7.5 kJ/mol，异丙基为 8.8 kJ/mol，对于顺式异构体，其 ae 式和 ea 式构象的位能差为：8.8–7.5=2.3kJ/mol，因此 ae 式稳定。而其反式异构体 ee 式和 aa 式构象的位能差为 8.8+7.5=16.3kJ/mol，因此 ee 式稳定。

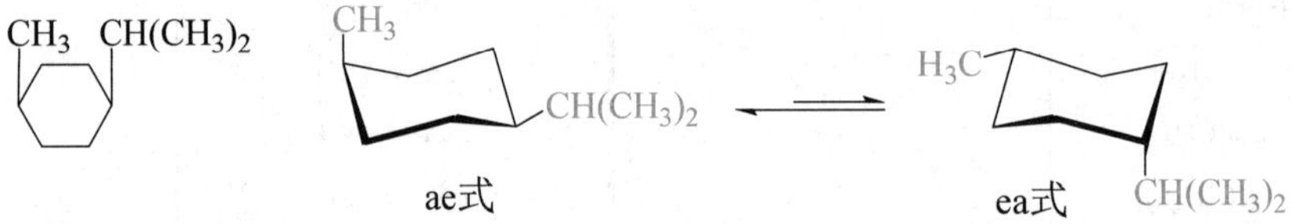

ae式   ea式

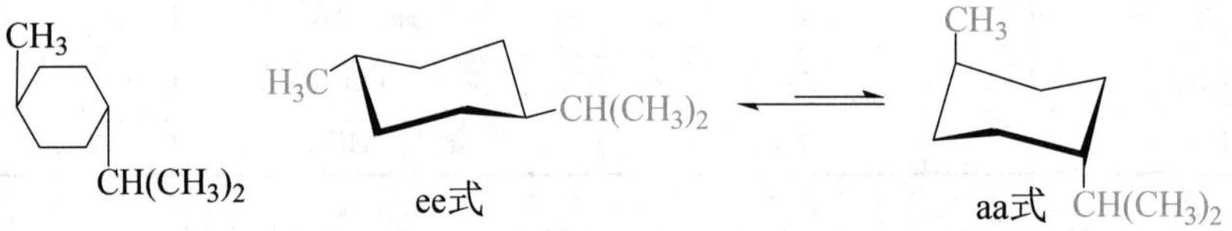

ee式   aa式

由此可见，对于多取代的环己烷化合物，其构象稳定性存在如下规律：①稳定构象为椅式构象；②大的取代基位于 e 键的构象异构体比较稳定；③取代基位于 e 键较多的比较稳定。

应该注意的是，这一规律只有在取代基为非极性基团时有效，当取代基为极性基团时往往不适合，因而应具体问题具体分析。例如反-1,2-二氯环己烷的优势构象为 aa 式构象；

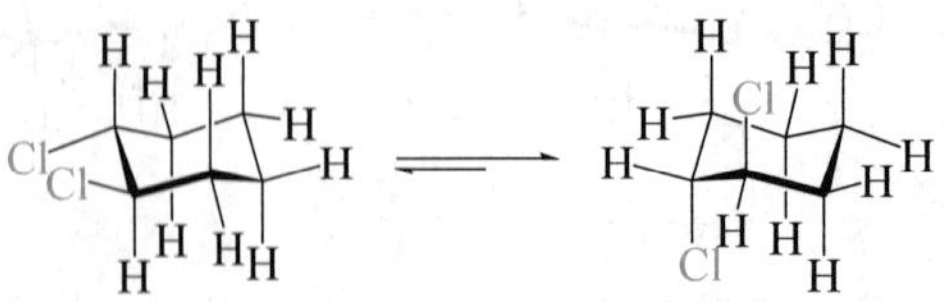

ee式   aa式

这是因为其 ee 式构象中两个氯原子处于邻位交叉式，而 aa 式中则处于对位交叉式，由于氯原子带有负电性，前者因为距离近而产生相互排斥，位能较高，故稳定性较差。

Cl—Cl 偶极斥力大　　　Cl—Cl 偶极斥力小

因此在分析构象异构体的稳定性时，不仅要考虑直立、平伏键的影响，还要考虑两个基团（原子）间的相互作用，如空间位阻、偶极斥力与引力、氢键等对稳定性的影响。

两个环己烷环稠合起来形成的化合物称为十氢化萘（萘的还原产物），存在顺、反两种异构体：

顺式　　　　　　反式

十氢化萘中的每个环己烷环都可以看作是另一个环己烷环的取代基，因此它们二者的构象为：

显然具有 ee 式构象的反式异构体理应具有更高的稳定性，燃烧热数据也说明了这一点，顺、反式异构体的燃烧热分别为 6286 kJ/mol 和 6277.3 kJ/mol。

7.4.3　中环烷烃的构象

中环烷烃的环是折叠的，虽然角张力为零，但分子内的氢原子较为拥挤，有较大的空间张力，这是中环化合物稳定性比普通环化合物差的原因。图 7-14 是环癸烷的一个可能构象中的氢原子的排斥作用。中环化合物较难合成。

图 7-14　环癸烷的空间张力

7.4.4　大环烷烃的构象

大环化合物随环的扩大越来越舒展，其环张力也越来越接近于开链烃而趋于零。但由于环的存在，其扭转张力却不能完全为零，因此表现出不同的构象。以环十二烷为例，它有如下 3 组比较稳定的构象异构体，每个构象中的碳原子被分为两组，即边碳和角碳。命名时在方括弧内标出每条边上的键数即可，如图 7-15 所示。

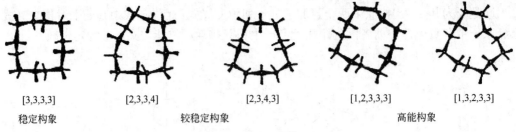

[3,3,3,3]	[2,3,3,4]		[2,3,4,3]	[1,2,3,3,3]	[1,3,2,3,3]
稳定构象	较稳定构象			高能构象	

图 7-15　环十二烷的构象

环十二烷的最稳定构象是[3，3，3，3]构象，其张力能最低。

构象异构是有机化合物一种常见的属性，有时对有机化合物的物理化学性质产生至关重要的影响，对这种影响的研究已形成有机化学中的一个重要分支学科，即构象分析。

7.5　脂环烃的制备

7.5.1　芳烃的还原

芳烃经过催化加氢可以制备脂环烃。如苯还原可以制得环己烷，萘还原可以制得十氢化萘等。也可以通过 Birch 还原得到环烯烃。

$$\text{苯} \xrightarrow[\text{压力}]{H_2,\ Ni} \text{环己烷}$$

$$\text{苯} \xrightarrow{Na,\ NH_3(l)} \text{环己二烯}$$

7.5.2　Wurtz-Baeyer 偶联

与采用 Wurtz 偶联法制备烷烃一样，用二卤代烷为原料时则可以制得环烷烃。例如：

$$\text{BrCH}_2\text{CH}_2\text{CH}_2\text{Br} \xrightarrow[125℃]{Zn} \triangleright + ZnBr_2$$

五元以上的环用此方法合成收率很低，没有实用价值，而 G. M. Whitesides 发展的用格氏试剂进行分子内偶联方法特别有效。例如：

$$\xrightarrow[THF]{Mg} \xrightarrow{CF_3SO_3Ag} \quad 80\%$$

用这一方法合成四、五元环收率都很高，六、七元环也不错，但合成中环收率很低。

7.5.3 从卤代烃的分子间消除制备

两分子的卤代烃在适当条件下可以发生分子间的消除反应，脱去两分子卤化氢，生成四元环化合物。例如：

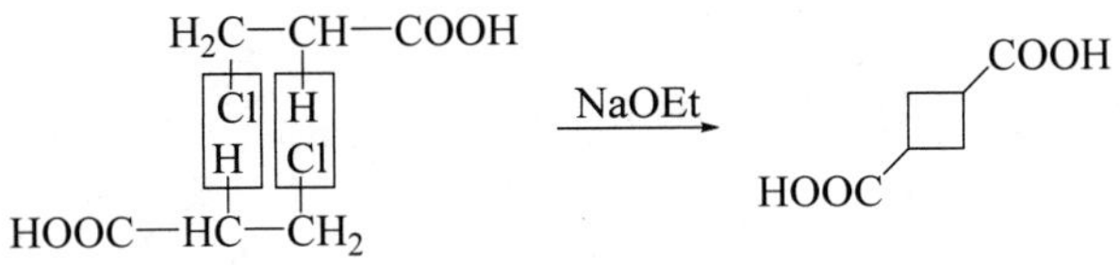

7.5.4 以不饱和烃为原料制备

1. Diels-Alder 反应

当亲双烯体的双键上含有强吸电子基团，如羧基、羰基、氰基、硝基等时，很容易与双烯体发生双烯合成反应生成六元环状化合物，后者经一系列化学转化可得到相应的脂环烃。例如：

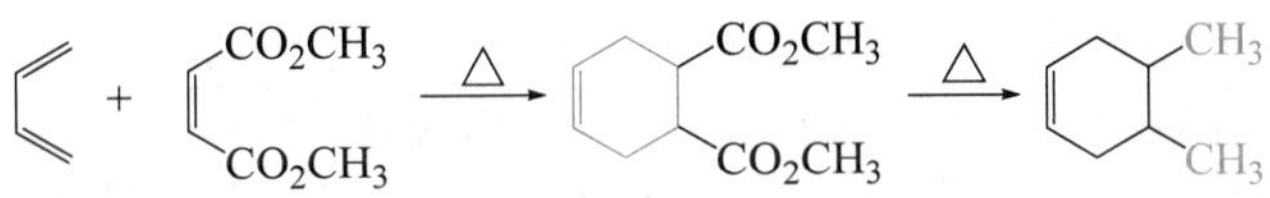

2. Simmons-Smithsfy 反应

这是以烯烃为原料，通过与卡宾（Carhene，也叫碳烯）的插入反应构建三元碳环的方法，反应一般为顺式加成。例如：

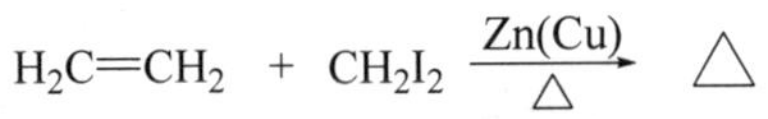

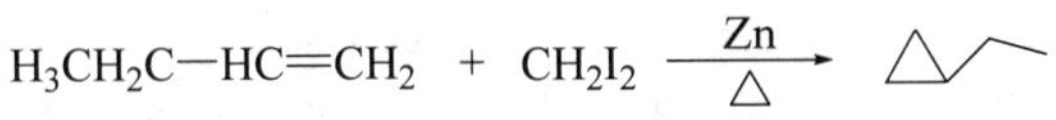

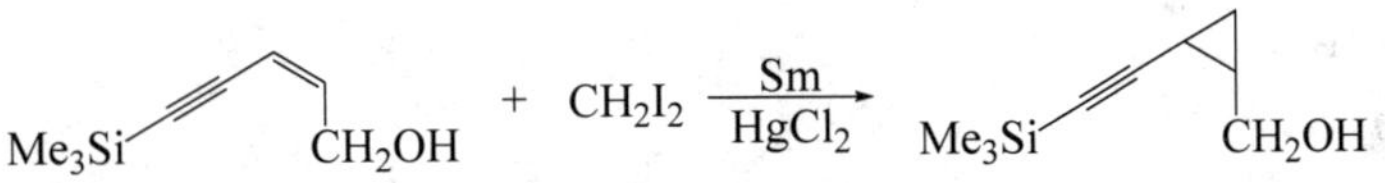

环丙烷化合物无论在天然化合物（如天然除虫菊素），还是合成药物中都具有重要的地位，利用卡宾与烯烃反应构建环丙烷环是当前热门的研究领域之一，近年来发展了许多改进的方法，尤其在不对称环丙烷化方面成果丰硕。

3. 与硫 Ylide 反应

α,β-不饱和羰基化合物与硫 Ylide 的反应是构建环丙烷环的另一种较好的方法，反应一般得到的是反式产物。例如：

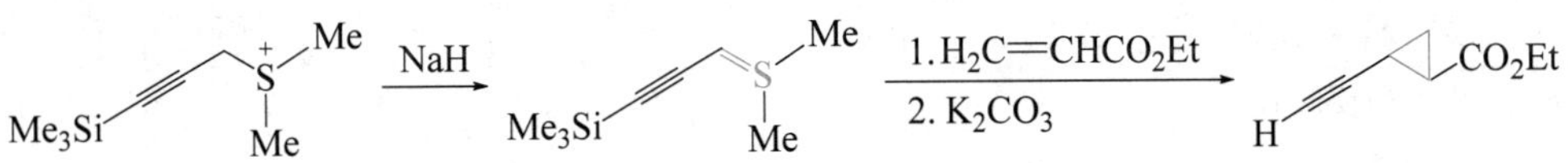

4. Clemensen 还原

环内酮经 Clemensen 还原可以将羰基转化为亚甲基，从而得到脂环烃。例如：

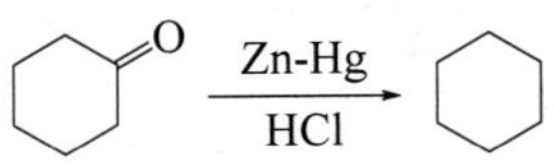

此外，近年发展起来的烯烃的复分解反应也是构建脂环化合物很好的方法。

微信扫码
获取答案

习　题

1. 命名下列化合物。

（1） 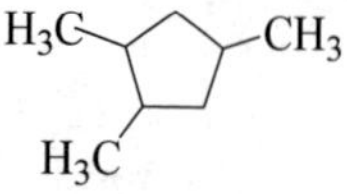　　　　　　　　　（2） 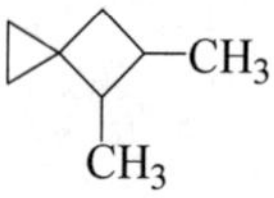　　　　　　　　　（3）

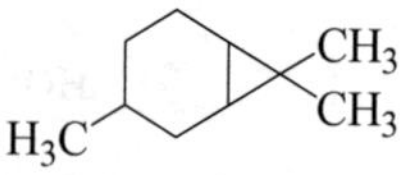

（4）H₃C—◯—C(CH₃)₃　（5） 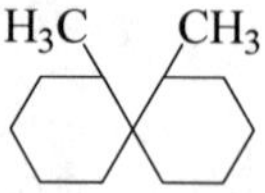　　　　　　　　　（6）

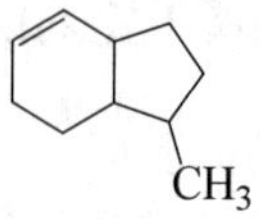

（7） 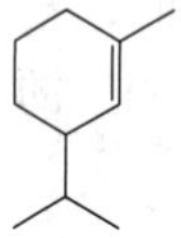　　　　　　　　　（8）H₃C—◯—◯　　　　（9）

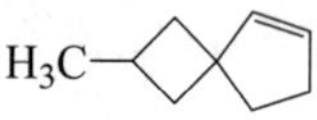

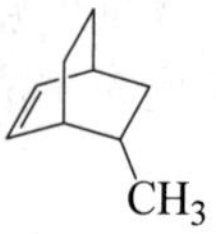

2. 写出下列化合物的结构式。

（1）1-甲基-3-乙基环戊烷　　　　（2）反-1-甲基-叔丁基环丁烷

（3）5-甲基-1,3-环戊二烯　　　　　（4）2-甲基螺[4.5]癸烷

（5）螺[2.4]-4-庚烯　　　　　　　（6）二环[3.2.1]辛烷

（7）4,7-二甲基二环[3.2.0]-2-庚烯　（8）二环[4.4.0]-2,8-癸二烯

3. 写出下列化合物最稳定的构象。

（1）异丙基环己烷　　　　　　　　（2）顺-1-甲基-2-异丙基环己烷

（3）顺-1-甲基-3-异丙基环己烷　　　（4）反-1-乙基-3-叔丁基环己烷

（5）顺-1-甲基-4-叔丁基环己烷　　　（6）反-1,2-二氯环己烷

（7） 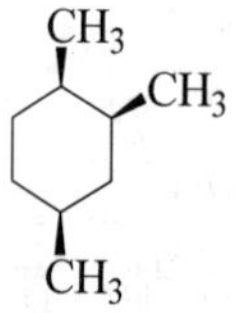　　　　　　　　　　　　　　（8）

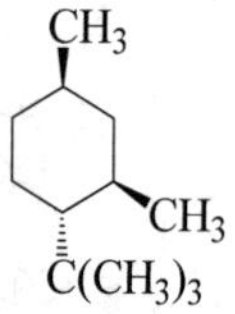

4. 请回答下列问题。

2-环丁基丙烯与 HBr 反应主产物为 1,1-二甲基-2-溴环戊烷，而 2-环丙基丙烯与 HBr 反应主产物为 2-环丙基-2-溴丙烷而不是 1,1-二甲基-2-溴环丁烷，请根据环张力对以上反应结果提出一个合理的解释。

5. 请用化学方法鉴别系列化合物。

（1）甲基环丙烷　丁烷　丁烯　丁炔

（2）环戊烷　环戊烯　乙基环丙烷　1-戊炔

6. 完成下列反应式。

（1） 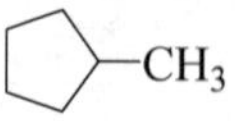　◯—CH₃　+　Cl₂　$\xrightarrow{h\nu}$

（2）　▷—CH₃　+　Br₂　$\longrightarrow$

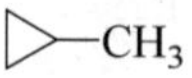

（3） 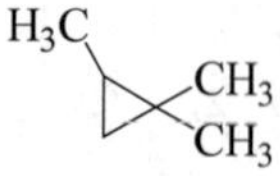　　　　+　HBr　$\longrightarrow$

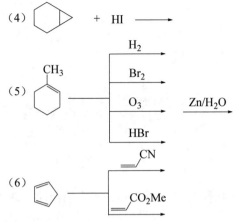

(4) ⬡◁ + HI ⟶

(5) （结构图）

(6) （结构图）

7. 以不超过 4 个碳原子的有机试剂为原料合成下列化合物，无机试剂任选。

(1)  ⬡   (2) 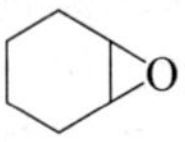 ⬡O   (3) （结构图）Cl

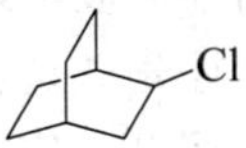

8. 分子式为 C_4H_6 的三个异构体（A）、（B）、（C）能发生如下反应：

（1）三个异构体都能和溴反应，对于等摩尔量的样品而言，与（B）和（C）反应的溴是（A）的两倍；

（2）三者都能与氯化氢反应，而（B）和（C）在汞盐催化下和氯化氢得到的是同一种产物；

（3）（B）和（C）能迅速地和含硫酸汞的硫酸作用，得到分子式为 C_4H_8O 的化合物；

（4）（B）能和硝酸银氨溶液作用生成白色沉淀。

试推测（A）、（B）、（C）的结构，并写出各步反应式。

第8章

卤 代 烃

烃分子中的氢原子被卤素取代后所生成的化合物称为卤代烃，其分子中的卤原子即为卤代烃的官能团。

一般而言，卤代烃的性质比烃的性质要活泼得多，能发生多种化学反应而转化成各种其他类型的化合物，所以引入卤原子往往是改造分子反应性能的第一步，在有机合成中起着桥梁作用。同时，卤代烃本身也可用作溶剂、农药、制冷剂、灭火剂、麻醉剂和防腐剂等，因而是很重要的一类有机化合物。

8.1 卤代烃的分类和命名

卤代烃通常用 RX 来表示（卤代芳烃通常用 ArX 来表示），其中 R 为烷基，Ar 为芳香烃基，X 为卤素原子。

8.1.1 分类

根据卤代烃分子中所含卤原子的数目，可以将其分为一卤代烃和多卤代烃。

$$CH_3CH_2Br \qquad\qquad \underset{Cl\quad Cl}{CH_3CH-CH_2} \qquad\qquad CHF_3$$

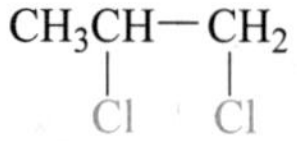

根据与卤素直接相连的碳原子的类型不同，又可将其分为伯卤代烃、仲卤代烃和叔卤代烃。

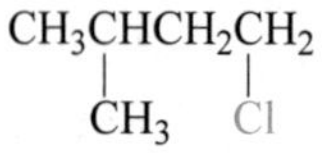

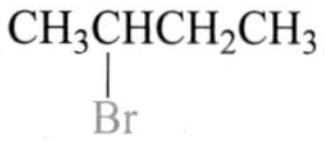

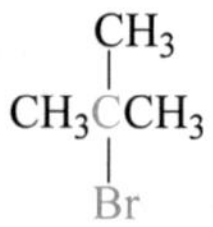

$$\underset{CH_3\quad\ Cl}{CH_3CHCH_2CH_2} \qquad\qquad \underset{Br}{CH_3CHCH_2CH_3} \qquad\qquad \underset{Br}{\overset{CH_3}{CH_3C}CH_3}$$

按卤代烃中烃基的种类，还可将其分为饱和卤代烃、不饱和卤代烃和卤代芳烃。

饱和卤代烃：CH_3CH_2X

不饱和卤代烃：

$R-CH=CH-X$ $R-CH=CH-CH_2-X$ $R-CH=CH-(CH_2)_n-X$

                                                                                          $(n \geqslant 2)$

乙烯型   烯丙型   孤立型

卤代芳烃：⬡—X（苯型）   ⬡—CH_2—X（苄基型）

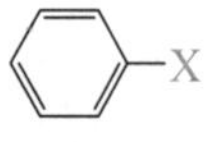

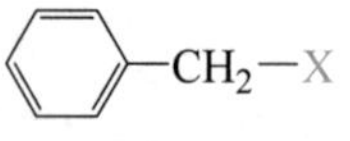

8.1.2 命名

简单卤代烃的命名，通常可以采用普通命名法，即以与卤素相连的烃基的名称来命名。例如：

$$CH_3CH_2CH_2CH_2Cl \qquad CH_2=CHCl \qquad CH_2=CHCH_2Cl \qquad \bigcirc\!\!\!\!-CH_2Cl$$

正丁基氯   乙烯基氯   烯丙基氯   苄基氯

复杂的卤代烃采用系统命名法：选择最长的碳链为主链，把卤素作为取代基，按照取代基的优先次序，在烃的名称前面加上取代基的位置、数目和名称。不饱和卤代烃通常以不饱和烃作为母体，编号时则需要使不饱和键的位次为最小。例如：

$$CH_3-\underset{\underset{CH_3}{|}}{C}H-\underset{\underset{Cl}{|}}{C}H-CH_3 \qquad\qquad CH_3CCl_3 \qquad\qquad CH_2=CH-CH_2Br$$

2-甲基-3-氯丁烷   1,1,1-三氯乙烷   3-溴-1-丙烯

8.2 一卤代烷

8.2.1 物理性质

室温下，除少数低级卤代烷（如：氯甲烷、氯乙烷和溴甲烷）是气体外，其他一卤代烷均为液体，15 个碳以上的卤代烷是固体。许多卤代烷有强烈的气味，其蒸气有毒。

一卤代烷的沸点随碳原子数目的增加而升高，并较相应的烷烃高，这是因为 C—X 键是极性共价键，极性诱导力使分子间引力增大，同时，分子质量的增大也是影响因素之一。对于同一烃基的卤代烷，沸点以碘代烷最高，其次为溴代烷、氯代烷和氟代烷。各种卤代烷沸点之间的差距随分子量的增加而变小。在同一卤代烷的各种异构体中，与烷烃相似，直链异构体沸点最高，支链越多，沸点越低。

一卤代烷的密度大于含同数碳原子的烷烃。在同系列中，密度随碳原子数的增加而降低，这是由于卤素在分子中所占的比例越来越小。

绝大多数卤代烷不溶于水，但能溶于许多有机溶剂，如醇、醚、烃类等典型的有机溶剂。许多有机物可溶于卤代烷。氯仿、二氯乙烷、四氯化碳等是常用的有机溶剂。表 8-1 列出了一些常见一卤代烷的物理常数。

表 8-1   一些常见一卤代烷的物理常数

烷基	氯化物			溴化物			碘化物		
	沸点/℃	相对密度(20℃)	折射率(20℃)	沸点/℃	相对密度(20℃)	折射率(20℃)	沸点/℃	相对密度(20℃)	折射率(20℃)
CH_3-	-24.2	0.9159	1.3661	3.56	1.6755	1.4218	42.4	2.2790	1.5380
C_2H_5-	12.27	0.8978	1.3676	38.4	1.4604	1.4239	72.3	1.9358	1.5133
$n\text{-}C_3H_7-$	46.60	0.8909	1.3879	71.0	1.3537	1.4343	102.45	1.7489	1.5058
$n\text{-}C_4H_9-$	78.44	0.8862	1.4021	101.6	1.2758	1.4401	130.53	1.6154	1.5001
$n\text{-}C_5H_{11}-$	107.8	0.8818	1.4127	129.6	1.2182	1.4447	157	1.5161	1.4959
$n\text{-}C_6H_{13}-$	134.5	0.8785	1.4199	155.3	1.1744	1.4478	181.33	1.4397	1.4929
$n\text{-}C_7H_{15}-$	159	0.8735	1.4256	178.9	1.1400	1.4502	204	1.3971	1.4904

烷基	氯化物			溴化物			碘化物		
	沸点/℃	相对密度(20℃)	折射率(20℃)	沸点/℃	相对密度(20℃)	折射率(20℃)	沸点/℃	相对密度(20℃)	折射率(20℃)
$(CH_3)_2CH-$	35.74	0.8617	1.3777	59.38	1.3140	1.4251	89.45	1.7033	1.5026
$(CH_3)_2CHCH_2-$	68.9	0.8750	1.3971	91.5	1.2640	1.4366	120.4	1.6050	1.4991
$CH_3CH_2CH(CH_3)-$	68.25	0.8732	1.3857	91.2	1.2585	1.4278	120	1.5920	1.4918
$(CH_3)_3C-$	52	0.8420	1.4044	73.25	1.2209	1.4370	100(d)(20.8[39])	1.5445	1.4890
⬡	143	1.000	1.4626	166.2	1.3359	1.4957	180(d)(81.5[20])	1.6244	1.5477

注：表中数字右上角表示压力，单位 mmHg（1mmHg=133.323Pa）

8.2.2 光谱性质

1. 紫外吸收光谱

饱和卤代烃分子中的电子跃迁有两种形式，即 σ→σ*跃迁和 n→σ*跃迁。其中 σ→σ*跃迁出现在真空紫外区，n→σ*跃迁则根据卤素原子的不同而出现在不同的吸收区域，但强度均比较弱。如氯化烃在 $\lambda_{max}=175nm$（$lg\varepsilon=2.5$），溴代烃在 $\lambda_{max}\approx200nm$，碘代烃在 $\lambda_{max}=258nm$。随着卤素原子的增多，吸收逐渐红移，且吸收强度逐渐增强。

2. 红外吸收光谱

在红外光谱中，C—X 键的吸收频率是随着卤素原子量的增加而减小的：

$$C-F \qquad C-Cl \qquad C-Br \qquad C-I$$
$$1350\sim1100cm^{-1} \quad 850\sim550cm^{-1} \quad 690\sim515cm^{-1} \quad 600\sim500cm^{-1}$$

卤代芳烃则出现在较高波数处：

$$1325\sim1100cm^{-1} \qquad 1100\sim1040cm^{-1} \qquad 1070\sim1020cm^{-1}$$

如果同一个碳原子上连接有多个卤原子，吸收出现在吸收范围的高频段。

总体来说，分子中碳卤键的伸缩振动吸收频率对分子结构的变化很敏感，所以很难用红外光谱来确定分子中的碳卤键。另外，多卤代芳烃的芳环骨架振动吸收带往往变得难以确认。

3. 核磁共振谱

由于卤原子的电负性比碳大，会对与卤素相连的碳原子上的氢核产生去屏蔽作用，因此在核磁共振谱中卤代烷 α 质子的化学位移值大于烷烃且随着卤素电负性的增大而增大（向低场移动）：

	HC—F	HC—Cl	HC—Br	HC—I
卤素电负性	4.0	3.0	2.8	2.5
化学位移δ_H	4~4.5	3~4	2.5~4	2~4

8.2.3 化学性质

在卤代烷中，C—X 键是极性共价键，其 σ 电子对偏向于电负性较大的卤原子一边：

$$\overset{\delta^+}{C}-\overset{\delta^-}{X}$$

卤素的电负性越大，则键的极性越强。在具有同样烃基的卤代烷分子中，C—X 键的极性大小顺序为：C—Cl > C—Br > C—I。这可从实际测得的卤代烷的偶极矩值得到证明，例如：

卤代烷	CH_3CH_2Cl	CH_3CH_2Br	CH_3CH_2I
偶极矩	2.05D	2.03D	1.91D

这是分子在静态下本身就固有的特性。

如果单从极性分析，与卤素相连的碳原子的正电性越强，理应其反应活性越大，即氯代烷的活性应该最高，但事实不是如此。通常卤代烷进行化学反应时的活性顺序刚好与其极性顺序相反，即 C—I > C—Br > C—Cl。这是因为化学反应不是孤立的，除了反应底物本身固有的性质外，它还会受到试剂电场的影响。在试剂电场的诱导下，卤代烷分子会产生诱导极化，原子自身的体积越大，电负性越小，其外层电子所受到的诱导极化就会越强。这种不同的共价键对外界电场的不同的感受力通常用极化度来衡量。所以虽然卤代烷的极性顺序为 C—Cl > C—Br > C—I，但其极化度却为 C—I > C—Br > C—Cl。键的诱导极化是在分子进行化学反应时才表现出来的暂时性的极化现象，但它却在决定反应性能方面起到决定性作用。

1. 亲核取代反应

除碘以外，其他卤原子的电负性均大于碳，使得与卤素相连的碳原子成为一个电子云密度较低的反应中心，这样容易受到富电子基团（比卤素强的碱）的进攻，从而取代卤原子形成新的共价键。像这种由于富电子试剂进攻缺电子中心而进行的取代反应称为亲核取代（nucleophilic substitution）反应。这是卤代烷最典型的性质。

$$R\overset{\delta^+}{-}CH\overset{\delta^-}{-}X \ + \ :Nu^{\ominus} \longrightarrow R-CH-Nu \ + \ :X^{\ominus}$$

底物　　　亲核试剂　　　产物　　　离去基团

通过卤代烷的亲核取代反应可以得到各种类型的化合物，这在有机合成上具有重要的意义。

（1）亲核取代反应实例

① 卤代烷的水解

将卤代烷与 NaOH 或 KOH 的水溶液，或氢氧化银（$Ag_2O + H_2O$）一起共热，则卤原子被羟基取代生成醇：

$$R-X + OH^- \longrightarrow R-OH + X^-$$

在碱性条件下反应是为了加快反应的进行，使反应更完全。此反应是制备醇的一种方法，但制一般的醇无合成价值，仅当一些复杂分子难以引入羟基时，才先引入卤原子，再水解制醇。工业上常将一氯戊烷各种异构体的化合物进行水解，得到戊醇各种异构体的混合物用作工业溶剂。

$$C_5H_{11}Cl + NaOH \xrightarrow{H_2O} C_5H_{11}OH + NaCl$$

② 卤代烷的醇解和酚解

卤代烷与醇钠或酚钠作用，卤原子将被烷（酚）氧基取代而生成醚，这种合成方法称为 Williamson 合成法。

$$R-X + R'ONa \longrightarrow R-O-R' + NaX$$

例如：

$$CH_3Br + C_2H_5ONa \xrightarrow[\text{回流}]{C_2H_5OH} CH_3OC_2H_5$$

$+ CH_3I \xrightarrow[\text{回流}]{C_2H_5OH}$ $+ NaI$

③ 卤代烷的氨解

卤代烷与氨（或胺）反应，卤原子被氨基取代生成胺。

$$RX + \begin{cases} NH_3 \longrightarrow RNH_2 \\ H_2NR' \longrightarrow RNHR' \end{cases} + HX$$

例如：

$$(CH_3)_2CHBr + CH_3NH_2 \longrightarrow (CH_3)_2CHNHCH_3 + HBr$$

$$CH_3(CH_2)_3Br + \text{} \longrightarrow \text{}$$

④ 与氰化物的反应

卤代烷与 NaCN 或 KCN 的醇溶液一起共热，卤原子会被氰基取代生成腈，后者在酸或碱性条件下水解可制备羧酸或羧酸盐，这是在碳链上增加一个碳原子的重要方法之一。

$$R-X + NaCN \longrightarrow R-CN + NaX$$

$$R-CN \xrightarrow[H^+]{H_2O} R-\overset{\displaystyle O}{\underset{\displaystyle \|}{C}}-NH_2 \xrightarrow[H^+]{H_2O} R-COOH + NH_3$$

例如：

$$CH_3(CH_2)_3Cl + NaCN \xrightarrow[90℃]{DMSO} CH_3(CH_2)_3CN + NaCl$$

（DMSO：二甲基亚砜，溶剂）

⑤ 与硝酸银的反应

卤代烷与硝酸银的醇溶液一起加热可以得到硝酸酯，同时析出卤化银沉淀：

$$R-X + AgNO_3 \xrightarrow{C_2H_5OH} RONO_2 + AgX \downarrow$$

不同结构的卤代烃的反应速率是不相同的，这可从卤化银沉淀出现的速率反映出来：

$R-CH=CH-CH_2-X$	$R-CH=CH-(CH_2)_n-X$（$n \geq 2$）	$R-CH=CH-X$
$-CH_2-X$	$R-X$	
（Ⅰ）	（Ⅱ）	（Ⅲ）

（Ⅰ）类为烯丙（苄基）型卤代烃，它们与硝酸银的乙醇溶液在室温下就能产生卤化银沉淀；（Ⅱ）类为孤立型卤代烷，它们与硝酸银的乙醇溶液需在加热下方能产生卤化银沉淀；（Ⅲ）类为乙烯型卤代烃或卤代芳烃，它们即使在加热下也不能产生卤化银沉淀。利用这一性质可将不同结构的卤代烃区分开来。

反应活性顺序：烯丙（苄基）型 ＞ 孤立型 ＞ 乙烯型

$$R_3C-X > R_2CH-X > RCH_2-X \qquad RI > RBr > RCl > RF$$

⑥ 与末端炔盐的反应

末端炔盐与卤代烃进行亲核取代反应可以生成炔，由于炔烃可以通过选择性还原得到烯烃或烷烃，因而这是有机合成中增长碳链的重要方法之一。所用的炔盐主要有炔基钠、炔基锂、炔基亚铜或炔基铝等。例如：

$$HC\equiv CH + NaNH_2 \xrightarrow{\text{液}NH_3} HC\equiv CNa \xrightarrow{n\text{-}C_4H_9Br} CH_3(CH_2)_3C\equiv CH$$

$$CH_3(CH_2)_3C\equiv CLi \xrightarrow{AlCl_3} [CH_3(CH_2)_3C\equiv C]_3Al \longrightarrow CH_3CH_2\overset{\displaystyle CH_3}{\underset{\displaystyle CH_3}{\overset{|}{\underset{|}{C}}}}-C\equiv C(CH_2)_3CH_3$$

⑦ 与其他亲核试剂的反应

除以上亲核试剂外，卤代烷还可与许多其他亲核试剂进行亲核取代反应生成各种类型的化合物。例如：

$$R-X + R'COO^- \longrightarrow R'COOR + X^- \qquad \text{合成酯}$$

$$R-X + SH^- \longrightarrow RSH + X^- \qquad \text{合成硫醇}$$

$$R-X + R'S^- \longrightarrow R-S-R' + X^- \qquad \text{合成硫醚}$$

$$R-X + I^- \longrightarrow R-I + X^- \qquad \text{卤素交换反应}$$

$$R-X + Ar-H \xrightarrow{AlCl_3} Ar-R + HX \qquad \text{付-克烷基化}$$

应该注意的是，许多含卤素的烷基化试剂，如 $ClCH_2OCH_2Cl$ 等具有很强的化学致癌作用，所以使用它们时必须非常小心。

（2）亲核取代反应机理

① 亲核取代反应机制

在研究反应速率与反应物的浓度关系时发现，有些卤代烷的反应速率仅与卤代烷的浓度有关，而另一些的水解速率却与卤代烷和碱的浓度都有关，这表明卤代烷的水解可以按两种不同的方式来进行。

a. 单分子亲核取代（S_N1）反应　实验证明，叔丁基溴在碱性溶液中的水解速率仅与卤代烷的浓度呈正比，而与进攻试剂（OH^-）的浓度无关。

$$(CH_3)_3C-Br + OH^- \longrightarrow (CH_3)_3C-OH + Br^-$$

$$v=k[(CH_3)_3CBr]$$

其水解历程可以表示为：

第一步：$(CH_3)_3C-Br \rightleftharpoons (CH_3)_3C^+ + Br^-$　速率控制步骤

第二步：$(CH_3)_3C^+ + OH^- \longrightarrow (CH_3)_3COH$

SN1 历程

反应分两步进行，第一步是 C—Br 键断裂形成碳正离子，第二步由碳正离子与亲核试剂结合生成水解产物。对于多步反应来说，反应速率是由反应最慢的一步决定的，这一步称为速率控制步骤。在上例反应中，C—Br 键的断裂比较慢，而第二步的速率很快，所以整个反应的速率由第一步决定，它只与卤代烷的浓度有关。单分子机理即是指在决定反应速率的步骤中，发生共价键变化的只有一种分子（如叔丁基溴），且在反应动力学上为一级反应。这种类型的反应就称为单分子亲核取代反应，用 S_N1（1 代表单分子）表示。

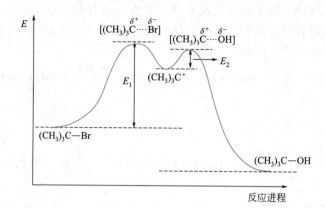

叔丁基溴的碱性水解反应为 S_N1 机制，由上述讨论可知，S_N1 反应的特点是：单分子反应（即反应速率仅与卤代烷的浓度有关）；反应分两步进行；碳正离子的稳定性是决定反应活性的关键；若中心 C 为手性 C，则产物发生外消旋化；因为有正碳离子生成，所以产物有可能发生重排。

b. 双分子亲核取代（S_N2）反应　溴甲烷的碱性水解与上不同，它的水解速率既与卤代烷的浓度呈正比，也与碱的浓度呈正比。

$$CH_3{-}Br + OH^- \longrightarrow CH_3{-}OH + Br^-$$

$$v{=}k[CH_3Br][OH^-]$$

其反应机理可以表示为：

SN2 历程

在反应过程中，C—O 键的形成和 C—Br 键的断裂是同时进行的，因而是一个协同反应。反应经历了一个过渡态，在形成此过渡态时，进攻试剂 OH⁻ 只有从离去基团的背面沿着 C—Br 键轴的方向进攻中心碳原子时所受到的阻力最小，当 OH⁻ 从背面接近碳原子时，C—O 键只是部分形成，而同时 C—Br 键逐渐伸长和减弱，产生部分断裂，即 OH 和 Br 在共用碳原子上的电子。当氧原子和溴原子与碳原子之间的距离相等时，则中间碳原子呈平面三角形的构型，即该碳原子逐渐由 sp³ 杂化状态转化为 sp² 杂化，氧原子与溴原子都参与了与未参与杂化的 p 轨道上电子的作用。随着反应的继续进行，羟基上的负电荷逐渐减少，C—O 键逐渐加强，而溴原子上的负电荷逐渐增加，C—Br 键逐渐减弱至最后彻底断裂而完成取代，同时中心碳原子由 sp² 杂化转化为 sp³ 杂化，整个过程就如一把雨伞被风吹翻了一样，因此所得到的产物的构型与底物的构型完全相反。这种构型的转化过程称为 Walden 翻转。这种构型的翻转是双分子亲核取代（S$_N$2，2 代表速率控制步骤中的两个分子）反应的重要特征。

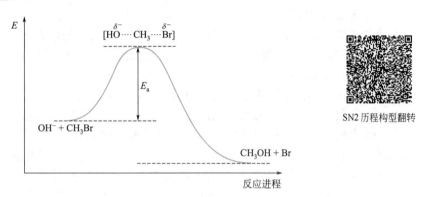

SN2 历程构型翻转

溴甲烷的碱性水解反应为 S$_N$2 机制，由上述讨论可知，S$_N$2 反应的特点是：双分子反应（即反应速率与卤代烷及碱的浓度都有关）；反应一步完成；若中心 C 为手性 C，则产物发生构型翻转。

②影响反应的因素

饱和碳原子上的亲核取代反应可按两种不同的机理进行，但对某一具体反应来说，反应物在一定条件下与亲核试剂反应，究竟按什么机理进行及反应的活性如何，取决于反应物的结构、亲核试剂的性质和溶剂的性质等因素。

a. 烃基结构对反应的影响　对 S$_N$1 反应来说，决定反应速率的步骤是碳正离子的形成，即碳正离子的生成速率决定反应的快慢。从碳正离子的稳定性来说，越稳定的碳正离子越容易形成，因此反应速率与碳正离子的稳定性顺序一致，即 R—X 的反应活性顺序为：3° RX > 2° RX > 1° RX > CH₃X。从卤代烷的电子效应来看，α碳原子上的烷基越多，其上的电子云密度就越高，越有利于 X⁻ 的离去，同样也可以得出如上的活性顺序。

而对 S$_N$2 反应来说，亲核试剂进攻缺电子中心时，必须先克服一定的阻力，随着α碳原子上的烷基的增多，空间位阻会越来越大，同时也使得α碳原子上的电子云密度增大，因此不利于亲核试剂的进攻，反应难以进行。所以，按 S$_N$2 机理，卤代烷的反应活性顺序为：CH₃X > 1° RX > 2° RX > 3° RX。

表 8-2 为卤代烃按 S$_N$1 和 S$_N$2 机理的相对反应速率。

表 8-2　卤代烃按 S_N1 和 S_N2 机理的相对反应速率

卤代物	S_N2 反应 ($C_2H_5O^-/C_2H_5OH$，55℃)	S_N1 反应 ($H_2O/HCOOH$，95℃)
CH_3CH_2Br	1	1
$CH_3CH_2CH_2Br$	0.28	0.69
$(CH_3)_2CHCH_2Br$	0.030	—
$(CH_3)_3CCH_2Br$	0.0000042	0.57

b. 离去基团对反应机理的影响　烃基相同的卤代烷的亲核取代反应速率次序总是 R—I > R—Br > R—Cl，这是因为不论在 S_N1 还是 S_N2 反应中，都要求把 C—X 键拉长，从 C—X 键的键能和极化度的大小来说都应该得出以上顺序。但离去基团的离去倾向越强，则越易发生 S_N1 反应，反之则越易发生 S_N2 反应。由此可见，I⁻ 是一个好的离去基团。

c. 亲核试剂的影响　当取代反应按 S_N1 机理进行时，反应速率只取决于 R—X 的解离，而与亲核试剂无关，所以试剂的亲核性能的变化对 S_N1 反应没有明显影响。

一般来说，亲核试剂的亲核能力越强，反应经过 S_N2 机理过渡态所需的活化能就越低，S_N2 反应的趋向就越大。

试剂亲核性的强弱取决于它所带电荷的性质、碱性强弱、体积和溶剂的极性。

（a）带负电荷的试剂的亲核性比它的共轭酸强。如 $OH^- > H_2O$，$RO^- > ROH$。

（b）亲核试剂的亲核性能大致与其碱性强弱次序相对应（注意：亲核性和碱性是两个不同的概念，前者是试剂与碳原子结合的能力，而后者是与质子结合的能力，两者的强弱次序并不完全一致，不要混淆！）大多数情况下，亲核性和碱性强弱的次序一致，因此通过比较碱性强弱就可知道亲核性的强弱，如 $RO^- > OH^- > ArO^- > RCOO^- > ROH > H_2O$。但在非质子性溶剂中时会有所不同，如在非质子性溶剂中，亲核性 $F^- > Cl^- > Br^- > I^-$，而在质子性溶剂中则正好相反，这是由于 F⁻更容易形成溶剂化离子而无法进攻碳原子的缘故。由此可见，I⁻既是一个好的离去基团，又是一个好的亲核试剂。因此，这一特性在合成中有着重要的用途。

（c）亲核试剂的体积对 S_N2 反应也有很大的影响。空间位阻大的亲核试剂难从背面接近中心碳原子。例如烷氧负离子的碱性强弱次序为$(CH_3)_3CO^- > (CH_3)_2CHO^- > CH_3CH_2O^- > CH_3O^-$，但其在 S_N2 反应中的亲核能力却刚好相反。

d. 溶剂的影响

极性大的溶剂，加速 C—X 断裂，有利于 S_N1 反应。促进如下左边过渡态形成。

$$\left[\begin{matrix}\delta^+ & \delta^-\\ R\text{-----}X\end{matrix}\right]\quad\left[\begin{matrix}\delta^- & \delta^-\\ Nu\text{-----}R\text{-----}X\end{matrix}\right]$$

极性小的溶剂（丙酮），有利于如上右边过渡态形成，分散过渡态电荷，不易使亲核性强试剂溶剂化，有利于 S_N2 反应。

$$C_6H_5CH_2Cl\ +\ OH^-\ \underset{\underset{S_N2}{\text{丙酮}}}{\overset{\overset{H_2O}{S_N1}}{\longrightarrow}}\ \begin{matrix}C_6H_5CH_2OH\\[1em]C_6H_5CH_2OH\end{matrix}$$

S_N1 和 S_N2 反应的基本区别见表 8-3。

表 8-3　S_N1 和 S_N2 反应的基本区别

项目	S_N1	S_N2
反应机理	分两步进行	一步完成
反应介质	酸性或中性	碱性
反应动力学	一级反应	二级反应
立体化学	外消旋化	构型翻转
溶剂效应	极性溶剂促进反应	溶剂极性不太重要，但非质子溶剂较好
副反应	消除及重排	消除

2. 消除反应

由于卤代烷中碳卤键的极性使得 α 碳带部分正电荷，并通过诱导效应将影响传递到 β 氢，使其显酸性，易受碱性试剂进攻。当卤代烃与 NaOH（或 KOH）的醇溶液作用时，脱去卤素与 β 碳原子上的氢原子而生成烯烃，像这种从分子中脱去一个简单分子生成不饱和键的反应称为消除反应，用 E 表示，又称为 β-消除反应。

$$R-CH \xrightarrow{} CH_2 \xrightarrow{} X$$

（1）消除反应的取向

$$RCH-CH_2 + NaOH \xrightarrow[\triangle]{C_2H_5OH} RCH=CH_2 + NaX + H_2O$$

$2°$、$3°RX$ 脱卤化氢时，遵守札依切夫（Zaitsev）规则——即主要产物是生成双键碳上连接烃基最多的烯烃，也就是从含氢较少的 β 碳原子上脱去氢原子。例如：

$$CH_3CHCHCH_3 \xrightarrow[C_2H_5OH]{KOH} CH_3CH=CHCH_3 + CH_3CH_2CH=CH_2$$
$$81\% \qquad\qquad 19\%$$

$$CH_3CHCCH_2-H \xrightarrow[C_2H_5OH]{KOH} CH_3CH=CCH_3 + CH_3CH_2C=CH_2$$
$$71\% \qquad\qquad 29\%$$

（2）消除反应的机理

消除反应的机理与亲核取代反应相似，在大多数情况下是同时进行的，为竞争反应，哪种产物占优势与反应物结构和反应的条件有关。

$$R-CH_2-CH_2-X + OH^- \xrightarrow{取代} R-CH_2-CH_2-OH + X^-$$
$$\xrightarrow{消除} R-CH=CH_2 + H_2O + X^-$$

消除反应也有单分子机理（E1）和双分子机理（E2）之分，它是由亲核试剂作为碱进攻 β-H 而进行的。

① 单分子消除反应（E1）

E1 机制也分为两步：第一步，卤代烷发生共价键的异裂，生成碳正离子；第二步中，碱性试剂进攻 β 氢原子，α 碳原子和 β 碳原子之间形成 π 键，生成烯烃。其中第一步为速率控制步骤。

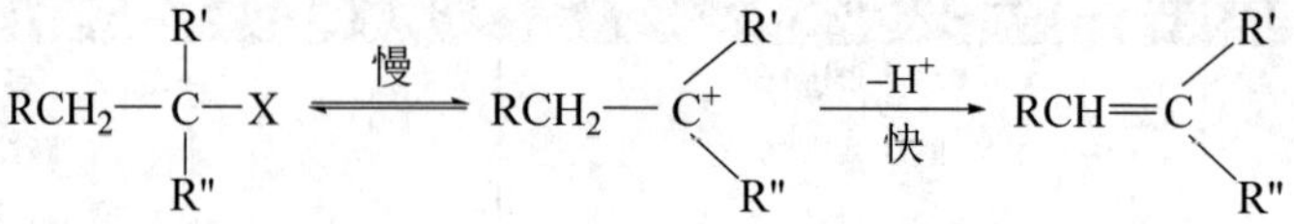

E1 和 S_N1 常同时发生。第一步相同，第二步不同。反应活性均为：叔卤代烷 > 仲卤代烷 > 伯卤代烷。

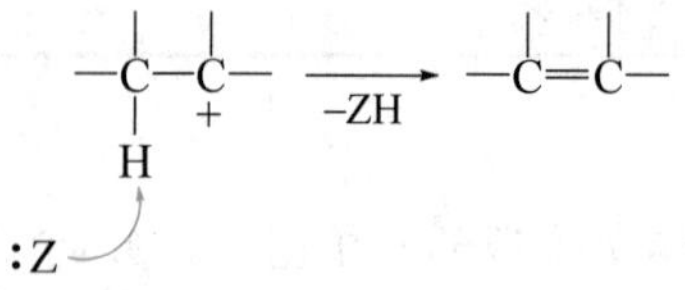

E1

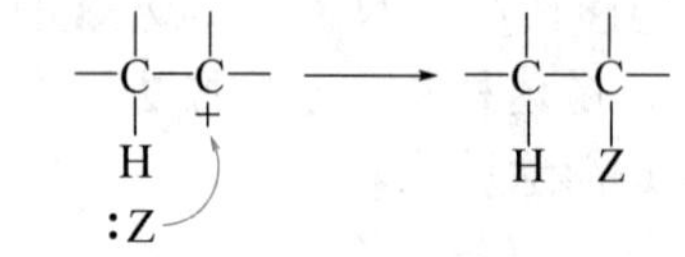

S_N1

E1 反应中生成的碳正离子常重排，生成更稳定的碳正离子。重排是 E1 和 S_N1 反应的标志。例如：

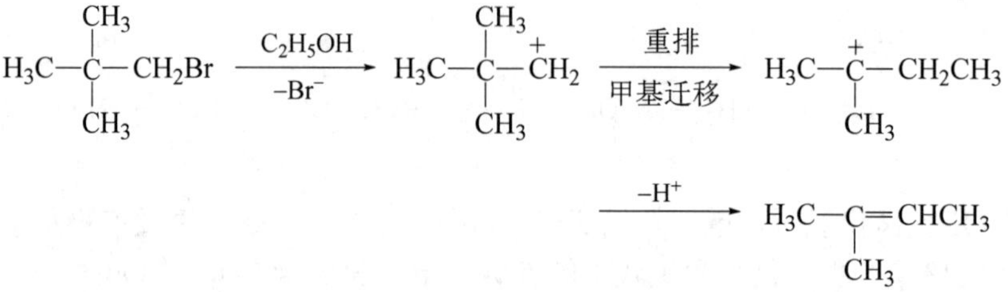

② 双分子消除反应（E2）

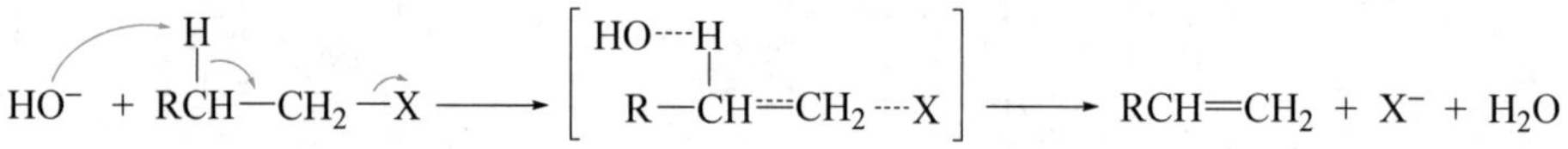

E2 反应中新键的形成和旧键的断裂同时发生。反应速率与反应物浓度及进攻试剂的浓度均成正比，故为双分子消除反应，表示为 E2。

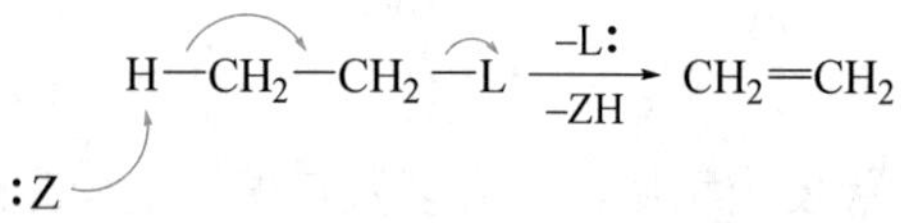

E2

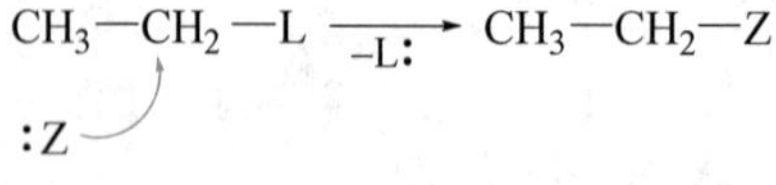

S_N2

（3）消除反应和亲核取代反应的互相竞争

① 底物结构的影响　一般而言，α 碳原子上的支链增多，有利于碳正离子的形成，对 E1 和 S_N1 反应都有利，反应活性均为：叔卤代烷>仲卤代烷>伯卤代烷。β 氢原子越多，越有利于 E2，因为增加了氢原子被碱性试剂进攻的机会，所以 E2 的反应活性顺序为：叔卤代烷>仲卤代烷>伯卤代烷。β 碳原子越多，亲核试剂进攻 α 碳的位阻越大，反应越难，所以 S_N2 的反应活性顺序为：伯卤代烷>仲卤代烷>叔卤代烷。

② 反应条件的影响 试剂的碱性强而亲核性弱对消除反应有利,反之则对取代反应有利。例如:

$$CH_3-\underset{\underset{Br}{|}}{CH}-CH_3 + C_2H_5ONa \xrightarrow[55℃]{C_2H_5OH} (CH_3)_2CHOC_2H_5 + CH_3CH=CH_2$$
$$\phantom{CH_3-CH-CH_3 + C_2H_5ONa \xrightarrow[55℃]{C_2H_5OH}} 21\% \qquad\qquad 79\%$$

增加试剂的浓度对单分子反应没有什么影响,但可使双分子反应占优势。浓度的变化对产物的比例影响不大。

溶剂极性增大对单分子反应有利,而对双分子反应不利,且对 E2 比对 S_N2 更不利。这是因为在过渡态中 E2 需要比 S_N2 更多的电荷分散,溶剂极性太强不利于电荷的分散。例如:

$$CH_3-\underset{\underset{Br}{|}}{CH}-CH_3 + NaOH \xrightarrow[\triangle]{H_2O} CH_3-\underset{\underset{OH}{|}}{CH}-CH_3$$

$$CH_3-\underset{\underset{Br}{|}}{CH}-CH_3 + NaOH \xrightarrow[\triangle]{C_2H_5OH} CH_3CH=CH_2$$

温度的升高有利于消除反应的进行。

3. 与活泼金属的反应

卤代烃能与 Li、Na、K、Mg、Cd、Cu 等金属发生反应,生成有机金属化合物,即金属原子直接与碳原子相连接的化合物。

$$R-M（M = 金属,metal）$$

卤代烃与金属镁在醚(常用的是乙醚和四氢呋喃)中反应可生成烷基镁化合物,简称格氏试剂。

$$RX + Mg \xrightarrow{无水乙醚} RMgX$$

格氏试剂性质非常活泼,能与多种物质发生化学反应,如遇到活泼氢的化合物(如水、醇、氨、α-炔烃等)则反应生成烃。

$$RMgX \begin{cases} \xrightarrow{H_2O} RH + Mg\overset{X}{\underset{OH}{<}} \\ \xrightarrow{R'OH} RH + Mg\overset{X}{\underset{OR'}{<}} \\ \xrightarrow{HX} RH + MgX_2 \\ \xrightarrow{R'C≡CH} RH + Mg\overset{X}{\underset{C≡CR'}{<}} \end{cases}$$

在空气中,格氏试剂能与其中的氧气反应,生成烷氧基卤化镁,与二氧化碳生成羧基卤化镁。由于格氏试剂性质活泼,因此在制备及储存时必须在隔绝空气、无活泼氢的条件下进行。

$$RMgX + \frac{1}{2}O_2 \longrightarrow ROMgX$$

$$RMgX + CO_2 \longrightarrow R-\overset{\overset{O}{\|}}{C}-O-MgX \xrightarrow{H_2O/H^+} RCOOH + Mg(OH)X$$

格氏试剂是一种非常有用的有机合成试剂，能与醛、酮、酯和环氧乙烷等物质反应，发明人 Victor Grignard 因此项成就获得了 1912 年度诺贝尔化学奖。

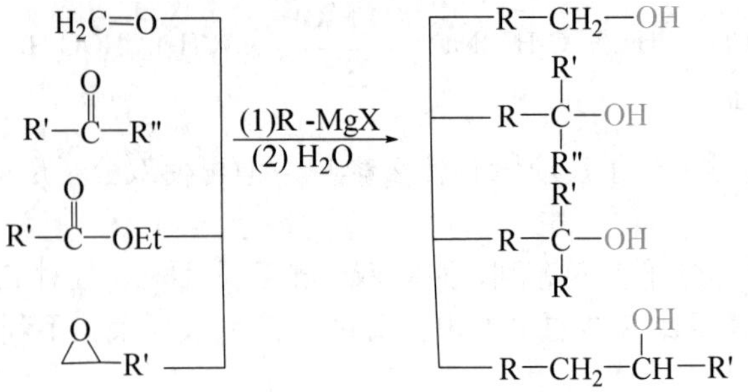

8.3　卤代芳烃

卤素原子取代芳烃中的氢即得卤代芳烃。一方面，卤原子具有吸电子的诱导效应，同时卤原子与芳环间又存在给电子的 p-π 共轭效应，致使 C—X 键具有一定双键的性质，其键长比卤代烷中要短，因此其性质与卤代烷相比也有较大区别。

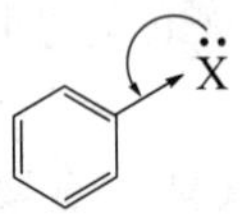

8.3.1　亲核取代反应

卤代芳烃也可以进行亲核取代反应，但由于 p-π 共轭结构，C—X 键不易断裂，其反应性比卤代烷差，因此一般难以进行，需要在比较剧烈的条件下方可进行。例如：

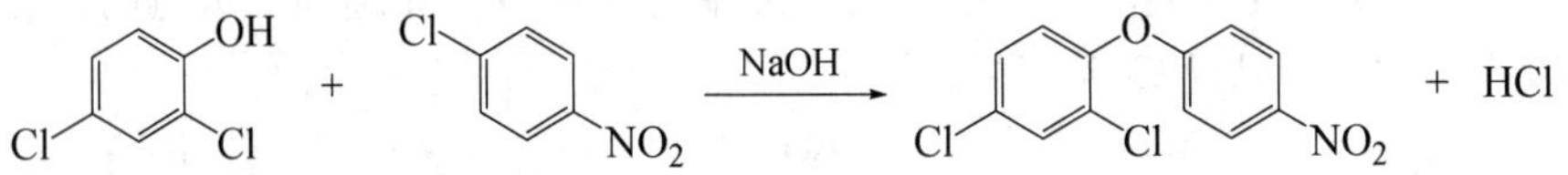

但是当苯环上存在强的吸电子基团时，反应的难度就小多了。例如：

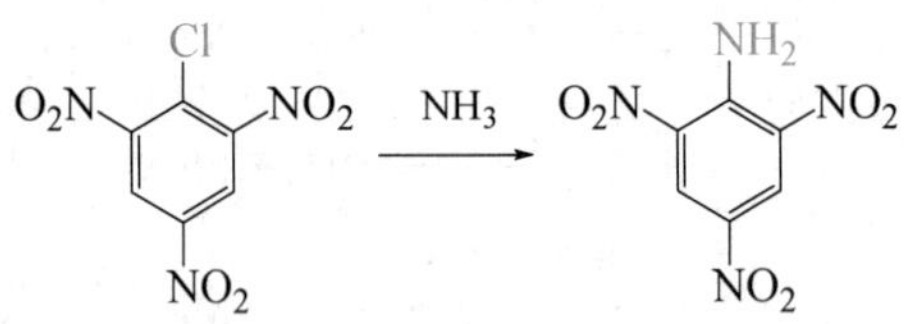

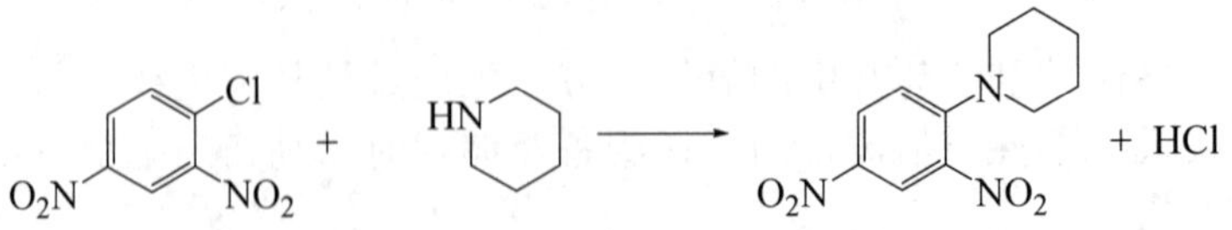

8.3.2　亲电取代反应

卤代芳烃也可发生亲电取代反应，由于卤素使苯环钝化，因此反应活性比苯差。但卤素属于邻、对位定位基（具体见第九章芳烃）。

8.3.3 偶联反应

卤代芳烃与铜粉共热，可生成联苯型化合物，此反应称为 Ullmann 反应。例如：

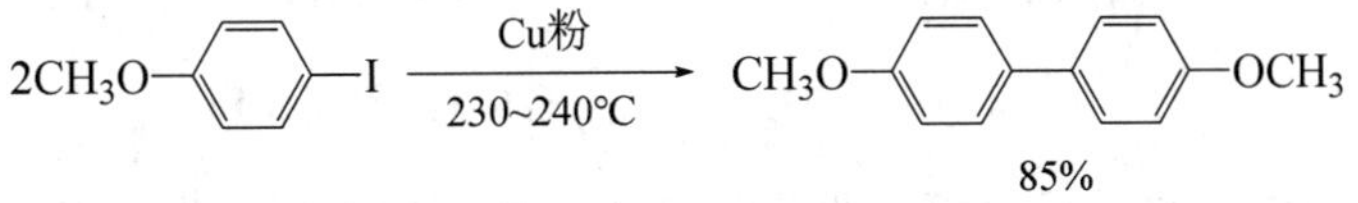

$$2CH_3O-\!\!\!\langle\ \rangle\!\!\!-I \xrightarrow[230\sim240℃]{Cu粉} CH_3O-\!\!\!\langle\ \rangle\!\!\!-\!\!\!\langle\ \rangle\!\!\!-OCH_3$$
85%

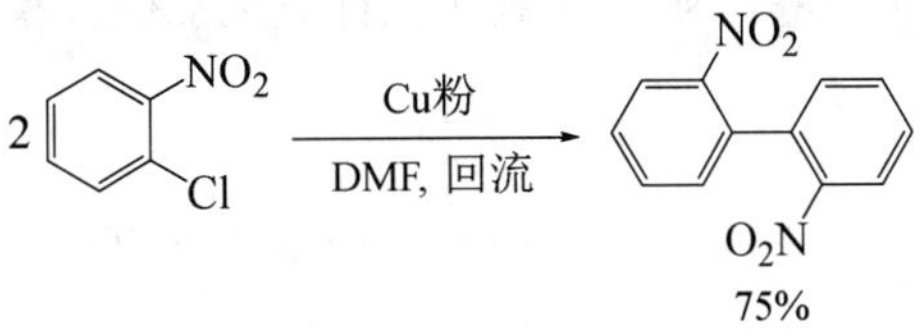

2 邻硝基氯苯 $\xrightarrow[\text{DMF, 回流}]{Cu粉}$ 2,2'-二硝基联苯
75%

8.4 卤代烃的制备与应用

8.4.1 卤代烷的制备

1. 从烃制备

（1）烃的自由基取代
如：

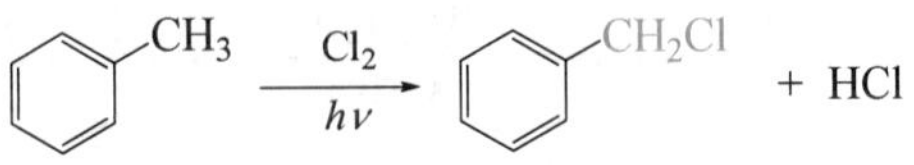

$$C_6H_5CH_3 \xrightarrow{Cl_2,\ h\nu} C_6H_5CH_2Cl + HCl$$

$$H_2C=CHCH_3 \xrightarrow{NBS} H_2C=CHCH_2Br$$

（2）不饱和烃的亲电加成
例如：

$$H_2C=CHCH_3 + Br_2 \longrightarrow \underset{\substack{|\ \ |\\ Br\ Br}}{H_2C-CHCH_3}$$

$$H_2C=CHCH_3 + HCl \longrightarrow \underset{\substack{|\\ Cl}}{H_3C-CHCH_3}$$

$$CH_3C\equiv CH + HCl \longrightarrow \underset{\substack{|\\ Cl}}{CH_3C=CH_2} \longrightarrow \underset{\substack{|\\ Cl}}{CH_3C-CH_3}$$

2. 从醇制备

关于醇的卤代反应的详细内容将在后文讨论。这里仅举一些实用的例子。

（1）氢卤酸与醇的反应

$$CH_3CH_2CH_2OH + HBr \longrightarrow CH_3CH_2CH_2Br + H_2O$$

$$CH_3CH_2CH_2OH \xrightarrow[HCl]{ZnCl_2} CH_3CH_2CH_2Cl$$

（2）卤化磷与醇的反应　卤化磷主要指五氯化磷和三氯（溴、碘）化磷，都是常用的卤化试剂，由于红磷与溴或碘能迅速反应生成三溴化磷和三碘化磷，所以在实际使用中也往往用红磷和溴或碘来代替三溴化磷和三碘化磷。例如：

$$CH\equiv CCH_2OH + PCl_3 \xrightarrow{\text{Py}} CH\equiv CCH_2Cl + P(OH)_3$$

$$CH_3(CH_2)_{14}CH_2OH \xrightarrow[\text{P}]{\text{Br}_2} CH_3(CH_2)_{14}CH_2Br$$

（3）亚硫酰氯与醇的反应　醇与亚硫酰氯（又称氯化亚砜）反应是制备氯代烷的典型方法之一。

例如：

$$CH_3(CH_2)_4CH_2OH + SOCl_2 \longrightarrow CH_3(CH_2)_4CH_2Cl + SO_2 + HCl$$

3. 从卤代烃制备

用一种卤代烃与金属卤化物可发生卤素的交换反应。如可利用碘化钠在丙酮中的溶解度较大，而氯化钠和溴化钠在丙酮中的溶解度较小的特点，制备碘代烷。例如：

$$(CH_3)_2CHCH_2CH_2Br + NaI \xrightarrow{\text{丙酮}} (CH_3)_2CHCH_2CH_2I + NaBr$$

4. 从羧酸盐制备溴代烷

羧酸的银盐、汞盐或铅盐与溴通过 Hunsdiecker 反应制备溴代烷。例如：

$$CH_3OOC(CH_2)_4COOH + AgNO_3 \xrightarrow[\text{2. Br}_2]{\text{1. KOH}} CH_3OOC(CH_2)_4Br + CO_2 + AgBr$$

$$\triangleright\!\!-COOH \xrightarrow[\text{CCl}_4]{\text{Br}_2,\ \text{HgO}} \triangleright\!\!-Br$$

5. 氢卤酸与醚的反应

氢卤酸（常用的是氢溴酸和氢碘酸）可使醚键断裂生成卤代烷。例如：

$$\text{（四氢呋喃）} + 2HBr \xrightarrow[\text{回流3h}]{\text{H}_2\text{SO}_4} BrCH_2CH_2CH_2CH_2Br + H_2O$$

$$\text{（四氢呋喃）} + 2KI + 2H_3PO_4 \xrightarrow{\triangle} ICH_2CH_2CH_2CH_2I + 2KH_2PO_4 + H_2O$$

除这些方法以外，还有一些方法，如氯甲基化反应制备苄基氯等，在此不一一列举。

8.4.2　卤代芳烃的制备

芳烃的直接卤代
例如：

$$\text{（苯）} + Cl_2 \xrightarrow{\text{Al-Hg}} \text{（氯苯）} + HCl$$

$$\text{（联苯）} + Br_2 \xrightarrow[\text{CCl}_4]{\text{Fe粉}} \text{（4-溴联苯）} + HBr$$

$$\text{（苯）} + I_2 \xrightarrow{\text{HNO}_3} \text{（碘苯）}$$

8.5　重要代表物

8.5.1　三氯甲烷 (CHCl₃)

一种无色而有甜香味的液体，沸点 61.2℃，d_4^{20} 1.4832，俗称氯仿。它是合成氟氯烃类化合物的原料，医药上用作麻醉剂和消毒剂，也是抗生素、香料、油脂、橡胶等的溶剂和萃取剂。含 13% 氯仿的氯仿-四氯化碳溶液可用作不冻的灭火剂。氯仿在光和空气中能逐渐被氧化生成剧毒的光气：

$$2CHCl_3 + O_2 \xrightarrow{\text{日光}} \underset{\text{光气}}{2ClC\overset{\displaystyle O}{\parallel}Cl} + 2HCl$$

故氯仿应保存在棕色瓶中。

氯仿的工业制法主要有甲烷氯化法、乙醛法和四氯化碳还原法三种：

$$CH_4 + 3Cl_2 \xrightarrow{h\nu} CHCl_3 + 3HCl$$

$$2CH_3CHO + 3Ca(OCl)_2 \longrightarrow 2CHCl_3 + 2Ca(OH)_2 + Ca(HCOO)_2$$

$$3CCl_4 + CH_4 \xrightarrow{400\sim650℃} 4CHCl_3$$

此外还有乙醇法、丙酮法等，但已不再使用。

8.5.2　四氯化碳 (CCl₄)

四氯化碳为无色液体，沸点 76.8℃，d_4^{20} 1.5940，主要用作溶剂、灭火剂、有机物的氯化剂、香料浸出剂、纤维脱脂剂、谷物熏蒸消毒剂、药物萃取剂，以及制造氟里昂和织物干洗剂，医药上的杀虫剂等。

在用四氯化碳做灭火剂时，由于其在 500℃ 以上时可以与水作用产生光气，所以使用时必须注意空气流通，以免中毒。

$$CCl_4 + H_2O \xrightarrow{\text{高温}} ClC\overset{\displaystyle O}{\parallel}Cl + 2HCl$$

8.5.3　氯苯

无色液体，沸点 132℃，是一种重要的溶剂和有机化工原料，主要用于生产硝基氯苯，也用于溶剂二苯醚、聚砜单体等的合成。以前著名的农药 DDT 就是以氯苯为原料生产的：

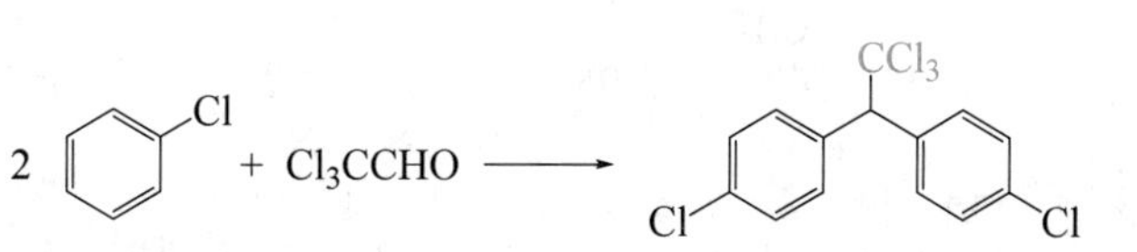

这是一种广谱杀虫剂，在农药史上具有重要的地位。但因其难以生物降解残留期长，现在已禁止使用。

氯苯的工业生产以前主要采用苯的氧氯化法：

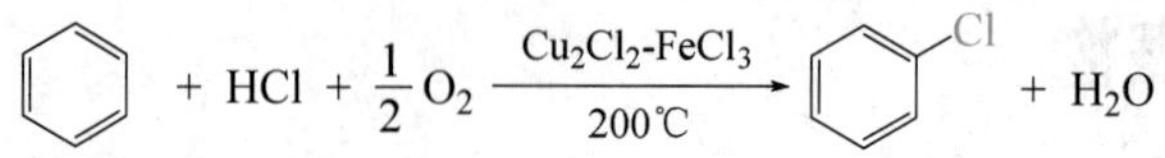

$$\text{C}_6\text{H}_6 + \text{HCl} + \frac{1}{2}\text{O}_2 \xrightarrow[200℃]{\text{Cu}_2\text{Cl}_2\text{-FeCl}_3} \text{C}_6\text{H}_5\text{Cl} + \text{H}_2\text{O}$$

但这种方法因对设备的腐蚀严重，现在已淘汰。目前主要采用的是苯的液相氯化法，一氯苯、二氯苯、三氯苯联产，也降低了生产成本。

8.5.4 氯乙烯

无色、有乙醚香味的气体，沸点 13.90℃，是生产聚氯乙烯塑料的单体，工业上用乙炔或乙烯为原料生产：

乙炔法：

$$\text{HC}\equiv\text{CH} + \text{HCl} \xrightarrow[120\sim180℃]{\text{HgCl}_2} \text{H}_2\text{C}=\text{CHCl}$$

此法历史悠久，流程简单，转化率高，但成本也较高，且催化剂有毒，故逐步为其他方法取代。

乙烯法：

$$\text{H}_2\text{C}=\text{CH}_2 + \text{Cl}_2 \xrightarrow{\text{FeCl}_3} \text{CH}_2\text{ClCH}_2\text{Cl} \xrightarrow{480\sim520℃} \text{H}_2\text{C}=\text{CHCl} + \text{HCl}$$

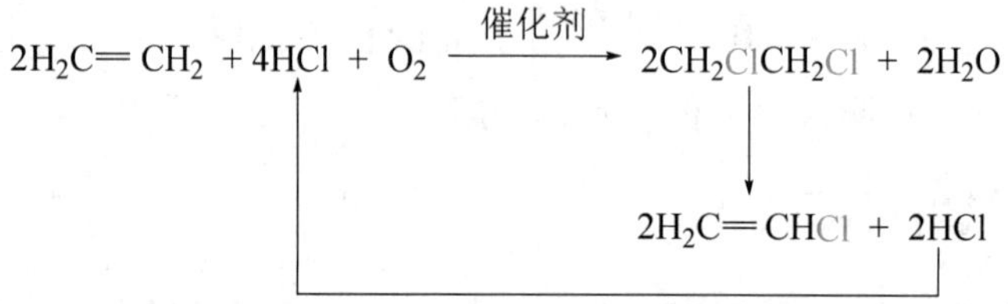

$$2\text{H}_2\text{C}=\text{CH}_2 + 4\text{HCl} + \text{O}_2 \xrightarrow{\text{催化剂}} 2\text{CH}_2\text{ClCH}_2\text{Cl} + 2\text{H}_2\text{O}$$

$$2\text{H}_2\text{C}=\text{CHCl} + 2\text{HCl}$$

8.5.5 含氟生物活性化合物

含氟化合物独特的性能使其在生物活性化合物研究领域如医药、农药等受到人们关注，已成为这些领域中的一个重要方向。下面列举了一些重要的含氟医药和农药品种。

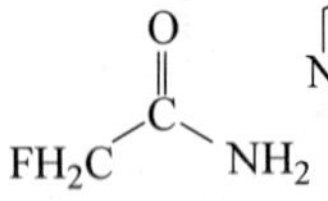

氟乙酰胺
(杀虫、杀鼠剂)

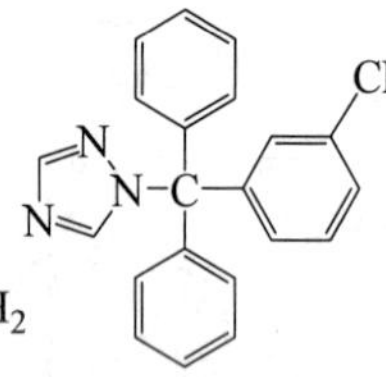

氟三唑
(杀菌剂)

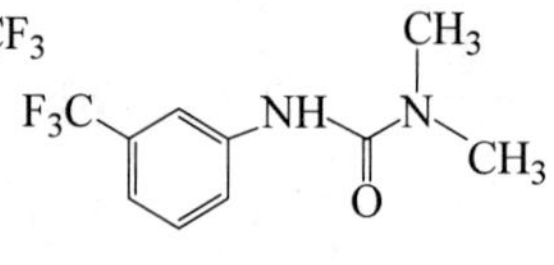

伏草隆
(除草剂)

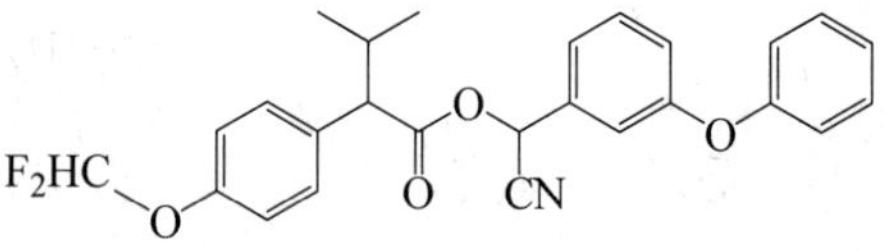

氟氰戊菊酯
(杀虫剂)

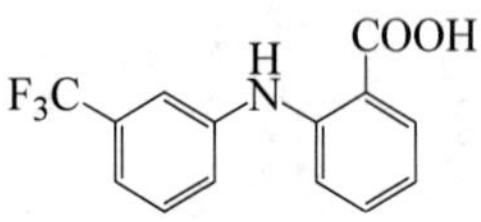

氟灭酸
(消炎镇痛药)

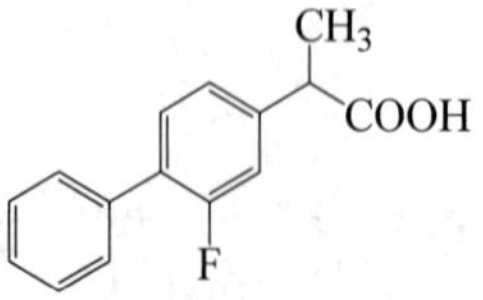

氟苯布洛芬
(解热镇痛药)

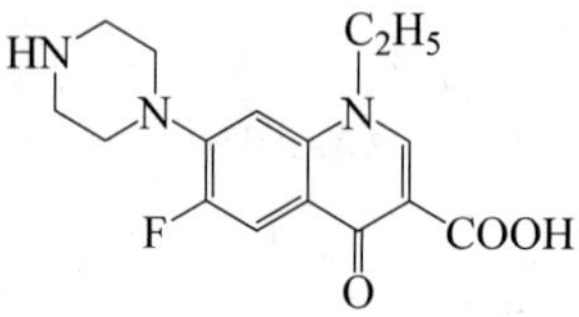

氟哌酸
(抗菌药)

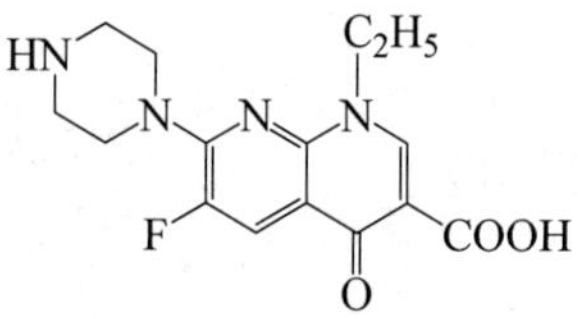

依诺沙星
(抗菌药)

目前含氟化合物的品种越来越多，且一般都具有高效低毒等特点，而这正是生物活性化合物研究所追求的目标。但总体来说，含氟化合物的制备手段不是太多，致使生产成本普遍高于其他卤素取代的化合物，因此，如何在碳架上高效地引入氟原子仍将是一个长期而重要的研究目标。

习 题

1. 命名下列化合物。

（1）$(CH_3)_3CI$

（2）$(CH_3)_2CHBr$

（3）$C_6H_5CH_2Cl$

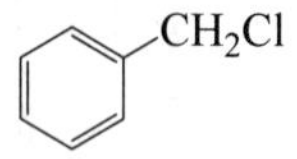

（4）$C_6H_5-CH_2CH_2Cl$

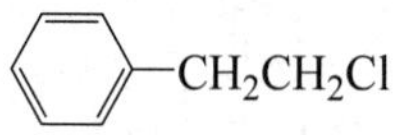

（5）$CH_2=CHCH_2Cl$

（6）$CH_3CHClCH=CHCH_3$

2. 写出下列化合物的结构式。

（1）2-甲基-4,4-二溴己烷

（2）2-氯-1,4-戊二烯

（3）5-溴-1,3-环戊二烯

（4）3-苯基-1-氯丁烷

（5）2,4-二氯甲苯

3. 完成下列反应式。

（1）$CH_3CH_2CH_2Br + AgNO_3 \longrightarrow$

（2）1-甲基-2-溴环己烷 $\xrightarrow[\triangle]{NaOH, C_2H_5OH}$

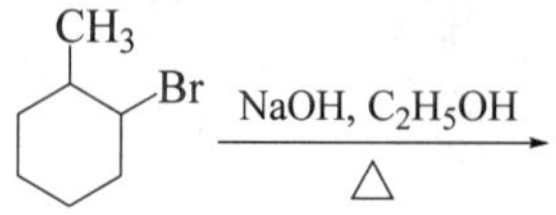

（3）$CH_3-CH_2-\underset{\underset{Br}{|}}{CH}-CH_2-C_6H_5 \xrightarrow[\triangle]{KOH, C_2H_5OH}$

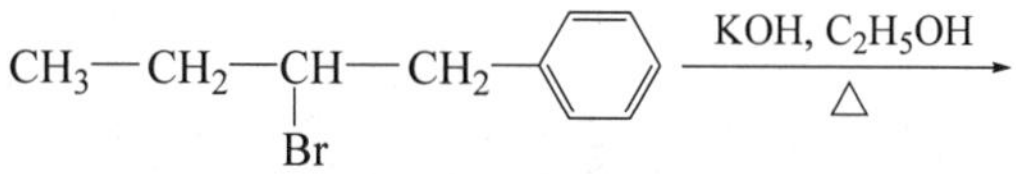

（4）环戊基$-CH_2Br + NaCN \longrightarrow \xrightarrow{H_3O^+}$

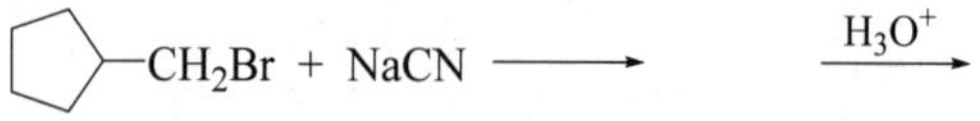

（5）$CH_3CH_2CH_2CH_2Br \xrightarrow{Mg}{Et_2O} \xrightarrow{CO_2} \xrightarrow{H_3O^+}$

（6）$CH_3CH_2CH(CH_3)CHBrCH_3 \xrightarrow{NaOH/H_2O}$

4. 下列反应中哪些属于 S_N1 机理，哪些又属于 S_N2 机理？

（1）反应在动力学上是一级反应；

（2）中间体是碳正离子；

（3）一个光活性物质反应后，产物的绝对构型发生转化；

（4）溶剂中水含量增加时，反应速率明显加快；

（5）亲核试剂浓度增加，反应速率加快；

（6）亲核试剂亲核性增强时，反应速率加快；

（7）叔卤代烷的速率大于仲卤代烷。

5. 试探讨下列因素对 S_N1 和 S_N2 反应速率的影响。

（1）底物 RX 或亲核试剂 Nu^- 的浓度增大 1 倍

（2）用水和乙醇的混合溶剂或只用丙酮作溶剂

（3）α碳原子上烷基数目增加

（4）使用亲核性更强的试剂

6. 比较下列各组化合物的性质。

（1）与 $AgNO_3$ 的乙醇溶液反应的难易程度：

A. 2-环丁基-2-溴丙烷；B. 1-溴丙烷；C. 1-溴丙烯；D. 2-溴丙烷。

（2）进行 S_N1 反应的速率：

A.
$$CH_2{=}CH{-}\underset{\underset{Br}{|}}{\overset{\overset{CH_3}{|}}{C}}{-}CH_3$$
　　B. $CH_2{=}CHCH_2Br$　　C.
$$CH_2{=}\underset{\underset{Br}{}}{CH}\overset{\overset{CH_3}{|}}{CHBr}$$

（3）进行 S_N2 反应的速率：

A. （环戊基）$\underset{\underset{Br}{|}}{\overset{\overset{CH_2CH_3}{|}}{C}}CH_3$　　B. （环戊基）$\underset{\underset{Br}{|}}{\overset{\overset{CH_2CH_3}{|}}{C}}H$　　C. （环戊基）$\underset{\underset{Br}{|}}{\overset{\overset{H}{|}}{C}}H$

（4）水解速率：

A. （对氯苯基）CH_2CH_3（Cl）　　B. （苯基）$\overset{\overset{Cl}{|}}{C}HCH_3$　　C. （苯基）CH_2CH_2Cl

7. 用简单的化学方法鉴别下列各组化合物。

（1）氯苯、苄基氯和 1-苯基-2-氯丙烷　　（2）氯化苄和对氯甲苯

（3）1,2-二氯乙烷、氯乙醇和乙二醇　　（4）溴化苄和环己基溴

（5）环己醇、环己烯和环己基溴　　（6）烯丙基氯和正丙基氯

8. 比较下列各组化合物进行 S_N1 反应的速率顺序。

（1）1-溴丙烷、2-溴丙烷、3-溴丙烯

（2）1-溴丁烷、2-甲基-2-溴丙烷、2-溴丁烷

9. 由指定原料合成（其他无机原料任选）。

（1）由 2-甲基-2-溴戊烷制备 2-甲基-3-溴戊烷

（2）由溴代正丁烷制备 2-丁醇

10. 某卤代烃 $C_6H_{13}Br$（A）与氢氧化钠的醇溶液作用生成化合物 B，B 的分子式为 C_6H_{12}，B 经氧化后得到丙酮和丙酸；B 与溴化氢作用得到 A 的异构体 C。试推导 A、B 和 C 的构造式，并写出有关的反应式。

第 9 章

芳 烃

在有机化学发展的早期，人们将苯（C_6H_6）及含有苯环结构的化合物统称为芳香化合物。随着研究的深入，芳香化合物的含义又有了新的发展，现在人们将具有特殊稳定性的不饱和环状化合物称为芳香化合物。从结构上看，芳香化合物一般都具有平面或接近平面的环状结构，键长趋于平均化，并有较高的 C/H 比值；从性质上看，芳香化合物的芳环一般难以发生氧化和加成反应，而容易发生亲电取代反应。这些特点被定义为芳香性（aromaticity）。因此，具有芳香性的碳氢化合物称为芳香烃（aromatic hydrocarbon），简称芳烃。

9.1 芳烃的分类、异构和命名

9.1.1 芳烃的分类

根据是否含有苯环以及所含苯环的数目和连接方式的不同。芳烃可分为如下三类。

（1）单环芳烃：分子中只含有一个苯环的碳氢化合物，如苯、甲苯、苯乙烯等。

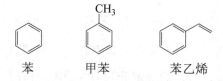

苯　　　甲苯　　　苯乙烯

（2）多环芳烃：分子中含有两个或两个以上的苯环，如联苯、萘、蒽等。

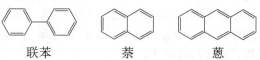

联苯　　　萘　　　蒽

（3）非苯芳烃：是指分子中不含苯环，但含有结构及性质与苯环相似的芳环，并具有芳香族化合物的共同特性。如环戊二烯负离子、环庚三烯正离子、薁等。

环戊二烯负离子　　环庚三烯正离子　　薁

9.1.2 芳烃的异构

如果不考虑侧链的异构，苯的一元取代物只有一种。

取代基相同的二取代苯有三种异构体，通常用邻（*o*-）、间（*m*-）、对（*p*-）加以区分，也可以用阿拉伯数字表示取代基的位置。命名时应在名称前加邻（*o*-）、间（*m*-）、对（*p*-）[1]，或用 1,2-、1,3-、1,4-表示，例如：

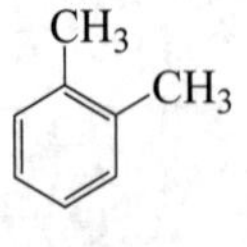

邻二甲苯（1,2-二甲苯）

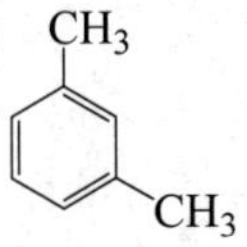

间二甲苯（1,3-二甲苯）

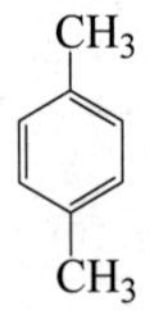

对二甲苯（1,4-二甲苯）

取代基相同的三元取代物也有三种异构体，除了用阿拉伯数字表示取代基的位置，也可用连、偏和均表示，例如：

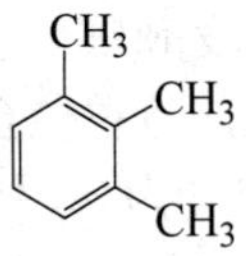

1,2,3-三甲苯（连三甲苯）

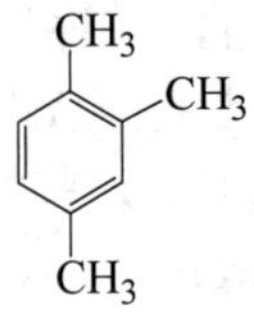

1,2,4-三甲苯（偏三甲苯）

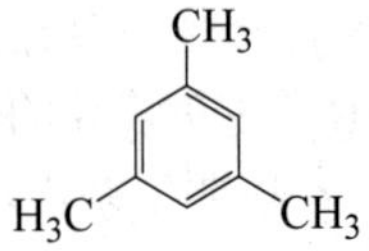

1,3,5-三甲苯（均三甲苯）

9.1.3 芳烃的命名

结构比较简单的单取代苯的命名是以苯环作为母体，烷基、卤原子、硝基和亚硝基都视为取代基，称为某烷基苯、卤苯、硝基苯和亚硝基苯。其他基团与苯环一同视为苯的衍生物，例如：

	$-NH_2$	$-OH$	$-CHO$	$-COR$	$-SO_3H$	$-COOH$
官能团	氨基	羟基	醛基	酰基	磺酸基	羧基
母体	苯胺	苯酚	苯甲醛	苯某酮	苯磺酸	苯甲酸

苯环上有多个取代基时，母体的确定分为两种情况。情况一，只有烷基、卤素、硝基和亚硝基这几种取代基，此时以苯为母体。情况二，含情况一以外的其他基团时，按照以上顺序选择母体：此顺序中排在越后面的基团越被优先选为母体官能团。编号时，将母体官能团作为起点。编号时应符合最低系列原则，而当应用最低系列原则无法确定哪一种编号优先时，应让顺序规则中较小的基团位次尽可能小。

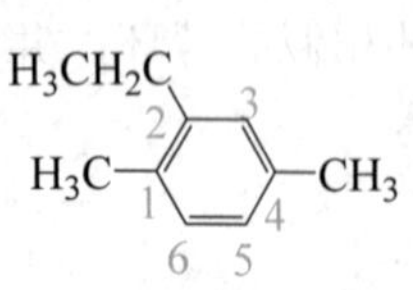

1,4-二甲基-2-乙基苯

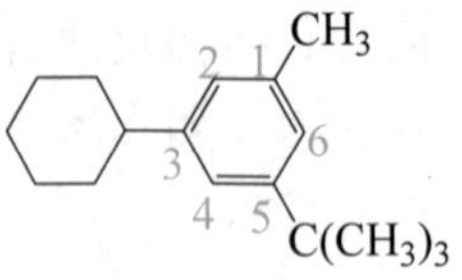

1-甲基-3-环己基-5-叔丁基苯

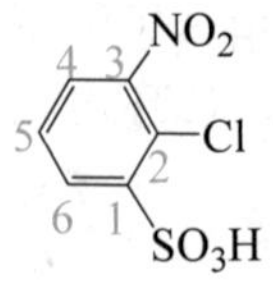

3-硝基-2-氯苯磺酸

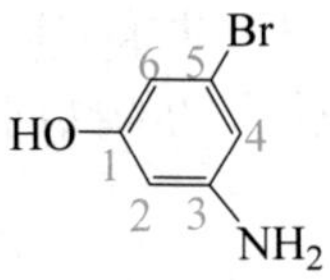

3-氨基-5-溴苯酚

如果苯环上连有较为复杂的取代基，则可将侧链当作母体，苯环当作取代基。苯分子减

[1] 邻、间和对的英文相应为 ortho、meta 和 para，命名中常分别缩写为 *o*–、*m*–和 *p*–。

去一个氢原子后的基团 C_6H_5- 叫作苯基。也可以用 Ph 来代表[1]。芳烃分子的芳环上减去一个氢原子后的基团叫作芳基，可用 Ar 代表[2]。例如：

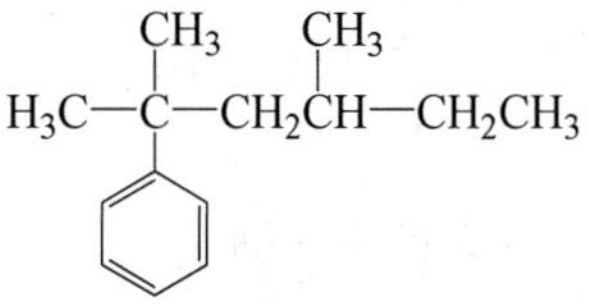

2,4-二甲基-2-苯基己烷 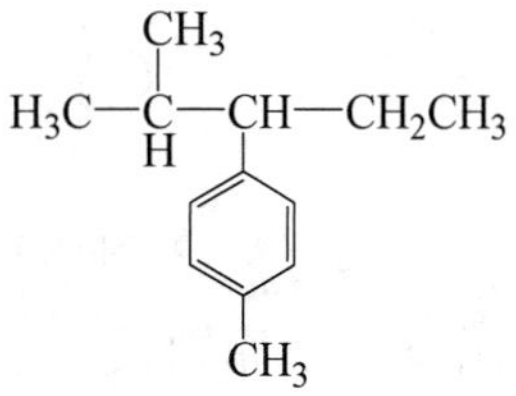　　　　2-甲基-3-(对甲苯基)戊烷

甲苯分子中苯环上减去一个氢原子，所得的基团 $CH_3C_6H_4-$ 称为甲苯基；如果甲苯的甲基上减去一个氢原子，该基团 $C_6H_5CH_2-$ 称为苯甲基，又称苄基[3]。例如苄氯、苄醇：

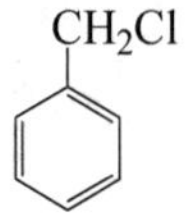

苄氯（氯化苄） 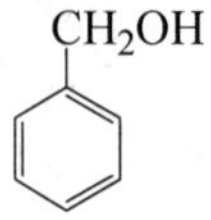　　　　　苄醇（苯甲醇）

9.2　苯的结构

9.2.1　凯库勒结构式

苯的分子式是 C_6H_6，从分子式看，苯应显示高度不饱和性。然而在一般条件下，苯并不发生烯烃一类的加成反应，也不被高锰酸钾氧化。只有在加压下，苯催化加氢才能生成环己烷。

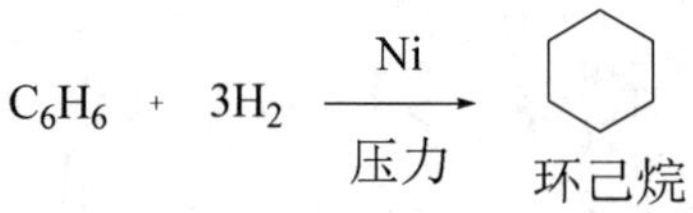

虽然苯不易加成，不易氧化，但却容易发生取代反应。例如，苯分子中的氢原子容易被硝基($-NO_2$)、磺酸基($-SO_3H$)、溴原子或氯原子等取代，分别生成硝基苯($C_6H_5NO_2$)、苯磺酸($C_6H_5SO_3H$)、溴苯(C_6H_5Br)、氯苯(C_6H_5Cl)等。在这些取代反应中都保持了苯环原有的结构。以上反应充分说明了苯的化学稳定性。苯的不易加成、不易氧化、容易取代和碳环异常稳定的特性，不同于一般不饱和化合物的性质，被称为芳香性。

苯加氢可以生成环己烷，这可以说明苯具有六碳环的结构；苯的一元取代产物只有一种，这说明碳环上六个碳原子和六个氢原子的地位是等同的。因此 1865 年凯库勒提出，苯的结构是一个对称的六碳环，每个碳原子上都连有一个氢原子。为了满足碳的四价，凯库勒把苯的结构写成：

---

[1] Ph 是英文 Phenyl 的缩写。

[2] Ar 是英文 Aryl 的缩写。

[3] 甲苯基的英文名为 Tolyl，苯甲基或苄基的英文名为 Benzyl。

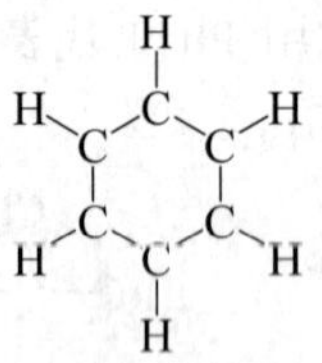

对称的六碳环 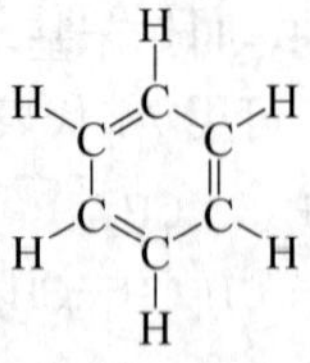　　　　　苯的凯库勒式

这个式子就叫作苯的凯库勒式。

凯库勒提出苯的环状结构的观点是正确的，在有机化学发展史上起了卓越的作用。它说明了为什么苯只存在一种一元取代产物，因为下面两个式子是等同的。

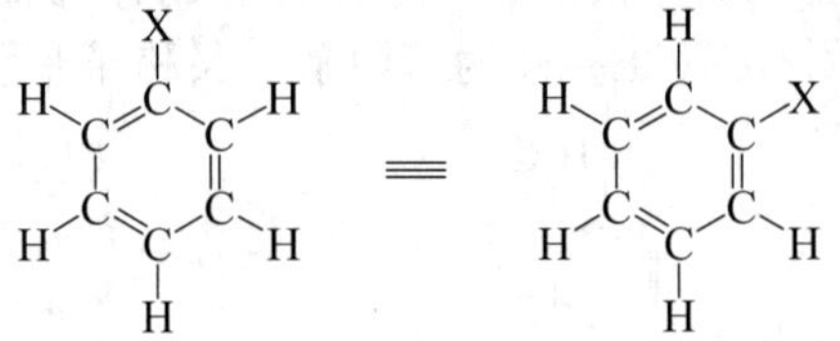

但是根据凯库勒式，苯的邻位二元取代产物似乎应当有两种异构体。

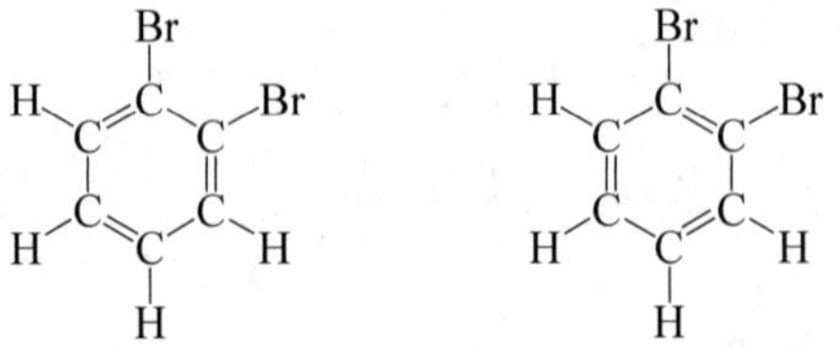

但实际上却只有一种。

为了解释这个问题，凯库勒又假定，苯分子的双键不是固定的，而是在不停地迅速地来回移动着，所以有（Ⅰ）式和（Ⅱ）式两种结构存在，但（Ⅰ）和（Ⅱ）迅速互变，不能分离出来。

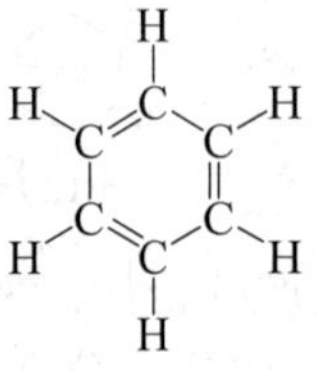

（Ⅰ） 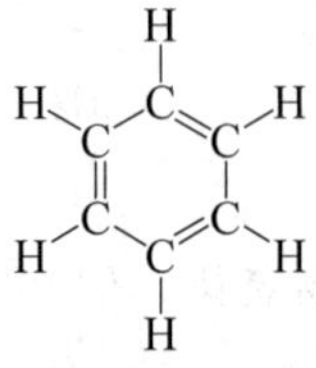　　　　　（Ⅱ）

因此，苯的邻位二元取代产物只有一种。凯库勒式并不能说明为什么苯具有特殊稳定性。因为按凯库勒的说法，苯分子中存在三个双键。虽然它们来回不停地移动着。但双键始终是存在的。既然有双键的结构，就必然会具有烯烃那样的不饱和性，也不可能具有异常的稳定性。

苯的稳定性还可以从它的低氢化热值得到证明。已知环己烯催化加氢时，一个双键加上两个氢原子变为一个单键，放出 120kJ/mol 的热量。

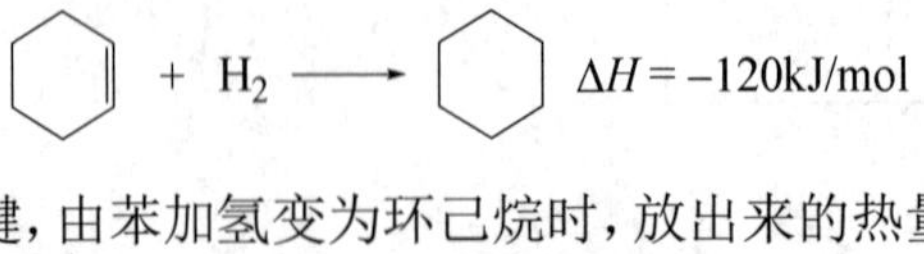

如果苯分子含有三个双键，由苯加氢变为环己烷时，放出来的热量应为 $3 \times 120 = 360$ kJ/mol。但实际情况并不如此。苯氢化为环己烷所放出的热量只有 208kJ/mol。

$$\text{[benzene]} + 3H_2 \longrightarrow \text{[cyclohexane]} \qquad \Delta H = -208\text{kJ/mol}$$

由上式可知，按凯库勒式的计算值和实测值相差 360-208＝152kJ/mol。这说明苯比凯库勒所假定的环己三烯式要稳定 152kJ/mol。氢化反应是放热反应，反之，脱氢反应是吸热反应，脱去两个氢原子形成一个双键时一般需要供给 117~126kJ/mol 的热量。但 1,3-环己二烯脱去两个氢原子成为苯时，不但不吸热，反而会释放出少量的热。

$$\text{[1,3-cyclohexadiene]} \xrightarrow{-H_2} \text{[benzene]} + H_2 \qquad \Delta H = -23 \text{ kJ/mol}$$

这说明当 1,3-环己二烯脱去一分子氢后，它的分子结构还发生了其他变化，变成了一个比环己三烯更为稳定的体系。

此外，按照凯库勒式，苯分子中有交替的碳碳单键和碳碳双键，而单键和双键的键长是不相等的，那么苯分子应是一个不规则六边形的结构。但事实是苯分子中碳碳键的键长完全等同，都是 0.139nm，即比一般的碳碳单键短，比一般碳碳双键长一些。由以上讨论可以得知，凯库勒式并不能代表苯分子的真实结构。

9.2.2 苯分子结构的近代概念

1. 分子轨道理论

物理方法测定苯分子是平面的正六边形结构。苯分子的六个碳原子和六个氢原子都分布在同一个平面上，相邻碳碳键之间的键角为 120°。

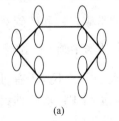

按照分子轨道理论，苯分子中六个碳原子都是 sp² 杂化的，每个碳原子都以 sp² 杂化轨道与相邻碳原子相互交盖形成六个碳碳 σ 键，每个碳原子又都以 sp² 杂化轨道与氢原子的 s 轨道相互交盖形成 C—H σ 键。每个碳原子的三个 sp² 杂化轨道的对称轴都分布在同一平面上，而且两个对称轴之间的夹角为 120°，这样就形成了正六边形的碳架，所有的碳原子和氢原子都处在同一平面上。此外，每个碳原子还有一个垂直于此平面的 p 轨道，它们的对称轴都相互平行 ［图 9-1(a)］。每个 p 轨道都能以侧面与相邻的 p 轨道相互交盖，结果形成了一个包含六个碳原子在内的闭合共轭体系 ［图 9-1(b)］。

(a)　　　　　　　　　　　　　(b)

图 9-1　苯的 p 轨道交盖

6 个 p 原子轨道通过线性组合，可组成 6 个分子轨道，这 6 个分子轨道如图 9-2 所示。其中 3 个是成键轨道，以 ψ₁、ψ₂ 和 ψ₃ 表示，3 个是反键轨道，以 ψ₄、ψ₅ 和 ψ₆ 表示，图中虚线表示节面。

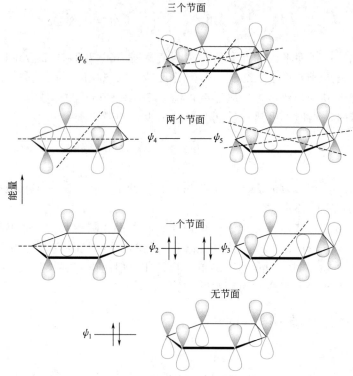

图 9-2　苯的 π 分子轨道能级图

3 个成键轨道中，ψ_1 是能量最低的，没有节面。而ψ_2 和ψ_3 都具有一个节面，能量相等（叫作简并轨道），但比ψ_1 高。反键轨道ψ_4、ψ_5 各有 2 个节面，它们也是能量彼此相等的简并轨道，但比成键轨道要高。ψ_6 有 3 个节面，是能量最高的反键轨道。

苯的基态是 3 个成键轨道的叠加。在基态时，苯分子的 6 个 π 电子都处在成键轨道上，即具有闭壳层的电子构型。这 6 个离域的 π 电子总能量，和它们分别处在孤立的即定域的二轨道中的能量相比，要低得多，因此苯的结构很稳定。由于 π 电子是离域的，苯分子中所有碳碳键都完全相同，键长也完全相等（0.139nm），它们既不是一般的碳碳单键（0.154nm），也不是一般的碳碳双键（0.133nm），而是每个碳碳键都具有这种闭合的大 π 键的特殊性质。可以用图 9-3 来表示苯的结构。

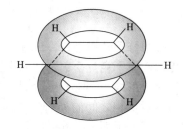

图 9-3　苯的离域 π 分子轨道

由上面的讨论中可以看出，苯环中并没有一般的碳碳单键和碳碳双键，凯库勒式并不能满意地表示苯的结构。因此近年来许多人采用了正六边形中画一个圆圈（⬡）作为苯结构的表示方式，圆圈代表大 π 键的特殊结构。但这种表示方式不同于有机化学上习惯使用的价键结构式，因此也不能完全令人满意。在目前的文献资料中，这两种表示方式都有。本书中一般以⬡（或⬡）代表苯的结构。

2. 苯的共振结构式

在上节讨论中我们已看到，在有机化学中一般使用的价键结构式（也常称为经典结构式或路易斯式）未能圆满地把苯结构上的特征，即它所具有的离域而又环合的大 π 键表示出来。目前在正六边形碳环中画一个圆圈的表示方式，实际是应用了一个新的符号来代表苯的特征结构。类似苯这样的情况，不仅在有机化合物中并不少见，而且在无机化合物中也有。一个大家所熟悉的例子是碳酸根 CO_3^{2-}。已知碳酸根的三个碳氧键是等同的，它们的键长都是0.128nm。结构式却只能把其中的一个碳氧键表示为碳氧双键，而把另两个碳氧键表示为单键，这显然是不符合事实的。

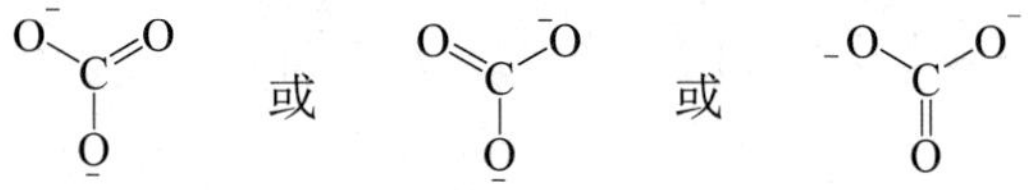

为了解决这种难于正确表达真正结构的困难，有机化学文献资料中比较普遍地采用了共振论者所创立的以几个共振结构式来表示结构的方法。共振论是化学家鲍林在 20 世纪 30 年代提出的一种分子结构理论。他从经典的价键结构式出发，采用量子力学的变分法近似地计算和处理像苯那样难于用价键结构式代表结构的分子能量，从而认为像苯那样，不能用经典结构式圆满表示其结构的分子，它的真实结构可以有多种假设的结构，其中每一结构各相当于某一价键结构式——共振（或称叠加）而形成的共振杂化体。这些参与了结构组成的价键结构式叫作共振结构式，也叫作参与结构式。例如，苯可以认为主要是由下列两个共振结构式共振而成的共振杂化体。

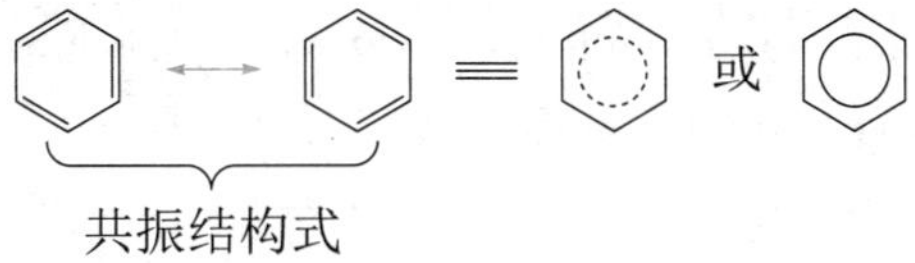

同样，碳酸根可以表示为：

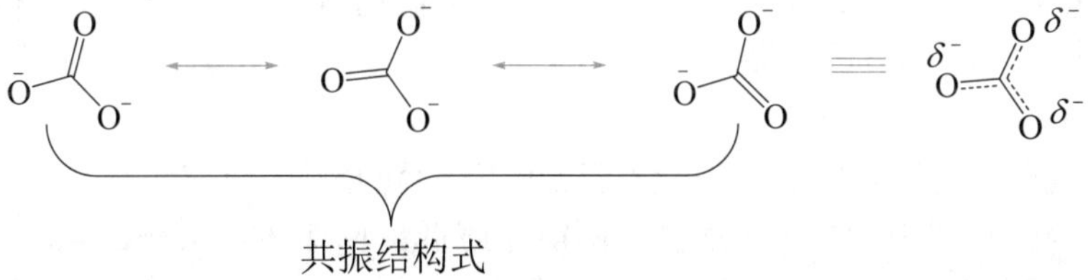

应该指出，在上例中，任一共振结构式都不能代表其真实结构，苯或碳酸根的真实结构是由这几个共振结构式共振而成的共振杂化体。共振杂化体不同于任一共振结构式所代表的结构。但却又在一定程度上与任一共振结构式所代表的结构有相似之处。共振杂化体也绝不是这些共振结构式所代表的结构的混合物，它只具有单一的结构。共振一般用双箭头↔表示，其含义与方向相反的两个箭头（⇌）截然不同，两个箭头往往表示结构有变化。即一会儿是这个结构，一会儿又是另一个结构的动态平衡。而双箭头则表示共振，即表示由双箭头所联系的几个共振结构式，可以共振而得到一个在任何瞬间都只具有单一结构的共振杂化体。

关于哪些结构可以作为共振结构，共振论作出了以下一些规定：

（1）各共振结构式中原子核的相互位置必须是相同的。换言之，共振结构式之间不可包括原子位置的任何变动，各式中成对或不成对的电子数也应相同，只是在电子的分布上可以有所变化。

例如，苯可以写出具有同样碳环而仅电子排列不同的下列若干共振结构式，它们都有三对可以成对的 π 电子，并认为苯的真实结构是由这些共振结构式共振而成的共振杂化体。

（Ⅰ）　（Ⅱ）　（Ⅲ）　（Ⅳ）　（Ⅴ）　（Ⅵ）　（Ⅶ）

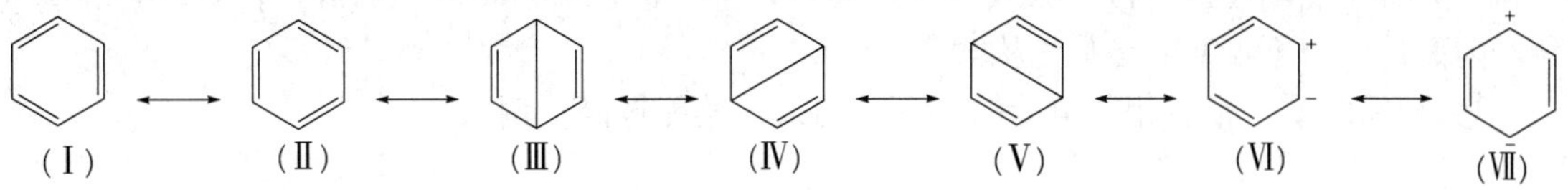

应该指出，在上例中各式都应是在一个平面上的正六边形碳环，不可有任何变化。（Ⅰ）式和（Ⅱ）式也都不代表环己三烯，因为环己三烯的碳环不是平面的正六边形。这些共振结构式实际上都是假设的结构，它们之间的不同仅在于电子分配情况的不同，因此，各共振结构式的能量是不同的。（Ⅰ）式和（Ⅱ）式的能量最低，其余共振结构式的能量都比较高。能量低的共振结构式在真实结构中参与最多或称贡献最大。因此，可以说苯主要是由（Ⅰ）式和（Ⅱ）式共振而成，或者（Ⅰ）式和（Ⅱ）式共振得到的共振杂化体接近于苯的真实结构。

又如，1,3-丁二烯可以认为是由下列结构式共振得到的共振杂化体。

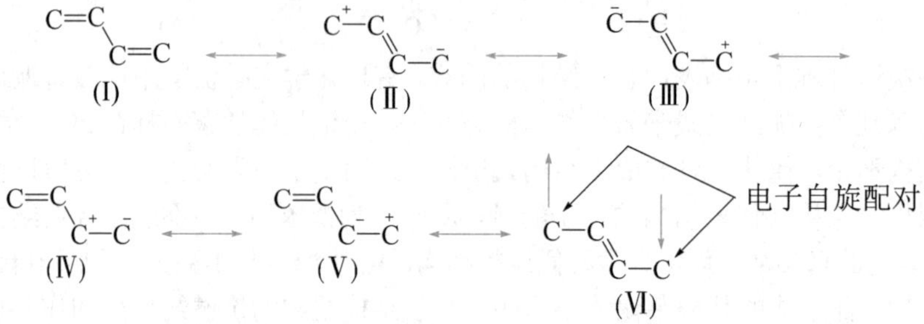

上面的所有共振结构式中原子核的相互位置都应是相同的。（Ⅵ）式所代表的仍然是原子核相互位置不变而 C-1 和 C-4 成键的结构，当然这也是个假想的结构，按照共振论的规定，它是可以参加共振的。（Ⅵ）式绝不是环丁烯，否则，原子核间的相互位置就有了变化，它就不能参加共振。

（2）共振结构参与杂化的比重是不同的。能量越低、越稳定的共振结构在共振杂化体中占较大的分量。它们是主要的参与结构，或者说它们的贡献最大。例如，苯的共振结构中的（Ⅰ）式和（Ⅱ）式，1,3-丁二烯共振结构中的（Ⅰ）式，都是能量较低，因而也是较稳定的主要参与结构。

关于各共振结构能量的比较，一般可以用下列经验规律来估计：

① 各参与结构式中，共价键越多，则能量越低。例如 $C{=}C{-}C{=}C$ 的能量低于 $C^{+}{-}C{=}C{-}C^{-}$。

② 各共振结构式中，相邻原子成键的和不相邻原子间成键的能量相比较，前者能量要低些。例如 ⬡ 的能量要比 ⬡ 的低。

③ 在具有不同电荷分布的共振结构式中，如不同电荷的分布是符合元素电负性所预计的，其能量就低；反之，则能量就高。例如下列两个共振结构式中，由于氧的电负性强，所以前者（即氧上带负电的）的能量低。

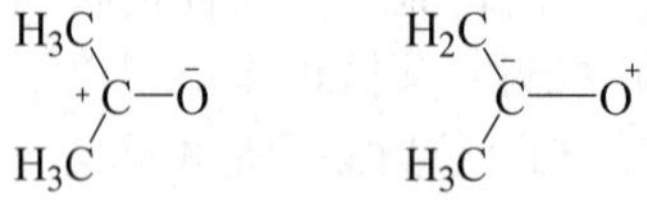

④ 共振结构式中，第二周期的 C、N、O 等元素的外层如具有八个电子，即满足八隅体电子构型的要求时，这个共振结构式的能量低，是稳定的。反之，如不满足八个电子，则能量高。例如，1,3-丁二烯的共振式 $C^{+}{-}C{=}C{-}C^{-}$ 中，C^{+} 的外层电子只有 6 个，所以它的能量高，因而是一个不重要的参与结构式。

⑤ 相邻两原子带有相同电荷的共振结构式，其能量高。例如：

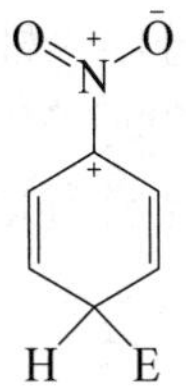

式中，氮原子和相邻的碳原子都带正电荷，它就是个能量高的共振结构式。

（3）如果在共振结构式中，具有结构上相似和能量上相同的两个或几个参与结构式，则不仅这些相同的参与结构式都是主要的参与结构式，而且由此共振而形成的共振杂化体也特别稳定。例如，苯及烯丙基正离子都可以有两个在结构上相似和能量上等同的参与结构式，所以它们都分别是苯及烯丙基正离子的主要参与结构式。而且由它们共振得到的共振杂化体也都特别稳定。

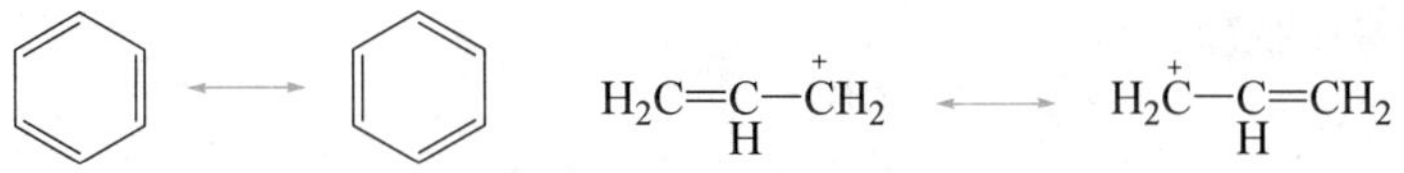

即使在上面的例子中，用任何一个参与结构来代表真实结构都是不恰当的。共振杂化体的能量比能量最低的参与结构还要低得多，这种能量之间的差就叫作共振能（也就是共轭能或离域能）。

价键结构式共振或叠加的概念，实际包含着键的离域以及键长和键能的变化等概念在内。所以在很多情况下，用几个共振结构式表示一个化合物的结构往往比单独一个结构式更能反映事实，更能说明问题。分子轨道理论近年来的发展，使有机化学家能比较正确地认识有机化合物的结构及其性能。如果在此基础上正确理解共振结构的概念就可以使化学家利用习惯使用的价键结构式来简便地说明分子的结构和性质。这就是目前有机化学文献资料仍广泛使用共振结构的理由，在本书中也是如此。

9.3 单环芳烃的来源和制法

9.3.1 煤的干馏

煤在炼焦炉里隔绝空气加热至 1000~1300℃。煤即分解而得固态、液态和气态产物。固态产物是焦炭，液态产物有氨水和煤焦油，气态产物是焦炉气，也就是煤气。

煤焦油中含有大量的芳香族化合物，分馏煤焦油可以得到表 9-1 所示的各种馏分。

表 9-1 煤焦油的分馏产物

馏分	沸点范围/℃	产率/%	主要成分
轻油	<180	0.5~1.0	苯、甲苯、二甲苯
酚油	180~210	2~4	苯酚、甲苯酚、二甲酚
萘油	210~230	9~12	萘
洗油	230~300	6~9	萘、苊、芴
蒽油	300~360	20~24	蒽、菲
沥青	>360	50~55	沥青、游离碳

苯及其同系物主要存在于低沸点馏分中，即轻油中。此外，由于在煤干馏时，苯和甲苯等一部分轻油馏分未能立即冷凝成液体，而仍以气体状态被煤气带走，因此要用重油洗涤煤气，这样可以吸收其中的苯和甲苯等。再蒸馏此重油，就可以从中又取得苯和甲苯。

9.3.2　石油的芳构化

随着有机合成工业，特别是塑料、纤维和橡胶三大合成材料工业的发展，芳烃的需要量不断增加。从煤焦油（以及煤气）中分离出来的芳烃远远不能满足需要，因此发展了以石油为原料来制取芳烃的方法。这个方法主要是将轻汽油馏分中含 6~8 个碳原子的烃类，在催化剂铂或钯等的存在下，于 450~500℃进行脱氢、环化和异构化等一系列复杂的化学反应而转变为芳烃。工业上这一过程称为铂重整，在铂重整中所发生的化学变化叫作芳构化。芳构化的成功使石油成为芳烃的主要来源之一。芳构化主要有下列几种反应：

1. 环烷烃催化脱氢

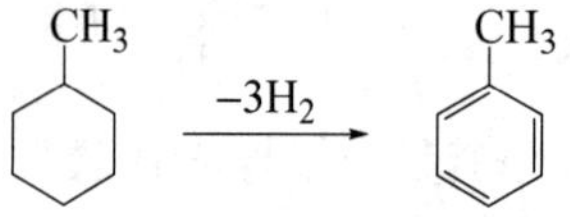

2. 烷烃脱氢环化和再脱氢

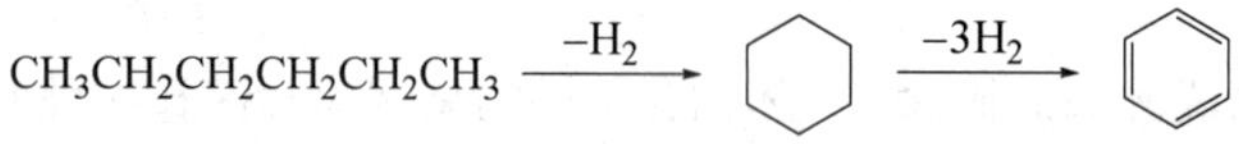

3. 环烷烃异构化和脱氢

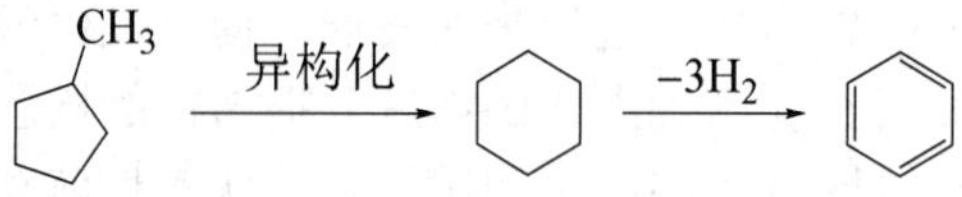

此外，在以生产乙烯为目的的石油裂解过程中，也有一定量的芳烃生成，可以从液态焦油中回收得到。由于生产乙烯的石油裂解工厂较多，规模也很大，所以作为副产物的芳烃数量也大，已成为芳烃的重要来源之一。

9.4　单环芳烃的物理性质

单环芳烃不溶于水，而溶于汽油、乙醚和四氯化碳等有机溶剂。一般单环芳烃都比水轻，沸点随分子量增加而升高，对位异构体的熔点一般比邻位和间位异构体的高，这可能是由于对位异构体分子对称，晶格能较大。常见单环芳烃的物理性质如表 9-2 所示。

表 9-2　一些常见单环芳烃的物理性质

化合物	熔点/℃	沸点/℃	相对密度
苯	5.5	80.1	0.879
甲苯	-95	111.6	0.867
邻二甲苯	-25.2	144.4	0.880
间二甲苯	-47.9	139.1	0.864
对二甲苯	13.2	138.4	0.861
乙苯	-95	136.2	0.867
正丙苯	-99.6	159.3	0.862
异丙苯	-96	152.4	0.862
苯乙烯	-33	145.8	0.906

单环芳烃的红外光谱：芳环骨架的伸缩振动表现在 1625~1575cm^{-1} 和 1525~1475cm^{-1} 处有两个吸收峰。芳环的 C—H 伸缩振动在 3100~3010cm^{-1}。苯的取代物及其异构体在 900~650cm^{-1} 处具有特殊的 C—H 面外弯曲振动，例如：

取代基的类型							

吸收峰：770~735cm^{-1}，710~685cm^{-1}　760~745cm^{-1}　900~860cm^{-1}，790~770cm^{-1}，725~680cm^{-1}　830~800cm^{-1}　800~770cm^{-1}，720~685cm^{-1}　900~860cm^{-1}，860~800cm^{-1}　900~860cm^{-1}，865~810cm^{-1}，730~675cm^{-1}

邻、间和对二甲苯的红外光谱见图 9-4～图 9-6。

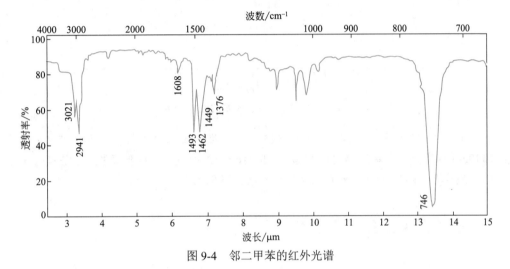

图 9-4　邻二甲苯的红外光谱

芳环 C=C 伸缩振动：1608cm^{-1}、1493cm^{-1}；芳环 C=C 伸缩振动和甲基 C—H 弯曲振动：1462cm^{-1}、1449cm^{-1}；芳环=C—H 伸缩振动：3021cm^{-1}；甲基 C—H 伸缩振动：2941cm^{-1}；甲基 C—H 弯曲振动：1376cm^{-1}；苯的 1,2-二元取代：746cm^{-1}。

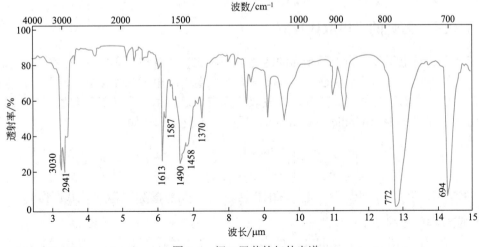

图 9-5　间二甲苯的红外光谱

芳环 C═C 伸缩振动：1613cm⁻¹、1587cm⁻¹ 和 1490cm⁻¹；芳环 C═C 伸缩振动和甲基 C—H 弯曲振动：1458cm⁻¹；芳环═C—H 伸缩振动：3030cm⁻¹；甲基 C—H 伸缩振动：2941cm⁻¹；甲基 C—H 弯曲振动：1370cm⁻¹；苯的 1,3-二元取代：772cm⁻¹、694cm⁻¹。

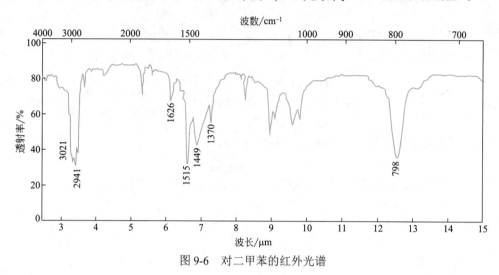

图 9-6　对二甲苯的红外光谱

芳环 C═C 伸缩振动：1626cm⁻¹、1515cm⁻¹；芳环 C═C 伸缩振动和甲基 C—H 弯曲振动：1449cm⁻¹；芳环 C═C—H 伸缩振动：3021cm⁻¹；甲基 C—H 伸缩振动：2941cm⁻¹；甲基 C—H 弯曲振动：1370cm⁻¹；苯的 1,4-二元取代：798cm⁻¹。

9.5　单环芳烃的化学性质

一个苯环的不饱和度是 4，因此芳香烃是高度不饱和的烃类化合物，会表现出不饱和烃的特征性质，如加成、氧化等。但由于苯环具有独特的封闭共轭环系，因此又会有别于普通的不饱和烃，如可以发生亲电取代反应等，这是芳香性在化学性质上的反映。同时与苯环相连的烷基也会表现出不同于一般烷基的化学特性。

9.5.1　芳烃的亲电取代反应

苯环上的环电子云分布于环平面的两侧，相对比较"裸露"，容易受到缺电子试剂（亲电试剂）的进攻，它们逐渐靠近先形成 π 配合物，继而亲电试剂连接到碳原子上，形成 σ 配合物，然后一个质子随氢受体离开，完成取代反应。这种由亲电试剂引起的芳环上的取代反应称为亲电取代（electrophilic substitution）反应。其反应机理如下：

反应过程可分为三步：

第一步：亲电试剂（electrophile）的形成及向芳烃的靠近。显然影响反应的两大关键要素是亲电试剂的亲电能力和芳烃上 π 电子云的密度：亲电试剂的亲电能力越强，反应越容易进行；

芳环上的电子云密度越高，反应也越容易进行。因此活化苯环的取代基（能增加苯环上电子云密度的取代基），有利于反应，而钝化苯环的取代基（能降低苯环上电子云密度的取代基），不利于反应。

第二步：具有稳定共振结构的 σ 配合物的形成。该 σ 配合物有 3 种稳定的共振极限式，所谓 σ 配合物就是它们的共振杂化体：

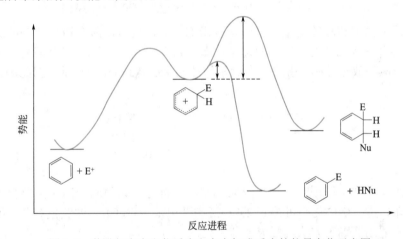

第三步：质子离去形成取代产物。显然在这一步作为氢受体的 Y⁻进攻 σ 配合物时有两个反应位点，一是 sp³ 杂化碳原子上的氢原子，二是邻位缺电子的碳。如果进攻后者，完成的就是亲电加成反应，与烯烃的亲电加成完全一样。这里选择取代而非加成的动力来源于取代后的重新芳构化所带来的共轭能（图 9-7）。

图 9-7　苯进行亲电取代反应和亲电加成反应的能量变化示意图

上述反应机理中，生成 σ 配合物的反应是可逆的，其反应平衡时的反应程度取决于亲电试剂的性质，某些反应如烷基化、磺化等是可逆的，而硝化、酰基化等反应则是不可逆的。而卤代反应在大多数情况下不可逆，只在某些特殊情况下是可逆的。

1. 卤代反应

芳烃与卤素可以发生亲电取代反应生成卤代芳烃，是制备卤代芳烃的主要方法。例如：

一般芳香烃不能直接发生该反应，需要催化剂的参与。催化剂的作用是与卤素反应生成亲电性更强的亲电试剂。如：

$$Br-Br + FeBr_3 \longrightarrow Br[FeBr_4]^-$$

常用的催化剂是 Lewis 酸，如 $FeCl_3$、$AlCl_3$、$FeBr_3$、$SbCl_5$ 等，也可直接用铁粉，它会先与卤素反应生成卤化铁，再参与催化。常用的卤化试剂是氯气和溴。单质氟的活性太高，很难控制，但可在超低温或稀释条件下进行，这也是当前氟化学的重点研究方向之一；碘的活性太差，与芳香烃不能发生反应，只有在苯环上有强给电子基时才有可能反应。

2. 硝化反应

有机分子中的氢原子被硝基（—NO_2）取代的反应称为硝化反应。在浓硝酸和浓硫酸形成的混合酸（简称混酸）作用下，苯能发生硝化反应生成硝基苯。

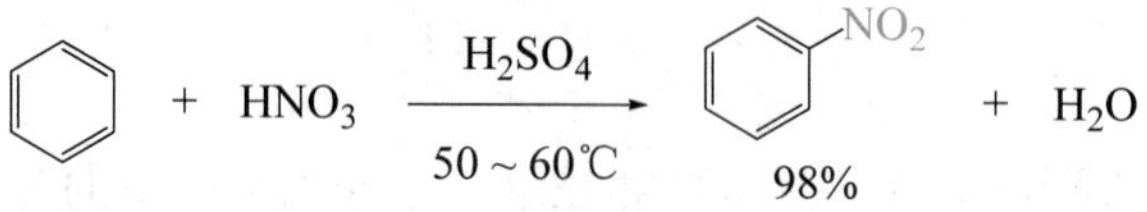

这里浓硫酸的作用有两个，一是与硝酸作用生成强的亲电试剂硝酰正离子 NO_2^+，二是吸收生成的水。

$$2H_2SO_4 + HNO_3 \rightleftharpoons NO_2^+ + 2HSO_4^- + H_3O^+$$

硝化反应的温度和酸的用量对硝化程度影响很大，过量混酸会造成产物的进一步硝化，生成二取代甚至三取代产物，但反应速率比苯慢得多。在苯上引入三个硝基极为困难，而且危险。硝化反应是放热反应，引进一个硝基约放出 152.7kJ/mol 的热量，因此硝化反应需慢慢进行。

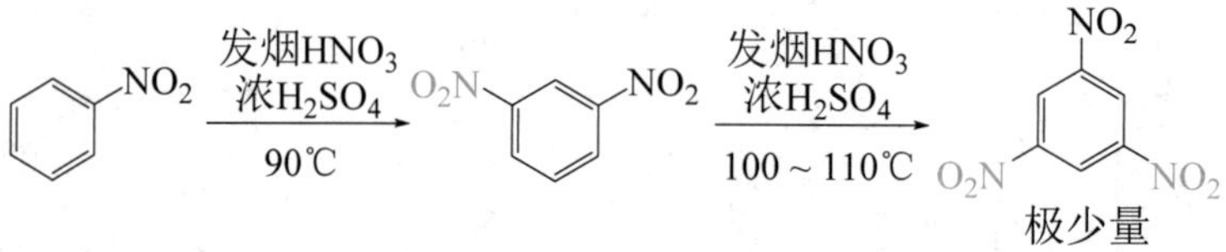

当苯环上有供电子基团时，硝化反应比较容易进行，如甲苯一硝化主要得到邻硝基甲苯和对硝基甲苯，进一步硝化则可得到 2,4,6-三硝基甲苯（TNT），即黄色炸药，操作时必须非常小心，更不能用蒸馏等方法进行分离和纯化。

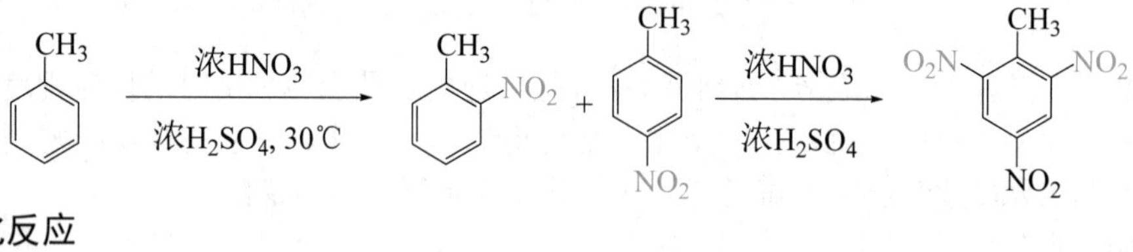

3. 磺化反应

有机分子中的氢原子被磺酸基（—SO_3H）取代的反应称为磺化反应。苯与发烟硫酸或三氧化硫在室温下就能很快反应生成苯磺酸。苯与 98%浓硫酸在 75～80℃下反应也能得到苯磺酸。

一般认为硫酸中的 SO_3 是该反应的亲电试剂。

$$2H_2SO_4 \rightleftharpoons SO_3 + H_3O^+ + HSO_4^-$$

与硝化反应不同的是，该反应是一个可逆反应，随着反应的进行，体系中的水逐渐增加，浓硫酸逐渐被稀释，正反应减弱，逆反应增强。反应过程中的能量变化如图 9-8 所示。

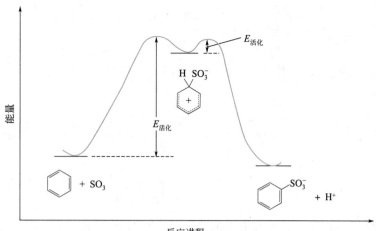

图 9-8 苯磺化反应进程中的能量变化示意图

可见该反应的原料和产物的热力学稳定性以及正、逆反应的活化能都是相近的，所以反应是可逆的。这一性质在有机合成中常常被用于"占位"。

苯磺酸在较高温度下可进一步磺化生成间苯二磺酸。

$$\text{（苯）}SO_3H \xrightarrow[200\sim245℃]{发烟H_2SO_4} HO_3S\text{（苯）}SO_3H$$

芳磺酸具有和硫酸一样强的酸性，但其氧化性却比浓硫酸弱得多，且能溶于许多有机溶剂，这一特性使得其常被用于作为有机反应的酸性催化剂，如对甲基苯磺酸（PTSA）就是一个很常用的酸催化剂。

4. Friedel-Crafts 烷基化和酰基化反应

带正电荷的碳也可以作为亲电试剂进行亲电取代反应，根据碳正离子的类型可以分为烷基化和酰基化，该类反应是查尔斯·傅里德和詹姆斯·克拉夫茨于 1877 年前后发现的，因此通常称为傅-克烷基化和傅-克酰基化反应。

（1）傅-克烷基化反应　卤代烃在 Lewis 酸如无水 AlCl₃ 的催化下可以在芳环上引入烷基：

$$\text{（苯）} + RCl \underset{}{\overset{无水AlCl_3}{\rightleftharpoons}} \text{（苯）}R + HCl$$

Lewis 酸的作用就是产生碳正离子（这是本反应的亲电试剂），增强与卤素相连的碳原子的亲电性。常用的 Lewis 酸有无水 $FeCl_3$、$SnCl_4$、BF_3、$ZnCl_2$、$TiCl_4$ 等。

$$R-Cl + AlCl_3 \longrightarrow \overset{\delta^+}{R}\cdots\overset{\delta^-}{Cl}\cdots AlCl_3 \longrightarrow [\overset{+}{R}\cdot AlCl_4^-]$$
$$\text{复合体} \qquad\qquad \text{紧密离子对}$$

其催化能力的强弱因反应物和反应条件而异，很难具体判断孰强孰弱，但下面的强弱顺序可供选择时参考：

$$AlCl_3>FeCl_3>SbCl_5>SnCl_4>BF_3>TiCl_4>ZnCl_2$$

卤代烷作烷基化试剂时的活性次序是：F>Cl>Br>I；不同卤代烃烷基化时的活性顺序是：烯丙基>苄基>叔烷基>仲烷基>伯烷基。例如：

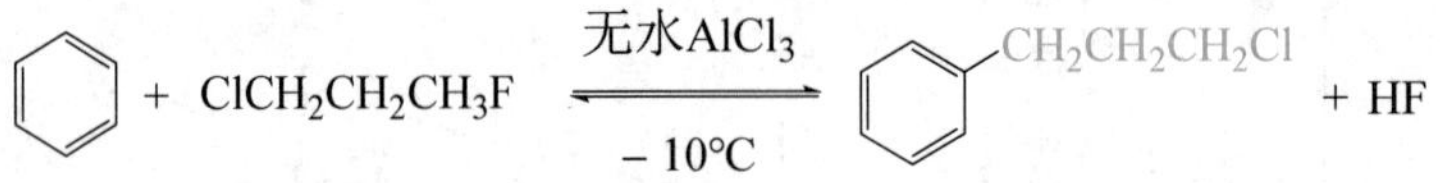

$$\text{苯} + ClCH_2CH_2CH_3F \xrightarrow[-10℃]{\text{无水 } AlCl_3} \text{苯}-CH_2CH_2CH_2Cl + HF$$

第二种常用的烷基化试剂是醇。醇类在质子酸的催化下产生碳正离子，然后进行烷基化。例如：

$$\text{苯} + (CH_3)_3COH \xrightarrow[\text{回流}]{\text{浓 } H_2SO_4} \text{苯}-C(CH_3)_3 + H_2O$$

$$(CH_3)_3COH + H_2SO_4 \longrightarrow \underset{\text{亲电试剂}}{(CH_3)_3C^+} + HSO_4^- + H_2O$$

常用的质子酸是氢氟酸、浓硫酸或浓磷酸，其催化活性为：$HF > H_2SO_4 > H_3PO_4$。

不同醇的反应活性为：烯丙醇>苄醇>叔醇>仲醇>伯醇>甲醇。

第三种常用的烷基化试剂是烯烃。烯烃在质子酸或 Lewis 酸的催化下也可产生碳正离子（参见烯烃的亲电加成部分），然后进行烷基化。例如：

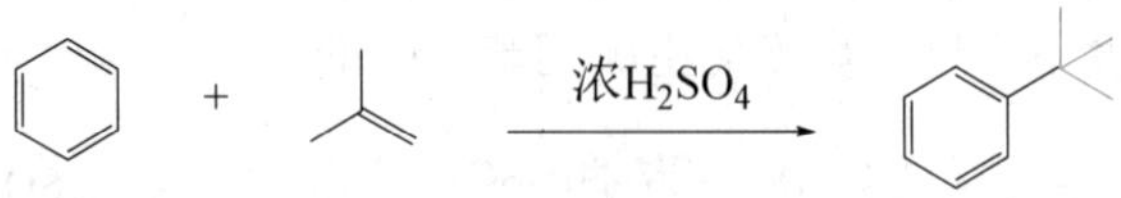

$$\text{苯} + \text{(异丁烯)} \xrightarrow{\text{浓 } H_2SO_4} \text{苯}-C(CH_3)_3$$

由此可见，凡是能够形成碳正离子的体系都可能发生该反应，可以推而广之。

傅–克烷基化反应具有如下特点：

① 该反应生成的产物是烷基芳烃，烷基是给电子基，具有活化苯环的作用，即产物的活性比原料还强，因此容易发生多取代，常常得到混合物。例如：

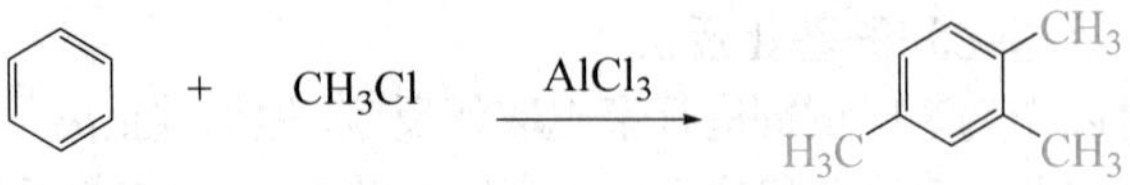

$$\text{苯} + CH_3Cl \xrightarrow{AlCl_3} \text{（三甲苯衍生物）}$$

② 由于碳正离子具有容易发生重排的特性（参见烯烃的亲电加成反应），因此，该反应得到的一般是混合物，且往往碳正离子重排后的亲电取代产物为主产物。例如：

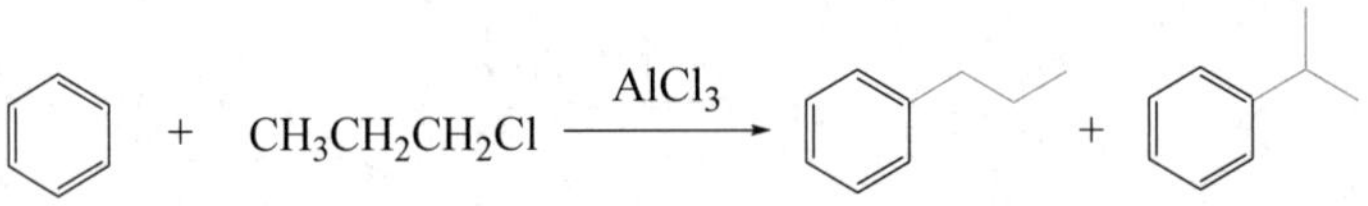

$$\text{苯} + CH_3CH_2CH_2Cl \xrightarrow{AlCl_3} \text{正丙苯} + \text{异丙苯}$$

	正丙苯	异丙苯
$T = -6℃$	60%	40%
$T = 0℃$	30%	70%

因此，当用傅–克烷基化反应在芳环上引入直链烷基时，往往得到不到好的结果。

③ 烷基化反应是可逆的，因此容易发生歧化反应。例如：

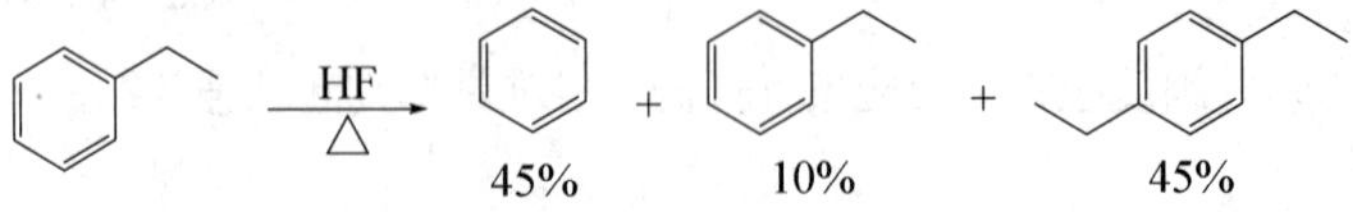

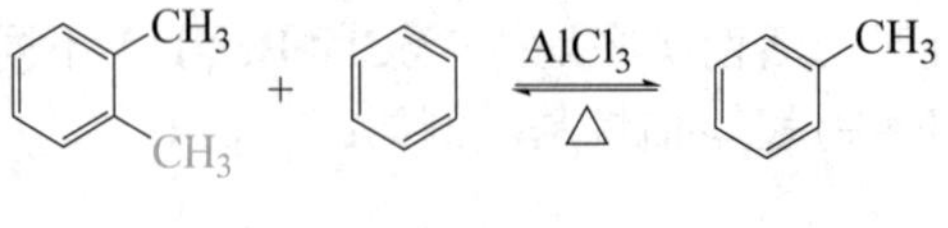

$$\text{乙苯} \xrightarrow[\triangle]{HF} \text{苯（45%）} + \text{乙苯（10%）} + \text{对二乙苯（45%）}$$

$$\text{邻二甲苯} + \text{苯} \xrightarrow[\triangle]{AlCl_3} \text{甲苯}$$

因此，烷基可以用于苯环上某位置的"保护"和"脱保护"。例如：

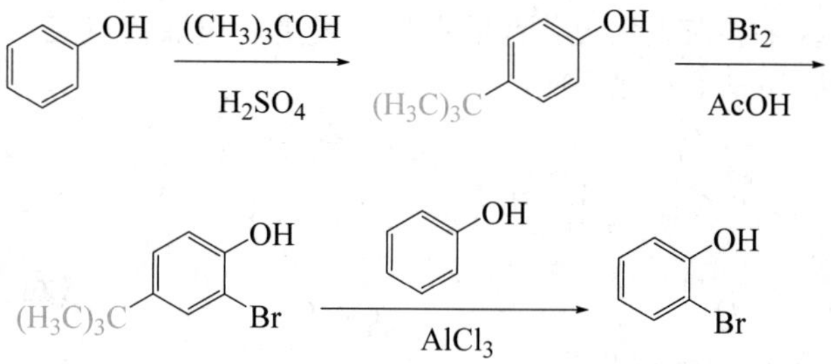

④ 碳正离子的亲电性较弱，当环上存在比较强的吸电子基团，如硝基、酰基、羧基，甚至卤素等时，反应基本上不能发生。由于以上特性，傅–克烷基化反应在实际应用中受到了一定的限制。

（2）傅–克酰基化反应　芳烃在 Lewis 酸的催化下，与酰氯或酸酐发生亲电取代反应，生成芳基酮的反应称为傅–克酰基化反应。

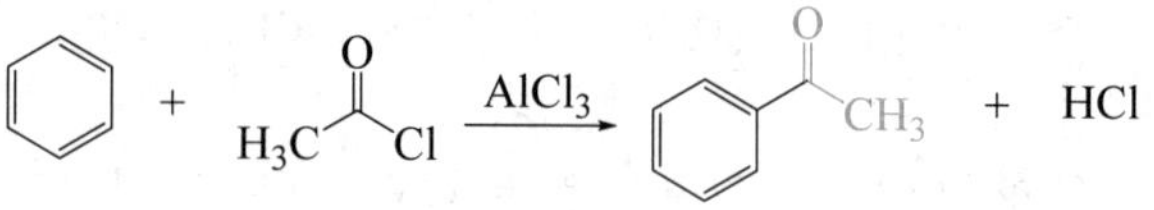

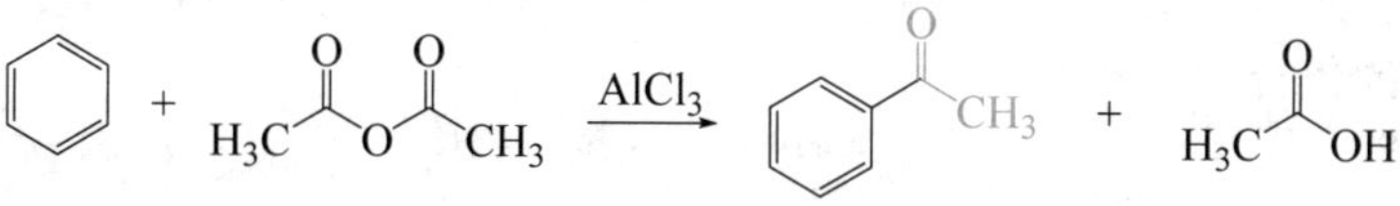

这也是制备芳香酮的常用方法之一。

该反应的"亲电试剂"是酰基碳正离子：

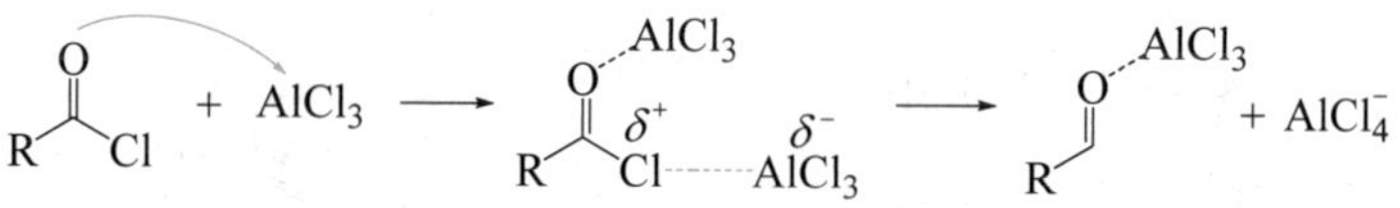

在反应中，由于三氯化铝能与酰卤形成配位化合物，消耗掉部分催化剂，因此催化剂的用量比烷基化反应多，往往大于酰卤的用量。

傅–克酰基化反应要比烷基化反应简单得多。首先酰基碳正离子比较稳定，不会发生重排的副反应；其次酰基是"钝化"苯环的吸电子基，因此不会发生二酰基化或三酰基化；第三，酰基化反应是不可逆的，自然也不会发生歧化反应。这些特性使得酰基化比烷基化的应用范围广阔得多，除了可以用于制备芳香酮外，也可用于制备直链烷基取代的芳烃。例如：

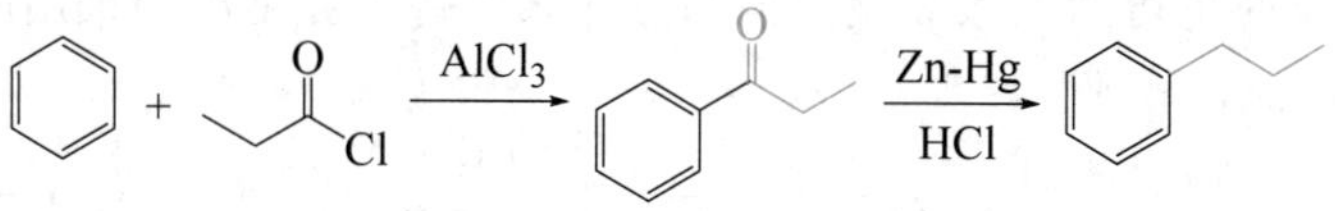

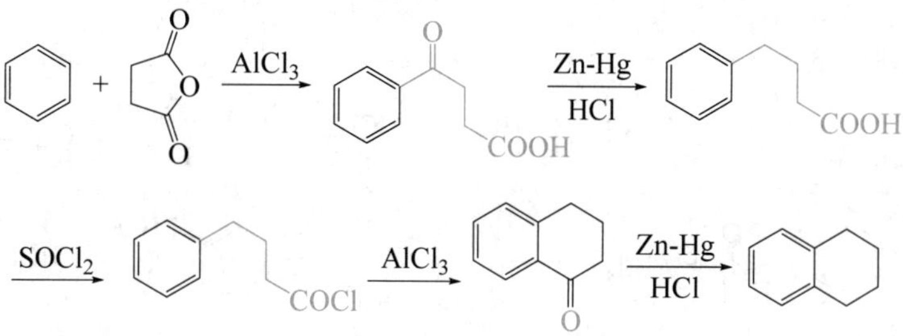

5. 氯甲基化反应

芳烃与甲醛和氯化氢在无水氯化锌的催化下发生亲电取代反应，芳环上的氢原子被氯甲基取代，这种反应称为氯甲基化反应：

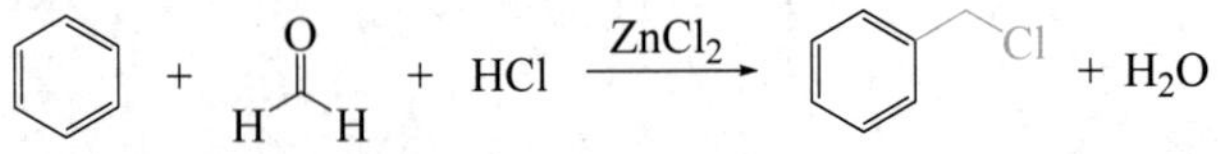

其反应机理如下：

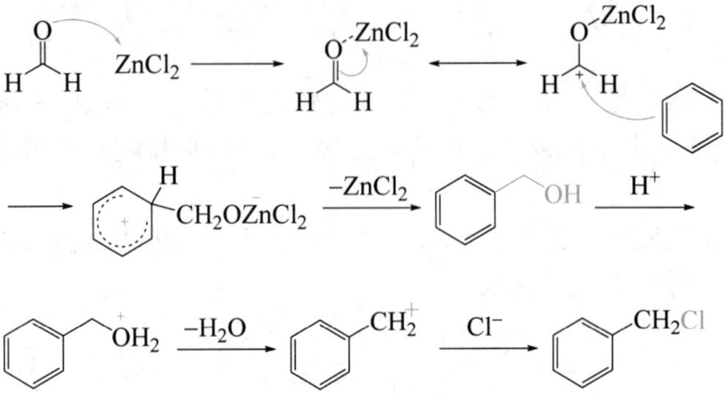

其中，由苄醇到苄氯的过程为一个单分子亲核取代（S_N1）反应。

氯甲基化反应是一个非常重要的反应，因为苄基上的氯很容易被一系列亲核试剂所取代，得到各类不同的化合物。

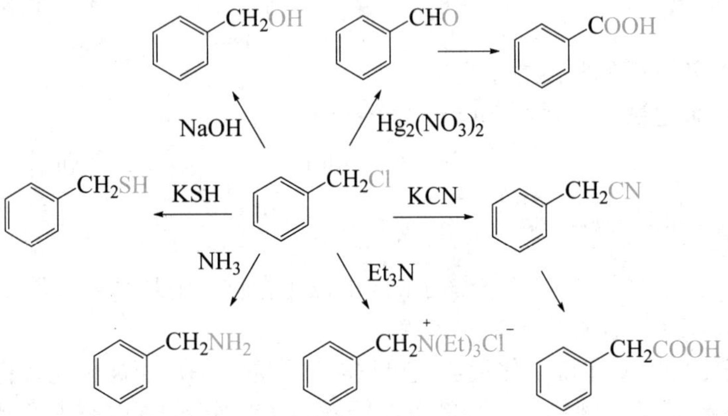

6. 加特曼-科赫（Gatterman-Koch）反应

在 Lewis 酸及加压情况下，苯与等摩尔一氧化碳和氯化氢的混合气体发生反应，生成相应的芳香醛。此反应也可用加入氯化亚铜的方法来代替工业生产中采用的加压方法。这种反应称为 Gatterman-Koch 反应。

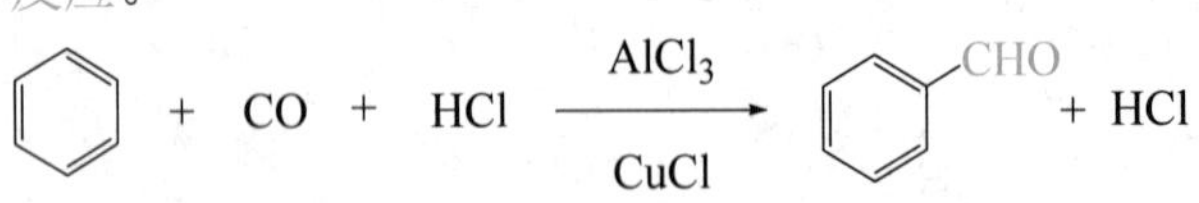

其反应机理如下：

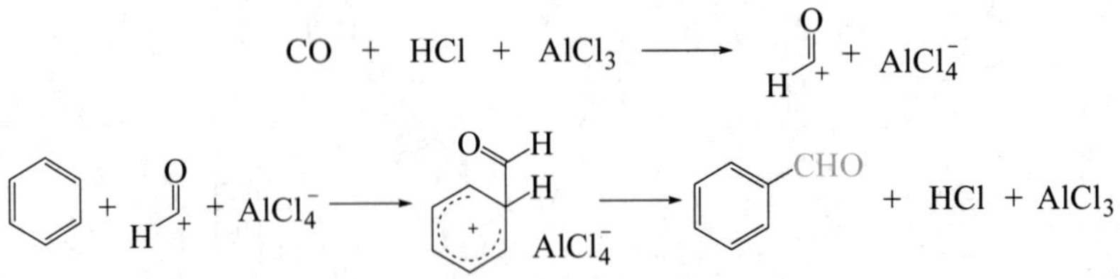

该方法不适用于由酚或酚醚制备相应的醛，原因是它们会与 Lewis 酸形成配位化合物，

从而降低芳环的亲核性。

9.5.2　加成反应

芳烃比一般不饱和烃要稳定得多，只有在特殊的条件下才发生加成反应。

（1）加氢　苯在催化剂存在时，在较高温度或加压条件下才能加氢生成环己烷。

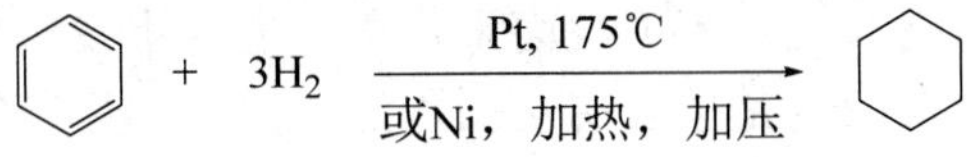

$$\bigcirc + 3H_2 \xrightarrow[\text{或Ni，加热，加压}]{\text{Pt, 175℃}} \bigcirc$$

（2）加氯　在紫外线照射下，苯与氯才能作用生成六氯化苯。

$$Cl_2 \xrightarrow{\text{光}} 2Cl\cdot$$

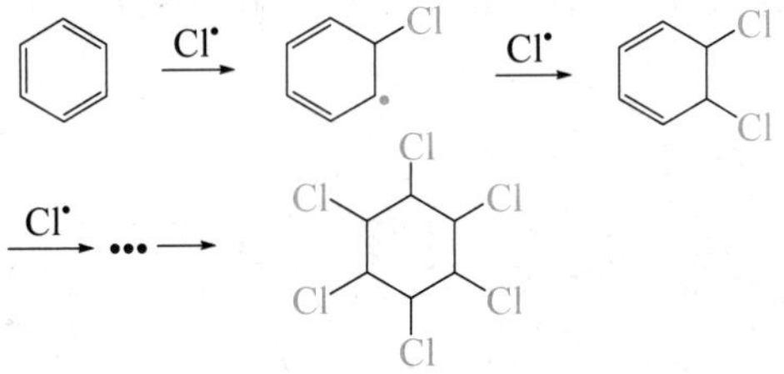

六氯化苯（$C_6H_6Cl_6$）简称六六六。目前已知的六氯化苯的八种异构体中，只有γ异构体具有显著的杀虫活性，它的含量在混合物中占 18%左右。六六六是一种有效的杀虫剂，但由于它的化学性质稳定，残存毒性大。目前基本上已被高效的有机磷农药代替。

9.5.3　芳烃侧链反应

1. 氧化反应

常见的氧化剂如高锰酸钾、重铬酸钾加硫酸、稀硝酸等都不能使苯环氧化。烷基苯在这些氧化剂作用下，只有支链发生氧化。例如：

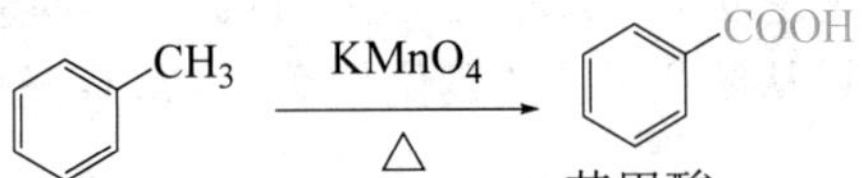

苯甲酸

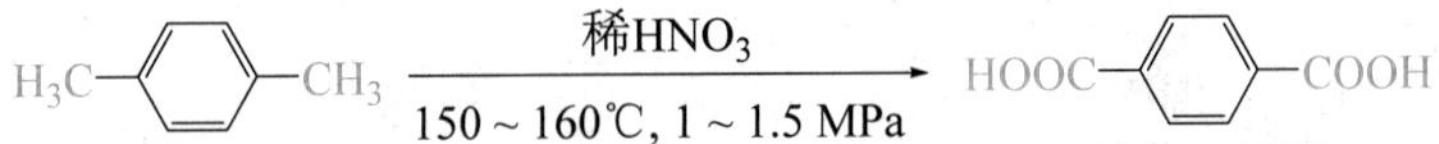

对苯二甲酸

在过量氧化剂存在下，无论环上支链长短如何，最后都氧化生成苯甲酸。例如：

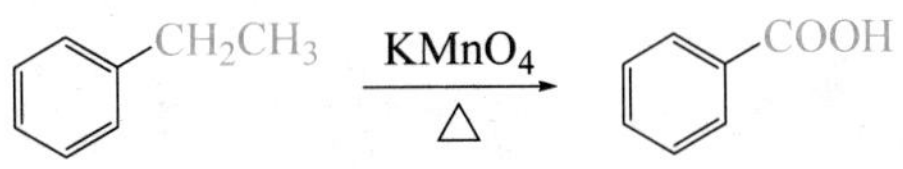

上述反应说明了苯环是相当稳定的，同时也说明由于苯环的影响，和苯环直接相连的碳上的氢原子（称做α-H）活泼性增加，因此氧化反应首先发生在α位上，这就导致了烷基都氧化为羧基。

苯环在一般条件下不被氧化，但在特殊条件下，也能发生氧化而使苯环破裂。例如，在催化剂存在下，于高温时，苯可被空气催化氧化而生成顺丁烯二酸酐。

$$\text{（顺丁烯结构）} + O_2 \xrightarrow[400\sim500℃]{V_2O_5} \text{（顺丁烯二酸酐）}$$

顺丁烯二酸酐

2. 氯化反应

在较高温度或光照射下，烷基苯可与卤素作用，但并不发生环上取代，而是与甲烷的氯化相似，芳烃的侧链氯化反应也是按自由基历程进行的。但甲苯氯化时，反应容易停留在生成苯一氯甲烷阶段。这是因为反应进行中生成的苄基自由基（ CH₂ ）比较稳定。苄基自由基稳定是由于它的亚甲基碳原子（sp² 杂化）上的 p 轨道与苯环上的大 π 键是共轭的，这就导致亚甲基上 p 电子的离域，所以这个自由基就比较稳定（见图 9-9）。

图 9-9　苄基自由基中亚甲基上 p 轨道的离域

9.6　苯环上亲电取代反应的定位规律

9.6.1　定位规律

从前面讨论的一些苯环亲电取代反应中可以看出，当苯环上已有一个烷基存在时，如果让它再进一步发生取代反应，则无论发生什么取代反应，都比苯容易进行，而且第二个取代基主要进入烷基的邻位和对位。这可以从苯和甲苯的硝化和磺化的反应条件和产物组成的比较中看出来。

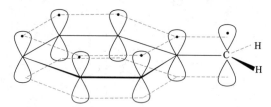

当苯环上已有硝基或磺酸基存在时，情况就不一样。例如，如果让硝基苯、苯磺酸进一步发生取代反应，我们可以看到，这些取代反应的进行要比苯困难些，而且第二个取代基主要进入硝基或磺酸基的间位。

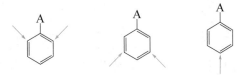

$$93.3\%$$

$$90\%$$

当苯环上已有一个取代基，如再引入第二个取代基时，则第二个取代基在环上的位置可以有三种，即对位、间位和邻位；其中邻位和间位各有两个位置，而对位只有一个位置。

取代反应的事实表明，这三个不同位置被取代的机会并不是均等的，第二个取代基进入的位置主要由苯环上原有取代基的性质所决定。根据取代基对苯环的影响以及它们的定位情况，可将取代基分为三类。

（1）第一类定位基是致活的邻对位定位基，这类取代基使第二个取代基主要进入它们的邻位和对位，即它具有邻对位定位效应，而且反应比苯容易进行，也就是它们能使苯环活化。属于这一类的基团有：—O⁻、—NH₂、—NHR、—NR₂、—OH、—OCH₃、—NHCOCH₃、—OCOR、—C₆H₅、—CH₃ 等。

（2）第二类定位基是致钝的间位定位基，这类取代基使第二个取代基主要进入它们的间位，即它们具有间位定位效应。而且反应比苯较困难些，也就是它们可使苯环钝化。属于这一类的基团有：—N⁺(CH₃)₃、—NO₂、—CN、—COOH、—SO₃H、—CHO、—COR 等。

（3）第三类定位基是致钝的邻对位定位基，这类取代基使第二个取代基主要进入它们的邻位和对位，它们具有邻对位定位效应，而且反应比苯较困难些，可使苯环钝化。属于这一类的基团有：—X（—F，—Cl，—Br，—I），—CH₂Cl 等。

9.6.2 定位规律的解释

在上节讨论中我们看到，苯环上的第一个取代基可以决定第二个取代基进入环上的位置，即具有定位效应。苯环取代基的定位效应也叫作苯环的定位规律，主要是第一个取代基对苯环影响的结果。要解释定位规律，首先必须了解为什么第一类定位基可以使苯环活化，而第二类定位基的影响都是使苯环钝化。我们知道，在芳烃和亲电试剂的取代反应过程中需要一定的活化能才能生成 σ 络合物（即碳正离子中间体）。所以 σ 络合物的生成这一步比较慢，它是决定整个反应速率的步骤。要了解取代基对苯环究竟是活化还是钝化，就要研究这个取代基在亲电取代反应中对中间体碳正离子的生成有何影响，要看它是使中间体稳定性增加（活化能降低），还是使稳定性降低（活化能增加）。如果取代基的存在可以使中间体碳正离子更加稳定，那么 σ 络合物的生成就比较容易，也就是需要的活化能不大。这样，这一步反应速率就比苯快，整个取代反应的速率也就比苯快，那么这个取代基的影响就是使苯环活化。反之，如果该取代基的作用使碳正离子的稳定性降低，那么生成碳正离子需要较高的活化能，这就使这步反应比较困难，它的反应速率也就比苯慢，那么这个取代基的影响就是使苯环钝化。

下面根据不同情况分别讨论为什么取代基会影响 σ 络合物的稳定性。

1. 邻对位定位基的影响

这类取代基的特点是它对苯环具有推电子效应，因而使苯环电子云密度增加。

以甲苯为例，定位基是甲基。当试剂进攻甲苯不同位置时，可参照苯取代反应时生成络合物的写法，写出所形成的中间体碳正离子的共振结构式。可以看出，这几个共振结构式的特点是它们在取代基（E）的邻位或对位都具有正电荷。

亲电试剂进攻邻位：

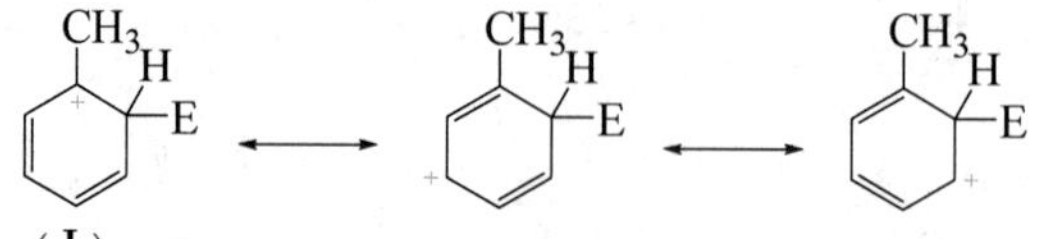

（Ⅰ）

亲电试剂进攻对位：

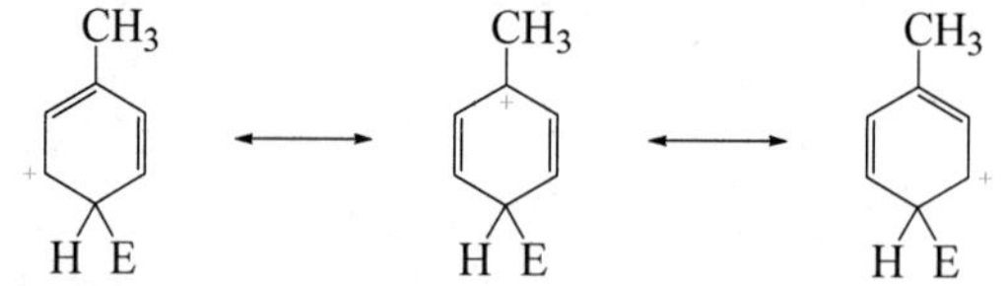

（Ⅱ）

亲电试剂进攻间位：

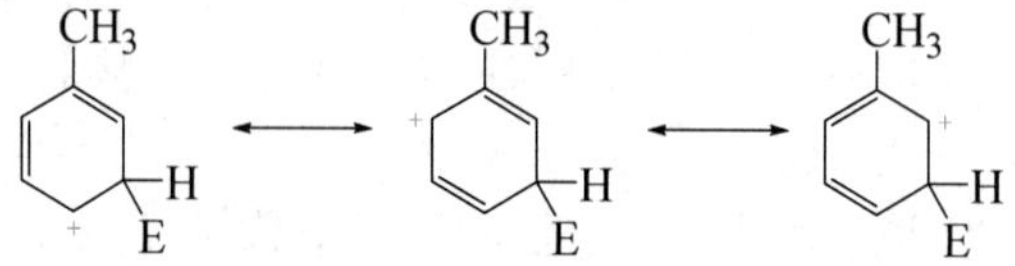

一般认为甲基与苯环相连时，甲基具有推电子性，即甲基可以通过它的诱导效应和超共轭效应把电子云推向苯环，使整个苯环的电子云密度增加。这种推电子性有利于中间体碳正离子正电性的减弱而增加其稳定性。因此我们称甲基是活化基团，它使苯环活化。但甲基对苯环的影响，在环上的不同位置是不同的。受甲基影响最大的应是和它直接相连的碳原子的位置。在进攻甲基的邻位和对位而生成的中间体碳正离子共振结构式中，式（Ⅰ）和式（Ⅱ）恰恰都在和甲基相连的碳原子上带正电荷。甲基的推电子效应使正电荷分散，因此这两个共振结构的能量比较低，也比较稳定，它们在共振杂化体中的参与或贡献也最大。这种能量比较低因而是参与较大的共振结构，在进攻间位而形成的中间体碳正离子的共振结构中却并不存在。因此总体来说，进攻甲基的邻位和对位所形成的中间体要比进攻间位所生成的中间体能量更低，它们更稳定些，形成时所需的活化能也比较小。这样邻位和对位发生取代的速度就快，从而使第二个取代基主要进入甲基的邻位和对位。

如果苯环上的第一类定位基是—NH_2、—OH 等，则它们与苯环直接相连的杂原子上都具有未共用电子对。由于杂原子上未共用 p 电子对可以通过共轭效应向苯环离域，所以就增加了苯环的电子云密度。当苯环的邻位和对位受到进攻时，所形成的中间体碳正离子的共振结构式中，除了具有与进攻甲基邻位和对位相似的共振结构式外，还应包括下列共振结构式：

亲电试剂进攻对位：

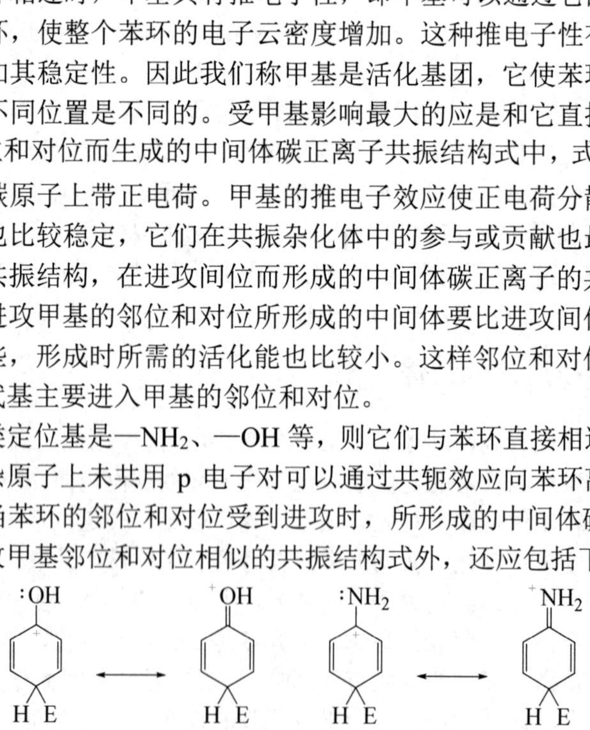

（Ⅲ）   （Ⅳ）

亲电试剂进攻邻位：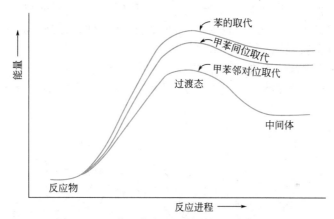

从（Ⅲ）、（Ⅳ）、（Ⅴ）、（Ⅵ）四个共振结构式可以看出，参与共轭体系的原子都具有八隅体的结构，这样的结构是特别稳定的。所以它们在共振杂化体中的参与程度要比其他共振结构大得多，因此包含这些共振结构的共振杂化体碳正离子也特别稳定，而且容易生成。所以苯环上有—NH$_2$和—OH等存在时，都可以使进一步的取代反应容易进行，它们都是强的邻对位定位基。由此可见，第一类定位基能使苯环活化都是由这类定位基的推电子性所引起的。所谓苯环活化，实则是指取代反应中，中间体碳正离子容易生成。特别是邻对位被取代的中间体碳正离子更容易生成。第一类定位基之所以能定位于邻位和对位，只是因为它对邻位和对位的活化要比间位强得多。邻对位定位基对中间体碳正离子稳定性及其形成时活化能大小的影响，可以用甲苯和苯在反应过程中的能量变化比较图（图9-10）表示。

由图可见，甲苯的亲电取代都比苯容易进行，而甲苯的邻位和对位取代又比间位取代容易进行。

图 9-10　甲苯和苯亲电取代中的能量变化比较

2. 间位定位基的影响

这类定位基的特点是它具有吸电子效应，它使苯环的电子云密度下降，从而增加了中间体碳正离子生成时的正电荷。这种碳正离子中间体能量比较高，稳定性低，不容易生成，这就是钝化的实质。但是间位定位基对苯环的影响在苯环的不同位置也是不同的，可以用硝基苯为例来加以说明。硝基对苯环具有强的吸电子诱导效应和共轭效应，虽然这种吸电子效应的影响是遍及整个苯环的，但和硝基直接相连的碳原子上影响最大，硝基苯在取代反应中形成的中间体碳正离子可以用下列共振结构式来表示。

亲电试剂进攻邻位：

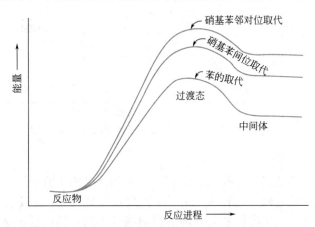

亲电试剂进攻对位：（上排结构式，中间标注 (Ⅷ)）

亲电试剂进攻间位：（下排结构式）

　　亲电试剂进攻硝基的邻位和对位时所生成的碳正离子共振结构式（Ⅶ）和（Ⅷ）中，硝基氮原子和它直接相连的碳原子都带正电荷，能量特别高，因而是不稳定的共振结构。而在亲电试剂进攻硝基间位的共振结构中，却不存在这种结构。因此进攻硝基间位生成的碳正离子中间体要比进攻邻位和对位生成的中间体碳正离子的能量低和稳定些。所以在硝基间位上的亲电取代反应要比邻位和对位上的亲电取代反应快得多，取代产物以间位为主。由此可知，第二类定位基使苯环钝化，都是由这类定位基的吸电子性引起的，这种影响遍及苯环的所有位置，但邻位和对位上的影响更大。第二类定位基之所以定位于间位，只是因为邻位和对位受到的钝化影响更甚于间位受到的影响。相对来说，间位取代的中间体碳正离子较稳定，比较容易生成，所以主要得到间位取代产物。

　　间位定位基对苯环的钝化的影响，也就是对中间体碳正离子稳定性及其形成时活化能大小的影响，可以用硝基苯和苯的亲电取代过程中的能量变化比较图（图 9-11）表示出来。

图 9-11　硝基苯及苯亲电取代反应中的能量变化比较

3. 卤原子的定位效应

　　卤原子的情况比较特殊，它是钝化苯环的邻对位定位基。这是两个相反的效应：吸电子诱导效应和推电子共轭效应的综合结果。卤原子是强吸电子取代基，通过诱导效应，可使苯环钝化，所以卤原子是个钝化基团。但是当发生亲电取代反应时，卤原子上未共用 p 电子对和苯环的大 π 键共轭而向苯环离域，当卤原子的邻位和对位受亲电试剂进攻时，所生成的碳正离子中间体应该还有下面的共振结构共同参与贡献。

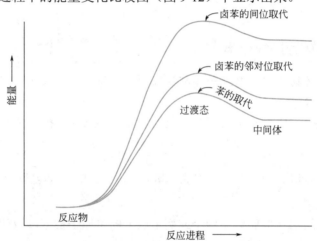

亲电试剂进攻邻位：

（Ⅸ）

亲电试剂进攻对位：

（Ⅹ）

在共振结构式（Ⅸ）和式（Ⅹ）中，参与共轭体系的各原子都是八隅体结构，它们都是很稳定的共振结构，因而也是重要的参与结构。当卤原子的间位受到进攻时，形成的中间体碳正离子却不存在这种比较稳定的共振结构。因此进攻邻位和对位的中间体碳正离子比较容易生成，也比较稳定，取代产物中邻位和对位产物占优势。由此可见，卤原子的诱导效应使苯环钝化，使亲电取代反应的进行比苯困难，而卤原子的未共用 p 电子对的共轭效应却使邻位和对位上的钝化作用小于间位，所以主要得到邻位和对位取代产物。

卤原子对苯环钝化和对中间体碳正离子稳定性及其形成时活化能大小的影响，可以通过卤苯和苯在亲电取代过程中的能量变化比较图（图 9-12）中显示出来。

图 9-12　卤苯及苯亲电取代反应中的能量变化比较

9.6.3　苯的二元取代产物的定位规律

苯环上已有两个取代基时，第三个取代基进入的位置则由原有两个取代基来决定。一般可能有以下几种情况：

1. 两个取代基的定位效应一致时，第三个取代基进入位置由上述取代基的定位规则来决定。例如：

（箭头表示取代基进入的位置）

有时也受到其他因素的影响，例如式（Ⅲ）所示。由于空间效应的影响，两个甲基之间的位置就很难进入取代基，虽然这个位置是两个甲基的邻位。

2. 两个取代基的定位效应不一致时，第三个取代基进入的位置主要由定位效应强的取代基所决定。例如：

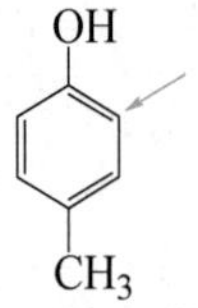

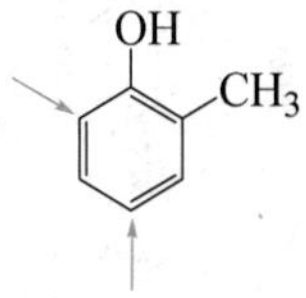

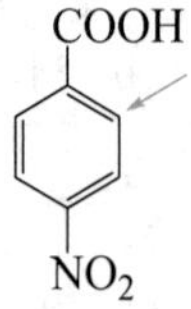

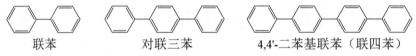

当两个取代基属于不同类型时，第三个取代基进入位置一般由邻对位定位基决定。例如：

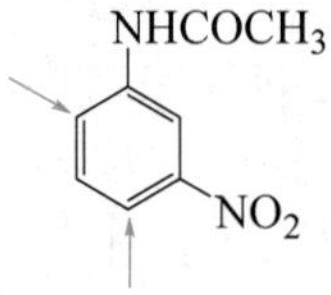

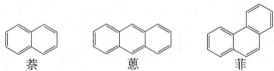

9.7 稠环芳烃

9.7.1 多环芳烃的分类

按照苯环相互连接方式，多环芳烃可分为如下三种：

1. 联苯和联多苯类

这类多环芳烃分子中有两个或两个以上的苯环直接以单键相连接，如联苯、联三苯等。

联苯 　　　　对联三苯 　　　　4,4'-二苯基联苯（联四苯）

2. 多苯代脂烃类

这类多环芳烃可看作脂肪烃中两个或两个以上的氢原子被苯基取代，如二苯甲烷、三苯甲烷等。

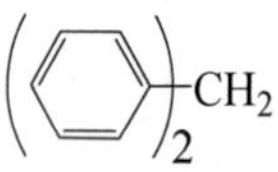

二苯甲烷 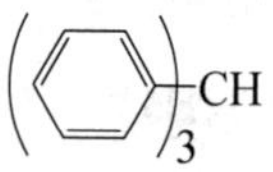 　　　三苯甲烷 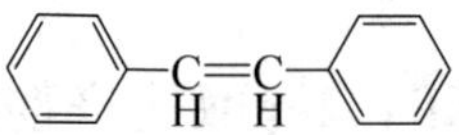 　　　1,2-二苯乙烯

3. 稠环芳烃

这类多环芳烃分子中有两个或两个以上的苯环以共用两个相邻碳原子的方式相互稠合，如萘、蒽、菲等。

萘 　　　　蒽 　　　　菲

多环芳烃中，以稠环芳烃比较重要。

9.7.2 萘

萘是最简单的稠环芳烃，分子式为 $C_{10}H_8$。它是煤焦油中含量最多的化合物，约达 6%，可以从煤焦油中提炼得到。纯净的萘是无色片状晶体，熔点 80.3℃，沸点 218℃，容易升华，有特殊气味，不溶于水。

萘的结构、同分异构现象和命名与苯类似，它也是一个平面状分子。萘分子中每个碳原子也以 sp^2 杂化轨道与相邻的碳原子及氢原子的原子轨道相互交盖而形成 σ 键。十个碳原子都处在同一平面上，连接成两个稠合的六元环，八个氢原子也在同一平面上，每个碳原子还有一个 p 轨道，这些对称轴平行的 p 轨道侧面相互交盖。形成包含十个碳原子在内的 π 分子轨道。所以萘分子中没有一般的碳碳单键，也没有一般的碳碳双键，而是特殊的大 π 键。图 9-13 表示萘分子结构及其分子轨道示意图。

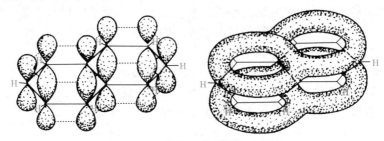

图 9-13 萘的 π 分子轨道示意图

经 X 射线粉末衍射法测定，萘的各碳碳键的键长并不完全相等，各碳原子的位置也不完全等同。其中 1、4、5、8 四个位置是等同的，叫作 α 位；2、3、6、7 四个位置也是等同的，叫作 β 位。

萘的化学性质与苯相似，但比苯更容易发生取代、加成等反应。

1. 取代反应

萘可以发生卤代、硝化等典型的亲电取代反应，反应要比苯更容易。由于 α 位的电子云密度比 β 位的大，因此，亲电取代反应主要发生在 α 位上。例如：

萘 α 位的硝化速率比苯快 750 倍，β 位也要比苯快 50 倍。为避免两个位置同时被硝化，可以适当降低混酸的浓度。

萘的卤代可在弱的催化剂作用下进行，有时甚至不用催化剂催化也可反应：

萘与浓硫酸发生磺化反应的产物与反应温度有关。在 80℃以下反应时，主要生成 α-萘磺酸；当温度升高到 160 ℃时，以 β-萘磺酸为主要产物。

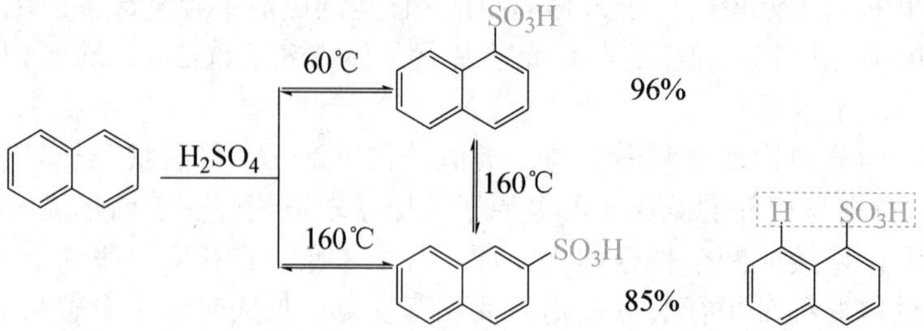

造成这一差异的原因：α 位活性虽高，但由于磺酸基体积较大，与相邻苯环上的氢原子之间会产生空间排斥作用，因此稳定性差；而 β 位虽然活性差，但不存在空间位阻，因此稳定性好。所以 α 取代是动力学控制的结果，而 β 取代是热力学控制的结果。同时由于磺化反应是一个可逆反应，所以低温下得到动力学控制的产物，而高温下得到热力学控制的产物，且 α-萘磺酸在加热下可转化为 β-萘磺酸。

萘比苯活泼，发生 Friedel-Crafts 反应时生成多种复杂产物，实际应用价值不大。生成的产物与所用溶剂的极性密切相关：在二硫化碳、四氯化碳等非极性溶剂中反应，产物以 α 取代为主；在硝基苯等极性溶剂中则主要生成 β 取代产物。例如：

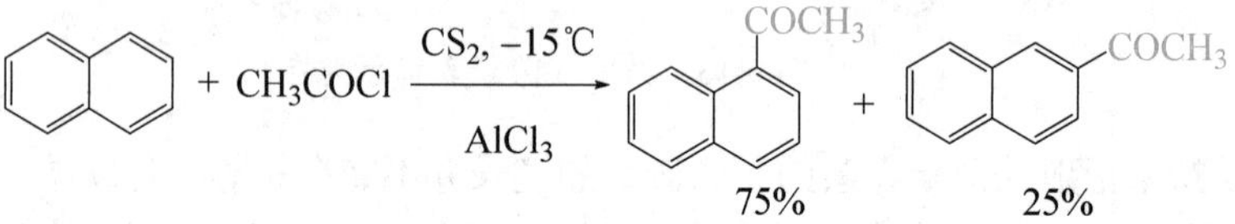

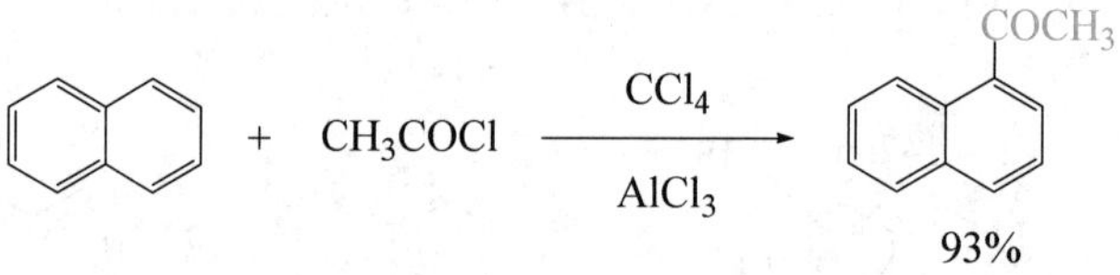

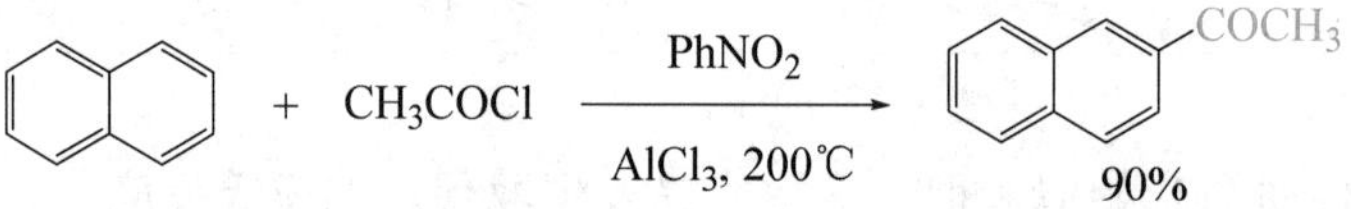

单取代萘发生亲电取代反应时，取代基的定位效应会对取代位置产生影响。一般而言，致活的邻、对位定位基会使新上基团进入同环的 α 位；如果取代基在 β 位，则新上基团主要进入 α 位。例如：

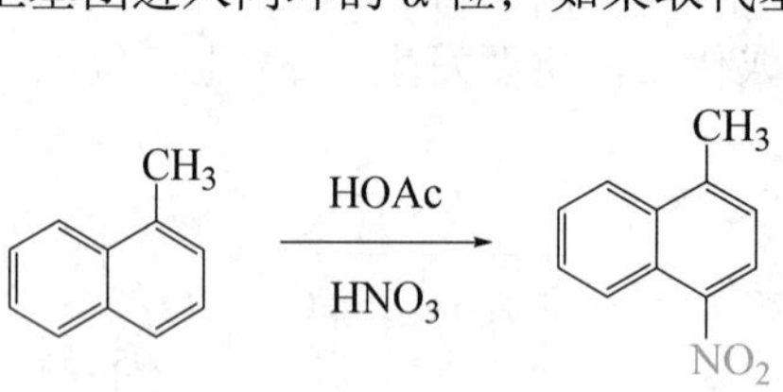

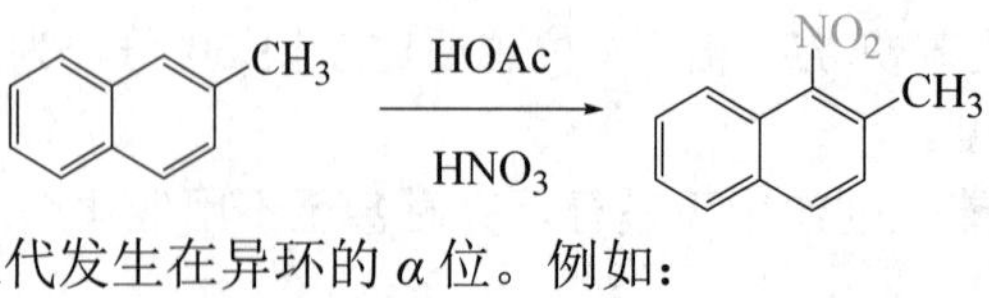

致钝的间位定位基使取代发生在异环的 α 位。例如：

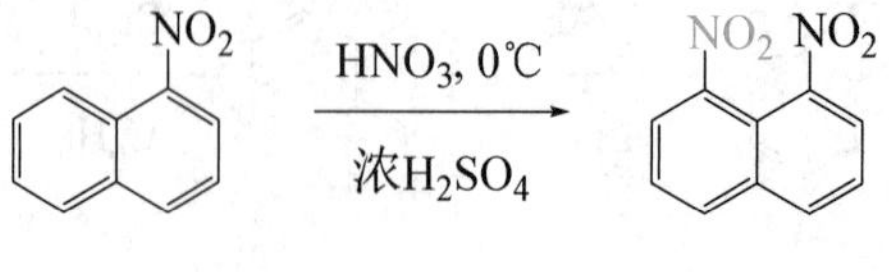

空间位阻也是影响取代位置的重要原因之一，当环上已有取代基或者新进入的取代基的体积较大时，反应往往发生在异环上。例如：

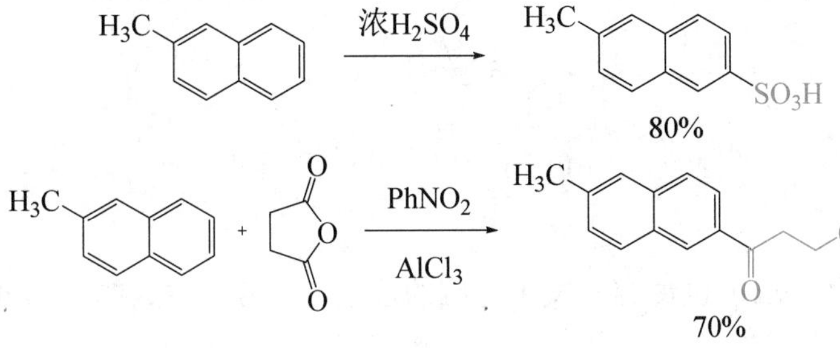

2. 氧化反应

萘环比苯更容易被氧化。如萘在室温下用 CrO_3 的醋酸溶液处理即可得到 1,4-萘醌等。

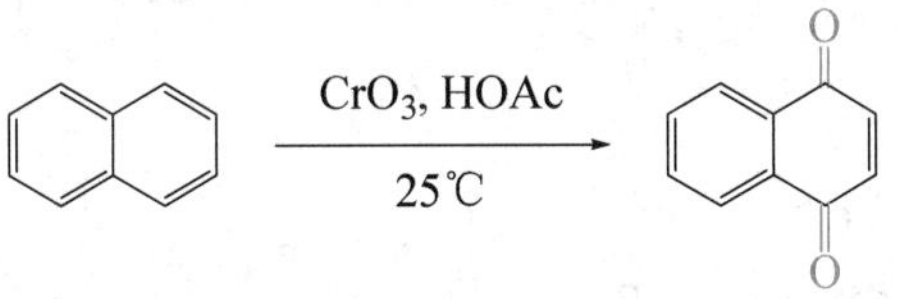

环上有给电子基时，反应更容易发生在有取代基的苯环上。例如：

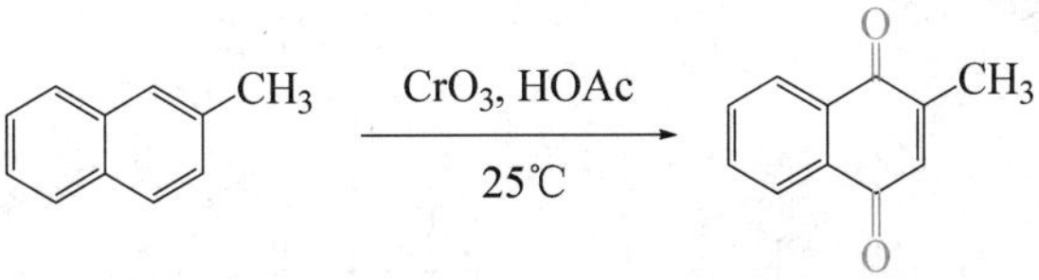

因此，在相同的条件下，不能用氧化侧链的方法来制备萘甲酸。萘本身在 V_2O_5 的催化下，也可被氧化形成邻苯二甲酸酐，它是制备聚酯树脂等化工产品的重要原料。

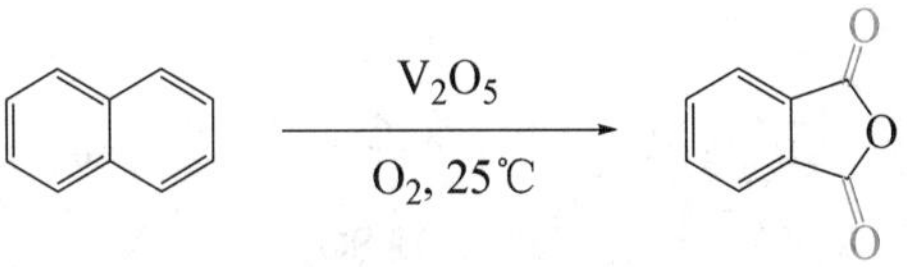

3. 还原反应

萘在催化剂存在下与氢加成，可以生成四氢合萘或十氢合萘。

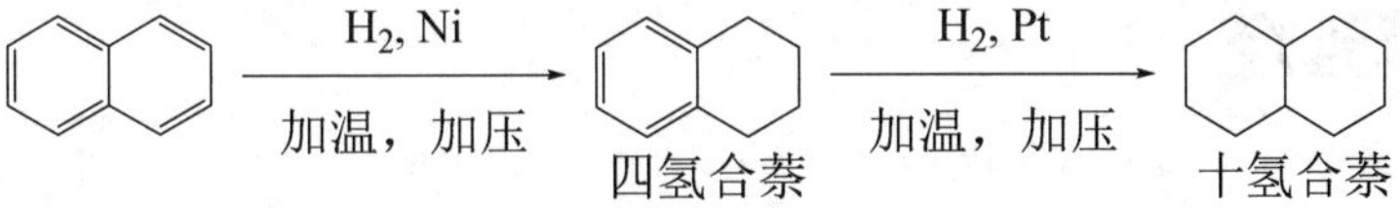

萘也可以用金属钠和乙醇还原，低温时可以生成 1,4-二氢萘，温度较高时生成四氢合萘。

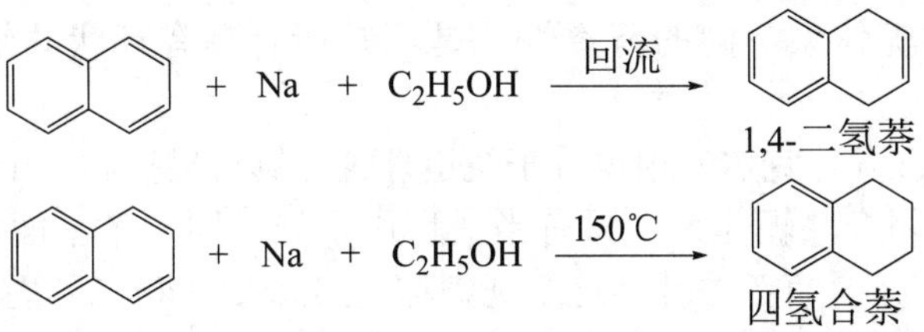

9.7.3 蒽和菲

蒽和菲也是从煤焦油中分离出来的稠环芳烃，它们的分子式都是 $C_{14}H_{10}$，互为同分异构体。蒽是无色单斜片状晶体，有蓝紫色的荧光；菲是无色有荧光的单斜片状晶体。蒽和菲都是由三个共平面的苯环稠合而成，不同的是蒽分子中的三个苯环以线形方式稠合，而菲分子中三个苯环以角形方式稠合，两种化合物的碳原子均有固定的编号。

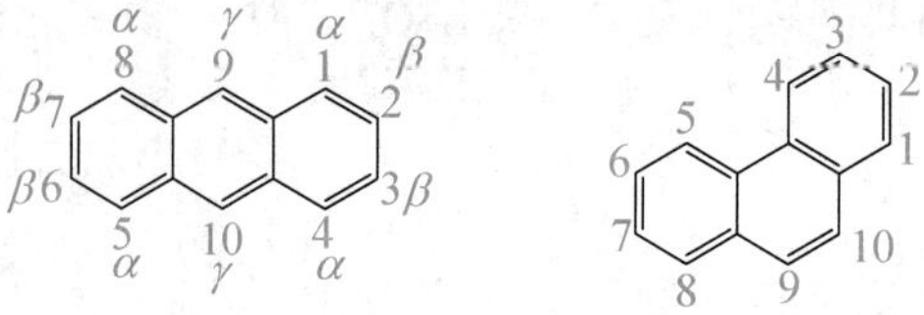

蒽　　　　　　　　　　　菲

在蒽和菲分子中，9,10 位最容易发生反应的位置，反应后生成的产物分子中至少保留了两个完整的苯环。例如：

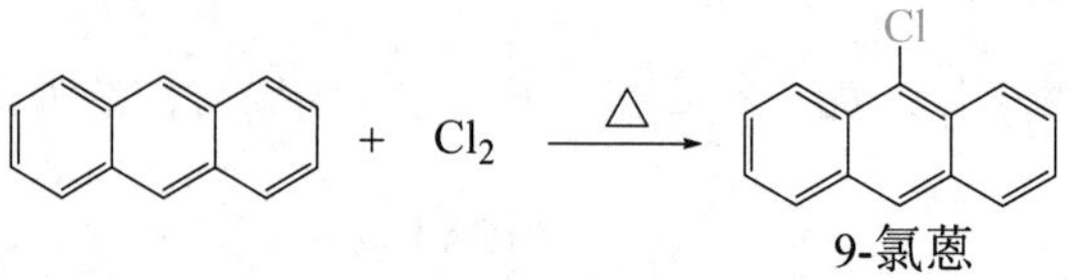

9-氯蒽

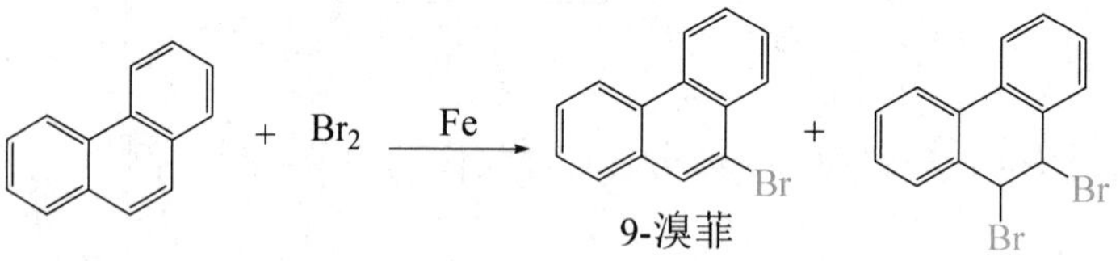

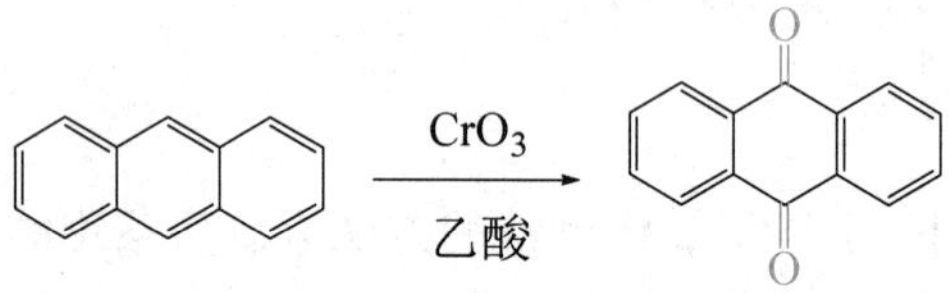

9-溴菲

9,10-蒽醌

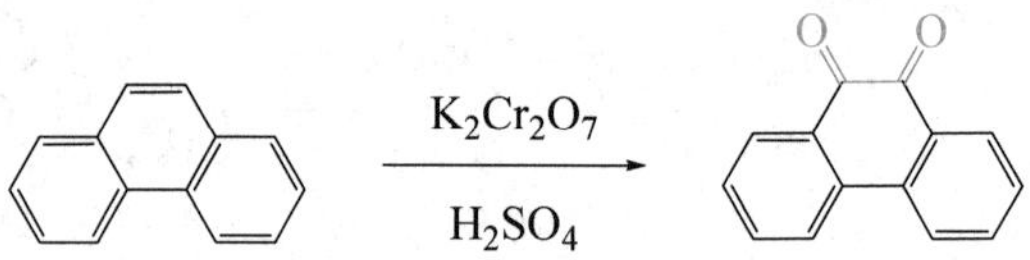

9,10-菲醌

9.8　非苯芳烃

苯的分子式为 C_6H_6，其分子中六个碳原子的六个 p 轨道形成闭合大 π 键。因此，苯具有与一般链状共轭体系不同的芳香性。是不是所有具有环状共轭结构的体系都具有芳香性？

1931 年，Hückel（休克尔）根据分子轨道理论计算结果提出一个判断化合物芳香性的简单规则：一个单环闭合共轭体系，只有当成环原子处于同一个平面，且 π 电子数为 $4n+2$（n=0,1,2,3…）时，才具有芳香性。这个规则称为 Hückel（$4n+2$）规则。

由 n 个碳原子组成的单环共轭多烯的通式为 C_nH_n，这些分子轨道能级可以用一个简单的方法表示，即用一个顶点朝下的圆内接正多边形来表示。其中，圆内接正多边形的各个顶点的位置代表体系中各个分子轨道能级的高低，处于过圆心位置上的能级为未成键原子轨道的能级，如图 9-14 所示。

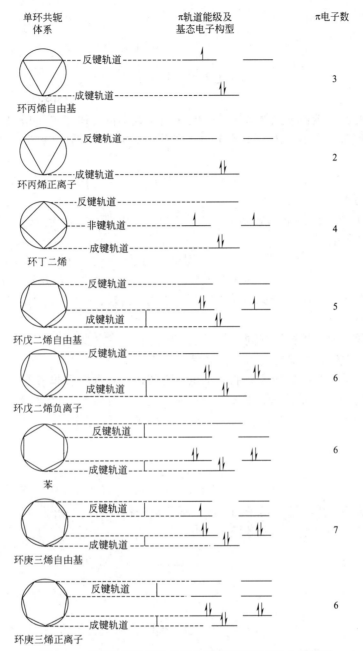

图 9-14　单环共轭体系的分子轨道能级及基态的电子构型

　　由图中不难看出，当单环共轭体系 C_nH_n 的 π 电子数为 3、5、7 等奇数时，体系中存在一个单电子，是不稳定的自由基结构，不具有芳香性；当 π 电子数为 2、6、10 等时，即符合 $4n+2$ 条件时，这些 π 电子正好将成键轨道填满，电子为稳定的闭壳层结构，类似于惰性气体的电子排布，体系的能量较低，显示芳香性。

　　通常将 $n \geqslant 10$ 的单环共轭多烯称为轮烯。命名时以轮烯作为母体，将环碳原子数置于方括号内称为某轮烯。例如：[14]轮烯、[16]轮烯、[18]轮烯等。但有时也将环丁二烯、苯和环辛四烯分别称为[4]轮烯、[6]轮烯和[8]轮烯。常见的几种轮烯的结构如下：

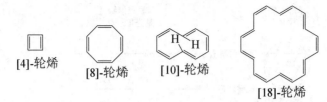

[4]-轮烯   [8]-轮烯   [10]-轮烯

[18]-轮烯

环丁二烯的四个碳原子虽然共平面，但 π 电子数不符合休克尔（$4n+2$）规则，不具有芳香性。从图中也可以看出，环丁二烯分子中有两个 π 电子填充在非键轨道上，因此，能量较高，特别不稳定。

苯的 π 电子数为 6，六个位于同一个平面的碳原子形成闭合的共轭体系，符合休克尔规则，是典型的芳香性化合物。

环辛四烯 π 电子数为 8，不符合休克尔（$4n+2$）规则，且分子中的八个碳原子不在同一平面上，所以也没有芳香性。

在[10]轮烯分子中，环内两个处于反式双键上的氢原子之间存在强烈的排斥作用，分子内的碳原子不在同一平面上，虽然其 π 电子数符合（$4n+2$）规则，但是没有芳香性。

[18]轮烯分子中的 18 个碳原子基本在同一平面上，其 π 电子数为 18，符合休克尔（$4n+2$）规则，具有芳香性。

总之，当轮烯的环碳原子在同一平面上，环内没有或很少有空间排斥作用，且 π 电子数符合（$4n+2$）规则时，则具有芳香性，属于非苯芳烃。

除轮烯外，某些具有共轭体系的离子也具有芳香性，也属于非苯芳烃。例如，环丙烯正离子、环戊二烯负离子、环庚三烯正离子以及环辛四烯双负离子等。它们 π 电子数都符合（$4n+2$）规则，且都形成了平面的闭合环状共轭结构，因此都具有芳香性。

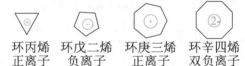

环丙烯   环戊二烯   环庚三烯   环辛四烯
正离子   负离子   正离子   双负离子

薁可以视为由环戊二烯负离子和环庚三烯正离子稠合而成，分子中共有 10 个 π 电子，符合（$4n+2$）规则，是典型的非苯芳烃。

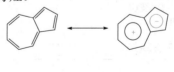

习　题

微信扫码
获取答案

1. 命名下列化合物：

(1) 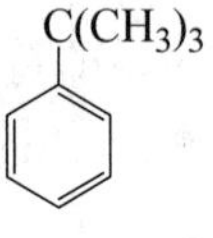 C(CH₃)₃   (2) 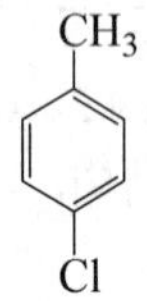 CH₃...Cl   (3) 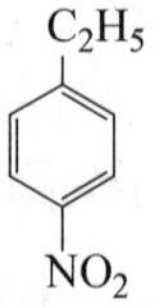 C₂H₅...NO₂   (4) 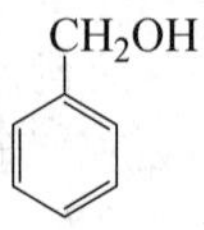 CH₂OH   (5) 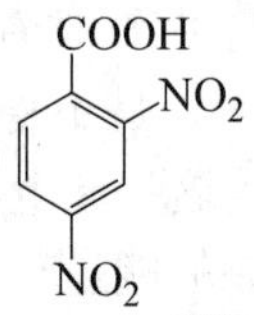 COOH NO₂ NO₂

(6) 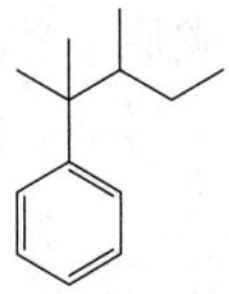   (7) 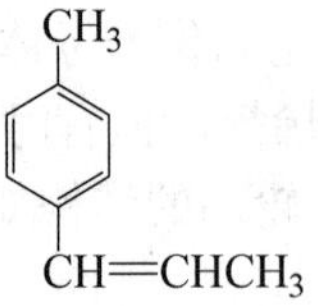 CH₃...CH=CHCH₃   (8) 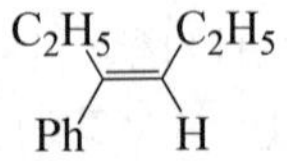 C₂H₅ C₂H₅ / Ph H   (9) 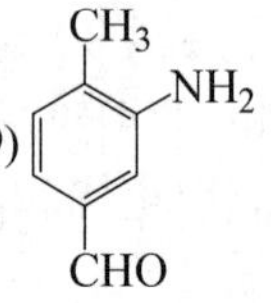 CH₃ NH₂ / CHO   (10) 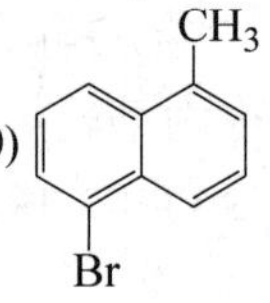 CH₃ ... Br

2. 写出下列化合物的构造式：

（1）1,3,5-三乙苯   （2）对溴硝基苯   （3）2,4,6-三硝基甲苯

（4）对羟基苯甲酸   （5）2,4-二溴苯甲醛 （6）间碘苯酚

（7）对氯苄氯   （8）3,5-二硝基苯磺酸 （9）α-萘磺酸

（10）β-萘胺   （11）9-溴菲   （12）三苯甲烷

3. 以构造式表示下列化合物发生一元硝化的主要产物（一个或几个）：

（1）C_6H_5Br （2）$C_6H_5SO_3H$ （3）$C_6H_5C_2H_5$

（4） 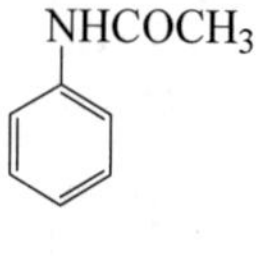 （5） 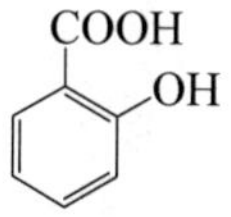 （6）

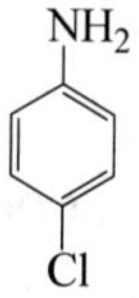

（7） 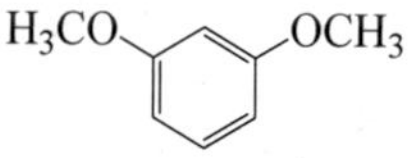 （8） 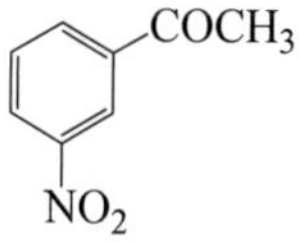 （9）

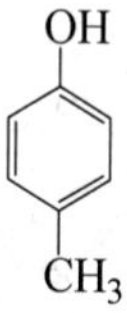

（10） 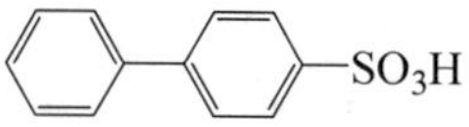 （11） 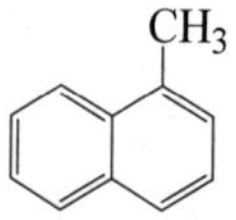 （12）

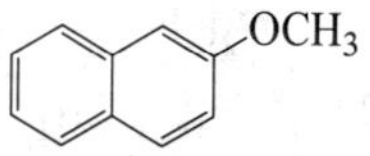

（13）

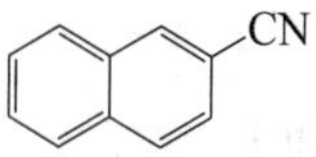

4. 用化学方法鉴别下列各组化合物：

（1），，1-己炔

（2），，

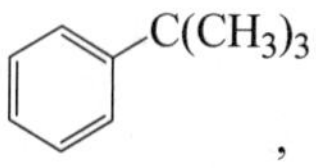

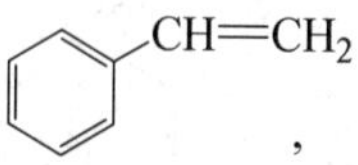

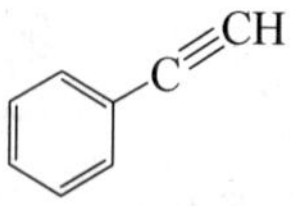

5. 完成下列各反应式：

（1）

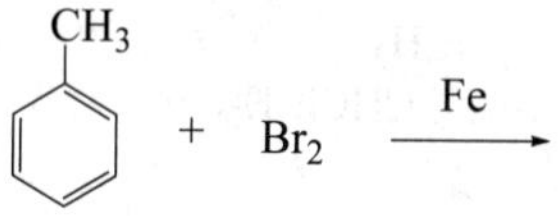

（2）

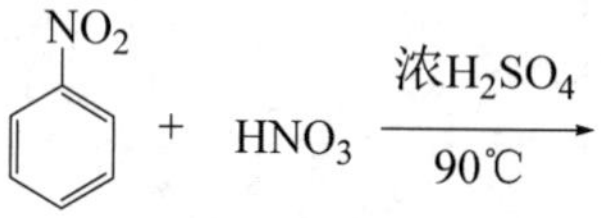

（3）

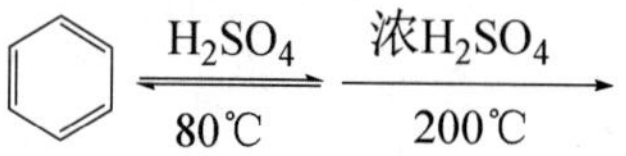

（4）

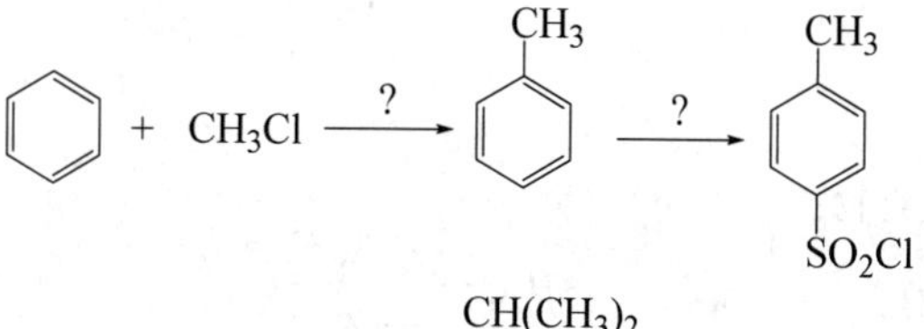

（5）

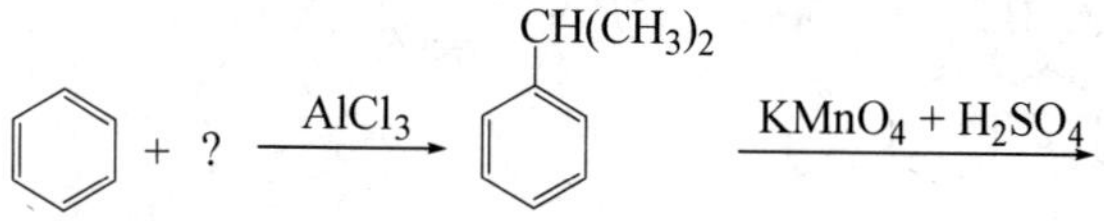

（6）

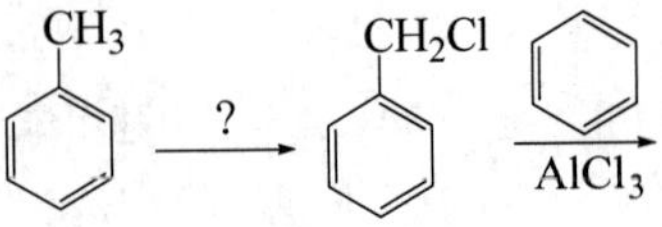

（7）

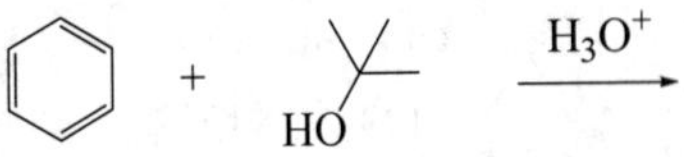

（8）

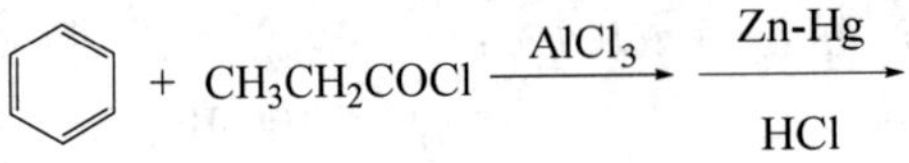

（9）

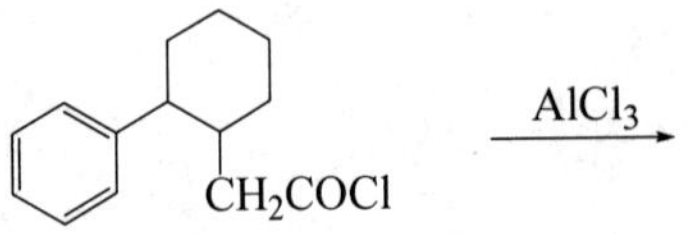

（10）

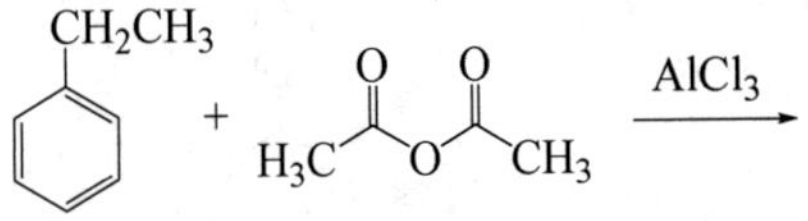

（11）

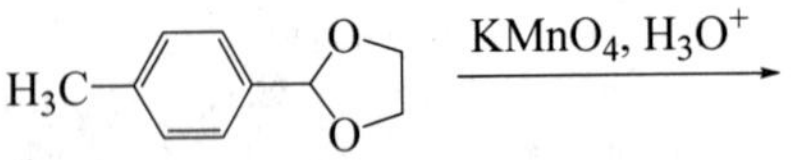

（12）

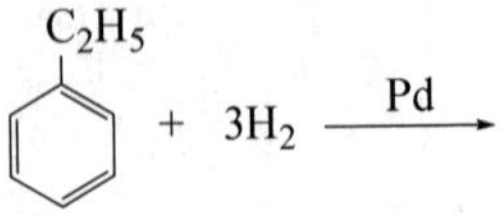

6. 判断下列反应是否正确并改正：

（1）

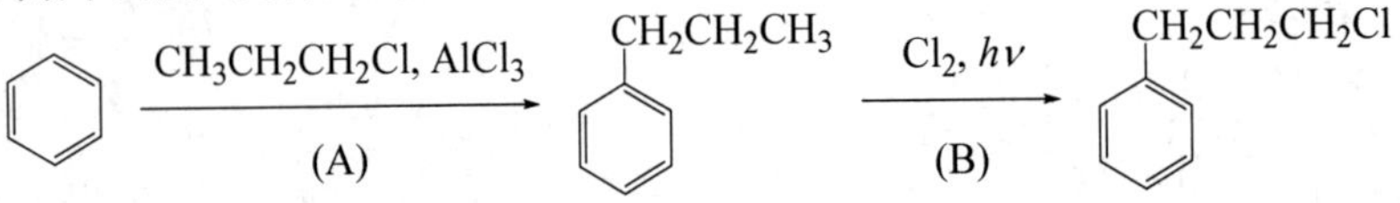

（2）

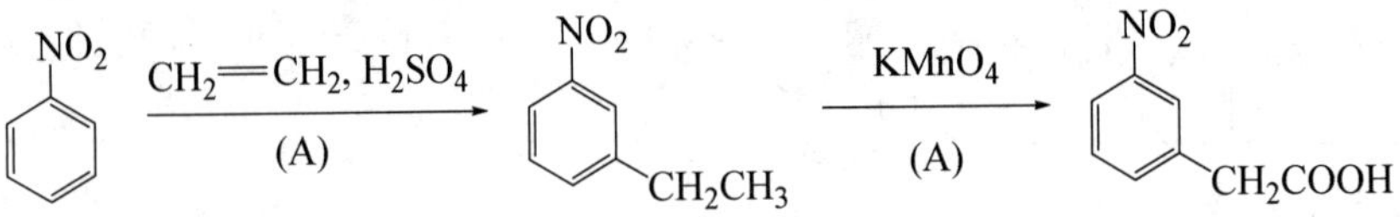

（3）

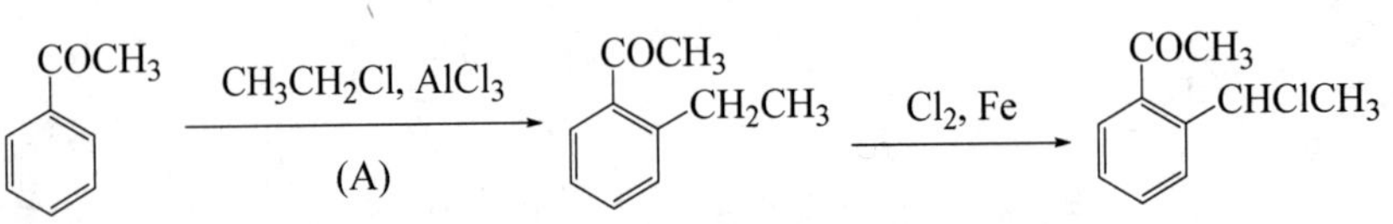

7. 试扼要写出下列合成步骤，所需要的脂肪族或无机试剂可任意选用。

（1）甲苯 —→ 4-硝基-2-溴苯甲酸，3-硝基-4-溴苯甲酸

（2）邻硝基甲苯 —→ 2-硝基-4-溴苯甲酸

（3）间二甲苯 —→ 5-硝基-1,3-苯二甲酸

（4）苯甲醚 —→ 4-硝基-2,6-二溴苯甲醚

（5）对二甲苯 —→ 2-硝基-1,4-苯二甲酸

（6）苯 —→ 间氯苯甲酸

8. 以苯、甲苯及其他必要的试剂合成下列化合物：

（1） 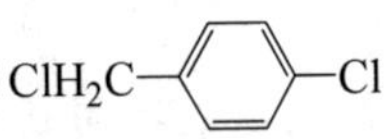　（2） 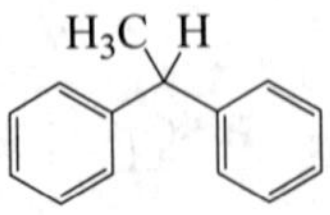　（3）

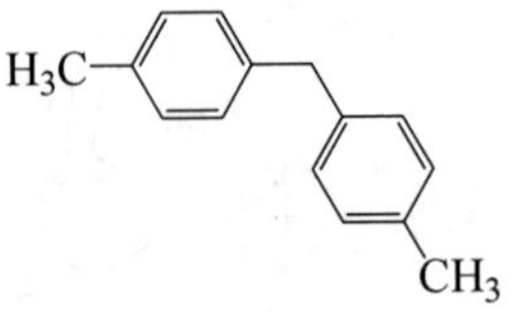

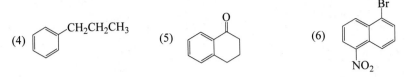

(4) (5) (6)

9. 对下列化合物的一元硝化产物的活性从高到低进行排序，并说明理由。

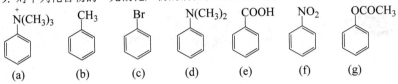

(a) (b) (c) (d) (e) (f) (g)

10. 写出萘与下列化合物反应所得的主要产物的构造式和名称：

（1）CrO_3, CH_3COOH （2）O_2, V_2O_5 （3）Na, C_2H_5OH, $\triangle$

（4）H_2, Pd-C, 加热，加压 （5）HNO_3, H_2SO_4 （6）Br_2

（7）浓 H_2SO_4, 80 ℃ （8）浓 H_2SO_4, 165 ℃

11. 指出下列化合物中哪些具有芳香性？

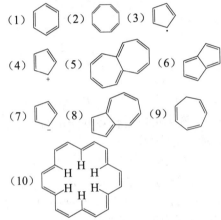

（1） （2） （3）

（4） （5） （6）

（7） （8） （9）

（10）

（11）CH_2＝CH－CH＝CH－CH＝CH_2

12. 某不饱和烃 A 的分子式为 C_9H_8。它能和氯化亚铜氨溶液反应产生红色沉淀。化合物 A 催化加氢得到 B（C_9H_{12}）。将化合物 B 用酸性重铬酸钾氧化得到酸性化合物 C（$C_8H_6O_4$）。将化合物 C 加热脱水得到 D（$C_8H_4O_3$）。写出化合物 A、B、C、D 的构造式及各步反应方程式。

第10章

醇、酚、醚

醇、酚和醚都是烃的含氧衍生物，但是它们是不同的有机化合物。氧和硫同属于周期表第Ⅵ族，因此，有机含硫化合物和有机含氧化合物具有一些相似的性质，所以把硫醇、硫酚和硫醚放在本章一并讨论。

10.1 醇

10.1.1 结构、分类、命名和异构

1. 结构

醇分子中含有羟基（—OH）官能团（又称醇羟基）。醇也可以看作烃分子中的氢原子被羟基取代后的产物。饱和一元醇的通式是 $C_nH_{2n+1}OH$，或简写为 ROH。

饱和醇羟基中的 O 原子是 sp^3 杂化，以甲醇为例，如图 10-1 所示，其中一个 sp^3 杂化轨道与其相连的 C 原子的 sp^3 杂化轨道形成 σ 键，另一个与氢的 1s 轨道形成 σ 键，剩余的两个 sp^3 杂化轨道分别被两对孤对电子占据。在水分子中，H—O—H 的键角是 104.5°，与甲烷中的四个 sp^3 杂化轨道所形成的键角 109.5° 相近。因此水和醇均具有四面体的结构。

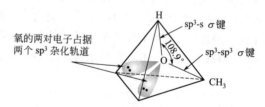

(a) 甲醇的成键轨道　　　　(b) 甲醇分子中氧原子正四面体结构

图 10-1　甲醇的结构

2. 分类

醇类化合物可根据分子中所含羟基（—OH）的数目分为一元醇、二元醇和多元醇等。例如：

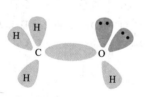

乙醇　　　　乙二醇　　　　环己六醇

在一元醇中，羟基连接在一级碳原子上的称为伯醇，连接在二级碳或三级碳原子上的分别称为仲醇或叔醇。

根据醇分子中烃基的类别，又可将醇分为脂肪醇、脂环醇和芳香醇（芳烃侧链上的 H 原子被羟基取代）。如：

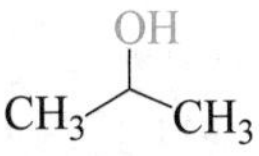

$$CH_3—CHOH—CH_3 \qquad CH_2=CH—CH_2OH \qquad$$

| 异丙醇 | 烯丙醇 | 环己醇 | 苯甲醇 |

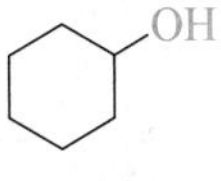

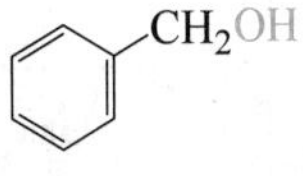

简单的一元醇可用普通命名法命名，即根据烃基的名称来命名，如以上几例。也可把它们看作甲醇的衍生物来命名。如：

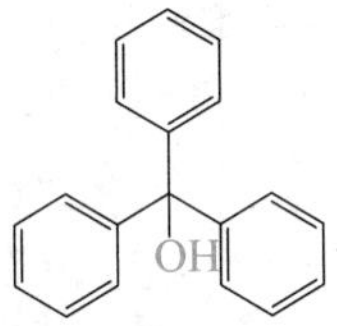

| 三苯甲醇 | 三（三氟甲基）甲醇 |

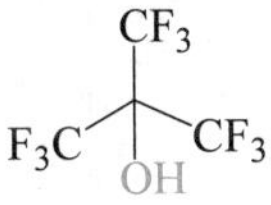

结构比较复杂的醇采用系统命名法，即选择含有羟基的最长的碳链为主链，把支链看作取代基，从离羟基最近的一端开始编号，按照主链所含的碳原子数目称作"某醇"，羟基的位置用阿拉伯数字注明写在醇名称的前面，并标出取代基的位次和名称。不饱和醇编号时以羟基的位次小为原则。例如：

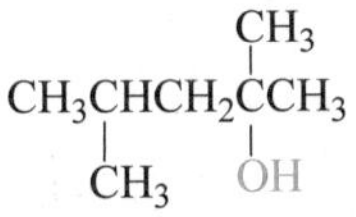

$$CH_3CHCH_2\underset{\underset{CH_3}{OH}}{\overset{CH_3}{C}CH_3} \qquad CH_3CHCH=CH_2$$
$$\underset{CH_3}{|} \qquad\qquad\qquad \underset{OH}{|}$$

| 2,4-二甲基-2-戊醇 | 3-丁烯-2-醇 |

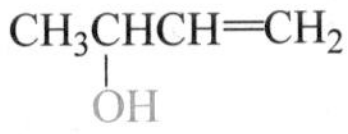

多元醇命名时，选择含羟基最多的最长的碳链作主链，羟基的数目写在"醇"字的前面。例如：

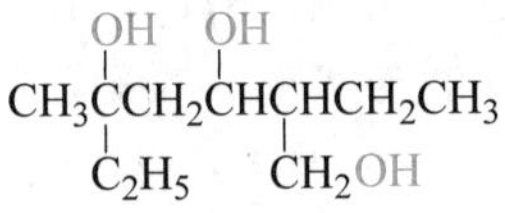

$$CH_3CH_2CH_2\underset{\underset{C_2H_5}{OH}}{C}\underset{\underset{CH_2OH}{OH}}{C}HCH_2CH_3$$

| 5-甲基-2-乙基-1,3,5-庚三醇 | 顺-1,2-环己二醇 |

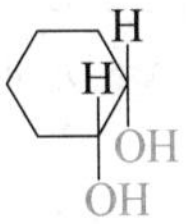

饱和醇的同分异构现象很简单，只有羟基的位置异构，另外它们与醚类互为同分异构体。

10.1.2 物理性质

1. 物理性质

含 4 个碳原子以下的直链饱和一元醇为有酒味的流动液体，含 $C_5\sim C_{11}$ 的醇为具有不愉快气味的油状液体，C_{12} 以上的醇为无臭无味的蜡状固体。一些醇的物理常数见表 10-1。

低级醇的沸点比与它分子量相近的烷烃要高得多，如甲醇（分子量 32）的沸点为 64.96℃，而乙烷（分子量 30）为−88.6℃。这是因为醇在液体状态下和水一样，分子间能形成氢键缔合，它们的分子实际上是以缔合体的形式存在的。

表 10-1   醇的物理性质

名称	沸点/℃	熔点/℃	相对密度(20℃)	折射率(20℃)
甲醇	64.96	−93.9	0.7914	1.3288
乙醇	78.5	−117.3	0.7893	1.3611
正丙醇	97.4	−126.5	0.8035	1.3850
正丁醇	117.25	−89.53	0.8098	1.3993
正戊醇	138.0	−79	0.8144	1.4101
正十二醇	255.9	86	0.8309	—
正十六醇	344	50	0.8176	1.4287
2-丙醇	82.4	−89.5	0.7855	1.3776
2-丁醇	99.5	−114.7	0.8053	1.3978
2-戊醇	118.9	—	0.8103	1.4053
环戊醇	140.85	−19	0.9478	1.4530
环己醇	161.1	25.15	0.9524	1.4541
苯甲醇	205.35	−15.3	1.0419	1.5396
三苯甲醇	380	164.2	1.1994	—
乙二醇	198	−11	1.1088	1.4318
丙三醇	290（分解）	20	1.2613	1.4746

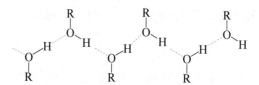

要使液态的醇变为气态（单分子状态），不仅要破坏分子间的范德华力，而且必须消耗一定的能量来破坏氢键（醇氢键的键能为 25.08kJ/mol），这是醇类具有异常高沸点的原因。

随着碳原子数目的增加，羟基在分子中所占的比例越来越小，且烃基的增多会阻碍氢键形成，所以长链一元醇的沸点越来越接近相应的烷烃（见图 10-2）。

甲醇、乙醇和丙醇能与水以任意比例混溶。从正丁醇起，在水中的溶解度显著降低，到癸醇及以上则基本不溶于水。这时因为低级醇能与水形成氢键，故能与水混溶，但随着烃基增大，醇羟基形成氢键的能力减弱，醇的溶解度逐渐由烃基所决定，因而在水中的溶解度降低以至不溶。高级醇与烷烃极其相似，不溶于水，可溶于汽油中，符合相似相溶原理。

低级醇还能和一些无机盐类形成结晶醇，如 $MgCl_2 \cdot 6CH_3OH$，$CaCl_2 \cdot 4C_2H_5OH$ 和 $CaCl_2 \cdot 4CH_3OH$ 等。结晶醇不溶于有机溶剂而溶于水，在实际工作中常利用这一性质将醇与气态有机化合物分开或从反应物中除去醇类。在选择干燥醇类化合物的干燥剂时，则应尽量避免使用无水氯化钙这类干燥剂。

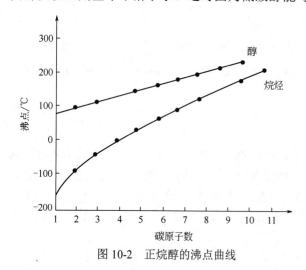

图 10-2   正烷醇的沸点曲线

2. 光谱性质

（1）紫外吸收光谱　饱和醇由于分子中含有羟基，因此除了可发生 $\sigma \rightarrow \sigma^*$ 跃迁外，还可以发生 $n \rightarrow \sigma^*$ 跃迁。由于 n 轨道的能量高于 σ 成键轨道的能量，所以 $n \rightarrow \sigma^*$ 跃迁比 $\sigma \rightarrow \sigma^*$ 跃迁所需的能量小，但其吸收带仍在远紫外区（ $\lambda_{max} = 180 \sim 185nm, \lg \varepsilon = 2.5$ ）。低级醇（如甲醇、乙醇）在近紫外区不产生吸收，一般紫外可见分光光度计无法测出，因此紫外光谱测定中常用作溶剂。

（2）红外吸收光谱　在红外光谱中，醇羟基有两个吸收峰，分别为游离态的羟基和缔合态的羟基的伸缩振动所产生的，前者在 3640～3610cm^{-1} 区域，带形尖锐，强度中等；后者移向 3600～3200cm^{-1} 的低频区，带形较宽。因此当溶液的浓度增加，或在极性溶剂中有利于形成分子间氢键时，吸收谱带移向较低频率，反之则分子间的缔合很小，吸收峰出现在高频区。

如果羟基的邻位有杂原子或 π 体系（如双键、芳环等）的取代基，则可因为其能形成较弱的分子内氢键，羟基的伸缩振动频率稍低于游离态，带形也略宽，但比缔合态窄。

$$X \cdots \overset{\displaystyle H}{\underset{\displaystyle CH_2-CH_2}{O}}$$

醇的 C—O 伸缩振动在 1200～1000cm^{-1} 区域出现强吸收，一般吸收带的中心位置：伯醇（1050cm^{-1} 附近）；仲醇（1100cm^{-1} 附近）；叔醇（1150cm^{-1} 附近）。

若醇的 α 碳原子上导入侧链、双键或芳香基团，则吸收频率向低频移动 10～30cm^{-1}。

（3）核磁共振谱　醇羟基上的质子由于氢键的存在而移向低场，因此测得的化学位移值 δ 与氢键的数量有关，而氢键又取决于浓度、温度和溶剂性质等。因此羟基质子的核磁共振信号可以出现在 $\delta =1 \sim 5.5$ 的范围内，也可能隐藏在烷基质子的吸收峰中，但可通过计算质子数或通过重水交换而将其找出来。

以乙醇为例，当乙醇的纯度很高时，羟基质子基本固定在乙醇分子内不移动，它与相邻亚甲基上的质子发生偶合，因而出现偶合裂分[见图 10-3(a)]，但当乙醇中存在痕量酸时，羟基质子就会通过酸质子与其他乙醇分子中的羟基质子进行快速交换，不再与亚甲基上的质子产生偶合[见图 10-3(b)]。

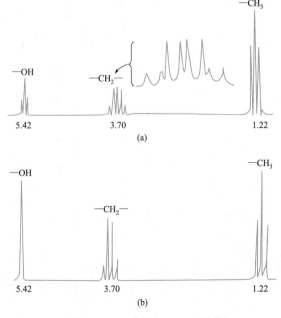

图 10-3　乙醇的 ^{1}H NMR 图谱

醇羟基质子的交换速率还受到它所参与的氢键强度的影响。例如测定醇的氢谱时使用二甲亚砜（DMSO-d_6）或丙酮（CD_3COCD_3）作溶剂，羟基质子可与其形成很强的氢键，交换速率大大下降，因而在图谱中出现与邻位质子的偶合现象，如图 10-4 所示。

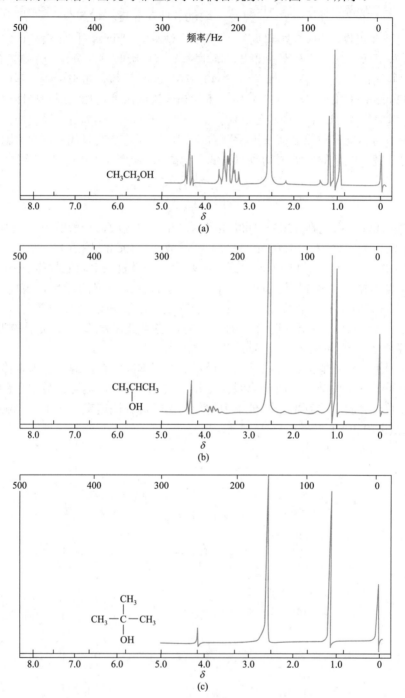

图 10-4 典型伯醇、仲醇和叔醇的 ¹H NMR 图谱（DMSO-d_6）

10.1.3 化学性质

醇的性质主要由羟基所决定，从化学键的特征看，—OH 和 C—O 键都是极性共价键，是易于发生反应的两个部位。同时，氧原子存在孤对电子，是富电子中心，因此可与亲电试剂发生反应。

$$R \!-\!\!|\!-\! O \!-\!\!|\!-\! H$$

1. 活泼氢的反应

同水一样，醇羟基上的质子都具有一定的酸性，是活泼氢原子，因此可以与活泼金属反应放出氢气：

$$ROH \ + \ Na \ \longrightarrow \ RONa + \frac{1}{2}H_2 \uparrow$$

由于烷基是给电子基团，增加了氧原子上的电子云密度，使得氢原子不易解离，致使醇的酸性比水弱，因此这一反应比水与金属钠的反应要温和得多，不会产生燃烧和爆炸。所以乙醇常被用于处理反应体系中未反应完全的金属钠。

不同类型的醇反应速率为伯醇>仲醇>叔醇。生成的共轭碱醇钠是一种强碱，比氢氧化钠的碱性还要强，醇金属的碱性强弱次序为 $R_3CO^- > R_2CHO^- > RCH_2O^-$。甲醇钠和乙醇钠在有机合成反应中常常被用作碱性试剂或亲核试剂，它们遇水会分解成甲醇或乙醇和氢氧化钠。工业上可利用该反应的逆反应，用共沸蒸馏的方法除水来生产乙醇钠：

$$C_2H_5OH \ + \ NaOH(s) \ \underset{}{\overset{\text{苯}}{\rightleftharpoons}} \ NaOC_2H_5 \ + \ H_2O$$
$$\text{（共沸蒸馏）}$$

除与金属钠、钾反应外，醇还可以与其他活泼金属如镁、铝汞齐等在较高温度下反应生成相应的醇镁、醇铝等。异丙醇铝、叔丁基铝等都是有机合成中的重要试剂。例如：

$$\underset{\underset{OH}{|}}{CH_3CHCH_3} \ + \ Al \ \longrightarrow \ (CH_3CHO)_3\!\!-\!\!\underset{\underset{CH_3}{|}}{Al} \ + \ H_2$$

2. 亲核取代反应

与卤代烃的 C—X 键相似，醇的 C—O 键是极性共价键，α 碳原子也是一个缺电子中心，同样可以发生亲核取代反应。但由于 C—O 键的可极化度比 C—X 键小得多，因此羟基是一个难以离去的基团，致使醇的亲核取代反应比卤代烃难得多，往往需要在催化剂的帮助下才能进行。

键的折射率 (Ra)(cm³/ mol)	C—OH	C—Cl	C—Br	C—I
	3.76	6.57	9.47	14.51

（1）与氢卤酸反应　醇与氢卤酸反应生成卤代烃和水，这是制备卤代烃的重要方法之一。

$$ROH \ + \ HX \ \longrightarrow \ RX \ + \ H_2O$$

不同结构的醇与 HX 反应的活性不同。低级醇具有较好的水溶性，而产物不溶于水，因而在反应过程中会出现分层，根据分层的快慢就可判断醇的结构。Lucas 试剂就是根据这一原理来对不同的醇进行鉴别的。Lucas 试剂是用 $ZnCl_2$ 和浓盐酸配制的溶液，叔醇、烯丙型醇和苄醇与该试剂能很快反应，生成的氯代烃浑浊后立即分层；仲醇作用较慢，需数分钟后才变浑浊，最后分成两层；伯醇在常温下不发生反应，需加热后才产生浑浊。注意 6 个碳原子以上的醇因为不溶于 Lucas 试剂，因而无法用此法进行鉴别。例如：

$$(CH_3)_3COH + HCl \xrightarrow[20℃,\,1\,min]{ZnCl_2} (CH_3)_3CCl + H_2O$$

$$\underset{\underset{OH}{|}}{CH_3CH_2CHCH_3} + HCl \xrightarrow[20℃,\,10\,min]{ZnCl_2} \underset{\underset{Cl}{|}}{CH_3CH_2CHCH_3} + H_2O$$

$$CH_3CH_2CH_2CH_2OH + HCl \xrightarrow[\triangle]{ZnCl_2} CH_3CH_2CH_2CH_2Cl + H_2O$$

醇与氢卤酸的反应是酸催化下的亲核取代反应，一般认为叔醇、烯丙型醇、苄醇和仲醇是 S_N1 机理。例如：

$$CH_3-\underset{\underset{CH_3}{|}}{\overset{\overset{CH_3}{|}}{C}}-OH + HX \underset{快}{\overset{快}{\rightleftharpoons}} CH_3-\underset{\underset{CH_3}{|}}{\overset{\overset{CH_3}{|}}{C}}-\overset{+}{O}H_2 + X^-$$

$$CH_3-\underset{\underset{CH_3}{|}}{\overset{\overset{CH_3}{|}}{C}}-\overset{+}{O}H_2 \underset{快}{\overset{慢}{\rightleftharpoons}} CH_3-\underset{\underset{CH_3}{|}}{\overset{\overset{CH_3}{|}}{\overset{+}{C}}} + H_2O$$

$$CH_3-\underset{\underset{CH_3}{|}}{\overset{\overset{CH_3}{|}}{\overset{+}{C}}} + X^- \underset{慢}{\overset{快}{\rightleftharpoons}} CH_3-\underset{\underset{CH_3}{|}}{\overset{\overset{CH_3}{|}}{C}}-X$$

与卤代烷的 S_N1 反应一样，醇的 S_N1 反应也时常会发生碳正离子的重排。这种重排称为 Wagner-Meerwein 重排。例如：

$$\underset{\underset{OH}{|}}{CH_3CH_2CH_2CHCH_3} \xrightarrow{HBr} \underset{\underset{Br}{|}}{CH_3CH_2CH_2CHCH_3} + \underset{\underset{Br}{|}}{CH_3CH_2CHCH_2CH_3}$$
$$86\% \qquad\qquad 14\%（重排产物）$$

$$(CH_3)_3CCH_2OH \xrightarrow{HBr} \underset{\underset{Br}{|}}{(CH_3)_2CCH_2CH_3}$$
$$100\%（重排产物）$$

伯醇的反应则是按 S_N2 机理进行的：

$$ROH + HX \rightleftharpoons R\overset{+}{O}H_2 + X^-$$

$$R\overset{+}{O}H_2 + \bar{X} \longrightarrow [\overset{\delta^-}{X}\cdots R-\overset{\delta^+}{O}H_2] \longrightarrow R-X + H_2O$$

（2）与卤化磷的反应　醇与水相似，可与卤化磷反应生成卤代烷和亚磷酸：

$$C_2H_5OH + PI_3 \longrightarrow CH_3CH_2I + H_3PO_3$$

可以进行同样反应的试剂还有五氯化磷、三氯化磷及相应的溴化物，反应中生成的亚磷酸需用碱水洗去。

（3）与氯化亚砜的反应　若用氯化亚砜与醇反应，可以直接得到氯代烷，同时生成 SO₂ 和 HCl 两种气体，这有利于反应向生成产物的方向进行，该反应不仅速率快，而且不生成其他副产物。

$$ROH + SOCl_2 \xrightarrow[\triangle]{醚} RCl + SO_2\uparrow + HCl\uparrow$$

（4）醇的分子间脱水　两分子醇可以发生分子间脱水生成醚，是制备单醚的一种方法。例如：

$$2C_2H_5OH \xrightarrow[140℃]{浓H_2SO_4} C_2H_5OC_2H_5 + H_2O$$

这也是一个亲核取代反应：

$$C_2H_5OH + H_2SO_4 \rightleftharpoons CH_3CH_2\overset{+}{O}H_2 + HSO_4^-$$

$$CH_3CH_2\overset{+}{O}H_2 + C_2H_5OH \xrightarrow{S_N2} CH_3CH_2\overset{+}{\underset{H}{O}}CH_2CH_3 + H_2O$$

$$\underset{HSO_4^-}{\big|} \rightarrow C_2H_5OC_2H_5 + H_2SO_4$$

如果用两种结构相近的醇进行分子间脱水，将可得到三种醚的化合物，因而在合成上没有什么意义。但如果两种醇的结构差异较大，也可以用于醚的合成。例如：

$$CH_3CH_2OH + HO-\overset{CH_3}{\underset{CH_3}{\overset{|}{\underset{|}{C}}}}-CH_3 \xrightarrow[\triangle]{H_2SO_4} CH_3CH_2-O-\overset{CH_3}{\underset{CH_3}{\overset{|}{\underset{|}{C}}}}-CH_3 + H_2O$$

不过一般混合醚还是采用卤代烃与醇钠的反应来制备。

3. 作为亲核试剂的反应

醇的氧原子或硫原子都是富电子原子，因此氧可以作为亲核试剂进行反应。

（1）与卤代烃的反应　醇与活泼的卤代烃反应可以得到混合醚。例如：

$$\diagup\!\!\!\diagdown\!Br + C_{10}H_{21}OH \xrightarrow[2.\ Fe(CO)_5]{1.\ NaOH,\ Bu_4N^+Br^-} \diagup\!\!\!\diagdown\!O\diagdown\!C_{10}H_{21}$$

但醇与卤代烃的直接反应很难进行，一般都是将其制备成醇盐再进行反应，可以得到高收率的混合醚，这种方法称为 Williamson 合成法。例如：

$$C_2H_5ONa + CH_3(CH_2)_3Br \xrightarrow[回流\ 1h]{乙醇} C_2H_5O(CH_2)_3CH_3 + NaBr$$

（2）与无机酸的反应　醇与无机酸反应可以得到无机酸酯。例如醇与硝酸反应得到硝酸酯：

$$ROH + HONO_2 \rightleftharpoons RONO_2 + H_2O$$

多数硝酸酯受热后能因猛烈分解而产生爆炸，因此某些硝酸酯是常用的炸药，如硝化（甘油）三硝酸酯等。

$$\underset{CH_2OH}{\overset{CH_2OH}{\underset{|}{\overset{|}{\underset{CHOH}{|}}}}} + 3HONO_2 \rightleftharpoons \underset{CH_2ONO_2}{\overset{CH_2ONO_2}{\underset{|}{\overset{|}{\underset{CHONO_2}{|}}}}} + 3H_2O$$

甘油三硝酸酯

醇与硫酸反应可以生成一元酯和二元酯：

$$CH_3O\boxed{H + HO}SO_2OH \rightleftharpoons CH_3OSO_2OH + H_2O$$

硫酸氢甲酯

将硫酸氢甲酯加热加压蒸馏，即得硫酸二甲酯。

$$CH_3OSO_2OH + HOSO_2OCH_3 \rightleftharpoons CH_3OSO_2OCH_3 + H_2SO_4$$

硫酸二甲酯

醇与磷酸难以直接反应，但可以与三氯氧磷反应得到磷酸酯：

$$ROH + POCl_3 \longrightarrow RO\overset{\displaystyle O}{\underset{\displaystyle OR}{-\overset{|}{\underset{|}{P}}-}}OR + HCl$$

硫酸酯和磷酸酯是重要的烷基化试剂，如硫酸二甲酯就是一种常用的甲基化试剂。

4. 消除反应

仲醇和叔醇在酸催化下容易发生分子内脱水得到烯烃，伯醇在较高的温度下（温度较低时得到的主要是醚），也能得到烯烃，这是制备烯烃的常用方法之一。例如：

$$CH_3CH_2OH \xrightarrow[170℃]{浓H_2SO_4} CH_2\!=\!CH_2 + H_2O$$

不同醇的脱水活性是：叔醇>仲醇>伯醇。

当底物中存在两种 β-H 时，就会涉及消除反应的取向问题。在卤代烷的脱卤化氢和醇的脱水反应中，得到的主产物都是双键上含有较多取代基的烯烃，是一种区域选择性反应。这一规律称为札依切夫（Zaitsev）规律，得到的烯称为札依切夫烯。

$$CH_3CH_2\overset{\displaystyle}{\underset{\displaystyle OH}{\overset{|}{C}}}HCH_3 \xrightarrow[100℃]{66\% H_2SO_4} CH_3CH\!=\!CHCH_3$$

该反应与卤代烷的脱卤化氢同属消除反应，消除反应是有机化学反应中一个大的类型。在此对本书中出现的消除反应作一个总结性介绍。

（1）消除反应的类型　消除反应是指在一个化合物分子中脱去一个小分子，如水、卤化氢等的反应。按照形成小分子的两个基团在原分子中的相对位置，可分为1,1-消除（同碳消除或 α-消除）、1,2-消除（β-消除）和1,3-消除（γ-消除）等。

① α-消除

$$\overset{\displaystyle R}{\underset{\displaystyle R}{>}}\!\overset{\displaystyle A}{\underset{\displaystyle B}{C<}} \longrightarrow \overset{\displaystyle R}{\underset{\displaystyle R}{>}}C: + AB$$

在同一个碳原子上消除两个原子或基团而产生活性中间体"卡宾"（carbenes）的反应称为 α-消除反应。卡宾又叫碳烯，是亚甲基及其衍生物的总称。卡宾与自由基、碳正离子、碳负离子、苯炔等一样，是有机反应重要活性中间体之一。如：

$$:CH_2 \qquad :CCl_2 \qquad :CHCOOC_2H_5$$

卡宾　　　二氯卡宾　　　乙氧羰基卡宾
（碳烯）　（二氯碳烯）　（乙氧羰基碳烯）

② β-消除　β-消除是最常见的消除反应方式，是相邻两个碳原子上脱去一个小分子完成的：

$$R_2\overset{\displaystyle}{\underset{\displaystyle H}{\overset{|}{C}}}\text{-}\overset{\displaystyle}{\underset{\displaystyle L}{\overset{|}{C}}}R_2 \longrightarrow R_2C\!=\!CR_2 + HL$$

③ γ-消除　1,3-位甚至更远位的两个基团也可能发生消除，但这种消除方式很少，也不太重要。

$$\overset{\displaystyle R}{\underset{\displaystyle H}{\overset{|}{C}}}\text{--}\text{--}\overset{\displaystyle R}{\underset{\displaystyle X}{\overset{|}{C}}} \longrightarrow R\text{--}\!\!\triangle\!\!\text{--}R + HX$$

（2）β-消除反应机理　在进行饱和碳原子上的亲核取代反应时，除了生成取代产物外，常常还有烯烃生成，这是因为同时还有消除反应发生。例如：

$$(CH_3)_3CBr \xrightarrow{C_2H_5OH} (CH_3)_3COC_2H_5 + (CH_3)_2C=CH_2$$
$$\text{取代产物，81\%} \quad \text{消除产物，19\%}$$

以上例子说明，消除反应常常伴随着取代反应同时进行，而且是相互竞争的。这是因为，这两种反应的反应机理有相似之处，反应中哪种占优势，则要看反应物的分子结构和反应条件。消除反应和亲核取代反应相似，也有单分子和双分子两种机理。

① 单分子消除（El）　与 S_N1 反应相似，某些消除反应只与反应物的浓度有关，而与碱性试剂的浓度无关，是一级反应，这些反应称为单分子消除（El）反应。E1 反应也是分两步进行的，第一步是卤烷分子在溶剂中先离解为碳正离子中间体，不同的是，E1 反应的第二步是由碱进攻碳正离子的 β-H 而得到烯烃，所以 E1 反应和 S_N1 反应是同一体系中的两个相互竞争的反应。

E1 历程

$$H-CR_2-CR_2-X \xrightarrow{\text{慢}} H-CR_2-\overset{+}{C}R_2 + X^-$$

$$\underset{^-OH}{H-CR_2-\overset{+}{C}R_2} \xrightarrow{\text{快}} CR_2=CR_2 + H_2O$$

酸催化下仲醇和叔醇的脱水就是按照 E1 机理进行的。例如：

（结构式）

此外，反应中生成的碳正离子中间体还可以发生重排，所以通常把重排反应作为 E1 或者 S_N1 反应的历程的标志。

② 双分子消除（E2）　碱性试剂进攻 β-H 的同时，在溶剂的作用下，离去基团 L 也带着一对成键电子离去，从而在 α 碳和 β 碳原子之间形成双键，反应速率与反应物和碱的浓度呈正比，这种消除反应称为双分子消除（E2）反应。

E2 历程

$$\underset{R}{B: \overset{\frown}{H}-CH-CH_2-L} \longrightarrow [B\cdots H\cdots\underset{R}{CH}\cdots CH_2\cdots L] \longrightarrow RCH=CH_2 + HB + L^-$$

E2 反应的过渡态与 S_N2 反应相似，它们也是共存于同一体系中的两个相互竞争的反应。区别在于试剂在 E2 中进攻 β-H，而在 S_N2 中进攻 α 碳原子。

实验证明，伯卤代烷、季铵盐等在碱性条件下，伯醇在酸性条件下发生的消除反应都是按 E2 机理进行的。

（3）β-消除反应的副反应　如前所述，消除反应和亲核取代反应往往是存在于同一体系中的两个相互竞争的反应，反应的走向取决于底物的结构和反应条件。

① 结构因素　消除反应和亲核取代反应都是由同一试剂的进攻而引起的，进攻 α-碳就引起取代，进攻 β-H 就引起消除。

没有支链的伯卤代烷与强亲核试剂作用，主要起 S_N2 反应。当底物 α 碳原子上的支链增多，空间位阻增大时，无论对于 S_N1 还是 S_N2 反应，试剂进入中心碳原子上所受到的阻力都会增大，而进攻位于四面体顶点上的 β-H 所受到的阻力较小，因此对消除反应有利，且对 E2 反应更有利。叔卤代烷和叔醇都只得到烯烃。

卤代烷的结构对消除和取代反应有如下的影响：

消除增加

←————————————————————

CH₃X   RCH₂X   R₂CHX   R₃CX

取代增加

故常用叔卤代烷制备烯烃，伯卤烷制备醇、醚等取代产物。

② 试剂的碱性　亲核性强的试剂有利于取代反应，亲核性弱的试剂有利于消除反应。碱性强的试剂有利于消除反应，碱性弱的试剂有利于取代反应。以下负离子都是亲核试剂，其碱性大小次序为：$NH_2^- > RO^- > HO^- > CH_3COO^- > I^-$。例如，当伯卤代烷或仲卤代烷用 NaOH 水解时，除了发生取代反应外，还伴随有消除反应的发生，因为 HO^- 既是亲核试剂又是强碱。而当用 I^- 或 CH_3COO^- 等弱碱时，往往不发生消除反应，只发生取代反应。当卤代烷与 KOH 的醇溶液作用时，由于试剂为碱性更强的烷氧负离子 RO^-，故主要产物是烯烃。

③ 溶剂的极性　极性溶剂相当于一个小的电场，对底物分子会产生极性诱导力，对电荷的集中是有利的，但不利于电荷的分散。在双分子反应中，其过渡态都要求有适当的电荷分散，这样才能形成有效的过渡态。所以，溶剂的极性增强对双分子反应都是不利的，且由于 E2 的过渡态比 S_N2 电荷更分散，所以更加不利。总体来说，溶剂极性的增大有利于取代，而不利于消除。如表 10-2。

表 10-2　溶剂极性对 E1 和 E2 反应中所形成的烯烃量的影响

反应物	温度/℃	无水乙醇/%	含 20% 水的乙醇/%	机理
(CH₃)₃C-Br	25	19.6	12.6	E1
(CH₃)₂CH-Br	55	71	59	E2

④ 温度的影响　温度的升高有利于消除反应，这是因为一方面，消除反应需要较高的活化能，另一方面，温度升高会使分子的热运动加剧，由于位阻的原因，试剂进入相对拥挤的"碳中心"进行反应的概率将减少。

（4）β-消除反应的立体化学　实验证明，大多数 E2 反应都是反式消除的，即离去基团与脱去的 β-H 处于反式位置。这是因为，在形成 π 键时，为了达到电子云的最大重叠，轨道必须处于同一平面上，即要求 L-C-C-H 处于同一平面上。这有两种情形，即交叉式共平面（反式共平面）和重叠式共平面（顺式共平面），前者是较稳定的构象，能量上有利，故一般发生反式消除。

5. 氧化反应

伯醇或仲醇中与羟基直接相连的碳原子上都有氢原子，这些氢原子受到羟基的影响，比较活泼，易被氧化。常用的氧化剂为 $KMnO_4$ 或 $K_2Cr_2O_7$ 等。伯醇氧化时先生成醛，醛是比醇本身更容易被氧化的物质，因此往往不能停留在醛这一步，而会进一步氧化成羧酸，要得到醛就必须严格控制反应条件或使用比较温和的氧化剂。仲醇氧化则生成酮。叔醇不含有 α-H，在此条件下不能被氧化，如果在剧烈条件下氧化（如硝酸），则碳链断裂。

$$R-\overset{\overset{\displaystyle H}{|}}{\underset{\underset{\displaystyle H}{|}}{C}}-OH \xrightarrow[\text{或 } Na_2Cr_2O_7, H^+]{KMnO_4, H^+} RCHO \longrightarrow RCOOH$$

$$R-\overset{\overset{\displaystyle H}{|}}{\underset{\underset{\displaystyle R'}{|}}{C}}-OH \xrightarrow[\text{或 } Na_2Cr_2O_7, H^+]{KMnO_4, H^+} \overset{R}{\underset{R'}{}}C=O$$

有机氧化反应是有机反应中的一大类型，反应机理比较复杂，但大多数反应以自由基机理进行。需要注意的是，有机化合物的氧化与无机化合物不同，被氧化的碳原子没有化合价的变化，但可以从氧化剂的变化看出反应的发生。基于这种情况，在有机化学中通常把加氧或去氢的反应都称为氧化，加氢或去氧的反应都称为还原。

6. 邻二醇的特殊反应

邻二醇为二元醇，除了具有醇的通性外，还可以发生一些特殊的反应。

（1）与高碘酸（H_5IO_6）的反应　　高碘酸可将邻二醇从两个羟基所在碳原子之间氧化断裂，形成两分子碳基化合物：

$$\underset{\underset{\displaystyle OH}{|}}{RCH}-\underset{\underset{\displaystyle OH}{|}}{CHR'} \xrightarrow[H_2O]{H_5IO_6} RCHO + R'CHO + HIO_3$$

生成的碘酸可与 $AgNO_3$ 溶液反应生成白色 $AgIO_3$ 沉淀，十分灵敏，因此这一方法可用于邻二醇的定性和定量测定，根据产物的结构可以推断邻二醇的结构，根据碘酸银的质量可以计算邻二醇的含量。

（2）酸催化脱水　　邻二醇在酸性条件下脱水不是生成烯烃或醚，而是生成羰基化合物：

$$R-\overset{\overset{\displaystyle R}{|}}{\underset{\underset{\displaystyle OH}{|}}{C}}-\overset{\overset{\displaystyle R}{|}}{\underset{\underset{\displaystyle OH}{|}}{C}}-R \xrightarrow{H^+} R-\overset{\overset{\displaystyle R}{|}}{\underset{\underset{\displaystyle R}{|}}{C}}-\overset{}{\underset{\underset{\displaystyle O}{\|}}{C}}-R + H_2O$$

频哪醇　　　　　　　　频哪酮

这类反应称为频哪醇重排，其反应机理为：

$$R-\overset{\overset{\displaystyle R}{|}}{\underset{\underset{\displaystyle OH}{|}}{C}}-\overset{\overset{\displaystyle R}{|}}{\underset{\underset{\displaystyle OH}{|}}{C}}-R \xrightarrow{H^+} R-\overset{\overset{\displaystyle R}{|}}{\underset{\underset{\displaystyle OH}{|}}{C}}-\overset{\overset{\displaystyle R}{|}}{\underset{\underset{\displaystyle OH_2^+}{|}}{C}}-R \xrightarrow{-H_2O} R-\overset{\overset{\displaystyle R}{|}}{\underset{\underset{\displaystyle OH}{|}}{C}}-\overset{\overset{\displaystyle R}{|}}{\underset{+}{C}}-R \longrightarrow$$

$$R-\overset{\overset{\displaystyle R}{|}}{\underset{\underset{\displaystyle +}{\underset{HO}{\|}}}{C}}-\overset{\overset{\displaystyle R}{|}}{\underset{}{C}}-R \Longleftrightarrow R-\overset{}{\underset{\underset{+}{\underset{HO}{\|}}}{C}}-\overset{\overset{\displaystyle R}{|}}{\underset{\underset{\displaystyle R}{|}}{C}}-R \xrightarrow{-H^+} R-\overset{}{\underset{\underset{\displaystyle O}{\|}}{C}}-\overset{\overset{\displaystyle R}{|}}{\underset{\underset{\displaystyle R}{|}}{C}}-R$$

具有相似结构的化合物如邻氨基醇，在重氮化后也可发生同样的重排反应。

10.1.4　醇的制备

（1）烯烃水合法　　烯烃水合法分为直接水合法和间接水合法，直接水合法是在一定温度和压力下，烯烃与水在磷酸或硫酸等催化剂的存在下直接加成生成醇，反应遵循马氏规则。工业生产中大多采用此法。例如：

$$CH_2{=}CH_2 + H_2O \xrightarrow[300\text{℃},10\text{ MPa}]{H_3PO_4} CH_3CH_2OH$$

间接水合法是将烯烃先与硫酸加成生成硫酸单烷基酯或二烷基酯，后者再水解生成相应的醇。例如：

$$CH_3CH{=}CH_2 + H_2SO_4 \longrightarrow CH_3-\underset{\underset{OSO_3H}{|}}{CH}-CH_3 \xrightarrow{H_2O} CH_3-\underset{\underset{OH}{|}}{CH}-CH_3$$

（2）烯烃的硼氢化-氧化　烯烃与乙硼烷反应生成三烷基硼，再在碱性溶液中，用过氧化氢直接氧化就得到醇。该反应简单方便，产率高。它最大的特点是有高度的方向选择性，水分子在双键上加成方向总是反马尔科尼科夫规则的。所以，不对称烯烃通过该方法可制备相应的伯醇，例如：

$$CH_3CH{=}CH_2 + B_2H_6 \xrightarrow{THF} (CH_3CH_2CH_2)_3B \xrightarrow[NaOH]{H_2O_2} CH_3CH_2CH_2OH$$

（3）α碳的氧化　烯烃的α碳原子可以被一些氧化剂选择性氧化生成α，β-不饱和醇，可用于合成用气态方法难以合成的醇。常用的氧化剂是SeO_2，反应在乙酸或乙酸酐中进行，最好用于5个碳原子以上的烯烃。例如：

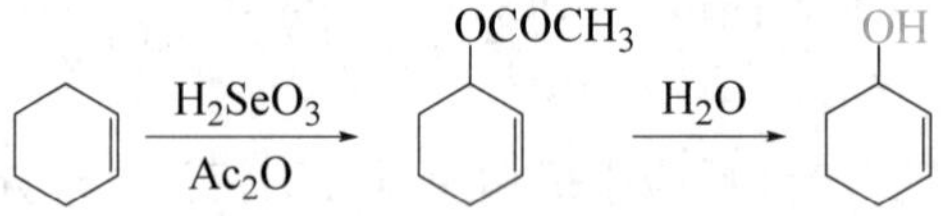

（4）$KMnO_4$、OsO_4和过氧酸氧化　这三个氧化剂均可将烯烃氧化成邻二醇。例如：

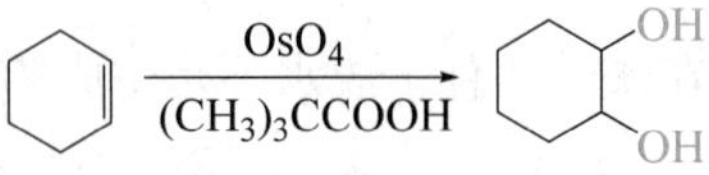

（5）由羰基化合物还原制备　含有羰基的化合物，如醛、酮、羧酸及其羧酸衍生物等都可以作为合成醇的原料，它们能催化加氢（催化剂为镍、铂或者钯），或用还原剂（$LiAlH_4$或$NaBH_4$）还原生成醇。除酮还原生成仲醇外，醛、羧酸还原都生成伯醇。

$$CH_3CH_2CH_2CHO \xrightarrow[H_2O]{NaBH_4} CH_3CH_2CH_2CH_2OH$$

$$CH_3CH_2COCH_3 \xrightarrow[H_2O]{NaBH_4} CH_3CH_2CHOHCH_3$$

羧酸难以还原，与一般化学还原剂不起反应，但可被$LiAlH_4$还原成醇。

$$CH_3COOH + LiAlH_4 \xrightarrow{(CH_3CH_2)_2O} CH_3CH_2OH$$

（6）由格利雅试剂制备　格利雅试剂与醛或者酮作用，发生加成反应，烃基加到羰基的碳原子上，而—MgX加到氧原子上，加成产物水解即可生成醇。从甲醛可以制备伯醇，从其他醛可以制备仲醇，酮可以制备叔醇。具体可参见醛酮的部分。

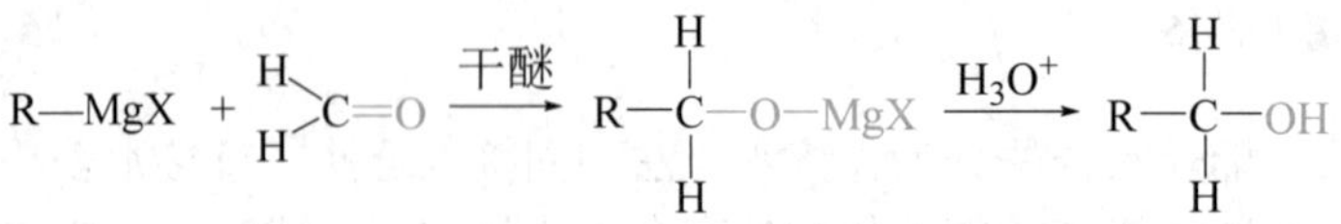

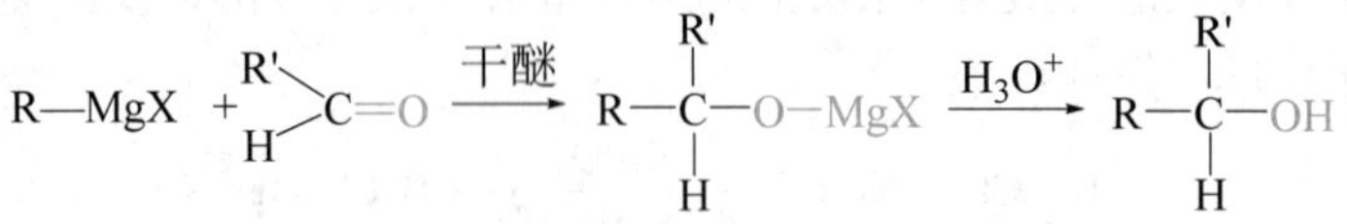

$$R—MgX + \overset{R'}{\underset{R''}{\bigg\rangle}}C{=}O \xrightarrow{\text{干醚}} \overset{R'}{\underset{R''}{R—\overset{|}{\underset{|}{C}}—O—MgX}} \xrightarrow{H_3O^+} \overset{R'}{\underset{R''}{R—\overset{|}{\underset{|}{C}}—OH}} \quad \text{叔醇}$$

（7）由卤代烃制备　卤代烃直接水解可以得到醇。例如：

$$\text{C}_6\text{H}_5\text{CH}_2\text{Cl} + \text{H}_2\text{O} \xrightarrow{\text{Na}_2\text{CO}_3} \text{C}_6\text{H}_5\text{CH}_2\text{OH}$$

除了以上方法外，还有一些方法，如酯的水解、醚的水解，以及某些醛的歧化反应等都可以制备得到相应的醇。

10.1.5　硫醇

1. 硫醇的命名和结构

醇分子中的氧原子被硫原子所代替而形成的化合物称为硫醇。硫醇（R—SH）中的—SH 称为巯基。硫醇的命名与醇类似，只需把"醇"字改为"硫醇"。结构较复杂的硫醇，将—SH 作为取代基命名。例如：

$$\text{CH}_3\text{SH} \qquad \text{C}_2\text{H}_5\text{SH} \qquad \underset{\text{SH\ \ SH}}{\text{CH}_2\text{CHCH}_3} \qquad \text{HSCH}_2\text{CH}_2\text{OH}$$

甲硫醇　　　乙硫醇　　　1,2-丙二硫醇　　2-巯基乙醇

S 原子与 O 原子位于同一主族，具有类似的外层电子结构特征，但由于硫原子的价电子层存在空的 3d 轨道，因此也存在一定的差异。这两个原子的价电子层均有 2 个未配对的电子，当与两个其他原子的未共用电子配对时，就可形成二价化合物，在成键时是以 sp³ 杂化的方式进行的，因此水、硫化氢、醇和硫醇均具有四面体的结构。

2. 硫醇的物理性质

与硫化氢相似，分子量较低的硫醇有毒，具有极其难闻的臭味，例如正丙硫醇的气味类似新切碎的葱头发出的气味。臭鼬用作防御武器的分泌液中就含有多种硫醇，散发出恶臭，以防外敌接近。硫醇即使量很小，气味也非常大，如在燃料气中加入极少量的叔丁硫醇，一旦漏气，臭味就会四溢，从而自行报警。不过巯基化合物在动植物体内都有存在，甚至可以说维持生命必须有硫醇，例如半胱氨酸就是多数天然多肽和蛋白质中常见的组分之一。

硫原子的电负性比氧小，外层电子离核较远，受核的束缚力较小，所以巯基间的相互作用比较弱，不易形成氢键，这使得它们的沸点及在水中的溶解度均比同碳原子数目的醇要低得多，例如甲醇的沸点为 64.96 ℃，而甲硫醇为 6 ℃。

3. 硫醇的化学性质

（1）弱酸性　由于硫原子的 3p 轨道离核较远，受核的引力较小，同时 3p 轨道比氧原子的 2p 轨道发散，致使它与氢原子的 1s 轨道间的重叠不如氧原子，使得氢原子比较容易解离，因此硫醇的酸性比醇要强得多，如乙醇的 pK_a 为 18，而乙硫醇为 10.5，因此乙硫醇与氢氧化钠的反应是一个自发反应：

$$\text{C}_2\text{H}_5\text{SH} + \text{NaOH} \longrightarrow \text{C}_2\text{H}_5\text{SNa} + \text{H}_2\text{O}$$

除与活泼金属的反应外，硫醇还能与金属氧化物或盐反应得到相应的硫醇盐。例如：

$$\text{RSH} + \text{HgO} \longrightarrow (\text{RS})_2\text{Hg} + \text{H}_2\text{O}$$

过渡金属的醇盐是重要的功能材料，而巯基与重金属离子的作用（反应或配合）是重金

属中毒的主要原因，但也可利用巯基化合物作为重金属中毒后的解毒剂，如 2,3-二巯基丙醇（BAL）等。

$$CH_2-CH-CH_2 \xrightarrow{Hg^{2+}} CH_2-CH-CH_2$$
$$\quad OH \quad SH \quad SH \qquad\qquad OH \quad S \quad S$$
$$\qquad\qquad\qquad\qquad\qquad\qquad\qquad Hg$$

（2）氧化反应　由于硫原子比碳原子更容易氧化，而且 S—H 键又比 O—H 键容易断裂，因此硫醇远比醇容易被氧化，反应均发生在硫原子上。硫醇容易被缓和的氧化剂（H_2O_2、O_2 和 I_2 等）氧化成二硫化物：

$$2RS-H + H_2O_2 \longrightarrow RS-SR + 2H_2O$$
$$2RS-H + I_2 \longrightarrow RS-SR + 2HI$$

该反应可以定量进行，因此可用来测定巯基化合物的含量。在石油工业中，利用这个反应所生成的二硫化物无酸性，可以避免硫醇的酸性腐蚀，并可以同时脱去硫醇的恶臭味。

还有某些金属氧化物如 Fe_2O_3 和 MnO_2 等都可作为该类反应的氧化剂。这种温和的反应条件在蛋白质和多肽的合成中非常重要，常用于构建二硫桥键。

如采用强氧化剂如 HNO_3 和 $KMnO_4$ 等进行氧化，则可将硫醇氧化成磺酸：

$$RSH \longrightarrow RSOH \longrightarrow RSO_2H \longrightarrow RSO_3H$$
$$\qquad\quad 次磺酸 \qquad 亚磺酸 \qquad 磺酸$$

例如：

$$ClCH_2CH_2-\overset{\underset{\displaystyle CH_3}{|}}{\underset{\underset{\displaystyle CH_3}{|}}{C}}-SH + H_2O_2 \xrightarrow{HOAc} ClCH_2CH_2-\overset{\underset{\displaystyle CH_3}{|}}{\underset{\underset{\displaystyle CH_3}{|}}{C}}-SO_3H + H_2O$$

磺酸也是一类重要的有机化合物，高级脂肪族磺酸盐是性能优良的表面活性剂，是合成洗涤剂的主要成分之一，芳香族磺酸除用作表面活性剂外，也是很好的酸性催化剂，如对甲苯磺酸，聚苯乙烯磺酸树脂既可用作酸性催化剂，也是离子交换树脂的主要品种。

磺酸的性质与羧酸相似，但其酸性比羧酸强得多。磺酸也可形成磺酸衍生物如磺酰氯、磺酸酯和磺酰胺等，这些衍生物的反应活性则比羧酸衍生物差得多。磺酸衍生物比磺酸更重要，如磺胺药物在医药发展史上曾起过举足轻重的作用，而磺酰脲类除草剂则是超高效农药品种的典型代表。

（3）酯化反应　与醇相似，硫醇也可以和羧酸发生酯化反应。

$$RSH + R'COOH \rightleftharpoons R'-\overset{\displaystyle O}{\overset{\|}{\underset{\underset{\displaystyle SR}{|}}{C}}} + H_2O$$

（4）分解反应　硫醇可以发生氢解和热解反应，工业上可用来脱硫。

$$RSH \begin{cases} \xrightarrow[CoMnO_4, 340\sim400℃]{\text{氢解, } +H_2} RH + H_2S \\ \xrightarrow[150\sim250℃]{\text{热解}} 烯烃 + H_2S \end{cases}$$

4. 硫醇的制备

（1）由卤代烃制备　卤代烃与硫氢化物反应可以得到硫醇：

$$RX + KHS \longrightarrow RSH + KX$$

但在反应中必须使用大量的硫氢盐，以避免副产物硫醚的产生。这是因为产物硫醇也可与硫氢盐反应生成硫醇盐，而后者又会与卤代烃反应得到硫醚，致使收率不高：

$$RSH + HS^- \rightleftharpoons RS^- + H_2S$$

$$RS^- + RX \longrightarrow RSR + X^-$$

（2）由烯烃制备　烯烃与硫化氢加成可制备硫醇。例如：

$$(CH_3)_2C{=}CH_2 + H_2S \xrightarrow{H^+} (CH_3)_3CSH$$

由于含硫化合物易形成自由基，该反应也可在自由基引发剂的作用下进行自由基加成，得到反马氏加成的硫醇。

（3）磺酰氯的还原　例如：

$$CH_3CH_2CH_2CH_2SO_2Cl \xrightarrow{LiAlH_4} CH_3CH_2CH_2CH_2SH$$

10.1.6　重要醇类代表化合物

自然界中含羟基和巯基的化合物很多，由极简单的甲醇、乙醇到比较复杂的含多个官能团的化合物，如乳酸、酒石酸、糖类和某些氨基酸等，它们是动植物生命周期中不可缺少的物质。本节介绍一些常见的简单化合物。

（1）甲醇　甲醇最初是从木材的干馏得到的，所以又称木醇或木精，为无色液体，沸点65℃，工业上由水煤气制备而得：

$$CO + H_2 \xrightarrow[\text{CuO-ZnO-Cr}_2\text{O}_3]{20MPa, 300℃} CH_3OH$$

甲醇有毒，服入 10mL 就能使双目失明，30mL 即能致死。甲醇除用作溶剂外，也是重要的有机合成原料，是碳一化工的支柱。以甲醇为原料目前已可生产 120 多种深加工产品，如甲胺、甲醛、甲酸、甲醇钠、二甲基甲酰胺、硫酸二甲酯、甲基丙烯酸甲酯、乐果、敌百虫、马拉硫磷、长效磺胺及维生素 B_6 等。

（2）乙醇　乙醇是酒的主要成分，所以俗名酒精。我国在两千多年前就用发酵法制酒，使用的原料是含淀粉的谷物、马铃薯或甘薯等。淀粉经酒曲的作用发酵成酒是一个相当复杂的生物化学过程，大体可分为糖化和酒化两个阶段：

$$(C_6H_{10}O_5)_n \xrightarrow{\text{淀粉酶}} C_{12}H_{22}O_6 \xrightarrow{\text{麦芽糖酶}} C_6H_{12}O_6 \xrightarrow{\text{酒化酶}} C_2H_5OH + H_2O$$

淀粉　　　　　麦芽糖　　　　　葡萄糖

糖化阶段　　　　　　　　　酒化阶段

发酵液中除含 10%~18% 的乙醇外，还含有丁二酸、甘油、乙醛和杂醇油等，其中杂醇油是由谷物中所含的氨基酸分解而来的，主要成分是含 3~5 个碳原子的伯醇。将发酵液分馏可以得到含 95.5% 乙醇和 4.5% 水的混合液，即工业酒精，沸点 78.15℃，它是一个恒沸液，其中的水分用一般的分馏方法无法除去，而需采取其他方法，如加入无水氯化钙干燥，再将乙醇蒸出，这样可得到 99.5% 的无水乙醇。

利用酒曲发酵是我国古代劳动人民的一项重大发明，直到 19 世纪，这一方法才传到欧洲，沿用至今。

乙醇是有机化工中的一种重要基础化工原料，主要用作溶剂和合成各种酯类、乙醚、氯乙烷、乙胺等。用发酵法生产乙醇需要耗费大量的粮食，每生产 1 吨乙醇约需消耗 3 吨粮食。现在工业上生产乙醇主要是以石油裂解气中的乙烯为原料经水合而得到的。

随着世界性能源的短缺和化石能源的日益枯竭，寻找新的能源替代品已成为世界各国发展中的重中之重。目前，以玉米和甘蔗为主要原料的燃料乙醇业已成为一个重点产业，在美国、巴西、中国等得到很大发展。当前燃料乙醇的生产主要以粮食为主，对粮食安全是一个挑战，因此发展以纤维素为原料的新工艺是燃料乙醇产业发展中的重点。

（3）丙三醇　丙三醇俗称甘油，为无色、无臭、有甜味的黏稠液体，相对密度 1.2613，熔点 20℃，沸点 290℃（分解），能与水以任意比例混溶，但在乙醇中的溶解度较小。甘油以酯的形式存在于动植物油脂中，可从油脂制皂的残液中提取得到。无水甘油具有吸湿性，能吸收空气中的水分，至含 20%水分后便不再吸水，因此甘油常用作化妆品、皮革、烟草、食品及纺织品等的吸湿剂。甘油也是有机合成的重要原料，其中硝酸甘油可用作炸药，以及临床上用于治疗心绞痛。

（4）环己六醇　环己六醇又名肌醇，为白色结晶，熔点 225℃，相对密度 1.752，能溶于水，而不溶于无水乙醇、乙醚中，有甜味。主要用于治疗肝硬化、肝炎、脂肪肝以及胆固醇过高等症。肌醇存在于动物心脏、肌肉和未成熟的豌豆等中，是某些动物和微生物生长所必需的物质。肌醇的六磷酸酯广泛存在于植物界，叫作植物精（植酸）。

（5）苯甲醇　又称苄醇，以酯的形式存在于许多植物精油中。苯甲醇具素馨香味，相对密度 1.019，沸点 205℃，稍溶于水，能与乙醇、乙醚等混溶，长期与空气接触会被氧化成苯甲醛。苯甲醇多用于香料工业，可作香料的溶剂和定香剂，是茉莉、月下香、依兰等香精调配时不可缺少的原料，用于配制香皂、日用化妆品。由于苯甲醇有微弱的麻醉作用，也常用作注射时的局部麻醉剂。

10.2　酚

10.2.1　分类、命名和结构

羟基直接与芳环相连的化合物称为酚，通式为 ArOH。按酚类分子中所含羟基数目的多少，可分为一元酚和多元酚。

酚类化合物的命名，一般是以酚为母体，芳环上连接的其他基团作为取代基。例如：

一元酚：

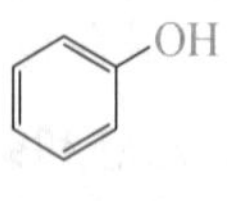

苯酚 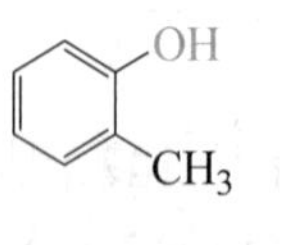　　　邻甲基苯酚 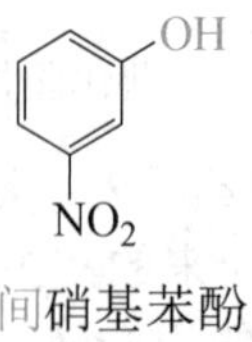　　　间硝基苯酚 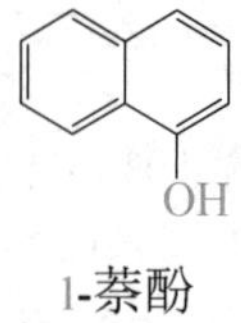　　　1-萘酚

二元酚：

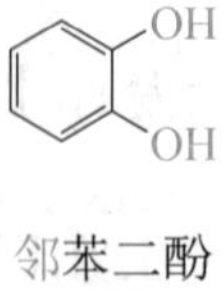

邻苯二酚 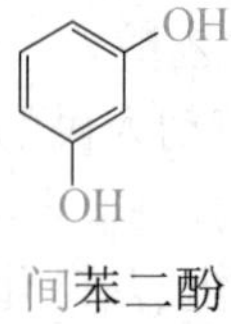　　　间苯二酚

但当取代基的序列优先于酚羟基时，则按取代基的排列次序的先后来选择母体。一般常用的取代基团的先后排列次序如下：—COOH，—SO₃H，—COOR，—COX，—CONH₂，—CN，—CHO，—OH(醇)，—OH(酚)，—NH₂，—OR。磺酸基在—OH 之前，例如：

$$—COOH, —SO_3H, —COOR, —COX, —CONH_2, —CN, —CHO, —OH(醇), —OH(酚), —NH_2, —OR$$

邻羟基苯磺酸　　　　间羟基苯甲醛

酚的结构可看作卤代芳烃和醇的结合体。一方面，羟基具有吸电子的诱导效应，另一方面，氧原子又与苯环具有给电子的 p-π 共轭效应。由于氧原子的电负性比卤素小，它们的共轭效应比诱导效应要强得多，所以是强的活化苯环的取代基，降低了氧原子周围的电子云密度，对质子的束缚力降低，使得它们的酸性大大强于醇。

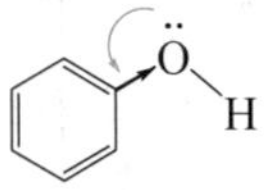

10.2.2　物理性质

除少数烷基酚是液体外，多数酚都是固体，由于分子间存在氢键，所以沸点都很高。酚微溶于水，其溶解度随羟基数目的增多而增加。酚能溶于乙醇、乙醚、苯等有机溶剂。纯的酚是无色的，但往往由于氧化而带有红色乃至褐色。

硫酚和硫醇相似，由于巯基间的相互作用很弱，不易形成氢键，故它们的熔点、沸点及在水中的溶解度比相应的酚要低得多。例如苯酚的沸点为 181.4℃，而苯硫酚的沸点为 168℃。

由于共轭效应的存在，（硫）酚的紫外吸收光谱会发生明显的红移，吸收强度也大大增强。例如：

苯酚：$\lambda_{max}=211nm$（$\varepsilon_{max}=6200$）；$\lambda_{max}=270nm$（$\varepsilon_{max}=1450$）（乙醇）

苯酚盐：$\lambda_{max}=235nm$（$\varepsilon_{max}=9400$）；$\lambda_{max}=287nm$（$\varepsilon_{max}=2600$）（水）

在酚的红外光谱中，ν_{O-H} 在 3650~3320cm⁻¹ 区域出现强的吸收带，如在羟基邻位存在杂原子，则会因为氢键的存在而偏低，ν_{C-O} 在 1200cm⁻¹ 附近出现强而宽的吸收带。δ_{O-H} 在 1350cm⁻¹ 附近产生宽的吸收带，强度比 ν_{C-O} 带低，在分析中具有参考价值。

酚羟基质子的 NMR 信号一般在 4.5~8.0 之间，但如果存在分子内氢键，则会向低场移动。

10.2.3　化学性质

1. 活泼氢上的反应

（1）酸性　苯酚具有微弱的酸性，其 pK_a 值约为 10.0，比醇、水（15.73）强，但比碳酸（6.38）弱。大多数酚的 pK_a 值都在 10 左右。所以它能溶于 NaOH 水溶液生成酚钠，例如：

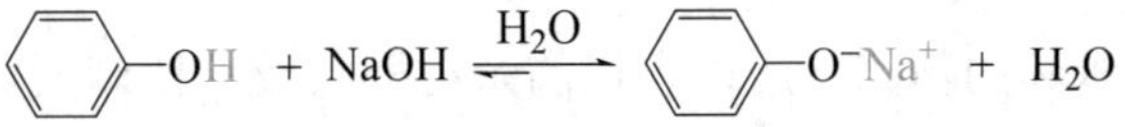

但苯酚酸性比碳酸弱，所以不能溶于 NaHCO₃ 溶液中，在苯酚钠的水溶液中通入 CO₂ 时，苯酚即可游离出来。工业上常用来回收处理含酚废水。

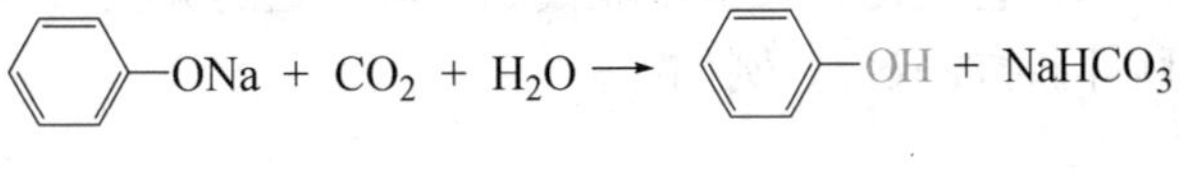

在结构中我们分析了酚的酸性是由苯环的影响而产生的，所以苯环上不同的取代基也将影响苯酚的酸性。当苯环上带有吸电子基团（—NO₂，—X 等）时，苯环的电子云密度降低，酚的酸性会增强，如 2,4,6-三硝基苯酚（苦味酸）的酸性已接近无机强酸的强度。当苯环上带有供电子基团（—CH₃，—C₂H₅）时，苯环的电子云密度会增强，酚的酸性减弱，如甲基酚的酸性比苯酚弱。苯酚及部分取代酚的 pK_a 值见表 10-3。

表 10-3   苯酚及其部分取代酚的 pK_a 值

化合物 取代基（Y）	Y ⌬ OH	Y ⌬ OH	OH ⌬ Y
H	9.89	9.89	9.89
CH₃	10.20	10.01	10.17
F	8.81	9.28	9.81
Cl	8.11	8.80	9.20
Br	8.42	8.97	9.26
I	8.46	8.88	9.20
CH₃O	9.98	9.65	10.21
NO₂	7.17	8.28	7.15

硫酚的酸性更强，如苯硫酚的 pK_a 值为 7.8，能溶于 $NaHCO_3$ 水溶液中。凭此性质可区别苯酚和苯硫酚。

（2）与 $FeCl_3$ 的颜色反应   具有烯醇式结构的化合物大都可与三氯化铁反应生成带颜色的配离子，如苯酚显紫色，邻苯二酚和对苯二酚显绿色，甲基苯酚显蓝色等，可用于烯醇类化合物和酚类化合物的定性鉴定。

$$6ArOH + FeCl_3 \rightleftharpoons [Fe(OAr)_6]^{3-} + 6H^+ + 3Cl^-$$

（3）形成芳醚   酚与醇类似，也可生成醚，但酚羟基的碳氧键比较牢固，一般不能通过酚分子间脱水来制备。通常是由酚金属与烷基化剂（如碘甲烷或者硫酸二甲酯）在弱碱性溶液中作用而得。例如：

$$⌬—ONa + (CH_3)_2SO_4 \longrightarrow ⌬—OCH_3 + CH_3OSO_3Na$$

酚醚化学性质比酚稳定，不易氧化，而且酚醚与 HI 作用，又能分解而得到原来的酚，在有机合成上，常利用暂时转变成醚的方法来"保护酚羟基"，以免酚羟基在反应中被破坏，待反应以后再将醚分解，恢复原来的羟基。

$$⌬—OCH_3 + HI \longrightarrow ⌬—OH + CH_3I$$

2. 亲电取代反应

由于羟基是活化苯环的基团，所以它们的亲电取代反应比苯要容易得多，往往会得到多取代产物。

（1）卤代反应   苯与溴水不能发生反应，但苯酚不仅在常温下即可与溴水反应，且得到取代产物 2,4,6-三溴苯酚白色沉淀，甚至可取代邻、对位上的某些其他基团，如邻、对位有磺酸基团存在时，也可以同时被取代。例如：

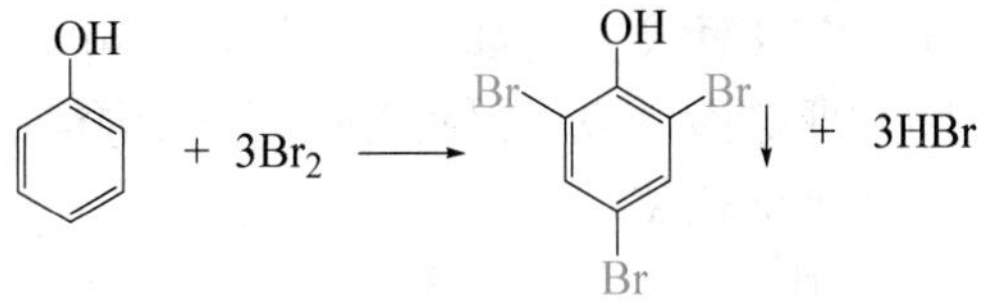

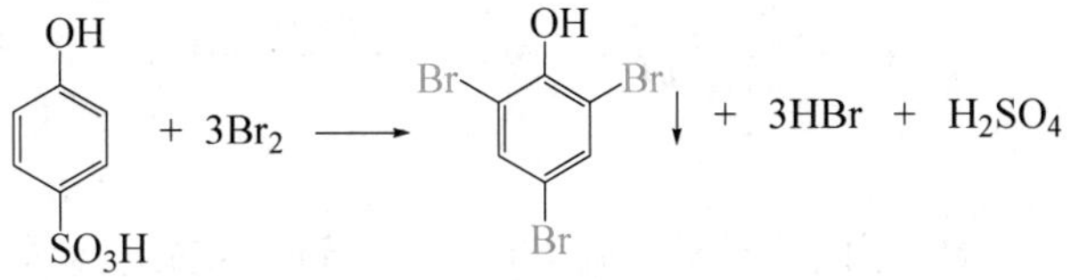

生成的三溴苯酚溶解度很小，即使很稀的苯酚溶液与溴水作用也能生成白色沉淀，灵敏度很高，因此可以用于苯酚的定性和定量测定。若继续向三溴苯酚中滴加溴水，便转化为黄色的四溴化物。后者可看作醌的溴代物，可以被还原为三溴苯酚。

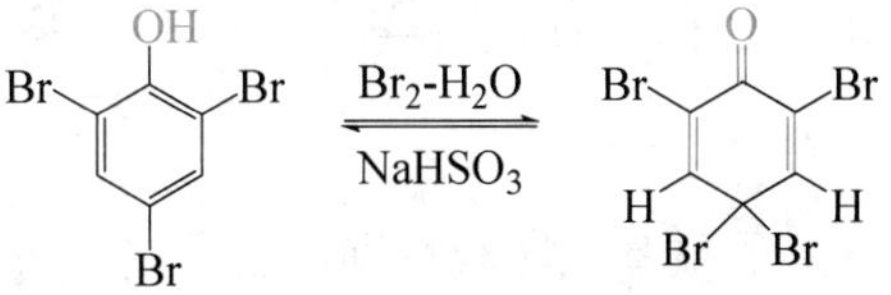

若在低极性或非极性溶剂中进行溴代，并控制溴的用量，则可得到一溴代产物：

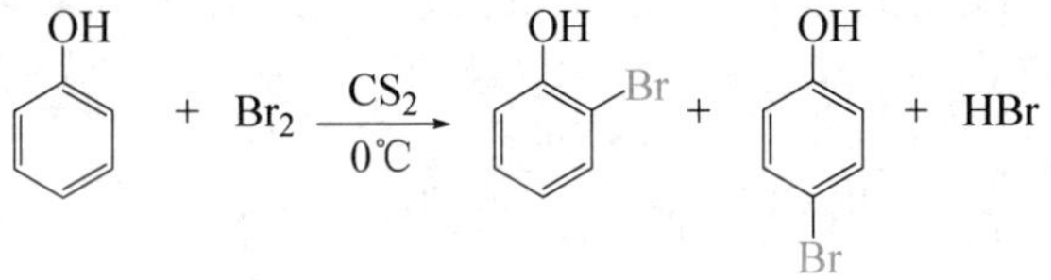

（2）硝化反应 苯酚在室温下就可被稀硝酸硝化，但由于苯酚同时也容易被硝酸氧化，故一般收率不高。

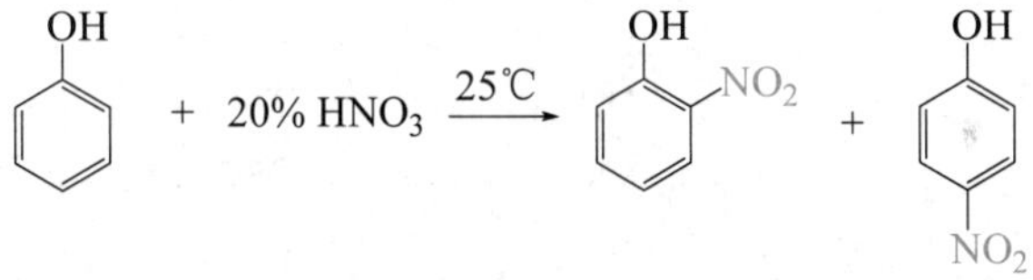

邻硝基苯酚可以形成分子内氢键，而对硝基苯酚只能形成分子间氢键，所以前者的沸点比后者低得多，二者可采用水蒸气蒸馏的方法将其分离。

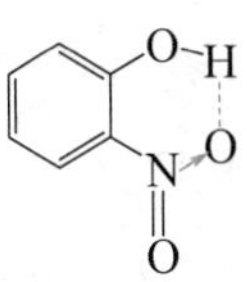

邻硝基苯酚分子内氢键螯合 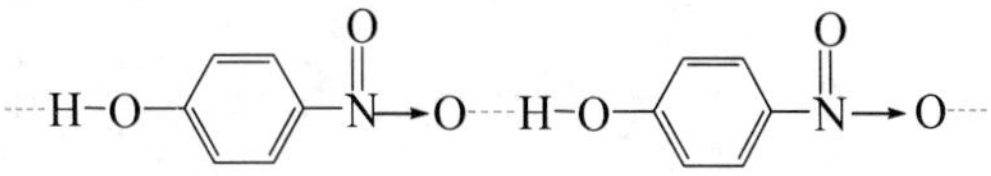　　　　　　对硝基苯酚分子间氢键缔合

若用浓硝酸硝化可得到三硝基苯酚：

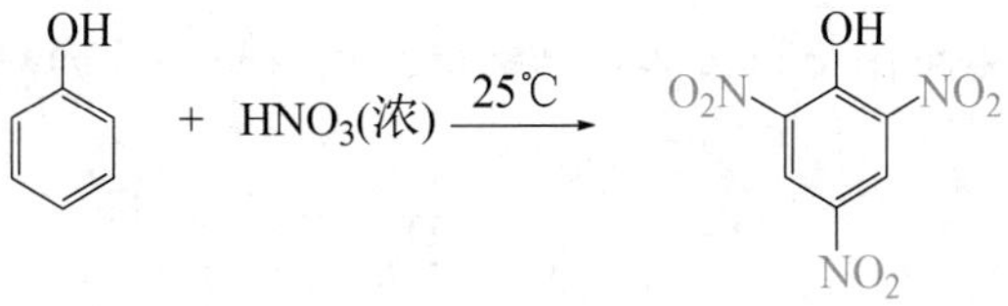

2,4,6-三硝基苯酚俗称苦味酸，酸性很强，其 pK_a 值为 0.16，为黄色结晶，熔点 122℃，

可溶于乙醇、乙醚及热水中。苦味酸及其盐都极易爆炸，可用于制造炸药和染料。

（3）亚硝化反应　苯酚和亚硝酸反应可得到对亚硝基苯酚，后者经氧化可得到对硝基苯酚，这样可得到不含邻位异构体的硝化产物：

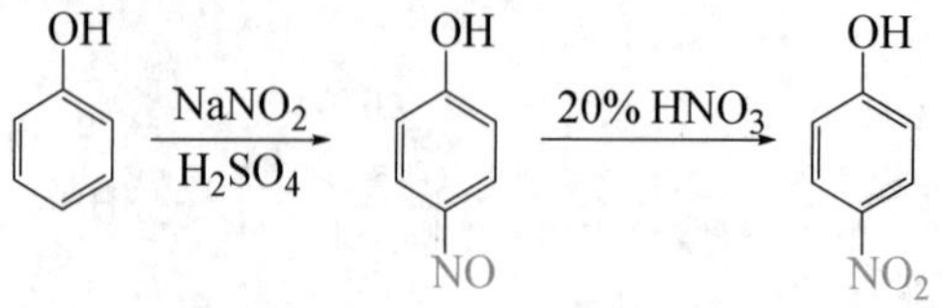

（4）傅-克烷基化反应　由于酚羟基的影响，酚比芳烃容易进行傅-克反应。但此处一般不用 $AlCl_3$ 为催化剂，因为酚羟基与其形成络合物使其失去催化能力从而影响产率。一般采用醇或者烯烃为烷基化试剂，浓硫酸为催化剂，例如：

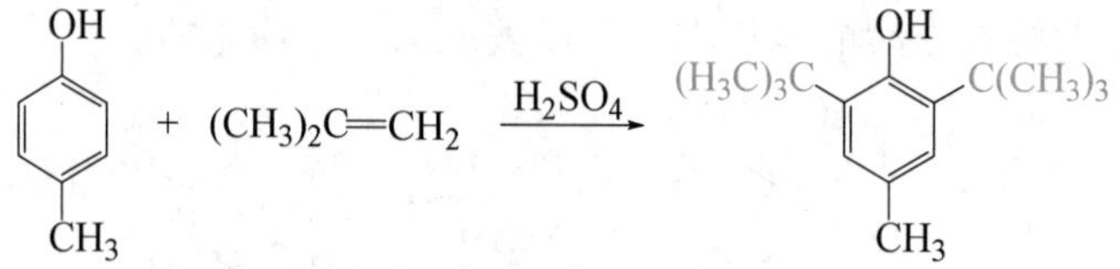

（5）傅-克酰基化反应　酚的酰基化比较特别，因为它在与酰基化试剂作用时，既可以在苯环上反应，也可在羟基上进行。一般而言，酸酐在酸催化下与酚反应可以在苯环上直接引入酰基。而在用酰氯作酰化试剂时，先生成的是羧酸酯，但它在氯化铝的作用下可发生重排得到苯环上的酰化产物。

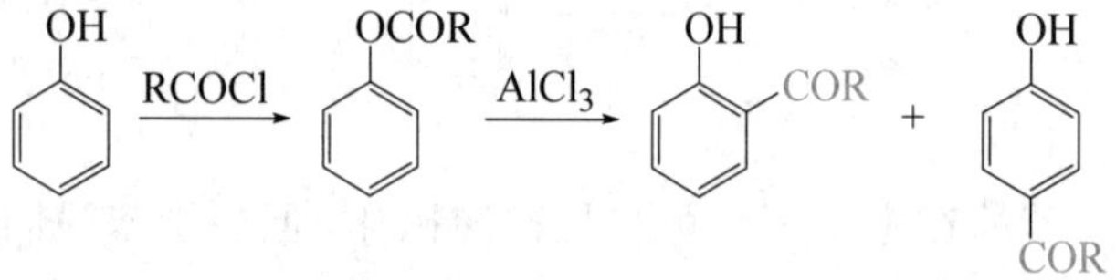

（6）与醛、酮的缩合反应　在酸或碱催化下，苯酚可与甲醛发生缩合反应生成线形或网状高分子酚醛树脂：

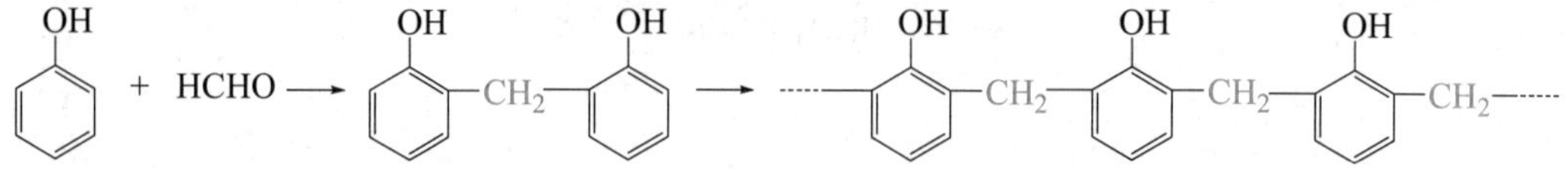

线形酚醛树脂

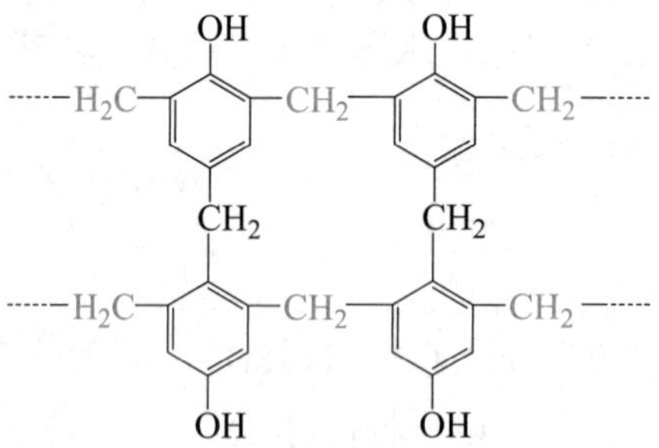

网状酚醛树脂

3. 氧化反应
酚比醇容易氧化，空气中的氧就能将苯酚氧化为对苯醌。例如：

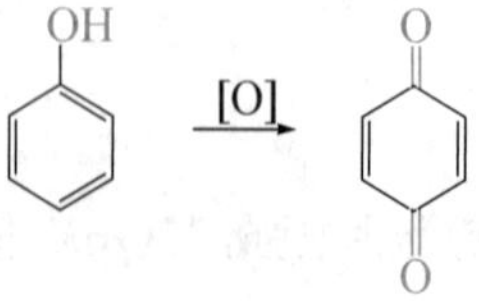

多元酚更易氧化，特别是两个或两个以上羟基互为邻、对位时最易氧化，如邻苯二酚被氧化为邻苯醌。

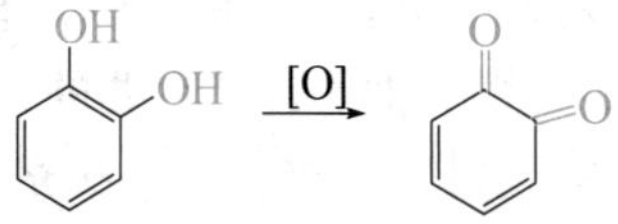

醌类化合物基本都是带有颜色的，这是酚类化合物常带有颜色的原因。

10.2.4 酚的制备

（1）芳香族磺酸盐的碱熔融法　芳香族磺酸盐与氢氧化钠（钾）一起熔融，磺酸基被羟基取代。这是早期制备酚的方法。例如：

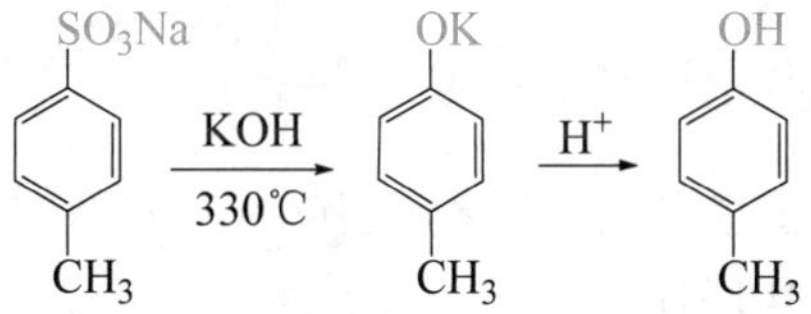

（2）卤代芳烃的水解　卤代芳烃在一般条件下难以发生水解生成酚，但在高温和高压下也能实现。当环上有强吸电子基团时会使反应变得容易。例如：

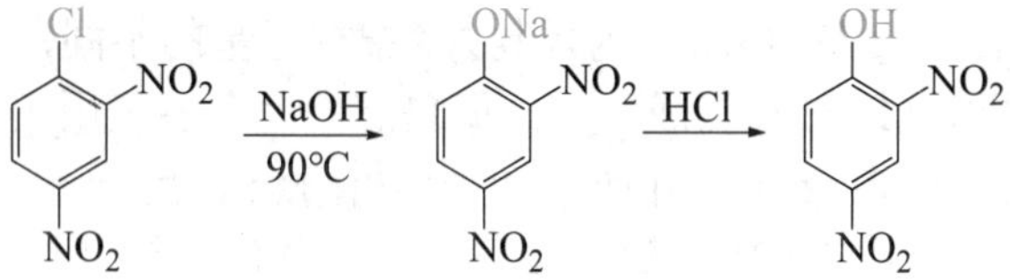

（3）芳香族重氮盐的水解　例如：

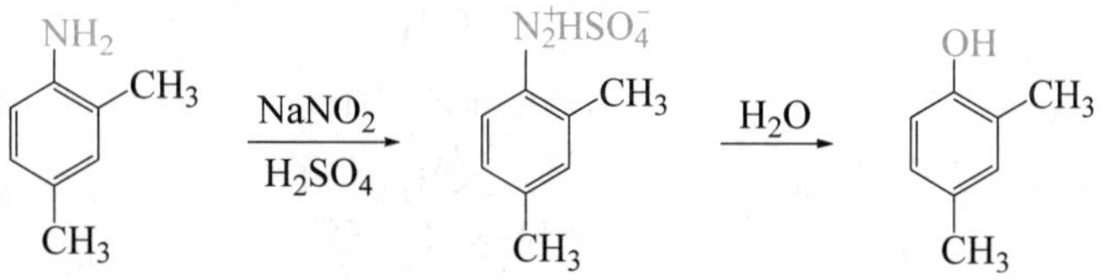

10.2.5 重要酚类代表化合物

（1）苯酚　苯酚俗称石炭酸，最早由煤焦油中提取得到。纯净的苯酚为无色针状结晶，熔点 43 ℃，有特殊臭味，见光或在空气中易被氧化而呈淡红色。苯酚在水中溶解度不大，但易溶于乙醇及乙醚。

苯酚是最重要的基础化工原料之一，在工业上的用途非常广，以其为原料生产的许多化工产品涉及各个科技领域和工业部门，如材料、纺织、医药、农药和表面活性剂等。

（2）对苯二酚　对苯二酚为无色晶体，能溶于水、乙醇和乙醚中。对苯二酚很容易被氧化，弱氧化剂如 Ag_2O、$AgBr$ 等即可将其氧化为对苯醌：

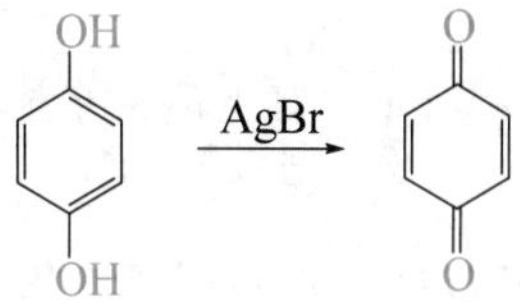

所以它可以用作感光材料中的显影剂。此外，它还可用作抗氧化剂 DBH 和食品用防老剂 BHA 等化学助剂的中间体，也是医药中间体龙胆酸、农用杀菌剂对苯二甲醚氯化衍生物及蒽醌染料和偶氮染料的原料，还广泛用于丙烯腈、苯乙烯等聚合物单体储运过程中作为阻聚剂。

（3）β-萘酚　　β-萘酚少量存在于煤焦油中，是重要的有机化工原料之一，广泛用于直接染料、酸性染料、冰染染料，以及感光树脂、香料、杀虫剂、橡胶防老剂，医药如抗生素、镇痛抗炎药物和抗冠心病药物的生产。近年来，β-萘酚用于合成 2-羟基-6-萘甲酸及 2,6-二羟基萘均是聚合物液晶的单体。

10.3　醚

10.3.1　结构、分类和命名

与醇一样，醚中的氧原子也是 sp^3 杂化，因此具有四面体的构型，其中 C—O—C 的键角约为 110°，醚的 C—O 键长 0.141nm。

$$\underset{R}{}\overset{R'}{\underset{\ddots}{O}}$$

醚的结构通式为 R—O—R′（R，R′为烃基）。根据烃基的不同，可以分为单醚（R＝R′），混合醚（R≠R′）和环醚（R 与 R′构成环）。简单醚的命名多采用习惯命名法，例如：

$$CH_3CH_2OCH_2CH_3 \qquad (CH_3)_2CHOCH(CH_3)_2$$
二乙醚（乙醚）　　　　　二异丙醚（异丙醚）

简单的混合醚命名时只需在"醚"字前分别加上两个烃基的名称即可。例如：

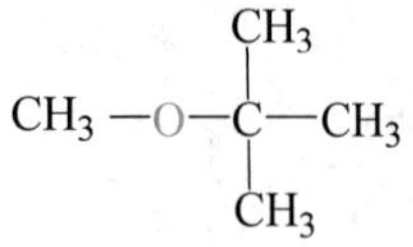

$$CH_3-O-\underset{\underset{CH_3}{|}}{\overset{\overset{CH_3}{|}}{C}}-CH_3$$

甲基叔丁基醚

在混合醚中，若其中一个烃基很复杂，而另一个比较简单，则也可以将复杂基团作为母体，而把简单的基团作为含氧取代基来命名。例如：

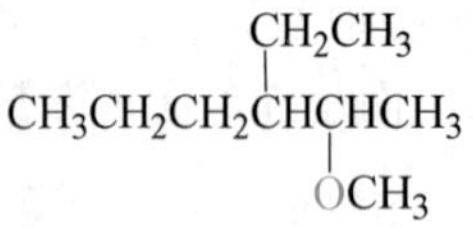

$$CH_3CH_2CH_2\underset{\underset{OCH_3}{|}}{\overset{\overset{CH_2CH_3}{|}}{CH}}CHCH_3 \qquad CH_3\underset{\underset{CH_3}{|}}{\overset{\overset{OH}{|}}{C}}CH_2CH_2OCH_3$$

3-乙基-2-甲氧基己烷 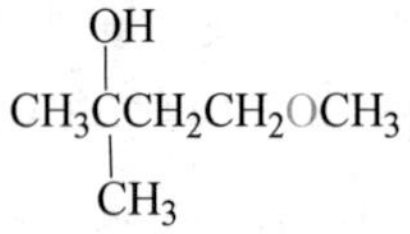　　　　2-甲基-4-甲氧基-2-丁醇

环醚一般叫作环氧某烃，或按杂环化合物的方法来命名。例如：

环氧乙烷 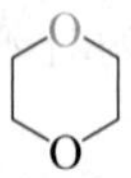　　　1,4-二氧六环　　　1,4-环氧丁烷
　　　　　　　（二噁烷）　　　　　（四氢呋喃）

多元醚是多元醇的衍生物，命名时首先写出多元醇的名称，再写出另一部分烃基的数目

和名称，最后加上"醚"字即可。例如：

$$\begin{matrix} CH_2OC_2H_5 \\ | \\ CH_2OC_2H_5 \end{matrix} \qquad\qquad \begin{matrix} CH_2OH \\ | \\ CH_2OCH_3 \end{matrix}$$

乙二醇二乙醚　　　　　乙二醇单甲醚

10.3.2　物理性质

在常温下，除二甲醚和甲乙醚为气体外，大多数醚为有香味的液体。醚的沸点与它相同分子质量的醇相比要低得多，与分子质量相当的烷烃却很接近。例如，正戊烷的沸点为 36.1℃，乙醚为 34.5℃，而正丁醇为 117℃。醚的密度也比醇小，其原因也是醚分子间不能形成氢键。但由于醚分子中的氧原子能与水形成氢键，所以醚在水中的溶解度与同数碳原子的醇相近，例如乙醚和正丁醇在水中的溶解度都约为 8g/100g 水（见表 10-4）。

表 10-4　醚的物理性质

名称	熔点/℃	沸点/℃	$d_4(20℃)$	$n_D(20℃)$
甲醚	−138.5	−24.9	0.661	—
甲乙醚	—	10.8	0.725	1.342
乙醚	−116.2	34.5	0.713	1.352
正丙醚	−112	91	0.736	1.380
异丙醚	−85.89	68	0.724	1.369
正丁醚	−95.3	142	0.768	1.399
甲丁醚	—	70.3	0.744	—
乙丁醚	—	92	0.952	—
正戊醚	−69	190	0.783	1.411
乙二醇二甲醚	—	83	0.863	—
乙烯基醚	−101	28	0.773	1.398
苯甲醚	−37.5	155	0.996	1.517
苯乙醚	−29.5	170	0.996	1.507
二苯醚	26.84	257.93	1.074	1.578
环氧乙烷	−111	13.5	0.882	1.359
1,2-环氧丙烷	—	34	—	—
四氢呋喃	−65	67	0.889	1.405
1,4-二氧六环	11.8	101	1.033	1.422

由于醚为非线性分子，因此具有一定极性，如乙醚的偶极矩为 1.18D。另外，醚也是良好的有机溶剂，常用作反应溶剂或提取有机物的萃取剂。

简单的饱和醚类化合物的紫外吸收都在远紫外区，因而它可以用作紫外吸收光谱测定的溶剂。烷基芳基醚或二芳醚可以看作苯的烃氧取代物，由于 p-π 共轭效应，其紫外吸收向长波方向移动，如苯甲醚有 $\lambda_{max}=217nm$（$\varepsilon_{max}=6400$）和 $\lambda_{max}=269nm$（$\varepsilon_{max}=1480$）两个吸收带。

醚的 C—O 伸缩振动吸收是醚类化合物唯一的特征频率。饱和脂肪醚一般在 1125cm^{-1} 附近出现不对称 ν_{C-O-C} 的吸收带，而对称的 ν_{C-O-C} 在 940cm^{-1} 附近，但强度很弱。若 α 碳原子上带有侧链，则往往在 1170~1070cm^{-1} 区出现双带。ν_{C-O} 频率随着与氧原子相连的碳原子杂化轨道中 s 轨道成分的增加而增加。因此，在芳基（或烯基）烷基醚中 ν_{C-O} 的频率比较高，可分别在 1280~1220cm^{-1} 和 1100~1050cm^{-1} 区观察到两个强吸收带，而高频带往往更强；二芳醚则在 1250cm^{-1} 附近有强吸收带。

10.3.3　化学性质

总体来说醚的性质比较稳定。由于 C—O 键为极性共价键，因此它们可以进行亲核取代反应。同时，由于氧原子上孤对电子的存在，它们也可作为亲核试剂使用。

1. 作为亲核试剂的反应

醚可以作为 Lewis 碱与 Lewis 酸作用生成盐，如醚可以与强酸作用生成质子化醚：

$$R-O-R' + H^+ \longrightarrow R-\overset{+}{\underset{H}{O}}-R'$$

这种质子化的醚称为锌盐，因为这个原因，几乎所有的醚都能溶于强酸中，所以在强酸性溶液体系中，不适合用乙醚等醚类作为萃取溶剂。

醚与缺电子物质作用可形成配合物。格氏试剂的制备中用醚作为溶剂就是这一道理，它可以使格氏试剂稳定。例如：

$$2C_2H_5OC_2H_5 + Mg^{2+} \longrightarrow \begin{array}{c} C_2H_5OC_2H_5 \\ \downarrow \\ Mg^{2+} \\ \uparrow \\ C_2H_5OC_2H_5 \end{array}$$

2. 醚键的断裂

醚键一般比较稳定，不易断裂，但形成锌盐后，C—O 键会弱化，所以在较高温度下，强酸（常用 HI）能使醚键断裂生成醇和卤代烷，醇又会进一步与氢卤酸反应生成新的卤代烷。例如：

$$CH_3OC_2H_5 + HI \rightleftharpoons [\underset{H}{CH_3\overset{+}{O}C_2H_5}] + I^- \xrightarrow[\text{or } S_N2]{S_N1} CH_3I + C_2H_5OH \xrightarrow{HI} C_2H_5I + H_2O$$

醚键往往是从含碳原子较少的烷基断裂下来与碘结合。如在过量的 HI 存在下，反应中生成的醇可继续与 HI 作用，生成另一分子碘烷。

芳基烷基醚与氢卤酸作用时，总是烷氧键断裂，生成酚和卤代烷。这是因为氧原子与芳环之间由于 p-π 共轭而结合得比较牢固。例如：

$$\text{(苯环)}-OCH_3 \xrightarrow[120\sim130℃]{57\% \text{ HI}} \text{(苯环)}-OH + CH_3I$$

酚羟基的 O 烷基化和脱烷基化是有机合成中保护酚羟基常采用的方法。二芳醚一般不能进行这样的分解。

3. 氧化反应

许多烷基醚在和空气接触时，会慢慢生成过氧化物。例如：

$$\underset{H}{CH_3\overset{|}{C}HOCH_2CH_3} \xrightarrow{O_2} CH_3\overset{OOH}{\overset{|}{C}}HOCH_2CH_3 \xrightarrow{H_2O} CH_3\overset{OOH}{\overset{|}{C}}HOH + C_2H_5OH$$

$$\downarrow \text{聚合}$$

$$\overset{CH_3}{\underset{}{-(CHOO)_n}} + nH_2O$$

生成的过氧化物是不稳定的，加热时容易分解而发生强烈的爆炸，因此醚类应尽量避免暴露在空气中，一般应放在深色玻璃瓶中避光保存，可以加入微量的对苯二酚或其他抗氧剂以阻止过氧化物的生成。

储藏过久的乙醚在使用前，尤其在蒸馏前，应当检验是否有过氧化物存在。方法是将 $FeSO_4$ 和 KSCN 溶液与醚一起振荡，如有过氧化物存在会将 Fe^{2+} 氧化成 Fe^{3+}，后者与 SCN—生成血红色的配离子。除去过氧化物的方法是在蒸馏前加入适量的 5% $FeSO_4$ 溶液与醚一起振荡，以使过氧化物分解破坏。

4. 环醚的特殊反应

环张力较大的环醚的化学反应活性远比直链醚类强，如环氧乙烷、环氧丙烷在酸或碱作用下均很容易开环。以环氧乙烷为例。

（1）酸催化开环　像其他醚一样，环氧乙烷先被酸质子化形成锌盐，然后可被多种亲核试剂进攻形成开环化合物：

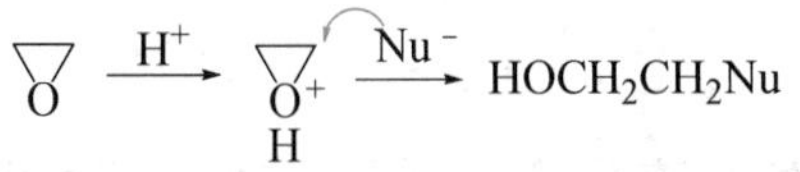

这一反应的主要特色是形成双官能团化合物。例如：

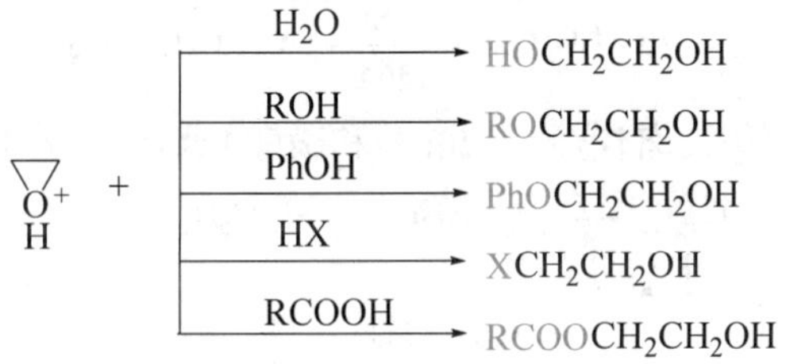

对于取代的环氧乙烷，其环开裂的取向是由被进攻的碳原子上的电子云密度所决定的。在酸催化的开裂中，亲核试剂进攻取代基较多的碳。这一反应具有很大的 S_N1 反应性质。

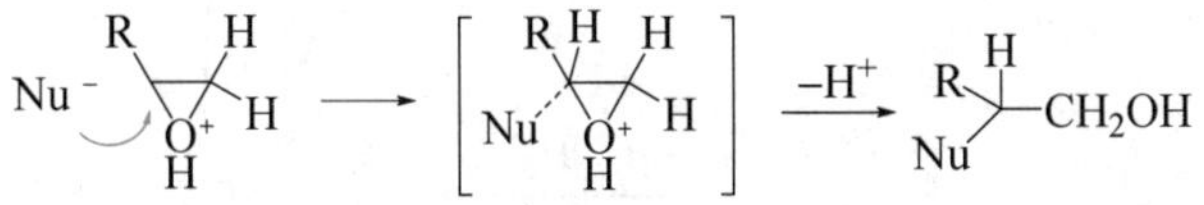

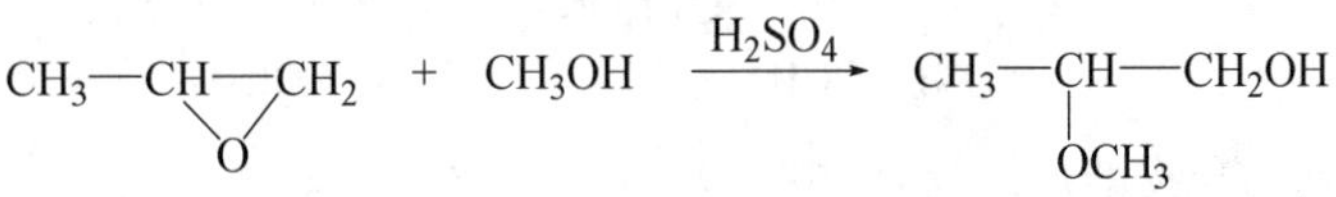

（2）碱催化开环　碱性试剂与环氧乙烷的反应是一个 S_N2 反应，同样可得到双官能团化合物：

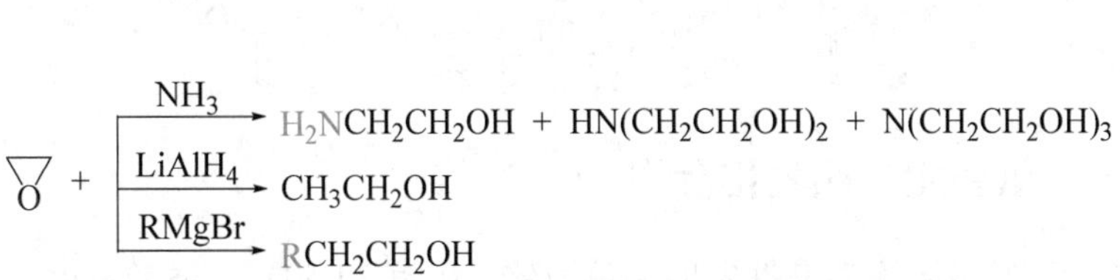

其中与格氏试剂的反应可以在碳链上一次性引入 2 个碳原子，是增长碳链和合成伯醇的有效方法之一。

如果是取代的环氧乙烷，因为烷氧基的氧负离子是一个强碱，键的形成和断裂基本能达到平衡，所以取代的方向受空间因素的影响较大，亲核试剂一般进攻取代基少的碳原子：

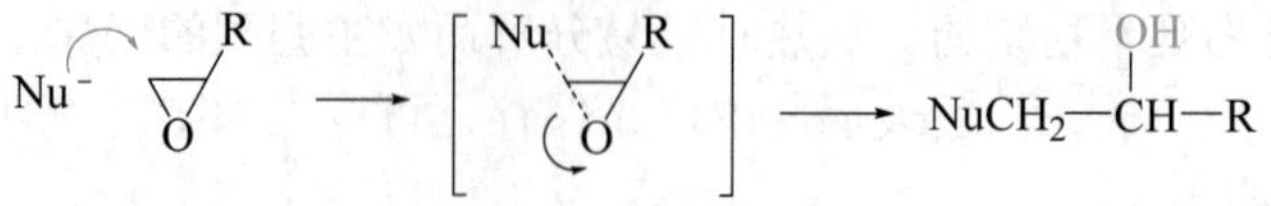

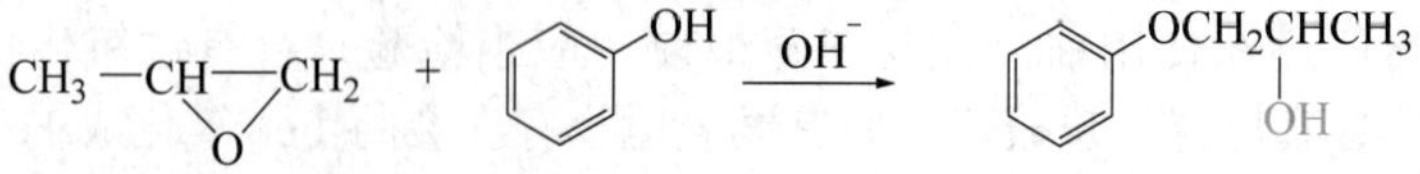

$$CH_3-CH-CH_2 \ + \ \text{(phenol)} \ \xrightarrow{OH^-} \ \text{(product)}$$

普通环醚在碱性条件下一般难以开环，但在酸催化下也比较容易开环。例如：

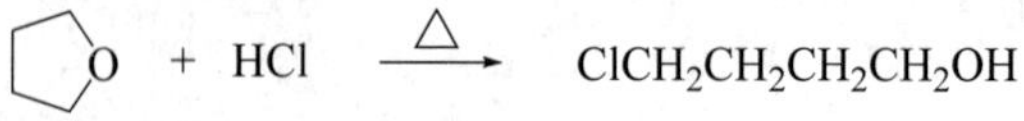

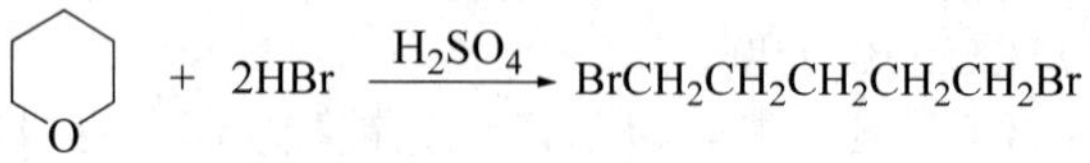

$$\text{(tetrahydrofuran)} \ + \ HCl \ \xrightarrow{\triangle} \ ClCH_2CH_2CH_2CH_2OH$$

$$\text{(tetrahydropyran)} \ + \ 2HBr \ \xrightarrow{H_2SO_4} \ BrCH_2CH_2CH_2CH_2CH_2Br$$

10.3.4 醚的制备

1. 脂肪族醚

（1）醇的分子间脱水　醇与硫酸或氧化铝一起加热可发生分子间脱水生成醚，这是工业上常用的制备低级单醚类化合物的方法。例如：

$$CH_3CH_2OH \ \xrightarrow[140℃]{H_2SO_4} \ CH_3CH_2OCH_2CH_3$$

（2）Williamson 合成法　卤代烃、硫酸酯和磺酸酯均可作为 O-烷基化试剂。例如：

$$C_6H_{13}ONa \ + \ CH_3I \ \longrightarrow \ C_6H_{13}OCH_3 \ + \ NaI$$

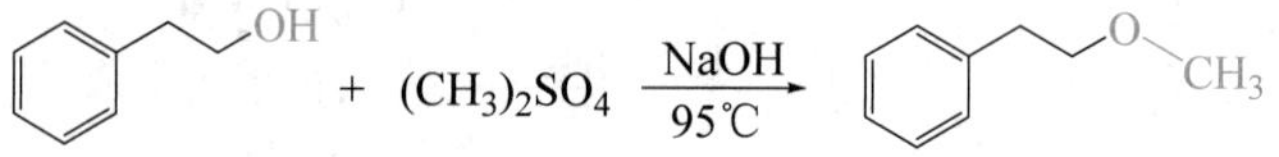

$$\text{(2-phenylethanol)} \ + \ (CH_3)_2SO_4 \ \xrightarrow[95℃]{NaOH} \ \text{(product)}$$

2. 芳香族醚

（1）Williamson 合成法　例如：

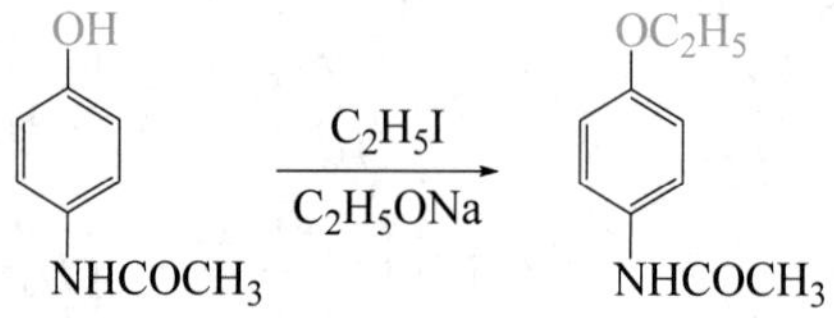

（2）酚与环氧化合物的反应　例如：

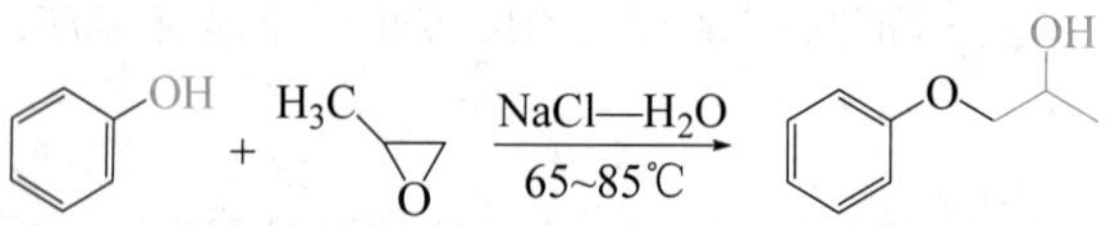

10.3.5 重要醚类代表化合物

（1）乙醚　乙醚常温下为易挥发的无色液体，沸点34.50℃，很易着火，它的蒸气与空气混合到一定的比例时，遇火会引起猛烈爆炸，因此使用时要特别小心，尤其要避开明火。

乙醚微溶于水，能溶解多种有机物，而且本身化学性质比较稳定，因此是常用的溶剂之一。乙醚蒸气会导致人体失去知觉，因而也用作麻醉剂。

（2）二甲醚　二甲醚（DME）在常温下为气体，沸点-24.90℃。在室温下可压缩成液体，37.8℃时蒸气压低于1.38MPa，可以利用现有液化石油气钢瓶和储罐盛装贮运。

二甲醚是很好的新生代清洁能源，一方面可以替代液化石油气作为民用燃料，如用于做饭，1 吨二甲醚可供 5 户 4 口之家全年使用，即每年 20 万吨二甲醚可满足 400 万人使用一年。另一方面它可以替代柴油作为汽车发动机燃料，其十六烷值为 55~60。由于含氧，理论燃烧空气量低，自燃温度低，燃烧特性好，是汽油和柴油的理想替代品。二甲醚可从甲醇脱水或水煤气一步合成制得。

（3）环醚

① 环氧乙烷　环氧乙烷是最简单的环醚，为无色有毒气体，沸点 13.5℃，能溶于水、乙醇等有机溶剂中，一般保存在钢筒内。

环氧乙烷是以乙烯为原料的碳二化工的重要产品之一，其性质很活泼，例如在压力下，它与水一起加热得到乙二醇：

$$\text{（环氧乙烷）} + H_2O \xrightarrow[180℃]{2\ MPa} HOCH_2CH_2OH$$

乙二醇是很有用的溶剂，如溶解涂料、醋酸纤维等，也用来制作防冻液，合成乙二醛、乙醛酸等，同时也是合成纤维涤纶的原料。

环氧乙烷在 $SnCl_4$ 及少量水存在下，容易聚合成聚乙二醇：

$$(n+2)\text{（环氧乙烷）} + H_2O \xrightarrow{SnCl_4} HOCH_2CH_2{-}(OCH_2CH_2)_n{-}OCH_2CH_2OH$$

二聚乙二醇（二甘醇）用作溶剂，在芳香化合物工业中用作提取剂。高聚乙二醇用作软化剂、非离子型表面活性剂，以及纺织和硝化纤维喷漆的助剂。

过量的环氧乙烷在碱作用下与高级醇反应，得到一元烷基聚乙二醇醚（工业上称为脂肪醇聚氧乙烯醚）。例如：

$$n\ \text{（环氧乙烷）} + CH_3(CH_2)_{10}CH_2OH \longrightarrow CH_3(CH_2)_{10}CH_2{-}(OCH_2CH_2)_n{-}OH$$

月桂醇　　　　　　　　　月桂醇聚氧乙烯醚

这是一类非离子型表面活性剂，如将其与硫酸反应可制成硫酸单酯，再用碱（有机碱或无机碱）中和，即得到另一类阴离子型表面活性剂。这些表面活性剂广泛用作乳化剂、金属表面清洗剂、发泡剂及分散剂等。

② 四氢呋喃（THF）　为无色油状液体，熔点 -108.5℃，沸点 66℃，相对密度 0.8892，折射率 1.4070，能与水、醇、醚、酮、酯和烃类等多种溶剂混溶，也不像乙醚容易挥发，因而是一种使用非常广泛的非质子型溶剂，它也是合成尼龙的原料。

工业上生产 THF 最早是以糠醛为原料，将糠醛与水蒸气的混合物通入填充锌、铬、锰氧化物或催化剂的反应器中，于 400~420℃脱去羰基而成呋喃。然后以镍为催化剂，于 80~120℃，2~3MPa 下由呋喃加氢制得：

$$\text{（呋喃甲醛）} \xrightarrow{H_2O} \text{（呋喃）} \xrightarrow{H_2} \text{（四氢呋喃）}$$

后来发展的方法有多种，工业化的方法有 1,4-丁二醇催化脱水环合法（Reppe 法）、二氯丁烯法，以及近来被认为最有意义的顺酐催化加氢法：

$$\text{（顺丁烯二酸酐）} \xrightarrow{H_2} \text{（丁二酸酐）} \xrightarrow{H_2} \text{（γ-丁内酯）} \xrightarrow{H_2} \text{（四氢呋喃）}$$

③ **大环多醚** 大环多醚是 20 世纪 70 年代以来发展起来的具有特殊配位性能的化合物，它们的结构特征是分子中具有$(CH_2CH_2O)_n$的重复结构单元。由于它们的形状类似皇冠，故把它们称为冠醚（crown ether）。

冠醚的命名采用特殊的简化命名法（另也有系统命名法），名称中的前二个数字代表环上所有原子的数目，后一个数字代表氧原子的数目。如以下化合物：

15-冠-5   18-冠-6

冠醚的一个重要特点是利用中间的孔径与金属离子形成配合物，并且随环的大小不同而与不同的金属离子配合。如 12-冠-4 能与 Li^+ 配合而不与 K^+ 配合，18-冠-6 却可与 K^+ 配合等，这一特点可用于分离金属离子的混合物。冠醚的金属离子配合物都有一定的熔点。

冠醚在有机合成中的一个重要用途是用作相转移催化剂（phase transfer catalyst，PTC），能使原本不相溶的两相反应物进入同一相中进行反应，从而使难进行的反应顺利进行，或提高反应的速率和收率。例如在卤代烷与氰化钾的氰解反应中，由于氰化钾在有机溶剂中的溶解度低而使反应很难发生，但加入 18-冠-6 后反应即可迅速进行，因为它可以进入晶格中和 K^+ 结合，从而将 K^+ "拉入" 有机相中，形成溶于有机相的配离子盐，提高了有机相中 CN^- 的浓度。

微信扫码
获取答案

习　题

1. 命名下列化合物。

（1） [结构式：戊醇 OH]

（2） [结构式：OH]

（3） $HOCH_2CH_2CH_2OH$

（4） [结构式：环己烯醇 OH]

（5） [结构式：OH]

（6） H_3C—[苯环]—OH

（7） [结构式：O_2N—苯环(OH)—NO_2，下 NO_2]

（8） HO—[苯环]—SO_3H

（9） [萘环 OH, CH_3]

（10） $CH_3CH_2OCH_2CH_3$

（11） [苯环]—OCH_2CH_3

（12） [环氧结构 CH—CH·CH_3]

2. 写出下列化合物的结构式。

（1）(Z)-3-甲基-3-戊烯-2-醇

（2）(2S，4S)-2,4-己二醇

（3）反-1-甲基环己醇（最稳定构象）

（4）对甲氧基苯酚

（5）6-硝基-1,4-萘二酚　　　　　　　　　（6）4-甲基苯基叔丁基醚

（7）3-氯-1,2-环氧丙烷　　　　　　　　　（8）1,10-二苯并-18-冠-6

3. 将下列化合物按其酸性由弱到强顺序排列：

（1）(a) ⬡—OH　　(b) ⬡—OH　　(c) CH₃O—⬡—OH　　(d) H₃C—C(=O)—⬡—OH　(e) H₂O

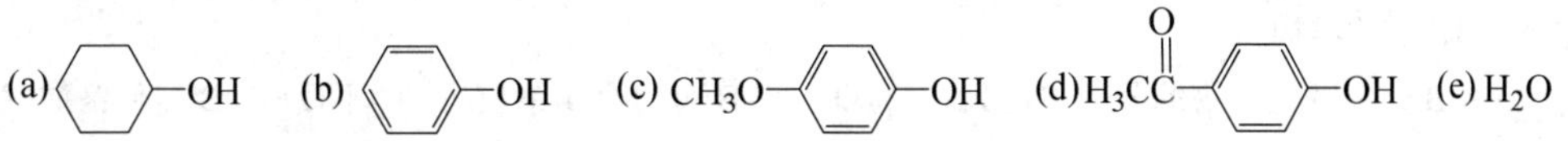

（2）(a) NO₂—⬡—OH　　(b) ⬡—OH　　(c) NO₂—⬡(—OH)(—OH)　　(d) Cl—⬡—OH

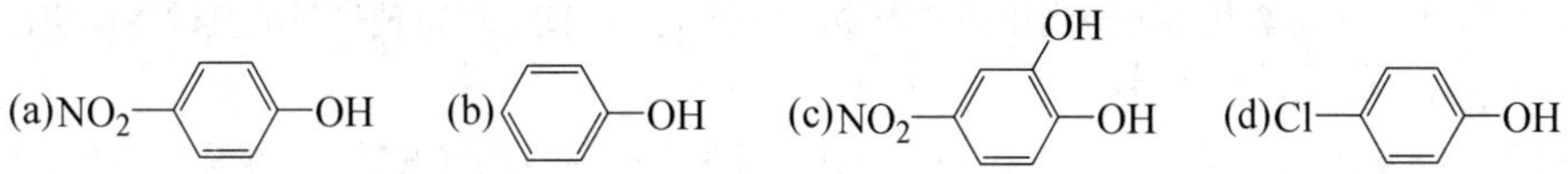

4. 比较下列各组醇和溴化氢反应的相对速度。

（1）对甲基苄醇、苄醇、对硝基苄醇。

（2）苄醇、β-苯基乙醇、α-苯基乙醇。

5. 完成下列反应。

（1）CH₃CH₂OH　+　Na　⟶

（2）CH₃COOH　+　CH₃CH₂CH₂OH　⟶

（3）⬡—CH₂—CH(OH)— $\xrightarrow[\triangle]{H_2SO_4}$

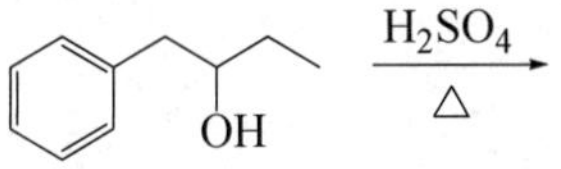

（4）HO—C(CH₃)₂CH₂CH₂OH $\xrightarrow[\text{pyridine}]{CrO_3}$

（5）⬡—CH(OH)—CH₂—CH₂OH　+　HBr　$\xrightarrow{\triangle}$

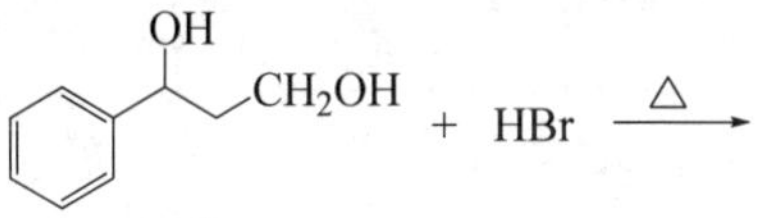

（6）HO—⬡—CH₂OH　+　NaOH　⟶

（7）CH₃—O—CH—CH₃ (带CH₃)　+　HI　$\xrightarrow{\triangle}$

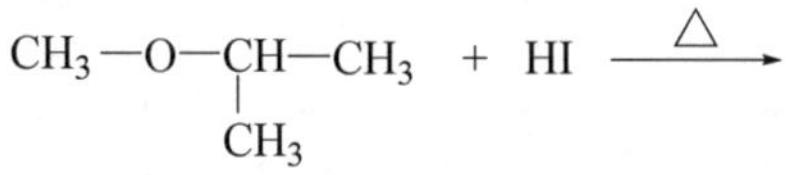

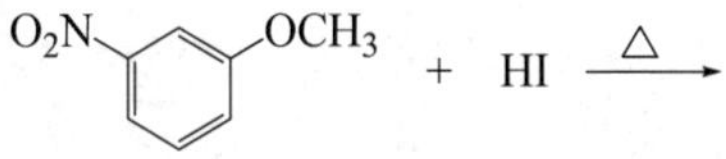

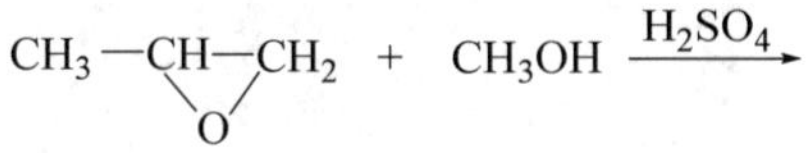

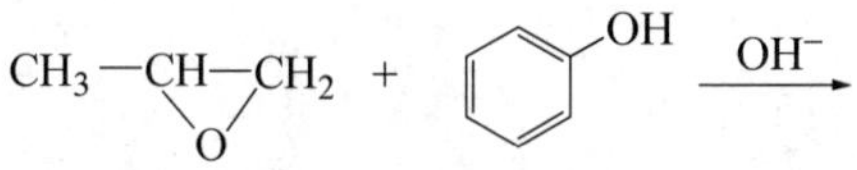

（8）O₂N—⬡—OCH₃　+　HI　$\xrightarrow{\triangle}$

（9）CH₃—CH—CH₂（环氧）　+　CH₃OH　$\xrightarrow{H_2SO_4}$

（10）CH₃—CH—CH₂（环氧）　+　⬡—OH　$\xrightarrow{OH^-}$

（11）▷O　+　⬡—CH₂MgCl　$\xrightarrow{\text{无水乙醚}}$ $\xrightarrow{H_3O^+}$

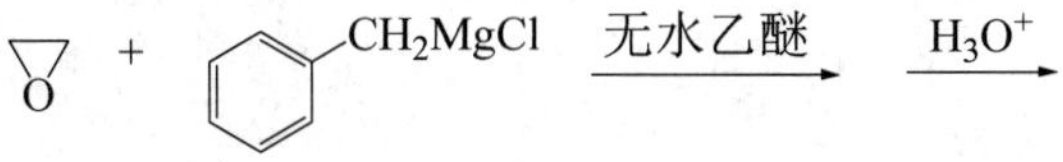

6. 简要回答下列问题。

（1）乙醚的沸点是 34.5℃，丁醇的沸点是 117.3℃，而丁醇与乙醚在水中的溶解度相似(7%～8%)，试解释原因。

（2）硫醇和硫酚的酸性比醇和酚的酸性强，为什么？

7. 用化学方法鉴别下列化合物。

（1）丁醇、仲丁醇、叔丁醇

（2）苯甲醚、邻甲基苯酚、苯甲醇

（3）环己醇、2-环己烯醇、氯代环己烷、甲基环己基醚

8. 判断下列化合物的结构。

（1）有一化合物 A 的分子式为 $C_5H_{11}Br$，和 NaOH 水溶液共热后生成 $C_5H_{12}O$(B)。B 具有旋光性，能和钠作用放出氢气，和浓硫酸共热生成 C_5H_{10}(C)。C 经臭氧化和在还原剂存在下水解，则生成丙酮和乙醛。试推测 A、B、C 的结构。

（2）A,B,C 三种化合物的分子式均为 $C_4H_{10}O$。A、B 可与金属钠反应，C 不反应。B 能使铬酸试剂变色，A、C 不能。A 和 B 与浓硫酸共热可得到相同的产物，分子式为 C_4H_8。C 可使过量的氢碘酸反应，只得到一种主要产物。试推测 A、B、C 的结构。

（3）某化合物 A 的分子式为 C_7H_8O，A 与金属钠不发生反应，与浓氢碘酸反应生成两个化合物 B 和 C，B 能溶于氢氧化钠，并与 $FeCl_3$ 作用呈紫色，C 与硝酸银溶液作用，生成黄色沉淀．写出 A、B、C 的结构式。

（4）薄荷脑的分子组成是 $C_{10}H_{20}O_2$，在与薄荷脑具有同类构造的同分异构体中，薄荷脑具有最稳定的构型、薄荷脑不能使溴的四氯化碳溶液褪色，能被氧化得到薄荷酮。薄荷脑在浓硫酸存在下加热，得到的一个脂肪烃，分子组成为 $C_{10}H_{18}$。此脂肪烃经臭氧化、还原水解后，得到 3,7-二甲基-6-羰基辛醛。试写出薄荷脑的结构式和最稳定构象式。

（5）某醇依次和溴化氢，氢氧化钾醇溶液，硫酸和水，$K_2Cr_2O_7+H_2SO_4$ 作用，可得到 2-丁酮，试推测原化合物的可能结构。

9. 用指定原料完成下列制备（无机试剂和三碳以下有机试剂任选）。

（1）由丁醇制备 2-丁醇及 2-溴丁烷

（2）由苯酚制备苯甲醚、对叔丁基苯甲醚

第 **11** 章

醛、酮、醌

醛和酮都是含有羰基（ $\overset{O}{\underset{C}{\|}}$ ）官能团的化合物，因此又称为羰基化合物。羰基碳与一个氢原子和一个烃基相连的化合物称为醛，结构中的—CHO 称为醛基，作取代基时被称为甲酰基。羰基碳与两个烃基相连的化合物称为酮，结构中的碳氧双键称为酮基。含有两个碳碳双键的六元环状二酮化合物称为醌，醌不具有芳香性。

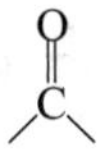

11.1 醛和酮的分类、命名和同分异构现象

根据分子中羰基数目的多少，可以将醛、酮分为一元醛、酮和多元醛、酮等；根据分子中烃基的种类，可以分为脂肪族醛、酮，脂环族醛、酮，芳香族醛、酮；根据烃基的饱和程度，又可分为饱和醛、酮和不饱和醛、酮。羰基嵌在环内的酮称为环酮。

醛、酮的同分异构现象比较简单，主要由碳链异构和羰基的位置异构引起。化学式相同的醛和酮互为同分异构体。

对于结构比较简单的醛、酮，一般采用普通命名法。醛的命名是在"醛"字前加上表示碳链长度的基团名称。例如：

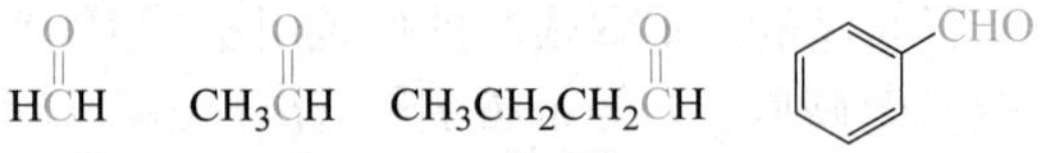

$$\overset{O}{\underset{HCH}{\|}} \qquad \overset{O}{\underset{CH_3CH}{\|}} \qquad \overset{O}{\underset{CH_3CH_2CH_2CH}{\|}} \qquad \text{CHO}$$

甲醛　　　　乙醛　　　　正丁醛　　　　　苯甲醛

酮的命名则是在"酮"字前加上羰基所连的两个烃基的名称。例如：

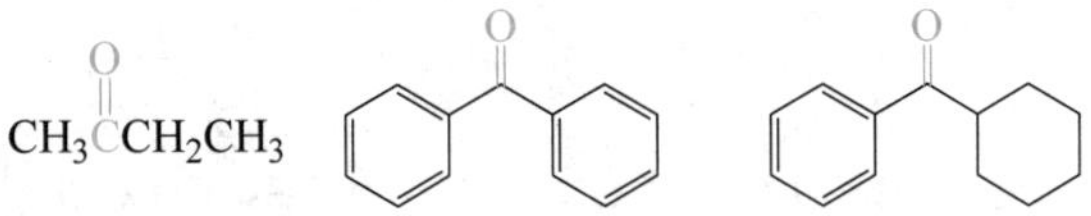

$$\overset{O}{\underset{CH_3CCH_2CH_3}{\|}}$$

甲乙酮（丁酮）　　　二苯酮　　　　环己基苯基酮

相当一部分醛、酮仍采用习惯命名法。例如：

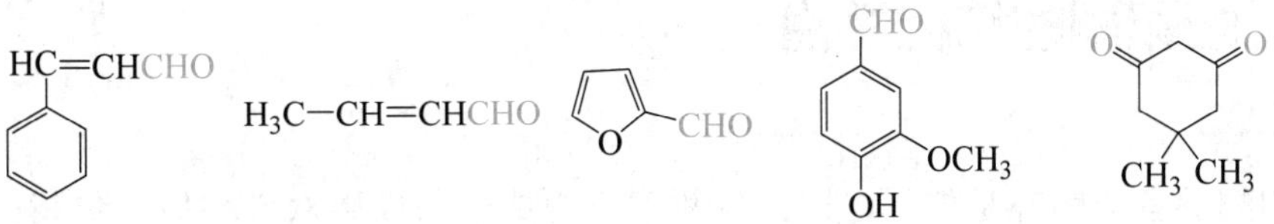

HC=CHCHO　　　H₃C—CH=CHCHO

肉桂醛　　　　巴豆醛　　　　糠醛　　香草醛（香兰素）　　达美酮

对于结构比较复杂的醛、酮，一般还是采用系统命名法。命名时选取含羰基最多的最长碳链为主链，编号时从最靠近羰基的一端开始。由于醛基总是处于链的末端，所以不需特别标出位号。但酮羰基是处于碳链中间的，故酮羰基的位次必须用数字标出。例如：

$$\underset{4\ \ 3\ \ 2\ \ 1}{CH_3CH_2\overset{\overset{\displaystyle CH_3}{|}}{C}HCHO}$$

2-甲基丁醛

$$\underset{1\ \ \ 2\ \ 3\ \ 4\ \ 5}{CH_3\overset{\overset{\displaystyle O}{\|}}{C}CH_2CH_2CH_3}$$

2-戊酮

$$\underset{1\ 2\ \ \ 3\ \ 4\ \ 5}{H\overset{\overset{\displaystyle O}{\|}}{C}CH_2\overset{\overset{\displaystyle NO_2}{|}}{C}HCH_2\overset{\overset{\displaystyle O}{\|}}{C}H}$$

3-硝基戊二醛

脂环醛和芳香醛则是将脂环烃或芳烃名称与醛名称直接加和起来命名。芳香酮则将芳基作为取代基命名。例如：

2-甲基环己甲醛   3,3-二甲基环己酮   3-苯基丙醛   3,5-二溴苯乙酮

当分子中含有多个官能团时，作为母体的优先次序是：

醛＞酮＞醇＞烯、炔

例如：

$$\underset{1}{CH_3}\underset{2}{\overset{\overset{\displaystyle O}{\|}}{C}}\underset{3}{CH_2}\underset{4}{CH_2}\underset{5}{\overset{\overset{\displaystyle CH_3}{|}}{C}H}\underset{6}{\overset{\overset{\displaystyle CH_3}{|}}{C}}\underset{7}{=CH_2}$$

5,6-二甲基-6-庚烯-2-酮

当酮基作为一个取代基时，也可将其命名为"氧代"某化合物。例如：

$$\underset{6\ \ \ 5\ 4\ \ 3\ \ 2\ \ 1}{CH_3\overset{\overset{\displaystyle O}{\|}}{C}CH_2CH_2CH_2CHO}$$

5-氧代己醛

如果醛、酮的烃基上有取代基，则取代基的位置用 α（相邻）、β（隔一个碳原子）、γ（隔两个碳原子）、δ（隔三个碳原子）等希腊字母依次标出，二元羰基化合物也经常用希腊字母标记两个羰基的相对位置。

$$\overset{\delta\quad\gamma\quad\beta\quad\alpha\quad\ \ O}{-C-C-C-C-\overset{\|}{C}-}$$

例如：

BrCH₂CH₂CHO

β-溴丙醛(3-溴丙醛)

$$CH_3\overset{\overset{\displaystyle O}{\|}}{C}CH_2\overset{\overset{\displaystyle O}{\|}}{C}CH_3$$

β-戊二酮(2,4-戊二酮)

11.2 醛和酮的结构特点

醛和酮的官能团都是羰基，即由碳氧双键组成。与碳碳双键相似，羰基的碳原子和氧原子都采取 sp^2 杂化，碳氧双键是由一个 σ 键和一个 π 键组成。以甲醛为例，羰基碳原子的三个杂化轨道分别与一个氧原子和两个氢原子形成三个 σ 键，四个原子共平面；羰基碳原

子还有一个未参与杂化的 p 轨道，与氧原子上未参与杂化的 p 轨道以肩并肩的形式重叠形成 π 键，垂直于四个原子所在的平面。

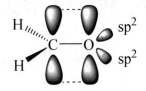

甲醛分子的形成

11.3 醛、酮的物理性质

除甲醛是气体外，简单的醛和酮在室温下都是液体。由于羰基是极性键，所以醛和酮为极性分子，甚至比醇的极性还强，因而与具有相似分子量和分子形状的烯烃相比具有较高的沸点。但因为它们分子间不能形成氢键，所该沸点比相应的醇要低得多。例如：

	$CH_3CH=CH_2$	$CH_3CH=O$	CH_3CH_2OH	$\underset{H_3C \quad CH_3}{C=CH_2}$	$\underset{H_3C \quad CH_3}{C=O}$	$\underset{H_3C \quad CH_3}{CH-OH}$
沸点	47.4℃	20.8℃	78.3℃	−6.9℃	56.5℃	82.3℃
偶极矩	0.4D	2.7D	1.7D	0.5D	2.7D	1.6D

表 11-1 列出了部分醛、酮的物理性质

表 11-1　醛、酮的物理性质

化合物	分子量	沸点/℃	熔点/℃	密度/(g/mL)	水中溶解度
HCHO	30.03	−21	−92	—	极易溶
CH₃CHO	44.05	20.8	−121	0.7834	混溶
CH₃CH₂CHO	58.08	49	−81	0.8058	13.8
CH₂=CHCHO	56.06	63	−87	0.8427	20.6
CH₃(CH₂)₂CHO	72.11	74	−99	0.8170	6.5
(CH₃)₂CHCHO	72.11	64	−66	0.7938	9.9
CH₃(CH₂)₃CHO	86.13	103	−91	0.8095	微溶
(CH₃)₂CHCH₂CHO	86.13	93	−51	0.7977	微溶
(CH₃)₃CCHO	86.13	77	6	0.7923	—
⬠—CHO	98.15	133	—	0.9371	—
⬡—CHO	112.17	159	—	0.9035	—
⌬—CHO	106.13	179	−26	1.0415	0.3
CH₃COCH₃	58.08	56.5	−94.6	0.7848	混溶
CH₃CH₂COCH₃	72.11	79.6	−86.4	0.8061	26.8
CH₂=CHCOCH₃	70.09	81.7	—	0.8636	可溶
C₂H₅COC₂H₅	86.13	101.7	−42	0.8136	3.4
n-C₃H₇COCH₃	86.13	102.3	−77.8	0.8634	4.3
(CH₃)₂CHCOCH₃	86.13	94.3	−92	0.8046	—
(CH₃)₃CCOCH₃	100.16	106.2	−52.5	0.8110	2.4

化合物	分子量	沸点/℃	熔点/℃	密度/(g/mL)	水中溶解度
环戊酮	84.12	130.7	−51.3	0.9487	—
环己酮	98.15	156	−16.4	0.9478	2.3
环己烯酮	96.13	169	—	0.9620	
C₆H₅COCH₃	120.15	202	20	1.0260	0.55
二苯甲酮	194.24	305.9	48.1，26 (两种晶型)	—	—

　　低级的醛、酮可溶于水，因为羰基可与水形成氢键。随着烃基的增大，溶解度迅速降低。

　　丙酮和丁酮是非常好的溶剂，因为它们不仅可溶于水，而且可溶解很多有机化合物。同时也由于它们的沸点比较低，因而很容易从反应体系中除去。

11.4　醛、酮的光谱性质

11.4.1　紫外吸收光谱

　　在醛、酮分子中，其主要的电子跃迁方式是 $n \to \pi^*$ 和 $\pi \to \pi^*$ 跃迁，其中 $n \to \pi^*$ 跃迁能量较小，吸收带在近紫外区，但由于它是禁阻跃迁，所以吸收带很弱。如果甲醛分子中的 H 被烷基取代生成醛或酮，则会使相应的 $n \to \pi^*$ 跃迁吸收带发生蓝移。例如：

	λ_{max}/nm	ε_{max}	溶剂
HCHO	310	5	异戊烷
CH₃CHO	290	17	己烷
CH₃COCH₃	179	14.8	己烷

　　随着烷基的增大和侧链的增多，酮类 $n \to \pi^*$ 跃迁发生红移。对于 α-卤代环酮，卤原子连接在直立键上时影响较小，一般只红移 5nm；但如果连接到平伏键上，则氯代物红移 20～30nm，溴代物红移 11nm。

　　α, β-不饱和醛、酮除了 $n \to \pi^*$ 跃迁外，$\pi \to \pi^*$ 跃迁也出现在近紫外区，而且其强度比非共轭的醛、酮要强得多。

11.4.2　红外吸收光谱

　　饱和脂肪醛的 C=O 伸缩振动在 1720~1740cm⁻¹ 区域出现强吸收，如果引入与羰基共轭的不饱和键、芳基，或羰基与其他部分形成氢键等都将使振动频率降低。α 碳原子上有吸电子基时，吸收频率升高。醛基中的 C—H 伸缩振动与该键的平面摇摆振动（1390cm⁻¹）的一级倍频发生费米共振，在 2810~2900cm⁻¹ 及 2720cm⁻¹ 附近出现两个窄的中等强度的吸收带，这是区分醛类与其他羰基化合物的重要特征吸收带。有时高频带会被饱和亚甲基 C—H 伸缩振动带的尾部覆盖，因此往往仅观察到 2720cm⁻¹ 带。

酮碳基的伸缩振动吸收几乎是酮类化合物唯一的特征吸收带。饱和脂肪酮在 1725～1705cm^{-1}区域（接近 1715cm^{-1}），芳酮及不饱和酮降低 20～40cm^{-1}。

邻溴苯甲醛与 1-苯基-1-丙酮的红外光谱如下。

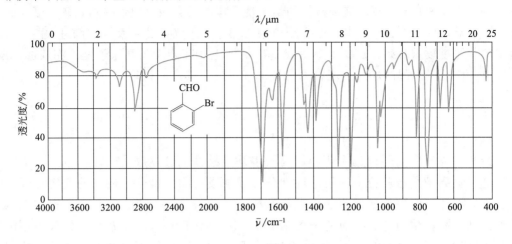

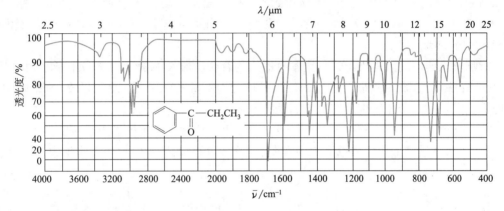

11.4.3　核磁共振谱

羰基是一个吸电子基团，它使得相邻质子发生核磁共振的磁场强度向低场移动。一般与羰基直接相连的质子（醛）的化学位移值在 9.5~10 区域，而羰基 α 碳原子上质子的化学位移值在 1.8~2.8 区域，借此可以区分醛和酮。

11.5　醛、酮的化学性质

醛和酮的化学性质可以大致归纳如下：

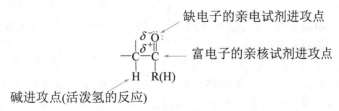

11.5.1　亲核加成反应及反应机理

与烯烃的碳碳双键不同，羰基是强极化的，π 电子云不是对称地分布在 C 与 O 原子之间，而是靠近氧原子一端。这种极化的结果使得羰基具有两个电性中心，碳原子呈正电中心，氧原子为负电中心，负电中心比正电中心稳定。所以当受到亲核试剂进攻时，富电子的试剂首先进攻羰基碳，π 键断裂，试剂中的缺电子部分加到氧原子上，完成加成反应。这种由亲核试剂引起的加成反应称为亲核加成反应。其反应机理如下：

$$
E-Nu: + \underset{R'}{\overset{R}{\diagdown}}C=O \underset{慢}{\rightleftharpoons} R-\underset{R'}{\overset{O^-}{\underset{|}{C}}}-Nu \xrightarrow[快]{E^+} R-\underset{R'}{\overset{OE}{\underset{|}{C}}}-Nu
$$

亲核加成反应的历程分为两步，第一步是亲核试剂进攻羰基碳，形成氧负离子，第二步是氧负离子结合反应中的正电性部分形成加成产物。第一步反应的速率控制步骤是可逆的，因此其亲核加成反应的成功与亲核试剂的亲核性有很大的关系。事实上，各类亲核试剂与醛、酮的加成反应的平衡常数 K_c 是不相同的。若 K_c 较小，则反应不能发生（如普通酮与 H_2O 的加成）；若 K_c 较大，则反应实际上是不可逆的（如醛、酮与格氏试剂等的加成）。通常将 K_c 值在 10^4 及以下者看作是可逆反应（如醛、酮与氢氰酸或亚硫酸氢钠的加成）。

影响反应速率的因素还与醛、酮本身的结构有关，如 R 和 R' 上有强吸电子基团时有利于反应的进行，而 R 和 R' 有较大的空间位阻时反应不容易进行等。空间位阻较大的四面体结构转化为位阻较小的平面结构是逆反应的动力。

醛、酮可以与多种亲核试剂进行加成反应，下面列举一些亲核加成反应的例子。

（1）与氢氰酸的加成　醛以及大多数脂肪酮可以和氢氰酸发生加成反应生成 α-羟基腈（或叫 α-氰醇），例如：

$$
\underset{}{\overset{O}{\underset{}{\parallel}}}{CH_3CCH_3} + HCN \xrightarrow{pH\ 9\sim10} \underset{CN}{\overset{OH}{\underset{|}{CH_3CCH_3}}}
$$

由于氢氰酸是弱酸，解离氢质子很少，使得活化羰基的氢质子不够，因此加入碱能够促进 CN^- 的解离，增加反应速度。当反应液的 pH 值小于或等于 HCN 的 pK_a 值时，加入碱能够提高反应速率，所以尽管某些醛和酮具有很高的活性，能与 HCN 本身反应，但大多数情况下都将 pH 值控制在 $9\sim10$。

羰基与氢氰酸的加成反应是增长碳链的重要方法之一，而且加成产物 α-羟基腈可以进一步转化为其他化合物，因此成为有机合成中的重要反应。例如，丙酮与 HCN 的加成产物在酸催化下与甲醇反应，可得到 α-甲基丙烯酸甲酯，它是有机玻璃的合成单体。

$$
\underset{CN}{\overset{OH}{\underset{|}{CH_3CCH_3}}} \xrightarrow[H_2SO_4]{CH_3OH} \underset{}{\overset{CH_3}{\underset{}{CH_2=C-COOCH_3}}} \xrightarrow{聚合} \underset{COOCH_3}{\overset{CH_3}{+CH_2-C+_n}}
$$

有机玻璃

（2）与亚硫酸氢钠的加成　多数醛、脂肪族甲基酮和 8 个碳原子以下的环酮能与饱和亚硫酸氢钠溶液反应生成 α-羟基磺酸钠盐。例如：

$$n\text{-}C_6H_{13}CHO + NaHSO_3 \rightleftharpoons n\text{-}C_6H_{13}\overset{OH}{\underset{}{C}}H\text{—}SO_3^-Na^+$$

+ NaHSO_3 ⟶

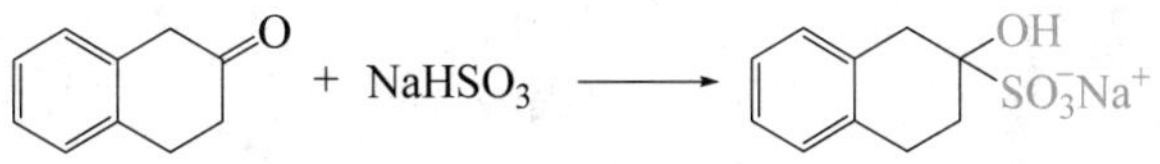

α-羟基磺酸钠盐易溶于水，但不溶于饱和亚硫酸氢钠溶液，因而析出白色结晶。所以该反应可以用于鉴别醛、酮。这一反应也是可逆的，使得加成产物可重新分解成醛、酮。因而也可用于醛、酮的纯化。

加成产物与氰化钠反应可以生成羟基腈，这也是制取羟基腈的方法之一。

$$R\text{—}\overset{OH}{\underset{}{C}}HSO_3^- Na^+ \xrightarrow{NaCN} R\text{—}\overset{OH}{\underset{}{C}}HCN + Na_2SO_3$$

（3）与金属有机化合物的加成　醛、酮能与很多金属有机化合物加成得到醇。例如：与格氏试剂的加成，不仅能够制备各类醇，而且是一种增长碳链的好方法：

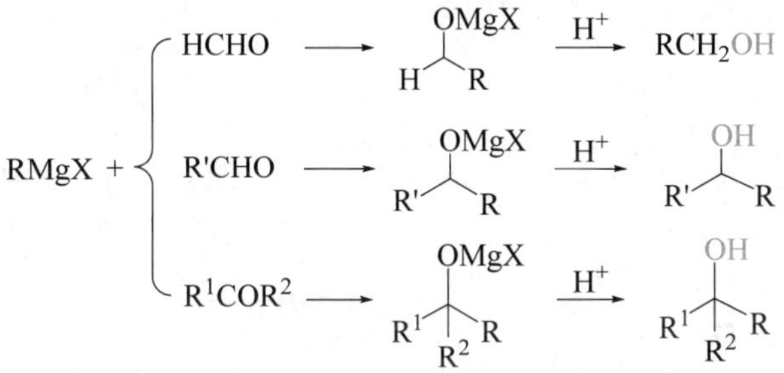

除了格氏试剂外，有机锂试剂、钠试剂、锌试剂、锡试剂等都能与醛、酮发生加成反应。例如：

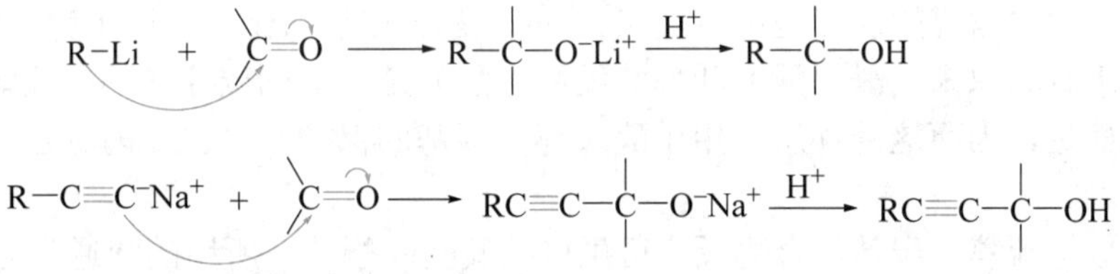

（4）与水的加成　多数醛和酮在水溶液中能与水发生快速可逆的亲核加成反应，加成方式和烯烃与水的加成相似：

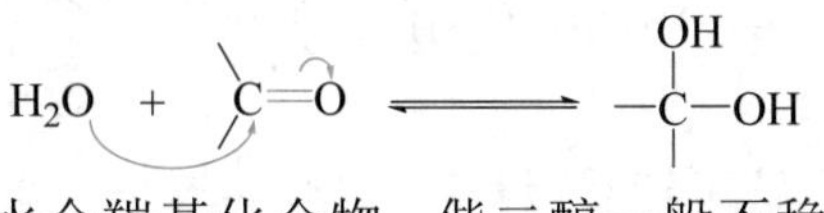

所得产物称为偕二醇或水合羰基化合物。偕二醇一般不稳定，容易分解成水和羰基化合物，只有当醛、酮的烃基上有强吸电子基团时才稳定，例如三氯乙醛在水溶液中就是以水合三氯乙醛的形式存在的。

$$Cl_3CCHO + H_2O \longrightarrow Cl_3CCH(OH)_2$$

（5）与醇和硫醇的加成　在无机酸的催化下，醛、酮分别与过量的醇反应形成缩醛和缩酮。

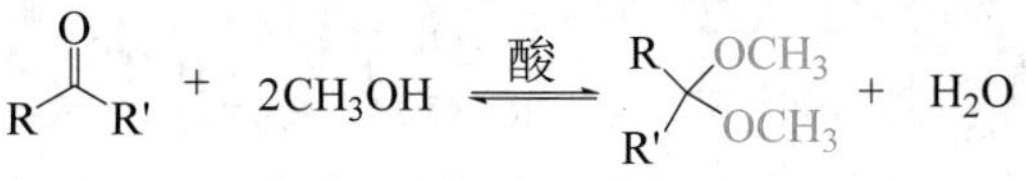

在酸的催化下，醛（酮）能与一分子醇加成，生成半缩醛（酮）。半缩醛（酮）不稳定，

一般很难分离得到。它可以与另一分子醇进一步缩合，生成缩醛（酮）。其反应机理如下：

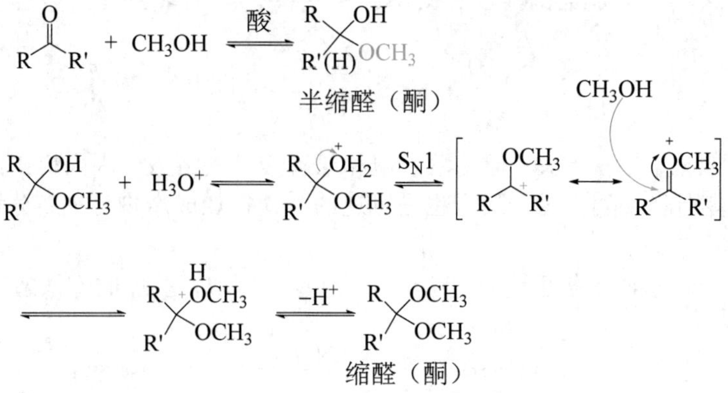

半缩醛（酮）

缩醛（酮）

在过量醇的反应中，得到的是与两分子醇缩合的产物，缩醛（酮）。例如：

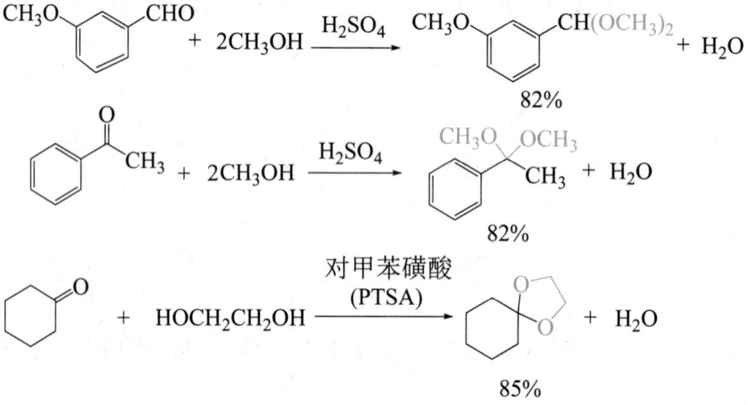

82%

82%

85%

酸催化下生成缩醛的反应是可逆反应。缩醛（酮）在酸催化下可以水解为半缩醛（酮），然后进一步水解为原来的醛（酮）和醇。缩醛（酮）是一种同碳原子的二元醇醚，它对碱或氧化剂非常稳定，因而这一性质可用于醛（酮）羰基的保护，如乙二醇、乙二硫醇就是常用的保护试剂。

与醇类似，硫醇与羰基化合物反应可生成缩硫醛（酮），所用的酸通常为 Lewis 酸，如 $ZnCl_2$、BF_3 等。例如：

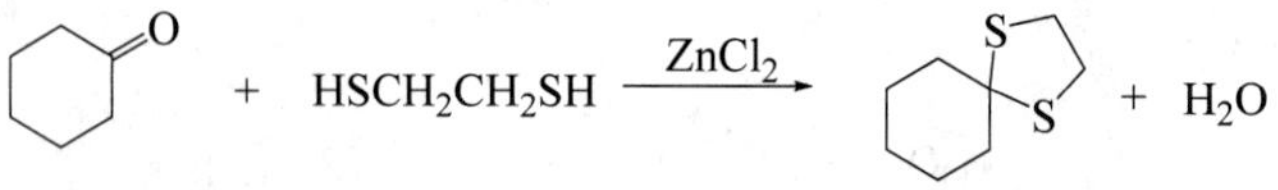

所得产物在汞盐催化下水解可转回羰基化合物：

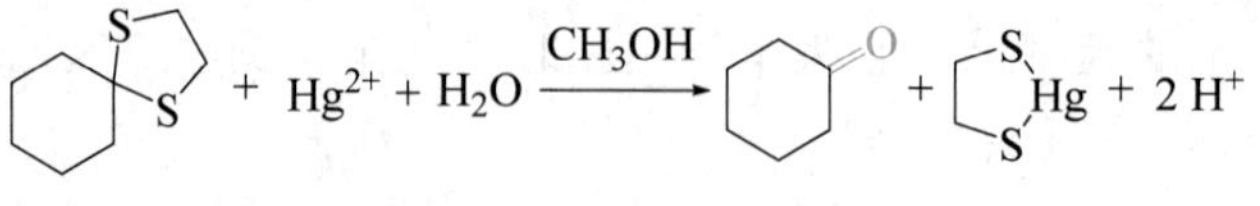

（6）与胺的加成　醛、酮与胺的反应是一个加成-消除反应历程。

① 与伯胺的反应

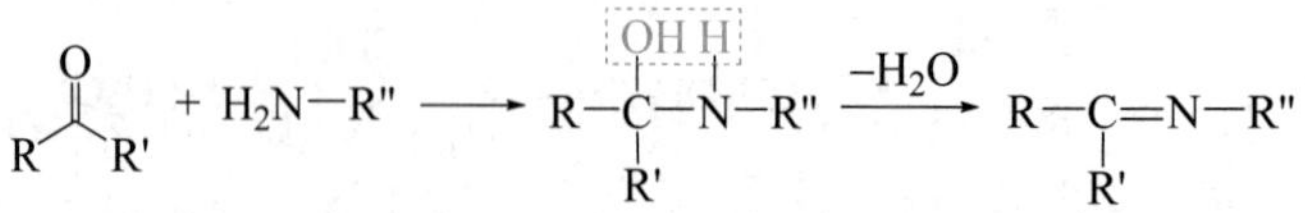

醛、酮与伯胺的加成产物会脱水形成亚胺，或叫 Schiff 碱。反应在酸或碱催化或加热下进行。例如：

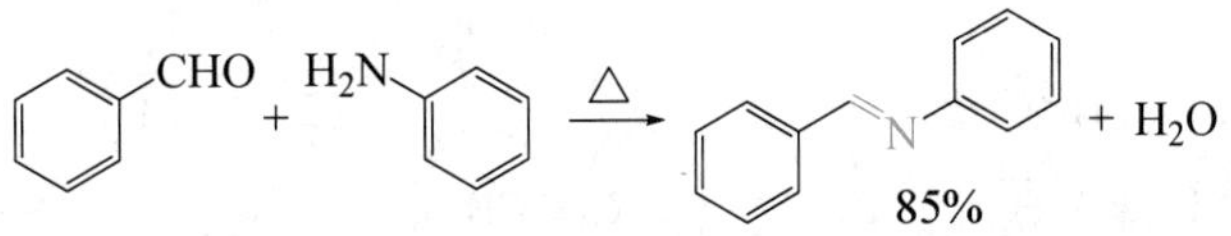

许多胺的衍生物，如羟胺、肼、取代肼、氨基（硫）脲等均可进行这一反应，形成不同的加成产物。

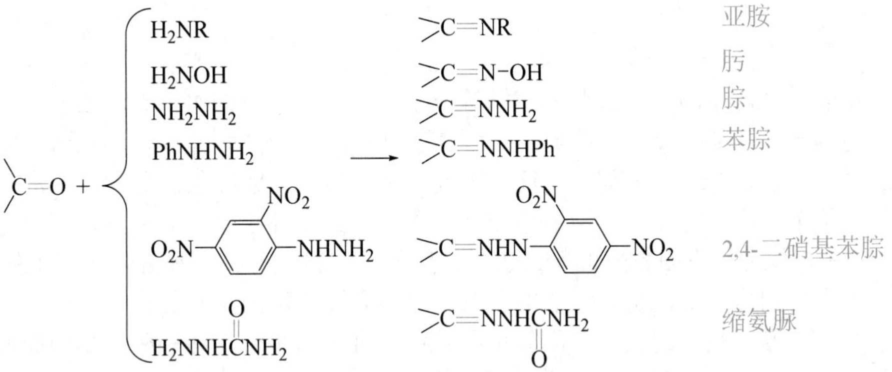

这些产物大部分是固体，一般能够结晶析出，容易纯化，且具有固定熔点。因而，可以用于醛（酮）的鉴别。如 2,4-二硝基苯肼就是鉴定醛、酮的常用试剂，它与醛、酮反应生成黄色结晶。此外，这些产物在稀酸作用下又可水解为原来的醛（酮），所以还可以用于分离和纯化醛（酮）。

醛（酮）与伯胺的反应在生物学上也是非常重要的，如吡哆醛磷酸酯（维生素 B6 的一种形式）能与一系列生物体内重要的胺反应生成 Schiff 碱，这些加成产物在生物体氮的代谢中起着重要作用。

例如：

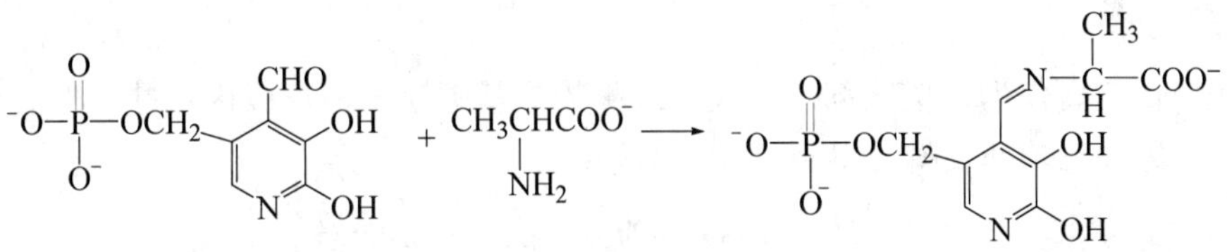

醛或酮与氨气也能发生加成-消除反应，生成的亚胺极其不稳定。但在某些反应中可以作为中间体：

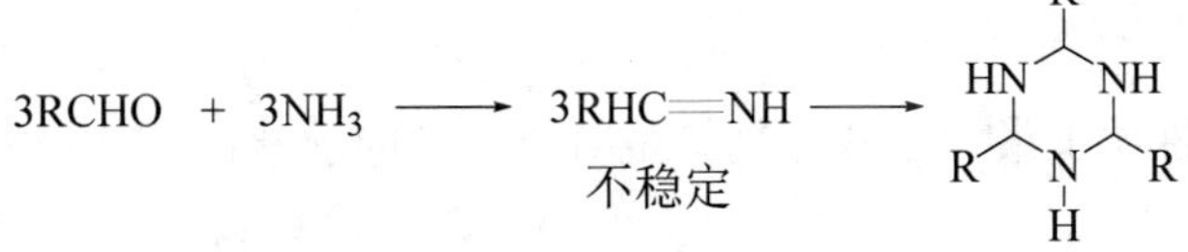

甲醛与氨反应则生成六亚甲基四胺（乌洛托品）：

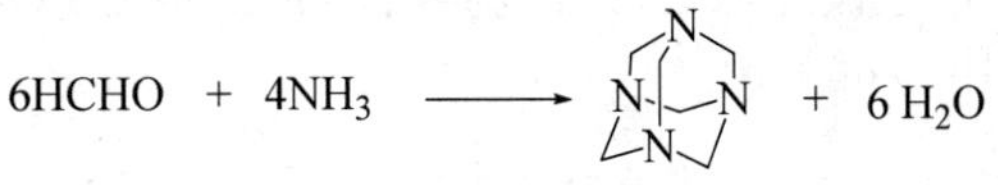

② 与仲胺的反应　含有 α-H 的醛和酮与仲胺也能进行加成-消除反应，生成的产物称为烯胺。例如：

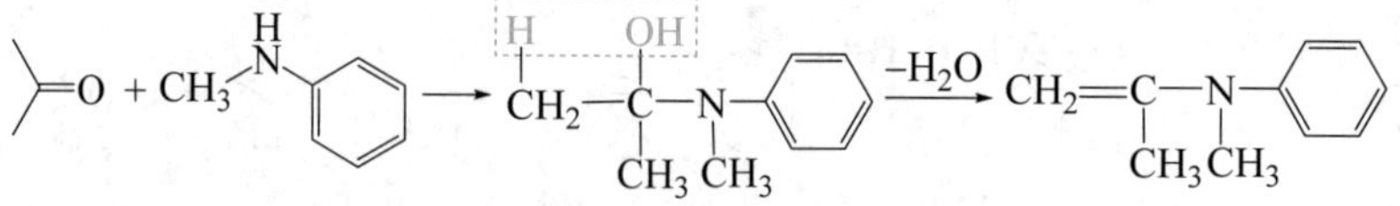

87%

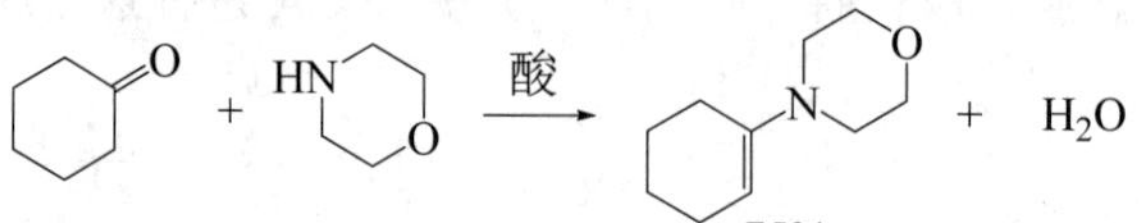

75%

这一反应也是可逆的，通过共沸蒸馏等方法除去反应生成的水，有利于反应的进行。

（7）与 Schiff 试剂的反应　品红是一种红色染料，将 SO_2 气体通入品红溶液中可得无色的品红醛试剂（也称 Schiff 试剂），这种试剂与醛作用显出紫红色，非常灵敏，是醛特有的检验方法。这个反应不能加热，溶液中也不能含有酸、碱性物质及氧化剂，因为它们都可使 SO_2 释放出来，使之又变回原来的粉红色。品红的颜色虽然与试剂和醛反应产生的红色有所不同，但不易区别，容易误认为有醛的存在。这一方法也可用于醛的比色分析。

酮类与品红醛试剂不起反应，因而不显颜色，可作为实验室鉴别醛和酮的简便方法。

甲醛所显的颜色加硫酸后不消失，而其他醛所产生的红色会褪去，因而也可用于区别甲醛和其他醛类。

（8）Wittig 反应　磷叶立德（Ylide）也称 Wittig 试剂，与醛、酮进行加成-消除反应可生成烯烃，称为 Wittig 反应。Wittig 试剂一般由三苯基膦和卤代烷烃制备，通过亲核取代形成季鏻盐，再在强碱的作用下失去质子形成 Wittig 试剂。例如：

$$(C_6H_5)_3P + CH_3Br \longrightarrow (C_6H_5)_3\overset{+}{P}CH_3Br^- \xrightarrow{C_6H_5Li} (C_6H_5)_3\overset{+}{P}-\overset{-}{C}H_2 \longleftrightarrow (C_6H_5)_3P=CH_2$$

Witting 试剂

Wittig 试剂可作为亲核试剂，进攻醛或酮的羰基碳原子，形成内鎓盐，然后分子内发生消除反应，失去三苯基氧膦，得到烯烃。例如：

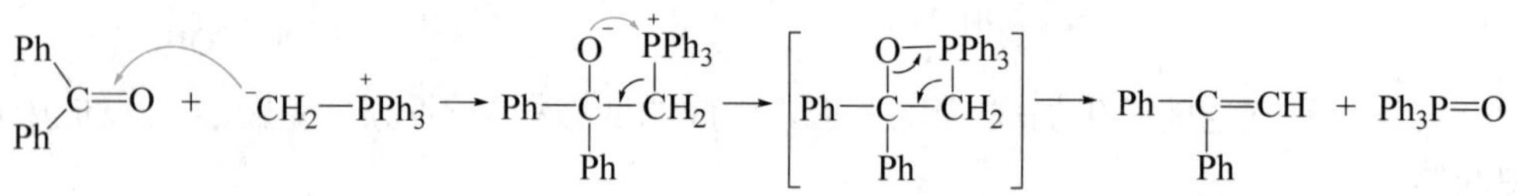

11.5.2　氧化反应

醛和酮在化学性质上最突出的差别就是对氧化剂的敏感性，醛很容易被氧化，而酮则相对稳定。

（1）弱氧化剂氧化　醛对氧化剂很敏感，弱的氧化剂，如 Ag^+、Cu^{2+}等金属离子就可将其氧化为羧酸，而金属离子往往被还原后形成沉淀物，如 Ag 或 Cu_2O 等。酮不能进行这一反应，所以该反应可以用于鉴别醛和酮。

$$RCHO + Ag^+ \xrightarrow{OH^-} RCOO^- + Ag\downarrow$$

形成银镜

$$\text{RCHO} + \text{Cu}^{2+} \xrightarrow{\text{OH}^-} \text{RCOO}^- + \underset{\text{红棕色}}{\text{Cu}_2\text{O}} \downarrow$$

常用的鉴别试剂有 Tollens 试剂（AgNO₃ 的氨溶液，也叫银氨溶液）、Fehling 试剂（CuSO₄，NaOH 和酒石酸钠钾的混合液）和 Benediet 试剂（CuSO₄、Na₂CO₃ 和柠檬酸钠的混合液）。Tollens 试剂在反应过程中会在试管壁上形成银镜，因此又叫银镜反应。Fehling 试剂和 Benediet 试剂均为蓝色溶液，鉴别时蓝色消失，形成红棕色沉淀。需要注意的是，这三种试剂并不是对所有的醛类都适用，如芳醛只能被 Tollens 试剂氧化，而 Benediet 试剂不能氧化甲醛等。

（2）强氧化剂氧化　由醛制备羧酸一般还是用常规的强氧化剂如 KMnO₄、K₂Cr₂O₇ 来完成。例如：

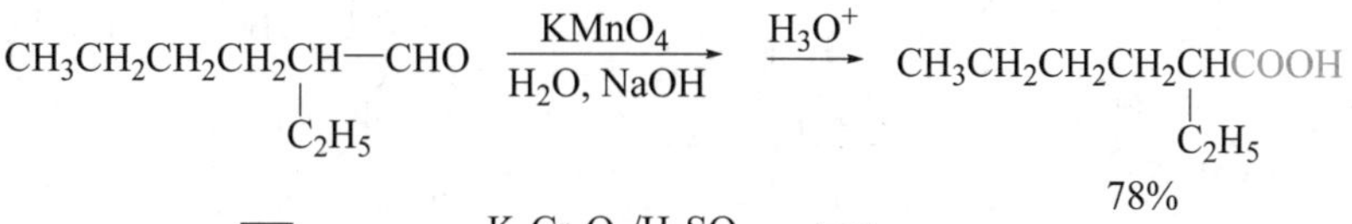

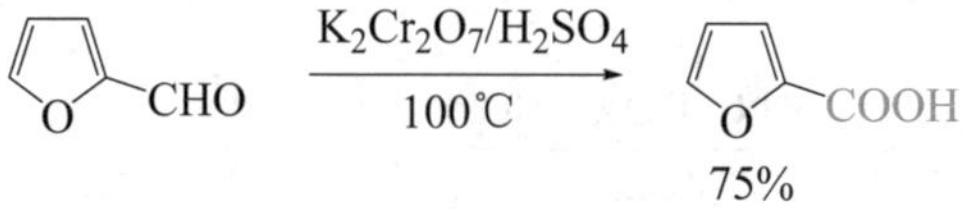

这一类反应的过程中应有一定比例的水，例如用 Cr(VI)氧化伯醇时，若体系中没有水，反应会停留在醛这一步。若是在无水条件下也能发生氧化成羧酸的反应，则该反应可能氧化的是水合醛，例如：

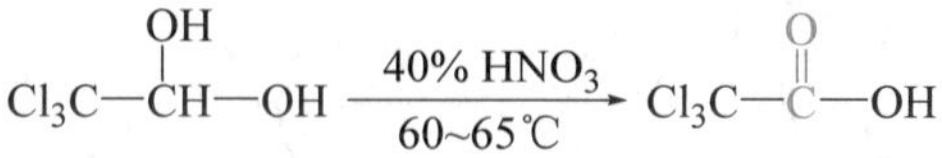

酮不易被氧化，对一般氧化醛的氧化剂都是稳定的。但在强氧化剂，如重铬酸和浓磷酸条件下，酮也可发生氧化，碳链断裂生成多种低级羧酸混合物，一般没有制备价值。然而，己二酸的工业制备方法就是由环己酮氧化制得：

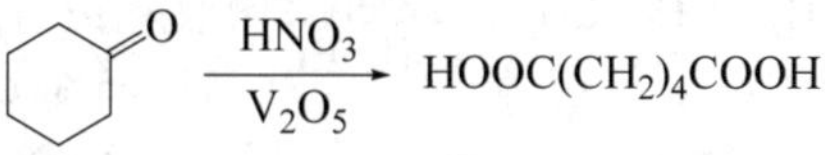

己二酸是生成尼龙的中间体。

（3）过氧酸氧化　过氧酸是一种比较特殊的氧化剂，不仅可将醛氧化为羧酸，也可将酮氧化为羧酸酯。例如：

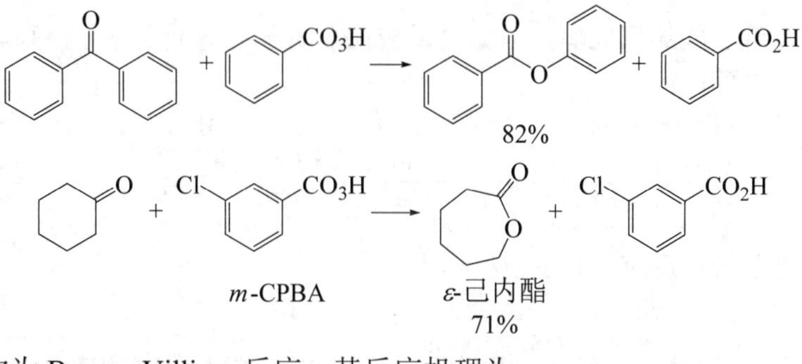

这一反应称为 Baeyer-Villiger 反应，其反应机理为：

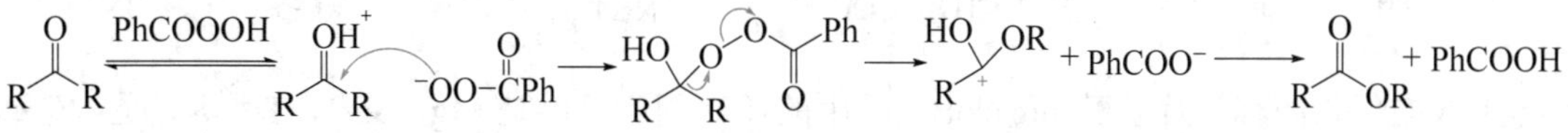

11.5.3 还原反应

（1）还原成醇　将醛、酮还原成醇的方法很多，常用的还原剂有催化氢化、金属还原偶联、金属氢化物、醇铝还原等。

① 催化氢化　醛、酮可在金属催化剂存在下进行氢化得到醇，常用的催化剂有 Raney Ni，Pt，Pd/C，PtO$_2$、Ru，Rh 等。例如：

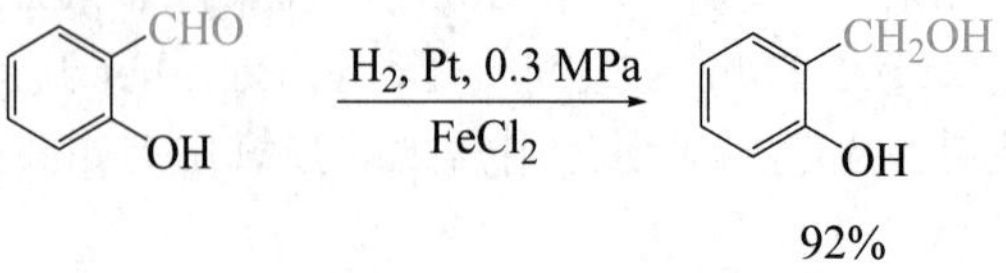

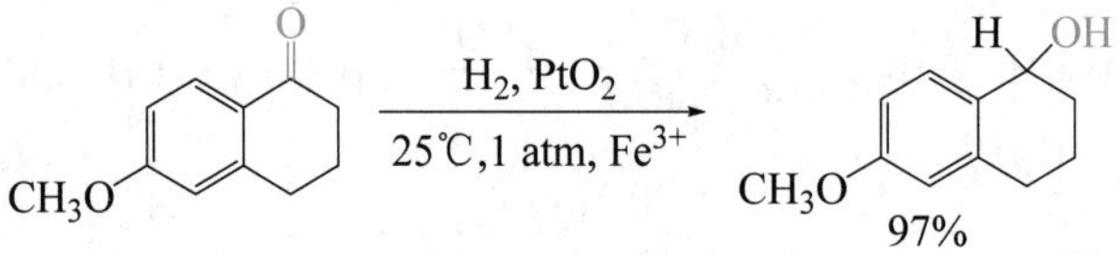

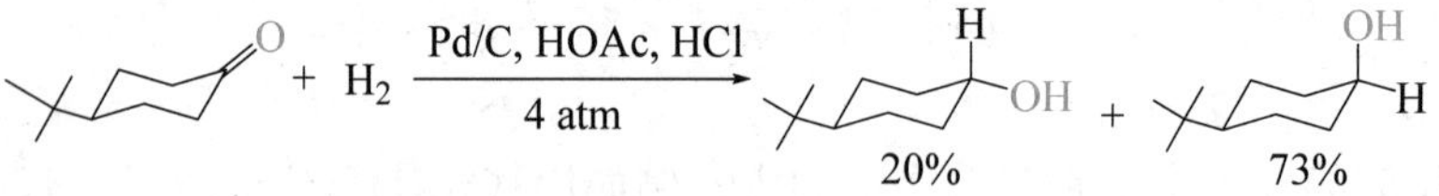

92%

97%

20%　　73%

② 金属还原偶联　金属还原是一个电子得失，并伴随质子转移的过程，金属是电子的供体，而水、醇、酸等是质子的供体。其机理可表示为：

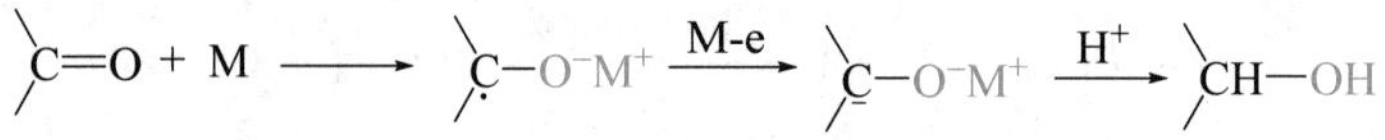

举例如下：

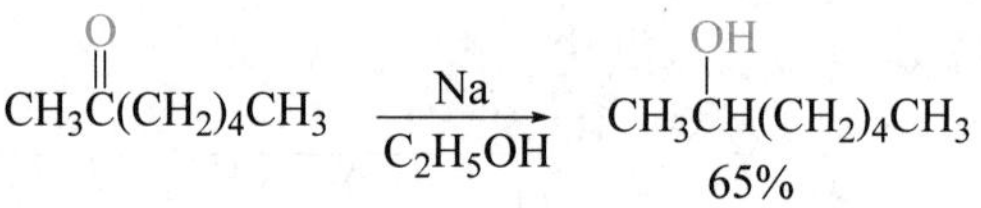

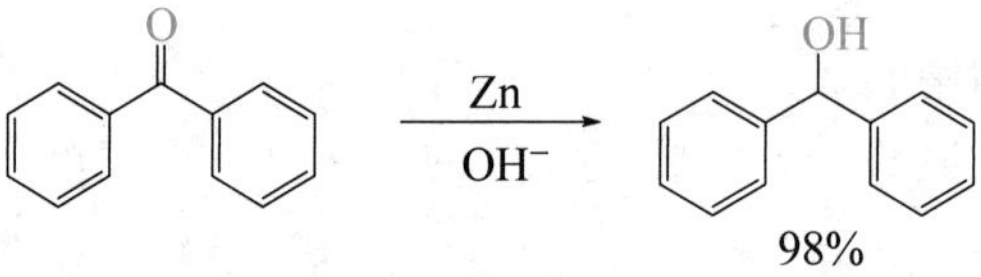

65%

98%

活泼金属可将醛、酮还原成醇，但如果反应在非质子性溶剂中进行，则可发生羰基的还原偶联反应生成邻二醇。例如：

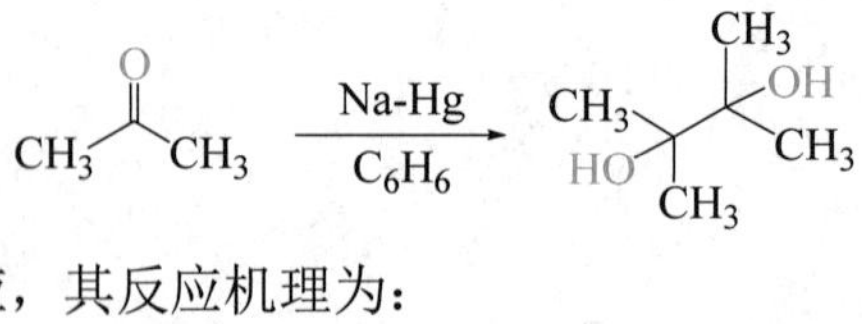

这是一个单电子转移反应，其反应机理为：

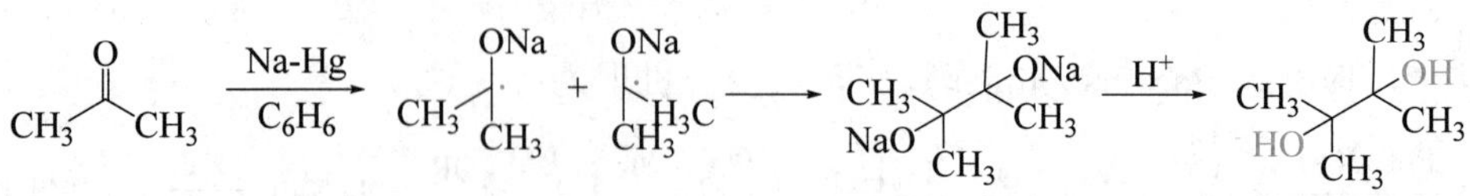

生成的邻二醇称为片呐醇(pinacol)，所用的还原剂还可以是 Mg，Sn^{2+}，Ti^{4+}等，是构建碳

链尤其是脂环化合物的重要方法之一。

③ 金属氢化物还原法　常用的金属氢化物有 NaBH$_4$、KBH$_4$ 和 LiAlH$_4$，以及它们的改性产物等，都是氢负离子的提供者，还原过程是通过氢负离子对羰基的亲核加成而实现的：

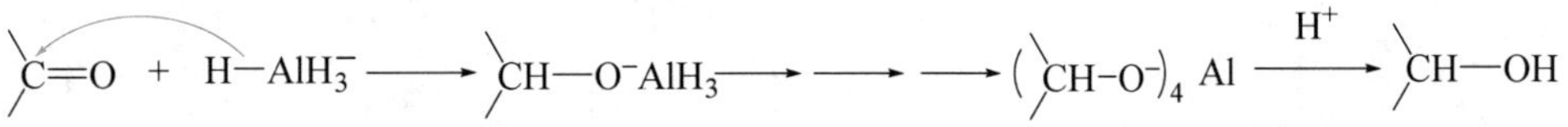

$$\text{C=O} + \text{H}-\text{AlH}_3^- \longrightarrow \text{CH}-\text{O}^-\text{AlH}_3 \longrightarrow \cdots \longrightarrow (\text{CH}-\text{O}^-)_4\,\text{Al} \xrightarrow{\text{H}^+} \text{CH}-\text{OH}$$

这些还原剂中，LiAlH$_4$ 的还原性较强，不仅可还原醛和酮，而且可以还原羧酸、酯及酰胺类化合物，NaBH$_4$ 本身不能还原这些化合物，因此具有较好的选择性。例如：

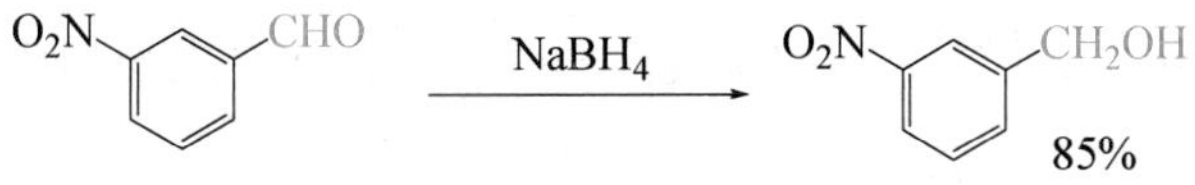

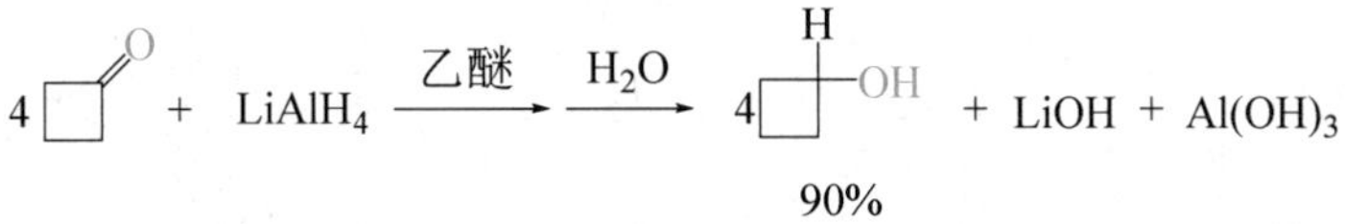

④ 醇铝还原法　常用的醇铝是异丙醇铝和乙醇铝。因为醇铝很易潮解，故反应在无水条件下进行，可将醛还原成伯醇，酮还原成仲醇：

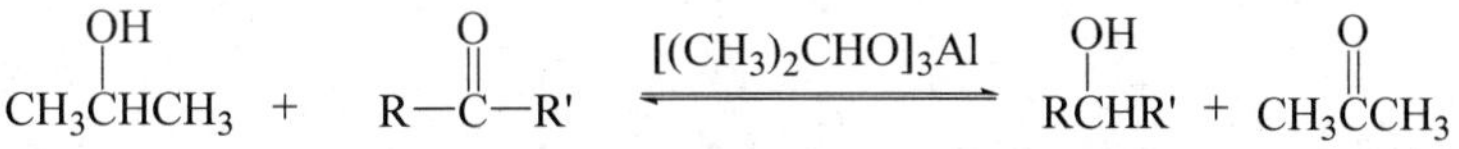

此反应称为 Meerweiri-Poundorf-Verley 反应。该反应是可逆的，其逆反应称为 Oppenauer 氧化反应。因此反应须在大量异丙醇中进行，并不断蒸出低沸点的丙酮，反应平衡才会向正向移动。

（2）还原成烃

① Wolff-Kishner-黄鸣龙还原法　将醛（酮）和肼在高沸点的溶剂，如三甘醇中与碱一起共热，羰基先与肼生成腙，腙在碱性加热条件下失去氮气，转变为亚甲基。例如：

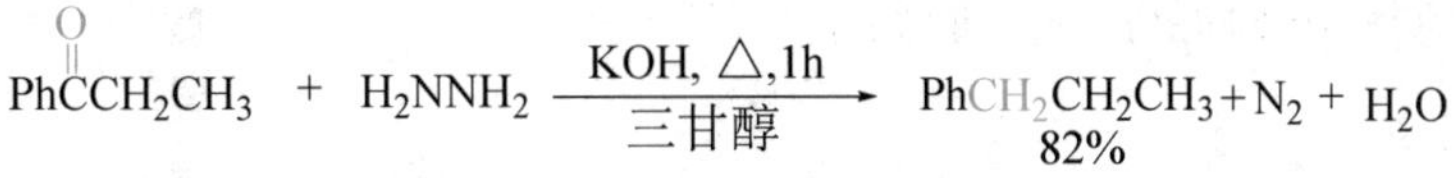

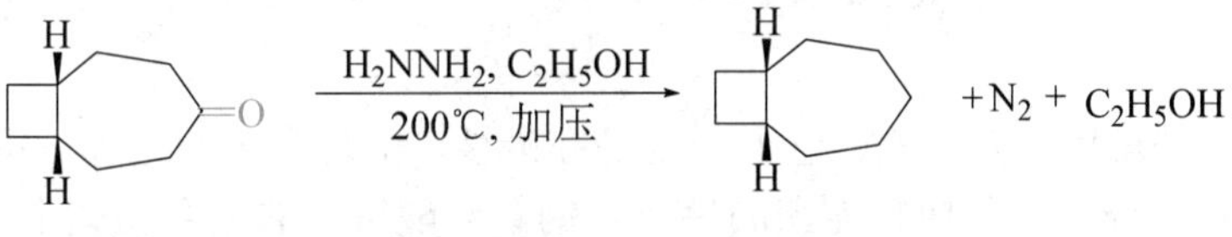

这一反应叫作 Wolff-Kishner-黄鸣龙还原法，其反应机理如下：

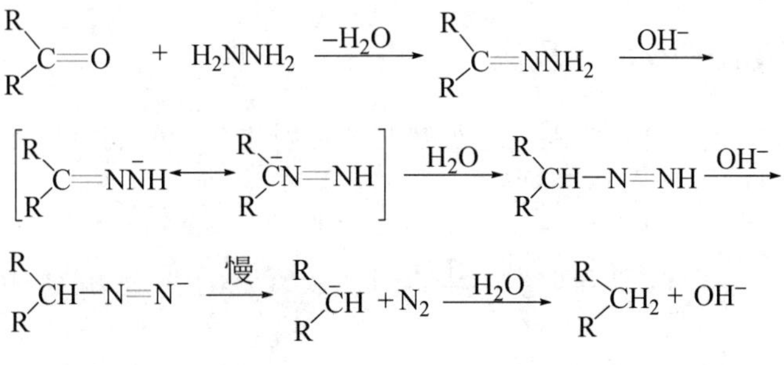

② Clemmensen 还原法　该方法是用锌-汞齐和浓盐酸组成的体系，将醛、酮的羰基还原成亚甲基。例如：

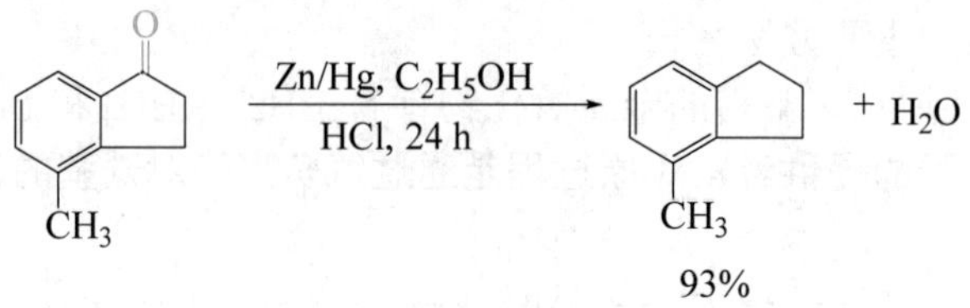

$$CH_3(CH_2)_5CH{=}O \xrightarrow[25\%HCl]{Zn/Hg} CH_3(CH_2)_5CH_3$$

87%

该反应被认为是经历了一个锌卡宾的过程，即醛、酮在锌的表面形成锌卡宾中间体，而后质子化生成脱氧还原产物：

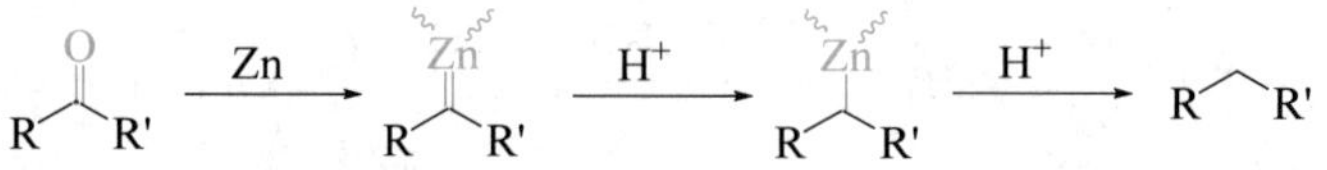

③ 缩硫醛（酮）脱硫 与其他硫化物一样，缩硫醛（酮）也可用 Raney 镍脱硫，这是一个将羰基还原成亚甲基的特别温和的方法。例如：

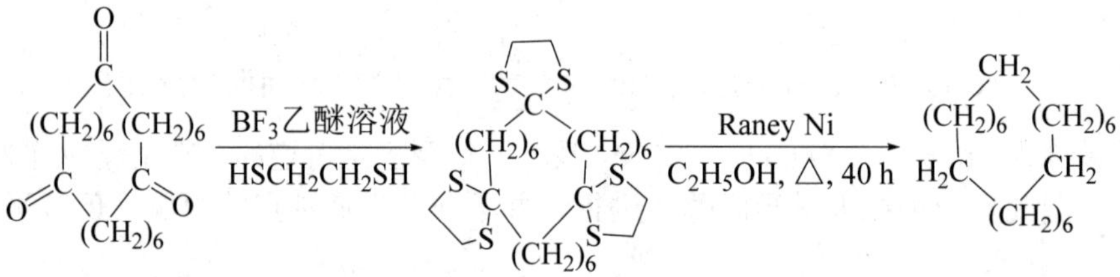

以上这些方法在羰基与烃基间建立了一种联系，这样可以把化合物中的甲基和亚甲基都设想成原来为羰基，这一策略在有机合成中非常有用。比如在苯环上引入一个烷基时，如果直接用傅-克烷基化，往往得到的是重排产物，但如果先将其酰基化，再将羰基还原成亚甲基，可以很好地避免重排产物的出现。例如：

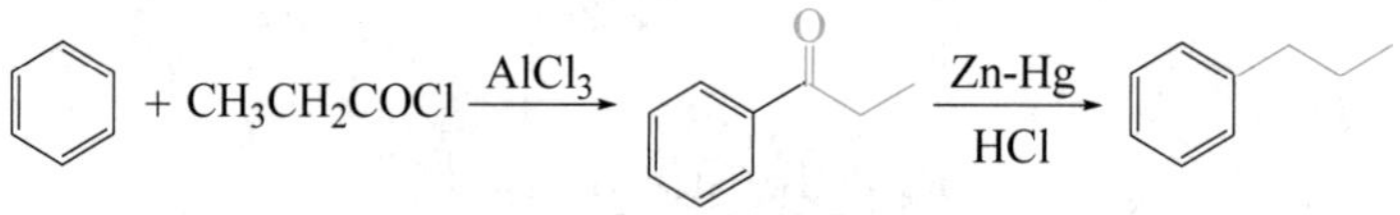

以上三种方法可以相互补充，它们分别是在碱性、酸性和中性条件下进行的，究竟选择哪一种方法取决于分子中其他官能团的性质。例如对酸敏感的化合物就不能用 Clemmensen 还原法，而分子中有双键存在时，自然就不能用第三种方法了。

11.5.4 Cannizzaro 反应

没有 α-H 的醛类化合物与强碱一起加热时，可发生分子间的氧化还原反应，得到一分子醇和一分子酸。例如：

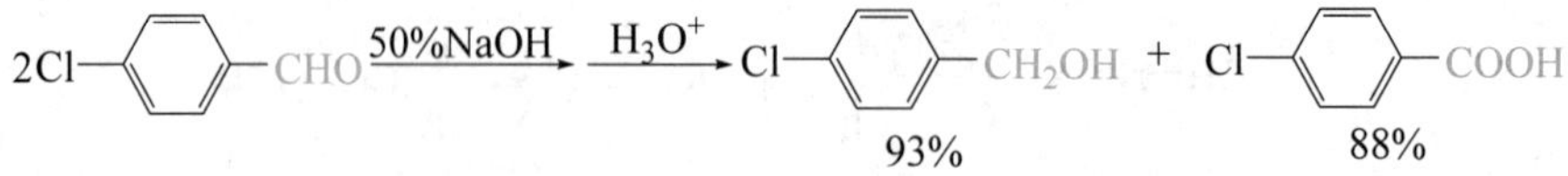

这种反应称为 Cannizzaro 反应，或叫歧化反应。其反应机理为：

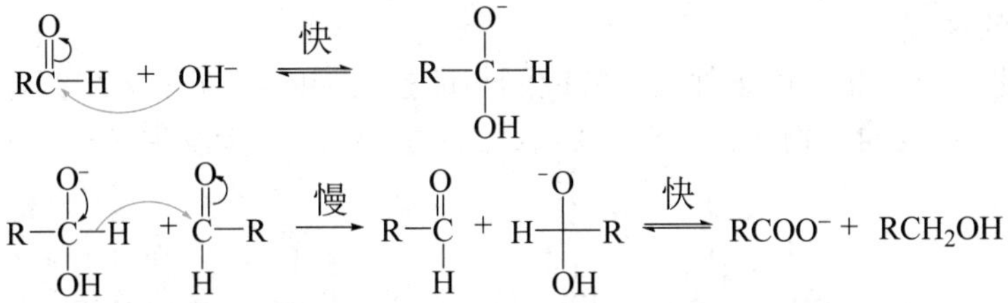

$$RCOO^- + H_3O^+ \longrightarrow RCOOH + H_2O$$

中间涉及一个氢负离子的迁移，这一过程是通过一个环状过渡态来完成的：

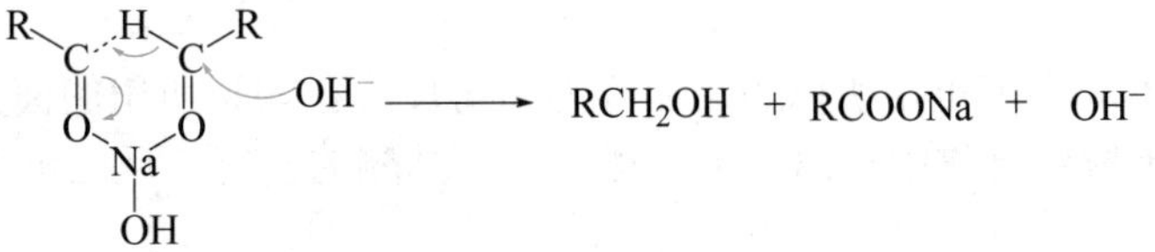

如果使用两种不同的醛反应，称为交叉的 Cannizzaro 反应，产物往往比较复杂，通常是活性高的醛被氧化为酸，而活性低的醛被还原成醇，这是因为活性高的醛更容易与碱发生亲核加成，然后把 H^-转移给另一个醛。例如：

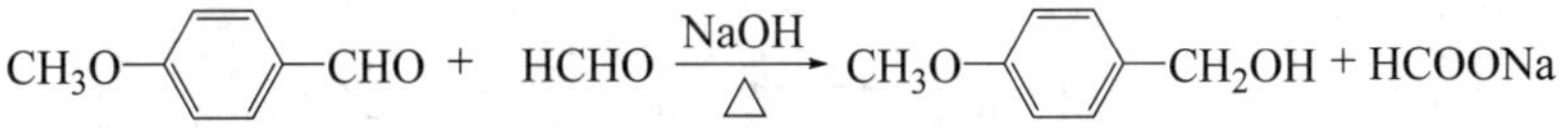

甲醛与芳醛之间的歧化反应是制备苄醇的有效手段之一。

重要的化工原料季戊四醇（可用于合成酯、电绝缘油、润滑油、涂料和炸药等）也是通过这一反应获得的：

$$(HOCH_2)_3CCHO + HCHO \xrightarrow[\triangle]{NaOH} C(CH_2OH)_4 + HCOONa$$

11.5.5 α-H 的反应

羰基邻位碳原子上的氢原子称为 α-H。受羰基吸电子效应的影响，α-H 的酸性比普通烃基上的氢原子的酸性要强得多。例如乙烷的 pK_a 值为 42，而丙酮的 pK_a 值为 20。

羰基化合物有酮式和烯醇式两种存在形式，共存于一个体系中，这种异构现象称为互变异构现象。两个异构体的含量取决于分子的结构。正因为如此，如果含有 α-H 的 α-碳原子是手性碳原子，则在存放过程中会发生外消旋化，最终会转化为外消旋体。

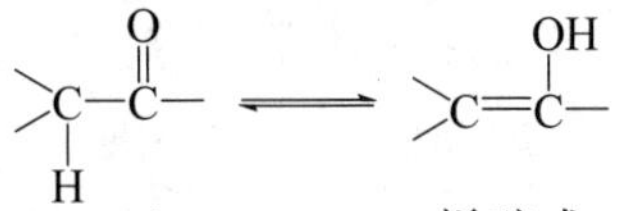

酮式　　　　烯醇式

酸和碱的存在都会对烯醇化起促进作用。例如：

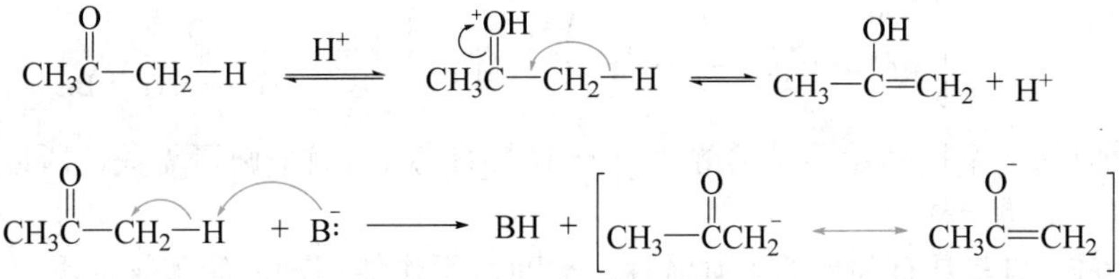

（1）α-H 的卤代

① 碱催化卤代　在碱性条件下，醛或酮与卤素反应时，所有 α-H 都可以被卤原子取代，如果是甲基酮，生成的产物在该条件下是不稳定的，会进一步发生 C—C 键的断裂得到酸。例如：

$$(CH_3)_3CCCH_3 + 3Br_2 \xrightarrow[H_2O/二噁烷, 0℃]{NaOH} (CH_3)_3CCCBr_3$$

$$\xrightarrow{OH^-} \xrightarrow{H_3O^+} (CH_3)_3CCOOH + CHBr_3$$
$$72\%$$

由于反应中生成了卤仿，所以该反应称为卤仿反应。如果所用的卤素是碘，生成的碘仿为黄色结晶，从反应混合物中析出，因而可用于甲基酮的鉴定。反应机理如下：

$$RCCH_3 + OH^- \rightleftharpoons RCCH_2^- + H_2O$$

$$RCCH_2^- + Br-Br \longrightarrow RCCH_2Br + Br^-$$

$$RCCH_2Br \longrightarrow \longrightarrow RCCBr_3$$

$$RCCBr_3 \rightleftharpoons RC-CBr_3 \rightleftharpoons R-COH + {}^-CBr_3 \longrightarrow RCOO^- + HCBr_3$$

如果醛、酮的 α-H 只有一个或两个，则反应会停留在一卤代或二卤代阶段，因为在最后一步中，XR$_2$C—或 X$_2$RC—的碱性都足够强，因而不能成为一个好的离去基团，在碱性条件下，不足以造成 C—C 键的断裂。

② 酸催化卤代　在酸性条件下，醛、酮与卤素的反应一般都得到一卤代化合物。例如：

$$Br-\text{〇}-CCH_3 + Br_2 \xrightarrow[25℃]{HOAc} Br-\text{〇}-CCH_2Br + HBr$$
$$69\%\sim72\%$$

$$\text{〇} + Cl_2 \xrightarrow{H_3O^+} \text{〇}Cl + HCl$$
$$61\%\sim66\%$$

其反应机理为：

$$R-CCH_3 \overset{H_3^+O}{\rightleftharpoons} RC=CH_2 \xrightarrow{Br-Br}$$

$$\left[RC-CH_2Br \longleftrightarrow R-C-CH_2Br \right] \xrightarrow{-H^+} R-CCH_2-Br$$

这一反应的速率控制步骤是烯醇化，$v=k$[酮][H$_3$O$^+$]，而与卤素无关，所以无论用什么卤素，反应速率都是一样的。

α-卤代酮一般都具有强烈的眼刺激性，因而可用作催泪剂，如苯氯乙酮。

③ 自由基卤代　由于醛、酮的 α-碳自由基相对比较稳定，所以卤代也可以自由基的形式进行。例如：

$$\text{(见图)}\;+\;\text{N-Br（丁二酰亚胺）}\;\xrightarrow[\text{过氧化物}]{\text{CCl}_4}\;\text{(溴代产物)}\;+\;\text{NH（丁二酰亚胺）}$$

$$\text{(环丙基甲基酮)}\;+\;\text{SO}_2\text{Cl}_2\;\xrightarrow[\text{室温}]{\text{CCl}_4}\;\text{(氯代产物)}\;+\;\text{HCl}\;+\;\text{SO}_2$$

（2）羟醛（醇醛）缩合反应

① 碱催化的羟醛缩合反应　在碱性水溶液中，两分子的乙醛反应可生成 β-羟基丁醛：

$$2\text{CH}_3\text{CHO}\;\xrightarrow[\text{H}_2\text{O}]{\text{NaOH}}\;\underset{\text{HO}}{\text{CH}_3\text{CHCH}_2\text{CHO}}$$

$$50\%$$

这种反应称为羟醛缩合（aldol condensation）反应，这是具有 α-H 的醛、酮非常重要的性质，是构建 C-C 链的常用方法之一。其反应机理为：

$$\text{HO}^-\;+\;\text{H}-\text{CH}_2-\text{CHO}\;\Longleftrightarrow\;\left[\;^-\text{CH}_2\text{CHO}\;\longleftrightarrow\;\text{CH}_2=\overset{\text{O}^-}{\text{CH}}\;\right]\;+\;\text{H}_2\text{O}$$

$$\overset{\text{O}}{\text{CH}_3\text{CH}}\;+\;^-\text{CH}_2\text{CHO}\;\Longleftrightarrow\;\text{CH}_3\overset{\text{O}^-}{\text{CH}}\text{CH}_2\text{CHO}\;\xrightarrow{\text{H}_2\text{O}}\;\text{CH}_3\overset{\text{OH}}{\text{CH}}\text{CH}_2\text{CHOH}\;+\;\text{OH}^-$$

这一反应是可逆的，平衡对醛有利，而对酮不利。例如在丙酮的缩合中，平衡更趋于产物的分解。要使得产物的收率提高，就必须使用特殊的技术将产物移除，一个最常使用的方法就是加热脱水。例如：

$$2\text{C}_3\text{H}_7\text{CHO}\;\xrightarrow[\text{80℃}]{\text{1mol/L NaOH}}\;\text{C}_3\text{H}_7\overset{\text{OH}}{\text{CH}}\underset{\text{C}_2\text{H}_5}{\text{CHCHO}}\;\xrightarrow[\triangle]{-\text{H}_2\text{O}}\;\text{C}_3\text{H}_7\text{CH}=\underset{\text{C}_2\text{H}_5}{\text{CCHO}}$$

其中第二步是一个碱催化下脱水的过程：

$$\text{C}_3\text{H}_7\underset{\text{C}_2\text{H}_5}{\overset{\text{OH H}}{\text{CHCHO}}}\overset{\text{OH}^-}{\Longleftrightarrow}\;\text{C}_3\text{H}_7\text{CH}-\underset{\text{C}_2\text{H}_5}{\overset{\text{OH}}{\text{C}}}-\text{CHO}\;\longrightarrow\;\text{C}_3\text{H}_7\text{CH}=\underset{\text{C}_2\text{H}_5}{\text{CCHO}}\;+\;\text{OH}^-$$

② 酸催化的羟醛缩合反应　羟醛缩合反应也可以在酸催化下进行，直接得到 α,β-不饱和醛、酮。例如：

$$2\;\text{CH}_3\overset{\text{O}}{\text{CCH}_3}\;\xrightarrow[\text{Dowex-50}]{\text{酸}}\;\text{CH}_3-\underset{\text{CH}_3}{\text{C}}=\text{CH}-\overset{\text{O}}{\text{CCH}_3}\;+\;\text{H}_2\text{O}$$

(Dowex-50为一种聚苯乙烯磺酸树脂)

其反应机理为：

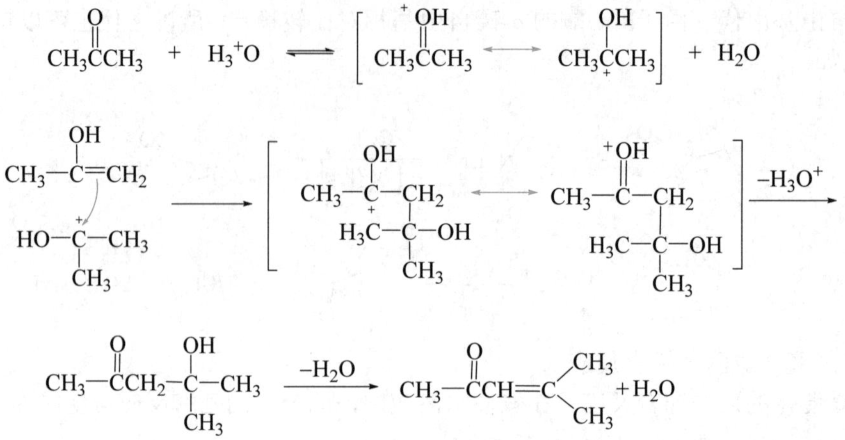

$$CH_3CCH_3 + H_3^+O \rightleftharpoons \left[\overset{+}{\underset{}{OH}}_{CH_3CCH_3} \longleftrightarrow \overset{OH}{\underset{}{CH_3\overset{+}{C}CH_3}} \right] + H_2O$$

③ 交叉的羟醛缩合反应　当两种不同的含 α-H 的醛或酮进行羟醛缩合反应时，产物往往是比较复杂的，既有同分子间的缩合，也有不同分子间的缩合。其主要产物由两个因素来决定：一是 α-H 的活泼性，其越活泼，就越易与碱作用形成碳负离子；二是羰基的活泼性，其越活泼，就越易接受亲核试剂的进攻。例如：

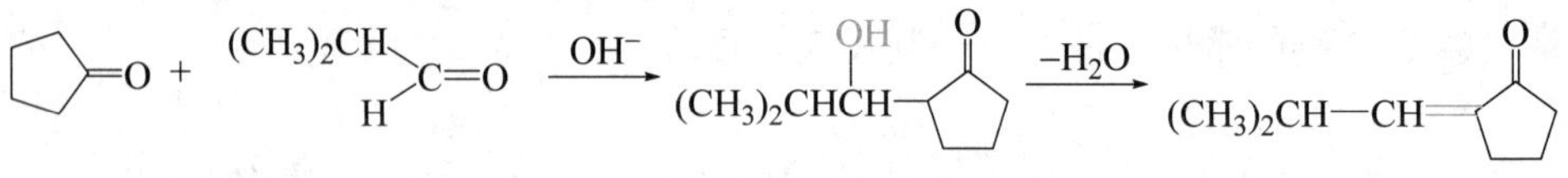

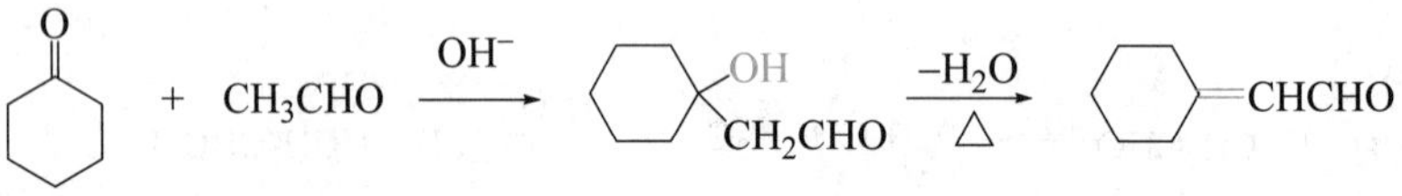

如果这两种不同的醛、酮中的一个没有 α-H，则产物是单一的，这种交叉的羟醛缩合反应称为 Claisen-Schmidt 缩合。例如：

$$PhCHO + CH_3CHO \underset{\text{碱}}{\rightleftharpoons} PhCHCH_2CHO \xrightarrow[\triangle]{-H_2O} PhCH=CHCHO$$
肉桂醛

羟醛缩合反应也可以在分子内进行，称为分子内的羟醛缩合反应，在构建脂肪族环状化合物中非常有用。例如：

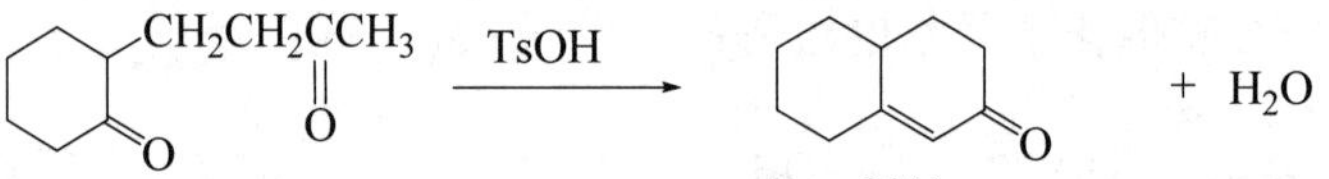

90%

(TsOH 为对甲苯磺酸，也常简写为 PTSA，是常用的有机酸催化剂)

（3）α-H 的氧化　如同烯丙型化合物 α-H 的氧化一样，羰基化合物的 α-H 也可被选择性地氧化，常用的氧化剂是 SeO_2 和 H_2SeO_3，它们可将羰基化合物氧化为 1,2-二羰基化合物，自身被还原为单质 Se，体系中的少量水可加速反应的进行。例如：

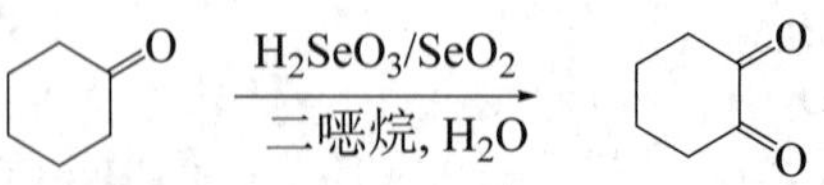

60%

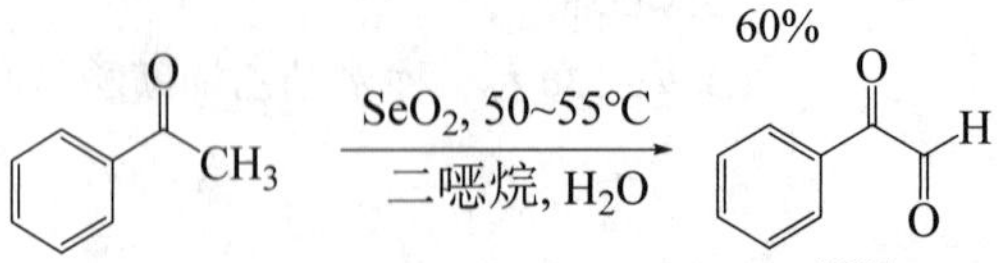

72%

可能的反应机理如下：

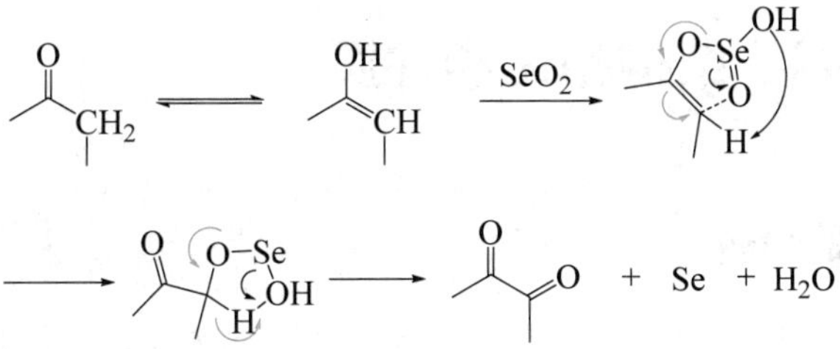

11.5.6 α,β-不饱和醛、酮的反应

当 C≡C 键与 C≡O 键共轭时，组成的化合物称为 α,β-不饱和醛、酮，由于双键与羰基构成共轭体系，这不仅会使其光谱性质产生重大变化，对其化学性质也有较大影响。α,β-不饱和醛、酮与亲核试剂的反应有两种形式——简单加成和共轭加成，其中共轭加成也称为 Michael 加成。

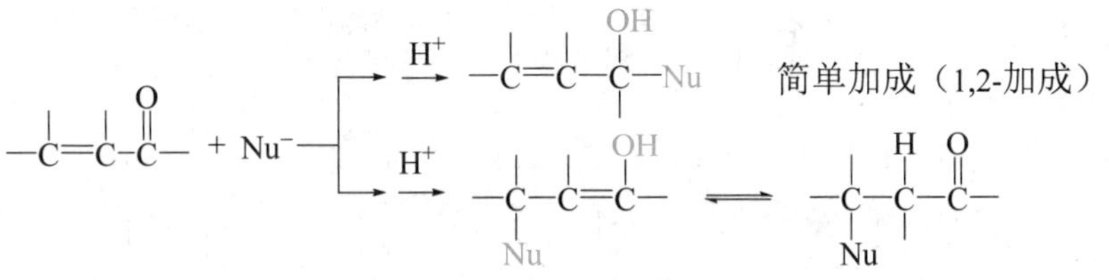

简单加成（1,2-加成）

共轭加成（1,4-加成，Michael加成）

这两个反应往往同时发生，是两个相互竞争的反应。由于它们的反应中间体的稳定性不同，所以反应的活化能也不一样，1,2-加成反应较快，属于动力学控制的反应，而 1,4-加成反应较慢，但产物的稳定性较高，因此是热力学控制的反应。所以，如果反应是可逆的，在达到动态平衡时，1,4-加成产物是主要的；如果反应是不可逆的，则 1,2-加成产物是主要的。例如：

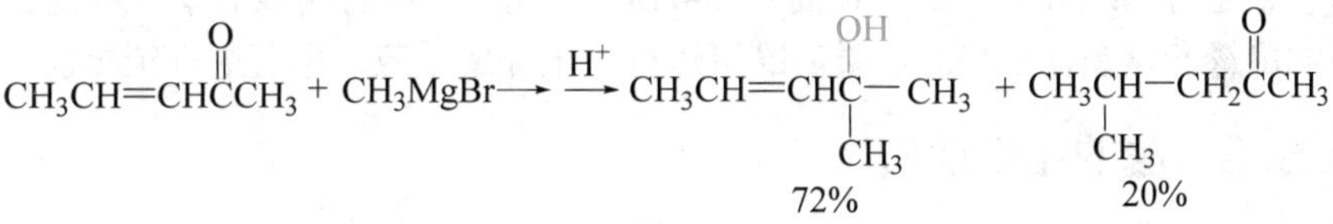

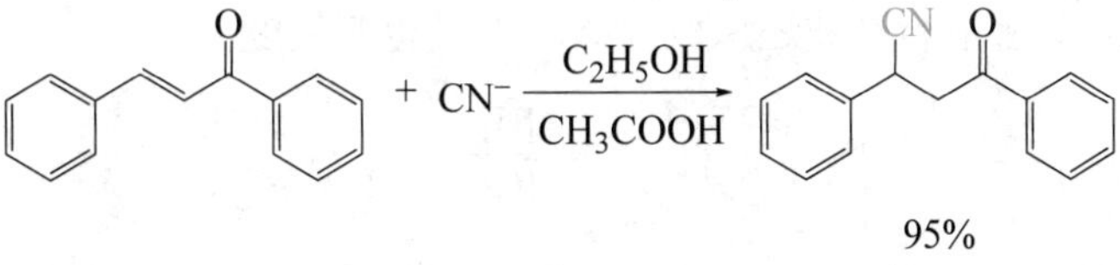

因此，亲核试剂的强弱、羰基化合物的结构、反应温度等都会对产物的形成造成影响，如表 11-2 所示。

表 11-2　影响 α,β-不饱和醛、酮亲核加成反应的因素

因素	1,2-加成为主	1,4-加成为主
温度	低温	高温
试剂的亲核性	强（如 RMgX 等）	弱[如 Cl⁻，CN⁻，⁻CH(COOC$_2$H$_5$)$_2$ 等]
反应物的结构	羰基上无大的基团	羰基上有大的基团

Michael 加成反应是一类非常重要的有机化学反应，是构建碳骨架的重要方法之一。

11.6 醌的命名、结构和化学性质

11.6.1 醌的命名

醌是一类含有两个双键的六元环状二酮结构的化合物，是一类特殊的 α,β-不饱和酮。醌一般分为苯醌类、萘醌类、菲醌类化合物等。由苯得到的醌称为苯醌，由萘得到的醌称为萘醌。其命名是按照相应的芳烃衍生物进行的。常见的醌的命名如下：

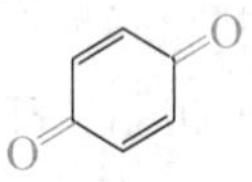

1,4-苯醌　　1,2-苯醌 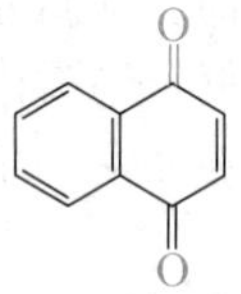　　1,4-萘醌　　1,2-萘醌
（对苯醌）　　（邻苯醌）　　（α-萘醌）　　（β萘醌）

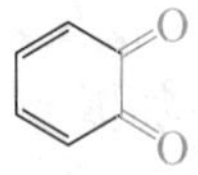

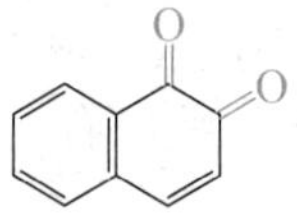

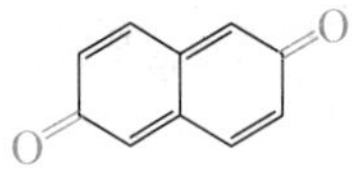

2,6-萘醌 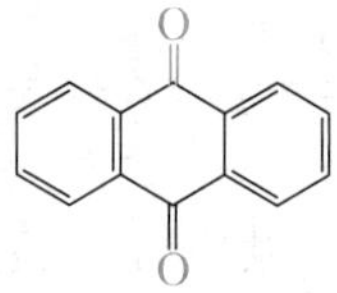　　　　9,10-蒽醌 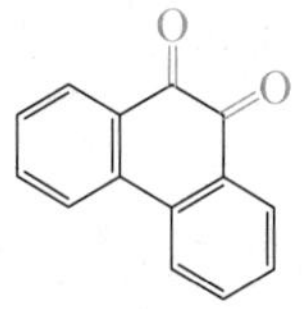　　　　9,10-菲醌

11.6.2 醌的结构

X 射线晶体衍射证明，对苯醌中的 C—C 键长为 0.149nm，C＝C 键长为 0.132nm，非常接近正常 C—C 键的 0.154nm 和 C＝C 的 0.134nm，表明分子中有明显的单、双键之分，因此，它具有典型的烯烃和羰基化合物的性质，既可进行亲电加成反应，也可进行亲核加成反应。

11.6.3 醌的化学性质

（1）还原　对苯醌很容易被还原成对苯二酚（也叫氢醌）：

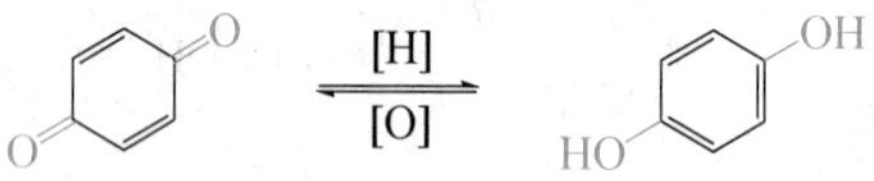

这是对苯二酚氧化反应的逆反应，利用这一性质制成的醌-氢醌电极，在分析化学中用于测定 H^+ 的浓度。

若苯醌分子中有强吸电子基团，可以作为脱氢试剂使用。如二氰基二氯对苯醌，可以用于脱氢芳构化反应，如下所示：

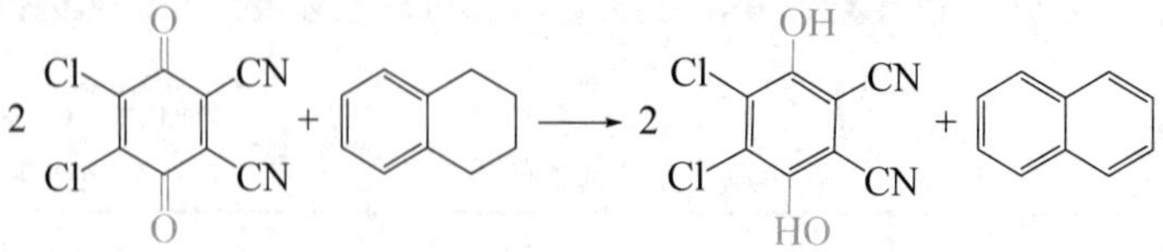

（2）加成反应　醌除了能像烯烃一样发生亲电加成反应以外，还可以在羰基位点发生亲核加成反应。例如：

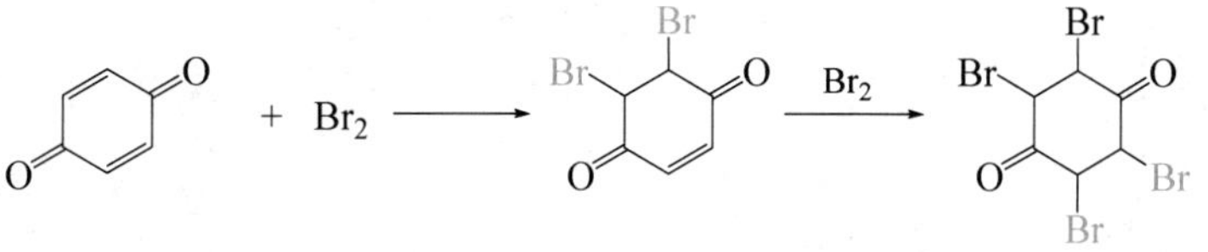

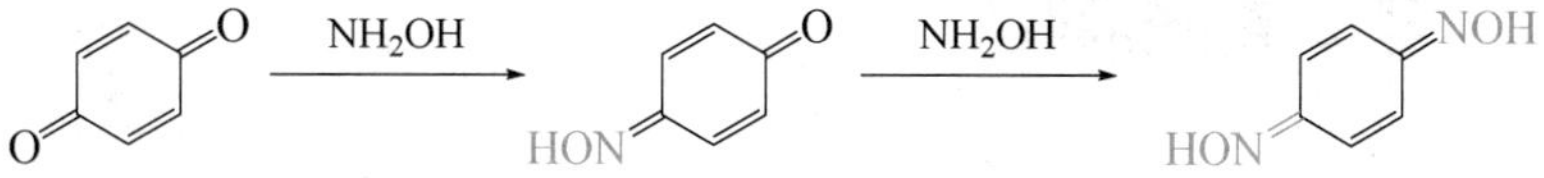

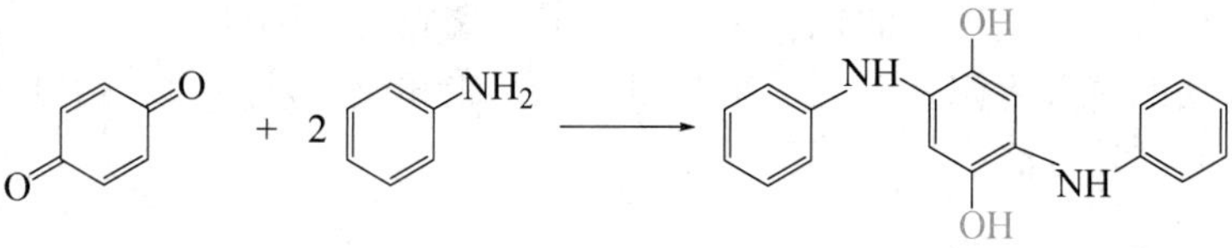

由于醌具有 α,β-不饱和羰基的结构，因此还可以发生 1,4-加成反应。如下所示，对苯醌可作为亲双烯体进行 Diels-Alder 反应。

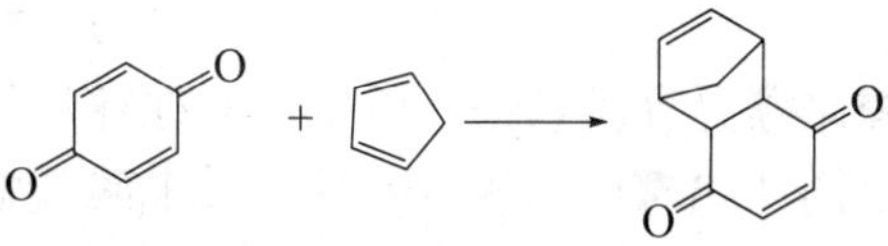

维生素K$_1$

所有醌类化合物都有颜色，是一类重要的染料，如茜草中的茜红，是最早被使用的天然染料之一。

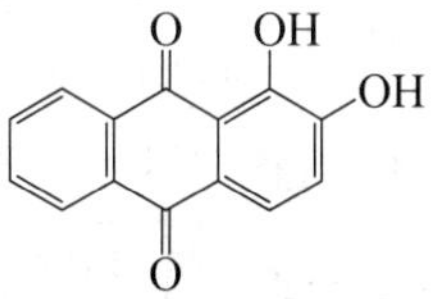

茜红

不少生理活性物质也具有醌的结构，如辅酶 Q、维生素 K$_1$。前者和生命的呼吸循环有关，它广泛地存在于细胞中。而后者具有凝血作用。

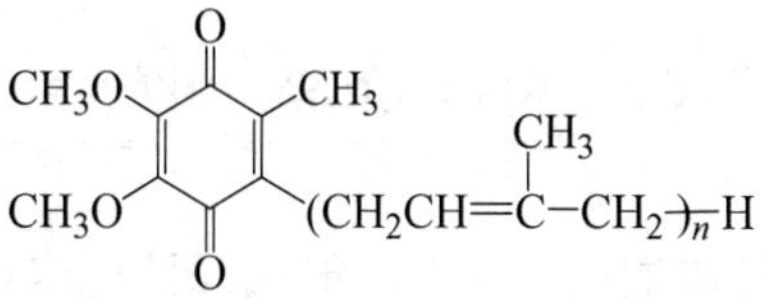

辅酶Q

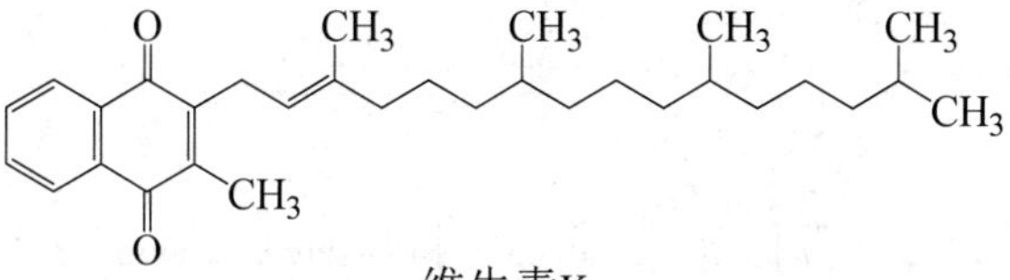

维生素K$_1$

醌类化合物在农药上也有重要应用，例如二嗪农是许多仁果、核果的多种叶部病害的保护性杀菌剂。

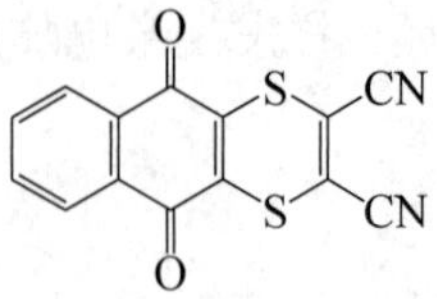

二嗪农

11.7 醛、酮、醌的制备

自然界中存在很多含羰基的化合物，如樟脑、麝香等，因此，动、植物及微生物是醛、酮、醌类化合物的重要来源之一，但绝大多数醛、酮和醌还是用合成的方法来制备的，下面介绍几种常见的制备方法。

11.7.1 醛、酮的制备

（1）醇的氧化和脱氢　醇的氧化和脱氢是最常用的在实验室和工业上制备醛、酮的方法，脱氢方法在工业上应用更广泛。

伯醇氧化可得到醛，由于醛比醇更容易氧化，所以反应往往不能停留在醛这一步，会被进一步氧化为酸，如何将伯醇选择性地氧化成醛，并且分子中的其他官能团不受影响，一直是有机化学中的一个重要课题。目前已发展了多种选择性氧化剂，如 Sarrett 试剂（CrO_3 吡啶溶液）、新制 MnO_2、Pfitzner-Moffatt 试剂等，都有较好的选择性。例如：

$$CH_3(CH_2)_5CH_2OH \xrightarrow[CH_2Cl_2, 25℃]{CrO_3 \cdot (C_5H_5N)_2} CH_3(CH_2)_5CHO$$

Sarrett 试剂也可氧化仲醇至酮，但碳碳重键不受影响。

$$CH_2=CHCH_2OH \xrightarrow[25℃]{新制MnO_2} CH_2=CHCHO$$

Oppenauer 氧化法是选择性氧化仲醇的很好的方法，在叔丁基铝或异丙醇铝的存在下，仲醇与丙酮（或甲乙酮、环己酮等）一起反应，醇把两个氢原子转移给丙酮，本身被氧化成酮。如图：

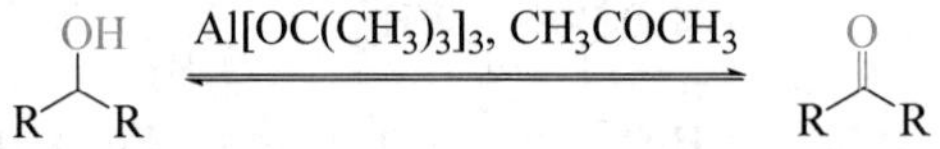

Jones 试剂（CrO_3 溶于稀硫酸的溶液）也能选择性地将仲醇氧化成酮，是一种较常用的方法。例如：

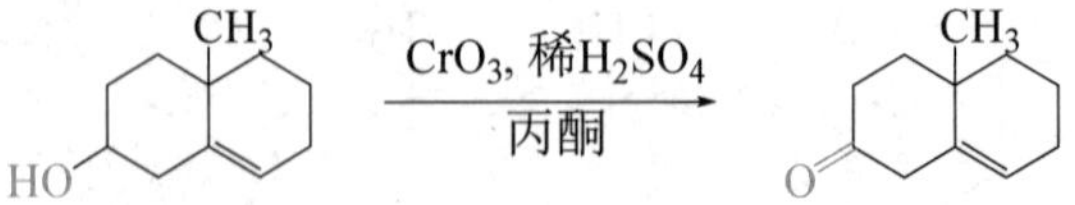

醇的催化脱氢常用 Cu 作催化剂，在高温下将醇的蒸气通过装有铜催化剂的管道，即可得到醛或酮。

（2）烷基芳烃侧链的氧化　含 α-亚甲基的烷基芳烃在某些条件下可以选择性氧化为醛或酮。如 Etard 试剂（CrO_3 与干燥的氯化氢反应生成的铬酰氯 CrO_2Cl_2）可选择性地将芳环上的甲基氧化为醛基。例如：

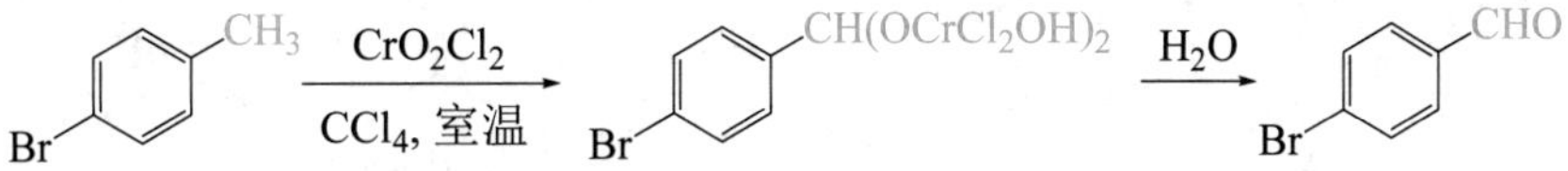

80%

其他烷基则可被选择性氧化为芳酮。例如：

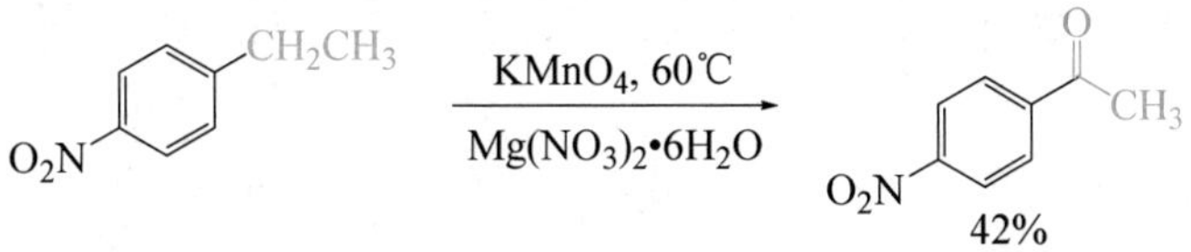

42%

（3）烯烃和炔烃的催化氧化　烯烃在氯化钯和氯化铜的催化下，可以被氧气氧化为羰基化合物。例如：

$$CH_2{=}CH_2 + \frac{1}{2}O_2 \xrightarrow[100\sim125℃]{PdCl_2\text{-}CuCl_2} CH_3CHO$$

$$CH_3(CH_2)_7{-}CH{=}CH_2 + \frac{1}{2}O_2 \xrightarrow{PdCl_2\text{-}CuCl_2} CH_3(CH_2)_7{-}\overset{\overset{\displaystyle O}{\|}}{C}{-}CH_3$$

70%

炔烃则可被 DMSO 氧化为 1,2-二酮。例如：

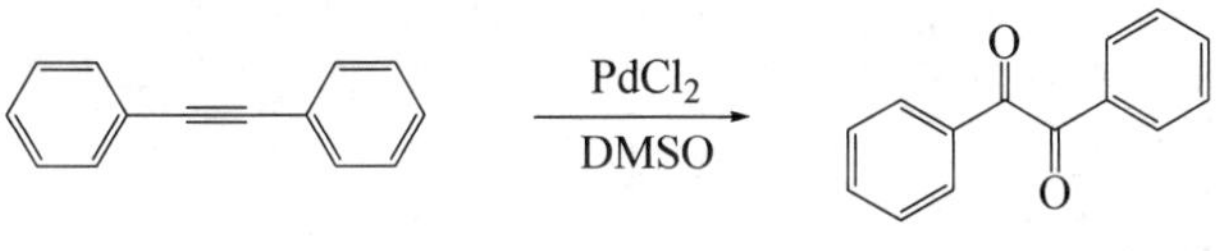

98%

（4）羧酸衍生物的还原　酰氯在钯催化剂存在下用氢气还原可以生成醛，由于醛容易被进一步还原，所以常需要加入抑制剂来降低催化剂的活性，常用的抑制剂有喹啉-硫、$BaSO_4$ 和甲基硫脲等，这种将酰氯选择性还原成醛的方法叫作 Rosenmund 还原法。该方法主要用于芳醛的合成，但也能用于脂肪醛的制备，分子中的卤素、硝基、酯基等基团不受影响，双键也可不被还原，但往往会发生重排。例如：

$$C_2H_5O\overset{\overset{\displaystyle O}{\|}}{C}(CH_2)_4\overset{\overset{\displaystyle O}{\|}}{C}Cl + H_2 \xrightarrow[\text{喹啉-硫}]{BaSO_4} C_2H_5O\overset{\overset{\displaystyle O}{\|}}{C}(CH_2)_4\overset{\overset{\displaystyle O}{\|}}{C}H$$

58%

（5）Friedel-Crafts 酰基化　芳烃进行 Friedel-Crafts 酰基化反应，这是制备芳香族酮最常用的方法。例如：

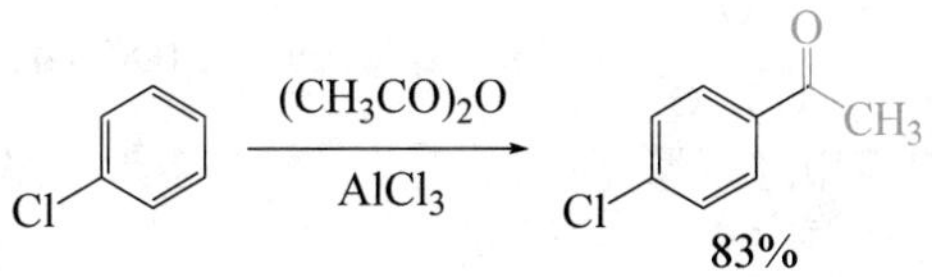

83%

11.7.2　醌的制备

醌的制备方法主要是氧化法，原料可以是芳胺、酚类及稠环芳烃。例如：

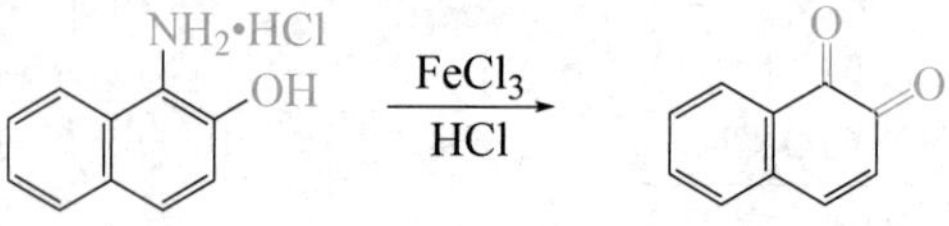

78%

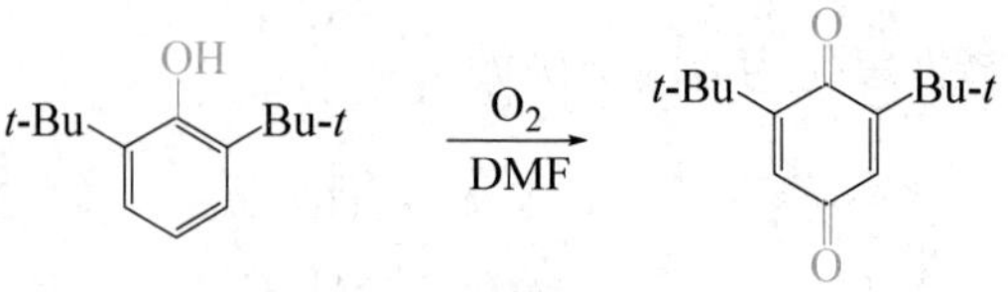

83%

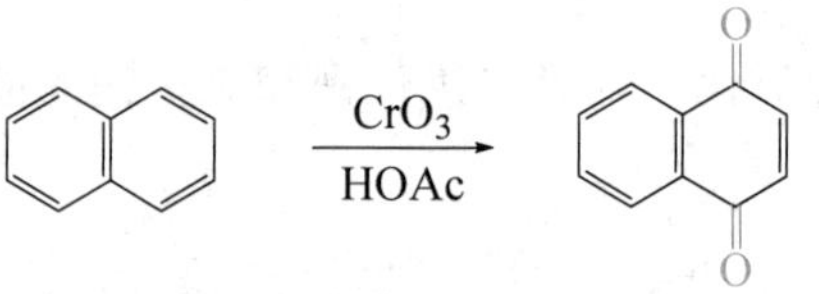

22%

也可通过分子内的 Friedel-Crafts 反应来制备。例如：

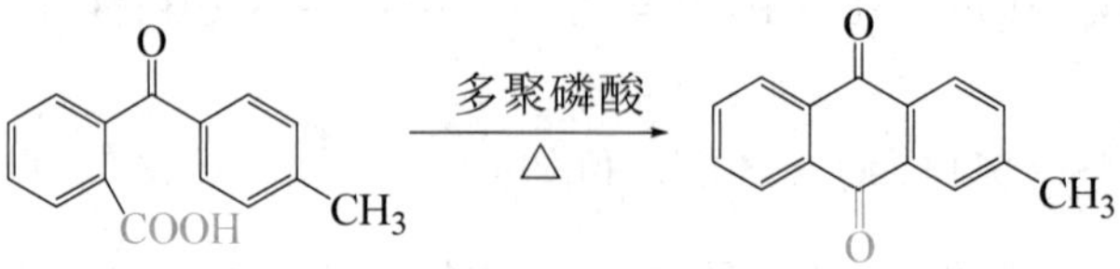

92%

11.8　重要代表物

（1）甲醛　甲醛在常温下是气体，沸点-21℃，具有难闻的刺激气味，易溶于水。40%的甲醛水溶液(常含有 8%～10%甲醇)叫作福尔马林，在医药和农业上用作防腐剂和消毒剂。

甲醛生产的传统原料主要是甲烷和甲醇，其中后者占产量的 90%以上。用空气将甲醇氧化成甲醛主要有两种方法：银法（甲醇过量法或氧化脱氢法）和铁法（空气过量法或氧化法），前者制得的甲醛含量为 37%～40%，而后者可达到 55%～60%。

由于甲醛结构上的特殊性，除了具有一般醛的通性外，还具有一些特殊性质。例如它非常容易聚合，气态的甲醛常温下就能自身聚合成三聚甲醛，而将甲醛水溶液蒸发时，则得到链状的多聚甲醛。

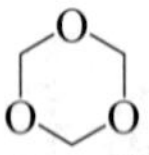

三聚甲醛，熔点62℃，
无还原性，（三噁烷）

$HOCH_2(OCH_2)_nOCH_2OH$

多聚甲醛

甲醛是现代化学工业中一个非常重要的原料，是碳一化工的重要成员之一，尤其在合成高分子工业中应用十分广泛，其加工产品已有上百种，如酚醛树脂、脲醛树脂、乌洛托品、季戊四醇、雕白粉、多聚甲醛、吡啶等。但甲醛的大量使用也造成了严重的污染问题，是建筑业装修及家具中主要的污染源。

（2）乙醛　乙醛是具有刺激性臭味的液体，沸点21℃，能溶于水、乙醇和乙醚等。乙醛的工业生产方法有乙炔水合法、乙醇氧化或脱氢法和乙烯氧化法：

$$HC\equiv CH + H_2O \xrightarrow[70\sim90℃]{Hg^{2+},\ H_2SO_4} CH_3CHO$$

$$C_2H_5OH + \frac{1}{2}O_2 \xrightarrow[Ag]{540\sim550℃} CH_3CHO$$

$$C_2H_5OH \xrightarrow[Cu/Cr]{260\sim290℃} CH_3CHO + H_2$$

$$H_2C\!=\!CH_2 + \frac{1}{2}O_2 \xrightarrow[CuCl_2]{PdCl_2} CH_3CHO$$

其中乙炔水合法是早期的生产方法，因乙炔来源于电石，耗电量大，成本高，且汞盐污染很大，现已淘汰；乙醇氧化法不需特殊设备，投资少，但成本较高；乙烯氧化法收率高，副产物少，原料价廉，工艺简单，因而成本低，是目前主要的生产方法。

乙醛具有典型醛类物质的一切性质，也是一种十分重要的化工原料，可用于生产众多种类的衍生物，如巴豆醛、正丁醛、乙胺、二乙胺、吡啶和甲基吡啶、乙酸、过氧乙酸、乙二醛、季戊四醇、α-丙氨酸、三氯乙醛等。

（3）苯甲醛　无色液体，沸点179℃/751mmHg，有浓厚的苦杏仁气味，故俗称苦杏仁油，工业上用于制造染料、香料及医药等，可由甲苯氧化制得。

苯甲醛是最简单的芳醛，除具有没有 α-H 的醛的一切通性（如亲核加成、氧化还原、歧化反应等）外，还具有某些特殊的性质，如在痕量 CN 或维生素 C 催化下，可发生双分子缩合，生成二苯羟乙酮（又称安息香）：

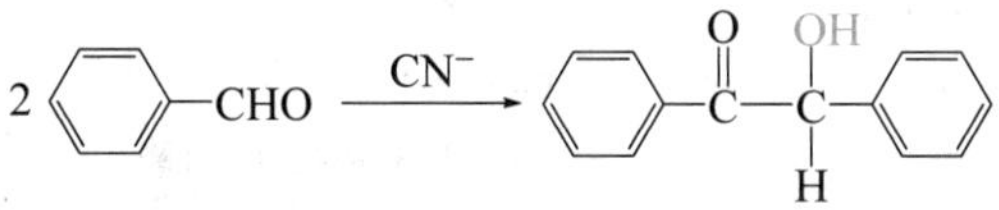

该反应称为安息香缩合反应，其反应机理如下：

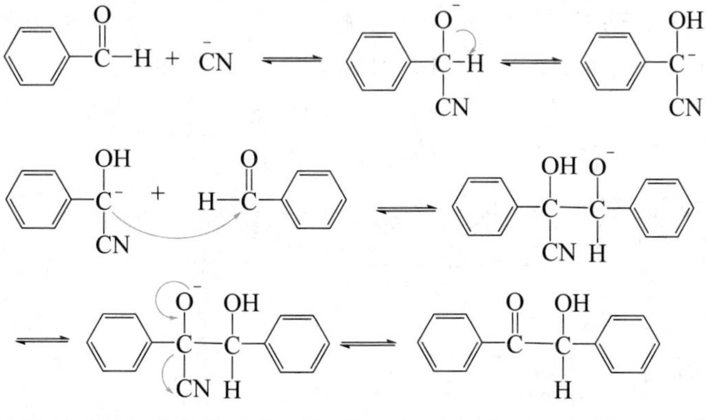

（4）丙酮　丙酮是最简单的酮类化合物，常温下为无色液体，沸点57℃，密度0.7899g/mL，具有令人愉快的气味，可与水、乙醇、乙醚等以任意比例混溶，是一种良好的有机溶剂，具有酮的典型化学性质。

丙酮的工业生产主要有异丙苯氧化法，异丙醇氧化或脱氢法，丙烯氧化法。丙酮是一种非常重要的基础化工原料，世界年需求量在 34 万吨以上，可生产甲基丙烯酸甲酯（其聚合物为有机玻璃）、双酚 A、异佛尔酮、双烯酮、乙烯酮、频哪酮、双丙酮丙烯酰胺、2-莺尾酮、碘仿、乙酰丙酮、偶氮二异丁腈、异丙胺及乙氧基喹啉等。

（5）环己酮　无色液体，沸点 156℃，密度 0.942g/mL，一般由环己醇氧化或脱氢来制备：

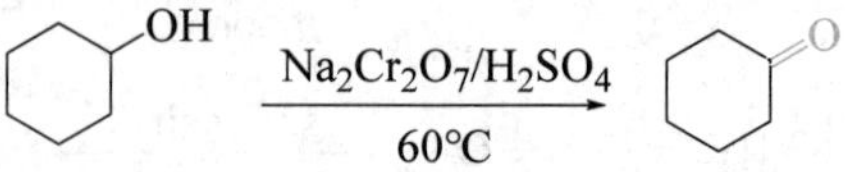

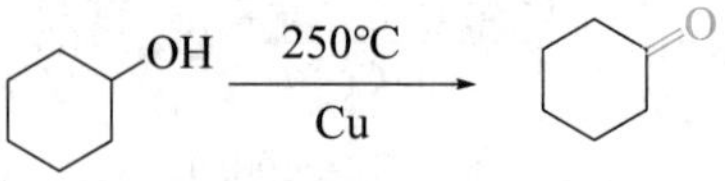

工业上，环己酮主要用作溶剂和合成己二酸和己内酰胺，己二酸是合成尼龙的单体，可由硝酸氧化而得；己内酰胺是合成卡普纶的单体，由环己酮肟经贝克曼重排制得。

习　题

微信扫码
获取答案

1. 用系统命名法命名下列化合物

（1）H₃C—⟨C₆H₄⟩—CHO

（2）⟨环己酮⟩

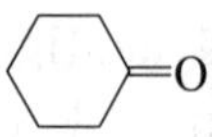

（3）

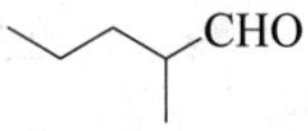

（4）

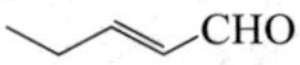

（5）Ph—C(=O)—CH₂CH₂CH₃

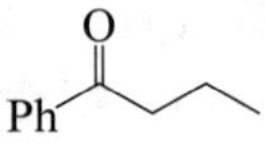

（6）

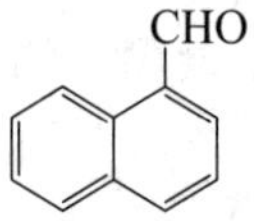

2. 写出下列化合物的结构式

（1）2,4-二溴苯甲醛

（2）(E)-2-丁烯醛

（3）2-甲基环戊酮

（4）3-苯基-2-溴丙醛

（5）苯乙酮

（6）(E)-3-戊烯-2-酮

（7）(R)-2-溴丁醛

（8）2-溴环戊基甲醛

3. 将下列化合物按照羰基的活性由易到难进行排序

（1）CH₃CH₂CHO　　　PhCHO　　　Cl₃CCH₂CHO　　　Cl₃CCHO

（2）　　　

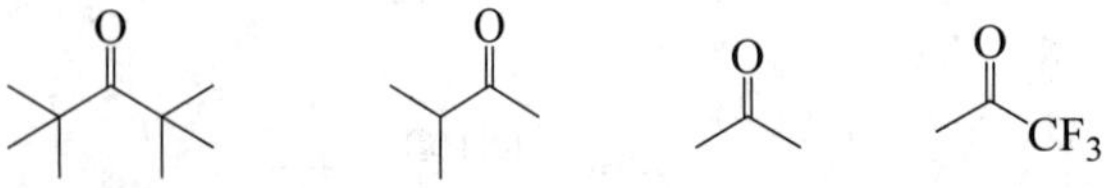

4. 将下列羰基化合物按其与乙炔钠发生加成反应的活泼程度由大到小排序

（1）二苯甲酮　　　（2）苯甲醛　　　（3）甲醛　　　（4）乙醛

5. 完成下列反应

（1）⟨丙酮⟩ + HCN ⟶

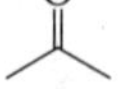

（2）⟨环己酮⟩ + NaC≡CH ⟶

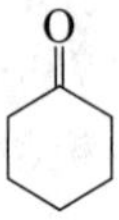

（3）⟨4-氯苯甲醛⟩ + NaHSO₃ ⟶

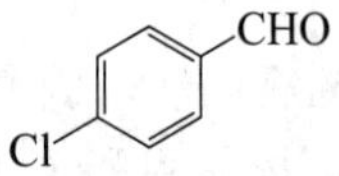

(4) 环己酮 + HO–CH₂CH₂–OH $\xrightarrow[\triangle]{TsOH}$

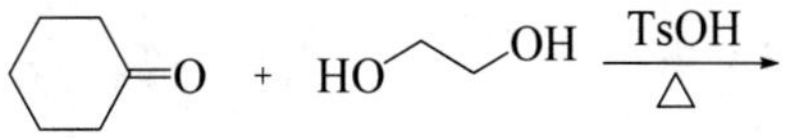

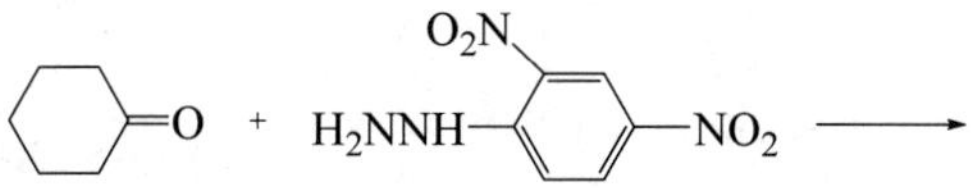

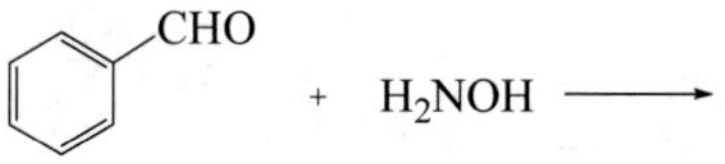

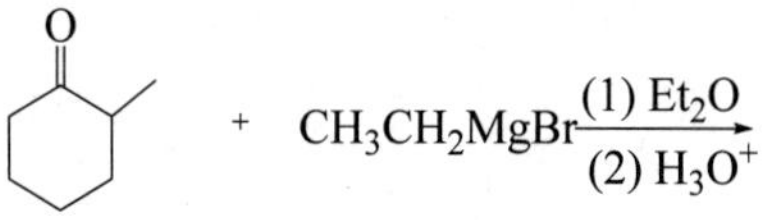

(5) 环己酮 + H₂NNH–C₆H₃(O₂N)(NO₂) →

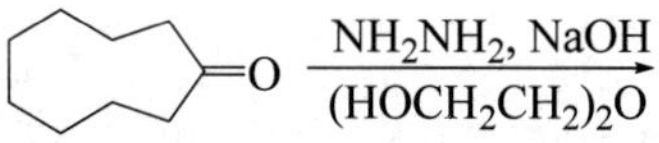

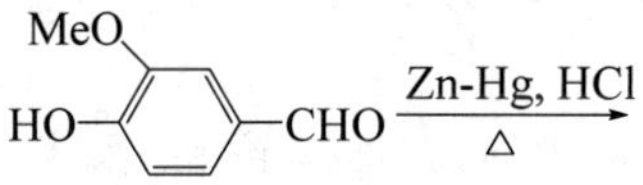

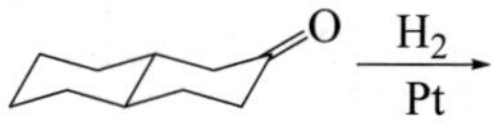

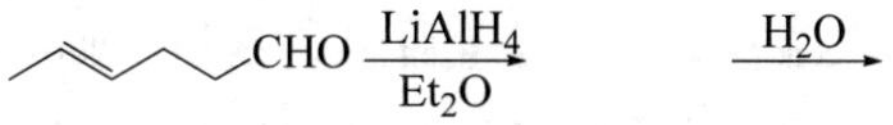

(6) PhCHO + H₂NOH →

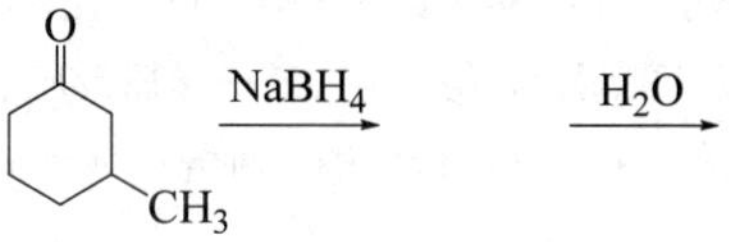

(7) 2-甲基环己酮 + CH₃CH₂MgBr $\xrightarrow[(2) H_3O^+]{(1) Et_2O}$

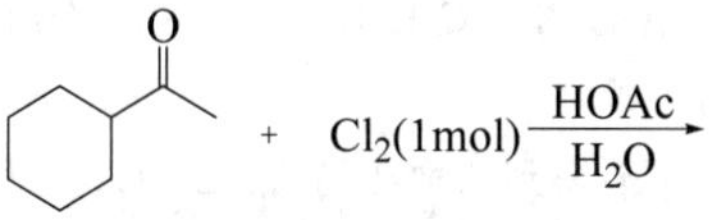

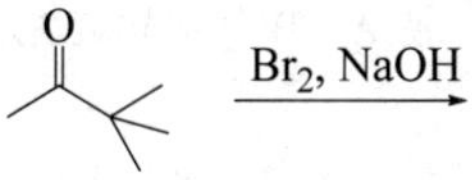

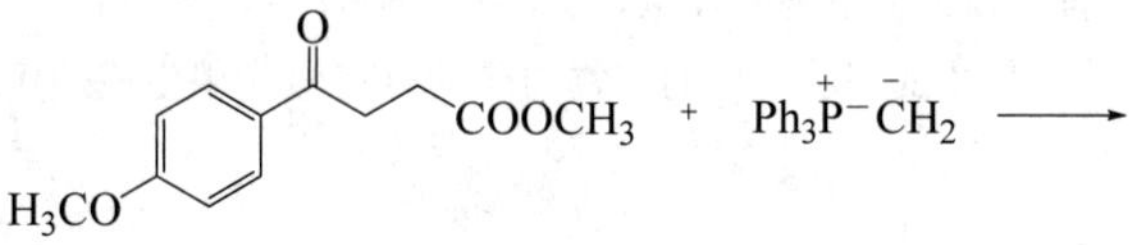

(8) 环癸酮 $\xrightarrow[(HOCH_2CH_2)_2O]{NH_2NH_2,\ NaOH}$

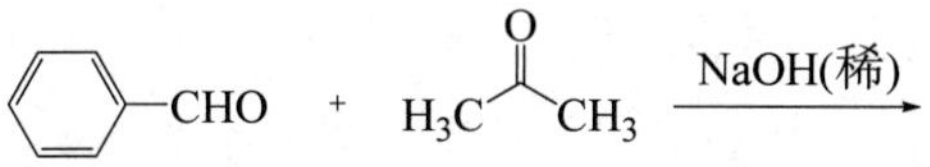

(9) 4-羟基-3-甲氧基苯甲醛 (MeO, HO, CHO) $\xrightarrow[\triangle]{Zn\text{-}Hg,\ HCl}$

(10) 二环酮 $\xrightarrow{H_2}{Pt}$

(11) 烯醛 $\xrightarrow[Et_2O]{LiAlH_4}$ $\xrightarrow{H_2O}$

(12) 3-甲基环己酮 $\xrightarrow{NaBH_4}$ $\xrightarrow{H_2O}$

(13) 己烯酮 $\xrightarrow{[(CH_3)_2CHO]_3Al}$

(14) 环己基甲基酮 + Cl₂(1mol) $\xrightarrow[H_2O]{HOAc}$

(15) $\xrightarrow{Br_2,\ NaOH}$ (新戊基甲基酮)

(16) CH₃O–C₆H₄–CO–CH₂CH₂–COOCH₃ + Ph₃P⁺–CH₂⁻ →

(17) PhCHO + H₃C–CO–CH₃ $\xrightarrow{NaOH(稀)}$

(18) 丁烯酮 $\xrightarrow[H^+]{NaCN}$ $\xrightarrow{H_2O}$

(19) 庚醛 CHO $\xrightarrow[H_2SO_4]{KMnO_4}$

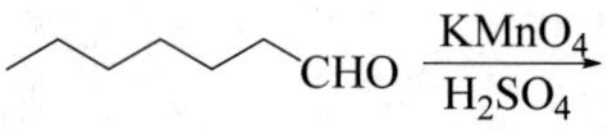

(20) PhCHO + HCHO $\xrightarrow{OH^-(浓)}$

6. 简要回答下列问题

（1）碱性条件下发生羟醛缩合反应的历程是什么？

（2）Tollens 试剂和 Fehling 试剂都属于氧化剂，他们的区别是什么？

7. 用化学方法鉴别下列化合物

（1）丙醛、丙酮、丙醇和异丙醇

（2）戊醛、2-戊酮、3-戊酮、苯甲醛

8. 用指定原料完成下列制备（无机试剂和三碳以下有机试剂任选）

（1）由环己酮制备己二醛

（2）由乙醛合成 2-氯丁烷

（3）由苯乙酮制备 2-苯基-2-丁醇

（4）以苯为原料制备

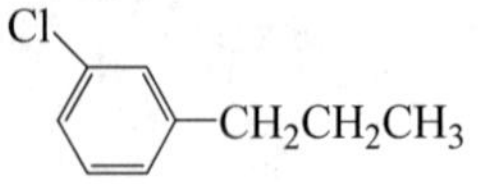

9. 分离提纯

（1）由实验制备得到的己醛（沸点 131℃）中含有一些戊醇（沸点 137℃），二者不能用简单蒸馏分离，如何提纯己醛？

（2）苯甲醛与浓 NaOH 水溶液一起加热，反应混合物中除产物外，还有约 20%未转化的原料，如何实现产物与原料的分离？

10. 推断化合物的结构

（1）有一个化合物的分子式为 $C_8H_{14}O$，A 可很快使溴水褪色，可以与苯肼反应，A 氧化生成一分子丙酮及另一化合物 B。B 具有酸性，同 NaClO 反应则生成氯仿及一分子丁二酸。试写出 A 和 B 的结构简式。

（2）化合物 A 的分子式为 $C_8H_8O_2$。A 能与三氯化铁水溶液呈现紫色，与 2,4-二硝基苯肼反应能产生黄色结晶，还能发生碘仿反应。这个化合物有三种同分异构体，A 是其中蒸气压最低的一种异构体。试写出 A 的结构式。

（3）化合物 A($C_7H_{16}O$)可以用 $K_2Cr_2O_7$-H_2SO_4 溶液氧化，得到化合物 B($C_7H_{14}O$)；B 能与 2,4-二硝基苯肼反应生成黄色结晶，但不能发生碘仿反应。A 与浓硫酸共热得到化合物 C(C_7H_{14})，C 在 $KMnO_4$-H_2SO_4 溶液中加热，得到丙酮与 2-甲基丙酸。试推测化合物 A、B、C 的结构式。

（4）2-甲基环己酮与甲醛在稀碱溶液中发生羟醛缩合反应，可能得到三种产物 A、B、C。三种产物都能与 2,4-二硝基苯肼作用产生黄色沉淀，A 和 B 均不能使溴水褪色，但 C 能。使 A、B 分别与硫酸水溶液在加热下反应，A 能转化为 C，B 不能。试推测 A、B、C 可能的结构。

（5）某化合物 A 的分子式为 $C_7H_{14}O_2$，与金属钠发生强烈反应，但不与苯肼作用。当与高碘酸作用时，得到化合物 B（$C_7H_{12}O_2$）。B 与苯肼作用，与斐林试剂反应后的产物与碘的碱溶液作用生成碘仿和己二酸。试写出 A 和 B 的结构简式。

第12章

羧酸及其衍生物

烃分子中的氢原子被羧基(—COOH)取代后生成的化合物叫作羧酸,其通式为 RCOOH,官能团是羧基,R 可以是 H(甲酸)、脂肪烃基(脂肪酸)、芳基(芳香酸)等。

12.1 羧酸的分类、命名和同分异构现象

按羧基所连接的烃基种类不同,可将羧酸分为脂肪族羧酸和芳香族羧酸,前者按照烃基是否饱和,又可分为饱和羧酸和不饱和羧酸。按照分子中所含羧基的数目不同,则可分为一元羧酸、二元羧酸和多元羧酸等。

自然界中存在着丰富的羧酸资源,许多羧酸都可以从天然产物中得到,因此常根据其来源来命名,即所谓俗名。例如甲酸存在于某些蚁类的分泌物中,俗称蚁酸;乙酸最早是由食用的醋中得到的,所以也叫醋酸。丁酸是干酪腐败时的发酵产物,所以俗称酪酸。其他如草酸、肉桂酸、安息香酸、琥珀酸、苹果酸、柠檬酸、酒石酸等都是根据它们最初的来源而命名的。高级一元羧酸一般是从脂肪中提取出来,因此,开链的一元酸又称为脂肪酸。

复杂羧酸的命名需采用系统命名法。首先,选取含羧基碳原子在内的最长碳链为主链,按照主链的碳原子数目称为某酸。然后,从羧基的碳原子开始用阿拉伯数字开始编号,并标明取代基的位次。取代基的位次也可以用 α、β、γ…希腊字母来标明。例如:

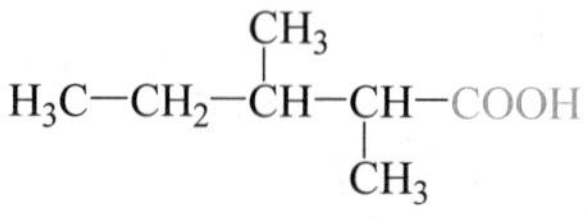

2,3-二甲基戊酸 (α,β-二甲基戊酸)  丙烯酸(败脂酸) 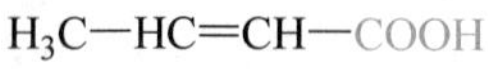 2-丁烯酸(巴豆酸) 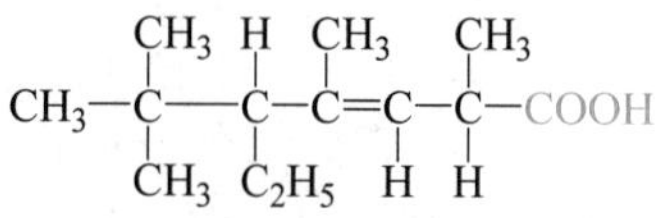 2,4,6,6-四甲基-5-乙基-3-庚烯酸

脂肪族二元羧酸的命名,是选取所含两个羧基的碳原子在内的最长碳链作为主链,称为某二酸。例如:

乙二酸 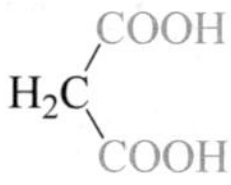 丙二酸  顺丁烯二酸(马来酸) 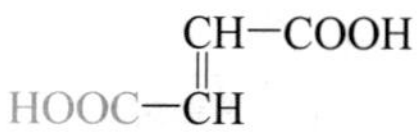 反丁烯二酸(富马酸)

芳香族羧酸可以分为两类:第一类是羧基与苯环等芳香环直接相连。可以将芳香羧酸作为母体,如苯甲酸,环上的其他基团作为取代基来命名。例如:

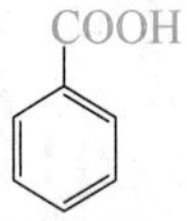

苯甲酸 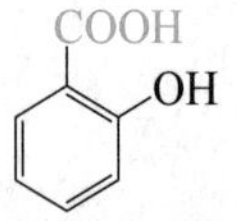　　邻羟基苯甲酸　　吡啶-3-甲酸　　2-萘甲酸
　　　　　（水杨酸）　　　（烟酸）　　　（β-萘甲酸）

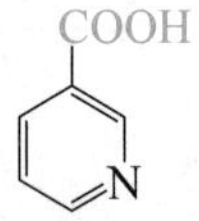

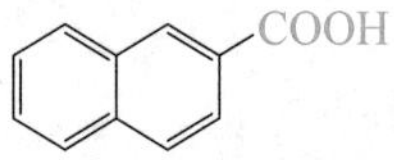

第二类是羧基与苯环支链相连接。可以将脂肪酸作为母体，芳基作为取代基命名。例如：

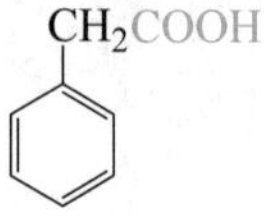

苯乙酸 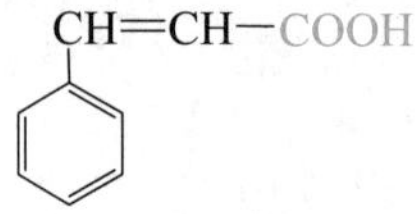　　　　3-苯丙烯酸　　　　α-萘乙酸

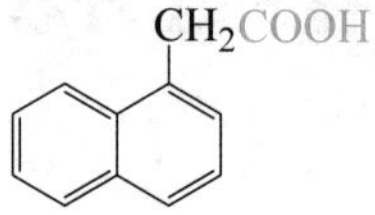

羧酸的同分异构现象比较简单，主要是碳干异构。另外，对脂肪族羧酸而言，羧酸与羧酸酯是一对同分异构体。

12.2　羧酸的结构

羧酸的官能团是羧基，羧基同时具有羰基和羟基。因而，羧酸具有羰基化合物和羟基化合物的双重性质。羰基中的碳原子的杂化方式是 sp^2 杂化，它的三个 sp^2 杂化轨道分别与一个烃基的碳原子（也可以是一个氢原子）、羟基的氧原子和羰基的氧原子形成σ键，且这三个键都在同一个平面上。碳原子剩余的一个 p 轨道与羰基中的氧原子的 p 轨道互相重叠形成π键。构成羧基的几个原子均位于同一平面上，羟基氧原子上的未共用的 p 电子与羰基形成给电子 p-π共轭效应，降低了羰基碳原子的正电性，不利于亲核试剂的进攻。因此，羧酸亲核加成反应活性相对醛、酮较低。与此同时，受羰基的吸电子诱导效应的影响，羟基氧原子的电子云密度降低，O—H 键的极性增加，更容易解离 H$^+$，从而使羧酸具有较强酸性。

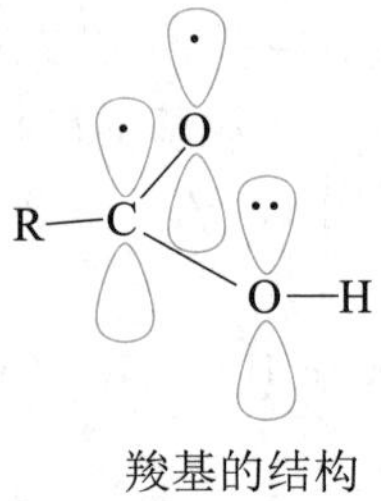

羧基的结构

羧基中 C═O 和 C—O 的键长不同。例如：X 射线晶体衍射证明，甲酸中 C═O 的键长为 0.123nm，C—O 键长为 0.134nm。当羧基上的 H 解离形成羧酸盐后，氧原子上带有一个负电荷，这样就更容易供给电子，与原来羰基上的轨道发生共轭作用。因此，在羧基负离子中 3 个原子各提供一个 p 轨道，形成一个三中心四电子的分子轨道。

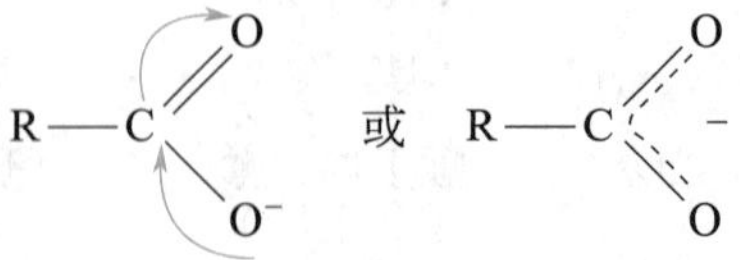

在这样的体系中氧原子上的负电荷不是集中在某一个氧上，而是分散在两个氧和一个碳原子上。X 射线衍射及电子衍射证明，甲酸钠中的两个碳氧键的键长是一样的，均为 0.127nm，

不再有单双键的区别。

12.3　羧酸的物理性质

饱和一元羧酸中，甲酸、乙酸、丙酸可以溶于水，具有强烈酸味和刺激性。含有 4～9 个碳原子的羧酸为油状液体，具有腐败恶臭气味。例如，动物的汗液和奶油发酸变坏的气味是因为存在游离正丁酸。含有 10 个以上碳原子的脂肪酸为蜡状固体，没有气味，挥发性很低，不溶于水。芳香羧酸是结晶性固体，在水中溶解度不大。

羧酸的沸点比分子量相近的烷烃、卤代烃、醇的沸点要高，例如，甲酸和乙醇的分子量相同，但乙醇沸点为 78.5℃，而甲酸为 100.7℃。这是因为羧酸分子间存在更强的氢键，形成二缔合体，具有较高的稳定性。根据电子衍射等方法测定，甲酸分子的二聚体结构如下：

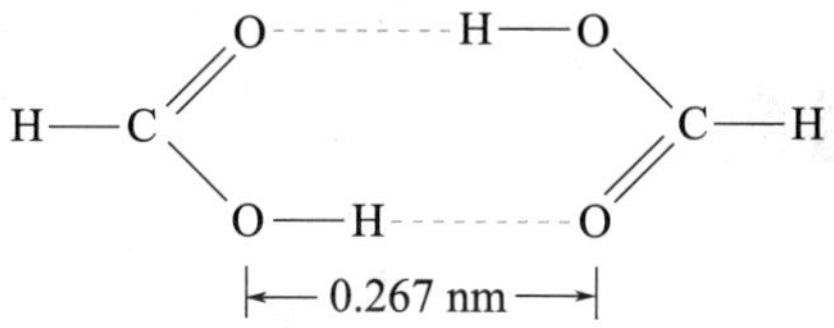

在固态及液态时，羧酸以二缔合体的形式存在。甚至在气态时，分子量较小的低级羧酸也以二缔合体的形式存在。

随分子中碳原子数目的增加，饱和一元羧酸的熔点呈锯齿状的变化，含偶数碳原子羧酸的熔点比邻近两个奇数碳原子羧酸的熔点高，这是由于在含偶数个碳原子的羧酸中，链端的甲基和羧基分别在链的两边，而在奇数碳原子链中，则在碳链同一边，前者具有较高的对称性，可以使羧酸的晶格更紧密地排列,它们之间具有较强的吸引力,因而熔点较高（表 12-1）。

表 12-1　一元羧酸的物理常数

名称	熔点/℃	沸点/℃	溶解度/(g/100g 水)	K_a(25℃)
甲酸(蚁酸)	8.4	100.7	∞	1.77×10^{-5}
乙酸(醋酸)	16.6	117.9	∞	1.75×10^{-5}
丙酸	−20.8	140.99	∞	1.3×10^{-5}
正丁酸(酪酸)	−4.26	163.5	∞	1.5×10^{-5}
异丁酸	−46.1	153.2	2.0	1.4×10^{-5}
正戊酸	−59	186.05	3.3	1.6×10^{-5}
异戊酸	−51	174	—	—
正己酸	−2	205	—	—
正辛酸	16.5	239	—	—
正癸酸	31.5	270	—	—
十二酸(月桂酸)	—	131[1]	—	—
十四酸(豆蔻酸)	58	250.5[100]	—	—
棕榈酸(软脂酸)	63	390	—	—
十八酸(硬脂酸)	71.5	360(分解)	0.043	—
丙烯酸	13	141.6	—	—

羧酸中的羧基是亲水基团，与水可以形成氢键，低级羧酸（甲酸、乙酸、丙酸）能与

水混溶。随着分子量的增加，憎水的烃基越来越大，羧基在分子中所占的比例越来越小，在水中的溶解度迅速减小，最后与烷烃的溶解度相近。高级脂肪酸都不溶于水，而溶于有机溶剂中。

对长链脂肪酸的 X 射线衍射研究表明，这些分子中的碳链按锯齿形排列，两个分子间羧基以氢键缔合，缔合的分子有规则地一层一层排列形成层状结构，每一层中间是相互缔合的羧基，引力很强，而层与层之间是以引力微弱的烃基相毗邻，相互之间容易滑动，从而具有润滑性，与石蜡类似（见图 12-1）。

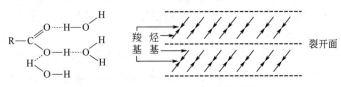

图 12-1　羧酸结晶中碳链的排列

12.4　羧酸的光谱性质

（1）红外光谱

羧酸中羰基的伸缩振动吸收位置：

	单体	二缔合体
RCOOH	1750~1700cm^{-1}	约 1710cm^{-1}
CH$_2$=CHCOOH	约 1720cm^{-1}	约 1690cm^{-1}
ArCOOH		1680~1700cm^{-1}

由于氢键的影响，二缔合体羰基的吸收位置向低波数位移，芳香酸则由于氢键和苯环共轭的双重影响，更使 C=O 的伸缩振动吸收向低波数位移。只有在气态下能看到游离酸的羟基的伸缩振动吸收峰，在 3550cm^{-1} 左右。一般液体及固体羧酸均以二缔合体状态存在，在 2500~3000cm^{-1} 区域有宽而强的伸缩振动吸收峰。羟基的弯曲振动在 1400cm^{-1} 和 920cm^{-1} 区域有两个比较强而宽的吸收峰。羧酸的 C—O 伸缩振动吸收在 1250cm^{-1} 附近。

图 12-2 是乙酸的红外吸收光谱。

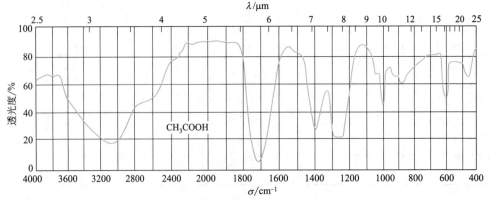

图 12-2　乙酸红外吸收光谱

（2）核磁共振氢谱

羧酸中羧基的质子由于两个氧原子的吸电子诱导作用，屏蔽大大降低，化学位移值为10～13，羧酸 α 氢的化学位移值为2～2.5。图12-3是丙酸的核磁共振氢谱。

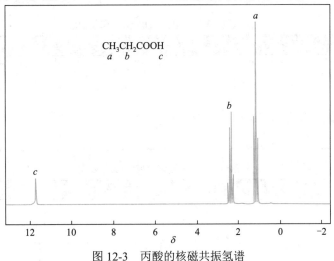

图 12-3　丙酸的核磁共振氢谱

12.5　羧酸的化学性质

羧基是由羟基和羰基直接相连而成的。因而，羧基具有羰基化合物和羟基化合物的双重性质。由于羟基和羰基在分子内的相互影响，羧基的性质并不是这两者性质的简单加和。其羟基和醇羟基性质不完全相同；羰基与醛、酮的羰基性质也有较大差别。

根据键的断裂方式不同，羧酸的化学性质可以用下图表示：酸性、羟基的取代反应、羧基的还原反应、脱羧反应以及 α-H 的反应。

12.5.1　酸性

羧酸呈明显的弱酸性，大部分以未解离的分子形式存在，离解出的氢离子能与水结合生成水合氢离子，在水溶液中建立如下的平衡：

$$RCOOH \rightleftharpoons RCOO^- + H^+$$

其解离常数

$$K_a = \frac{[RCOO^-][H^+]}{[RCOOH]}$$

为了比较各种羧酸酸性的强弱，通常采用解离常数的负对数来表示，即

$$pK_a = -\lg K_a$$

可见，pK_a值越小，酸性越强。一般羧酸的 pK_a 约在 3～5 之间，属于弱酸。但是，比碳酸（pK_{a1} = 6.4，pK_{a2} = 10.3）的酸性要强。

表 12-2 列出了一些常见羧酸的 pK_a 值，表 12-3 列出了各类化合物酸性的比较。

表 12-2 常见羧酸的 pK_a 和 K_a 值

羧酸	K_a/×10^{-5}	pK_a
HCOOH	1.77	3.77
CH$_3$COOH	1.75	4.76
CH$_3$CH$_2$COOH	1.32	4.88
CH$_3$CH$_2$CH$_2$COOH	1.52	4.82
PhCOOH	6.3	4.20

表 12-3 各类化合物的酸性比较

化合物类型	pK_a
RCOOH	3～5
H$_2$CO$_3$	pK_{a1} = 6.4，pK_{a2} = 10.3
H$_2$O	约 15.7
ROH	16～19
HC≡≡CH	约 25
NH$_3$	约 35
R—H	约 50

羧酸与碳酸钠作用可形成羧酸盐，羧酸盐是溶于水的，可以利用这一性质将其与其他不溶于水的中性物质分离。

$$2RCOOH + Na_2CO_3 \longrightarrow 2RCOONa + CO_2 \uparrow + H_2O$$

羧酸的酸性比酚强，可以与 NaHCO$_3$ 作用，而苯酚不能。因此这个性质可以用来区别或分离羧酸和酚。但是，此方法不适用于苯环上含强吸电子基的酚类。

羧酸酸性的强弱取决于与羧基相连的烃基的电子效应，包括诱导效应、共轭效应和场效应等。

（1）诱导效应的影响

诱导效应是指有机化合物中，由于电负性不同的取代基的影响，使整个分子中的成键电子云密度按取代基电负性所决定的方向而偏移的效应。这种影响的特征是沿着碳链传递，并随碳链的增长而迅速减弱或消失，一般在第四个碳原子上就已经没有什么作用了。氯原子可以产生吸电子诱导效应，可以沿着碳链传递下去，使羧酸根负离子的负电荷分散而更稳定，有利于羧酸的离解，因而酸性增强。氯原子与羧基的距离越近酸性越强，距离越远酸性越弱。这一点可从下面几种氯代酸的酸性清楚地反映出来：

	CH$_3$CH$_2$CHClCOOH	CH$_3$CHClCH$_2$COOH	ClCH$_2$CH$_2$CH$_2$COOH	CH$_3$CH$_2$CH$_2$COOH
pK_a	2.82	4.41	4.70	4.82

通过测定取代羧酸的离解常数的大小，可以得到各种取代基诱导效应的强弱顺序：

吸电子基团：NO$_2$>CN>F>Cl>Br>I>C≡≡C>OCH$_3$>C$_6$H$_5$>C≡≡C>H

给电子基团：(CH$_3$)$_3$C> (CH$_3$)$_2$CH> CH$_3$CH$_2$>CH$_3$>H

应该指出的是，这一顺序常常因为母体化合物的不同以及取代后原子间的相互影响等一些复杂因素的存在而会有所不同，因此，在不同的化合物中，它们诱导效应强弱的顺序可能会不完全一样。

（2）共轭效应的影响

共轭效应是指在共轭体系（π-π共轭、p-π共轭、超共轭）中原子间的一种相互影响，这种影响造成分子更稳定，内能更低，键长趋于平均化，并引起物质性质的一系列改变。共轭效应通过共轭链来传递，当共轭体系一端受电场的影响时，这种影响会沿着共轭链传递得很远，同时在共轭链上的原子将依次出现电子云分布的交替极化现象。

诱导效应与共轭效应常同时存在，它们共同决定化合物的物理化学性质（参见取代基的定位效应），这可由取代苯甲酸的 pK_a 值看出（见表 12-4）。

可以看出，邻位取代苯甲酸的酸性无论是给电子基团，还是吸电子基团，酸性都较间、对位的强，这是因为除了诱导效应和共轭效应外，邻位由于空间位阻大，使得羧基和苯环的共轭程度降低，从而使得苯环给羧基供给电子的能力减弱，因而酸性增强。

表 12-4　取代苯甲酸的 pK_a 值

取代基	o	m	p
H	4.20	4.20	4.20
CH₃	3.91	4.27	4.38
F	3.27	3.86	4.14
Cl	2.92	3.83	3.97
Br	2.85	3.81	3.97
I	2.86	3.85	4.02
OH	2.98	4.08	4.57
OCH₃	4.09	4.09	4.47
NO₂	2.21	3.49	3.42

（3）场效应的影响

由取代基产生的电场，通过空间作用对非相邻部位的反应中心所产生的影响称为场效应。例如，丙二酸的羧酸根除对另一头的羧基具有给电子的诱导效应外，还有场效应，这两种效应均使质子不易离去，使酸性减弱，所以丙二酸的第二个质子难以解离。场效应与距离的平方成反比，距离越远，作用越小。

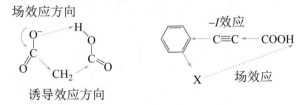

12.5.2　羟基的取代

羧基上的羟基在一定条件下可以被卤原子、酰氧基、烷氧基以及氨基取代，而生成酰卤、酸酐、酯和酰胺。羧酸分子中除去羟基后剩余的部分称为"酰基（acyl）"。

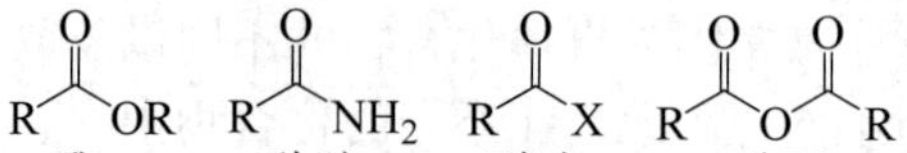

酯　　酰胺　　酰卤　　酸酐

1. 形成酰卤

羧酸中的羟基被卤素取代生成酰卤，酰卤中最重要的是酰氯。酰氯常用 PCl_3、PCl_5 和 $SOCl_2$ 等与羧酸反应制备。其中，$SOCl_2$ 是最常用的酰化试剂，反应后的副产物是 SO_2 和 HCl，均为酸性气体，很容易通过碱液吸收的方法除去，反应产生的酰氯容易提纯。

$$3RCOOH + PX_3 \longrightarrow 3RCOX + H_3PO_3$$

$$RCOOH + PX_5 \longrightarrow RCOX + POX_3 + HX$$

$$RCOOH + SOCl_2 \longrightarrow RCOCl + SO_2 + HCl$$

例如：

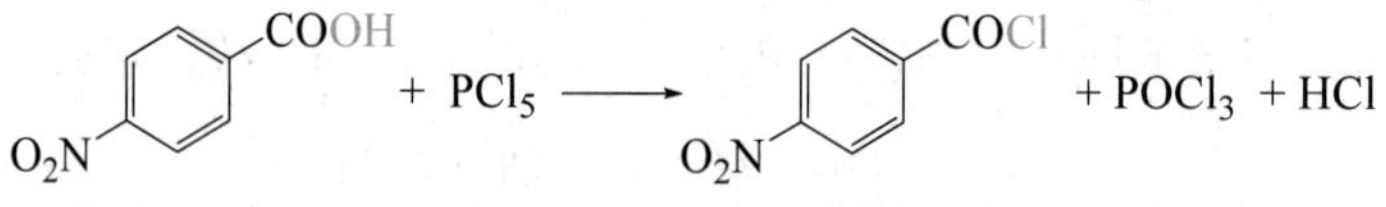

95%

酰卤很活泼，容易水解，是一类很重要的有机合成试剂。将羧酸转化为酰卤也是将羧基活化的主要手段之一。

2. 形成酸酐

羧酸在脱水剂或加热条件下失去水可以形成酸酐。常用的脱水剂有 P_2O_5 和乙酸酐。

$$R-\overset{O}{\overset{\|}{C}}-OH + R-\overset{O}{\overset{\|}{C}}-OH \xrightarrow{\triangle} R-\overset{O}{\overset{\|}{C}}-O-\overset{O}{\overset{\|}{C}}-R + H_2O$$

这个反应产率很低，一般是将羧酸与乙酸酐共热，生成较高级的酸酐。

$$2RCOOH + (CH_3CO)_2O \rightleftharpoons (RCO)_2O + 2CH_3COOH$$

使用乙酸酐作为脱水剂，实际上是一种酸酐交换反应。酸酐的作用是使羟基转化为一个较好离去基团—$OCOCH_3$，再通过亲核取代反应实现。

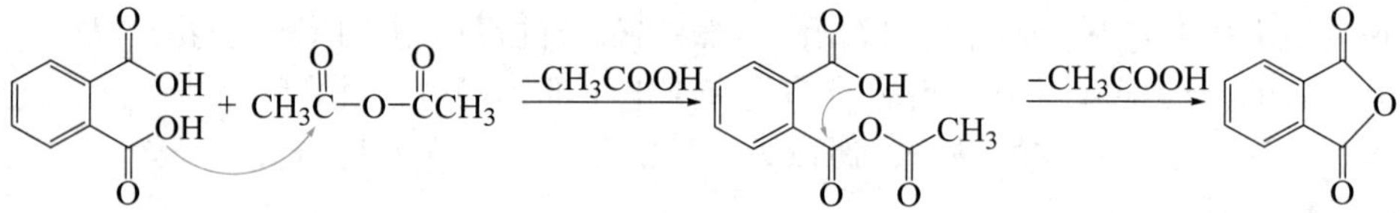

五元或六元环的酸酐，可由相应的二元羧酸加热失水而得到。例如：

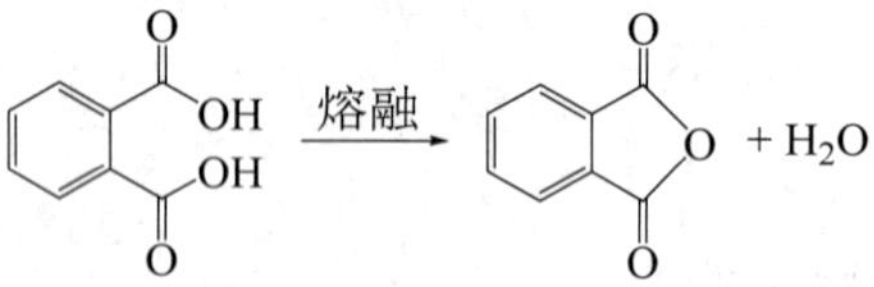

3. 酯化反应

羧酸和醇分子间失去一分子水生成的化合物称为酯，这种反应称为酯化反应。酯化反应进行得很慢，需要酸的催化，常用的催化剂是硫酸、盐酸和对甲苯磺酸等。

$$R-\overset{O}{\overset{\|}{C}}-OH + R'-OH \xrightleftharpoons{H^+} R-\overset{O}{\overset{\|}{C}}-OR' + H_2O$$

该反应是可逆的，当进行到一定程度时，反应达到平衡，其平衡常数 K 可表示如下：

$$K = \frac{[\text{RCOOR}'][\text{H}_2\text{O}]}{[\text{RCOOH}][\text{R}'\text{OH}]}$$

对乙酸和乙醇生成乙酸乙酯的反应来说，$K=4$，这样可以根据平衡常数来计算等物质的量的乙酸和乙醇酯化反应进行的极限：

$$\underset{1-x}{\text{CH}_3\text{COOH}} + \underset{1-x}{\text{C}_2\text{H}_5\text{OH}} \overset{\text{H}^+}{\rightleftharpoons} \underset{x}{\text{CH}_3\text{COOC}_2\text{H}_5} + \underset{x}{\text{H}_2\text{O}}$$

所以有：

$$K = \frac{x \times x}{(1-x)(1-x)} = 4$$

$$x = 2/3 = 0.667$$

可见只有 66.7% 的酸或醇酯化。为了提高收率，必须移动平衡，使反应尽量向右进行。一般可采用两种方法：一是加入过量的酸或醇（取决于二者的价值），以增加反应物的浓度；二是除去反应过程中生成的水，以降低产物的浓度，可采用共沸蒸馏法（物理方法）或加入适量的脱水剂（化学方法）。

羧酸酯化时是由羧酸提供羟基，还是由醇提供羟基呢？实验证明，在大多数情况下是羧酸提供羟基，如用含有 ^{18}O 标记的醇和羧酸酯化时，形成的酯是同位素标记的酯。

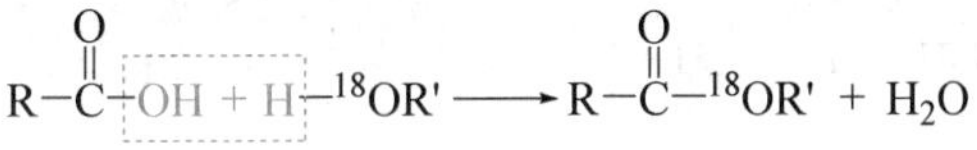

其反应机理为：

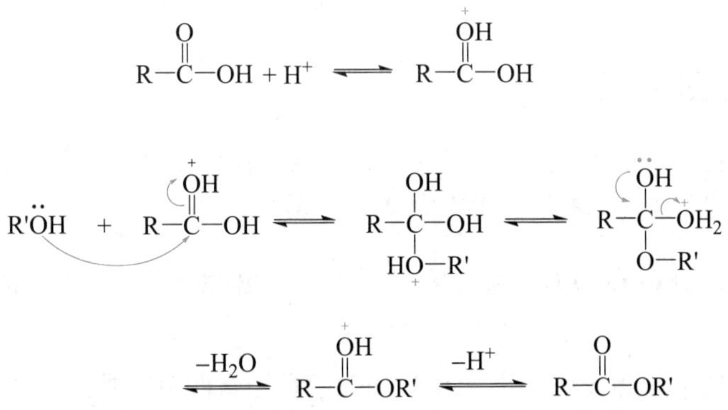

在这一反应中，酸催化剂的作用：一是活化羧基碳原子，使羧基的碳原子带有更高的正电性，以利于亲核试剂醇的进攻；二是使羟基形成水脱去。但酸的浓度不是越大越好，因为浓度太大时会造成醇质子化而降低其亲核能力。

当不同结构的酸和甲醇进行酯化反应时，虽然它们的电离常数相差不大，但它们的酯化反应速率却相差很大。表 12-5 列出了几种羧酸和甲醇在相同条件下进行酯化反应的相对速率。

表 12-5　几种羧酸和甲醇在相同条件下进行酯化反应的相对速率

羧酸结构	名称	相对反应速率
CH_3COOH	乙酸	1
$\text{CH}_3\text{CH}_2\text{CH}_2\text{COOH}$	丁酸	0.51
$(\text{CH}_3)_3\text{CCOOH}$	2,2-二甲基丙酸	0.037
$(\text{C}_2\text{H}_5)_3\text{CCOOH}$	2,2-二乙基丁酸	0.00016

从上面的反应机理可知，反应的第二步为亲核加成反应，影响亲核加成反应的因素对该反应同样适用。因此烃基的体积越大，反应速率越慢。

羧酸与叔醇发生酯化反应时，由醇提供羟基。这是因为叔醇的体积较大，不容易进攻羧基形成四面体中间体，而且在酸催化下容易产生碳正离子。因此，可以认为这类酯化反应是碳正离子中间体机理，羧酸作为亲核试剂。具体过程如下：

$$R_3COH + H^+ \underset{}{\overset{快}{\rightleftharpoons}} R_3C^+ + H_2O$$

$$R-\overset{O}{\underset{OH}{C}} + R_3C^+ \underset{}{\overset{慢}{\rightleftharpoons}} R-\overset{O}{\underset{H}{\overset{}{C}}}-\overset{+}{O}CR_3 \underset{-H^+}{\overset{快}{\rightleftharpoons}} R-\overset{O}{C}-OCR_3$$

4. 形成酰胺

在羧酸中通入氨气或加入碳酸铵，可以得到羧酸的铵盐，铵盐热解失水就变成酰胺。酰胺是一类重要的有机化合物，如进一步加热，再失去一分子水就变成腈：

$$RCOOH + NH_3 \longrightarrow RCOO-NH_4^+ \longrightarrow RCONH_2 + H_2O$$
$$或 (NH_4)_2CO_3 \qquad\qquad\qquad \downarrow \triangle$$
$$RCN + H_2O$$

该反应的一个重要应用是通过二元酸和二胺作用，形成聚酰胺。最重要的聚酰胺之一是聚己二酰己二胺，俗称尼龙-66。它是一种热塑性树脂，一般是由己二酸和己二胺缩聚制得。

$$HOOC(CH_2)_4COOH + H_2N(CH_2)_6NH_2 \longrightarrow {}^-OOC(CH_2)_4COO^- {}^+NH_3(CH_2)_6 {}^+NH_3$$

$$n\left[{}^-OOC(CH_2)_4COO^- {}^+NH_3(CH_2)_6 {}^+NH_3\right] \xrightarrow[1MPa]{270℃} \left[\overset{O}{\overset{\|}{C}}(CH_2)_4\overset{O}{\overset{\|}{C}}NH(CH_2)_6NH\right]_n$$

12.5.3 羧酸的还原

羧酸很难用催化氢化的方法还原，反应一般需要高温、高压的苛刻条件。但是，羧酸能够被强还原试剂氢化铝锂（$LiAlH_4$）直接还原成伯醇，例如：

$$2\,CH_3CH_2\underset{CH_3}{\overset{}{CH}}COOH + LiAlH_4 \xrightarrow[]{乙醚\ H_3O^+} 2\,CH_3CH_2\underset{CH_3}{\overset{}{CH}}CH_2OH + LiAlO_2$$

由于氢化铝锂遇水剧烈反应，因此反应一般都在无水四氢呋喃或无水乙醚中进行，反应结束后用水或稀酸处理才能得到醇。用氢化铝锂还原不饱和羧酸时，对双键没有影响。但由于价格昂贵，在工业上还不能广泛应用。

乙硼烷也是一种特别有用的还原剂，可使羧酸还原为伯醇，例如：

$$\text{（苯环）}COOH + B_2H_6 \xrightarrow[]{THF\ H_3O^+} \text{（苯环）}CH_2OH + H_3BO_3$$

乙硼烷能还原双键，故反应物中存在双键时可被同时还原。

12.5.4 与金属有机化合物的反应

羧酸一般不与格氏试剂反应，因为会形成不溶性的羧酸镁盐，影响进一步的反应。但是，有机锂试剂与羧酸反应可以生成酮，是一种从复杂羧酸合成酮的方法。例如：

$$CH_3CH_2CH_2COOH + 2C_2H_5Li \xrightarrow{} \xrightarrow{H_3O^+} CH_3CH_2CH_2COCH_2CH_3 + C_2H_6 + 2Li^+$$

羧酸与甲基锂的反应常被用来合成甲基酮。例如：

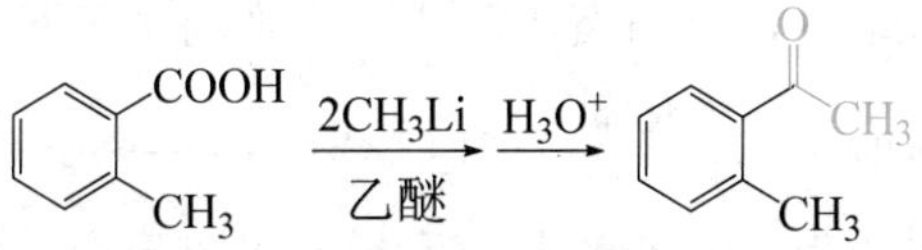

由于甲基锂是强碱，其中一部分甲基锂与羧酸发生酸碱反应，形成羧酸锂盐。然后，羧酸锂盐与甲基锂作用形成甲基酮。其反应机理如下：

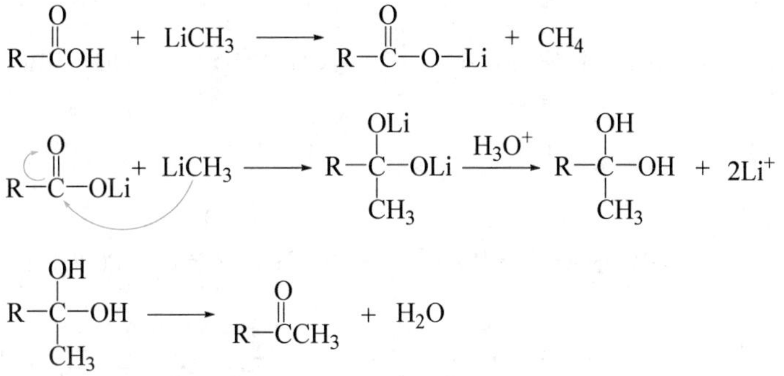

12.5.5 脱羧反应

羧酸在一定条件下可以分解放出 CO_2，发生脱羧反应，但反应的难易程度不同。除甲酸外，乙酸的同系物直接加热都不容易脱去羧基，只有在特殊条件下可以。例如，乙酸的碱金属盐乙酸钠，与碱石灰共热，脱去羧基，生成甲烷。这也是实验室制取少量甲烷的方法。

$$CH_3COONa + NaOH \xrightarrow{\text{热熔}} CH_4\uparrow + Na_2CO_3$$

一般羧酸都不容易脱羧，当羧酸的α-碳原子上连接有强吸电子基团时，则使羧酸变得不稳定，受热（一般为100～200℃）时容易发生脱羧反应。例如：

$$HOOCCH_2COOH \xrightarrow{\triangle} CH_3COOH + CO_2\uparrow$$

$$CH_3 \cdot \overset{O}{\overset{\|}{C}}-CH_2COOH \xrightarrow{\triangle} CH_3COCH_3 + CO_2\uparrow$$

$$Cl_3CCOOH \xrightarrow{\triangle} CHCl_3 + CO_2\uparrow$$

此外，羧酸自由基更容易发生脱羧反应放出 CO_2。例如，过氧化苯甲酰是聚合反应中应用最广泛的引发剂之一，在稍加热情况下即分解产生羧酸自由基，容易失去 CO_2 转变为苯基自由基：

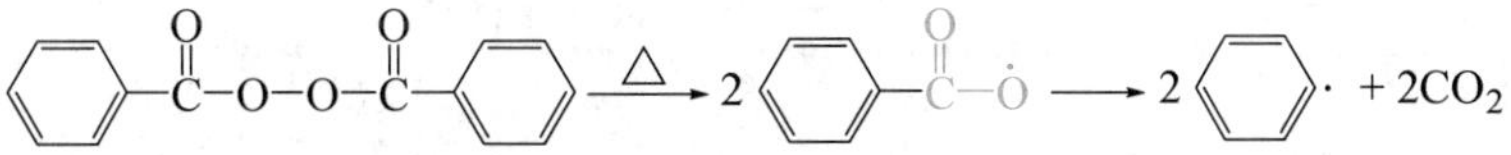

又如，柯尔柏（Kolbe）反应是羧酸碱金属盐通过电解脱羧制备烷烃的反应。

$$2RCOOK + 2H_2O \xrightarrow{\text{电解}} \underbrace{R-R + 2CO_2}_{\text{阳极}} + \underbrace{H_2 + 2KOH}_{\text{阴极}}$$

12.5.6 α-氢的卤代

羧基和羰基一样能使 α-H 活化，使氢原子具有一定的反应性，能够发生卤化反应。但羧基的致活作用比羰基小，因此其 α-H 的卤代需要在催化剂存在下才能进行。

$$CH_3COOH + Br_2 \xrightarrow{\text{催化剂}} BrCH_2COOH \longrightarrow \longrightarrow Br_3CCOOH$$

常用的催化剂有 PBr_3 或 PCl_3。由于磷与卤素反应可以形成三卤化磷。因此，反应也可以使用红磷作为催化剂。这类反应也称作赫尔-乌尔哈-泽林斯基（Hell-Volhard-Zelinsky）反应，例如：

$$CH_3(CH_2)_4COOH + Br_2 \xrightarrow{\text{P或PBr}_3} CH_3(CH_2)_3\underset{Br}{CHCOOH} + HBr$$

其反应机理为：

$$3RCH_2COOH + PBr_3 \longrightarrow 3R-H_2C-\overset{O}{\overset{\|}{C}}-Br + P(OH)_3$$

$$RH_2C-\overset{O}{\overset{\|}{C}}-Br \rightleftharpoons R-\overset{OH}{\underset{H}{\overset{|}{C}}}-Br \xrightarrow{Br_2} R-\underset{Br}{\overset{O}{\overset{\|}{C}}}-Br + HBr$$

$$R-\underset{Br}{\overset{O}{HC-\overset{\|}{C}}}-Br + RCH_2COOH \longrightarrow RCH(Br)COOH + RCH_2COBr$$

12.5.7 二元酸的反应

二元羧酸分子内含有两个羧基，可以发生羧酸所具有的一切反应。受两个羧基之间诱导效应的影响，以及两个羧基间的距离，二元羧酸可以发生一些特殊的反应。

1. 热解

二元羧酸对热敏感，受热后会发生分解。根据两个羧基之间的距离不同，有时发生脱水，有时发生脱羧，有时同时脱水和脱羧。例如，草酸和丙二酸受热时发生脱羧反应：

$$\underset{COOH}{\overset{COOH}{|}} \xrightarrow{\triangle} HCOOH + CO_2$$

$$CH_2(COOH)_2 \xrightarrow{\triangle} CH_3COOH + CO_2$$

丁二酸和戊二酸受热时不是脱羧反应，只是失水形成稳定的五元或六元环状酸酐：

己二酸和庚二酸受热时则同时失水和脱羧，生成稳定的五元或六元环酮：

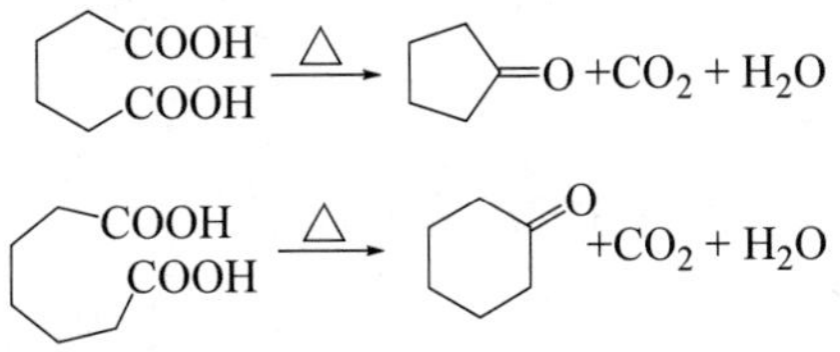

2. 酯化反应

二元羧酸与二元醇进行酯化反应时可以生成环内酯，一般容易形成五元或六元环状内酯。也可以发生聚合反应，脱水生成线型聚酯化合物。

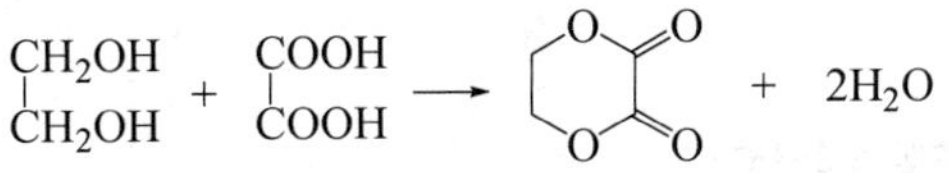

$$n\mathrm{HOCH_2CH_2OH} + n\mathrm{HOOCCH_2CH_2COOH} \longrightarrow \mathrm{H}\left[\mathrm{O{-}CH_2CH_2O{-}\overset{O}{\overset{\|}{C}}{-}CH_2CH_2\overset{O}{\overset{\|}{C}}}\right]_n\mathrm{OH} + (2n-1)\mathrm{H_2O}$$

12.5.8 羟基酸的反应

羟基酸是分子内具有羟基的羧酸。由于分子内既具有羟基，又具有羧基。因此，羟基酸具有一些特殊的性质。并且，羟基和羧基的相对位置对反应结果有较大的影响。

1. α-羟基酸的氧化

α-羟基酸是羟基在羧基的 α碳原子上，代表性物质是乳酸。受羧基的影响，α-羟基酸的羟基比醇的羟基容易氧化。例如，Tollens 试剂一般不氧化醇，但能将α-羟基酸氧化成羰基酸。

$$\mathrm{H_3C{-}\overset{OH}{\overset{|}{C}H}{-}COOH} \xrightarrow{Ag^+} \mathrm{H_3C{-}\overset{O}{\overset{\|}{C}}{-}COOH}$$

乳酸　　　　丙酮酸

2. 脱水

羟基酸在受热时会发生脱水，产物随羟基与羧基间的距离不同而不同：

α-羟基酸脱水生成内交酯。例如：

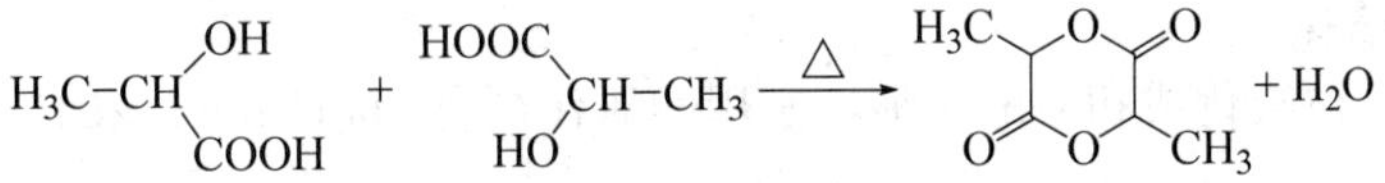

β-羟基酸失水生成 α,β-不饱和酸。例如：

$$\mathrm{H_3C{-}\underset{OH}{\underset{|}{C}H}{-}CH_2COOH} \xrightarrow{\triangle} \mathrm{CH_3CH{=}CHCOOH + H_2O}$$

γ-羟基酸和δ-羟基酸则极易发生分子内酯化生成环状的γ-内酯和δ-内酯。例如：

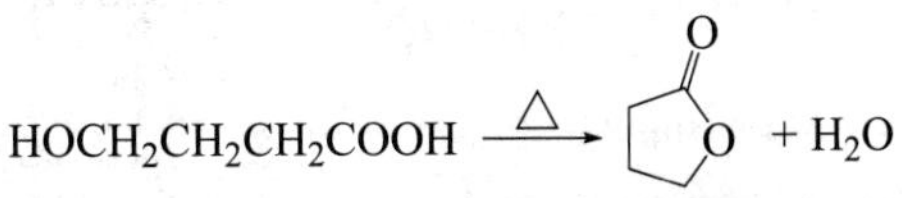

γ-丁内酯

内酯结构是天然产物中常见的结构，很多重要的天然产物都是内酯化合物。如茉莉内酯和黄葵内酯，它们都是天然香精中的重要成分。

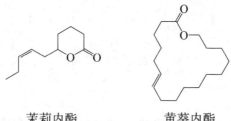

茉莉内酯　　　　　　　　黄葵内酯

当羟基和羧基相距较远时，受热时既可生成环内酯（主要取决于分子的张力），也可生成链状的聚酯。

12.6　羧酸的来源和制备

12.6.1　羧酸的来源

羧酸在自然界中广泛存在，而且对人类生活非常重要，常见的羧酸几乎都有一个俗名。自然界中的羧酸大都以酯的形式存在于油、脂、蜡中，且都是脂肪族羧酸。油、脂和蜡水解后可以得到多种脂肪酸的混合物，有些高级脂肪酸依然是从油、脂和蜡的水解中获得。此外，自然界还存在着许多特殊的羧酸，例如，存在于单宁中的没食子酸、松香中的松香酸、胆汁中的胆甾酸，以及动植物激素赤霉酸、脱落酸、前列腺素等。目前，这些羧酸也仍然是从动、植物体中提取。还有一部分羧酸，如乙酸、苹果酸、柠檬酸、酒石酸等也仍然用发酵法制取。

随着石油化工的发展，以石油或煤为原料工业生产羧酸，可以大量生产乙酸、苯二甲酸、丁烯二酸和己二酸等。工业上，使用 $KMnO_4$ 作为催化剂，一般用量为混合物的 0.1%～0.3%，在 20～150℃通入空气进行氧化，将石蜡的 C_{20}～C_{30} 长链，发生碳链的断裂，得到一系列不同长度碳链的羧酸、醇和酯等。

12.6.2　羧酸的制备

在实验室及小规模生产中，羧酸的制备可以采用下面的方法。

1. 醇或醛的氧化

伯醇和醛都可被氧化成相应的羧酸，常用的氧化剂有 $Na_2Cr_2O_7$、浓 HNO_3 和 $KMnO_4$ 等。例如：

$$CH_3CH_2CH_2OH \xrightarrow[H_2SO_4]{Na_2Cr_2O_7} CH_3CH_2COOH$$
$$65\%$$

$$CH_3OCH_2CH_2OH \xrightarrow{HNO_3} CH_3OCH_2COOH$$
$$62\%$$

$$n\text{-}C_6H_{13}CHO \xrightarrow[H_2SO_4]{KMnO_4} n\text{-}C_6H_{13}COOH$$
$$78\%$$

酮一般较难被氧化，遇强氧化剂时发生碳链的断裂，产物比较复杂，因此一般不用于酸的制备。但环内酮如环己酮的氧化可以用于制备二元羧酸。例如：

$$\text{环己酮} \xrightarrow[H_2SO_4]{Na_2Cr_2O_7} \text{己二酸}$$

2. 芳烃侧链的氧化

芳烃的侧链具有 α-H 时，在高锰酸钾、重铬酸钾加硫酸、稀硝酸等条件下能够发生氧化反应，形成芳香羧酸。

例如：

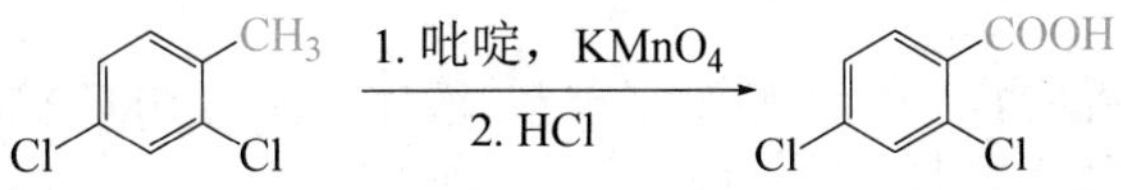

82%

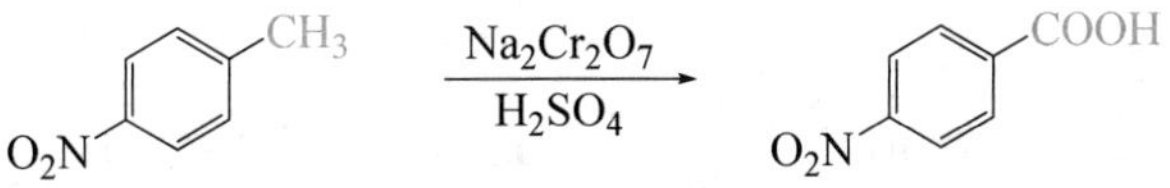

98%

3. 烯烃的臭氧化-氧化

$$R-CH=CH-R' \xrightarrow{O_3} \xrightarrow{H_2O_2} R-COOH + R'COOH$$

4. 甲基酮的卤仿反应

甲基酮类化合物在碱性条件下，能被次卤酸钠氧化生成卤仿和羧酸钠盐。后者经过酸化生成羧酸。例如：

$$-\overset{\overset{\displaystyle O}{\|}}{C}-CH_3 + 3\,Br_2 + OH^- \xrightarrow{H^+} -COOH + CHBr_3 + 3\,Br^-$$

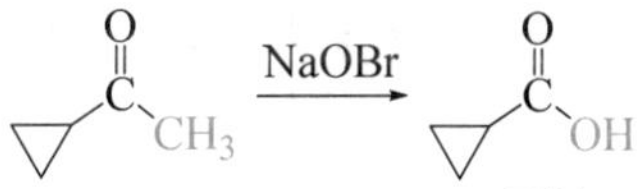

76%

5. 羧酸衍生物的水解

酯、酸酐、酰氯和酰胺都能水解生成羧酸，但它们大都是从羧酸制备而来的，所以除了酯外，其他羧酸衍生物很少用于制备羧酸。一个经常用于制备的羧酸衍生物是腈，由于其可从卤代烃转化而来，所以是由烃类、醇类等制备羧酸的好方法，同时也是增长碳链的重要方法之一。例如：

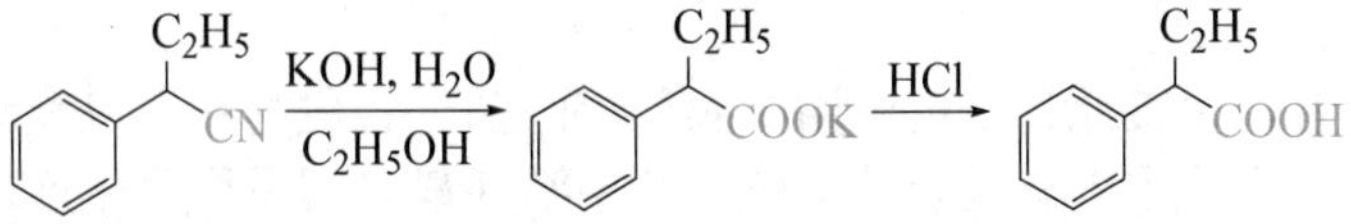

6. 由金属有机化合物制备

格氏试剂和 CO_2 发生反应生成羧酸镁盐，后者经过酸化形成羧酸。这一方法可以用于由卤代烷烃或卤代芳烃制备多一个碳原子的羧酸。

$$RMgX + CO_2 \longrightarrow RCOOMgX \xrightarrow{H_3O^+} RCOOH$$

$$RCOOH \longrightarrow RCH_2OH \longrightarrow RCH_2X \longrightarrow RCH_2MgX \longrightarrow RCH_2COOMgX \longrightarrow RCH_2COOH$$

例如：

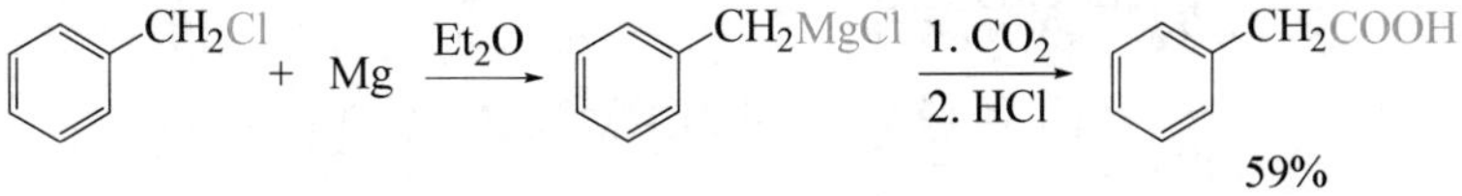

59%

12.7 重要的羧酸

12.7.1 甲酸

甲酸俗称蚁酸，为无色而有强烈刺激性气味的液体，沸点 100.7℃，腐蚀性极强，使用时要避免与皮肤接触。甲酸在工业上用作还原剂和橡胶的凝聚剂，也用来合成酯和染料。工业上是用 CO 和粉状氢氧化钠在 120～125℃和 6～8 atm 下作用制得甲酸钠盐，然后经过硫酸酸化而制得：

$$CO + NaOH \xrightarrow[6\sim8\ atm]{120\sim125℃} HCOONa \xrightarrow{H_2SO_4} HCOOH$$

甲酸的结构比较特殊，它既有羧基的结构，又有醛基的结构。因此，它除了具有酸性之外，还具有醛的还原性。既能与 Tollens 试剂发生银镜反应，也能使 $KMnO_4$ 溶液褪色。这些反应也常用于甲酸的定性鉴定。

$$\underset{\substack{\| \\ H-C-OH}}{O}$$

甲酸与浓硫酸等脱水剂共热即分解成 CO 和 H_2O，是实验室中制取少量 CO 的方法：

$$HCOOH \xrightarrow[60\sim80℃]{浓硫酸} CO + H_2O$$

12.7.2 乙酸

乙酸俗称醋酸，是食醋的主要成分，普通的醋中含 6%～8%的乙酸。乙酸为无色有刺激性的液体，熔点 16.6℃，易冻结成冰状固体，故俗称为冰醋酸。乙酸能与水以任意比例混溶，也可溶于其他有机溶剂中。

很早人类就知道用发酵法来制取酒和食醋，醋酸是人类使用最早的羧酸。醋是乙醇在醋母菌作用下受空气氧化而生成的：

$$CH_3CH_2OH + [O] \xrightarrow[空气]{醋母菌} CH_3COOH$$

乙酸是重要的有机化工原料，广泛用于农药、医药、合成材料，以及与生活相关的轻工产品的制造，在国民经济中占有重要的地位。其中消耗最多的是用于生产乙酸乙烯酯，其次是乙酸酐，前者是世界上产量最大的有机化工原料之一，而后者则是生产醋酸纤维素的原料。目前，工业上生产乙酸的方法主要有三种，一是乙醛氧化法，这是最老的生产方法，乙醛与氧或空气在乙酸锰催化剂的存在下液相氧化成乙酸，反应温度 60～80℃，压力 0.2～0.3MPa。目前我国的乙酸生产基本还都采用此法，所不同的只是乙醛的来源不一样而已。

$$CH_3CHO + \frac{1}{2}O_2 \longrightarrow CH_3COOH + 29kJ/mol$$

二是烷烃液相氧化法，$C_3\sim C_8$ 的烷烃或清油都可作为氧化生产乙酸的原料，其中以丁烷作为原料时收率最高，氧化在液相中进行，反应温度 150～225℃，压力 4～8MPa，催化剂为 Co、Mn、Ni、Cr 等的乙酸盐或环烷酸盐：

$$C_4H_{10} + \frac{5}{2}O_2 \longrightarrow 2CH_3COOH + H_2O$$

三是甲醇羰化法，即以 Rh-I$_2$ 系统为催化剂，在 210～250℃和 0.1～1.5 MPa 条件下与 CO 作用而得，以甲醇计收率可达 99%：

$$CH_3OH + CO \longrightarrow CH_3COOH$$

这是目前最佳的生产工艺，不足的是要使用昂贵的铑催化剂和腐蚀性很强的碘。

12.7.3 苯甲酸

苯甲酸与苄醇形成的酯存在于天然树脂与安息香胶内，所以苯甲酸俗称安息香酸。工业上生产苯甲酸是将甲苯氧化，或先氯代后水解成酸，后者因产品中含有氯化物，故以氧化法为好。

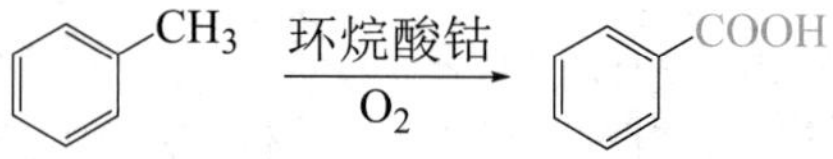

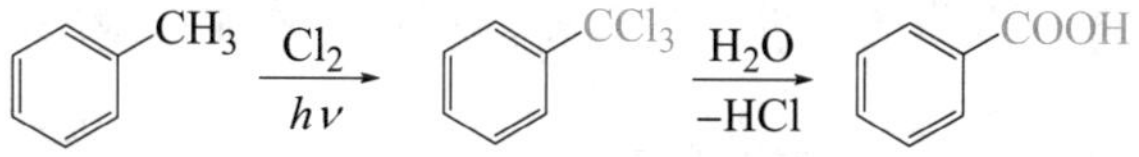

苯甲酸是白色固体，微溶于冷水，易升华，能随水蒸气一起蒸出，其钠盐是温和的防腐剂，用作食品等的防腐。

12.7.4 草酸（乙二酸）

草酸以盐的形式存在于多种植物的细胞中，最常见的是钙盐和钾盐，在人尿中也存在着少量的草酸钙。草酸很容易被氧化成 CO$_2$ 和水，在定量分析中常用草酸来滴定 KMnO$_4$。

$$5(COOH)_2 + 2KMnO_4 + 3H_2SO_4 \longrightarrow K_2SO_4 + 2MnSO_4 + 10CO_2 + 8H_2O$$

草酸可与许多金属离子形成配离子。例如：

$$Fe_2(C_2O_4)_3 + 3K_2(COO)_2 + 6H_2O \longrightarrow 2K_3[Fe(C_2O_4)_3] \cdot 6H_2O$$

由于草酸的强还原性，它也可用作漂白剂和除锈剂等。

工业上生产草酸主要采用甲酸钠法，即用 CO 与 NaOH 反应生成甲酸钠，然后经热解偶联而得到草酸钠，再经铅化或钙化，最后酸化得到产品。

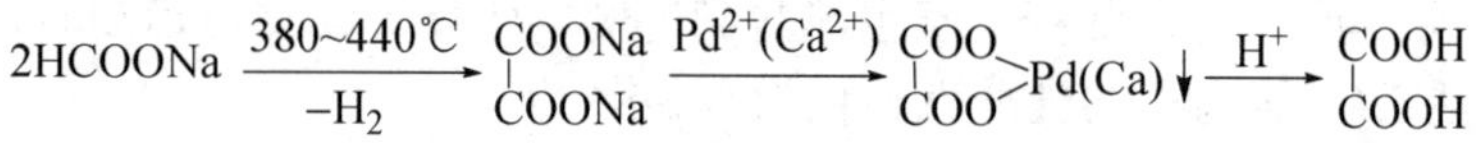

12.7.5 己二酸

己二酸是合成尼龙-66 的原料，其生产方法有苯酚法和环己烷法。苯酚法采用苯酚为原料，经催化加氢得到环己醇，再经硝酸氧化，先生成环己酮，最后得到己二酸。

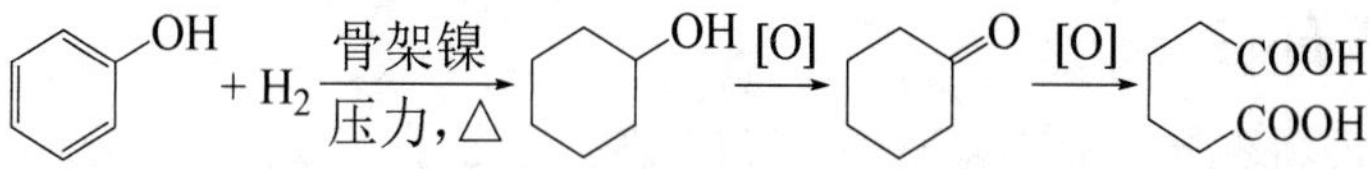

环己烷法是由环己烷在催化剂作用下液相氧化成环己醇和环己酮的混合物，再经硝酸氧化生成己二酸。

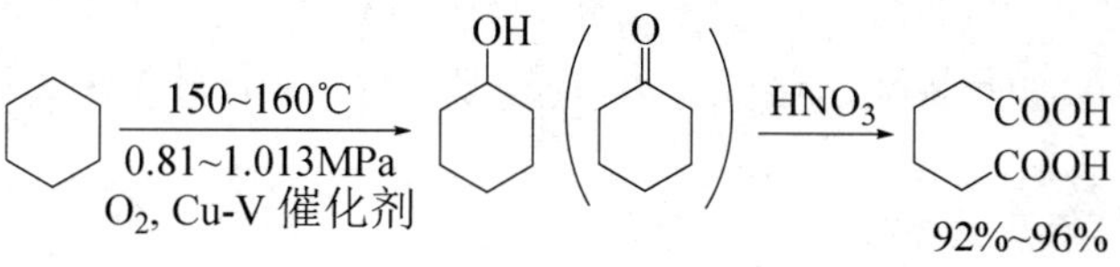

12.7.6　丁烯二酸

丁烯二酸具有顺、反异构体：

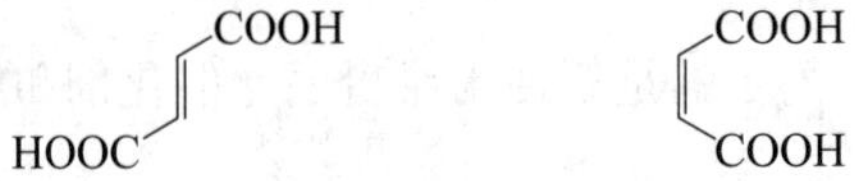

反丁烯二酸（富马酸）　　　顺丁烯二酸（马来酸）

熔点　　　　300~302℃　　　　　139~140℃

燃烧热　　　1337.6 kJ/mol　　　　1362.6 kJ/mol

比较它们的燃烧热，可以看出顺式异构体比较不稳定，它们具有不同的物理性质，但化学性质基本相同，只有在与分子的空间排列有关的反应中才会表现出不同。例如，顺式容易生成酸酐，而反式需要在较激烈的条件下先转变为顺式后才能形成酸酐：

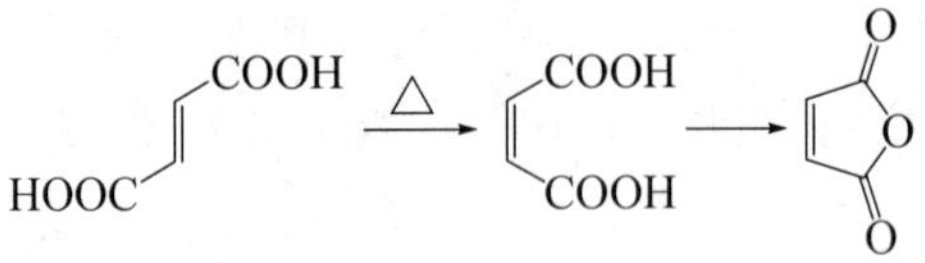

所得产物为顺丁烯二酸酐，简称顺酐或马来酸酐，是重要的化工原料，大量用于生产不饱和聚酯，同时还用来生产四氢呋喃、苹果酸、γ-丁内酯等。工业上生产顺酐的方法主要是苯氧化法：

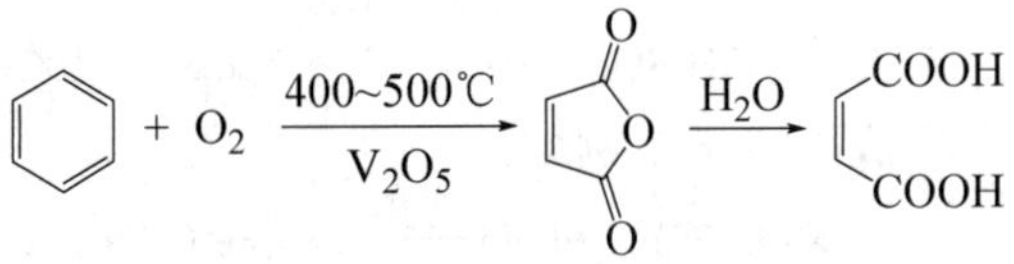

12.7.7　乳酸

乳酸（α-羟基丙酸）最初是由酸牛奶中得到的，并因此而得名。它是牛奶中含有的乳糖受微生物的作用分解而成的，蔗糖发酵也能得到乳酸。此外，人体在运动时，肌肉里也会有乳酸积累，经休息后，肌肉里的乳酸就转化为水和糖。

乳酸有很强的吸湿性，一般成糖浆状液体，其用途很广，主要用于食品、酒类酿造、鞣革以及生产乳酸衍生物。乳酸的生产方法有发酵法和合成法。发酵法主要采用精制淀粉或蔗糖作为原料，淀粉用麦芽糖糖化，糖化液与乳酸菌作用，在 48~49℃下发酵 4~6 天，用乳酸钙或石灰乳中和生成的乳酸，调节发酵液酸度，趁热滤出乳酸钙，用硫酸酸化即得乳酸。

12.7.8　酒石酸

酒石酸(2,3-二羟基丁二酸)以酸性钾盐的形式存在于葡萄汁内，这个盐难溶于水和乙醇，所以在以葡萄汁酿酒的过程中成为沉淀析出，这种沉淀就叫作酒石，酒石酸的名称也由此而来。酒石酸也存在于多种其他果实中。

酒石酸钾钠用以配制 Fehling 试剂，而酒石酸锑钾盐（又称吐酒石）$\left[\begin{array}{l} CHOHCOOK \\ CHOHCOOSbO \end{array}\right]_2 \cdot H_2O$

是医治血吸虫病的特效药。

12.7.9　柠檬酸

柠檬酸又称枸橼酸，存在于多种水果中，在未成熟的柠檬中柠檬酸的含量高达 6%，它的
构造式为：

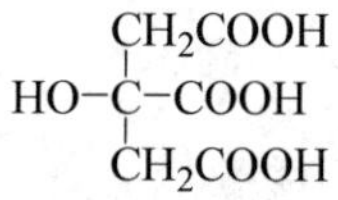

$$\begin{array}{c} CH_2COOH \\ HO-\overset{|}{\underset{|}{C}}-COOH \\ CH_2COOH \end{array}$$

柠檬酸为无色结晶，带一分子结晶水的柠檬酸熔点为 100℃，不带结晶水的柠檬酸熔点
153℃，有强酸味，易溶于水、乙醇和乙醚。柠檬酸具有无毒、安全、可口的酸味，以及调节
pH 值和对金属离子的螯合作用，传统用途以食用为主，在食品和饮料中用作酸味剂和抗氧化
剂。20 世纪 70 年代以后，在其他工业领域不断开发出新的用途，特别是在洗涤剂工业中代
替磷酸盐作为增效助剂，使柠檬酸的消费结构发生了变化。

12.7.10　水杨酸

水杨酸（邻羟基苯甲酸）因来自水杨柳中而得名，为白色针状晶体或结晶粉末，熔点 159℃，
在 76℃时升华，微溶于冷水，易溶于乙醇、乙醚、氯仿和沸水中，遇 $FeCl_3$ 水溶液呈紫红色。
由于酚羟基的影响，酸性较苯甲酸强。

工业上用柯尔柏法制备水杨酸，即在 0.4~0.7MPa 下，125℃时让苯酚钠充分吸收 CO_2，
反应生成水杨酸钠，再酸化而得水杨酸：

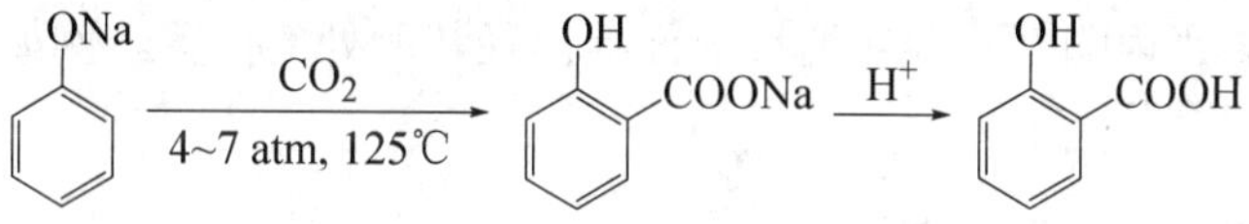

水杨酸有解热、镇痛的作用，由于酚羟基对胃有刺激性，医药上多用其酯——乙酰水杨酸
作为口服药，俗称阿司匹林，这是迄今为止最成功的合成药物。水杨酸的乙醇溶液为常用的治
疗因霉菌感染而引起的皮肤病（癣）的药物。水杨酸的甲酯俗称冬青油，是从冬青树叶中取得
的冬青油的主要成分，有特殊香味，可作扭伤时的外擦药，也用于配制牙膏、糖果等用的香精。

12.8　羧酸衍生物的分类和命名

羧酸衍生物是指羧酸分子中的羟基被其他基团取代后形成的化合物，重要的羧酸衍生物
有酰氯、酸酐、酯和酰胺等。它们分子中都含有酰基，故也称为酰基化合物。羧酸分子中的
羟基被卤原子取代后的产物称为酰卤，其中最常见的是酰氯。酰卤命名时，将相应羧酸的名
称后面的"酸"字改为"酰卤"即可。例如：

苯甲酰氯　　草酰氯　　溴乙酰溴

两分子羧酸脱去一分子水后生产的化合物称为酸酐，可表示为：

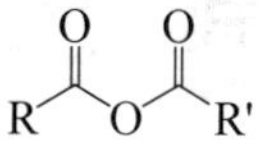

两个相同的羧酸脱水形成的酸酐叫作单酐，两个不同羧酸分子间脱水形成的酸酐称为混酐，

二元羧酸分子内脱水形成的酸酐称为环内酸酐。酸酐命名时，在羧酸名称后面加上酐。例如：

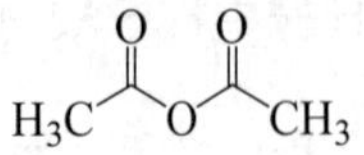

乙酸酐 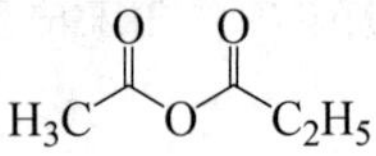　　　　　　　　乙丙酸酐 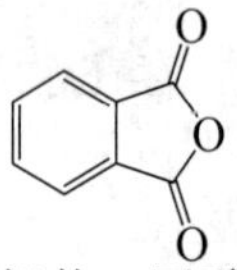　　　　　　邻苯二甲酸酐

羧酸与醇分子间脱水后形成的产物称为酯。含氧无机酸与醇形成的酯称为无机酸酯，如硫酸二甲酯、硝化甘油等。有机羧酸与醇形成的酯称为有机酯。可表示为：

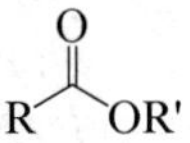

酯命名时，将酸的名称放在前，醇的烃基名称放在后，组合起来再加上酯，即称为"某酸某酯"。但是，多元醇形成的酯，一般反过来命名，称为"某醇某酸酯"。例如：

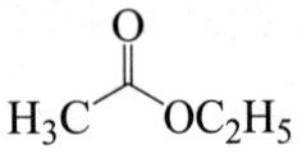

乙酸乙酯 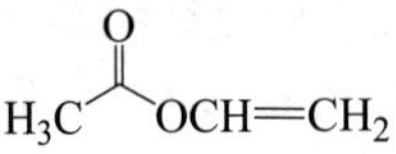　　　　乙酸乙烯酯 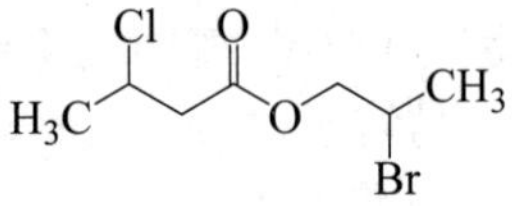　　　3-氯丁酸-2'-溴丙酯 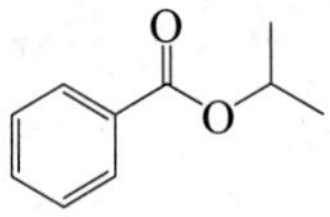　　　苯甲酸异丙酯

羟基酸分子内脱水形成的酯称为内酯，五元或六元内酯最容易形成。命名时，将相应的羧酸的"酸"字改为"内酯"，并在名称前面标出羟基所处的位置。例如：

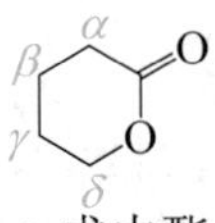

δ-戊内酯 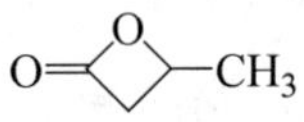　　　　　　3-甲基-β-丙内酯

酰胺是羧酸分子中的羟基被氨基或烃氨基取代后的产物，酰胺的通式为：

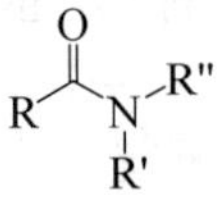

（R′, R″可为 H 或烃基）

酰胺命名时，将相应的羧酸的"酸"字改为酰胺。酰胺分子中氮原子上的两个氢原子可以被烃基取代，生成的取代酰胺。命名时，用"N-烃基"标出烃基所处的位置，称为 N-烃基"某"酰胺。若两个羧基中的羟基被同一个氨基取代，得到的环状酰胺化合物称为某二酰亚胺，如邻苯二甲酰亚胺。含有—CONH—的环状结构的酰胺，命名时称为"内酰胺"。例如：

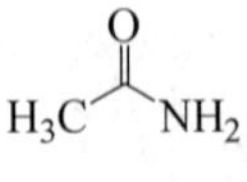

乙酰胺 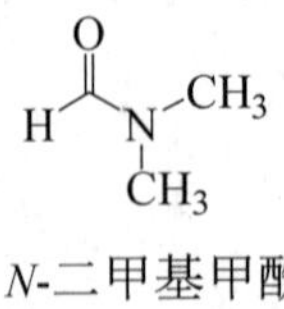　　　N, N-二甲基甲酰胺　　邻苯二甲酰亚胺 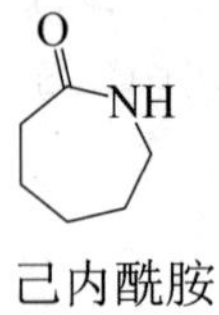　　　己内酰胺
　　　　　　　　（DMF）

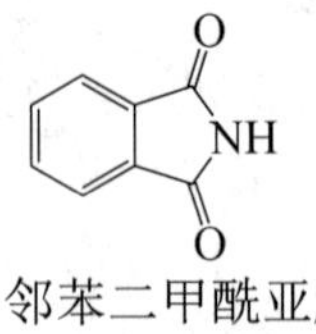

12.9　羧酸衍生物的结构特点

羧酸衍生物中与羰基直接相连的都是杂原子，它除了对羰基具有吸电子诱导效应(-I)外，

还具有 p-π共轭效应（+C），因此其性质是这两种电子效应综合作用的结果。在酰卤（氯、溴）中，由于 p-π共轭中的 p 轨道是 3p 或 4p 轨道，因而比酯和酰胺弱，-I 占主导地位。而在酯和酰胺中，+C 效应更重要，尤其对酰胺，由于 N 原子电负性较小，所以酰胺键甚至具有相当程度双键的性质：

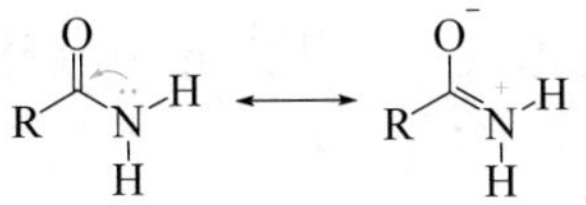

这一特点决定了，一方面酰胺上的质子和羧酸羟基上的质子一样具有一定酸性，另一方面酰胺的反应活性比酰氯和酯都差。

12.10　羧酸衍生物的物理性质

低级的酰氯和酸酐是具有刺鼻气味的液体，高级的为固体。低级酯具有芳香味，广泛存在于水果中，可用作香料。十四碳以下的甲酯和乙酯均为液体。酰胺除甲酰胺外均为固体，这是因为酰胺分子间可形成强烈的氢键。如果氮原子上的 H 逐步被烷基取代，则氢键缔合减少。因此，脂肪族的 N-取代酰胺通常为液体。

由于分子中没有氢键缔合，酰氯和酯的沸点比相应的羧酸低，而酸酐和酰胺的沸点则比相应的羧酸高。

酰氯和酸酐不溶于水，低级的遇水剧烈分解。酯在水中的溶解度很小，常用作萃取溶剂，如乙酸乙酯。低级的酰胺可溶于水，二甲基甲酰胺和二甲基乙酰胺都是很好的非质子极性溶剂，可与水以任意比例混溶。这些羧酸衍生物均可溶于有机溶剂，如氯仿、二甲亚砜等。表 12-6 列出了部分羧酸衍生物的物理常数。

表 12-6　羧酸衍生物的物理常数

名称	沸点/℃	熔点/℃	名称	沸点/℃	熔点/℃
乙酰氯	51	−112	苯甲酸酐	360	42
乙酰溴	76.7	—	领苯二甲酸酐	284.5	132
丙酰氯	80	−94	甲酸甲酯	32	−100
正丁酰氯	102	−89	甲酸乙酯	54	−80
苯甲酰氯	197	−1	乙酸乙酯	77	−83
对硝基苯甲酰氯	154(15mmHg)	72	乙酸异戊酯	142	−78
乙酸酐	140	−73	异戊酸异戊酯	194	—
丙酸酐	169	−45	苯甲酸乙酯	213	−34
丁二酸酐	261	119.6	乙酸苯甲酯	215	−52
丁烯二酸酐	202	53	甲基丙烯酸甲酯	100	−50
甲酰胺	200(分解)	2.5	苯甲酰胺	290	130
乙酰胺	222	81	丁二酰亚胺	288	126
丙酰胺	213	79	邻苯二甲酰亚胺	—	238
N, N-二甲基甲酰胺	153				

12.11 羧酸衍生物的光谱性质

12.11.1 紫外光谱

在羧酸衍生物的几种电子跃迁方式中，只有 n→π* 跃迁所需要的能量最小，吸收带出现在近紫外区，例如：

$$CH_3COCl \qquad \lambda = 235\ nm \qquad \varepsilon = 53\ (己烷)$$

但因为 n→π* 跃迁是禁阻的，因而吸收强度都很弱。

12.11.2 红外光谱

（1）酰卤：脂肪族酰卤的 C=O 伸缩振动吸收在 1800cm^{-1} 区（强），如羰基与不饱和键或芳环共轭，C=O 键吸收峰下降至 1750~1800cm^{-1} 区域。

（2）酯：酯的 C=O 伸缩振动吸收在 1735cm^{-1}（强）附近；C=CCOOR 或 ArCOOR 的羰基在约 1720cm^{-1} 区域；而—COOC=C 或 RCOOAr 结构的羰基在 1760cm^{-1} 区域。在 1050~1300cm^{-1} 区域有两个 C—O 伸缩振动吸收，其中波数较高的吸收峰比较特征，可用于酯的鉴定。芳香酸酯在 1585~1605cm^{-1} 区域还有一个特征的环振动吸收峰。

（3）酰胺：伯酰胺（RCONH$_2$）的羰基伸缩振动吸收在约 1690cm^{-1}（强）区域，缔合体在 1650cm^{-1} 区域。在非极性稀溶液中，N—H 伸缩振动有两个吸收峰，在约 3400cm^{-1} 和约 3520cm^{-1} 区域；在浓溶液或固态中，因有氢键存在，吸收在约 3180cm^{-1} 和约 3350cm^{-1} 区域。N—H 的弯曲振动吸收在 1600cm^{-1} 和 1640cm^{-1}，是仲酰胺的两个特征吸收峰。C—N 伸缩振动吸收在约 1400cm^{-1}（中）区域；仲酰胺（RCONHR'）中游离羰基的伸缩振动在约 1680cm^{-1}（强）区域吸收，缔合体在约 1650cm^{-1}（强）区域。游离的 N—H 伸缩振动吸收在约 3440cm^{-1} 区域，缔合体（固态）在约 3300cm^{-1} 区域。N—H 的弯曲振动在 1530~1550cm^{-1} 区域；叔酰胺（RCONR'R''）的羰基伸缩振动吸收在约 1650cm^{-1}（强）区域。

12.11.3 核磁共振氢谱

（1）酯：酯的核磁氢谱中烷氧基部分的质子（RCOOCH$_2$R'）比酰氧基部分的质子（RCH$_2$COOR'）具有较大的化学位移值，如图 12-4 所示。

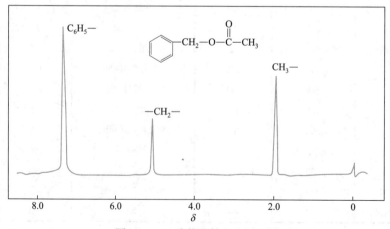

图 12-4 乙酸苄酯的 ^{1}HNMR 图

（2）酰胺：酰胺的核磁氢谱中—CONH 的质子的化学位移界限很宽，一般在$\delta 5 \sim 8$，且往往不能给出一个尖锐的吸收峰。

12.12　羧酸衍生物的化学性质

羧酸衍生物含有羰基，所以能够与一些亲核试剂发生反应。它们的α-H 原子也都由于羰基的诱导效应影响而具有一定活性。主要化学性质如下图所示：

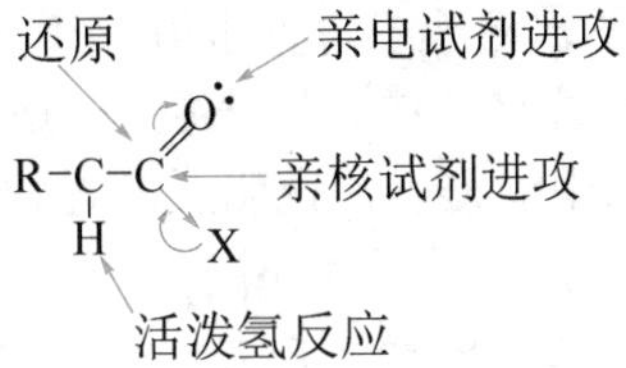

12.12.1　与亲核试剂的反应

羧酸衍生物都存在不饱和的羰基，可以进行亲核加成反应。与醛、酮不同的是，其加成产物容易进一步分解，结果得到的是加成-消除产物。这一过程既可在酸，也可在碱的催化下进行。例如：

酸催化：

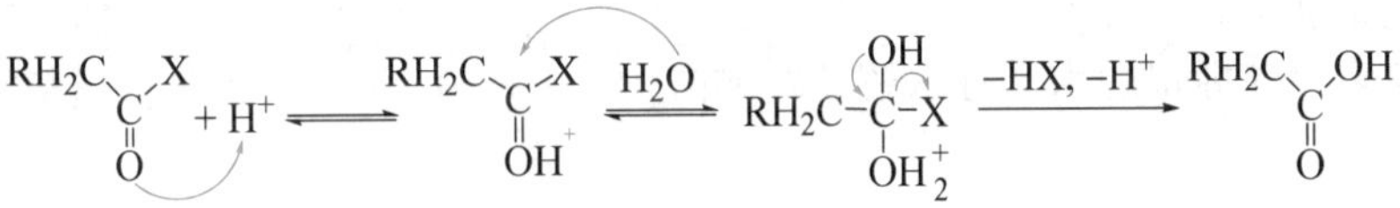

碱催化：

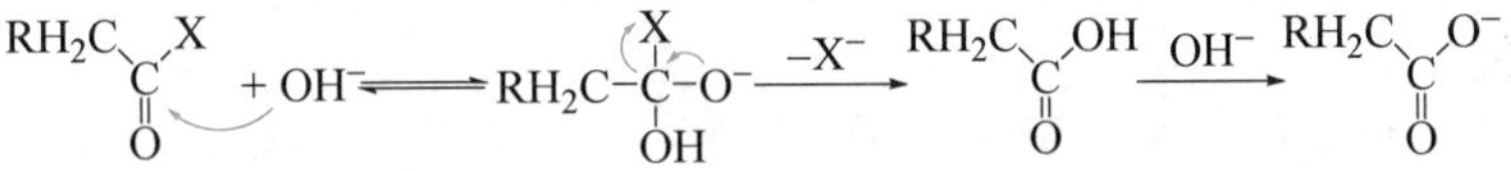

1. 水解（形成羧酸）

① 酯的水解

酯的水解反应是酯化反应的逆反应，一分子酯水解生成一分子羧酸和一分子醇。其水解比酰氯、酸酐困难。水解可以在酸或碱的催化下完成，而键的断裂方式既可以是酰氧键断裂，也可以是烷氧键断裂，每种断裂方式又都可按单分子或双分子的历程进行，因而水解机理共有 8 种，见表 12-7。

表 12-7　酯的水解反应机理

键断裂方式	机理	条件	缩写
酰氧键	加成-消除 单分子加成-消除	酸 碱 酸 碱	A_{AC}-2 B_{AC}-2 A_{AC}-1 B_{AC}-1
烷氧键	双分子(S_N2) 单分子(S_N1)	酸 碱 酸 碱	A_{AL}-2 B_{AL}-2 A_{AL}-1 B_{AL}-1

酯的碱性水解：在碱性条件下，酯的水解是通过加成-消除机理完成的，具体过程可表示如下：

$$RCOR' + OH^- \underset{快}{\overset{慢}{\rightleftharpoons}} R-\overset{O^-}{\underset{OH}{C}}-OR' \underset{快}{\overset{慢}{\rightleftharpoons}} RCOOH + R'O^- \longrightarrow RCOO^- + R'OH$$

反应的最后一步是不可逆的，所以皂化反应可以进行完全。这是最早从油脂制取肥皂（高级脂肪酸钠盐）的方法，皂化反应的名称即由此而来。

从反应机理可以看出，中间经历了一个四面体的过程，可以通过实验事实得以证实。将同位素 ^{18}O 标记羰基的酯放在碱的水溶液中进行水解，待反应尚未完成时，取出未水解的酯分析其中 ^{18}O 的含量。如反应是一步完成的，则未反应的酯中 ^{18}O 的含量应保持不变。但实际测得其中 ^{18}O 的含量要比原样品中少得多，说明反应过程中 ^{18}O 发生了交换。

$$R-\overset{^{18}O}{C}-OR' \overset{OH^-}{\rightleftharpoons} R-\overset{^{18}O}{\underset{OH}{C}}-OR' \rightleftharpoons R-\overset{^{18}OH}{\underset{O^-}{C}}-OR' \rightleftharpoons \overset{O}{RCOR'} + {}^{18}OH^-$$

$$\updownarrow \qquad \updownarrow$$

$$\overset{^{18}O}{RC}-OH + R'O^- \qquad \overset{O}{RC}-\overset{18}{O}H + R'O^-$$

酯的酸性水解：由于酯化反应是一个可逆反应，因此酯在酸性溶液中也可以进行水解，而水解机理就是酯化反应逆反应的机理。酯的酸性水解绝大部分是酰氧键断裂的过程，可由以下事实得到证实。

用含同位素 ^{18}O 标记的水进行水解获得的醇中不含 ^{18}O，说明反应是按酰氧键断裂的方式进行的：

$$HOOCCH_2CH_2COOCH_3 + H_2O^{18} \overset{H^+}{\longrightarrow} HOOCCH_2CH_2CO^{18}OH + CH_3OH$$

还有一些特殊结构的酯水解时也可以是烷氧键断裂，如叔醇酯水解时，经过烷氧键断裂的机理进行，例如：

$$\overset{O}{RCOC(CH_3)_3} + H^+ \underset{慢}{\overset{快}{\rightleftharpoons}} \overset{O^+}{\underset{H}{RCOC(CH_3)_3}} \underset{慢}{\overset{快}{\rightleftharpoons}} RCOOH + (CH_3)_3C^+$$

$$慢 \Big\updownarrow H_2O,快$$

$$H^+ + (CH_3)_3COH \underset{慢}{\overset{快}{\rightleftharpoons}} (CH_3)_3CO^+H_2$$

② 酰胺的水解

酰胺在酸或碱催化下可以水解为酸和铵盐或羧酸盐和胺，但比酯的水解困难。这是因为氨基负离子比烷氧基负离子的碱性更强，反应需要在强酸或强碱以及比较长时间的加热回流下进行。例如：

$$CH_3CH_2-\overset{Ph}{\underset{}{CH}}-\overset{O}{C}-NH_2 \overset{55\% H_2SO_4}{\underset{\triangle, 2h}{\longrightarrow}} CH_3CH_2-\overset{Ph}{\underset{}{CH}}COOH + NH_4HSO_4$$

$$88\%\sim90\%$$

无论是酸催化还是碱催化，反应都可以进行完全。这是因为在酸性条件下，酸可以与生成的胺或氨形成铵盐，而在碱性条件下碱可以与生成的酸形成羧酸盐。这两个反应都是不可逆的，从而使得整个反应的平衡向产物方向移动，使反应进行到底。

空间位阻比较大的酰胺水解比较困难,但如果用亚硝酸处理。可以在室温下进行水解,收率很高。例如:

$$(CH_3)_3CCNH_2 + HNO_2 \xrightarrow[35℃]{H_2SO_4,H_2O} (CH_3)_3CCOOH$$
$$81\%$$

但该方法只适合于伯酰胺,其反应机理如下:

$$RCNH_2 \underset{}{\overset{HNO_2}{\rightleftharpoons}} RCN_2^+ \xrightarrow{-N_2} RC^+ \xrightarrow{H_2O} RCOH_2^+ \xrightarrow{-H^+} RCOH$$

③ 酸酐和酰氯的水解

酸酐和酰氯的水解反应很容易进行,甚至不需要酸或碱的催化。低级的酰氯和酸酐遇水即会分解,这是因为Cl⁻和RCOO⁻都是弱碱,是好的离去基团。例如:

$$\text{（顺丁烯二酸酐）} + H_2O \xrightarrow[\text{几分钟}]{\text{室温}} \text{（顺丁烯二酸）}$$
$$94\%$$

$$\text{CHCOCl} + H_2O \xrightarrow[0℃]{Na_2CO_3} \text{CHCOOH} + HCl$$
$$>95\%$$

2. 氨(胺)解(形成酰胺)

① 酰氯的氨(胺)解

酰氯性质很活泼,很容易与氨、伯胺和仲胺反应形成酰胺,这也是用酰氯法活化羧基的主要目的之一。例如:

$$n\text{-}C_9H_{19}COCl + NH_3 \longrightarrow n\text{-}C_9H_{19}CONH_2 + HCl$$
$$73\%$$

$$PhCOCl + PhCH_2CH_2NH_2 \xrightarrow{Py} PhCONHCH_2CH_2Ph + HCl$$
$$98\%$$

$$PhCOCl + \text{（吡咯烷）NH} \xrightarrow{NaOH} \text{（N-苯甲酰基吡咯烷）} + HCl$$
$$81\%$$

反应中生成的氯化氢可以与氨(胺)形成盐酸盐,降低了胺的亲核性,从而影响反应收率。因此,在反应中需要使用碱作为缚酸剂,如吡啶、三乙胺、三甲胺等,以中和反应产生的氯化氢。

② 酸酐的氨(胺)解

常用的酸酐是乙酸酐,活性比酰氯低,也很容易与氨(胺)发生反应形成酰胺,反应副产物为乙酸。例如:

$$H_3CO\text{—}\text{（苯环）}\text{—}NH_2 + \text{（乙酸酐）} \xrightarrow{HOAc} H_3CO\text{—}\text{（苯环）}\text{—}NHCOCH_3 + CH_3COOH$$

环状酸酐与氨反应可以得到酰胺酸,后者在高温下进一步脱水可得到酰亚胺。例如:

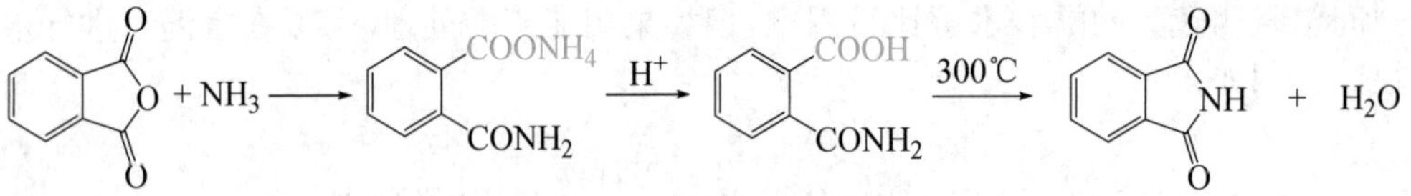

酰亚胺氮原子上的质子具有比酰胺上质子更强的酸性，容易离解，可与碱作用生成酰亚胺盐。

③ 酯的氨（胺）解

酯与氨（胺）反应可以生成酰胺，反应速率比酰氯和酸酐慢。除了氨以及常见胺以外，肼和羟胺等胺的衍生物都可以作为亲核试剂，与酯发生反应。例如：

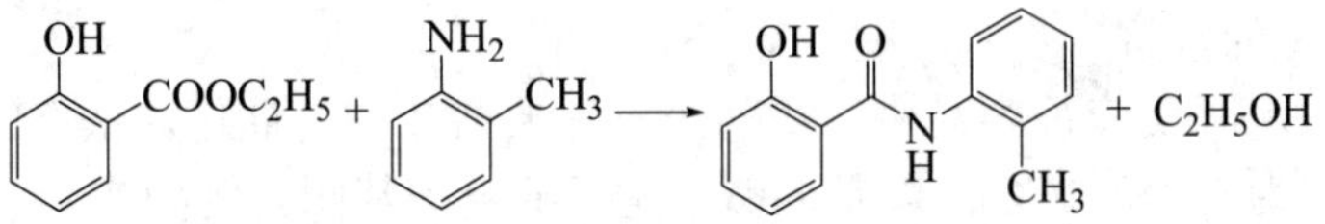

④ 酰胺的氨（胺）解

酰胺与氨（胺）的反应是一个胺的交换反应，可以生成一个新的酰胺和一个新的胺，一般反应条件比较剧烈。例如：

$$CH_3CONH_2 + CH_3NH_2 \cdot HCl \xrightarrow{\triangle} CH_3CONHCH_3 + NH_4Cl$$
$$75\%$$

3. 醇解（形成酯）

① 酰卤的醇解

酰氯性质很活泼，很容易与醇反应生成酯，这是常用的制备酯类化合物的方法之一。一般较难制备的酯，常用酰氯来合成。例如：

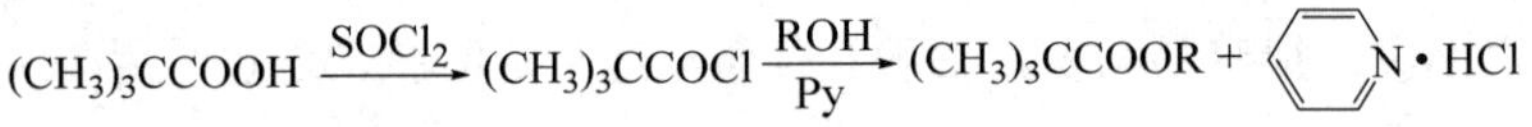

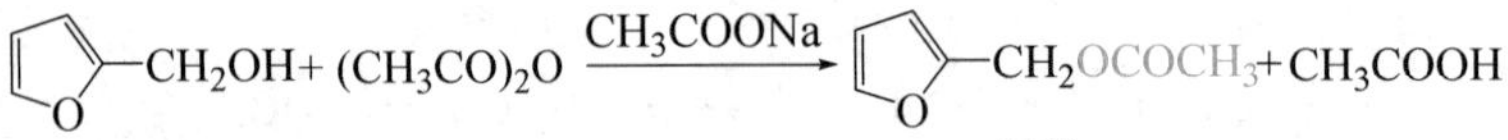

$$(CH_3)_3CCOOH \xrightarrow{SOCl_2} (CH_3)_3CCOCl \xrightarrow{ROH}{Py} (CH_3)_3CCOOR +$$

由于反应会产生氯化氢，常用吡啶（Py）作为缚酸剂。这里的吡啶和乙酸钠同样起到缚酸剂的作用。

② 酸酐的醇解

酸酐和酰卤类似，也很容易与醇反应生成酯。酸酐也是常用的酰化试剂。醇解时酚与乙酰氯或乙酸酐的反应常作为酚羟基保护的一种方法，产物经水解又得回酚。

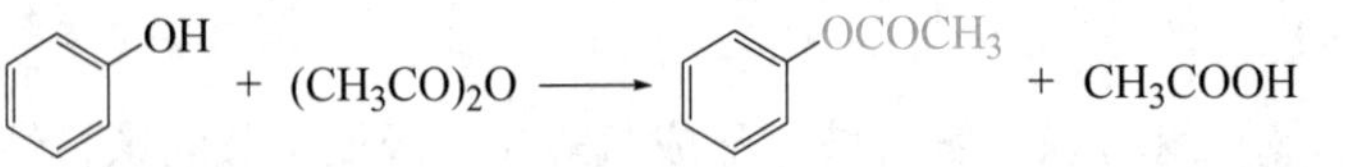

环状酸酐醇解，可以得到二元羧酸酯，如果进一步酯化可以得到二酯。

③ 酯的醇解

酯与醇的反应是从一个酯转变为另一个酯的反应，也称为酯交换反应。反应需在酸（无水 HCl、H_2SO_4 或对甲苯磺酸等）或碱（醇盐等）催化下进行：

$$RCOOR' + R''OH \underset{\qquad}{\overset{H^+或R''O^-}{\rightleftharpoons}} RCOOR'' + R'OH$$

这是一个可逆反应，为使反应顺利进行，需要除去生成的醇或加入大量需要生成酯的醇。因此，该反应在有机合成中，常作为从低级醇的酯制备不易挥发醇的酯的方法。

酯交换反应在实际生产中一个重要应用是生物柴油的合成。生物柴油是高级脂肪酸的甲酯或乙酯，可以由油脂与甲醇或乙醇通过酯交换反应制备：

$$\begin{matrix} CH_2OCOR^1 \\ HC-OCOR^2 \\ CH_2OCOR^3 \end{matrix} + 3\ CH_3OH \xrightarrow{催化剂} \begin{matrix} CH_2OH \\ HC-OH \\ CH_2OH \end{matrix} + \begin{matrix} R^1COOCH_3 \\ R^2COOCH_3 \\ R^3COOCH_3 \\ 生物柴油 \end{matrix}$$

④ 酰胺的醇解

酰胺在酸性条件下可醇解为酯。例如：

$$CH_2{=}CHCONH_2 \xrightarrow[H^+]{C_2H_5OH} CH_2{=}CHCOOC_2H_5 + NH_3$$

也可以在醇钠和碱性条件下催化醇解。

4. 与有机金属化合物的反应

羧酸衍生物与格氏试剂等有机金属化合物反应得到酮，然后进一步反应得到叔醇，具体过程如下：

酰卤可与格氏试剂反应得到酮，但酮很容易与格氏试剂继续反应生成叔醇。因此产物常为酮和叔醇的混合物，酮的收率很低。如用两倍量的格氏试剂，则主要产物为叔醇。例如：

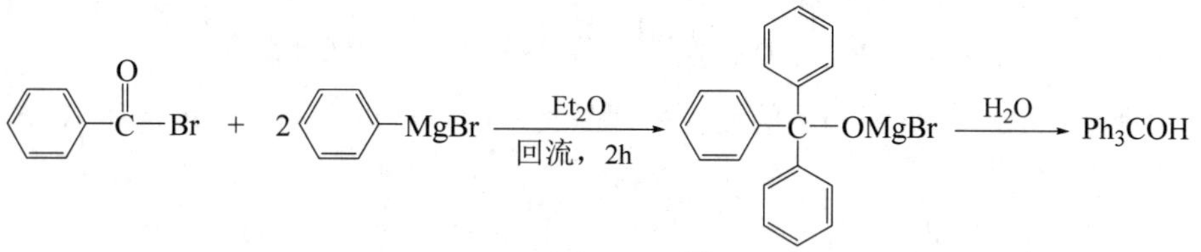

$$\text{Ph-CO-Br} + 2\ \text{Ph-MgBr} \xrightarrow[回流，2h]{Et_2O} \text{Ph}_3\text{C-OMgBr} \xrightarrow{H_2O} Ph_3COH$$

低温可以控制酮与格氏试剂的反应。如用一倍量的格氏试剂，低温分批加入到酰氯的溶液中，则可以得到酮。例如：

$$CH_3COCl + n\text{-}C_4H_9MgBr \xrightarrow[-70℃]{乙醚,FeCl_3} \underset{72\%}{CH_3\overset{O}{\overset{\|}{C}}\text{-}n\text{-}C_4H_9}$$

甲酸酯与格氏试剂反应先得到醛，由于醛的活性更高，进一步与格氏试剂反应得到二级醇。其他羧酸酯与格氏试剂的反应也会经历一个从酮到叔醇的过程。例如：

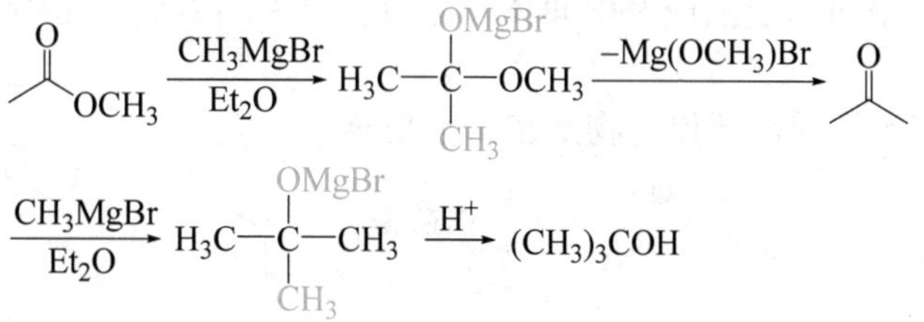

$$CH_3\overset{O}{\overset{\|}{C}}OCH_3 \xrightarrow[Et_2O]{CH_3MgBr} H_3C\underset{CH_3}{\overset{OMgBr}{\underset{|}{\overset{|}{C}}}}OCH_3 \xrightarrow{-Mg(OCH_3)Br} (CH_3)_2C{=}O$$

$$\xrightarrow[Et_2O]{CH_3MgBr} H_3C\underset{CH_3}{\overset{OMgBr}{\underset{|}{\overset{|}{C}}}}CH_3 \xrightarrow{H^+} (CH_3)_3COH$$

12.12.2 还原反应

1. 催化氢化

酰卤、酸酐用一般催化氢化条件还原得到醇。用毒化的钯催化剂催化氢化酰氯、酸酐时，产物是醛，此法称为罗森蒙德（K.W. Rosenmund）法。

$$\underset{RCCl}{\overset{O}{\overset{\|}{}}} + H_2 \xrightarrow[\triangle]{Pd} RCH_2OH$$

$$\underset{RCOCR'}{\overset{O\ \ \ O}{\overset{\|\ \ \ \|}{}}} + H_2 \xrightarrow[\triangle]{Pd} RCH_2OH + R'CH_2OH$$

$$\underset{\text{RCCl}}{\overset{\text{O}}{\parallel}} + H_2 \xrightarrow[\text{喹啉, }\triangle]{\text{Pd/BaSO}_4} RCHO \quad (\text{罗森蒙德法})$$

酯和酰胺需用特殊催化剂并在高温高压条件下才能加氢还原，产物分别为醇和胺。例如：

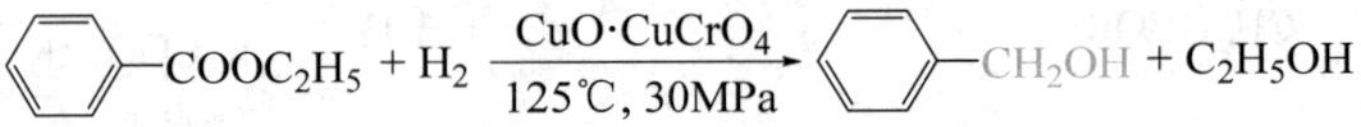

$$\text{C}_6\text{H}_5\text{—COOC}_2\text{H}_5 + H_2 \xrightarrow[125℃, 30\text{MPa}]{\text{CuO·CuCrO}_4} \text{C}_6\text{H}_5\text{—CH}_2\text{OH} + C_2H_5OH$$

$$\underset{\text{CH}_3(\text{CH}_2)_4\text{CNH}_2}{\overset{\text{O}}{\parallel}} + H_2 \xrightarrow[125℃, 30\text{MPa}]{\text{CuCr 氧化物}} \text{CH}_3(\text{CH}_2)_4\text{CH}_2\text{NH}_2$$

2. 金属氢化物还原

常用的金属氢化物有氢化铝锂、硼氢化锂和硼氢化钠。氢化铝锂的还原能力最强，适用于各种羧酸衍生物的还原，产物为一级醇。

$$R\overset{\text{O}}{\underset{\parallel}{-}C-Cl} \xrightarrow{\text{LiAlH}_4} \xrightarrow{\text{H}_2\text{O}} RCH_2OH$$

$$R\overset{\text{O}}{\underset{\parallel}{-}C-O-}\overset{\text{O}}{\underset{\parallel}{C-}}R' \xrightarrow{\text{LiAlH}_4} \xrightarrow{\text{H}_2\text{O}} RCH_2OH + R'CH_2OH$$

$$R\overset{\text{O}}{\underset{\parallel}{-}C-OR'} \xrightarrow{\text{LiAlH}_4} \xrightarrow{\text{H}_2\text{O}} RCH_2OH + R'OH$$

氢化铝锂还原酰卤、酸酐和酯的反应机理是类似的，现以酯为例，表达如下：

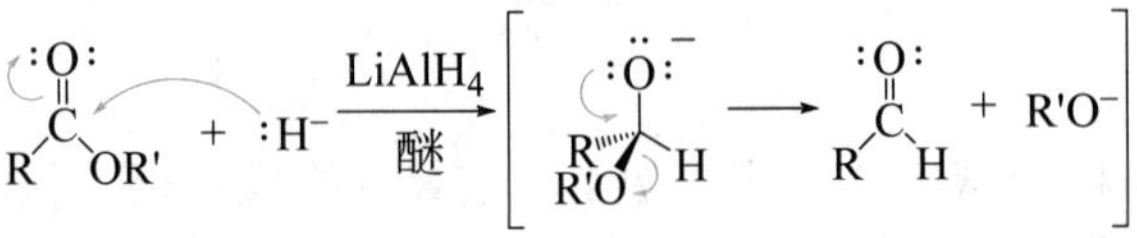

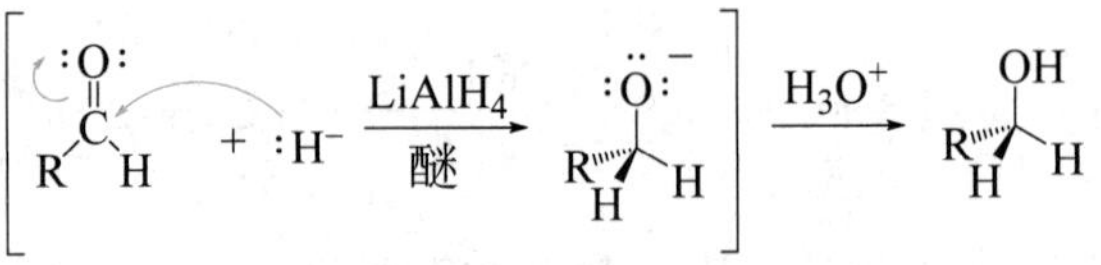

上述反应机理包括了两个关键过程。首先是酰基的亲核取代反应，氢负离子与羰基加成，紧接着消除一个烷氧基负离子生成醛中间体。然后，醛中间体被氢化铝锂进一步还原生成一级醇。

酰胺能被氢化铝锂还原，还原产物是胺而不是醇：

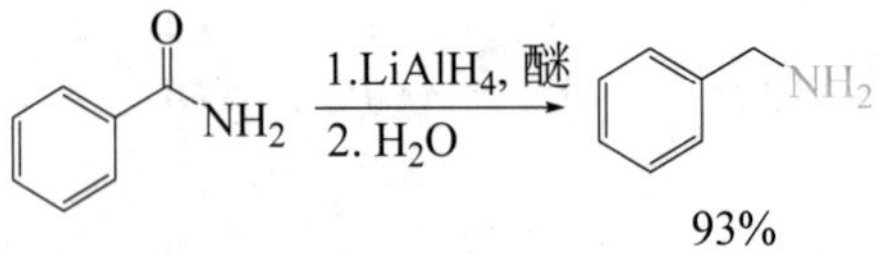

93%

酰胺还原的结果是酰胺的羰基转化为亚甲基。这类反应是酰胺特有的，其他羧酸衍生物不能发生此类反应。

3. 用金属钠还原

酯在金属钠的醇溶液中发生单分子还原生成一级醇，该反应称为鲍维特-布朗克还原。

$$RCOOR' \xrightarrow{\text{Na/C}_2\text{H}_5\text{OH}} RCH_2OH + R'OH$$

反应机理如下：酯先从金属获得一个电子形成自由基负离子，当质子性溶剂如水、醇、酸等存在时，自由基负离子可获得质子成为自由基。自由基再从金属表面取得电子，完成还原反应而生成醛。醛在金属钠和质子性溶剂存在时，同样经过自由基负离子还原成醇。

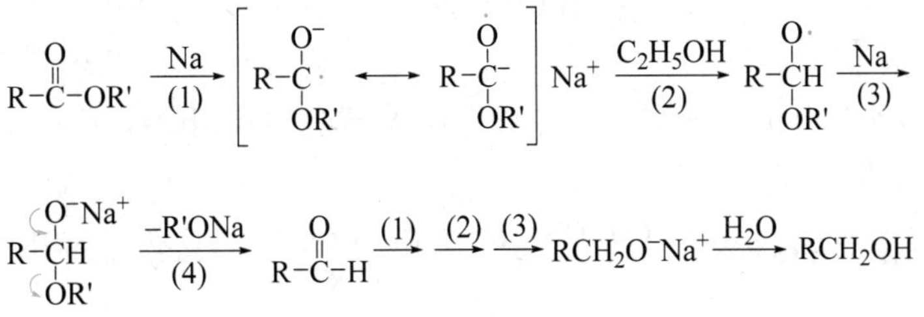

$$R-\overset{\overset{\displaystyle O}{\|}}{C}-OR' \xrightarrow{\underset{(1)}{Na}} \left[R-\overset{\overset{\displaystyle O^-}{\cdot}}{\underset{OR'}{C}} \longleftrightarrow R-\overset{\overset{\displaystyle O}{\|}}{\underset{OR'}{C^-}} \right] Na^+ \xrightarrow[(2)]{C_2H_5OH} R-\overset{\underset{OR'}{\displaystyle CH}}{} \xrightarrow[(3)]{Na}$$

$$R-\overset{\overset{\displaystyle O^-Na^+}{}}{\underset{OR'}{CH}} \xrightarrow[(4)]{-R'ONa} R-\overset{\overset{\displaystyle O}{\|}}{C}-H \xrightarrow{(1)\ (2)\ (3)} RCH_2O^-Na^+ \xrightarrow{H_2O} RCH_2OH$$

12.12.3 酯缩合反应

酯分子中的 α-碳原子上的氢与醛、酮类似，被酯羰基所活化。在碱性试剂作用下，两分子酯作用失去一分子醇得到 β-羰基酯的反应，称为酯缩合反应。

1. 克莱森（Claisen）缩合反应

乙酸乙酯在乙醇钠或金属钠的作用下，发生酯缩合反应，生成乙酰乙酸乙酯。

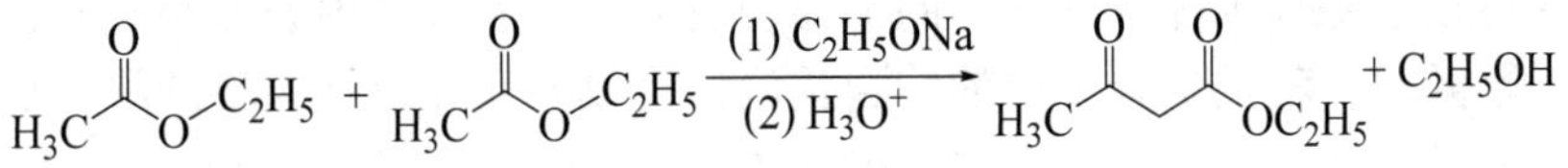

$$H_3C-\overset{\overset{\displaystyle O}{\|}}{C}-O-C_2H_5 + H_3C-\overset{\overset{\displaystyle O}{\|}}{C}-O-C_2H_5 \xrightarrow[(2)\ H_3O^+]{(1)\ C_2H_5ONa} H_3C-\overset{\overset{\displaystyle O}{\|}}{C}-CH_2-\overset{\overset{\displaystyle O}{\|}}{C}-OC_2H_5 + C_2H_5OH$$

上述反应的机理如下：

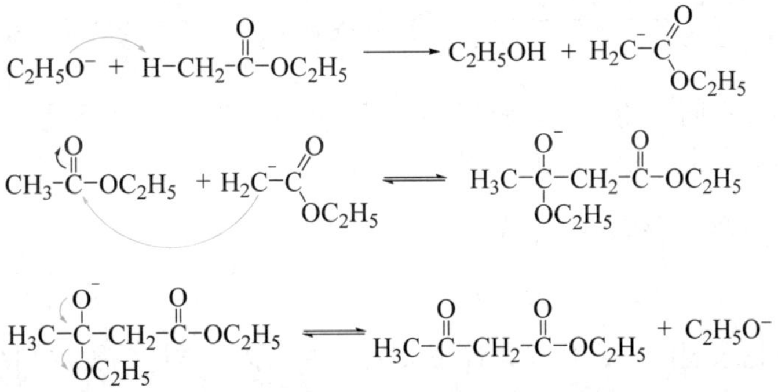

反应的第一步是在碱性条件下，酯失去 α-H 形成碳负离子。第二步，碳负离子对另一分子酯的羰基进行亲核加成，形成四面体的氧负离子中间体。第三步，消去乙氧基负离子，得乙酰乙酸乙酯。乙酰乙酸乙酯是一种 1,3-二羰基化合物，亚甲基上的 α-H 受两个羰基的影响，酸性大大增加。此外，失去氢质子后形成的负离子中间体，其负电荷可以分散到两个羰基上，形成更稳定的碳负离子。

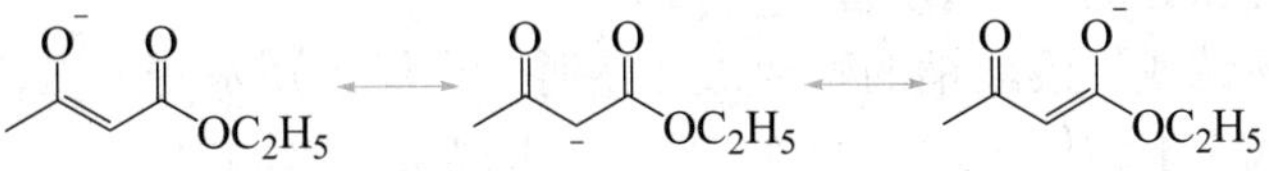

共振稳定的碳负离子

2. 混合酯缩合反应

两个不同的酯分子之间也可以发生酯缩合反应，称为交叉的 Claisen 缩合反应，得到的是一个混合物，没有什么制备价值。但如果其中的一个酯没有 α-氢原子，互相缩合就能得到一个单一纯产物。常用的不含有 α-氢原子的酯有苯甲酸酯、甲酸酯和草酸酯。它们分别可以向酯的 α 位引入苯甲酰基、酯基和醛基。苯甲酸酯的羰基一般不够活泼，缩合时需用较强的碱。例如：

$$\text{C}_6\text{H}_5\text{—COOC}_2\text{H}_5 + \text{C}_2\text{H}_5\text{COOC}_2\text{H}_5 \xrightarrow{\text{NaH}} \text{C}_6\text{H}_5\text{—CO—CH—CH}_3 \text{ (COOC}_2\text{H}_5)$$

草酸酯由于一个酯基的诱导作用，增加了另一个羰基的亲电性，所以比较容易和其他酯发生缩合作用。例如：

$$\text{C}_6\text{H}_5\text{CH}_2\text{COOC}_2\text{H}_5 + (\text{COOC}_2\text{H}_5)_2 \xrightarrow{\text{C}_2\text{H}_5\text{ONa}} \underset{\text{COCOOC}_2\text{H}_5}{\text{C}_6\text{H}_5\text{—CH—COOC}_2\text{H}_5} \xrightarrow{175\text{℃}} \underset{\text{COOC}_2\text{H}_5}{\text{C}_6\text{H}_5\text{—CH—COOC}_2\text{H}_5}$$

$$\text{C}_6\text{H}_5\text{CH}_2\text{COOC}_2\text{H}_5 + \text{HCOOC}_2\text{H}_5 \xrightarrow{\text{C}_2\text{H}_5\text{ONa}} \underset{\text{CHO}}{\text{C}_6\text{H}_5\text{—CH—COOC}_2\text{H}_5}$$

酮的 α-氢原子比酯的 α-氢原子活泼，因此当酮与酯进行缩合时就得到 β-羰基酮。例如：

$$\text{CH}_3\text{COOC}_2\text{H}_5 + \text{CH}_3\text{COCH}_3 \xrightarrow{\text{C}_2\text{H}_5\text{ONa}} \text{CH}_3\text{COCH}_2\text{COCH}_3 + \text{C}_2\text{H}_5\text{OH}$$

3. 狄克曼（Dieckmann）缩合反应

二元酸酯可以发生分子内或分子间的酯缩合反应。假若分子中的两个酯基被四个或四个以上的碳原子隔开时，就发生分子内的缩合反应，形成五元环或更大环的酯，这种环化酯缩合应又称为狄克曼缩合反应。

如用庚二酸酯进行同样的反应，就得到六元环的 β-羰基酯。并不是所有二元酸酯都能发生环缩合，一般局限于生成稳定的五元碳环和六元碳环。

12.12.4 伯酰胺的特殊反应

1. 脱水

伯酰胺与强的脱水剂作用或强热条件下会失水生成腈，常用的脱水剂是 P_2O_5 或 SOCl_2。

$$3\text{RCONH}_2 + \text{P}_2\text{O}_5 \longrightarrow 3\text{R—C≡N} + 2\text{H}_3\text{PO}_4$$

酰胺与铵盐和腈之间可以互相转化，其反应过程如下：

$$\text{RCOOH} \underset{\text{HCl}}{\overset{\text{NH}_3}{\rightleftharpoons}} \text{RCOONH}_4 \underset{+\text{H}_2\text{O}}{\overset{-\text{H}_2\text{O}}{\rightleftharpoons}} \text{RCONH}_2 \underset{+\text{H}_2\text{O}}{\overset{-\text{H}_2\text{O}}{\rightleftharpoons}} \text{RCN}$$

2. 霍夫曼（Hoffmann）降级反应

伯酰胺与次氯酸钠或次溴酸钠的碱溶液作用时，会脱去羰基变成胺，利用这个方法可以从酰胺制备少一个碳原子的伯胺，是一种缩短碳链的方法。例如：

$$(\text{CH}_3)_3\text{CCH}_2\text{CONH}_2 + \text{NaOX} + 2\text{NaOH} \longrightarrow (\text{CH}_3)_3\text{CCH}_2\text{NH}_2 + \text{Na}_2\text{CO}_3 + \text{NaX} + \text{H}_2\text{O}$$

反应机理为：

$$\text{R-C-N} \begin{bmatrix} \text{Br} \\ \text{H} \end{bmatrix} \longrightarrow \text{RC-N:} + \text{HBr}$$

$$\text{R-C-N:} \longrightarrow \text{R-N=C=O} \xrightarrow{H_2O} RNH_2 + CO_2$$

异氰酸酯

反应过程中生成了一个新的活性中间体氮烯，也称为乃春，乃春中间体容易发生分子重排。因此，该反应也称为霍夫曼（Hoffmann）重排反应。又因为产物减少了一个碳原子，所以也叫降级反应。如果反应在醇溶液中进行，则可得到氨基甲酸酯，这是一类重要的有机化合物，在农药中有广泛的应用。例如：

$$C_2H_5CONH_2 \xrightarrow[\text{NaOC}_2H_5]{Br_2, C_2H_5OH} [C_2H_5-N=C=O] \xrightarrow[\text{-OC}_2H_5]{C_2H_5OH} C_2H_5NHCOOC_2H_5$$
$$80\%$$

12.13　乙酰乙酸乙酯和丙二酸二乙酯

12.13.1　乙酰乙酸乙酯

1. 制备

乙酰乙酸乙酯可通过乙酸乙酯的 Claisen 酯缩合反应来制备。反应式如下：

$$\text{H}_3\text{C-C-O-C}_2\text{H}_5 + \text{H}_3\text{C-C-O-C}_2\text{H}_5 \xrightarrow[\text{2. CH}_3\text{COOH}]{1.\ \text{C}_2\text{H}_5\text{ONa}} \text{H}_3\text{C-C-CH}_2\text{-C-O-C}_2\text{H}_5$$

2. 互变异构现象

研究乙酰乙酸乙酯的化学性质时发现存在着互变异构现象。乙酰乙酸乙酯分子中具有羰基，这可由它与羰基试剂（2,4-二硝基苯肼、羟氨和亚硫酸氢钠等）反应得到证明。但是还有一些反应是不能用分子中含有羰基来说明的，比如：

① 乙酰乙酸乙酯可与金属钠反应放出氢气，生成钠盐，说明分子中含有活性氢。

② 乙酰乙酸乙酯可使溴的四氯化碳溶液褪色，说明分子中含有不饱和键。

③ 乙酰乙酸乙酯遇三氯化铁呈紫色，说明分子中具有烯醇型结构。

无论用物理方法还是用化学方法都证明，乙酰乙酸乙酯是酮式和烯醇式两种结构以动态平衡而同时存在的互变异构体，酮式约含 93%，烯醇式约为 7%。

酮式 (93%)　　　　　　烯醇式 (7%)

乙酰乙酸乙酯能形成稳定的烯醇式结构有三个原因：一是两个羰基使亚甲基上的氢特别活泼，二是烯醇式形成的共轭体系降低了体系的内能，三是烯醇式可以通过分子内氢键，形成一个较稳定的六元闭合环。

$$\text{H}_3\text{C-C-CH-C-OC}_2\text{H}_5 \rightleftharpoons \text{H}_3\text{C-C=CH-C-OC}_2\text{H}_5$$

酮式　　　　　　　　　　烯醇式

3. 合成应用

乙酰乙酸乙酯在结构上存在着 β-二羰基，相邻的两个羰基具有较强的吸电子性能，使中间的亚甲基 C—H 键的酸性加强。在碱性条件下，可以由生成的碳负离子，发生亲核反应转化为一系列的乙酰乙酸乙酯衍生物。因此，乙酰乙酸乙酯在有机合成上占有重要的地位。

例如，乙酰乙酸乙酯在乙醇钠的碱性条件下，脱去分子中亚甲基上的氢质子形成盐。该盐再与卤代烷烃发生亲核取代反应，可以转化为烷基取代的乙酰乙酸酯衍生物，该衍生物进一步水解可得到取代的乙酰乙酸，其受热脱羧后即可得到新的羰基化合物。

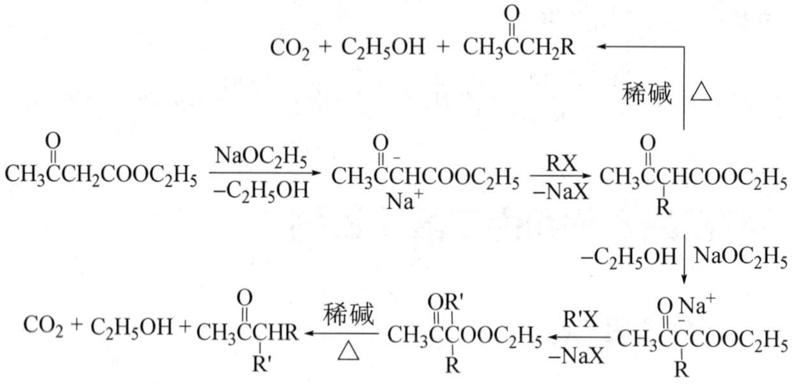

当然，上述反应中 R 和 R' 不仅可以是烷基，也可以是酰基或其他基团。

乙酰乙酸乙酯的另一个结构特征就是在碱的作用下可以发生酮式分解或酸式分解。

乙酰乙酸乙酯在稀碱（NaOH，5%）中加热，可以分解脱羧而生成丙酮，叫作酮式分解。

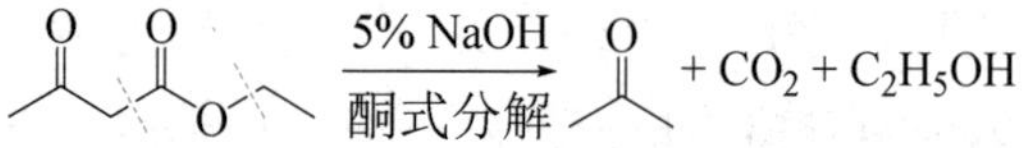

乙酰乙酸乙酯在浓碱（NaOH，40%）中加热，则 α 位和 β 位的 C—C 断裂而生成两分子乙酸，叫作酸式分解。

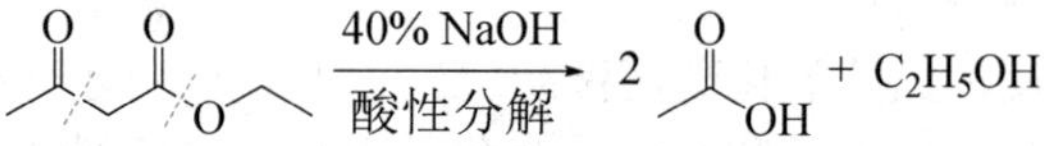

由于酸式分解时往往伴随着一些酮式分解。因此，乙酰乙酸乙酯主要用于制备甲基酮，合成羧酸时存在一定局限。

12.13.2 丙二酸二乙酯

1. 制备

丙二酸二乙酯是一种具有香味的无色液体，在有机合成中应用很广。可以从氯乙酸钠盐与氰化钠为原料进行制备。

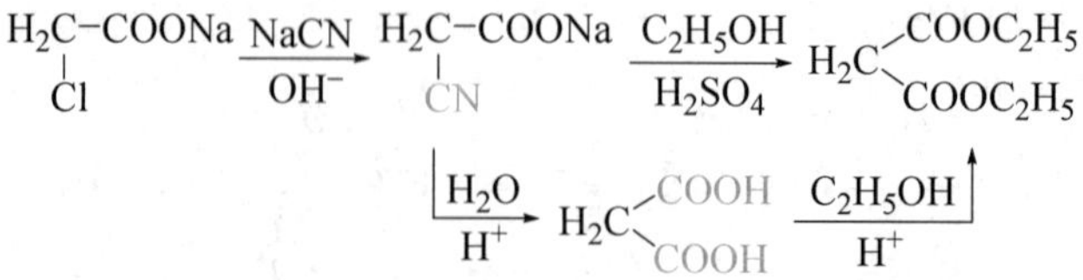

2.合成应用

与乙酰乙酸乙酯相似，丙二酸二乙酯中亚甲基上的氢原子也是活泼氢，可以在碱性条件下被其他基团取代。取代的丙二酸二乙酯经水解和脱羧，可以得到各种羧酸。例如：

① 合成一元羧酸

$$Na^+\ ^-CH\begin{array}{l}COOC_2H_5\\COOC_2H_5\end{array}\xrightarrow{RX}R-CH\begin{array}{l}COOC_2H_5\\COOC_2H_5\end{array}\xrightarrow[\triangle]{NaOH}RCH_2COOH$$

$$\uparrow C_2H_5ONa$$

$$H_2C\begin{array}{l}COOC_2H_5\\COOC_2H_5\end{array}\qquad\begin{array}{c}R\\R'\end{array}C\begin{array}{l}COOC_2H_5\\COOC_2H_5\end{array}\xrightarrow[\triangle]{NaOH}RR'CHCOOH$$

$$\downarrow C_2H_5ONa$$
$$\downarrow R'X$$

② 用卤代酸酯可合成二元羧酸

$$Na^+\ ^-CH\begin{array}{l}COOC_2H_5\\COOC_2H_5\end{array}\xrightarrow{ClCH_2COOC_2H_5}\begin{array}{l}CH(COOC_2H_5)_2\\CH_2COOC_2H_5\end{array}$$

$$\xrightarrow{NaOH}\begin{array}{l}CH(COOH)_2\\CH_2COOH\end{array}\xrightarrow[\triangle]{-CO_2}\begin{array}{l}CH_2COOH\\CH_2COOH\end{array}$$

③ 用二卤化物可合成脂环酸

$$Na^+\ ^-CH\begin{array}{l}COOC_2H_5\\COOC_2H_5\end{array}\xrightarrow{Br(CH_2)_nBr}Br(CH_2)_nCH\begin{array}{l}COOC_2H_5\\COOC_2H_5\end{array}\xrightarrow[2.\ -NaBr]{1.\ C_2H_5ONa}$$

$$\begin{array}{c}CH_2\\(CH_2)_{n-2}\ \ C\\CH_2\end{array}\begin{array}{l}COOC_2H_5\\COOC_2H_5\end{array}\xrightarrow[\triangle]{NaOH}\begin{array}{c}CH_2\\(CH_2)_{n-2}\ \ C\\CH_2\end{array}\begin{array}{l}COOH\\H\end{array}$$

$$\begin{array}{c}CH_2\\(CH_2)_{n-2}\ \ C\\CH_2\end{array}\begin{array}{l}COOC_2H_5\\COOC_2H_5\end{array}\xrightarrow[2.H_3O^+]{1.LiAlH_4}\begin{array}{c}CH_2\\(CH_2)_{n-2}\ \ C\\CH_2\end{array}\begin{array}{l}CH_2OH\\CH_2OH\end{array}\xrightarrow{PBr_3}\begin{array}{c}CH_2\\(CH_2)_{n-2}\ \ C\\CH_2\end{array}\begin{array}{l}CH_2Br\\CH_2Br\end{array}$$

$$\xrightarrow[CH_2(COOC_2H_5)_2]{2\ eq.\ C_2H_5ONa}\begin{array}{c}CH_2\\(CH_2)_{n-2}\ \ C\\CH_2\end{array}\begin{array}{c}CH_2\\ \\CH_2\end{array}C\begin{array}{l}COOC_2H_5\\COOC_2H_5\end{array}\xrightarrow[\triangle]{NaOH}\begin{array}{c}CH_2\\(CH_2)_{n-2}\ \ C\\CH_2\end{array}\begin{array}{c}CH_2\\ \\CH_2\end{array}C\begin{array}{l}COOH\\H\end{array}$$

12.14　碳酸衍生物

碳酸在结构上可以看作是一个羟基甲酸或共用一个羰基的二元酸，其衍生物在工农业生产上有重要价值。

12.14.1　碳酰氯（光气）

光气在常温下为气体，易溶于苯和甲苯，具有很强的毒性，能造成呼吸道黏膜的损伤而形成肺水肿，是第二次世界大战中使用的主要化学毒剂之一。工业上由 CO 与 Cl$_2$ 在日光照射下，或在活性炭催化下加热至 200℃ 来制备：

$$CO + Cl_2 \xrightarrow{200℃} Cl-\overset{\overset{\displaystyle O}{\|}}{C}-Cl$$

光气是一种重要的化工原料，性质很活泼，在医药、农药、新型涂料、材料等领域具有非常广泛的用途。例如，它遇潮湿空气会逐渐水解生成 CO_2 和 HCl，与 NH_3 作用生成尿素，与醇作用生成氯甲酸酯或碳酸二酯等。

$$Cl-\overset{\overset{\displaystyle O}{\|}}{C}-Cl + H_2O \longrightarrow CO_2 + 2HCl$$

$$Cl-\overset{\overset{\displaystyle O}{\|}}{C}-Cl + 2NH_3 \longrightarrow H_2N-\overset{\overset{\displaystyle O}{\|}}{C}-NH_2 + 2HCl$$

$$Cl-\overset{\overset{\displaystyle O}{\|}}{C}-Cl + ROH \xrightarrow{-HCl} Cl-\overset{\overset{\displaystyle O}{\|}}{C}-OR \xrightarrow[ROH]{-HCl} RO-\overset{\overset{\displaystyle O}{\|}}{C}-OR$$

由于光气的剧毒性及不好控制等弊端，目前其部分功能已被双光气和三光气所取代。

$$Cl-\overset{\overset{\displaystyle O}{\|}}{C}-OCCl_3 \qquad Cl_3CO-\overset{\overset{\displaystyle O}{\|}}{C}-OCCl_3$$
$$\text{双光气} \qquad\qquad \text{三光气}$$

12.14.2 碳酸的酰胺

1. 尿素（脲）

尿素是碳酸的中性酰胺，于 1773 年首先从尿液中分离得到，它是人类和许多动物蛋白质代谢的最后产物。尿素是重要的化工原料之一，广泛用作肥料，也可用于合成塑料等。工业上是用 CO_2 与过量的 NH_3 在加压加热条件下制得。

$$CO_2 + NH_3 \rightleftharpoons \left[\overset{\displaystyle OH}{\underset{\displaystyle O=C-NH_2}{}}\right] \underset{NH_3}{\rightleftharpoons} \left[\overset{\displaystyle ONH_4}{\underset{\displaystyle O=C-NH_2}{}}\right] \xrightarrow{-H_2O} H_2N-\overset{\overset{\displaystyle O}{\|}}{C}-NH_2$$

尿素为菱形或针状晶体，熔点 132.7℃，易溶于水及醇，不溶于乙醚。其主要化学性质如下。

（1）水解　在酸或碱性条件下加热易水解，在尿素酶（也存在于人尿中）的影响下室温就能水解。

$$CO(NH_2)_2 + H_2O \xrightarrow{酶} CO_2 + 2NH_3$$

$$CO(NH_2)_2 + 2NaOH \xrightarrow{\triangle} Na_2CO_3 + 2NH_3$$

$$CO(NH_2)_2 + 2HCl + H_2O \xrightarrow{\triangle} CO_2 + 2NH_4Cl$$

在土壤中尿素会逐渐水解，缓慢形成铵离子而被植物所吸收，合成植物体内的蛋白质。

（2）放氮反应　与 Hoffmann 降解反应相似，尿素与次卤酸钠的碱溶液作用会放出 N_2，测定氮气的体积就可测出尿素的含量：

$$CO(NH_2)_2 + 3NaOBr \xrightarrow{\triangle} CO_2 + N_2 + 2H_2O + 3NaBr$$

（3）双缩脲反应　把尿素小心加热并控制适当温度，两分子之间可以脱去一分子氨而生成缩二脲：

$$\text{H}_2\text{N}-\overset{\displaystyle O}{\overset{\|}{\text{C}}}-\text{NH}_2 + \text{H}-\text{HN}-\overset{\displaystyle O}{\overset{\|}{\text{C}}}-\text{NH}_2 \xrightarrow{150\sim160\,^\circ\text{C}} \text{H}_2\text{N}-\overset{\displaystyle O}{\overset{\|}{\text{C}}}-\text{NH}-\overset{\displaystyle O}{\overset{\|}{\text{C}}}-\text{NH}_2 + \text{NH}_3$$

缩二脲与碱及少量 CuSO$_4$ 溶液作用会呈紫红色，这个颜色反应也叫作双缩脲反应。凡化合物分子中含有不止一个酰胺链段的化合物都有这个反应，如多肽和蛋白质等。

2. 氨基甲酸酯

碳酸分子中的两个羟基分别被氨基和烷氧基取代后的产物就是氨基甲酸酯。它不能直接由碳酸制取，而是以光气为原料，先部分醇解再部分氨解而制得，也可以先部分氨解，然后再用醇解的方式制备。

方法 1：

$$\text{Cl}-\overset{\displaystyle O}{\overset{\|}{\text{C}}}-\text{Cl} + \text{R'OH} \longrightarrow \text{Cl}-\overset{\displaystyle O}{\overset{\|}{\text{C}}}-\text{OR'} + \text{HCl}$$

$$\text{Cl}-\overset{\displaystyle O}{\overset{\|}{\text{C}}}-\text{OR'} + \text{RNH}_2 \longrightarrow \text{RHN}-\overset{\displaystyle O}{\overset{\|}{\text{C}}}-\text{OR'} + \text{HCl}$$

方法 2：

$$\text{Cl}-\overset{\displaystyle O}{\overset{\|}{\text{C}}}-\text{Cl} + \text{RNH}_2 \longrightarrow \text{R}-\text{N}{=}\text{C}{=}\text{O} + 2\text{HCl}$$

$$\text{R}-\text{N}{=}\text{C}{=}\text{O} + \text{R'OH} \longrightarrow \text{RHN}-\overset{\displaystyle O}{\overset{\|}{\text{C}}}-\text{OR'}$$

氨基甲酸酯是一类重要的农药化合物，在农药领域具有重要作用。品种很多，如多菌灵、灭多威、灭草灵等。

多菌灵（杀菌剂）　　　　灭多威（杀虫剂）　　　　灭草灵（除草剂）

12.15　油脂和表面活性剂

12.15.1　油脂

油脂是高级脂肪酸甘油酯的总称，具有如下结构：

$$\begin{array}{l} \text{CH}_2\text{OCR} \\ \overset{\displaystyle O}{\overset{\|}{}} \\ \text{HC}-\text{OCR'} \\ \overset{\displaystyle O}{\overset{\|}{}} \\ \text{CH}_2\text{OCR''} \end{array}$$

根据 R、R'和 R"的相同或不同，可将其分为单纯甘油酯和混合甘油酯，天然油脂大多为混合甘油酯。构成油脂的高级脂肪酸种类繁多，其中绝大多数是含有偶数个碳原子的直链饱和或不饱和羧酸。其中不饱和程度的大小对油脂的理化性质有较大的影响。一般油脂的不饱和度用碘值来衡量，即 100g 油脂所能吸收的碘的质量（以 g 计）。不饱和度较高的油脂一般室温下呈液态，称为油；而不饱和度较低的油脂常温下为固态，称为脂。有些油脂中含有羟基，可以通过乙酰化值大小衡量油脂中羟基脂肪酸的多少。乙酰化值是指 1g 乙酰化的油脂水解放出的醋酸消耗氢氧化钾的质量（以 mg 计）。表 12-8 列出了油脂中常见的重要脂肪酸。

表 12-8　几种重要的高级脂肪酸

名 称		系统命名	结构式
饱和脂肪酸	软脂酸	十六(烷)酸	$CH_3(CH_2)_{14}COOH$
	硬脂酸	十八(烷)酸	$CH_3(CH_2)_{16}COOH$
不饱和脂肪酸	油酸	十八(碳)烯-9-酸	$CH_3(CH_2)_7CH \!=\! CH(CH_2)_7COOH$
	亚油酸	十八(碳)二烯-9,12-酸	$CH_3(CH_2)_4CH \!=\! CHCH_2CH \!=\! CH(CH_2)_7COOH$
	桐油酸	十八(碳)三烯-9,11,13-酸	$CH_3(CH_2)_3(CH \!=\! CH)_3(CH_2)_7COOH$
	亚麻油酸	十八(碳)三烯-9,12,15-酸	$CH_3(CH_2CH \!=\! CH)_3(CH_2)_7COOH$
	蓖麻油酸	12-羟基-十八(碳)烯-9-酸	$CH_3(CH_2)_5CH(OH)CH_2CH \!=\! CH(CH_2)_7COOH$
	芥酸	二十二(碳)烯-13-酸	$CH_3(CH_2)_7CH \!=\! CH(OH_2)_{11}COOH$

油脂具有酯类化合物的共性，也有自己的特性，其重要性质如下：

1. 油脂的硬化（催化氢化）

油脂氢化的基本原理是在加热含不饱和脂肪酸多的植物油时，加入金属催化剂（镍系、铜-铬系等），通入氢气，使不饱和脂肪酸分子中的双键与氢原子结合成为不饱和程度较低的脂肪酸，其结果是油脂的熔点升高（硬度加大）。因为在上述反应中添加了氢气，而且使油脂出现了"硬化"，所以经过这样处理而获得的油脂与原来的性质不同，叫作"氢化油"或"硬化油"。硬化油可以代替牛、羊油脂作为制肥皂的原料，完全硬化的油脂可以用来制备饱和脂肪酸。选择氢化制得的硬化油可以用于配制酥油、人造奶油、黄油等。油脂彻底氢化则可以得到高级饱和脂肪醇和甘油的混合物。

2. 油脂的酸败

在贮存过程中，油脂可被空气氧化成低级醛、酮、羧酸等，产生酸的恶臭味，常称为油脂的氧化酸败。在铜、铁等金属容器中会加速油脂的氧化酸败。脂的氧化酸败反应是自由基氧化过程，双键先氧化成过氧化物，进而氧化成醛，最后氧化成酸，使碳链变短。饱和脂肪酸及其酯不易发生氧化反应，但在光照、加热等条件下也能缓慢氧化成氢过氧化物，进一步转变成醛类或羟基酸等。

3. 油脂的干化

含有不饱和脂肪酸的油脂涂成薄膜，暴露于空气中，会变稠进而变成坚韧的薄膜，这种现象叫油脂的干燥或干化。例如桐油刷在木制品的表面上，逐渐形成一层干硬有光泽、有弹性的薄膜。油脂的干燥过程是不饱和脂肪酸链上的碳碳双键的氧化、聚合和缩合等化学反应，使油脂形成高分子化合物的过程。根据油脂干化的难易，可以将其分为干性油、半干性油和不干性油。

4. 油脂的水解

与其他酯一样，甘油酯在酸性或碱性条件下均可以水解，得到甘油和高级脂肪酸或其盐，其中碱性水解又称皂化，产物为甘油和肥皂。

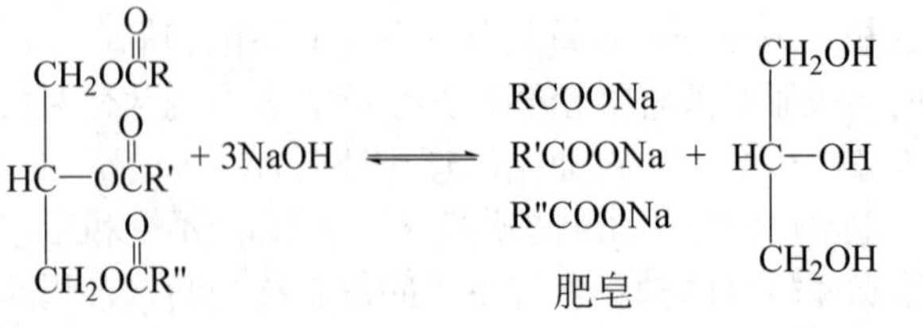

$$
\begin{array}{c}
CH_2OCR \\
| \quad\; O \\
HC\!-\!OCR' \\
| \quad\; O \\
CH_2OCR''
\end{array}
+ 3NaOH \rightleftharpoons
\begin{array}{c}
RCOONa \\
R'COONa \\
R''COONa
\end{array}
+
\begin{array}{c}
CH_2OH \\
HC\!-\!OH \\
CH_2OH
\end{array}
$$
肥皂

皂化反应一般采用 30% 的 NaOH 溶液，其用量可根据油脂的皂化值来计算得到。皂化值是指完全皂化 1g 油脂所需的 KOH 的质量（以 mg 计）：

$$皂化值=\frac{cV \times 56.1}{m}$$

式中，c 代表 KOH 的物质的量浓度，mol/L；m 代表油脂的质量，g；V 代表 KOH 的体积，mL；56.1 是 KOH 的分子量。

在皂化后的反应液里加入食盐盐析（破乳），即可使甘油与肥皂分离。肥皂是高级脂肪酸的钠盐，其分子中既有亲水的羧基，又有疏水的烃基。当与水混合时，亲水基团倾向于进入水分子中，而疏水基团则倾向于被排斥在水的外面，这样就削弱了水表面上分子之间的引力，从而降低水的表面张力。具有这种性质的物质统称为表面活性剂。

当肥皂遇到油污时，疏水基团（亲油基团）进入油中，亲水部分伸入外面的水中，形成稳定的乳浊液。由于水的表面张力降低，使得油污被湿润，并与它的附着物（如纤维）逐渐松开，在机械振动或搓揉下脱离附着物，形成细小的乳浊液随水而去，从而达到清洗的目的。肥皂的去污原理如图 12-5 所示。

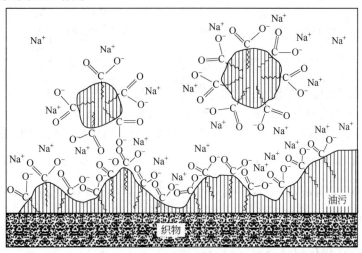

图 12-5　肥皂的去污原理示意图

但在水的硬度较高或酸性较强的情况下，使用肥皂洗涤就不太适合了。因为硬水中含有较多的钙、镁离子，与肥皂作用会形成不溶于水的高级脂肪酸盐。而在酸性水中会形成难溶于水的高级脂肪酸，这样既浪费肥皂，去污效果也不好。

12.15.2　表面活性剂

由于肥皂的缺陷，人们受其去污原理的启发，合成了许多与肥皂具有类似功能的表面活性剂，其功能比肥皂广泛得多。广义地讲，凡是能降低溶液表面张力的物质都可称为表面活性剂，但习惯上只把那些溶有少量就能显著降低溶液表面张力并改变体系界面状态的物质才称为表面活性剂。表面活性剂只有溶于水或有机溶剂后才能发挥其特征，它的性能对其溶液而言具有以下特点。

（1）溶解性　即至少应溶于液相中的某一相。

（2）表面吸附　由于溶液表面自由能降低，因而产生表面吸附，当达到平衡时，在溶液内部的溶液浓度小于溶液界面上的浓度。

（3）界面定向　吸附在界面上的表面活性剂分子能定向排列形成单分子膜，覆盖于界面上。

（4）形成胶束　表面活性剂在溶液中达到一定浓度时，分子会产生凝聚而形成胶束，此时的浓度称为临界胶束浓度（CMC）。在水中形成的胶束，非极性基团在内，极性基团在外，其结构有球状、棒状和层状等。在有机相中形成的胶束则相反，极性基团在内，非极性基团在外，称之为"反胶束"。

（5）多功能性　表面活性剂在其溶液中能显示出多种功能，如降低表面张力，具有发泡、消泡、分散、乳化、湿润、增溶、抗静电、杀菌和去污等功能，但有时也仅表现为单一功能。

表面活性剂分子中同时含有亲水性极性基团和疏水性非极性基团，但通常亲水基团结构和种类的变化比疏水基团的改变对表面活性剂性质的影响大，因此一般按亲水基团对表面活性剂进行分类，可分为 4 大类，即阴离子型、阳离子型、两性离子型和非离子型。现分别简单介绍如下。

① 阴离子型表面活性剂

阴离子型表面活性剂是目前品种最多、产量最大、工业化生产最成熟以及应用最广泛的一类表面活性剂，主要有羧酸盐型、磺酸盐型、硫酸盐型和磷酸酯盐型四种结构类型：

$$RCH_2COOM \quad RC_6H_4SO_3Na \quad ROSO_3Na \quad \underset{\overset{|}{OM}}{RO-\overset{OR}{\overset{|}{P}}=O} \quad \underset{\overset{|}{OM}}{RO-\overset{OM}{\overset{|}{P}}=O}$$

　　　羧酸盐型　　　磺酸盐型　　　硫酸盐型　　　　磷酸酯盐型

肥皂是典型的羧酸盐型表面活性剂，在烃基链中引入聚醚链可以改善其功能。如脂肪醇聚醚羧酸盐具有良好的起泡、洗涤、熟化和湿润性能，在洗涤剂、润湿剂和化妆品方面应用广泛。工业上，以高级醇聚氧乙烯醚为原料，与氯乙酸、丙烯酸酯或丙烯腈反应来制备：

$$R(OCH_2CH_2)_nOH + ClCH_2COONa \longrightarrow R(OCH_2CH_2)_nOCH_2COONa$$

$$R(OCH_2CH_2)_nOH + CH_2{=}CHCOOR' \xrightarrow[\text{2. 皂化}]{\text{1. 加成}} R(OCH_2CH_2)_nOCH_2CH_2COONa$$

磺酸盐可分为多种类型，其中我国生产和使用最多的是烷基苯磺酸钠，如十二烷基苯磺酸钠等，可由烷基苯磺化制得：

$$R-\!\!\left\langle\bigcirc\right\rangle \xrightarrow[55℃]{\text{发烟硫酸}} R-\!\!\left\langle\bigcirc\right\rangle\!-SO_3H \xrightarrow[40\sim50℃]{NaOH} R-\!\!\left\langle\bigcirc\right\rangle\!-SO_3Na$$

磺酸盐对酸和热都很稳定，可用于洗涤、染色和纺织等行业，也可用作渗透剂、润湿剂、防锈剂等工业助剂。

高级醇的单硫酸酯的盐即为典型的硫酸酯盐类表面活性剂，可由高级醇与 SO_3 反应而得，是香波、合成香皂、洗浴用品、剃须膏等盥洗卫生用品的重要成分，还可用作柔软平滑剂、纺织油剂、乳液聚合乳化剂等。其缺点是对酸、碱和热的稳定性较差。

磷酸酯盐除具有一般表面活性剂的性质外，还具有润滑性、高电解质耐受性、化学稳定性、腐蚀抑制性和低刺激性等，大量作为纺织助剂、金属润滑剂、抗静电剂等，应用于纺织、化工和金属加工等领域。

② 阳离子型表面活性剂

阳离子型表面活性剂是亲水基团为阳离子的一类表面活性剂，工业上所有这类表面活性剂都是含氮的有机化合物，主要分为铵盐型和季铵盐型两种类型。所有铵盐型阳离子表面活性剂均可通过胺与酸反应制得，所用的酸主要有醋酸、甲酸和盐酸等。一般按胺的不同分为高级铵盐和低级铵盐两类，前者多由高级脂肪胺与盐酸或醋酸反应而得，常作为缓释剂、捕集剂、防结块剂等；而后者则由硬脂酸、油酸等廉价脂肪酸或酰氯与低级胺，如乙醇胺、氨乙基乙醇胺、二乙烯二胺等反应后再用酸中和制而得，主要作直接染料固色剂、柔软剂等。

季铵盐类阳离子表面活性剂通常由叔胺与烷基化试剂反应来制备。例如：

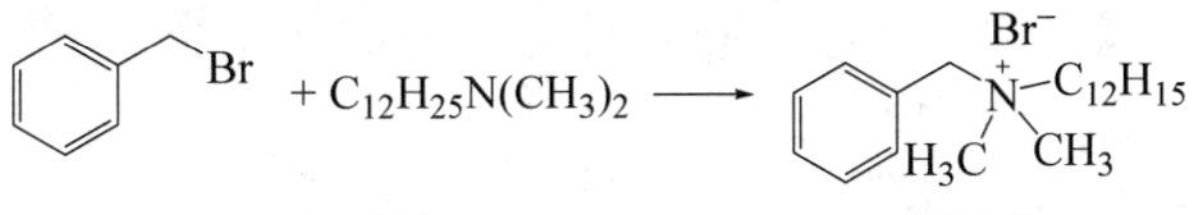

新洁尔灭

这类阳离子表面活性剂在碱性介质中也不受影响，而胺盐类在碱性条件下会游离出胺，因此不能在碱性条件下使用。季铵盐类阳离子表面活性剂通常洗涤效果较差，但具有很强的杀菌活性，主要用作织物柔软剂和杀菌剂，以及医用洗手液等。

③ 两性离子型表面活性剂

两性离子型表面活性剂是近年来发展较快的一类表面活性剂，其特征是同时存在阴离子和阳离子官能团，其离子性与溶液的 pH 值有很大关系，在碱性溶液中呈阴离子活性，在酸性溶液中呈阳离子活性，而在中性溶液中呈两性活性。

一般使用的两性表面活性剂的阳离子部分大多是铵盐或季铵盐亲水基，而阴离子部分可以是羧基、磺酸基、硫酸酯盐或磷酸酯盐亲水基等，实际使用的大多为羧酸盐型。常见的两性表面活性剂有甜菜碱型、咪唑啉型、氨基酸型和氧化胺型，其中最重要的为咪唑啉型，约占整个产量的一半以上。两性表面活性剂除具有良好的表面活性，以及去污、乳化、分散和湿润作用外，还同时具备杀菌、柔软、抗静电、耐盐、耐酸碱等特性，易为生物所降解的优点，并能使带上正电荷或负电荷的物体表面成为亲水面层，毒性低、安全高。

④ 非离子型表面活性剂

这类表面活性剂在水中不解离成离子状态，其表面活性是通过整个中性分子中的极性和非极性部分表现出来的。脂肪醇聚氧乙烯醚（AEO）是非离子型表面活性剂中产量最大的品种，具有优良的湿润、低温洗涤、乳化、耐硬水和易生物降解等特点，广泛用于纺织、轻工、农业和石油加工等领域。

习　题

微信扫码
获取答案

1. 命名下列化合物。

(1)

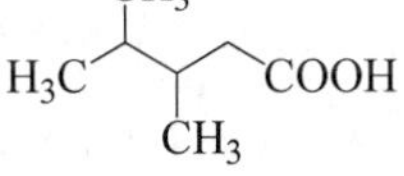

(2)

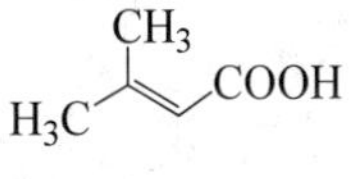

(3)

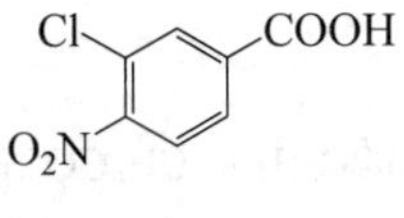

(4) CH₃CH₂OCH₂COOH

(5) HC≡C—COOH

(6)

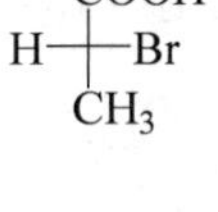

（7）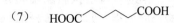 HOOC～～～COOH

（8）
$$
\begin{array}{c}
C_2H_5 \\
Cl-CH \\
| \\
C-O-CH_3 \\
\parallel \\
O
\end{array}
$$

（9）
Cl～C$_6$H$_4$-COBr

（10）
C$_2$H$_5$-O-CO-CH$_3$

（11）
C$_6$H$_5$-CO-NH-C$_2$H$_5$

（12）

（13）
H$_3$CO-CO-C$_6$H$_4$-CO-CH$_3$

（14）

2. 将下列羧酸化合物的酸性由强至弱排列。

（1）　A.　CH$_3$CH$_2$COOH

B.
$$
\begin{array}{c}
CH_3CHCOOH \\
| \\
Cl
\end{array}
$$

C.
$$
\begin{array}{c}
CH_2CH_2COOH \\
| \\
Cl
\end{array}
$$

（2）　A. Br-C$_6$H$_4$-COOH（间）

B. Br-C$_6$H$_4$-COOH（邻）

C. HOOC-C$_6$H$_4$-Br（对）

（3）　A. HOOC-环己基-CH$_3$

B. HOOC-环己基-F

C. HOOC-环己基-OCH$_3$

3. 按酯化反应由易到难排出下列化合物的顺序：

（1）　(CH$_3$)$_3$COH　　CH$_3$OH　　(CH$_3$)$_2$CHOH　　CH$_3$CH$_2$OH

（2）　HCOOH　　环戊基-COOH　　
$$
\begin{array}{c}
CH(CH_3)_2 \\
| \\
环戊基-COOH
\end{array}
$$
　　
$$
\begin{array}{c}
CH_3 \\
| \\
环戊基-COOH
\end{array}
$$

4. 按递减顺序排列下列化合物的水解活性：

（乙酸酐）　　（乙酸乙酯）　　CH$_3$CONH$_2$　　CH$_3$COCl

5. 按递减顺序排列下列化合物的醇解活性：

Cl-C$_6$H$_4$-COCl　　CH$_3$-C$_6$H$_4$-COCl　　NO$_2$-C$_6$H$_4$-COCl　　C$_6$H$_5$-COCl

6. 把下列化合物按 α-H 的活泼性大小排列成序：　CH$_3$COCH$_2$COOC$_2$H$_5$；　CH$_3$COCH$_2$COCH$_3$；CH$_2$(COOC$_2$H$_5$)$_2$；CH$_3$COCH$_2$CH$_3$。

7. 完成下列反应式：

（1） $CH_3CH_2COOH \xrightarrow{?} CH_3CH_2COCl \xrightarrow{NH_3}$
- $\xrightarrow{?} CH_3CH_2CN$
- $\xrightarrow{?} CH_3CH_2NH_2$
- $\xrightarrow{?} CH_3CH_2CH_2NH_2$

（2） $CH_3CH=CH_2 \xrightarrow{HBr} \quad \xrightarrow{?} (CH_3)_3CHMgBr \xrightarrow{?}$

$\xrightarrow[H_2O]{H^+} (CH_3)_3CHCOOH \xrightarrow{PCl_3} \quad \xrightarrow{NH_3} \quad \xrightarrow[NaOH]{NaOBr}$

（3） 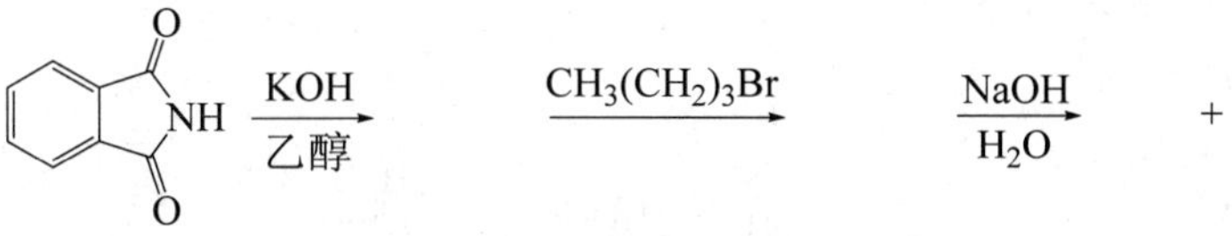
$\xrightarrow[乙醇]{KOH} \quad \xrightarrow{CH_3(CH_2)_3Br} \quad \xrightarrow[H_2O]{NaOH} \quad +$

（4） 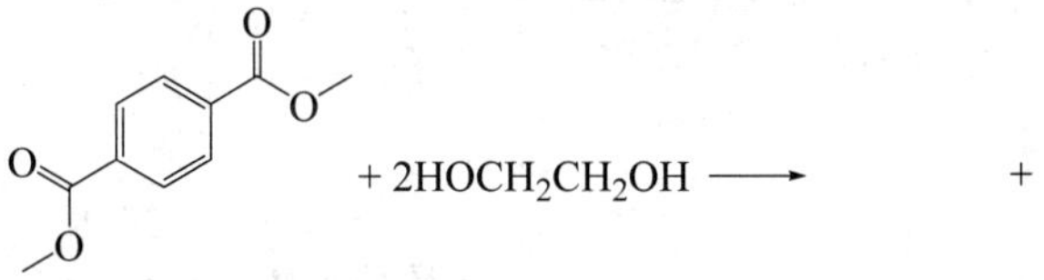
$+ 2HOCH_2CH_2OH \longrightarrow \quad +$

（5） 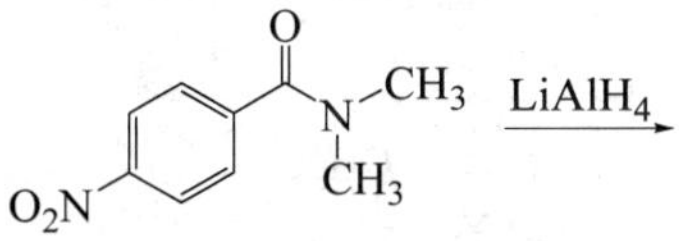
$\xrightarrow{LiAlH_4}$

（6） 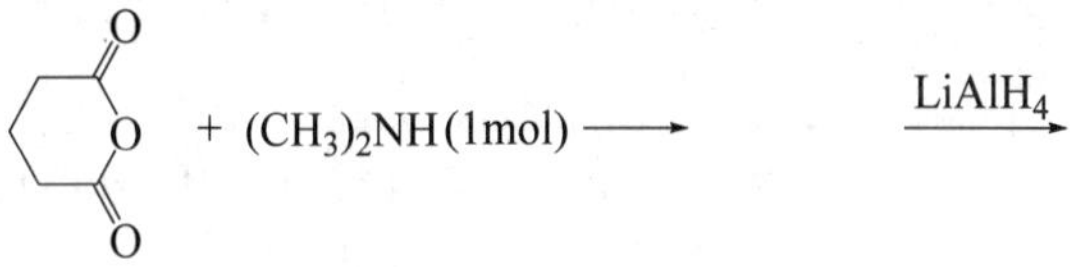
$+ (CH_3)_2NH(1mol) \longrightarrow \quad \xrightarrow{LiAlH_4}$

（7） 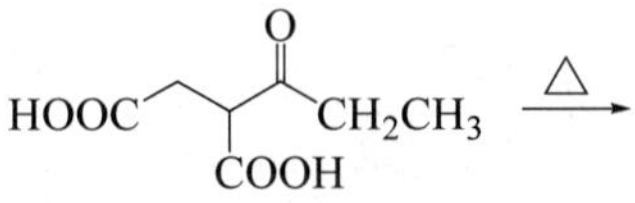
$\xrightarrow{\triangle}$

（8） 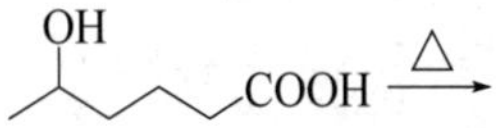
$\xrightarrow{\triangle}$

（9） 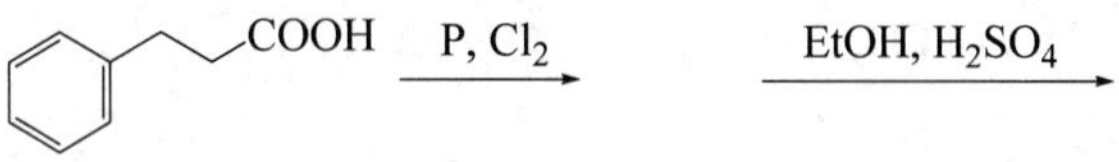
$\xrightarrow{P, Cl_2} \quad \xrightarrow{EtOH, H_2SO_4}$

（10） 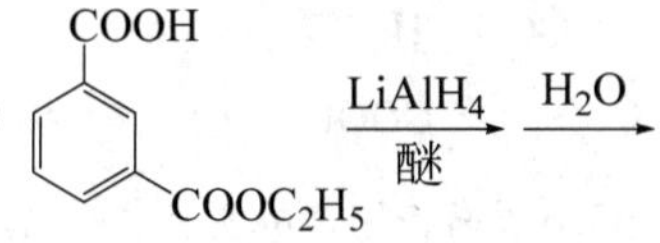
$\xrightarrow[醚]{LiAlH_4} \xrightarrow{H_2O}$

（11） 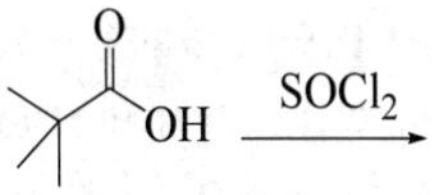
$\xrightarrow{SOCl_2}$

（12） 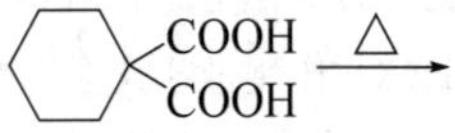
$\xrightarrow{\triangle}$

（13） 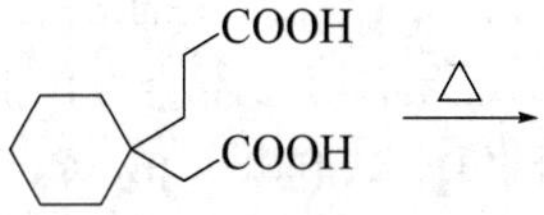
$\xrightarrow{\triangle}$

（14） 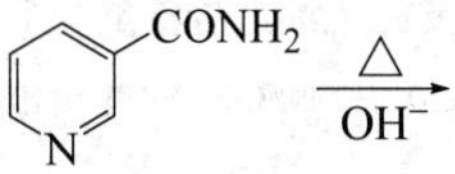
$\xrightarrow[OH^-]{\triangle}$

（15）

8. 醇和浓盐酸反应可得到卤代烃，羧酸和浓盐酸反应能否得到酰卤？为什么？

9. 乙酸中也含有 $H_3C-\overset{\overset{O}{\|}}{C}-$ 基团，但不发生碘仿反应，为什么？

10. 试写出 δ 羟基己酸在苯溶液中用 H_2SO_4 处理时的反应历程。

11. 写出下列反应历程。

12. 用化学方法鉴别下列各组化合物：

（1）HCOOH，CH_3COOH，CH_3COOCH_3

（2）

（3）

（4）

13. 完成下列转变：

（1）异丙醇→异丁酰胺

（2）$CH_3CH_2COOH \rightarrow CH_3CH_2CH_2COOH$

（3）环己酮→环戊酮

（4）丙烯→β-丁烯酰氯

（5）$CH_2(COOC_2H_5)_2 \longrightarrow$

14. 以环己醇及两个碳的有机原料合成 1-乙基环己基甲酸乙酯。

15. 以四碳以内有机物及必要试剂合成 。

16. 以甲苯及乙醇合成乙酸苄酯。

17. 以甲苯及三个或三个碳以下的烃类为原料，合成 $C_6H_5CH_2COOCH_2CH_3$。

18. 以丙二酸酯及四个碳以下的有机物为原料，合成 $HOOC-$ $-COOH$。

19. 化合物 A 分子式为 $C_4H_6O_2$，它不溶于 NaOH 溶液，和 Na_2CO_3 没有作用，可使溴水褪色。它有类似乙酸乙酯的香味。A 和 NaOH 溶液共热后变成 CH_3COONa 和 CH_3CHO。另一化合物 B 的分子式与 A 相同。它和 A 一样，不溶于 NaOH，和 Na_2CO_3 没有作用，可使溴水褪色，香味和 A 类似。但 B 和 NaOH 水溶液共热后生成了甲醇和一个羧酸钠盐。该钠盐用 H_2SO_4 中和后蒸馏出的有机物可使溴水褪色。A 和 B 各为何物？

20. 化合物 A 在酸性水溶液中加热，生成化合物 B($C_5H_{10}O_3$)，B 与 $NaHCO_3$ 作用放出无色气体，与 CrO_3 作用生成 C($C_5H_8O_3$)，B 在室温条件下不稳定，易失水又生成 A。试写出 A、B、C 可能的结构。

21. 化合物 A 的分子式为 $C_5H_6O_3$，它能与 1mol 乙醇作用得到两个互为异构体的化合物 B 和 C，B 和 C 分别与亚硫酰氯（$SOCl_2$）作用后再与乙醇反应，两者都生成同一化合物 D。试推测 A、B、C、D 的结构。

22. 有一个化合物（A）$C_6H_{12}O$，（A）与 NaIO 在碱中反应产生大量黄色沉淀，母液酸化后得到一个酸（B）；（B）在红磷存在下加入溴时，只形成一个单溴化合物（C）；（C）用 NaOH 的醇溶液处理时能失去溴化氢产生（D）；（D）能使溴水褪色。（D）用过量的铬酸在硫酸中氧化后蒸馏，只得到一个一元酸产物（E），（E）分子量为60。试推测（A）～（E）的构造式，并用反应式表示反应过程。

23. A、B、C 三个化合物的分子式均为 $C_3H_6O_2$，A 与碳酸钠作用放出 CO_2，B 和 C 不能。B 和 C 分别在氢氧化钠溶液中加热水解，B 的水解馏出液能发生碘仿反应，C 不能。试写出化合物 A、B、C 的可能构造式。

24. 某化合物 A 分子式为 $C_7H_6O_3$，它能溶于 NaOH 和 Na_2CO_3。A 与 $FeCl_3$ 作用有颜色反应；与 $(CH_3CO)_2O$ 作用后生成分子式为 $C_9H_8O_4$ 的化合物 B。A 与甲醇作用生成香料化合物 C，C 的分子式为 $C_8H_8O_3$，C 经硝化主要得到一种一元硝基化合物，试写出化合物 A、B、C 的构造式。

第13章

含氮和含磷有机化合物

含氮有机化合物中最常见的是胺，即 NH_3 中的氢原子被烃基取代后的化合物。同样，PH_3 中的氢原子被烃基取代后的化合物称为膦，是一种最常见的含膦有机化合物。N 元素主要表现为三价，也有部分五价的化合物，P 元素正好相反。含氮/磷有机化合物主要类型包括：胺和膦、氮和磷的含氧衍生物、含碳氮重键和氮氮重键的化合物。

13.1 胺和膦

13.1.1 分类和命名

胺和膦可分别看作 NH_3 与 PH_3 的烃基衍生物。根据烃基数目的多少，可将其分为伯胺（膦）、仲胺（膦）和叔胺（膦）。铵离子（或镂离子）中四个氢原子被四个烃基取代的化合物称为季铵盐（或季镂盐）。脂肪族胺很常见，但脂肪族膦不常见。

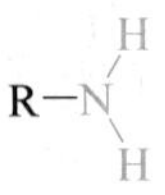

伯胺	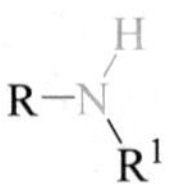 仲胺	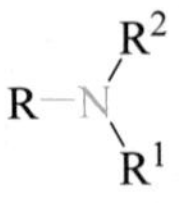 叔胺	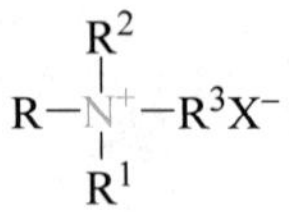 季铵盐

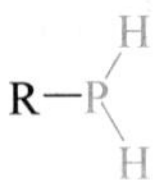

伯膦	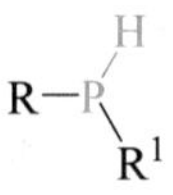 仲膦	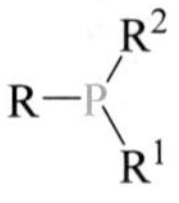 叔膦	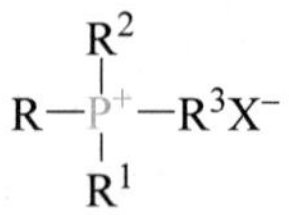 季镂盐

根据烃基种类的不同，又可将其分为脂肪胺（膦）和芳香胺（膦）。

脂肪胺（膦）的命名只需将烃基的名称和数目写出，然后在后面加上"胺（或膦）"字即可。例如：

$$CH_3—NH_2 \qquad (C_2H_5)_3N$$

甲胺	三乙胺	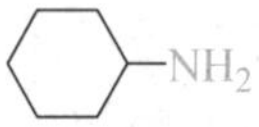 环己胺

$$CH_3CHCH_2—NH_2 \qquad H_2NCH_2CH_2CH_2NHCH_3 \qquad (CH_3)_3P$$

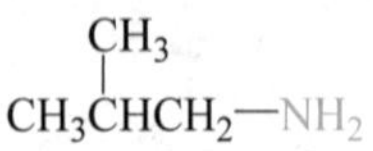

2-甲基-1-丙胺　　　　　　 N-甲基-1,3-丙二胺　　　　　 三甲基膦

如果分子中还含有其他官能团，则在选择母体时应遵循如下的顺序：

$$酸 > 醛 > 酮 > 醇 > 胺 > 烯、炔 > 烷$$

例如：

H₂NCH₂CH₂OH   CH₂=CHCH₂NH₂   C₂H₅—N(CH₃)CH₂CH₂CH₂CH₂Cl

2-氨基乙醇   2-丙烯-1-胺   N-甲基-N-乙基-5-氯-1-戊胺

芳香胺在以胺作为母体时均命名为芳胺（如苯胺、萘胺等），而把苯环和 N 原子上的其他基团作为取代基来命名。芳香膦的命名与此类似。例如：

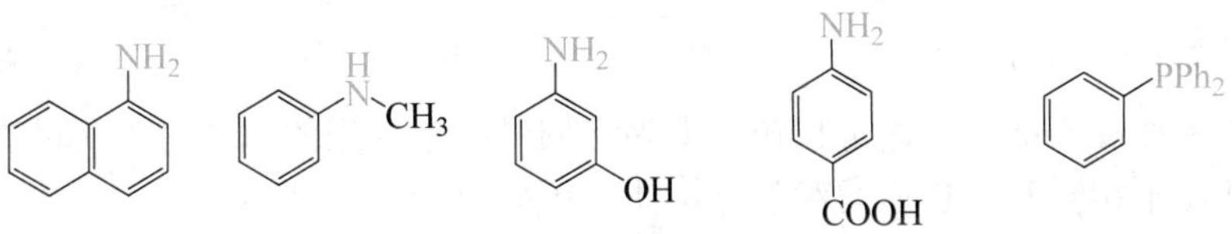

α-萘胺   N-甲基苯胺   3-氨基苯酚   4-氨基苯甲酸   三苯基膦

如果 N 原子上的两个烃基构成环，则称为环胺，一般按杂环化合物来命名，将在有机杂环化合物章节讨论。例如：

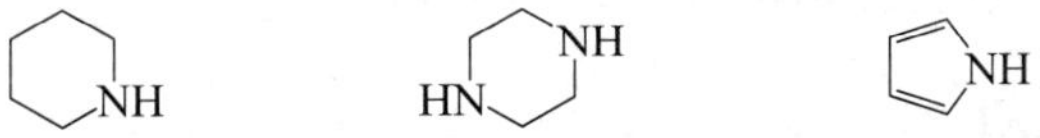

六氢吡啶   哌嗪   吡咯

季铵（鏻）盐和季铵（鏻）碱的命名则与卤化铵和 NH_4OH 相似。例如：

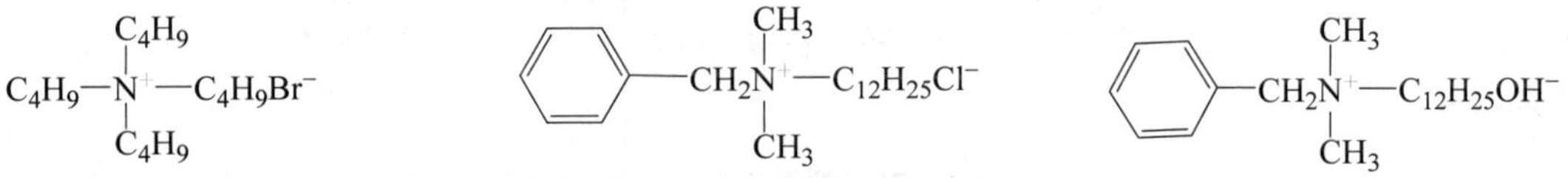

四丁基溴化铵
(或溴化四丁基铵)

二甲基十二烷基苄基氯化铵
(氯化二甲基十二烷基苄基铵)

二甲基十二烷基苄基氢氧化铵
(氢氧化二甲基十二烷基苄基铵)

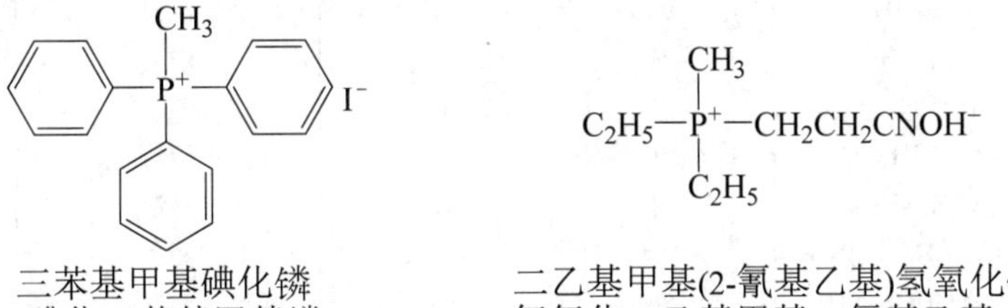

三苯基甲基碘化鏻
(碘化三苯基甲基鏻)

二乙基甲基(2-氰基乙基)氢氧化鏻
氢氧化二乙基甲基(2-氰基乙基)鏻

13.1.2　结构

大多数胺的 N 原子都像 NH_3 中一样采取 sp^3 杂化，三个烃基或氢原子占据四面体的三个顶点，未共用的一对电子占据另外一个顶点。通常说胺的结构是三角锥形的，但如果考虑这对未共用电子对(可以将其看作是比氢原子还小的一个基团)，则它是四面体的构型。它们的键角很接近于 109.5°，例如在三甲胺中，键角为 108°。

如果一个叔胺中的三个烃基均不相同，那么这个胺就具有手性，N 原子为手性中心，理论上应该能够分离得到一对对映异构体。但实际上大多数情况下它们是很难分离的，因为这对对映异构体之间的相互转化能垒大约只有 6kcal/mol。

这种翻转类似于 S_N2 反应中的 Walden 翻转，在翻转的中间状态，N 原子采取 sp^2 杂化状态，而未共用的电子对占据未杂化的 p 轨道。当这种翻转受到限制时，如叔胺的烃基连接成足够小的环时，则其翻转的能垒会大大提高，这时分离这对对映异构体就会成为可能。

例如：

翻转能垒/(kJ/mol)　29　　　　37　　　　　86　　　　　86　　　　　49

季铵盐和季铵碱不能进行这种翻转，因为它们没有未共用的电子对，所以当它们 N 原子上的 4 个烃基均不相同时，它们的对映异构体是可拆分的。

膦与胺的结构完全一样，也呈四面体构型。其区别在于，因为磷原子的体积比氮原子大，因此取代基的空间排斥作用没有氮原子那么大，对键角的影响小，故键角比胺小。叔膦两个异构体的翻转能垒比胺要大得多，所以，三个烃基不同的叔膦，其对映异构体在室温下是可拆分的，但当温度升高时也会因翻转而产生外消旋化。

13.1.3　物理性质

胺是中等极性的化合物，它们的沸点通常比分子量相近的醇低，伯胺和仲胺分子间能形成较强的氢键，而叔胺不能，故叔胺的沸点要低于分子量相近的伯胺和仲胺。因为能与水形成较强的氢键，所以低级胺类在水中均有较大的溶解度。表 13-1 列出了常见胺类化合物的物理性质。

表 13-1　常见胺类化合物的物理性质

名称	结构	熔点/℃	沸点/℃	水中溶解度(25℃)	pK_a(铵离子)
甲胺	CH_3NH_2	-94	-6	混溶	10.64
乙胺	$C_2H_5NH_2$	-81	17	混溶	10.75
丙胺	$C_3H_7NH_2$	-83	49	混溶	10.67
异丙胺	$(CH_3)_2CHNH_2$	-101	33	混溶	10.73
丁胺	$C_4H_9NH_2$	-51	78	易溶	10.61
仲丁胺	$CH_3CH_2CH(CH_3)NH_2$	-104	63	易溶	10.56
异丁胺	$(CH_3)_2CHCH_2NH_2$	-86	68	易溶	10.49
叔丁胺	$(CH_3)_3CNH_2$	-68	45	易溶	10.45
环己胺	$C_6H_{11}NH_2$	-18	134	微溶	10.64
苯胺	$C_6H_5NH_2$	-6	184	3.7	4.58
苄胺	$C_6H_5CH_2NH_2$	10	185	微溶	9.30
对甲苯胺	$p\text{-}CH_3C_6H_4NH_2$	44	200	微溶	5.08
对甲氧苯胺	$p\text{-}CH_3OC_6H_4NH_2$	57	244	难溶	5.30
对氯苯胺	$p\text{-}ClC_6H_4NH_2$	73	232	不溶	4.00
对硝基苯胺	$p\text{-}NO_2C_6H_4NH_2$	148	332	不溶	1.00
二甲胺	$(CH_3)_2NH$	-92	7	混溶	10.72
N-甲基苯胺	$C_6H_5NHCH_3$	-57	196	微溶	4.70
三乙胺	$(C_2H_5)_3N$	-115	90	14	10.76
N,N-二甲基苯胺	$C_6H_5N(CH_3)_2$	3	194	微溶	5.06

脂肪膦的性质很不稳定，极易被氧化，低级膦（如三甲膦）在空气中即能自燃。三芳基膦较稳定，是常用的配体。

13.1.4 光谱性质

（1）红外光谱 伯胺在 3500cm^{-1}、3400cm^{-1} 附近有两个吸收带，分别是 N—H 键的不对称和对称伸缩振动吸收，脂肪胺较弱，而芳香胺可达中等强度。仲胺的 N—H 吸收带只有一个，脂肪仲胺在 3300cm^{-1} 附近，吸收强度很弱，常观察不到，而芳香仲胺却在 3400cm^{-1} 附近出现强吸收带。尽管醇的 O—H 和胺的 N—H 伸缩振动的吸收区域出现交叉，但它们的吸收带形和强度存在明显差异，前者钝而强，而后者尖而弱，因而容易辨别。伯胺在 1560~1640cm^{-1} 区域还可观察到较宽的中等强度 N—H 面内变形振动吸收，芳香胺多在 1600cm^{-1} 附近出现强吸收。脂肪族仲胺的 δ_{N-H}（面内）吸收很弱，无实际意义，芳香族仲胺 δ_{N-H} 吸收也出现在 1600cm^{-1} 附近，但为强吸收。伯胺和仲胺的 δ_{N-H}（面外）在 600~900cm^{-1} 区域出现宽而强的吸收带，在分析中有参考价值（见表 13-2）。

胺的 C—N 伸缩振动因和邻近的 C—C 伸缩振动发生强的偶合而吸收频率多变，所以在分析中无实际意义。叔胺既无 N—H 键，又无 C—N 特征带，所以很难用 IR 法进行鉴定。

表 13-2 胺的典型特征吸收

基团振动方式		吸收频率/cm^{-1}	强度
ν_{N-H}	伯胺	约 3500 约 3400	芳香族约为 30 脂肪族较弱
	仲胺：脂肪族	3260~3350	弱
	二芳胺、吡咯、吲哚等	约 3400	中~强
	亚胺(C=NH)	3300~3400	中
	N-烷基芳胺	约 3450	30~45
δ_{N-H}	伯胺(面内)	1560~1640	中~强
	（面外）	650~900	宽,中~强
	仲胺(面内)	1550~1650	很弱
	（面外）	650~900	宽,中
ν_{C-H}	芳香族伯胺	1250~1340	强
	仲胺	1280~1350	强
	叔胺	1310~1360	强
	脂肪胺	1030~1230	中~弱

（2）核磁共振谱 胺的核磁共振谱类似于醇和醚类。伯胺和仲胺 N—H 质子的出峰范围很宽，通常在 0.6~5.0 范围内，受样品的纯度、浓度、溶剂的性质和温度的影响很大。

（3）质谱 胺类的分子离子峰都是 N 原子上失去一个电子后形成的，脂肪胺较弱，而脂环胺和芳香胺都很强：

$$R_3N \xrightarrow{-e^-} R_3\overset{+\cdot}{N}$$

脂肪胺都易发生 β 开裂，其中较大的基团优先离去，最后形成 m/z（30+14n)峰：

$$R-\overset{|}{\underset{|}{C}}-\overset{+\cdot}{\underset{|}{N}} \xrightarrow{-R\cdot} \quad C=\overset{+}{N}$$

$$m/z\,(30+14n)$$

13.1.5　化学性质

1. 碱性

胺和膦的 N 原子或 P 原子上都含有孤对电子，是富电子中心，可以作为电子给体，因而具有碱性，能与质子酸或 Lewis 酸作用形成盐。

$$R_3N + HX \longrightarrow R_3\overset{+}{N}HX^-$$

$$R_3P + HX \longrightarrow R_3\overset{+}{P}HX^-$$

$$R_3P + BF_3 \longrightarrow R_3PBF_3$$

胺和膦都是一种弱碱，因而当生成的铵盐或鏻盐与强碱一起作用时，胺或膦就会游离出来，利用这一性质可以将胺与其他非碱性物质分离开，因而可用于分离纯化。例如：

$$R_3\overset{+}{N}HX^- + NaOH \longrightarrow R_3N + NaX + H_2O$$

季铵盐和季鏻盐因为 N、P 原子上没有氢原子，因此与强碱反应不能得到游离胺或膦。

从表 13-1 可以看出，脂肪族伯胺的碱性均比氨($pK_a=9.26$)强，这是因为烷基为给电子基团，能使得 N 原子上的电子云密度增加，因而碱性增强。所以，理论上 N 原子上的烷基越多，则其碱性越强，其碱性强弱顺序为：

$$R_3N > R_2NH > RNH_2 > NH_3$$

这一顺序在气态下是正确的，但在水溶液中却并不完全如此。例如：

	CH_3NH_2	$(CH_3)_2NH$	$(CH_3)_3N$	$C_2H_5NH_2$	$(C_2H_5)_2NH$	$(C_2H_5)_3N$
pK_b（水中）	3.36	3.23	4.26	3.33	3.07	3.42

这是因为在水中，它们的共轭酸——铵离子存在着与水的溶剂化作用，在这些阳离子中，N 上连接的 H 越多，则由于氢键产生的溶剂化作用就越强，这样的阳离子就越稳定。

所以阳离子的稳定性强弱顺序为 $R\overset{+}{N}H_3 > R_2\overset{+}{N}H_2 > R_3\overset{+}{N}H$。稳定性越强，则酸性越弱，其共轭碱的碱性就越强。所以从这个方面来说，其碱性强弱顺序应为：

$$RNH_2 > R_2NH > R_3N$$

综合电子效应和溶剂化效应的结果，所以在水中脂肪胺的碱性强弱顺序为：

$$R_2NH > RNH_2 > R_3N > NH_3$$

对于芳胺，情况正好相反，由于苯环上的碳为 sp^2 杂化，其电负性较 sp^3 杂化的碳原子强得多，同时 N 原子对于苯环又存在给电子的 p-π 共轭效应，致使 N 原子上的电子云密度大大降低，所以苯环越多，其碱性就越弱：

$$NH_3 > PhNH_2 > Ph_2NH > Ph_3N$$

2. 酸性

伯胺（膦）和仲胺（膦）与氨（磷化氢）一样，也能表现出微弱的酸性，与活泼金属或有机强碱作用可形成铵盐或鏻盐。例如：

$$CH_3NH_2 + Na \xrightarrow{Fe^{3+}} CH_3\bar{N}HNa^+ + \frac{1}{2}H_2$$

$$[(CH_3)_2CH]_2NH + n\text{-}C_4H_9Li \longrightarrow [(CH_3)_2CH]_2N^-Li^+ + n\text{-}C_4H_{10}$$

$$CH_3PH_2 + Na \xrightarrow{乙醚} CH_3\bar{P}HNa^+ + \frac{1}{2}H_2$$

3. 烃基化反应及其应用

（1）胺和膦的烃基化　胺和膦均可进行烃基化，但烃基化的方法却有很大的区别。胺可以直接与缺电子试剂进行亲核取代反应得到 N-烃基化产物，称为 N-烷基化反应，所得产物往往是不同取代程度的胺的混合物。例如：

$$t\text{-BuNH}_2 + \underset{O}{\bigtriangledown} \xrightarrow{H_2O} t\text{-BuNHCH}_2CH_2OH + t\text{-BuN(CH}_2CH_2OH)_2$$

$$NH_3 + CH_3I \longrightarrow CH_3^+NH_3I^- + (CH_3)_2^+NH_2I^- + (CH_3)_3^+NHI^- + (CH_3)_4^+NI^-$$

对于烷基膦，一般采用膦盐与卤代烃反应来得到，在过量卤代烃存在的条件下，可以分别制备仲膦和叔膦，例如：

$$PH_3 + Na \xrightarrow{乙醚} H_2P^-Na^+ \xrightarrow[-NaX]{RX} H_2P-R \longrightarrow PR_3$$

就亲核性而言，不同胺的亲核性与不同膦的亲核性存在一定差异。膦随着 P 原子上烷基数目的增多，其亲核性逐渐增强，而胺的结果正好相反，其原因是 N 原子的体积较小，随着取代基的增多，空间位阻越来越强，因此使得其亲核性减弱。而膦原子的体积较大，各基团间相距较远，因此烷基的给电子诱导效应在此起着主导作用。

（2）季铵盐和季鏻盐的形成　叔胺和叔膦都可以进一步与卤代烃发生亲核取代反应，分别生成季铵盐和季鏻盐。例如：

$$(CH_3)_3N + CH_3I \longrightarrow (CH_3)_4N^+I^-$$

$$(C_6H_5)_3P + CH_3I \longrightarrow (C_6H_5)_3CH_3P^+I^-$$

三级芳胺很难通过烷基化生成季铵盐，但三苯基膦却很容易，由此可见其亲核性的差异。

① 季铵盐　季铵盐不能与常用碱反应游离出叔胺，但可与 AgOH 作用生成季铵碱。例如：

$$(CH_3)_4N^+I^- + AgOH \longrightarrow (CH_3)_4N^+OH^- + AgI\downarrow$$

季铵碱是一种强碱，当受热到 $100\sim150℃$ 时会因分子内的亲核取代或消除反应而发生分解，这也是存在于同一体系中的两个相互竞争的反应，当烃基的 β 碳原子上没有氢原子时，发生的是 S_N2 反应，反之则会发生 β-消除反应。例如：

$$OH^- \quad H_3C-N(CH_3)_3 \longrightarrow CH_3OH + (CH_3)_3N$$

$$\text{OH}^- \text{ H—CH}_2\text{—CH}_2\text{—}\overset{+}{\text{N}}(\text{CH}_3)_3 \longrightarrow \text{CH}_2\text{=CH}_2 + (\text{CH}_3)_3\text{N} + \text{H}_2\text{O}$$

所以，只要存在 β-氢原子，其季铵碱受热就会分解产生烯烃。这一反应常用于测定胺的结构，方法是将胺与碘甲烷反应生成季铵盐，再与 AgOH 作用得到季铵碱，然后根据该季铵碱受热分解所产生的烯烃的结构来判断原来胺的结构，这种方法称为 Hoffmann 消除反应：

$$\text{RCH}_2\text{CH}_2\text{NH}_2 \xrightarrow{3\text{CH}_3\text{I}} \text{RCH}_2\text{CH}_2\overset{+}{\text{N}}(\text{CH}_3)_3\text{I}^- \xrightarrow{\text{AgOH}}$$

$$\text{RCH}_2\text{CH}_2\overset{+}{\text{N}}(\text{CH}_3)_3\text{OH}^- \xrightarrow{\triangle} \text{RCH=CH}_2 + (\text{CH}_3)_3\text{N} + \text{H}_2\text{O}$$

例如：

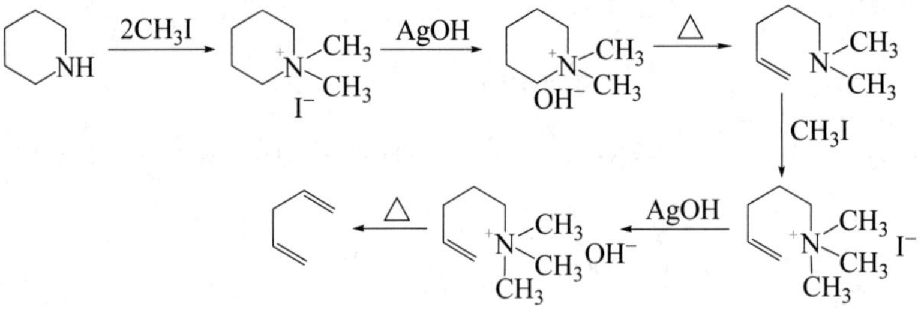

当季铵碱上同时存在两个或两个以上的烷基可以进行消除反应时，被消除的 β-氢原子的反应难易程度为：—CH_3 > RH_2— > R_2CH—，这一规律称为 Hoffmann 规则。

许多有机化学反应是在非均相情况下进行的，如卤代烃与氰化物的反应，由于两相间的接触面积很小，所以反应效率很低。现在已开发了很多能将无机物从水相转移到有机相的化合物，可以大大提高其在有机相中的浓度，从而大大提高反应的效能，具有这种效能的物质称为相转移催化剂，除了前面介绍过的冠醚外，季铵盐也是很常用的一类。例如：

$$\text{RBr} + \text{NaOAc} \xrightarrow[\text{H}_2\text{O}]{(\text{Bu})_4\overset{+}{\text{N}}\text{Br}^-} \underset{100\%}{\text{ROAc}} + \text{NaBr}$$

$$\text{ArOH} + \text{R}_2\text{NSO}_2\text{Cl} \xrightarrow[\text{苯/H}_2\text{O}]{\text{TEBA}} \underset{97\%}{\text{ArOSO}_2\text{NR}_2} \qquad \text{TEBA}=\text{C}_6\text{H}_5\text{CH}_2\overset{+}{\text{N}}(\text{C}_2\text{H}_5)_3\text{Br}^-$$

② 季磷盐　季磷盐与 AgOH 作用也能生成季磷碱，但季磷碱在受热时不是发生消除反应生成烯烃，而是发生 C—P 键的断裂生成氧化膦和烷烃或取代烷烃。例如：

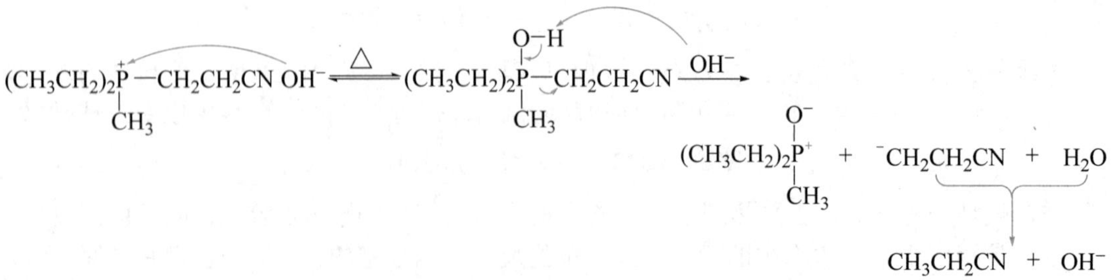

对于含有 α-H 的季磷盐，在其他强碱的作用下会失去一个 α-H 而生成内盐。如：

$$\text{Ph}_3\overset{+}{\text{P}}\text{CH}_3\text{Br}^- + \text{PhLi} \longrightarrow \text{Ph}_3\overset{+}{\text{P}}\text{CH}_2^- + \text{C}_6\text{H}_6 + \text{LiBr}$$

这种内盐也可以写作 $Ph_3P=CH_2$，具有很强的极性，通常称为磷叶立德（Ylide）。因为它们最早是由德国化学家 G. Wittig 发现的，并且对它们在有机合成中的应用进行了系统的研究，所以又将其称为 Wittig 试剂。可作为亲核试剂与醛或酮的羰基进行亲核加成反应，得到的加成产物会进一步发生分子内消除生成烯烃。例如：

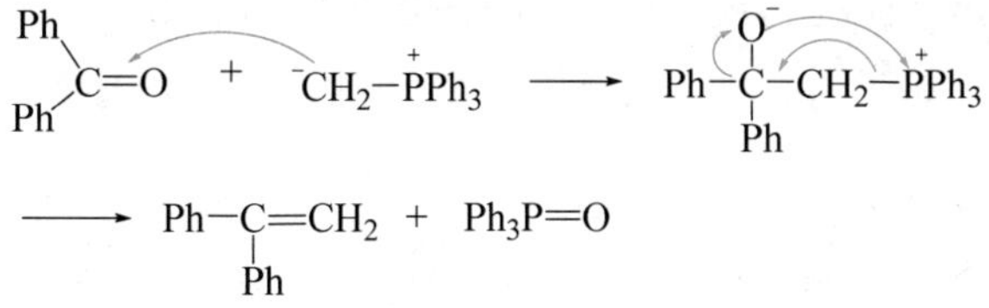

$$Ph_2C=O \ + \ ^-CH_2-{}^+PPh_3 \longrightarrow Ph-\overset{O^-}{\underset{Ph}{C}}-CH_2-{}^+PPh_3$$

$$\longrightarrow Ph-\underset{Ph}{C}=CH_2 \ + \ Ph_3P=O$$

这一反应称为 Wittig 反应，是合成烯烃的重要方法之一，特别是在如昆虫信息素、维生素 A 及植物色素等天然产物的合成中有着得天独厚的优势。

磷叶立德的亲核反应速率取决于多种因素，亚甲基旁有吸电子基团、反应溶剂的极性加大、底物羰基的缺电子性增强都有利于反应的进行。如以下结构的季鏻盐在制备磷叶立德时，只需较弱的碱，如碳酸钠水溶液、醇钠或氢氧化钠就可将其 α-H 夺去：

$$\underset{Ph_3\overset{+}{P}CH_2\overset{O}{\overset{\|}{C}}Ph}{\overset{Cl^-}{}} \xrightarrow{Na_2CO_3/H_2O} Ph_3\overset{+}{P}\overset{-}{C}H-\overset{O}{\overset{\|}{C}}Ph$$
$$96\%$$

4. 与亚硝酸的反应

（1）脂肪族胺 脂肪族伯胺与亚硝酸作用先生成重氮盐，这种重氮盐即使在低温下也不稳定，会很快分解形成碳正离子。在此反应体系中，生成的碳正离子可以发生各种反应，形成很复杂的产物，因此在合成中一般意义不大。例如：

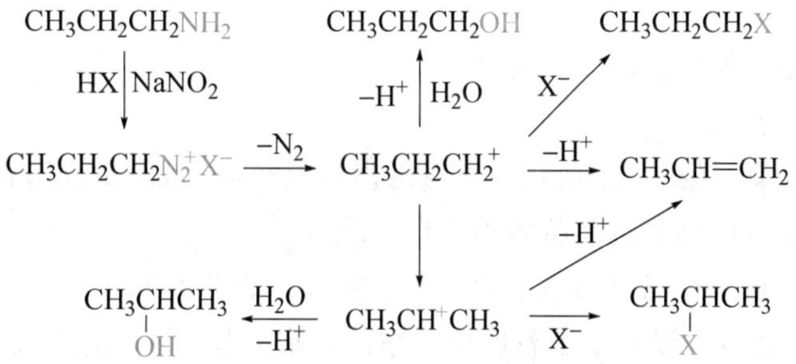

仲胺与亚硝酸作用生成黄色油状或固体状的 N-亚硝基化合物，它与稀酸一起共热时又可分解为原来的仲胺，因而可用于仲胺的纯化。

$$R_2NH \ + \ HONO \xrightarrow{-H_2O} R_2N-NO \xrightarrow[\triangle]{H^+} R_2NH \ + \ HONO$$

叔胺与亚硝酸不能发生类似的反应，只能形成不稳定的 N-亚硝基铵盐：

$$R_3N \ + \ NaNO_2 + HCl \rightleftharpoons \underset{X^-}{R_3\overset{+}{N}-N=O} \ + \ R_3N^+HX^-$$

这一反应可以用于不同类型胺的鉴别。

（2）芳香族胺 芳香族伯胺与亚硝酸作用也生成重氮盐，不同的是它在低温下是稳定的。例如：

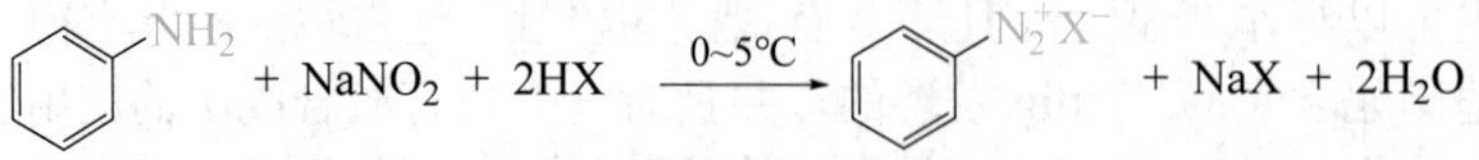

如果苯环上有吸电子基团存在，甚至可以在较高温度(400~600℃)下进行重氮化反应。

芳香族仲胺与亚硝酸反应也会生成 *N*-亚硝基化合物，例如：

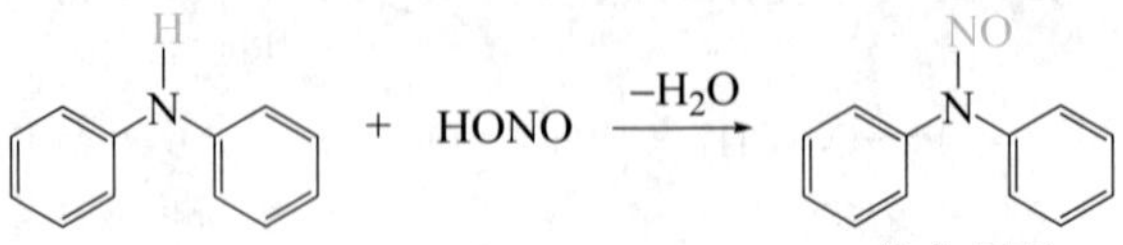

黄色固体

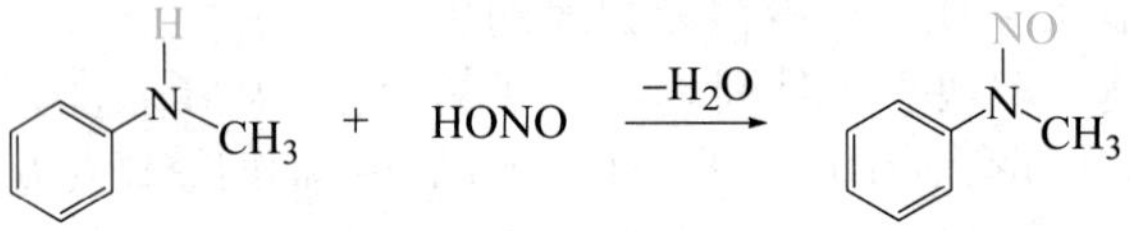

棕色油状液体（90%）

芳香族叔胺在同样条件下反应，生成的是苯环上亚硝化的产物，其产物是一种绿色片状晶体。例如：

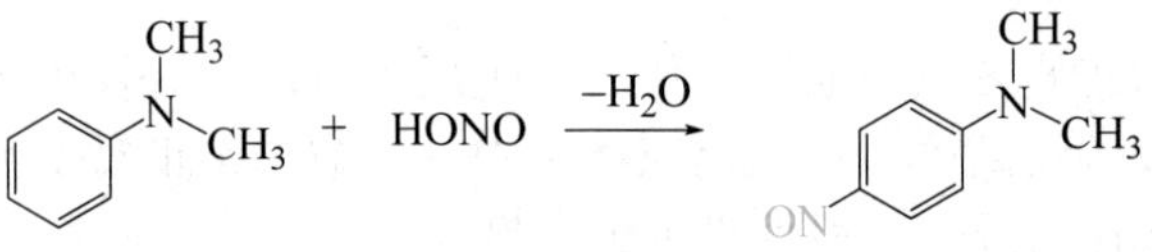

绿色片状（90%）

目前，膦与亚硝酸的反应还未见报道。

5. 酰化与磺酰化反应

伯胺和仲胺与酰氯、酸酐和酯等可以顺利地形成酰胺，与羧酸反应时得到的是羧酸胺盐，该盐在高温下脱水也可得到酰胺。叔胺不能形成酰胺。

与此相似的是，磺酰氯也可与胺反应生成磺酰胺。伯胺生成的磺酰胺的 N 原子上还有一个氢原子受磺酰基的影响，该氢原子表现出弱酸性，所以能与碱作用生成盐，因此能溶于碱；仲胺的磺酰胺氮原子上没有酸性的氢原子，所以不能溶于碱；而叔胺不能与磺酰氯反应。利用这一性质可以分离鉴别不同类型的胺，这一方法称为 Hinsberg 反应：

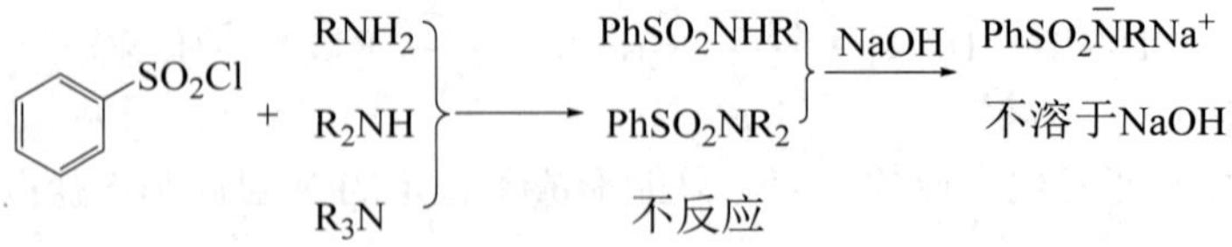

生成的磺酰胺可以经过水解得到胺，但其水解比酰胺的水解困难。

6. Mannich 反应

当碳原子上有活泼氢时，可与醛和伯胺或仲胺进行缩合反应，称为 Mannich 反应或胺甲基化反应，所得缩合产物称为 Mannich 碱。例如：

$\text{(Ph)COCH}_3 + \text{HCHO} + \text{HN(CH}_3)_2 \longrightarrow$ (化学结构图)

(化学结构图) $+ \text{HCHO} + \text{HN(CH}_2\text{COOH)}_2 \xrightarrow{\text{HOAc}}$ (化学结构图)

7. 胺和膦的氧化

脂肪族伯胺和仲胺比较容易被氧化，并且常常伴随有复杂的副反应，产物很复杂，难以得到有用的产物，因此没有应用价值。脂肪族叔胺却可被单一氧化成氮氧化物，常用的氧化剂是双氧水或过氧酸。例如：

(化学结构图) $\xrightarrow{\text{H}_2\text{O}_2}$ (化学结构图)

氧化胺也是四面体构型，因而也可能存在对映异构现象。

芳胺很容易被许多氧化剂（包括空气）所氧化，由于氨基强的给电子 p-π 共轭效应，氧化不仅发生在氨基上，也发生在苯环上。因此当苯环上存在氨基时，其他基团通常不能被氧化。但当苯环上有强的吸电子取代基时，也可以进行氨基的氧化。例如：

(化学结构图) $\xrightarrow[\text{CH}_2\text{Cl}_2]{\text{F}_3\text{CCO}_3\text{H}}$ (化学结构图)

92%

膦比胺要容易氧化得多，低级的烷基膦化合物如三甲膦在空气中会发生自燃，但芳膦如三苯膦比较稳定，室温下在空气中不易被氧化，但在与过氧化氢、过氧酸等氧化剂作用时也可被氧化成三苯氧膦：

$$\text{Ph}_3\text{P} \xrightarrow{\text{H}_2\text{O}_2} \text{Ph}_3\text{P}{=}\text{O}$$

氧化胺和氧化膦虽然形态上相似，但其成键的方式却有很大的区别。在氧化胺中，N→O键是由 N 原子单方面提供未共用电子对而形成的σ配位键。而在氧化膦中，是先由 P 原子提供一对电子给 O 原子，O 原子再反馈一对电子到 P 原子的 3d 轨道而形成所谓的 d-π 配位键，因此后者比前者要牢固得多，也比前者要稳定得多，甚至氧化胺可以被叔膦还原为胺：

$$\text{R}_3\text{N} \longrightarrow \text{O} + \text{Ph}_3\text{P} \longrightarrow \text{Ph}_3\text{P}{=}\text{O} + \text{R}_3\text{N}$$

13.1.6　胺和膦的制备

1. 胺的制备

（1）胺的烃基化　氨与胺均是亲核试剂，能与卤代烃发生烃基化反应，即卤代烃的氨（胺）

解反应，这在前文中已做了详细介绍，在此不再赘述。

（2）Gabriel 合成法　邻苯二甲酰亚胺 N 原子上的 H 原子具有一定的酸性，能与碱作用生成盐，该盐与卤代烃作用可生成 *N*-烷基邻苯二甲酰亚胺，后者经水解或肼解即可得到伯胺，这种方法称为 Gabriel 合成法。

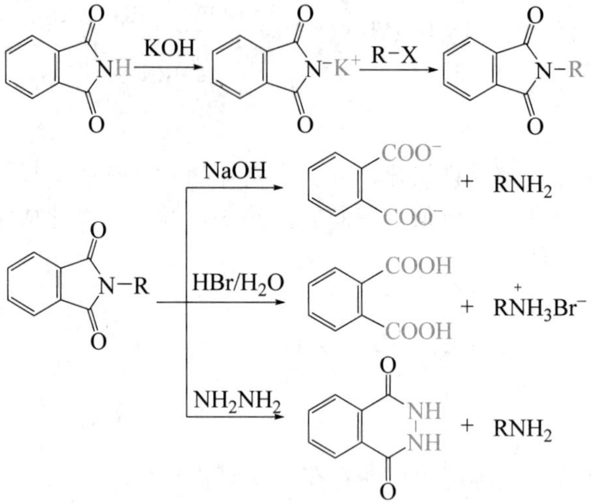

这里使用的卤代烃可以是一级或二级卤代烃，对于三级卤代烃则几乎只得到消除产物。

（3）含氮化合物的还原　硝基化合物的还原是制备芳胺最常用的方法，既可用催化氢化的方法，也可用酸与金属（如锌、铁、锡等）体系，或用其他还原剂，如 $SnCl_2$、水合肼、Na_2S_x 有机还原剂等。例如：

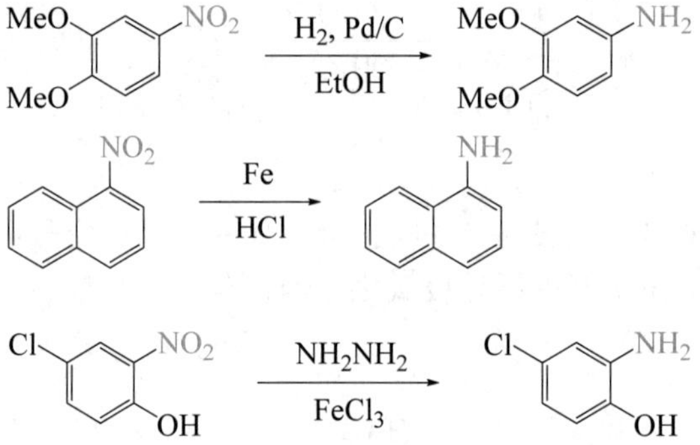

其他一些含氮化合物，如腈、肟、亚胺、叠氮化合物，甚至酰胺都可被还原为胺。例如：

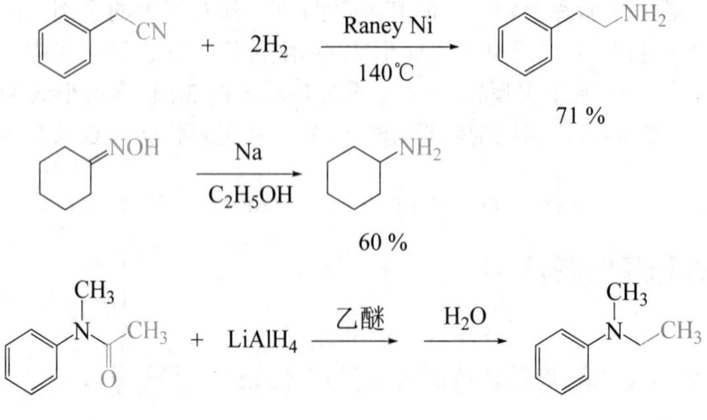

（4）伯酰胺的 Hoffmann 降解　利用伯酰胺的 Hoffmann 降解反应，可以制备少一个碳原子的伯胺，例如：

$$\underset{RCNH_2}{\overset{O}{\parallel}} + NaOX + 2NaOH \longrightarrow RNH_2 + Na_2CO_3 + NaX + H_2O$$

2. 膦的制备

烷基膦可以通过磷化氢或膦盐与卤代烷的亲核取代反应来制备。芳基膦则可用傅-克反应或格氏试剂法来制备，例如：

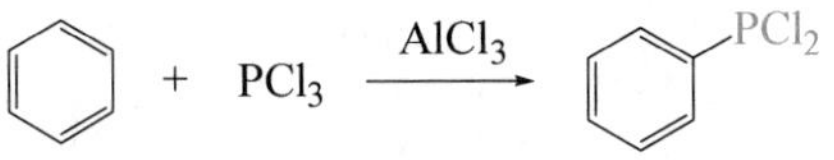

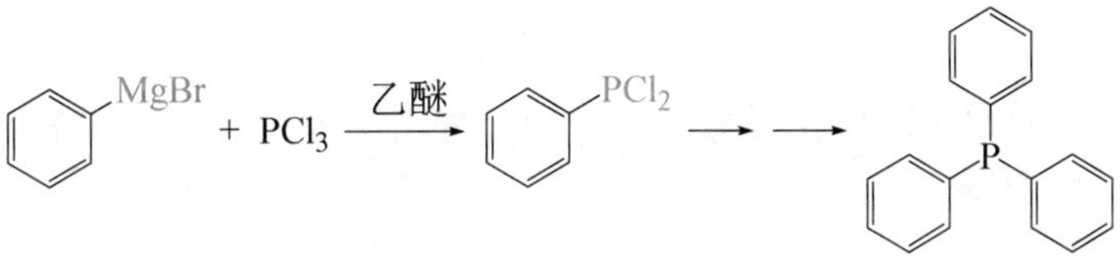

13.1.7　重要代表物

（1）苯胺　苯胺是最重要的基础化工原料之一，自 1857 年开始工业化生产，至今已有 150 多年的历史，其生产方法主要有硝基苯铁粉还原法、硝基苯催化氢化法和苯酚氨化法三种。苯胺最初是作为染料中间体生产的，20 世纪初以来更多地用于橡胶助剂，而 60 年代以后用于生产聚氨酯原料——二苯基甲烷二异氰酸酯（MDI）的比例逐年上升，已成为苯胺最大的深加工产品，其次才是橡胶助剂、染料、农药、医药和特种纤维等。以苯胺为原料生产的有机中间体和精细化工产品达数百种之多，这些产品广泛应用于工业领域。

（2）乙二胺　乙二胺可由二氯乙烷与氨反应而得：

$$ClCH_2CH_2Cl + 2NH_3 \longrightarrow H_2NCH_2CH_2NH_2 + 2HCl$$

它是制备药物、乳化剂和杀虫剂的原料，也可作为环氧树脂的固化剂，与氯乙酸钠作用生成的乙二胺四乙酸(EDTA)四钠盐是一种重要的配位试剂，常用于配位分析中。

$$H_2NCH_2CH_2NH_2 + 4ClCH_2COONa \longrightarrow \underset{NaOOCH_2C}{\overset{NaOOCH_2C}{}} N CH_2CH_2 N \underset{CH_2COONa}{\overset{CH_2COONa}{}}$$

（3）己二胺　己二胺可由己二腈催化氢化而得：

$$NC(CH_2)_4CN \xrightarrow[压力]{H_2/Ni} H_2N(CH_2)_6NH_2$$

它与己二酸聚合形成的链状聚酰胺称为尼龙-66，是目前我国生产聚酰胺纤维中产量最大的品种之一。

（4）2-苯乙胺　许多苯乙胺类化合物具有强烈的生理或心理的效能。如肾上腺素和去甲肾上腺素是肾上腺分泌的两种激素，当动物遇到危险时释放到血液中，引起血压增高、心跳加速、肺活量加大，所有这些效应都使动物做好战斗或逃逸的准备。去甲肾上腺素还与脉冲从一个神经纤维末端到另一个末端的传递有关。

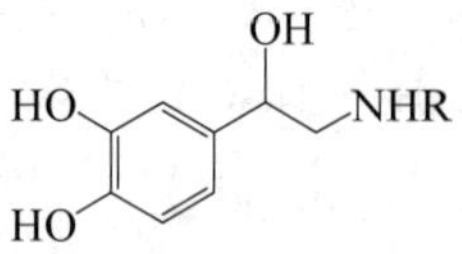

$R=CH_3$　肾上腺素
$R=H$　　去甲肾上腺

苯异丙胺类化合物是一类强的精神兴奋剂，而仙人球毒碱则是一种致幻剂。这些化合物结构上的相似性与它们的生理或心理效应是密不可分的。

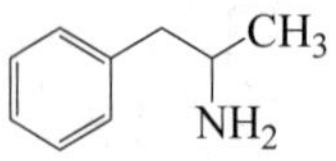

苯异丙胺 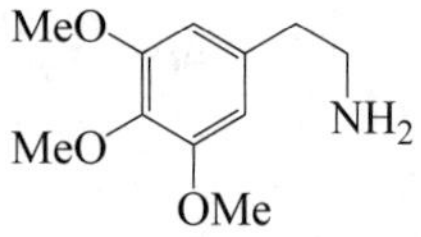　　　　　　　　　仙人球毒碱

1-苯乙胺则是一种常用的手性拆分试剂，用于外消旋体有机酸或羰基化合物的拆分，由苯乙酮与甲酸铵反应而得：

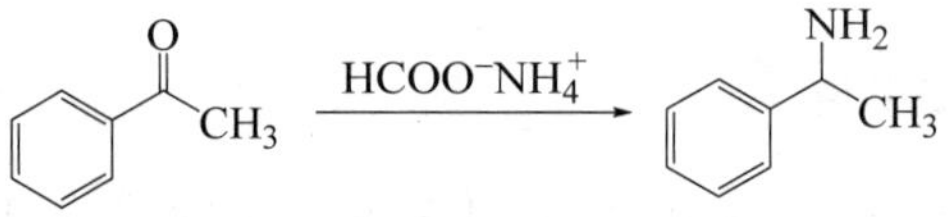

13.2　氮和磷的含氧衍生物

氮和磷的含氧衍生物较多，而且差异非常大，在此主要介绍三类代表性的化合物：硝基化合物、亚磷酸酯和磷酸酯。

13.2.1　硝基化合物

1. 命名、结构和物理性质

硝基化合物可以看作是烃分子中的氢原子被硝基（—NO_2）取代后的产物，通式为RNO_2，它也可看作是硝酸中的羟基被烃基取代的产物。硝酸中的 H 原子被烃基取代的产物（$RONO_2$）称为硝酸酯。与此相似，亚硝酸（HONO）分子中的羟基被烃基取代的产物称为亚硝基化合物（RNO），而 H 原子被烃基取代的称为亚硝酸酯（RONO）。

硝基化合物的命名与卤代烃相似，按烃的硝基取代衍生物来命名。例如：

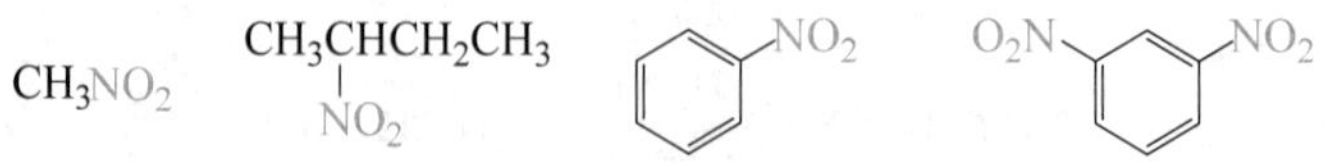

硝基甲烷　　2-硝基丁烷　　　　硝基苯　　　　间二硝基苯

对硝基化合物键长的测定结果表明，硝基中的两个 O 原子与 N 原子之间的距离是相等的，介于 N—O 键和 N=O 键之间，两个氮氧键并没有区别，而是等价的。从价键理论观点看，N 原子以 sp^2 杂化轨道与烃基和两个 O 原子形成三个共平面的σ键，未参与杂化的一对电子所

占据的 p 轨道与两个 O 原子的 p 轨道形成共轭体系。所以，硝基化合物的分子结构可以表示为：

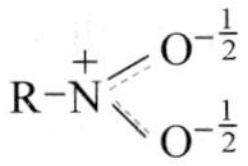

$$R-\overset{+}{N}\overset{O^{-\frac{1}{2}}}{\underset{O^{-\frac{1}{2}}}{}}$$

但在习惯上也常写作：

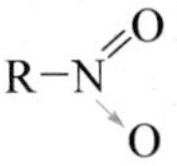

$$R-N\overset{O}{\underset{O}{}} \quad 或 \quad R-\overset{+}{N}\overset{O}{\underset{O^{-}}{}}$$

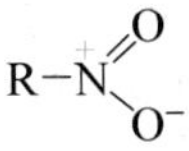

硝基具有很强的吸电子作用，因此硝基化合物一般都具有较高的极性，如硝基甲烷的偶极矩 $\mu = 4.3D$，分子间引力大，其沸点比相应的卤代烃高。在芳香族硝基化合物中，除了一硝基化合物为高沸点的液体外，一般都为无色或黄色结晶性固体。多硝基化合物具有爆炸性，有的具有强烈的香味。液体硝基化合物是大多数有机化合物的良好溶剂，且因其性质比较稳定，因此常用作化学反应的溶剂。但硝基化合物有毒，它的蒸气能透过皮肤被肌体吸收而中毒，所以尽量避免使用它们作为溶剂。

2. 化学性质

（1）还原反应 无论脂肪族还是芳香族硝基化合物，都可以采用催化氢化的方法，也可以采用金属-酸体系或其他还原剂还原，其中金属-酸还原体系因为环境污染严重，工业上现在已很少使用。硝基化合物的还原是制备胺最常用的方法。

硝基化合物还原成胺是一个渐进的过程：采用不同的还原剂可以使反应停留在不同的还原阶段。例如：

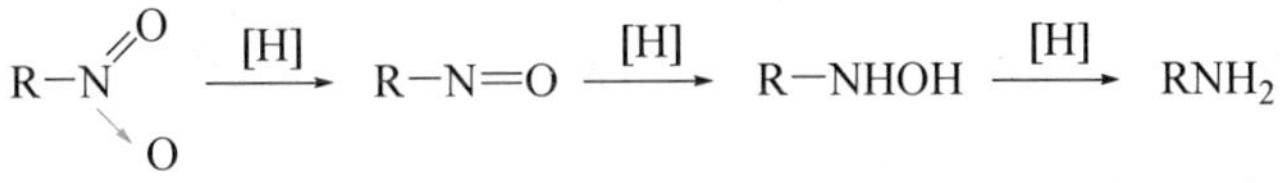

$$R-N\overset{O}{\underset{O}{}} \xrightarrow{[H]} R-N=O \xrightarrow{[H]} R-NHOH \xrightarrow{[H]} RNH_2$$

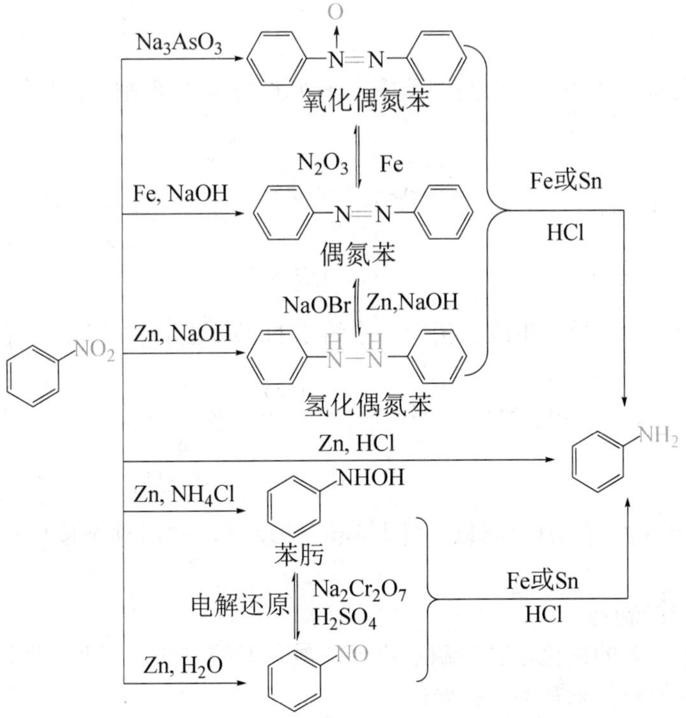

多硝基化合物可以用 H_2S 与 NH_3 的水溶液或醇溶液，或者使用硫化物［如$(NH_4)_2S$、$(NH_4)_2$ S_x、NH_4HS、Na_2S 等］的水溶液进行选择性还原。例如：

$$O_2N-\underset{}{\bigcirc}-NO_2 \xrightarrow[C_2H_5OH]{H_2S,\ NH_3} O_2N-\underset{}{\bigcirc}-NH_2$$

80%

（2）脂肪族硝基化合物 α-H 的酸性　受硝基强吸电子效应的影响，脂肪族硝基化合物的 α-H 会表现出相当程度的酸性，如硝基甲烷、硝基乙烷和硝基丙烷的 pK_a 值分别为 10.2、8.57 和 8.68。

$$CH_3-\overset{+}{N}\overset{O}{\underset{O^-}{}} \longrightarrow CH_2=\overset{+}{N}\overset{OH}{\underset{O^-}{}}$$

（Ⅰ）　　　　　（Ⅱ）

（Ⅰ）称为假酸式或硝基式，它经过异构化后可转化为酸式（Ⅱ），因此它能与 NaOH 或 KOH 作用生成盐，这种盐的溶液酸化时先生成不稳定的酸式异构体，后者缓慢转化为较稳定的假酸式（Ⅰ）。这一过程与酮式-烯醇式互变异构现象相似，只不过酸式存在的时间比烯醇式要长。

由于 α-H 的活泼性，在碱性条件下它能与某些羰基化合物发生缩合反应。例如：

$$CH_3NO_2 + 3HCHO \xrightarrow{OH^-} HOCH_2-\underset{CH_2OH}{\overset{CH_2OH}{\underset{|}{\overset{|}{C}}}}-NO_2 \xrightarrow{H_2} HOCH_2-\underset{CH_2OH}{\overset{CH_2OH}{\underset{|}{\overset{|}{C}}}}-NH_2$$

$$\underset{}{\bigcirc}=O + CH_3NO_2 \xrightarrow[\text{AcOH}]{NaOC_2H_5} \underset{}{\bigcirc}\overset{HO\ \ CH_2NO_2}{} \xrightarrow[Ni]{H_2} \underset{}{\bigcirc}\overset{HO\ \ CH_2NH_2}{}$$

84%

（3）脂肪族硝基化合物与亚硝酸的反应　一级硝基烷与亚硝酸反应生成硝肟酸，它溶于 NaOH 溶液中时生成红色溶液。

$$RCH_2NO_2 + HONO \xrightarrow{-H_2O} R-\underset{NO_2}{\overset{NOH}{\underset{|}{\overset{||}{C}}}} \xrightarrow{OH^-} R-\underset{NO_2}{\overset{NO^-}{\underset{|}{\overset{||}{C}}}}$$

硝肟酸

二级硝基烷与亚硝酸反应生成假硝醇，它溶于 NaOH 溶液中时生成蓝色溶液。

$$R_2CHNO_2 + HONO \xrightarrow{-H_2O} R-\underset{R}{\overset{NO}{\underset{|}{\overset{|}{C}}}}-NO_2$$

假硝醇

三级硝基烷因为没有 α-H，所以不能与亚硝酸反应。利用这个反应可以区别不同的硝基烷烃。

3. 硝基化合物的制备

（1）烃的硝化　烃的硝化是制备硝基化合物最普遍的方法。工业上脂肪族硝基化合物一般都通过烷烃的气相硝化来制备，例如：

$$CH_3CH_2CH_3 + HONO_2 \xrightarrow{400^\circ C} \begin{cases} CH_3CH_2CH_2NO_2 \\ \underset{\underset{NO_2}{|}}{CH_3CHCH_3} \\ CH_3CH_2NO_2 \\ CH_3NO_2 \end{cases}$$

芳香族硝基化合物则几乎全部由芳烃的硝化反应来制备。

（2）亚硝酸盐的烃基化　脂肪族硝基化合物也可以用亚硝酸盐与卤代烷进行亲核取代反应(S_N2)来制备。由于亚硝酸根是一个两可亲核试剂，所以往往得到的是硝基化合物和亚硝酸酯的混合物。

$$\underset{O^-}{\overset{O^-}{N}} \;\; + \; \underset{R}{CH_2-X} \longrightarrow \begin{matrix} RCH_2NO_2 \\ \\ RCH_2ONO \end{matrix} \;\; + \;\; X^-$$

$$CH_3(CH_2)_6CH_2I + AgNO_2 \longrightarrow \underset{83\%}{CH_3(CH_2)_6CH_2NO_2} + \underset{11\%}{CH_3(CH_2)_6CH_2ONO}$$

例如：在该类反应中，使用非质子极性溶剂有利于减少亚硝酸酯的含量。

（3）含叔碳原子伯胺的氧化　在氧化剂作用下，含叔碳原子伯胺可以被氧化成三级硝基化合物。例如：

$$\underset{\underset{CH_3}{|}}{\overset{\overset{CH_3}{|}}{H_3C-C-NH_2}} \xrightarrow{KMnO_4} \underset{\underset{CH_3}{|}}{\overset{\overset{CH_3}{|}}{H_3C-C-NO_2}}$$

13.2.2 亚磷（膦）酸酯

亚磷酸是三元酸，因此可以形成单酯、双酯和三酯，如果其中的烃氧基被烃基取代，则为亚膦酸酯：

$$\underset{亚磷酸}{\overset{\overset{OH}{|}}{HO-P-OH}} \qquad \underset{亚磷酸单酯}{\overset{\overset{OH}{|}}{RO-P-OH}} \qquad \underset{亚磷酸二酯}{\overset{\overset{OR}{|}}{RO-P-OH}} \qquad \underset{亚磷酸三酯}{\overset{\overset{OR}{|}}{RO-P-OR}}$$

$$\underset{烃基亚膦酸}{\overset{\overset{OH}{|}}{R-P-OH}} \qquad \underset{烃基亚膦酸二酯}{\overset{\overset{OR'}{|}}{R-P-OR'}} \qquad \underset{二烃基亚膦酸}{\overset{\overset{R}{|}}{R-P-OH}} \qquad \underset{二烃基亚膦酸酯}{\overset{\overset{R}{|}}{R-P-OR'}}$$

1. 制备

亚磷酸酯通常由醇与PCl_3进行醇解制得：

$$PCl_3 + 3ROH \xrightarrow{碱} P(OR)_3 + 3HCl$$

反应的关键是必须及时将反应中产生的 HCl 除去，否则反应的主产物将不是亚磷酸酯，而是二烷基膦酸酯。工业上一般是加入碱（如NH_3、吡啶等）来除去 HCl。

$$PCl_3 + 3ROH \longrightarrow \underset{\underset{OR}{|}}{\overset{\overset{O}{\|}}{RO-P-H}} + 2HCl + RCl$$

2. 化学性质

（1）与卤代烷的反应　亚磷酸酯与卤代烷反应，首先生成季鏻盐，然后它会迅速重排而生成五价的烷基膦酸酯：

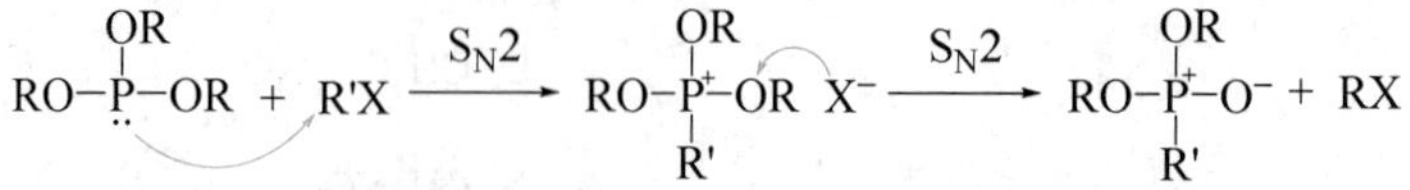

这一反应称为 Arbuzov 重排反应。反应中生成的卤代烷如比所用的卤代烷试剂还活泼，则会形成混合物。

（2）与环氧化合物反应　三氯化磷与过量环氧乙烷反应可以生成亚磷酸酯，该化合物通过分子内重排和水解，可以制备优质高效的植物生长调节剂乙烯利。例如：

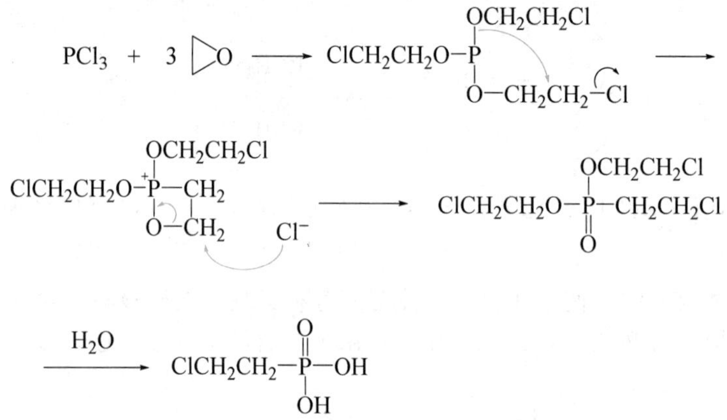

乙烯利

（3）与羰基化合物或 α, β-不饱和羰基化合物的反应　亚磷酸酯中磷原子由于具有亲核性，可以与羰基化合物或 α, β-不饱和羰基化合物发生亲核加成反应，继而经历重排反应可以生成膦酸酯类化合物。

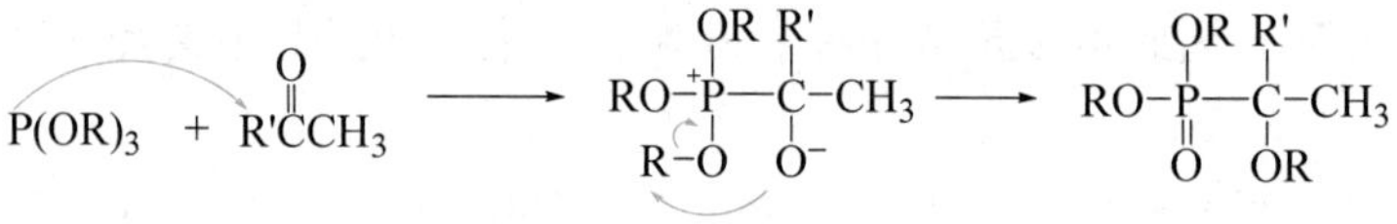

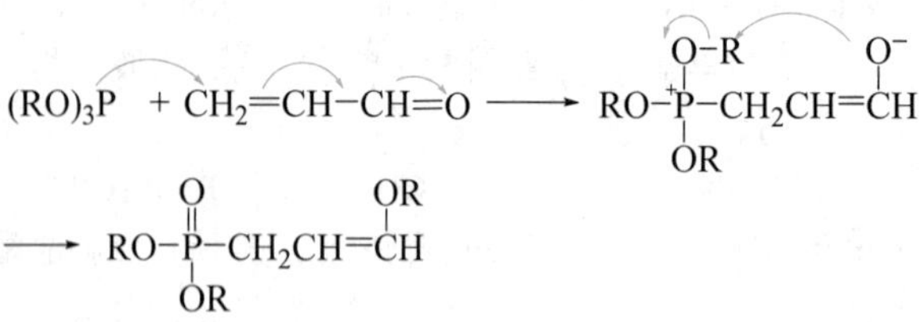

13.2.3　磷酸酯

五价磷化合物主要包括磷酸酯和膦酸及其衍生物，膦酸可以看作磷酸分子中的羟基被烃基取代的衍生物：

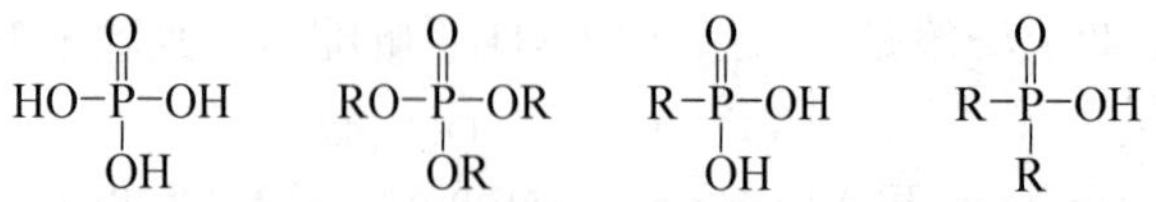

磷酸　　　　磷酸酯　　　　膦酸　　　　次膦酸

五价磷化合物都按磷酸或膦酸的衍生物来命名，凡是含氧的酯基，都用前缀"*O*-烷基"标示，含 P—N 或 P—X 键的化合物则看作相应含氧酸的—OH 被氨基或卤素取代后形成的磷（膦）酰胺或磷（膦）酰氯。例如：

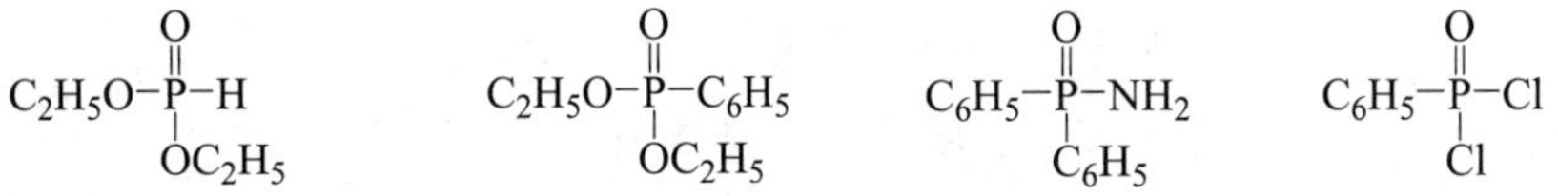

O,O-二乙基膦酸酯　　*O,O*-二乙基苯膦酸酯　　二苯基磷酰胺　　苯膦酰氯

1. 磷酸酯类化合物的合成

磷酸酯类化合物的制备方法：一般以 PCl_3 为原料，与过量的一元醇反应，生成亚磷酸酯，然后通过取代、加成或酯交换等方法来合成具有杀虫效果的磷酸酯。例如：

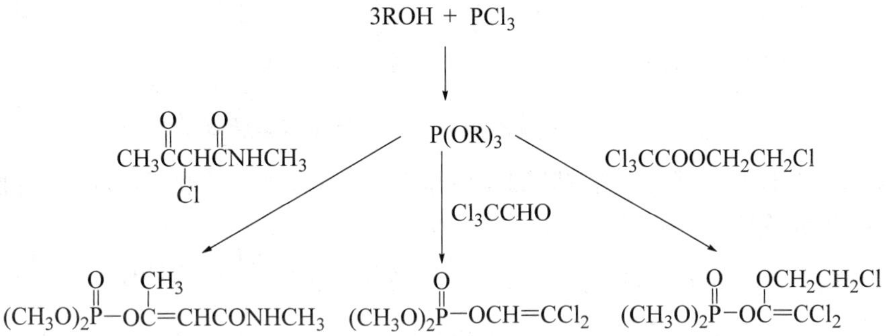

2. 磷酸酯类化合物的应用

生物体内都含有磷，但并不是以上述有机磷化合物的形式存在的，而是以磷酸衍生物（通常把含有有机基团的磷酸衍生物分类为有机磷化合物）——酯或盐的形式起作用，其中包括磷酸酯或盐、二磷酸酯及三磷酸酯类衍生物。在生物体内存在的磷酸酯类化合物多为一元酯，这些可以相互转化，在转化过程中发生能量的得失。此外，磷酸酯类化合物不仅可作为体内能源发生作用，同时也是形成生物高分子 DNA 或 RNA 主链的重要成分。

磷是一种很特别的元素，一方面它是生命体不可或缺的重要元素，但另一方面大量的有机磷化合物又对生命体有强烈的毒性。如在农药发展史上曾经起着支撑作用的有机磷杀虫剂，具有药效高、品种数量大、使用方便、易降解、对作物安全等特点，很多品种仍在继续使用，如毒死蜱、草甘膦、马拉硫磷等。另外一些化合物对哺乳动物具有强烈的致死性，如沙林、羧曼等，是化学武器中的重要品种。

13.3　含碳氮重键和氮氮重键的化合物

13.3.1　分类和命名

N 原子可以与 C 原子或另一个 N 原子形成双键，甚至叁键化合物。含有碳氮重键和氮氮重键的化合物主要有以下几种：

亚胺类 　　$\diagdown$C=NR　　$\diagdown$C=N$-$OH　　$\diagdown$C=NNHR

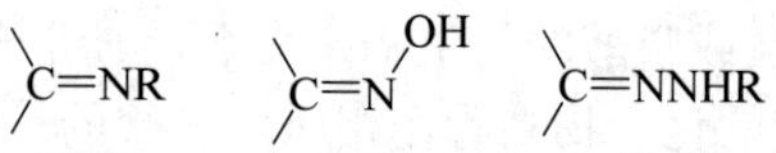

　　　　　　　亚胺　　　　　肟　　　　　　腙

腈类　　　R—C≡N　　R—C≡N$\longrightarrow$O

　　　　　　　腈　　　　　氧化腈

重氮类　　RCH=N≡N

偶氮类　　R—N=N—R'

叠氮类　　R—N=N≡N

N 原子上没有取代基的亚胺的命名是在"亚胺"的名称前加上烃基的名称即可。如：

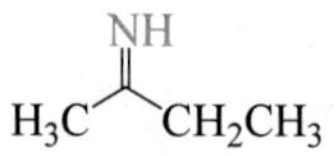

2-丁亚胺 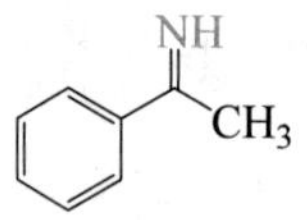　　　　　1-苯乙亚胺 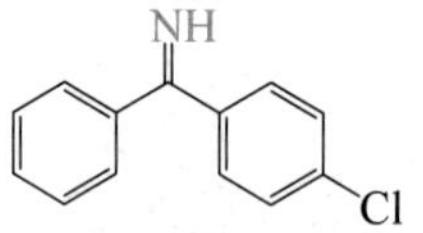　　　苯基（4-氯苯基）甲亚胺

但当 N 原子上有取代基时，则按胺的亚烃基取代物来命名。需要指出的是，亚胺具有顺、反异构现象，在命名时应该将构型表示出来。例如：

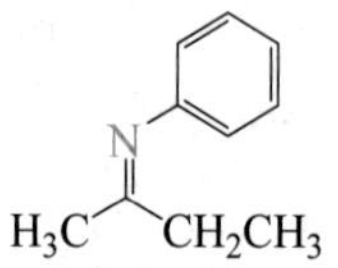

(Z)-N-2-亚丁基苯胺 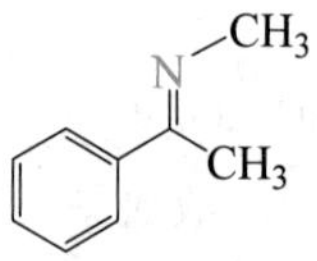　　(E)-N-1-苯亚乙基甲胺 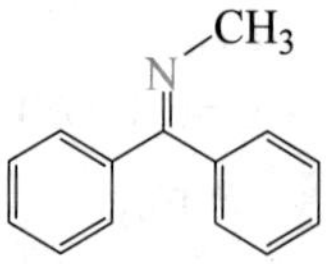　　N-二苯亚甲基甲胺

肟和腙的命名很简单，按相应的羰基化合物的名称来命名即可。例如：

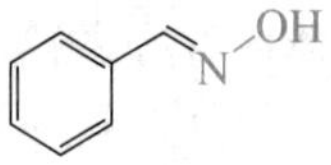

(E)-苯甲醛肟 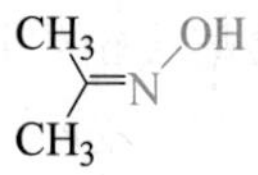　　　　　　丙酮肟

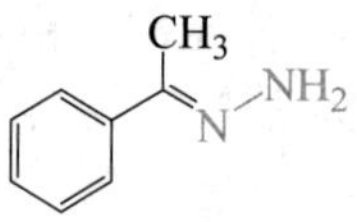

苯乙酮腙 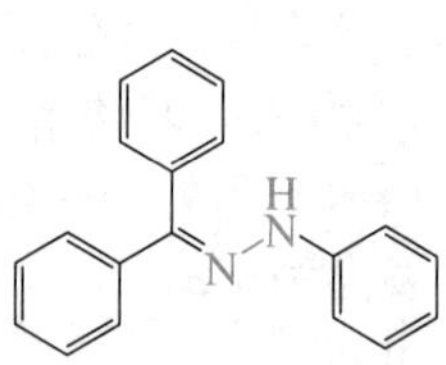　　　　　　N-苯基二苯酮腙

腈的命名也很简单，脂肪族腈可以根据碳原子数目的多少直接命名为"某腈"，芳香族腈在以腈为母体时命名为"某芳腈"，而作为取代基时—CN 基团称"氰基"。如：

CH₃CN

乙腈　　　　　苯腈 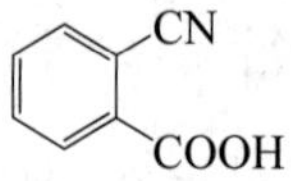　　　2-氰基苯甲酸

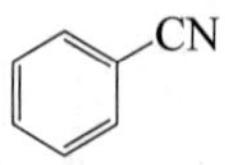

常见的重氮化合物不多，直接称为"重氮化合物"即可。例如：

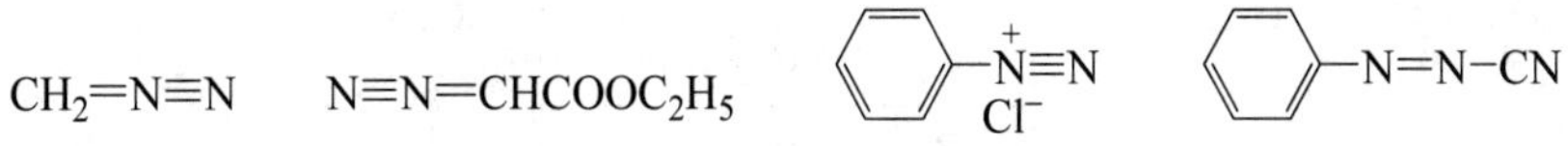

$$CH_2=N=N \qquad N=N=CHCOOC_2H_5$$

重氮甲烷   重氮乙酸乙酯   氯化重氮苯   氰化重氮苯

偶氮化合物的命名是在"偶氮"二字后面放上所连接的两个烃基的名称即可。例如：

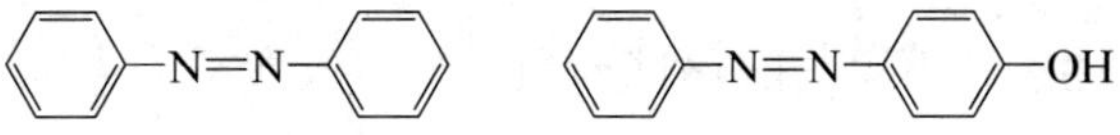

偶氮苯   对羟基偶氮苯

$$CH_3-N=N-CH_3$$

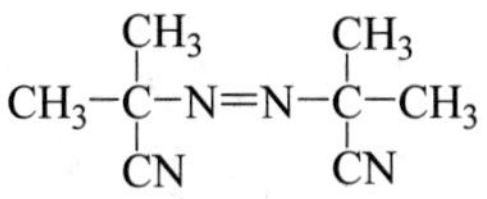

偶氮甲烷   偶氮二异丁腈

13.3.2 亚胺

1. 亚胺的制备

亚胺的制备一般采用伯胺与醛、酮在酸性条件下通过加成-消除反应制得：

$$RNH_2 + R'CR'' \ \rightleftharpoons \ R'-\overset{NR}{\underset{}{C}}-R'' + H_2O$$

该反应是可逆的，因此及时移除水对反应是有利的。

2. 亚胺的化学性质

从结构上看，亚胺介于烯烃和羰基化合物之间，因此它具有这两类化合物的一些共同特征，同时也具备亚胺独特的化学性质。

（1）水解　亚胺在酸催化下很容易水解回到原来的醛或酮。例如：

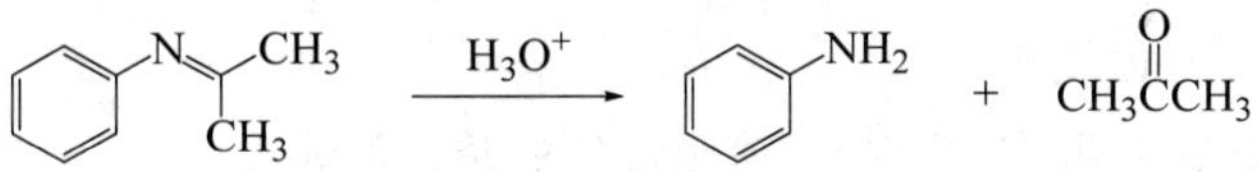

（2）氢化　亚胺在催化氢化或还原剂（如 $NaBH_4$、$LiAlH_4$ 等）作用下，可以还原为胺：

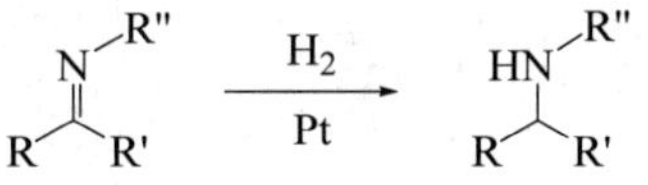

13.3.3 肟

1. 肟的制备

（1）由羰基化合物合成　这是合成肟的主要方法。例如：

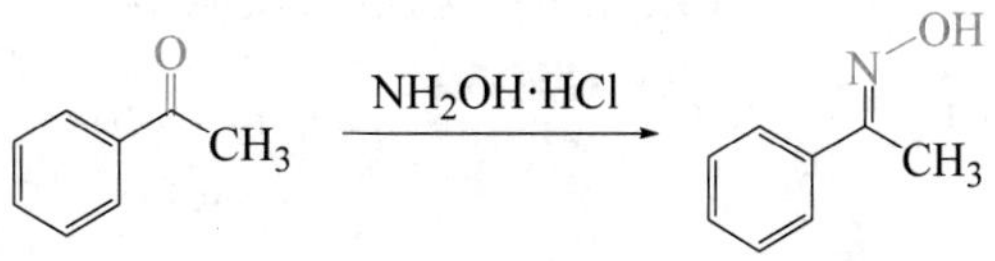

（2）用亚硝酸酯制备　含有活泼氢的化合物,可以采用亚硝酸酯与其在低温下反应制得。例如：

$$\text{(structure: 2,3-dimethyl-nitrobenzene)} \xrightarrow[\text{t-BuOK, }-60\sim-55℃]{\text{C}_4\text{H}_9\text{ONO, DMF}} \text{(product aldoxime)} \quad 77\%$$

2. 肟的化学性质

（1）醚化　肟在碱性条件下可与醚化试剂通过亲核取代反应来制备肟醚，例如：

$$\text{PhCH=NOH} \xrightarrow[\text{K}_2\text{CO}_3]{\text{CH}_3\text{I}} \text{PhCH=NOCH}_3$$

（2）酰化　肟与酰氯或酸酐反应可制得肟酯。例如：

$$\text{PhCH=NOH} \xrightarrow[\text{NaOAc}]{\text{Ac}_2\text{O}} \text{PhCH=NOCCH}_3 \ (\text{O})$$

（3）Beckmann 重排　肟在强酸（通常用浓 H_2SO_4）或 PCl_5 作用下，会发生分子重排反应生成酰胺，这种反应称为 Beckmann 重排反应。例如：

$$\text{(cyclohexanone oxime)} \xrightarrow{\text{H}^+} \text{(caprolactam, NH)}$$

这一反应为反式重排，即迁移基团是与羟基处于反式位置的烃基，其机理如下：

$$R\text{C}(R')=N\text{OH} \xrightarrow{\text{H}^+} R\text{C}(R')=N\text{OH}_2^+ \xrightarrow{-\text{H}_2\text{O}} R'\text{C}=\overset{+}{N}R \xrightarrow{+\text{H}_2\text{O}}$$

$$\text{H}_2\overset{+}{\text{O}}\text{C}(R')=NR \xrightarrow{-\text{H}^+} \text{HOC}(R')=NR \rightleftharpoons \text{O=C}(R')\text{—NHR}$$

（4）脱水　醛肟在酸酐作用下能迅速脱水生成腈。例如：

$$\text{(3,4-dimethoxybenzaldoxime)} \xrightarrow{\text{Ac}_2\text{O}} \text{(3,4-dimethoxybenzonitrile, CN)} \quad 75\%$$

13.3.4 腈

1. 腈的制备

（1）从卤代烃制备　卤代烃与氰盐进行的亲核取代反应是制备腈常用的方法。例如：

$$\text{BrCH}_2\text{CH}_2\text{CH}_2\text{Br} + 2\text{NaCN} \xrightarrow[\text{36 h}]{\text{C}_2\text{H}_5\text{OH}} \text{NCCH}_2\text{CH}_2\text{CH}_2\text{CN} + 2\text{NaBr} \quad 86\%$$

$$\text{Ph—CH}_2\text{Cl} + \text{NaCN} \xrightarrow[\triangle]{\text{H}_2\text{O}} \text{Ph—CH}_2\text{CN} + \text{NaCl} \quad 70\%$$

芳腈也可采用这一方法，但需要在较高温度下进行。例如：

65%

（2）伯酰胺脱水　伯酰胺在高温下或 P_2O_5 作用下脱水可以得到腈，很多芳香族腈的工业化生产均采用这一方法。例如：

$$BrCH_2CONH_2 \ + \ P_2O_5 \ \xrightarrow{\triangle} \ BrCH_2CN \ + \ 2HPO_3$$
98%

（3）羰基化合物与 HCN 的加成　醛或者酮可以与 HCN 发生加成反应，制备α-羟基腈类化合物，例如：

$$CH_3CH_2CHO \ + \ NaCN \ \xrightarrow{NaHSO_3} \ CH_3CH_2\overset{OH}{\underset{}{C}}HCN$$
75%

2. 腈的化学性质

（1）水解　腈在酸性或碱性条件下均可彻底水解生成羧酸，如果控制条件反应，则可以停留在酰胺一步。

$$RC{\equiv}N \ \xrightarrow[H_2O]{H^+} \ R\overset{O}{\overset{\|}{C}}NH_2 \ \xrightarrow[H_2O]{H^+} \ R\overset{O}{\overset{\|}{C}}OH$$

（2）还原　腈在催化氢化条件下可以被还原为胺：

$$RC{\equiv}N \ \xrightarrow[Pt]{H_2} \ RCH_2NH_2$$

（3）α-H 的取代　氰基是一个比较强的吸电子基团，因此腈的 α-H 也具有一定的酸性，在强碱的作用下可以生成碳负离子，所以腈也可以进行 α-H 的取代和缩合反应。例如：

65%

90%

（4）醇解　腈在酸催化下与醇反应生成亚胺酸酯，后者再水解生成酯：

$$RCH_2C{\equiv}N \ + \ R'OH \ \xrightarrow{H^+} \ RCH_2\overset{NH}{\overset{\|}{C}}-OR' \ \xrightarrow[H_2O]{H^+} \ RCH_2\overset{O}{\overset{\|}{C}}-OR'$$

（5）氨解　腈与胺作用可生成脒：

$$RCH_2C{\equiv}N \ + \ R'NH_2 \ \longrightarrow \ RCH_2\overset{NH}{\overset{\|}{C}}-NHR'$$

（6）与格氏试剂反应　腈与格氏试剂进行亲核加成可生成亚胺，亚胺再水解可得到酮，是合成酮的一种好方法：

$$RCH_2C\equiv N + R'MgX \longrightarrow RCH_2\overset{NMgX}{\overset{\|}{C}}-R' \xrightarrow{H_3O^+} RCH_2\overset{O}{\overset{\|}{C}}-R'$$

13.3.5 重氮化合物

1. 重氮化合物的结构和制备

用伯胺与亚硝酸反应是制备重氮盐最普遍的方法。除此之外，还有一些其他方法也可制备重氮化合物。举例如下：

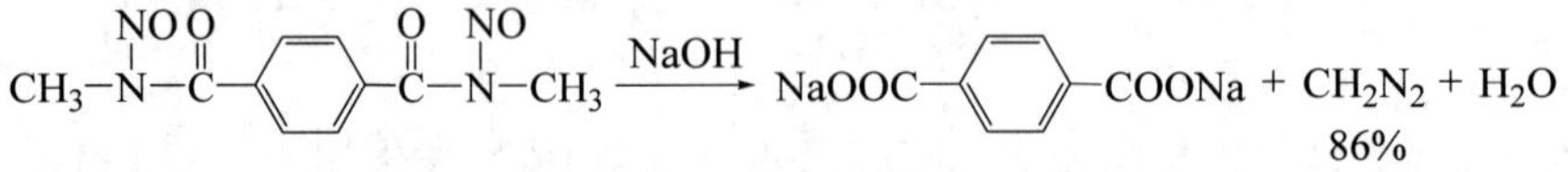

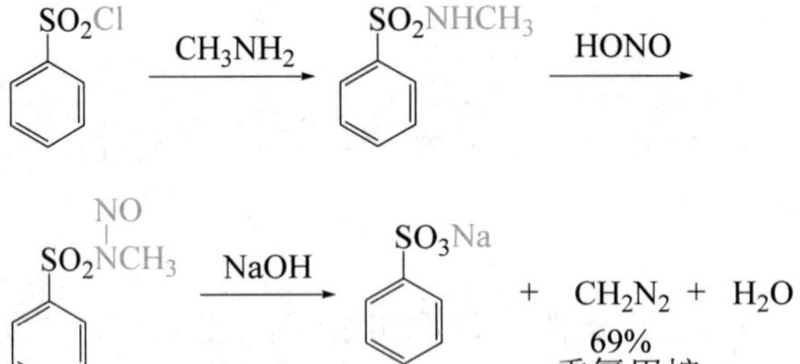

69%
重氮甲烷

$$HCl\cdot H_2NCH_2COOEt + NaNO_2 \xrightarrow{-9℃} N_2CHCOOEt$$

88%
重氮乙酸乙酯

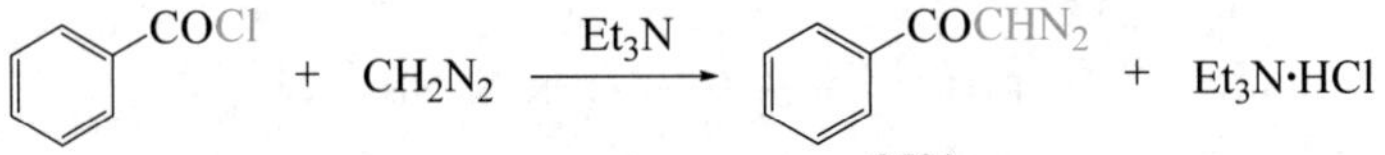

85%
重氮苯乙酮

重氮化合物的结构比较特殊，很难用一个明确的结构来表示，一般用它的几个共振极限式来表示。以重氮甲烷为例：

$$\overset{-}{C}H_2-\overset{+}{N}\equiv N \longleftrightarrow CH_2=\overset{+}{N}=\overset{-}{N} \longleftrightarrow \overset{-}{C}H_2-N=\overset{+}{N} \longleftrightarrow \overset{+}{C}H_2-N=\overset{-}{N}$$

从这些结构可以看出，其分子中既有亲电中心，又有亲核中心，因此表现出特殊的反应活性，除了前面介绍过的取代反应外，还可发生一系列其他化学反应。

2. 重氮化合物的化学性质

（1）重氮盐的反应

① 与碱的反应　重氮盐与季铵盐类似，与 AgOH 作用可生成重氮碱，它也具有与季铵碱一样强的碱性：

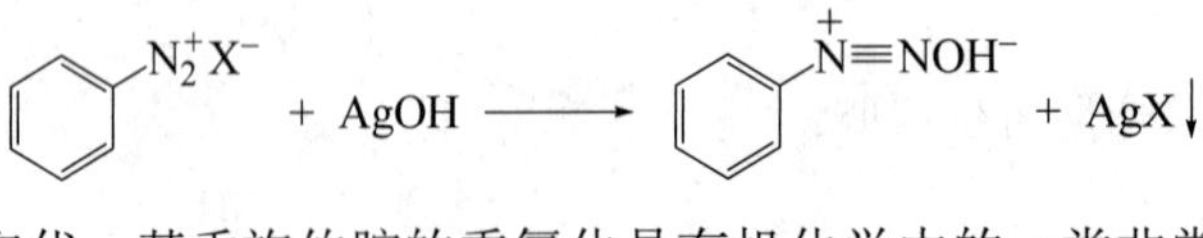

② 重氮离子的取代　芳香族伯胺的重氮化是有机化学中的一类非常重要的反应，其主要的应用如下。

i. 被卤素或氰基取代　芳香族重氮盐与 CuCl、CuBr 或 CuCN 等反应，重氮离子可分别被 Cl、Br 或 CN 取代，此类反应称为 Sandmeyer 反应。例如：

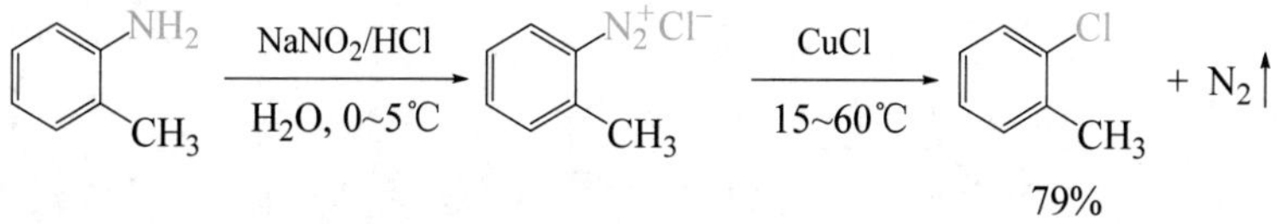

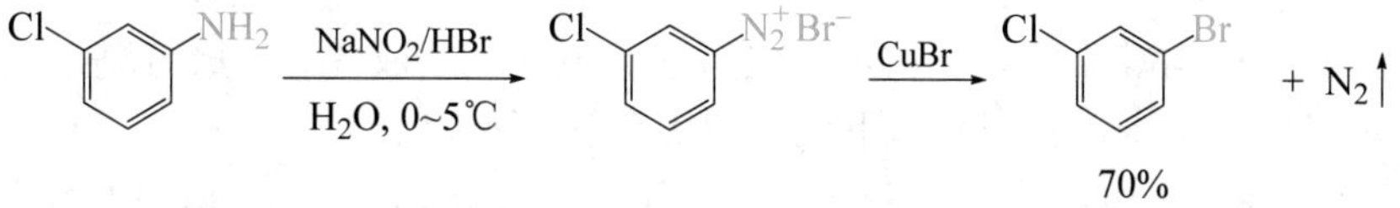

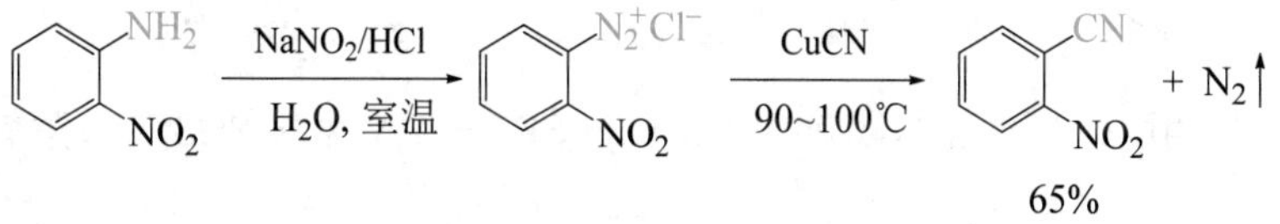

重氮盐的碘代可以直接用 KI 或 NaI 进行，由于 I⁻ 是较强的亲核试剂，所以无论重氮盐是硫酸盐还是盐酸盐，都会发生碘代。例如：

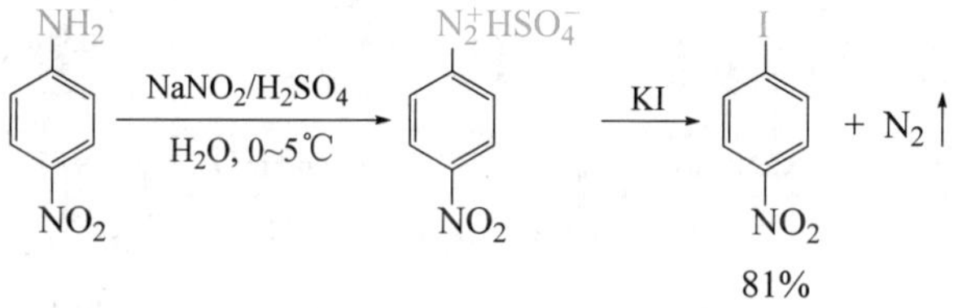

氟离子的碱性很弱，而且在水中可形成很强的氢键，因此亲核性很弱，不能取代重氮基。但将重氮盐转化为氟硼酸盐后，再加热分解，可以得到氟代芳烃，此反应称为 Schiemann 反应，是制备氟代芳烃最主要的方法。该反应属于 S_N1 反应：

$$ArN_2^+F^- \xrightarrow{HBF_4} ArN_2^+ \cdot BF_4^- \downarrow \xrightarrow[-N_2]{\triangle} Ar^+ + {}^-FBF_3 \longrightarrow Ar{-}F + BF_3 \uparrow$$

例如：

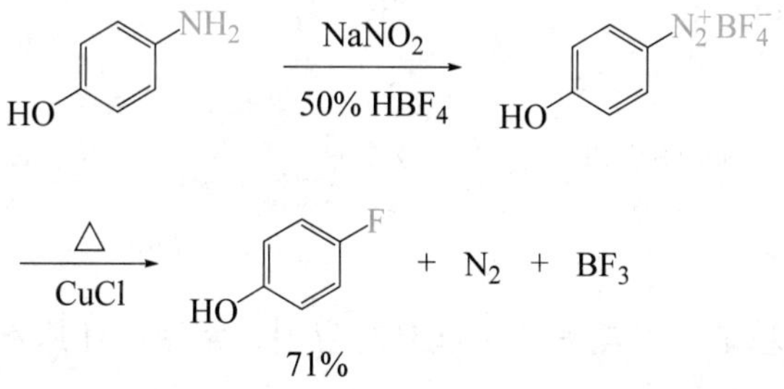

ii. 被羟基或烃氧基取代　重氮盐在水中受热分解，即可得到酚：

$$ArN_2^+ \xrightarrow[-N_2]{\triangle} Ar^+ \xrightarrow{H_2O} Ar{-}\overset{+}{O}H_2 \rightleftharpoons Ar{-}OH + H^+$$

如果用到的是重氮盐酸盐，则会得到氯代烃和酚的混合物，所以，在利用该反应制备酚时，最好用重氮硫酸盐。同时 $CuSO_4$ 和 Na_2SO_4 等对水解有明显的催化作用。例如：

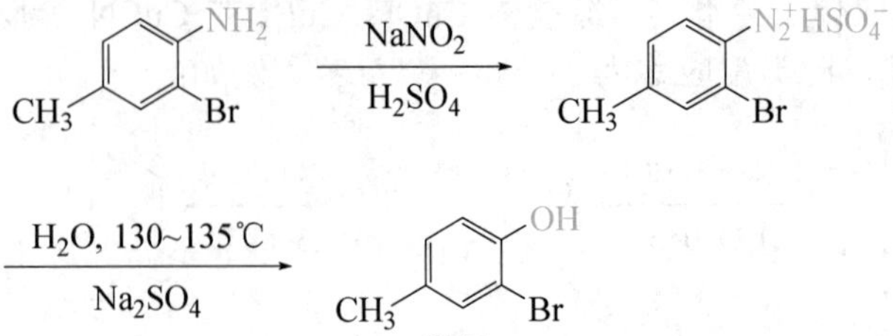

92%

用干燥的重氮盐与醇或酚一起加热，重氮基可被烷氧基取代而生成芳醚，重氮盐仍以硫酸盐为好，水量应尽量少，若在压力下进行则更有利。例如：

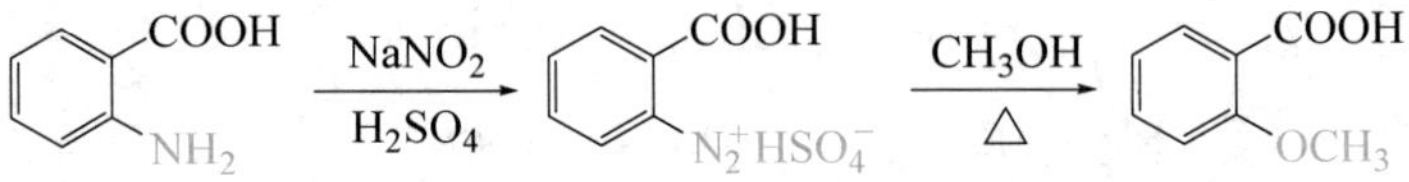

iii. 被含硫基团取代　含硫基团包括—SH，—SR，—SAr 和—SCSOR（黄原酸酯基）等。例如：

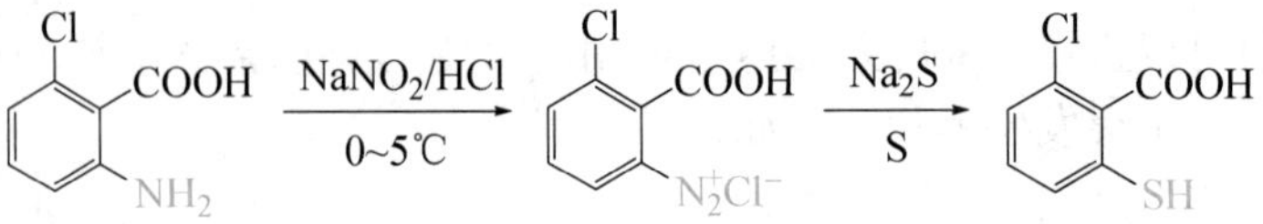

63%

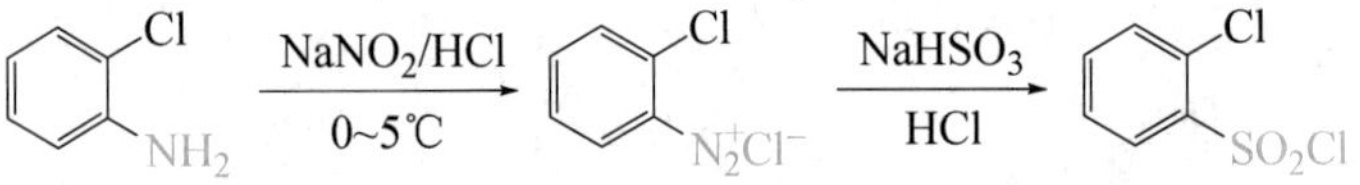

90%

③ 重氮基的还原　重氮基被 H 原子取代是脱除芳环上氨基的好方法。这是一个还原反应，最经常使用的还原剂是乙醇和次磷酸，也有用碱性甲醛、亚锡酸钠和硼氢化钠作还原剂的。例如：

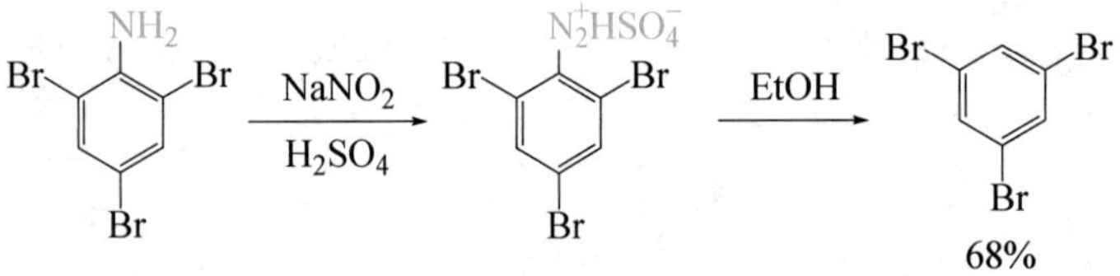

68%

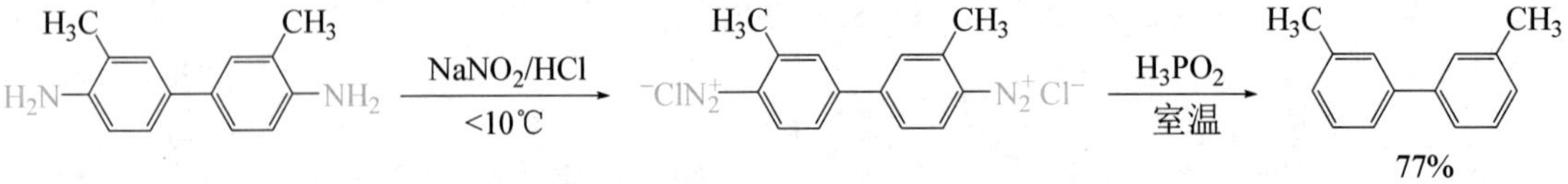

77%

重氮基被还原成肼基是重氮盐另一个重要的应用，常用的还原剂是亚硫酸盐、亚硫酸氢盐、$SnCl_2$ 和锌粉等。例如：

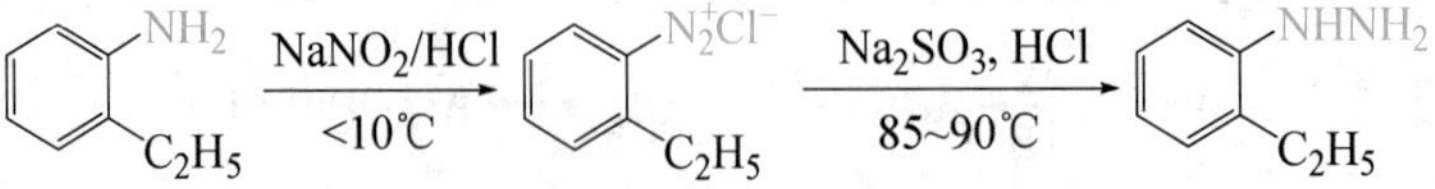

89%

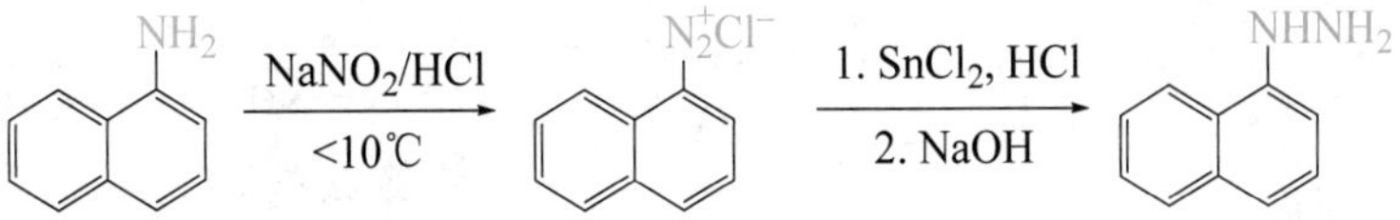

④ 重氮偶联反应　重氮离子是弱的亲电试剂，它与高活性的芳香族化合物，如酚和二烷基芳胺等作用生成偶氮化合物，这种亲电取代反应称为重氮偶联反应。例如：

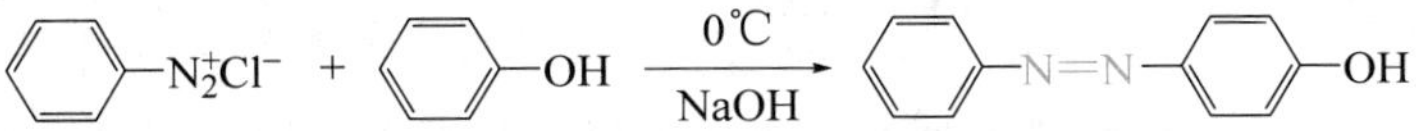

对羟基偶氮苯（橙色固体）

（2）其他重氮化合物的反应

① 与酸性化合物的反应　重氮甲烷与酸性化合物生成极不稳定的盐，后者迅速与亲核基团作用生成甲基化物，因此重氮甲烷可以作为一种甲基化试剂。例如：

$$\mathrm{RCOOH + CH_2N_2 \longrightarrow RCOOCH_3 + N_2}$$

② 与酰氯的反应　重氮甲烷与酰氯作用可以得到重氮甲基酮，后者在 Ag、Pt、Cu、Ag_2O 等或光催化下与水、胺或醇等反应可以生成多一个碳原子的羧酸或羧酸衍生物：

$$\mathrm{R\overset{O}{\overset{\|}{C}}Cl + 2CH_2N_2 \longrightarrow R\overset{O}{\overset{\|}{C}}CHN_2 + CH_3Cl + N_2}$$

③ 与醛、酮的反应　如重氮甲烷与醛、酮反应，可以在烷基或 H 中间插入一个亚甲基，得到比原醛、酮多一个碳原子的酮：

$$\mathrm{R\overset{O}{\overset{\|}{C}}R' + CH_2N_2 \longrightarrow R\overset{O}{\overset{\|}{C}}CH_2R' + N_2\uparrow}$$

$$\mathrm{R\overset{O}{\overset{\|}{C}}H + CH_2N_2 \longrightarrow R\overset{O}{\overset{\|}{C}}CH_3 + N_2\uparrow}$$

13.3.6　偶氮化合物

1. 偶氮化合物的制备

制备芳香族偶氮化合物大都采用重氮偶联反应。例如：

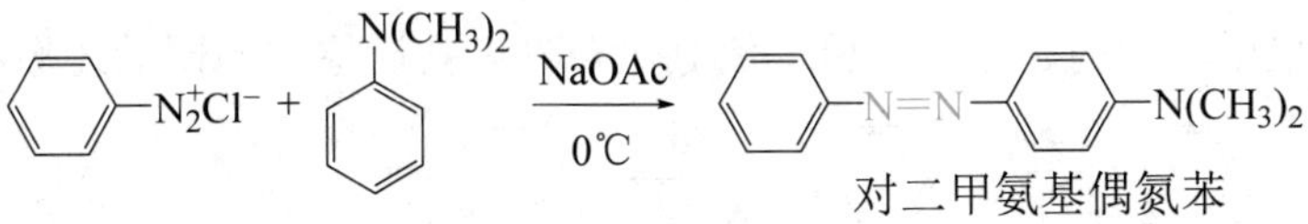

对二甲氨基偶氮苯
（黄色固体）

重氮离子与酚之间的偶联在弱碱性溶液中反应要快得多，因为酚氧负离子比酚的反应性要强。但在强碱性条件下（pH>10），重氮离子会与碱作用生成重氮酸盐，而不能发生偶联。

重氮离子与胺之间的偶联则一般在弱酸性（pH=5～7）条件下进行，因为在此条件下，重氮离子的浓度最高，同时胺也不至于转化成非活泼性的铵盐（不能发生偶联）。如果 pH<5，则偶联反应很慢。

芳香族伯胺和仲胺在中性或弱酸性条件下与重氮离子反应时，重氮离子会受到亲核性更强的氮原子的进攻，得到的是重氮氨基化合物。例如：

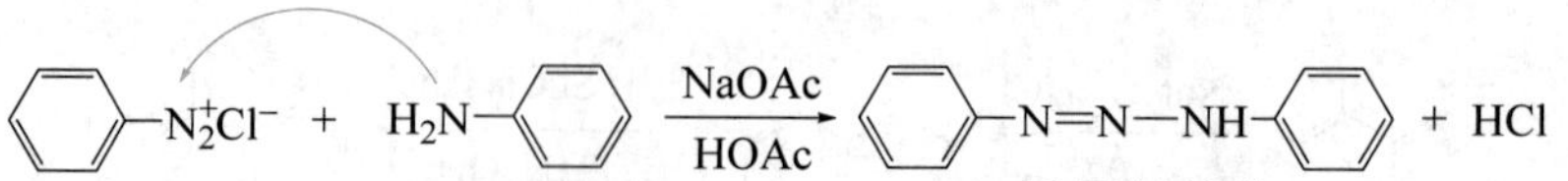

重氮氨基苯

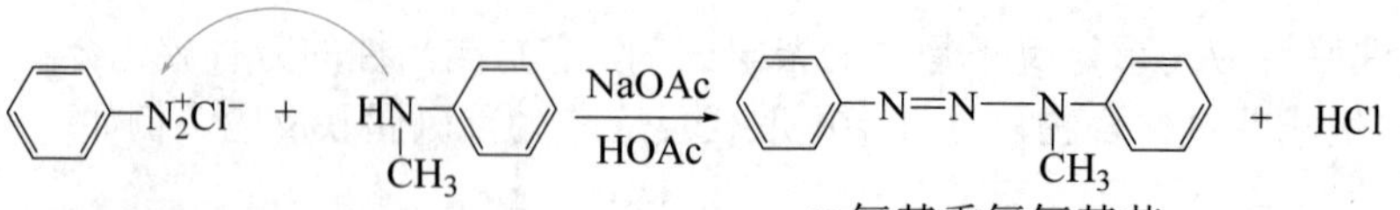

N-氨基重氮氨基苯

这就是重氮盐必须是在强酸性介质中制备的原因。生成的重氮氨基化合物与盐酸共热，将发生分子重排反应生成氨基偶氮苯：

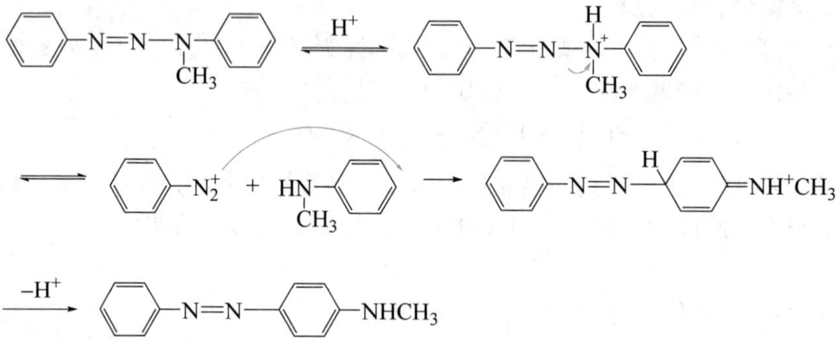

重氮离子与酚或胺的反应一般发生在它们的对位，如果对位已有取代基，则反应也可发生在羟基或氨基的邻位，但不会发生在间位。例如：

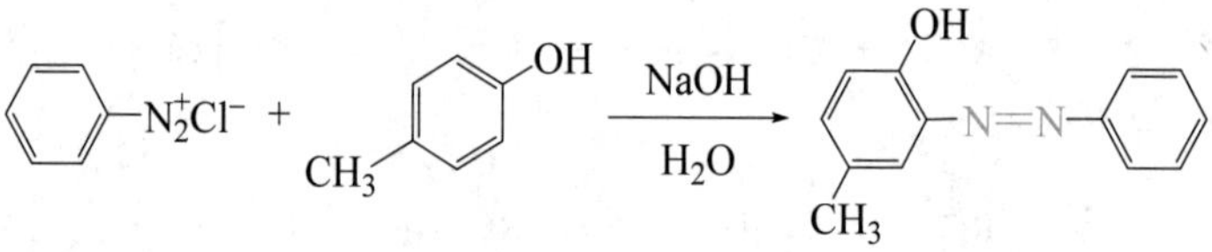

2. 偶氮化合物的化学性质

（1）氧化　芳香族偶氮化合物氧化可得到氧化偶氮化合物。例如：

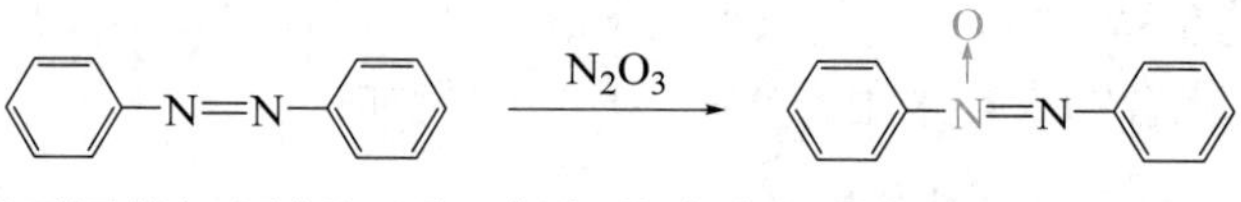

（2）还原　采用不同的还原剂还原，偶氮化合物可被还原成不同的还原产物。例如：

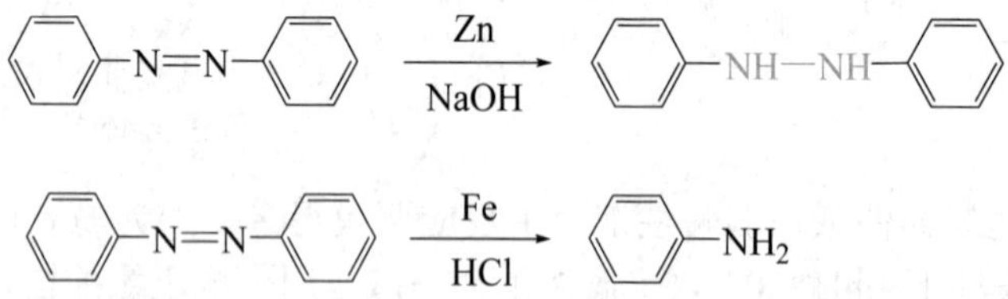

（3）热分解　芳香族偶氮化合物对光和热一般比较稳定，但脂肪族偶氮化合物则热稳定性较差，受热会发生分解，产生氮气并引发自由基反应，有时甚至引起爆炸。例如偶氮二异丁腈（AIBN）就是一种工业上常用的自由基引发剂：

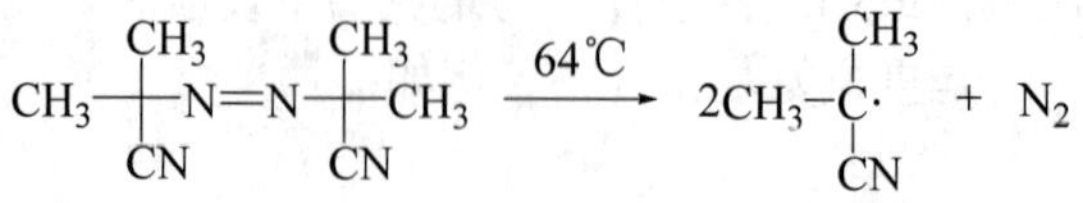

3. 偶氮化合物的应用

由于偶氮基将两个苯环连接成一个大的共轭体系，它们对光波的吸收出现在可见光区，因而偶氮化合物都有鲜亮的颜色，可以用作染料。所谓染料是指可以牢固地附着在纤维上，并具有耐光和耐洗性的物质，种类繁多，偶氮染料是染料中一个大的类型，几乎占所有染料的一半以上。例如：

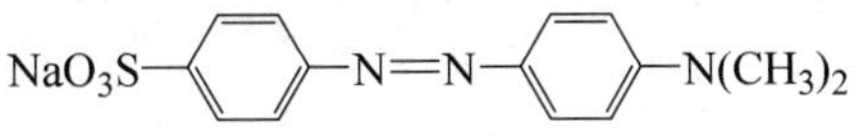

NaO$_3$S——⟨苯环⟩——N=N——⟨苯环⟩——N(CH$_3$)$_2$ ⟨苯环⟩——N=N——⟨苯环⟩——$^+$N(CH$_3$)$_3$

甲基橙　　　　　　　　　　　　　　　　奶油黄

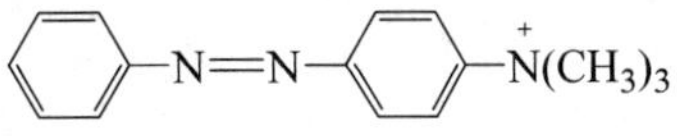

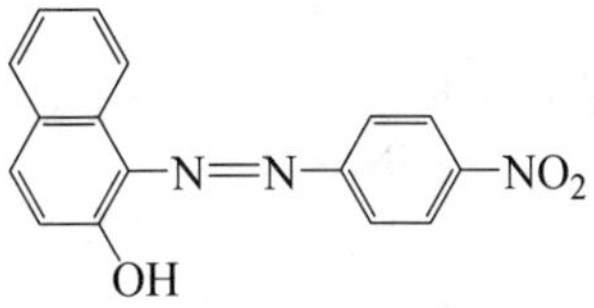

对位红　　　　　　　　　　凡拉明蓝

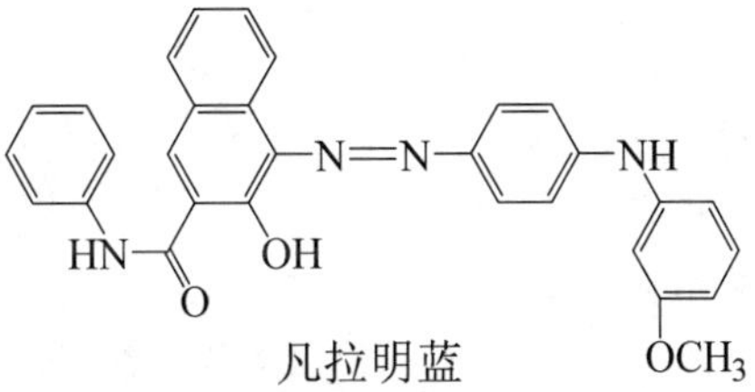

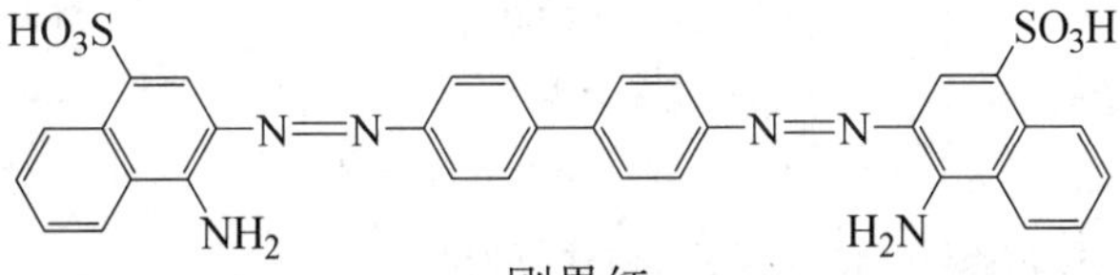

刚果红

但偶氮化合物也是一类典型的致癌化合物，是环境污染治理的重点对象之一。

其他重要的偶氮化合物如偶氮二异丁腈，为白色针状晶体或粉末，熔点 102℃。它是一种自由基引发剂，可作为氯乙烯、醋酸乙烯、丙烯腈等单体聚合时的引发剂，也用作橡胶、塑料的发泡剂、硫化剂，农药及其他有机合成的中间体。其制备方法为：

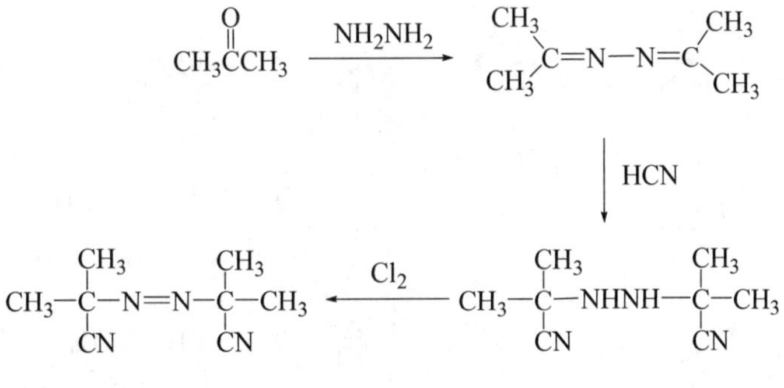

$$
\underset{\text{CH}_3\text{CCH}_3}{\overset{\text{O}}{\parallel}} \xrightarrow{\text{NH}_2\text{NH}_2} \text{(CH}_3)_2\text{C}=\text{N}-\text{N}=\text{C(CH}_3)_2
$$

↓ HCN

$$
\text{CH}_3-\underset{\underset{\text{CN}}{|}}{\overset{\overset{\text{CH}_3}{|}}{\text{C}}}-\text{N}=\text{N}-\underset{\underset{\text{CN}}{|}}{\overset{\overset{\text{CH}_3}{|}}{\text{C}}}-\text{CH}_3 \xleftarrow{\text{Cl}_2} \text{CH}_3-\underset{\underset{\text{CN}}{|}}{\overset{\overset{\text{CH}_3}{|}}{\text{C}}}-\text{NHNH}-\underset{\underset{\text{CN}}{|}}{\overset{\overset{\text{CH}_3}{|}}{\text{C}}}-\text{CH}_3
$$

习 题

1. 命名下列化合物

（1）⟨萘环⟩—NH$_2$

（2）CH$_3$CH$_2$$\underset{\overset{\text{CH}_3}{|}}{\text{CH}}CH_2NH_2$

（3）HOOC——⟨苯环⟩——NO$_2$

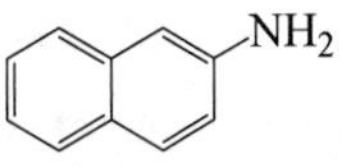

（4）⟨苯环⟩—$\underset{\overset{|}{\text{C}_2\text{H}_5}}{\text{N}}$—C$_2H_5$

微信扫码
获取答案

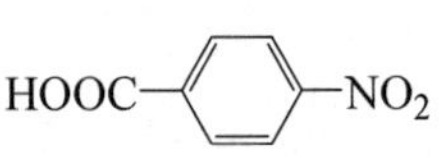

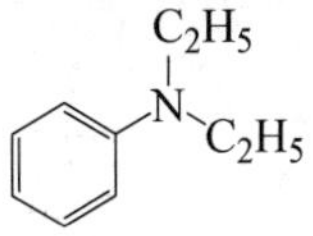

（5） 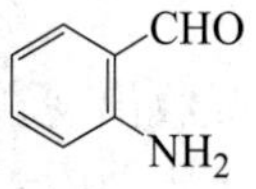 　　　　　　　　（6）

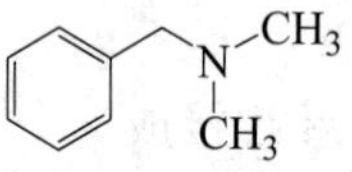

（7） 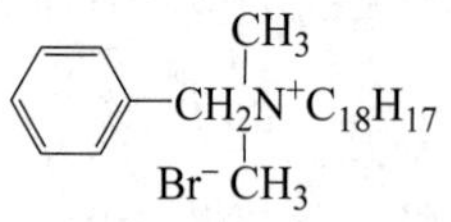 　　　　　　　　（8）

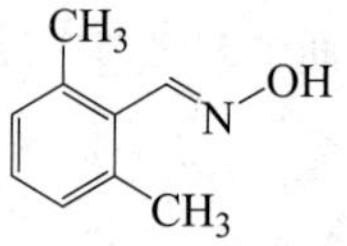

（9） 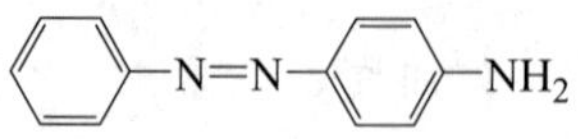 　　　　　　　　（10）

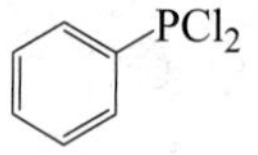

（11） 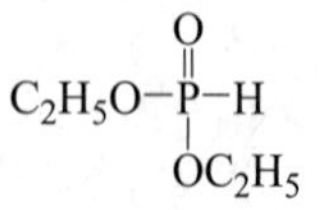 $C_2H_5O\!-\!\overset{\displaystyle O}{\underset{\displaystyle OC_2H_5}{P}}\!-\!H$　　　　　　　　（12）

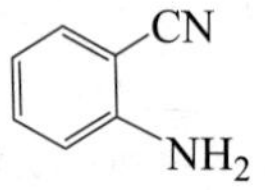

2. 写出下列化合物的结构式

（1）三乙胺　　　　　　　　　　（2）1,4-环己基二胺　　　　　　　　（3）重氮盐酸盐

（4）四丁基氢氧化胺　　　　　　（5）2-苯基丙胺　　　　　　　　　　（6）对乙酰氨基苯甲酸

（7）N,N-二甲基苯胺　　　　　　（8）三苯基膦　　　　　　　　　　　（9）间二硝基苯

（10）亚磷酸三甲酯　　　　　　　（11）对二甲氨基偶氮苯　　　　　　（12）丁酮肟

3. 将下列各组取代胺按照碱性由大到小的顺序排列

（1）戊胺、戊酰胺、四戊基氢氧化铵、N-戊基苯胺

（2）苯胺、对氨基苯乙酮、对硝基苯胺、对甲基苯胺、对甲氧基苯胺

（3）苯胺、乙酰苯胺、N-甲基乙酰苯胺、N-甲基苯胺

（4）4-溴-N-甲基苯胺、2,4-二溴-N-甲基苯胺、2,4,6-三溴-N-甲基苯胺

4. 完成下列反应

（1） 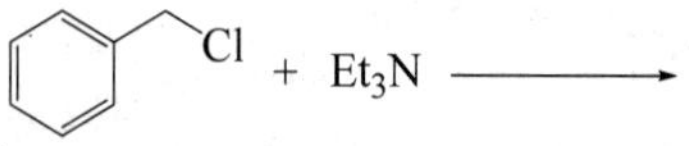 + Et₃N ⟶

（2）

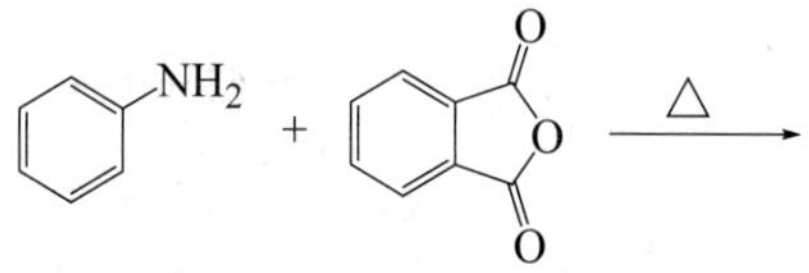

（3） $(CH_3)_4N^+I^-$ $\xrightarrow{\text{AgOH}}$

（4） 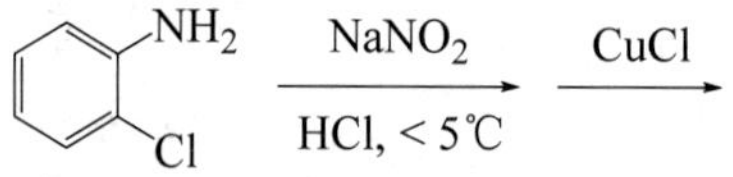 $\xrightarrow[\text{HCl, }<5℃]{\text{NaNO}_2}$ $\xrightarrow{\text{CuCl}}$

（5） $\xrightarrow{\text{Na}_2\text{S}}$

（6） $\underset{\overset{|}{\overset{+}{N}(CH_3)_3OH^-}}{CH_3CH_2CH_2CHCH_3}$ $\xrightarrow{\triangle}$

（7） $\xrightarrow[\text{HCl}]{\text{NaNO}_2}$

（8） $\xrightarrow{\text{HNO}_2}$

（9） $\xrightarrow{\text{HNO}_2}$

（10） $\xrightarrow[\text{NaOH}]{\text{NaClO}}$

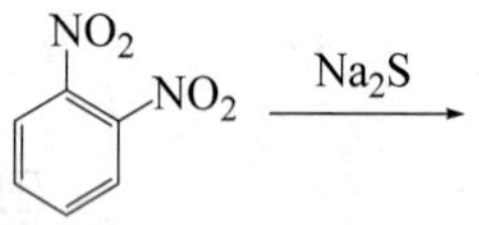

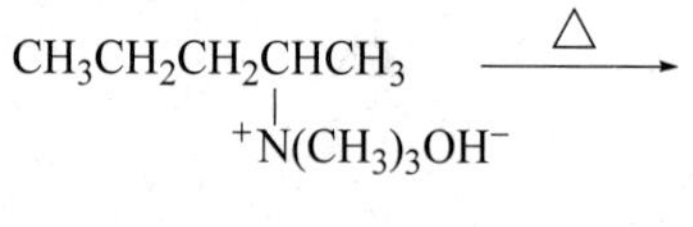

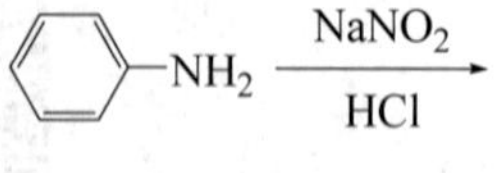

（11） + $\xrightarrow[0℃]{\text{HOAc}}$

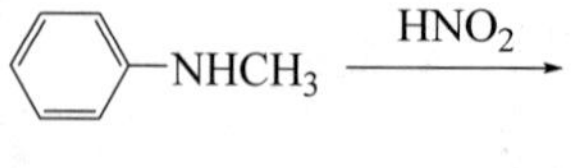

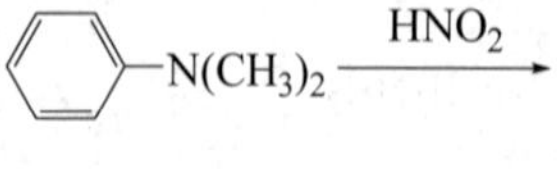

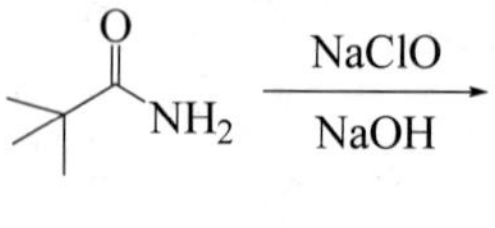

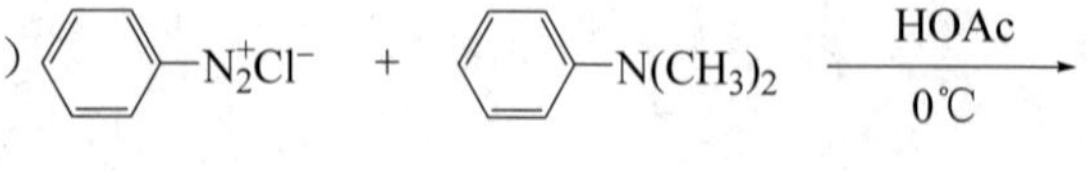

（12）

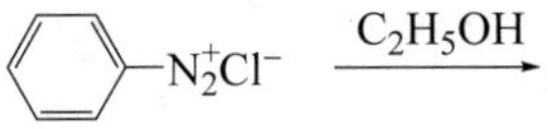

$$\underset{}{\text{Ph-}N_2^+Cl^-} \xrightarrow{C_2H_5OH}$$

（13）

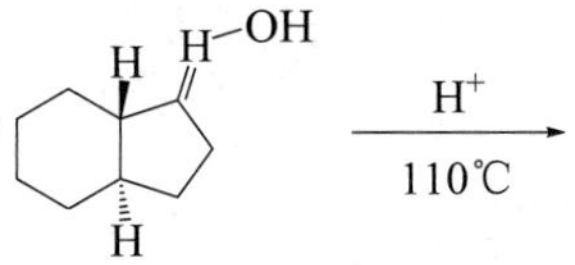

$$\xrightarrow[110\,℃]{H^+}$$

（14）

$$\text{CH}_2\text{=CH-CHO} \xrightarrow{P(OC_2H_5)_3}$$

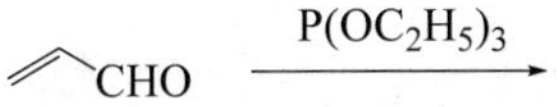

（15） $Ph_3P \quad + \quad CH_3I \longrightarrow$

5. 用化学方法鉴别下列各组化合物

（1）苯胺、环己胺、N-甲基苯胺、苯酚

（2）对甲苯胺、N-甲基苯胺、N,N-二甲基苯胺

（3）三甲基氯化铵和四甲基氯化铵

6. 由苯甲酰胺经霍夫曼降解反应制备苯胺时，得到的反应混合物中含有原料、产物及少量的苯甲酸，如何将三者分离?

7. 回答下列问题

（1）化合物甲乙丙胺是手性胺，却很难分离这对对映异构体。当其与氯苄反应生成的季铵盐后却能拆分相应的对映异构体，试解释原因。

（2）仲丁醇在浓硫酸存在下加热，发生消除反应得到一个烯烃；三甲基仲丁基氢氧化铵加热也发生消除反应得到另一个烯烃，指出这两个烯烃的不同，并解释原因。

8. 完成下列制备，无机试剂及三碳以下(含三碳)有机试剂任选。

（1）由苯制备 1,3,5-三溴苯。

（2）由苯制备间硝基苯胺。

（3）由苯制备 4-丙基-2,6-二溴苯胺。

（4）由苯制备对氰基苯甲酸。

（5）用苯胺和萘酚制备

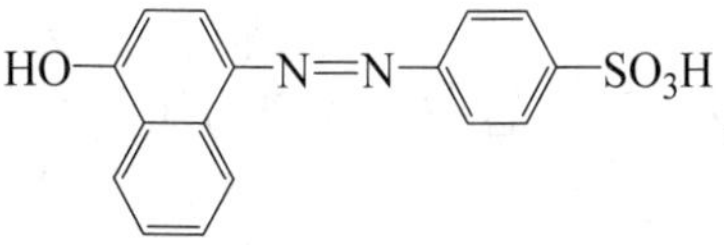

。

9. 推断化合物的结构

（1）化合物 A 的分子组成 $C_7H_{15}N$，不能使溴水褪色；可与 HNO_2 作用放出气体，得到化合物 B，分子组成为 $C_7H_{14}O$。B 能使 $KMnO_4$ 溶液褪色，B 与浓硫酸在加热下作用得到化合物 C；C 的分子组成为 C_7H_{12}，C 与酸性 $KMnO_4$ 溶液作用得到 6-羰基庚酸。试写出 A，B，C 的结构式，并写出各步反应式。

（2）化合物 A 的分子组成为 $C_9H_{13}N$。A 有旋光性，与 $NaNO_2$ 的稀盐酸溶液反应放出 N_2 并生成化合物 B，分子组成为 $C_9H_{12}O$；B 在浓硫酸存在下加热，得到化合物 C，分子组成为 C_9H_{10}；C 与酸性 $KMnO_4$ 在加热下反应生成一个二元羧酸 D，加热 D 能生成酸酐。试推断 A、B、C、D 可能的分子结构，写出 A 的构型式，并写出各步反应。

第14章

杂环化合物

在环状有机化合物中，如果构成环的原子除碳原子外还有其他原子，则称为杂环化合物，这些除碳原子外的其他原子就称为杂原子，最常见的有氧、硫、氮等。由于环状化合物可大可小，环上杂原子的数目可多可少，环与环之间还可以稠合形成稠环化合物，因此杂环化合物的数目极其庞大，无论是天然的还是人工合成的都很常见，是医药、农药等生物活性物质中的重要活性结构单元或骨架支撑结构。本章重点介绍的杂环化合物主要是具有闭合共轭体系、电子数符合 $4n+2$ 规则，具有芳香性的杂环体系，即芳杂环化合物。

14.1 分类和命名

芳杂环化合物大致可以分为单杂环和稠杂环两大类。单杂环中最常见的是五元和六元芳杂环，稠杂环则一般由苯环与单杂环或者两个以上单杂环稠合而成。

杂环化合物的命名一般采用音译法，即在音译名的旁边加一个"口"字旁作为其名称。例如：

furan	thiophene	pyridine	indole	purine
呋喃	噻吩	吡啶	吲哚	嘌呤

当杂环上有取代基时，编号应从杂原子开始。如果有多个杂原子，则遵从 O、S、N 的顺序编号。例如：

3-硝基吡啶　　4-甲基噻唑　　8-羟基喹啉

早期的文献及教科书中也有按环的大小及环上杂原子来命名的。如五元杂环称为某杂茂，六元杂环称为某杂苯等，这种命名法除了某些特殊场合外，现已不常用。表 14-1 列出了一些常见杂环母体的结构和名称。

表 14-1　一些常见杂环母体的结构和名称

分类	碳环母核	重要的杂环
单杂环	环戊二烯	呋喃　噻吩　吡咯　噁唑　噻唑　咪唑 异噁唑　吡唑　1H-1,2,3-三唑　1H-1,2,3,4-四唑
单杂环	苯 环己二烯	吡啶　哒嗪　嘧啶　吡嗪　1,3,5-三嗪　吡喃
稠杂环	萘	喹啉　异喹啉　喋啶
稠杂环	蒽	吖啶　二噁英
稠杂环	茚	吲哚　苯并呋喃　苯并噻唑　嘌呤
稠杂环	芴	咔唑　二苯并呋喃

14.2　五元杂环化合物

14.2.1　呋喃、噻吩和吡咯

1. 结构

在这三个环系中，碳原子与杂原子均采取 sp² 杂化，成环原子以杂化轨道相互结合形成σ键，并在同一个平面上。成环原子另一个杂化轨道与氢原子形成σ键。成环原子上均有一个未杂化的 p 轨道，碳原子的 p 轨道里有一个电子，而杂原子的 p 轨道里有一对电子。这五个 p 轨道垂直于分子平面，可以侧面重叠形成一个封闭的共轭体系，该体系中有 6 个电子，5 个原子，即 π_5^6 共轭体系，符合休克尔规则，具有与苯环类似的性质，因此称为芳杂环系。

2. 物理性质

呋喃存在于松木焦油中，是一种无色液体，有氯仿气味，沸点 32℃。它遇到用盐酸浸湿的松木片会显绿色，称为松木片反应。

噻吩与苯共存于煤焦油中，由煤焦油制得的苯中约含 0.5% 的噻吩，这是从煤焦油制得的苯具有异味的原因。噻吩是无色而具有特殊气味的液体，沸点 84℃，与苯相近，因此不易用蒸馏法将其除尽。但利用噻吩比苯容易磺化的性质，在含有噻吩的苯中加入浓硫酸，然后进行振荡，这样噻吩会因为形成 α-噻吩磺酸而溶于下层的硫酸中，通过分液即可实现与苯的分离。噻吩能与吲哚醌在硫酸作用下呈现蓝色，可用于检测苯中的噻吩。

吡咯存在于煤焦油和骨焦油中，为无色液体，有弱的苯胺味，沸点 130℃，吡咯蒸气遇到用盐酸浸湿的松木片会显红色，以此可检测吡咯及其低级同系物。

在非芳香体系的杂环如四氢呋喃中，由于杂原子的电负性较碳原子大，诱导效应使得成键电子云偏向杂原子，具有较大的极性。在五元芳杂环系中，杂原子与共轭双键之间具有给电子的 p-π 共轭效应，诱导效应与共轭效应的方向相反。电荷平均化的结果，使得分子的极性降低。在呋喃和噻吩中，诱导效应强于共轭效应，因此偶极矩值比相应的饱和化合物小。而在吡咯中，由于氮原子的电负性小，而其 p 轨道更接近于碳原子，因此其共轭效应强于诱导效应，故偶极矩方向与环丁胺相反，且偶极矩值更大。

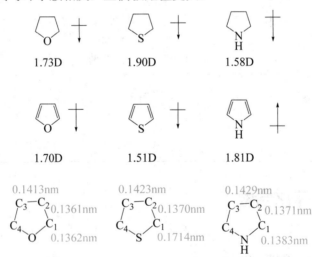

尽管这三个化合物是芳香环系，但由于分子内极化现象的存在，键长并没有完全平均化，因而它们带有部分共轭双烯的性质。

3. 光谱性质

在红外光谱中，这三个化合物的 C—H 伸缩振动吸收都出现在 3003～3077cm^{-1} 的区域，而环的伸缩振动（骨架振动）吸收出现在 1300～1600cm^{-1} 的区域，共有 2～4 条谱带。吡咯在非极性溶剂中浓度较低时，3495cm^{-1} 附近有一条尖锐的 N—H 伸缩振动吸收带，高浓度时，

N—H 伸缩振动吸收带出现在 3400cm^{-1} 附近，而在中等浓度时，两种谱带均存在。与苯环一样，由于环电流的存在，环外质子处于去屏蔽区，核磁共振氢谱信号出现在低场。例如：

呋喃	α-H	$\delta = 7.42$	β-H	$\delta = 6.37$
噻吩	α-H	$\delta = 7.39$	β-H	$\delta = 7.10$
吡咯	α-H	$\delta = 6.68$	β-H	$\delta = 6.22$

4. 化学性质

（1）亲电取代反应

呋喃、噻吩和吡咯是五中心、六电子的富电子芳香环系，因此进行亲电取代反应的速率比苯快得多，其活泼性顺序为：吡咯>呋喃>噻吩>苯。即便活性相对较差的噻吩，其反应速率也比苯快很多，如室温下在乙酸中与溴进行反应，噻吩溴代的速率是苯的 10^9 倍。因此它们的亲电取代反应通常需要在温和的条件下进行，以避免生成复杂的多取代产物。

① 硝化　这三个化合物都很容易被氧化，甚至空气就能将其氧化，因此，它们的硝化一般不能直接用硝酸作为硝化试剂，而需要用比较温和的非质子型硝化试剂硝酸乙酰酯，反应在低温下进行。例如：

$$CH_3COOCOCH_3 + HNO_3 \longrightarrow CH_3COONO_2 + CH_3COOH$$

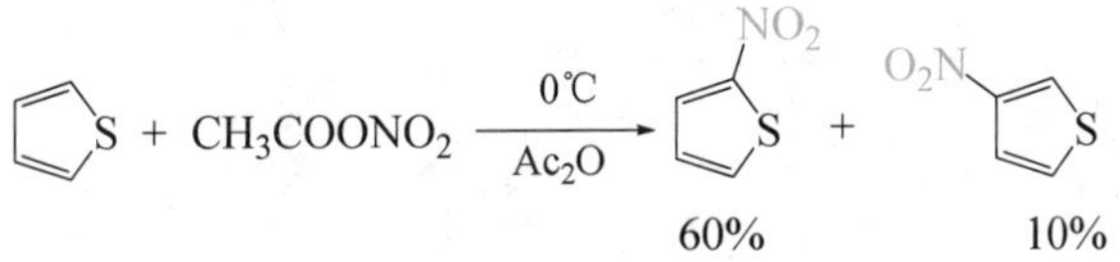

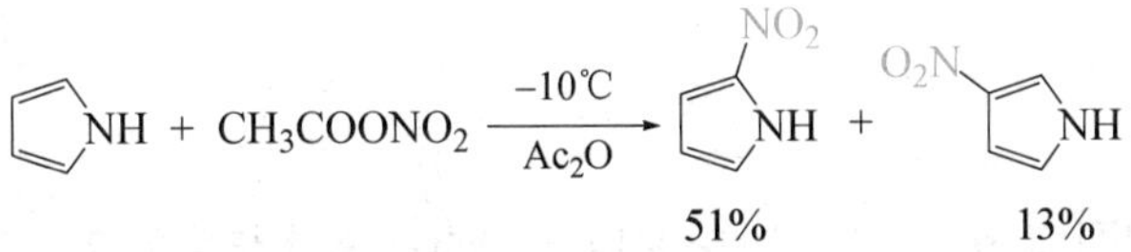

呋喃比较特殊，由于其离域能小（呋喃 66.88kJ/mol，噻吩 121.22kJ/mol，吡咯 87.78kJ/mol），芳香性较弱，反应中易形成共轭加成产物，后者经加热或用吡啶除去乙酸，可得到硝基化合物。虽然结果相似，但它们的形成途径是不相同的。

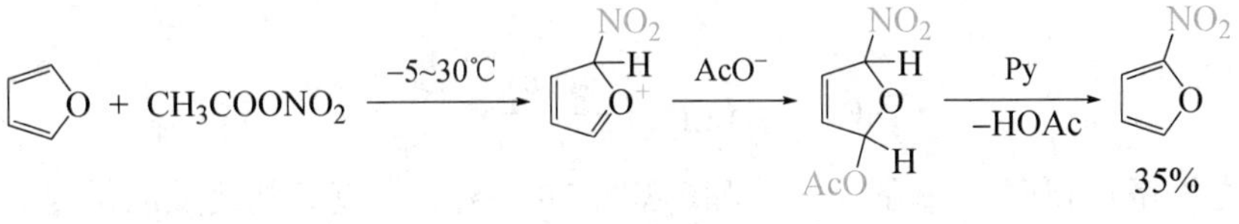

② 磺化　磺化反应的温和试剂一般用的是吡啶-三氧化硫复合物。例如：

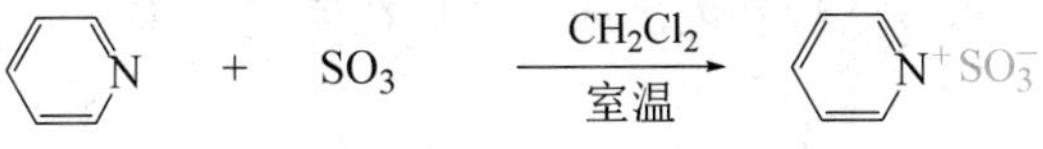

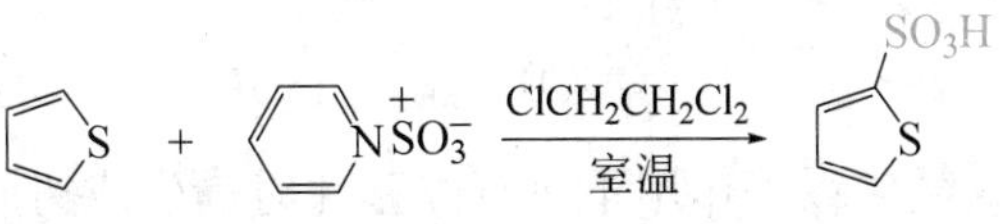

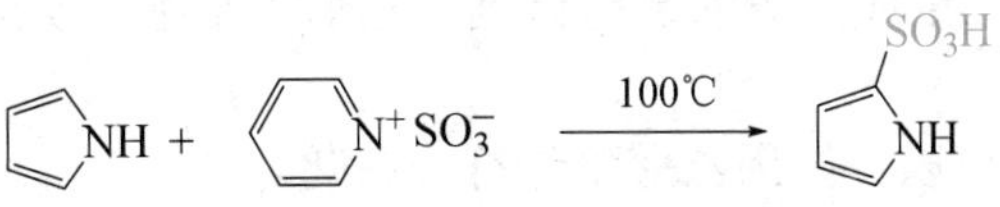

$$\text{(furan)} + \text{(pyridine·SO}_3\text{)} \xrightarrow{100℃} \text{(furan-2-SO}_3\text{H)}$$

噻吩在室温下可以与浓硫酸发生磺化反应。

$$\text{(thiophene)} + H_2SO_4 \longrightarrow \text{(thiophene-2-SO}_3\text{H)} + H_2O$$

③ 卤代　呋喃和噻吩在室温下与氯或溴的反应都很剧烈，往往得到的是多卤代的混合物，因此也需要在温和条件下进行。这里采用的策略是在低温和稀溶液中进行。由于这些杂环的活性高，因此连不活泼的碘也可直接进行碘代，但需要催化剂的催化才能完成。例如：

$$\text{(thiophene)} + Br_2 \xrightarrow[\text{室温}]{\text{HOAc}} \text{(2-Br-thiophene)}$$

$$\text{(thiophene)} + Cl_2 \xrightarrow{50℃} \text{(2-Cl-thiophene)}$$

$$\text{(furan)} + Br_2 \xrightarrow[0℃]{1,4\text{-二氧六环}} \text{(2-Br-furan)}$$

$$\text{(furan)} + Cl_2 \xrightarrow{-40℃} \text{(2-Cl-furan)}$$

$$\text{(furan)} + I_2 \xrightarrow[C_6H_6, 0℃]{\text{HgO}} \text{(2-I-furan)}$$

吡咯卤代时常得到四卤化物，2-氯吡咯是唯一能直接卤代得到的 2-卤吡咯，但它很不稳定。

$$\text{(pyrrole)} + Br_2 \xrightarrow{\text{EtOH, 0℃}} \text{(2,3,4,5-tetrabromopyrrole)}$$

$$\text{(pyrrole)} + SO_2Cl_2 \xrightarrow{\text{Et}_2\text{O, 0℃}} \text{(2-Cl-pyrrole)}$$

④ 傅-克烷基化和傅-克酰基化　呋喃、噻吩和吡咯的傅-克烷基化反应常得到多烷基取代产物的混合物，甚至不可避免地产生很多树脂状物质，因此没有制备价值。

这三个化合物都可进行傅-克酰基化反应。呋喃在催化剂作用下与酰氯或酸酐可得到相应的酰化产物。例如：

$$\text{(furan)} + CH_3\overset{O}{\underset{}{C}}O\overset{O}{\underset{}{C}}CH_3 \xrightarrow{BF_3} \text{(2-COCH}_3\text{-furan)}$$

噻吩在无水三氯化铝、氯化锡等作用下进行酰基化时易生成树脂状物质，因此，一般是将催化剂先与酰化试剂反应生成活泼的亲电试剂，然后再与噻吩反应。含噻吩的苯在进行酰化前需先除去噻吩。

吡咯在 150～200℃下可以直接用乙酸酐进行乙酰化。

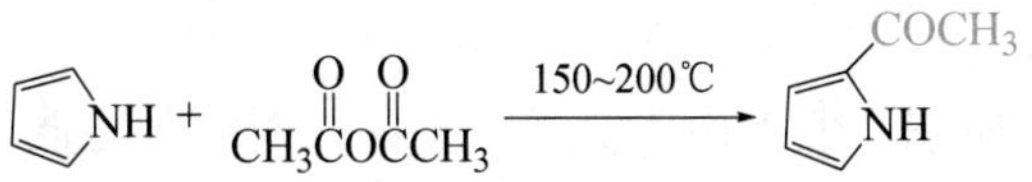

以上反应是环上无取代基的情形。如果环上已有取代基，则也存在取代基的定位效应，同时环上杂原子也有定位效应，因此取代基的进入位置是它们共同决定的结果。3-取代呋喃、噻吩和吡咯进行取代反应时，第二个取代基进入 α-位、如已有基团为邻、对位定位基，则进入该基团相邻的 α-位；如已有基团为间位定位基，则进入该基团间位的 α-位。2-取代呋喃的第二个取代基总是进入 C-5 位，而不受定位基种类的影响，这可能是因为呋喃的芳香性较低，容易进行加成得到 2,5-加成物。2-取代噻吩和 2-取代吡咯的取代基为邻、对位定位基时，反应发生在 C-3 和 C-5 位，主要为 C-5 位；如为间位定位基，则反应发生在 C-4 和 C-5 位，主要在 C-4 位上。如果两个 α-位均有取代基，则反应也可发生在 β-位上。

（2）加成反应

与芳烃一样，呋喃、噻吩和吡咯也能进行加成反应，但反应的难易程度也不相同。例如，它们均可被催化氢化，其中呋喃的氢化很容易，并很快得到四氢呋喃。而噻吩和吡咯可以停留在二氢化阶段。

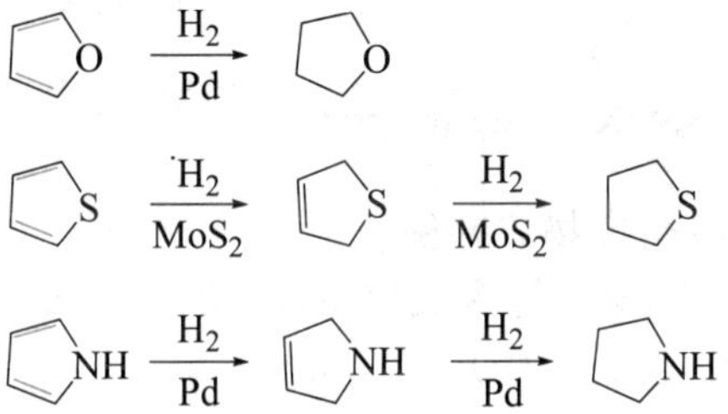

这三个化合物加成反应性能的差异在它们进行 Diels-Alder 反应时体现得最为充分。呋喃与顺丁烯酸酐很容易加成得到内式加成产物；噻吩的加成产物通常不稳定，易脱硫形成苯的衍生物；而吡咯一般不易发生 Diels-Alder 反应，典型的亲双烯试剂如顺丁烯二酸酐、丁炔二酸酯等与其只发生 Michael 型加成反应，只有更强的亲双烯体如苯炔等才能与其发生双烯合成反应。例如：

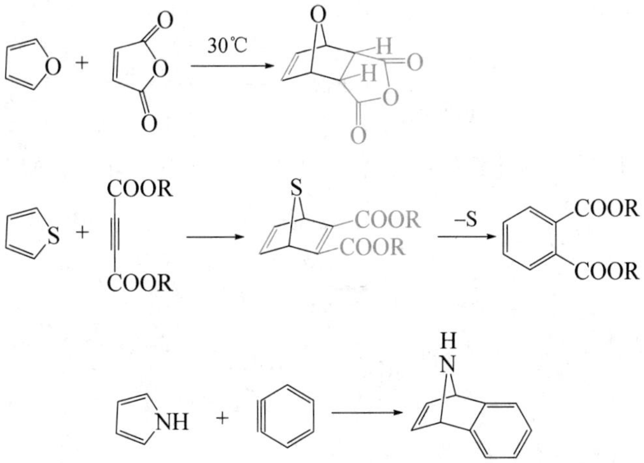

（3）吡咯的特性

从结构上看，吡咯是仲胺，但是由于氮原子上的孤对电子与碳环形成共轭体系，使得氮原子电子云密度降低，碱性减弱，因此吡咯的碱性极弱。此外，由于氮原子电子云密度降低，并且氮原子的电负性大于氢，导致与氮相连的氢能以 H^+ 形式解离，而使吡咯具有微弱的酸性，其 $K_a=10^{-15}$，较醇强而较酚弱，因此可以与强碱作用生成盐，例如：

$$\text{\textcircled{$\searrow$}NH} + KOH(s) \xrightleftharpoons{\triangle} \text{\textcircled{$\searrow$}N$^-$K$^+$}$$

$$\text{\textcircled{$\searrow$}NH} + RMgX \longrightarrow \text{\textcircled{$\searrow$}NMgX}$$

$$\text{\textcircled{$\searrow$}NH} + RLi \longrightarrow \text{\textcircled{$\searrow$}N$^-$Li$^+$}$$

这些吡咯盐可以作为亲核试剂进行亲核取代反应或亲核加成反应得到相应的含吡咯环的化合物。例如：

$$\text{\textcircled{$\searrow$}N$^-$K$^+$} + \text{PhCOCl} \xrightarrow[\text{甲苯}]{100℃} \text{PhCO-N\textcircled{$\searrow$}}$$

$$\text{\textcircled{$\searrow$}NMgX} + CH_3I \longrightarrow \text{\textcircled{$\searrow$}N—CH}_3$$

5. 呋喃、噻吩、吡咯及其衍生物的制备

呋喃的制备是从玉米芯、高粱秆等含戊聚糖较多的原料水解得到的戊糖经脱水环化得到糠醛，后者在 ZnO 或 Cr_2O_3 催化下脱 CO 而得到的。

$$C_5H_8O_4 \xrightarrow{H^+} \text{\textcircled{$\searrow$}CHO} \xrightarrow{-CO} \text{\textcircled{$\searrow$}O}$$

工业上噻吩的制备是用丁烷、丁烯或丁二烯与硫黄混合，在 600℃反应得到的。也可用琥珀酸钠与 P_2S_5 一起加热来制备。

$$CH_3CH_2CH_2CH_3 + 4S \xrightarrow{600℃} \text{\textcircled{$\searrow$}S}$$

$$\text{COONa—CH}_2\text{CH}_2\text{—COONa} + P_4S_{10} \xrightarrow{\triangle} \text{\textcircled{$\searrow$}S}$$

吡咯则可由呋喃和噻吩通过氨化而制备。事实上，这三个环系在氧化铝催化下可以相互转化。

310　　有机化学（双色版）

呋喃、噻吩和吡咯的衍生物则一般以 1,4-二羰基化合物为原料来制备。例如：

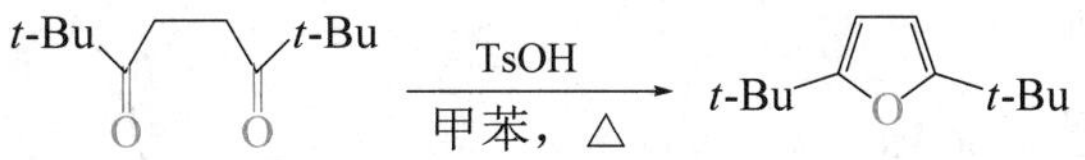

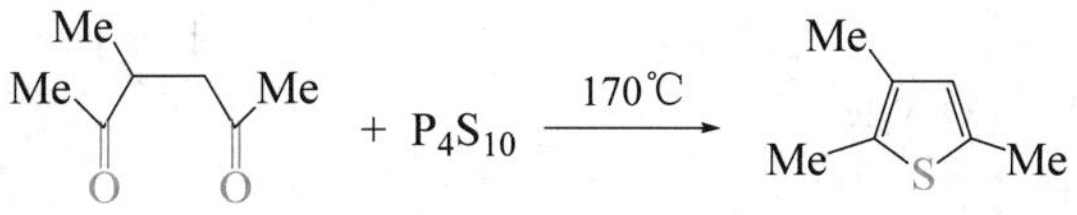

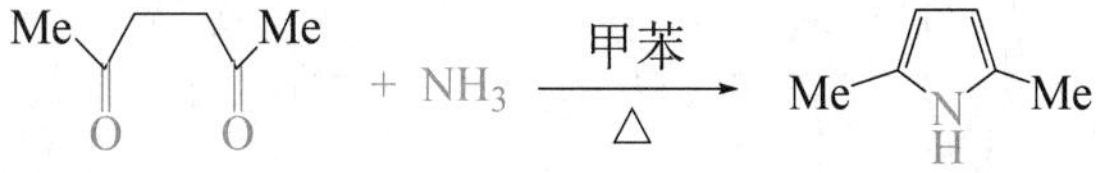

6. 在有机合成中的应用

呋喃、噻吩和吡咯除了可以利用其芳香性和双烯性质合成其衍生物外，还可以用于合成许多其他化合物。兹举例如下。

（1）合成烷烃和环烷烃　噻吩分子为各种饱和烃的合成提供了一个非常有用的平台，通过还原脱硫，可以一次性在分子中引入一个四碳结构单元：

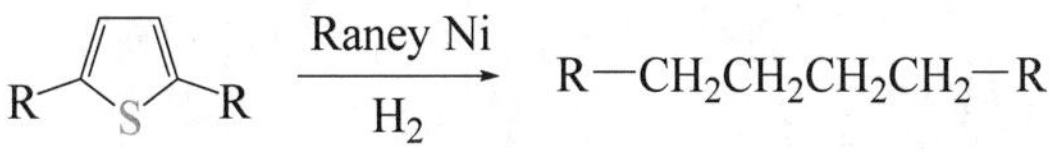

这样，通过噻吩环上不同的取代，就可得到不同的烷烃。例如巴拿马蚁的重要激素 3,7,11-三甲基三十一烷的合成：

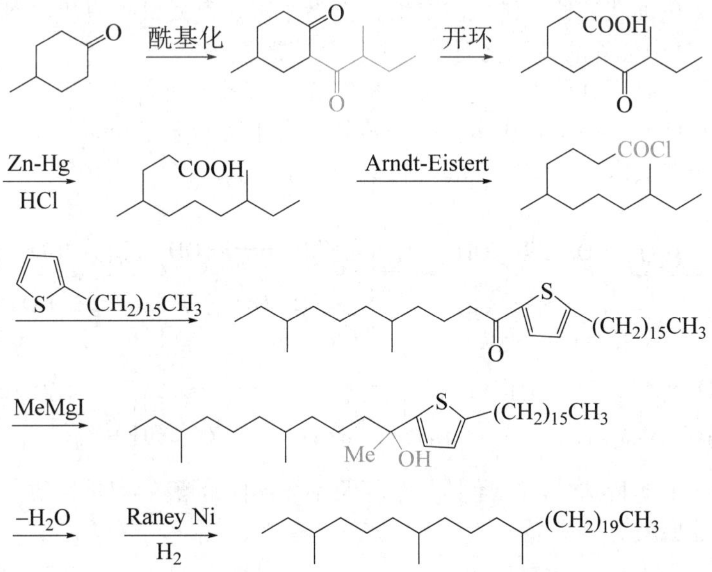

（2）合成共轭双烯　2,5-二氢吡咯经硝基羟胺处理可以得到高收率的共轭双烯。例如：

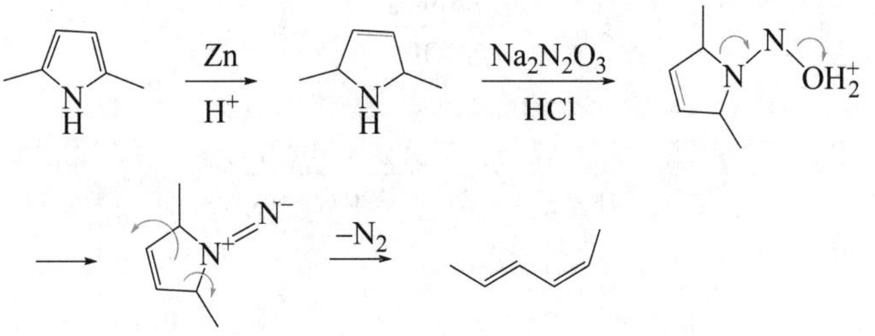

（3）合成芳香族化合物　呋喃、噻吩和吡咯的 Diels-Alder 反应产物在一定条件下均可转化为芳香族化合物。例如：

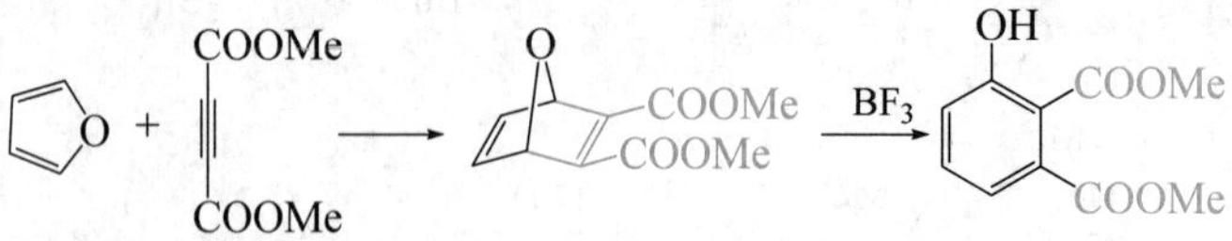

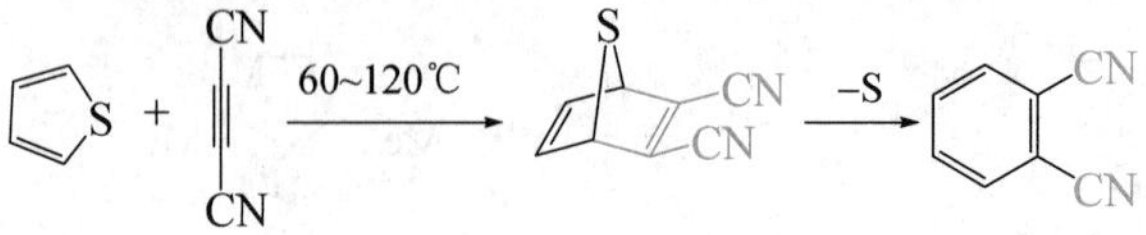

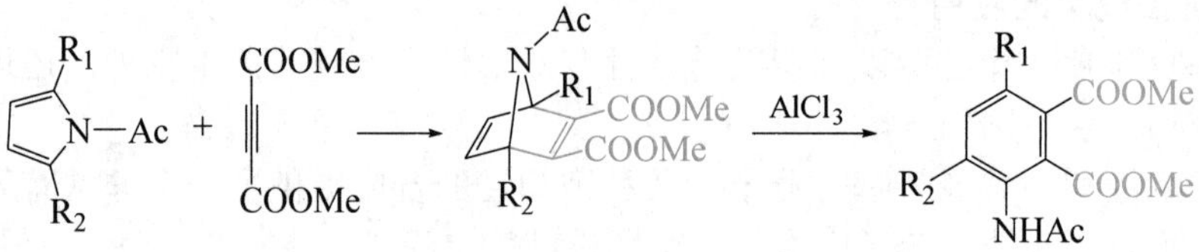

7. 重要代表物

（1）糠醛（α-呋喃甲醛）

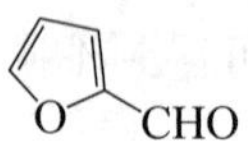

糠醛是一种无色油状液体，沸点 162℃，能溶于醇、醚及其他有机溶剂，在水中溶解度为 9%，暴露在空气中会逐渐被氧化而变为黄色至棕褐色。

糠醛的工业生产是用甘蔗渣、花生壳、棉籽壳、玉米芯或高粱秆等废弃生物质原料，经酸处理而制得。这些原料中富含戊多糖，在蒸煮釜内用稀硫酸或盐酸处理，戊多糖先解聚为戊糖，后者再进一步失水环化即得糠醛，收率为 3%～4%。

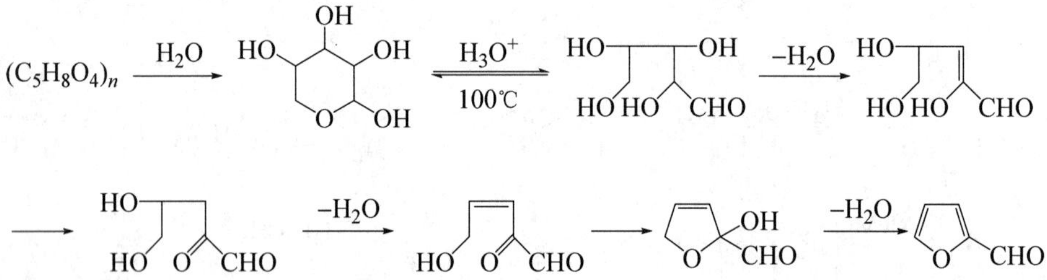

由于糠醛结构上的特殊性，它兼具芳杂环及不含α-H 的醛的双重性质，是一种应用很广泛的有机合成工业原料。

① 氧化反应

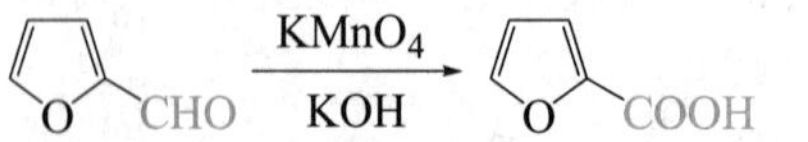

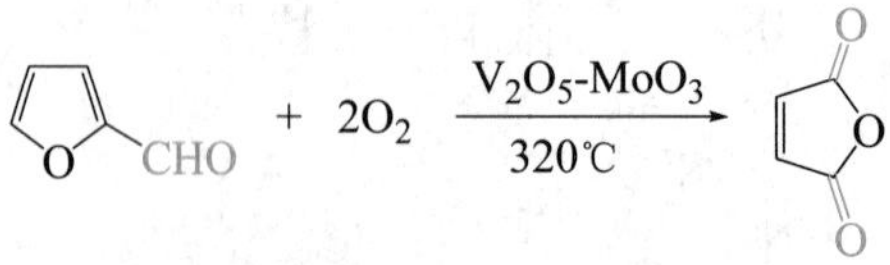

② 还原反应

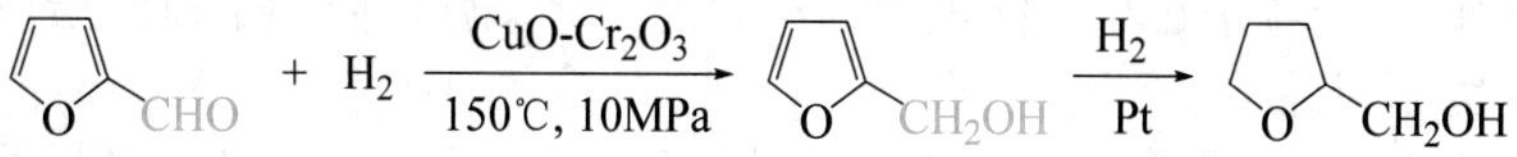

糠醇和四氢糠醇也是重要的化工原料和优良溶剂。

③ 安息香缩合反应

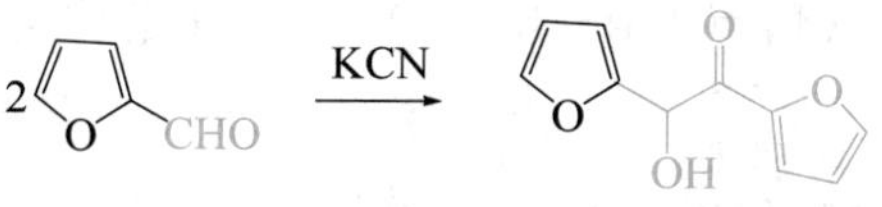

2,2'-糠偶姻

④ Cannizzaro 反应

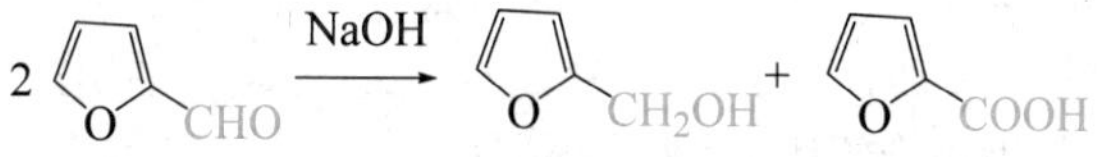

⑤ Perkin 反应

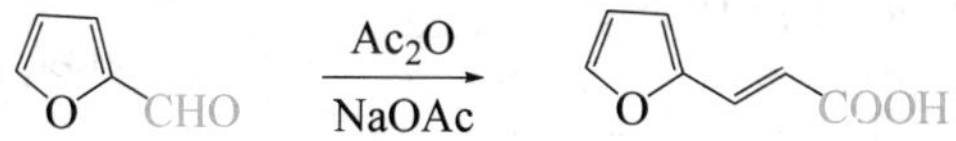

(E)-3-(呋喃-2-基）丙烯酸

（2）吡咯色素　四个吡咯环和四个次甲基交替相连组成的大环叫卟吩环，含卟吩环的化合物称为卟啉族化合物，有取代基也叫卟啉环系化合物。

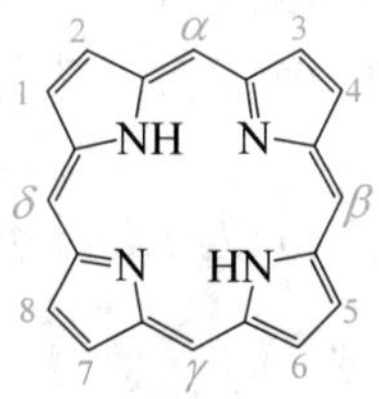

卟啉

此类化合物广泛存在于自然界中，是重要的生理活性物质。

① 血红蛋白是高等动物的血液输送氧气及二氧化碳的关键物质，是由血球蛋白与血红素结合形成的结合蛋白，经盐酸水解即得血球蛋白和血红素：

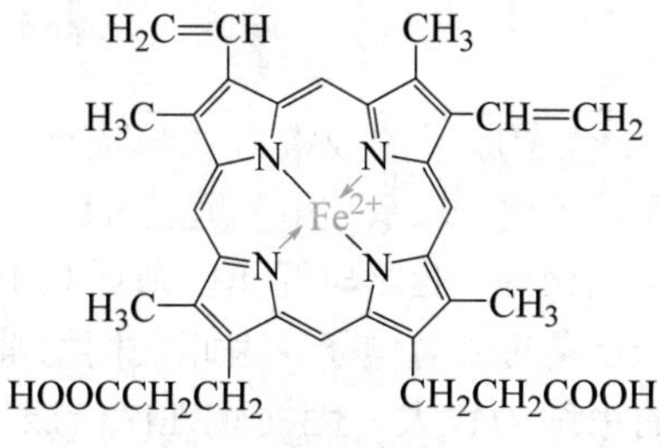

血红素

血红蛋白的功能是运载氧气，1g 血红蛋白在 0℃、0.1MPa 时可吸收 1.35L 氧气，形成氧合血红蛋白。在氧分压高的肺部，血红蛋白与氧结合形成氧和血红蛋白，随血液运送到氧分压较低的组织中，再分解为血红蛋白和氧气，氧为组织吸收以供新陈代谢之用。一氧化碳会使人中毒，其原因之一就是它与血红蛋白的结合能力比氧强，阻止了血红蛋白与氧的结合，从而造成机体缺氧而窒息。

② 叶绿素是植物进行光合作用所必需的催化剂，存在于绿色细胞内的叶绿体中，与血红素一样，它也与蛋白结合形成一个复合体，但极易分解。干燥的绿叶用盐酸处理即可得到蛋白质和叶绿素。自然界的叶绿素不是一个单纯的化合物，而是蓝绿色的叶绿素 a（熔点 117～120℃）和黄绿色的叶绿素 b（熔点 120～130℃）以 3：1 的比例组成。

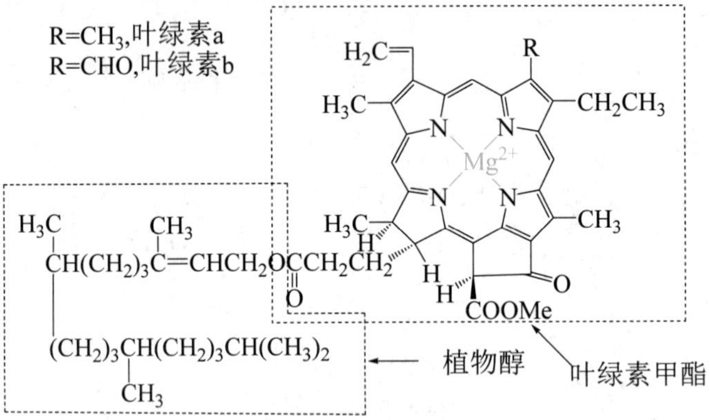

叶绿素的结构

14.2.2　唑类化合物

环戊二烯上的亚甲基及一个次甲基被两个杂原子取代的产物以及其氢化产物构成了五元单环双杂环系。本节重点讨论的是其中一个杂原子为氮原子的化合物，即唑类化合物。

1. 唑的命名和结构

根据两个杂原子所处的位置，唑可以分为 1,2-唑类和 1,3-唑类：

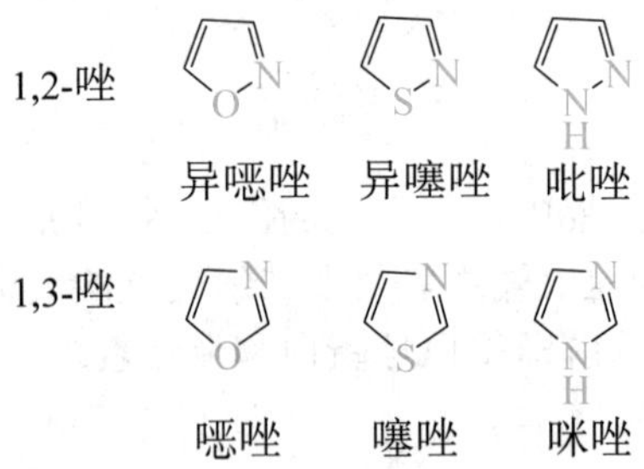

无论是 1,2-唑还是 1,3-唑，1 位杂原子的成键方式与呋喃、噻吩和吡咯完全一样，而 2 位或 3 位的氮原子均以 sp^2 杂化轨道成键，未杂化 p 轨道上的一个电子参与共轭环系的形成，因此它们也都是芳杂环系，其 $\delta_H = 7.14～8.88$。与五元单杂环系不同的是，唑类 2 位或 3 位上的氮原子上还有一对未参与 π 体系形成的孤对电子，因此它们均具有一定的碱性，但因为该对电子处于 sp^2 杂化轨道上，受核的束缚力较大，因而碱性比一般的胺类化合物弱。在 1,3-唑中，咪唑的碱性最强，而噁唑的碱性最弱。1,2-唑的碱性要弱于 1,3-唑类。

在吡唑和咪唑环中，由于 N 上的 H 原子可以发生移位，因而存在互变异构现象，但这样的互变异构体不易分离。例如：

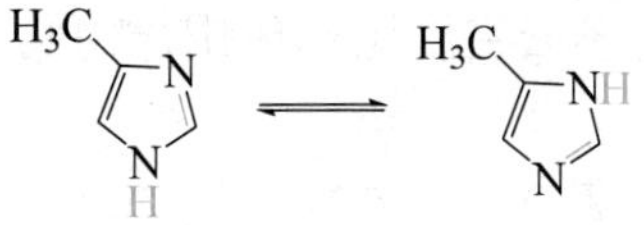

4-甲基咪唑　　　5-甲基咪唑

2. 唑的制备

1,2-唑类一般由 1,3-二羰基化合物来制备。例如:

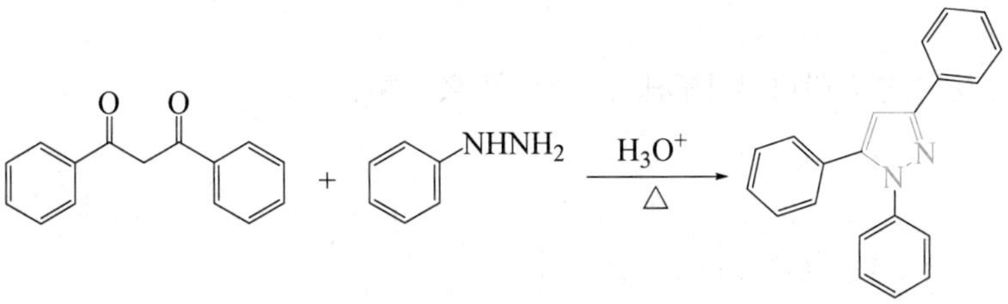

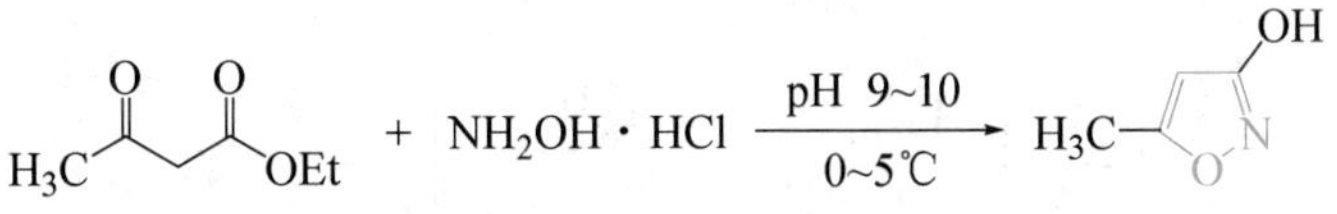

恶霉灵

也可由取代丙炔酸（酯）来制备。例如:

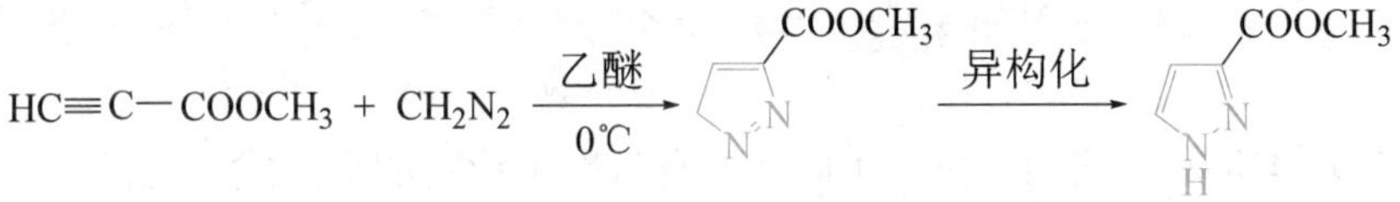

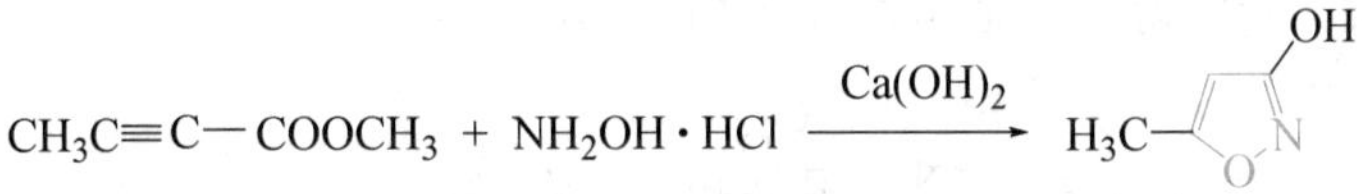

1,3-唑类化合物可由链中带有杂原子的 1,4-二羰基化合物环化而成。例如:

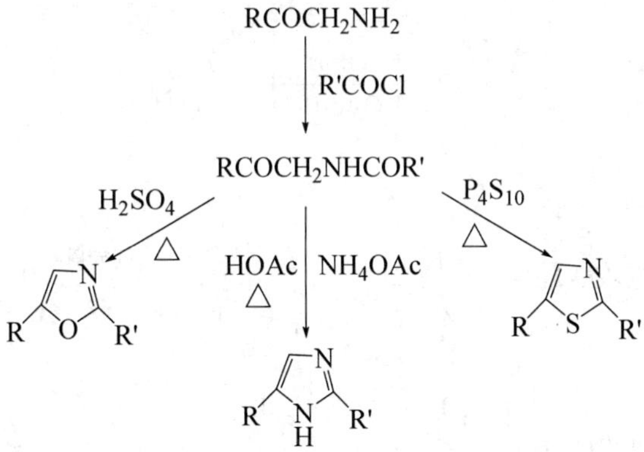

$RCOCH_2NH_2$

$\downarrow$ R'COCl

$RCOCH_2NHCOR'$

咪唑本身则可以由乙二醛与甲醛和硫酸铵反应得到;

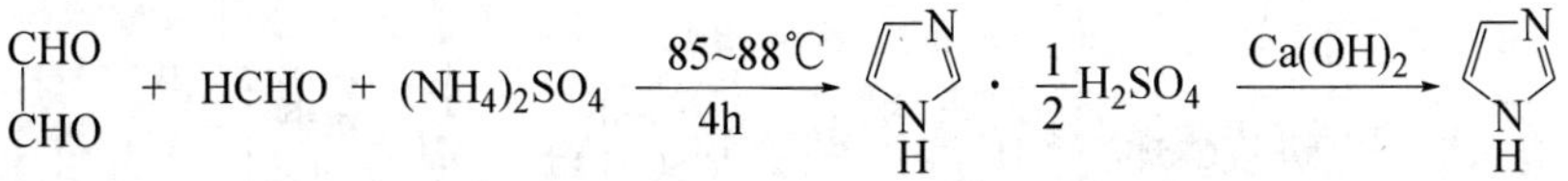

3. 唑的化学性质

（1）亲电取代反应　唑类化合物是芳杂环，具有芳香性。但由于氮原子的电负性比碳原子大，因此使得环上碳原子上的电子云密度比单环化合物低，所以进行亲电取代反应的能力比单环化合物差。其活性顺序为：

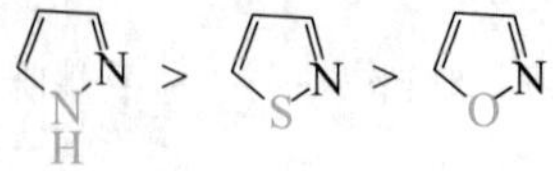

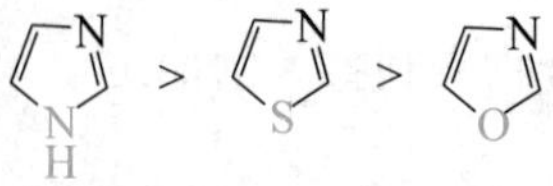

$$\text{吡唑} > \text{异噻唑} > \text{异噁唑}$$

$$\text{咪唑} > \text{噻唑} > \text{噁唑}$$

其亲电取代发生的位置可从中间体的稳定性来分析：

1,2-唑：

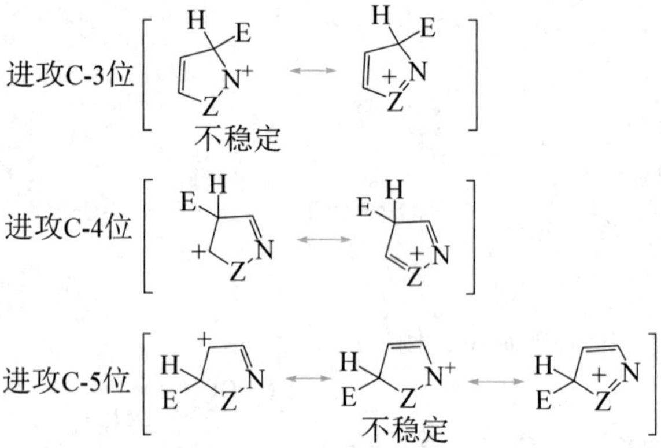

进攻C-3位 不稳定

进攻C-4位

进攻C-5位 不稳定

由于进攻 C-4 位时形成的正离子中间体没有特别不稳定的极限式，这样的正离子比较稳定，过渡态势能较低，所以得到的是 4-取代产物。例如：

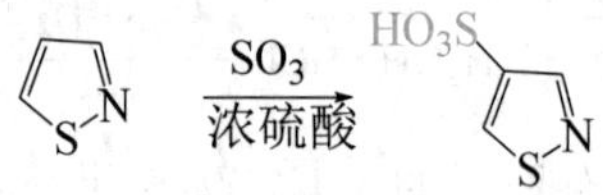

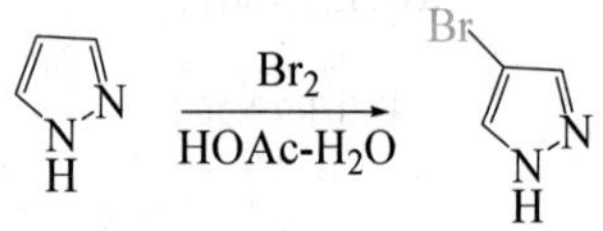

$$\xrightarrow[\text{浓硫酸}]{SO_3}$$

$$\xrightarrow[\text{HOAc-H}_2\text{O}]{Br_2}$$

1,3-唑：

进攻C-2位 不稳定

进攻C-4位

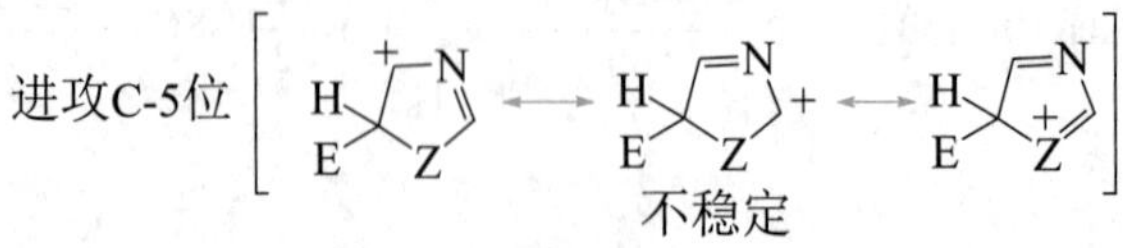

进攻C-5位 不稳定

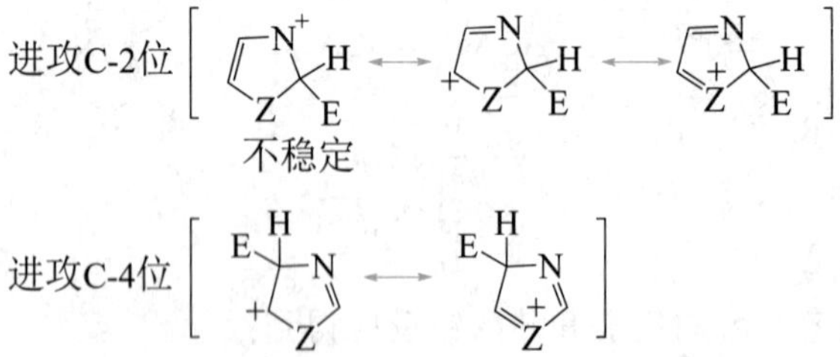

因此，亲电取代反应将发生在 C-4 和 C-5 位，但由于进攻 C-5 位时有一个不太稳定的极限式（正电荷位于两个吸电子原子之间），因此取代将优先在 C-4 位上进行，但磺化反应常常发生在 C-5 位上。例如：

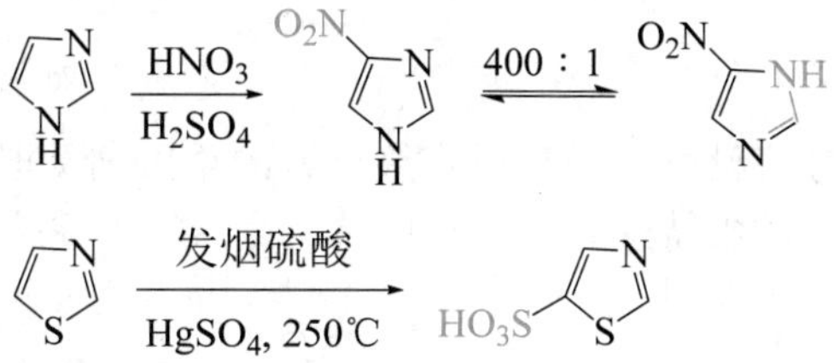

（2）N-烷基化和 N-酰基化反应　唑类氮原子具有一定的亲核性，因此，能与烷基化试剂和酰基化试剂反应，得到烷基化和酰基化产物。例如：

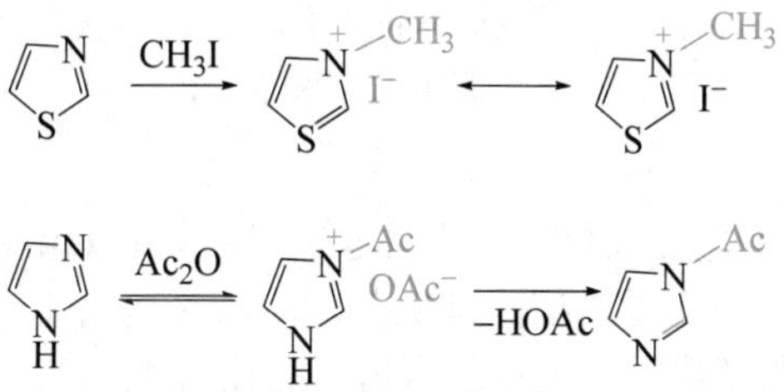

酰基咪唑的性质很活泼，易水解回咪唑，它可以作为吡咯的酰化试剂：

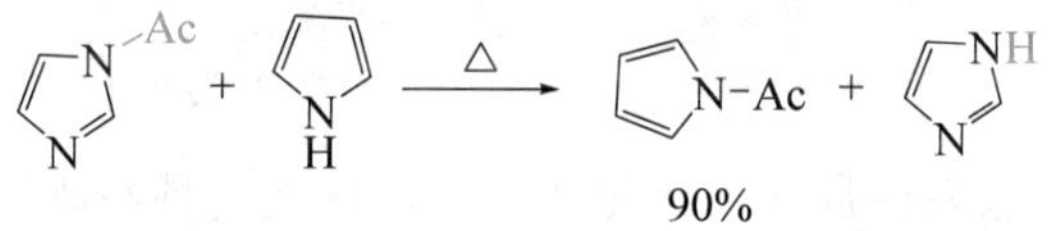

另一方面，与吡咯一样，咪唑氮上的氢原子也具有一定的酸性，在强碱作用下可以生成盐。用此盐作为亲核试剂，同样可以得到烷基化产物。事实上，很多咪唑衍生物就是通过这种方法合成得到的。例如：

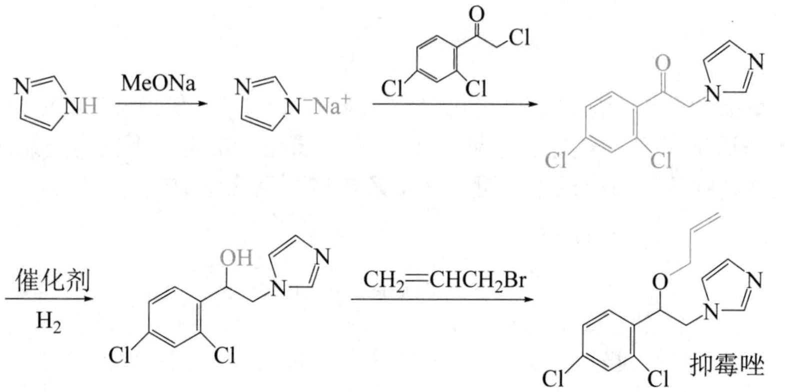

4. 重要代表物

（1）吡唑酮和吡唑胺类化合物　吡唑酮类化合物是一类重要的生物活性物质，如早期的镇痛解热药物"安替比林""安乃近"和"氨基比林"等，它们都曾在医药史上为人类的健康做出过重要贡献，其结构如下：

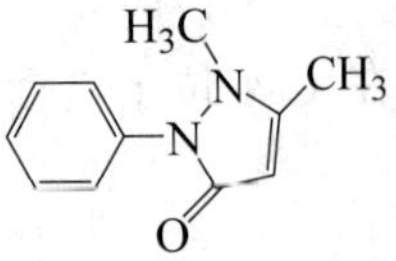

安替比林 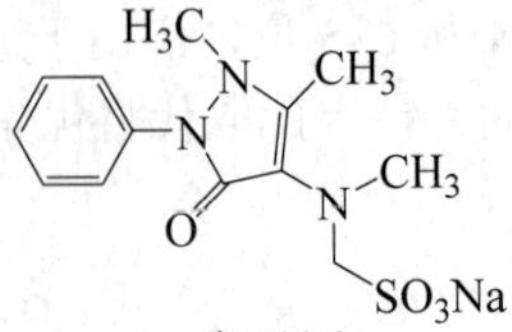　　　　　　　安乃近 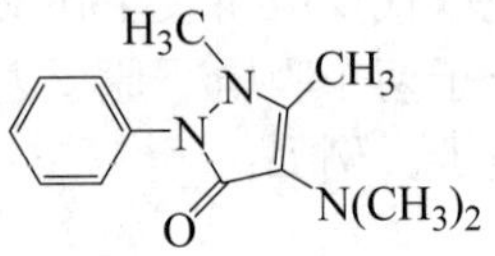　　　　　　　氨基比林

近年开发出来的一些超高活性（用量以克级计）的杀虫剂又把人们的目光重新拉回到这一领域，显示了该类化合物的独特魅力，如氟虫腈、氯虫苯甲酰胺、氰虫酰胺等。

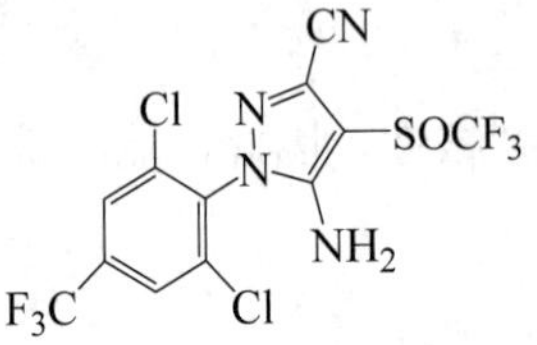

氟虫腈 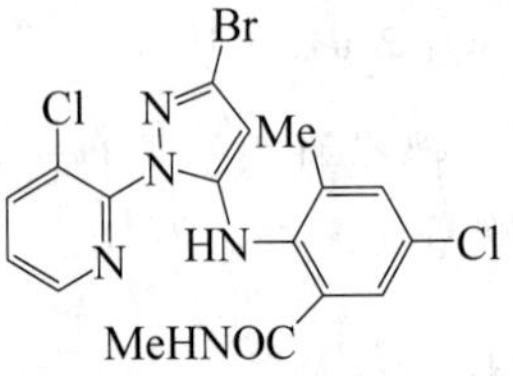　　　　　　　氯虫苯甲酰胺 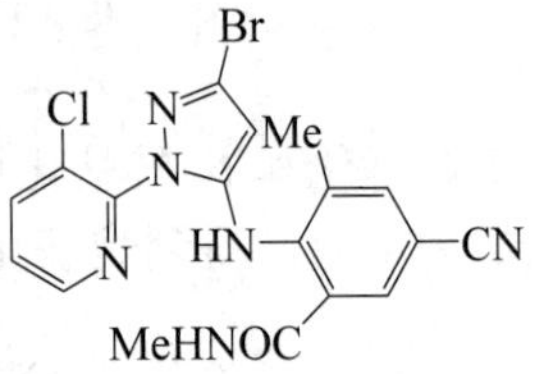　　　　　　　氰虫酰胺

（2）咪唑衍生物

① 组氨酸和组胺　许多重要天然产物中都含有咪唑环，如蛋白质中的 L-组氨酸，它可以用作营养强化剂，也可用于治疗胃溃疡，是氨基酸输液和复合氨基酸制剂中的重要组分，可从猪血或牛血水解制取，也可从脱脂大豆的水解产物中提取。

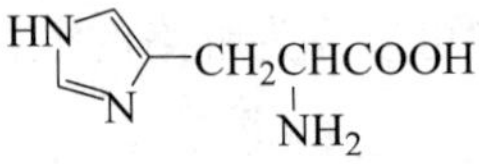

组氨酸 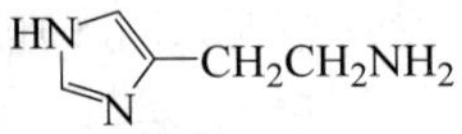　　　　　　　　　　组胺

组氨酸在细菌作用下会发生脱羧反应生成组胺，这是一种易潮解的针状晶体，熔点 83～84℃。它能促使平滑肌痉挛、毛细血管扩张及通透性增加。临床上主要利用其促进胃酸分泌的作用来检查胃的分泌功能。

② N, N'-羰基二咪唑(CDI)

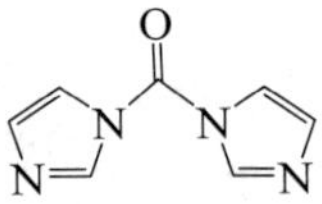

这是一个重要的有机合成试剂，可由光气与咪唑（1∶4）在四氢呋喃中反应制得。它是一个很好的羧基活化试剂，与羧酸反应生成 N-酰基咪唑，常用于不宜用酰氯法活化的场合。生成的产物酰基咪唑的性质很活泼，可与许多亲核试剂反应生成酰化产物：

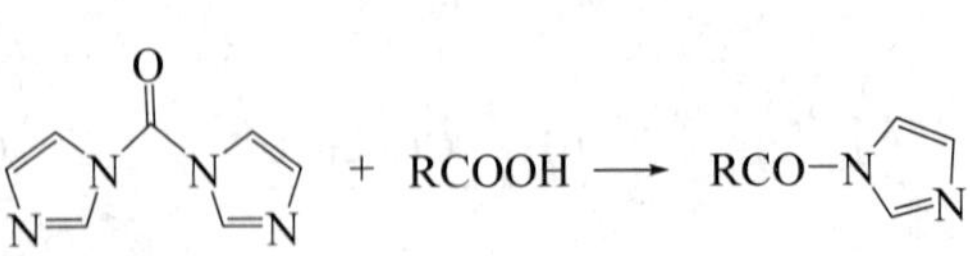

合成酯

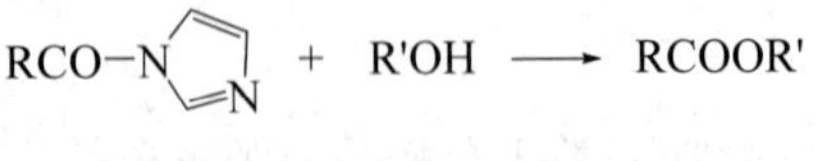

RCO—N⬠ + R'OH ⟶ RCOOR'

合成酰胺和多肽

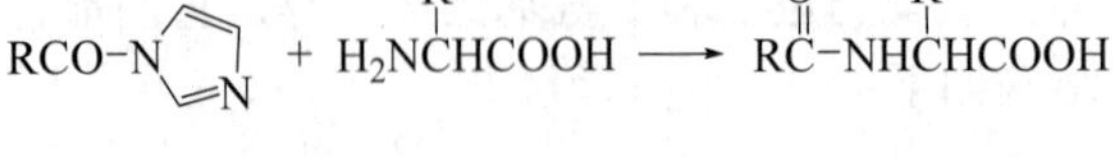

合成异氰酸酯

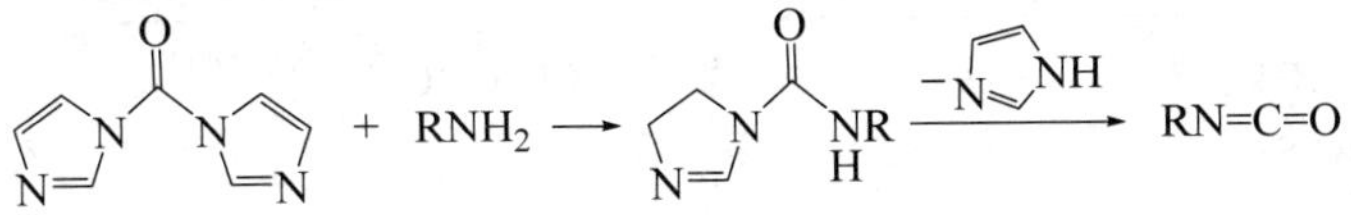

$$\text{咪唑-CO-咪唑} + RNH_2 \longrightarrow \text{咪唑-CO-NHR} \xrightarrow{-\text{咪唑}} RN=C=O$$

③ 咪唑类药物　含咪唑环的医药和农药品种都很常见。例如：

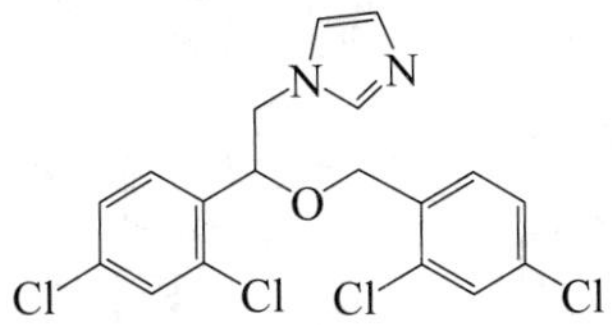

咪康唑（广谱抗真菌药） 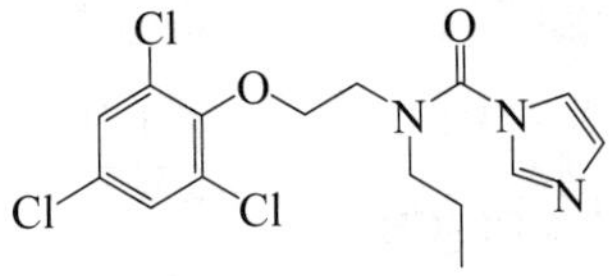　　　　咪鲜胺（广谱杀菌剂）

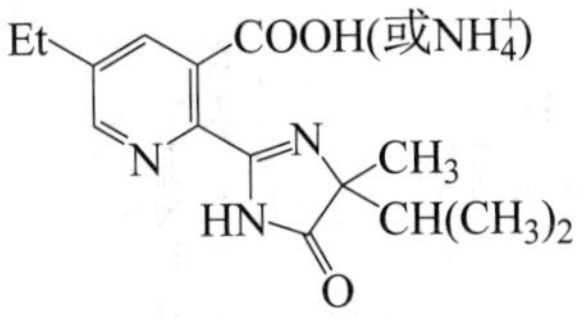

咪草烟（除草剂） 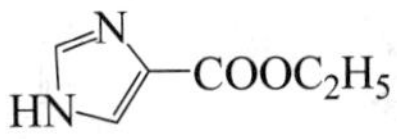　　　　咪唑酸乙酯（抗钩端螺旋体药）

（3）噻唑衍生物

噻唑衍生物中最著名的就是青霉素，是从青霉的培养液中分离得到的，并因此而得名。它是多种结构化合物的总称，它们都具有相同的四氢噻唑（噻唑烷）和 β-内酰胺的骨架结构：

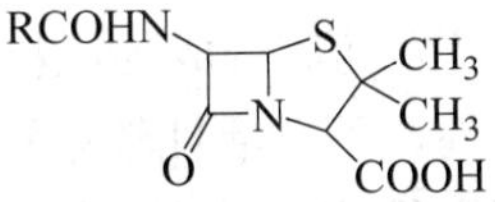

青霉素F　R: $CH_2CH=CHCH_2CH_3$

青霉素G　R: CH_2Ph

青霉素K　R: $CH_2(CH_2)_5CH_3$

青霉素X　R: $CH_2C_6H_4OH$-p

临床上应用的主要是青霉素 G 的钾盐和钠盐，治疗由葡萄球菌、链球菌等所引起的疾病，如肺炎、脑炎等，它是因阻止细菌细胞壁的合成而具有杀菌活性的，其毒性很小，主要是过敏性反应。青霉素的发现很快就取代了早期的磺胺类药物，但其缺点是不能口服，因为它很容易水解，其水溶液室温放置即易失去活性。

14.2.3　苯并五元杂环化合物

1. 苯并呋喃、苯并噻吩、吲哚

苯并呋喃　　　　苯并噻吩　　　　吲哚
沸点173~175℃　　沸点221℃　　　沸点52℃

（1）合成苯并呋喃　在工业上可从煤焦油中分离得到，在实验中苯并呋喃和苯并噻吩可从水杨醛和硫代水杨醛制备：

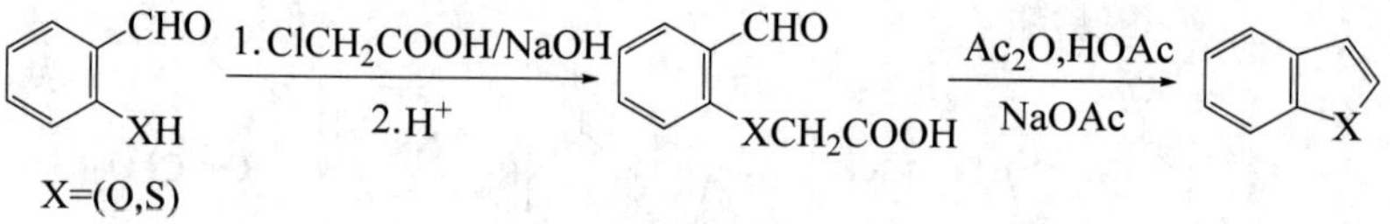

吲哚的工业合成是用邻乙基苯胺在氮气流中，在硝酸铝或氧化铝催化下高温环合脱氢而制备的：

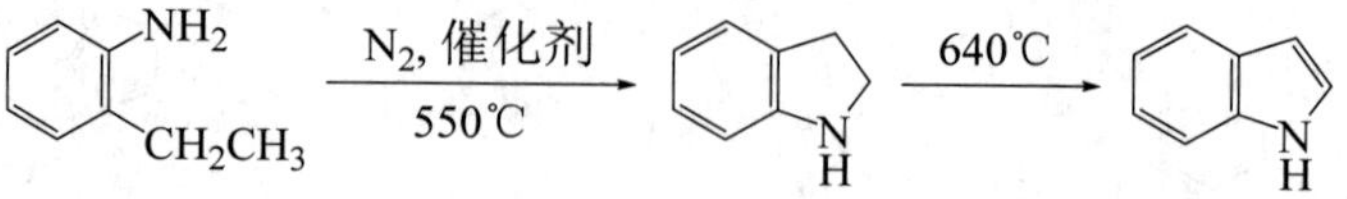

吲哚衍生物则通常用费歇尔合成法制备，其中关键的一步是[3,3]-σ迁移：

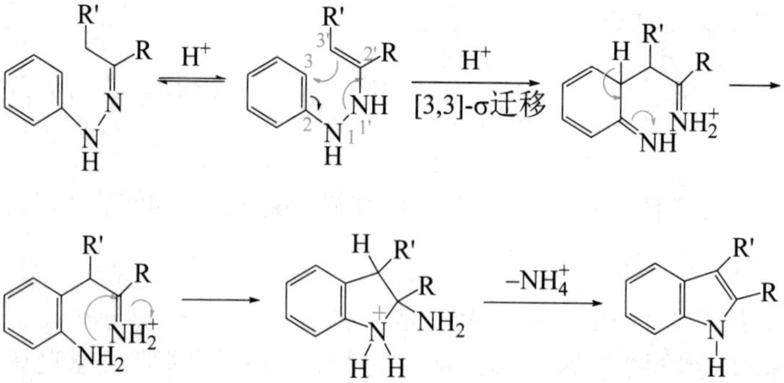

这三个化合物中，以吲哚最为重要。它是一种片状结晶，具有极臭的气味，是动物粪便臭味的成分之一。但它在浓度极稀时具有素馨花的香气，因而常作为香料用于茉莉、紫丁香、荷花和兰花等香精的配方中。它也是染料、氨基酸以及农药等合成的原料。

（2）化学性质　稠合后的五元芳杂环仍具有芳香性，不过活性较未稠合时低，但仍比苯高，所以它们的亲电取代反应一般发生在杂环上，而取代的位置随杂环的不同而不同：苯并呋喃发生在 C-2 位，吲哚发生在 C-3 位，而苯并噻吩两个位置的取代都有。例如：

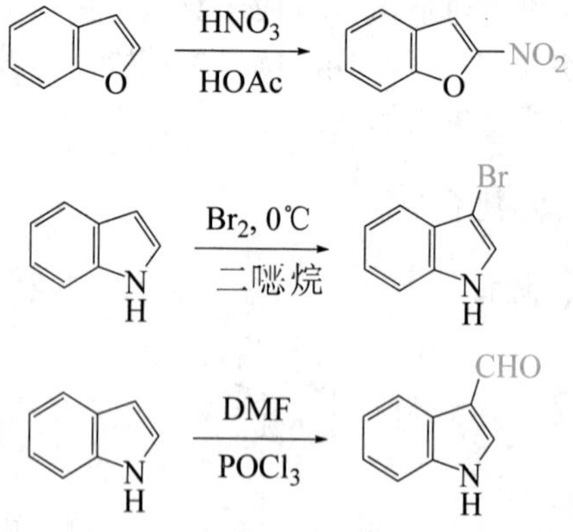

亲电取代位置的不同是由反应形成的中间体正离子的稳定性所决定的。进攻 C-2 位时，带有完整苯环的稳定极限式只有 1 个，而进攻 C-3 位时有 2 个：

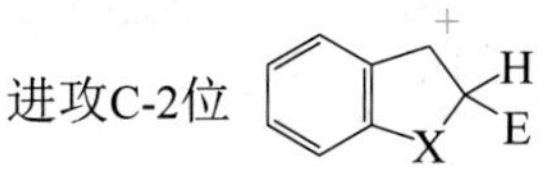

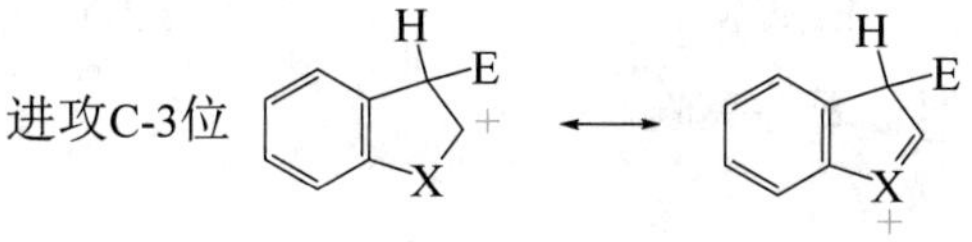

进攻C-2位

进攻C-3位

X=O, S, NH

通常参与共振的稳定极限式越多，中间体正离子的稳定性就越强，但其稳定性还与杂原子容纳正电荷的能力有关。如前所述，这 3 个杂原子容纳正电荷的能力为 N>S>O，所以，当进攻 C-3 位时，因为 O 原子容纳正电荷的能力弱而使得中间体不稳定。这是它们的取代发生在不同位置的原因。

如果 C-3 位已存在给电子基团，则第二个基团进入 C-2 位；如果 C-2 或 C-3 位有吸电子基团或 C-2 和 C-3 位都有取代基时，则取代发生在苯环的 4, 5, 6 或 7 位；当苯环上有强的给电子基团时，即使 C-2 和 C-3 位上没有取代基，反应也会发生在苯环已有基团的邻、对位。

（3）吲哚衍生物

① 靛蓝　靛蓝是一种染料，也叫"靛青"，原由靛蓝植物加工制得，在我国有悠久的应用历史。19 世纪末人工合成出靛蓝，可由苯胺制得：

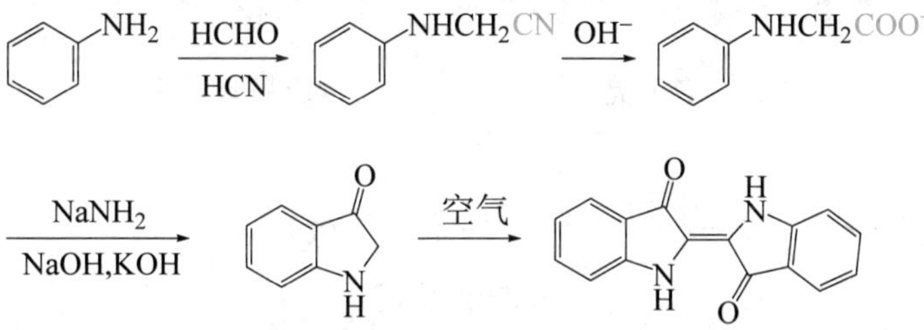

② β-吲哚乙酸（IAA）　吲哚乙酸最早是从尿液中提取得到的，并被证明是一种植物生长激素。它是蛋白质中色氨酸的代谢产物，熔点 168～169℃（分解），于 1937 年由 Zimmerman 成功合成。吲哚乙酸能促进植物生根，提高农作物的产量，防止花、果脱落等，在农业生产和植树造林中应用十分广泛。它的合成方法主要有两种：

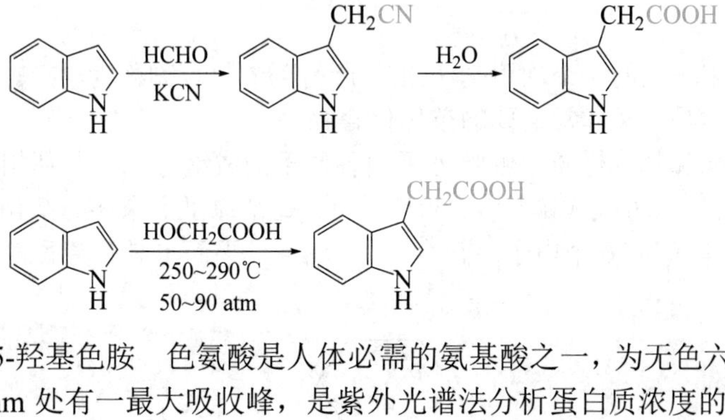

③ 色氨酸和 5-羟基色胺　色氨酸是人体必需的氨基酸之一，为无色六角形片状晶体，熔点 282℃，在 272nm 处有一最大吸收峰，是紫外光谱法分析蛋白质浓度的依据，在体内能分解形成烟酸，以补充食物中烟酸的不足。5-羟基色胺则是存在于哺乳动物及人脑中与思维活动密切相关的物质。

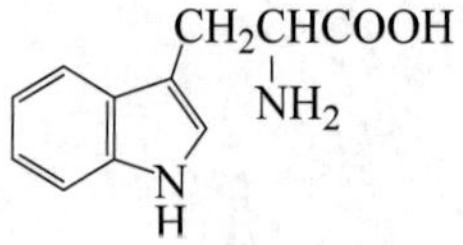

色氨酸

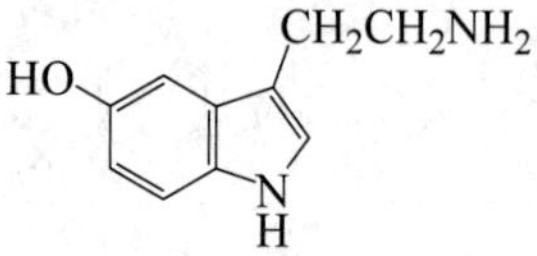

5-羟基色胺

2. 苯并咪唑、苯并噁唑、苯并噻唑

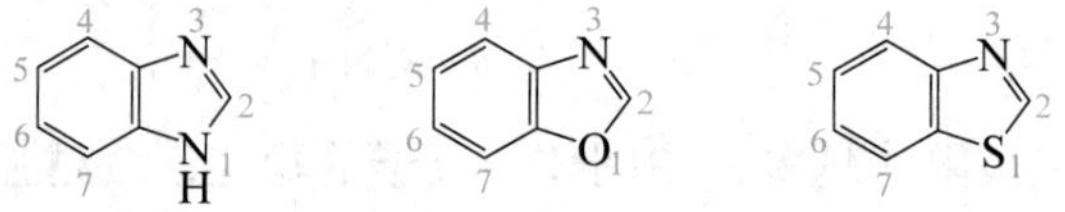

这三个化合物也为苯并芳杂环系，能进行亲电取代反应。其中杂环上的电子云密度高于苯环，因此一般取代发生在 C-2 位，如果 C-2 位已存在取代基，则反应一般发生在苯环的 C-6 位。

它们的衍生物在工农业上都有重要的应用。如多菌灵是一种高效、广谱、安全的内吸性杀菌剂，兼具保护和治疗作用；噁唑禾草灵为内吸性芽后除草剂，选择性强、活性高，对人畜和作物安全；2-巯基苯并噻唑则是一种通用型硫化促进剂，广泛用于各种橡胶制品的生产中，也可用作染料合成的中间体、镀铜光亮剂、金属腐蚀抑制剂等。

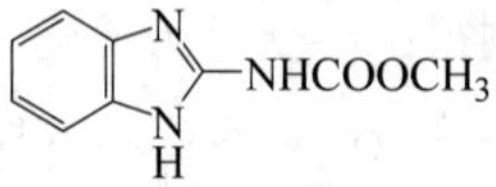

多菌灵

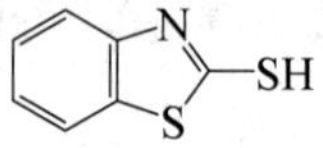

2-巯基苯并噻唑

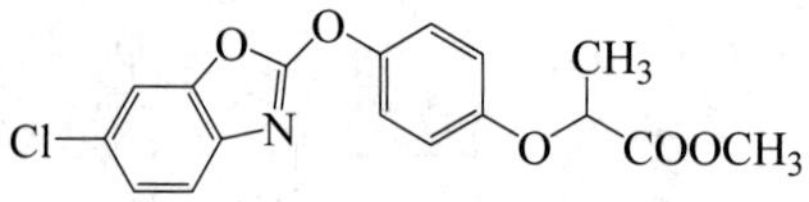

噁唑禾草灵

14.3 六元杂环化合物

14.3.1 吡啶和吡喃环系

1. 吡啶

用氮原子取代苯环上的一个次甲基（CH）所得到的化合物称为吡啶。吡啶及其衍生物广泛存在于自然界中，是一类非常重要的杂环化合物。

（1）吡啶的结构和物理性质　吡啶分子中各原子的成键方式与苯环相似，五个碳原子和一个氮原子均以 sp^2 杂化方式成键，构成封闭的环，每个原子上未参与杂化的 p 轨道构成共轭的封闭π电子体系，其间有 6 个电子，符合 $4n+2$ 规则，因而也具有芳香性。

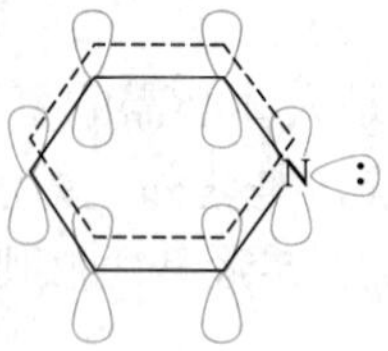

吡啶环氮原子上还有一对孤对电子，因而具有碱性。尽管这对电子处于 sp^2 杂化轨道上，但由于其诱导效应（-I）和共轭效应（-C）的方向一致，其碱性比苯胺强（$pK_b = 8.80$，25℃水中），但仍是弱碱。同时使得其偶极矩也比非芳香性的六氢吡啶高，$\mu = 2.2D$（六氢吡啶 $\mu = 1.17D$）。

吡啶为一种有特殊臭味的无色液体，沸点 115.5℃，相对密度 0.982，可与水、乙醇、乙醚等有机溶剂以任意比例混溶。

吡啶环上质子的化学位移：$\delta_{\alpha-H} = 8.16, \delta_{\beta-H} = 7.25, \delta_{\gamma-H} = 7.64$。

（2）吡啶的制备　吡啶存在于煤焦油、页岩油和骨焦油中，以前主要是从煤焦油中提取的，但随着吡啶用途的不断增加，提取法已远远不能满足市场需要，现在绝大部分通过合成法制得。

吡啶的工业合成方法主要有以下几种：

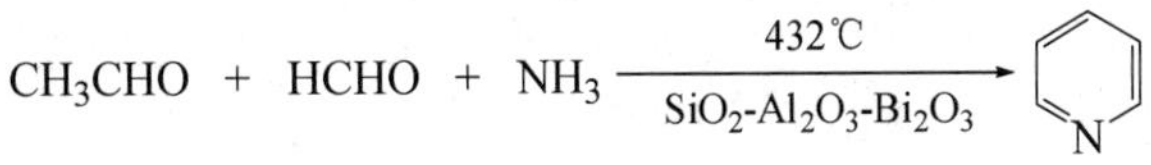

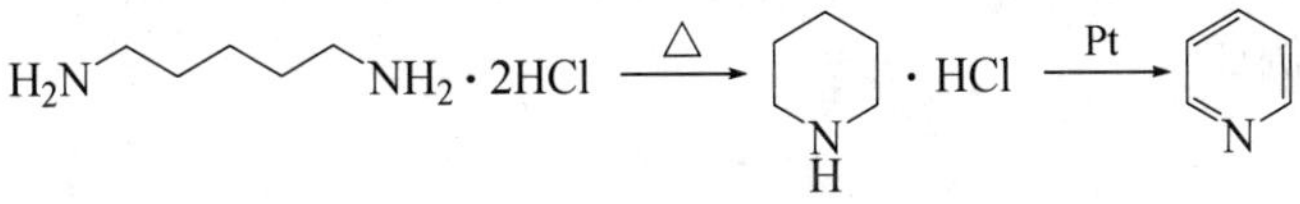

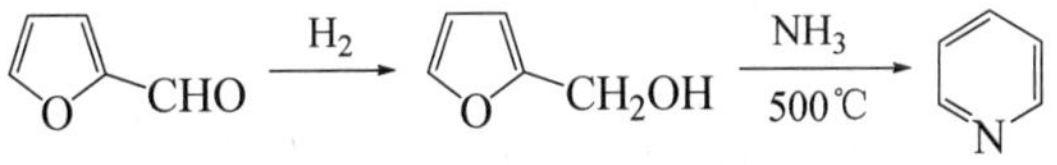

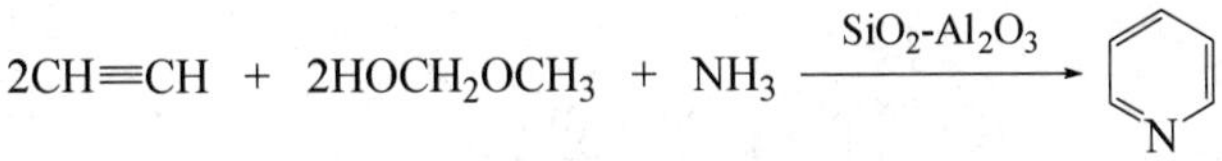

① 吡啶衍生物的合成方法较多，主要分为闭环法和吡啶化合物衍生法。

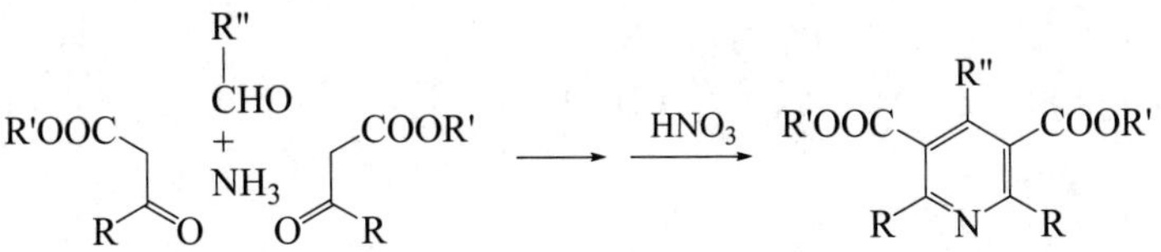

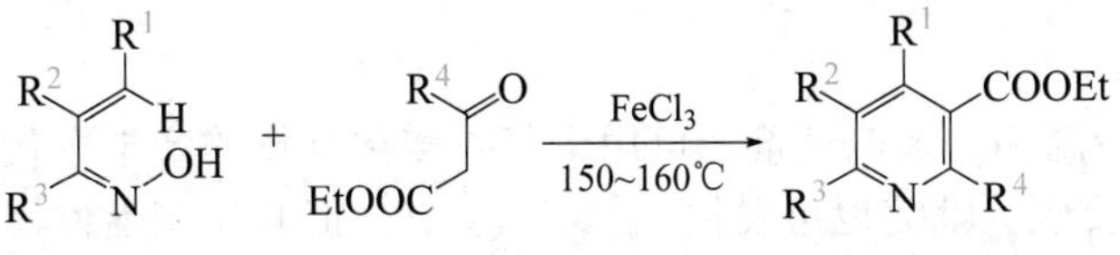

② 吡啶化合物衍生法
例如：

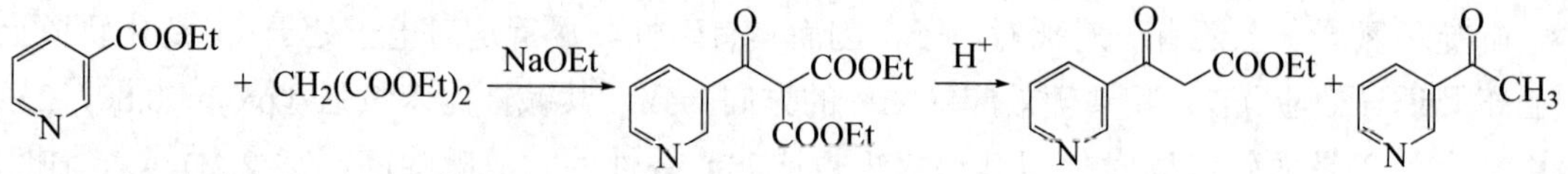

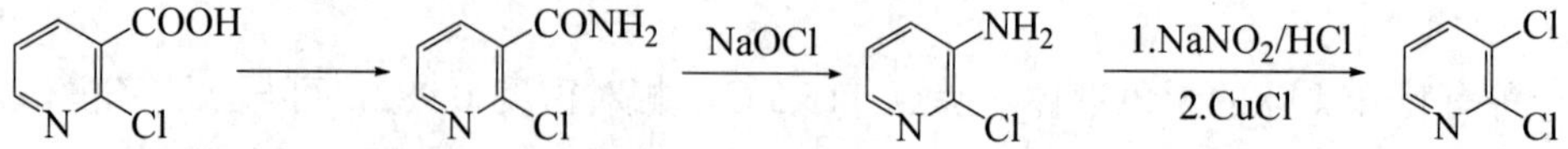

（3）吡啶的化学性质

① 与亲电试剂的反应　吡啶环上有两类亲核中心，一是碳原子，二是氮原子，都可与亲电试剂反应。分述如下：

ⅰ. 氮原子上的反应　如前所述，吡啶是一个弱碱，因此它能与酸作用生成稳定的吡啶盐，是一种比较好的常用缚酸剂。

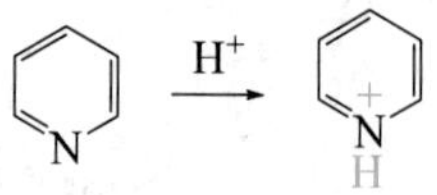

当环上有给电子基团时，碱性增强，有吸电子基团时则碱性减弱。

如果用非质子化的硝化试剂、磺化试剂，或用卤代烷、卤素、酰卤等与其反应，则可形成相应的吡啶盐。例如：

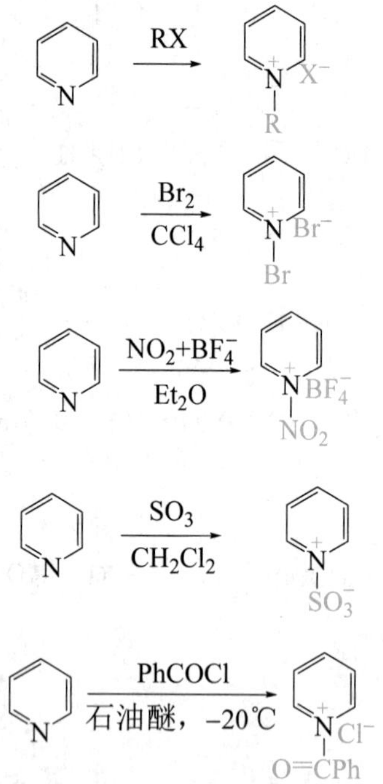

这些盐都是比较温和的亲电试剂，可用于芳香族化合物的亲电取代反应。

ⅱ. 碳原子上的反应　吡啶也可发生亲电取代反应，但其反应活性比苯要差得多，其卤化、硝化和磺化等反应均需在极强烈的条件下进行，且产率不高。吡啶不能发生傅-克反应。大体而言，吡啶上氮原子对环上碳原子活性的影响相当于苯环上硝基的影响。例如：

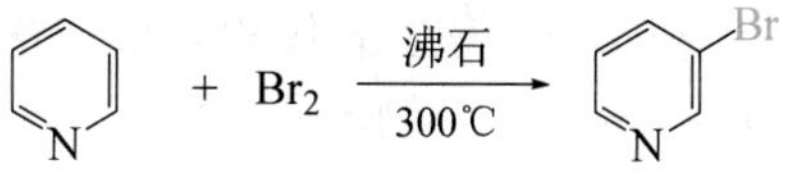

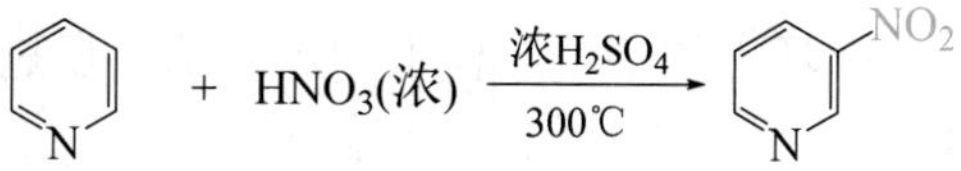

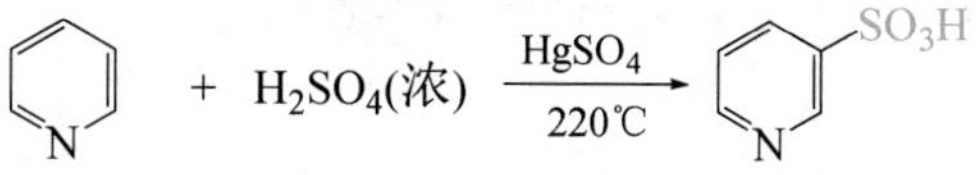

当吡啶环上存在给电子基团时，反应活性增强。例如：

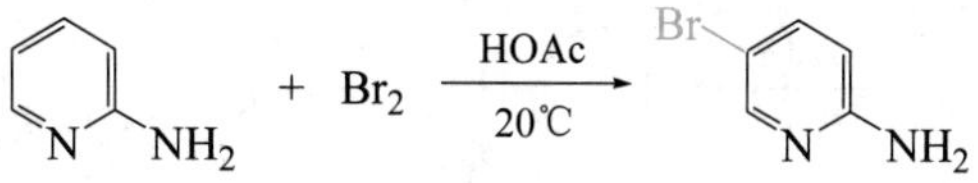

　　吡啶亲电取代反应难发生的原因有两个方面，一是因为氮原子的-C 和-I 效应，使环上电子云的密度降低；二是反应在强的亲电介质中进行，由于氮原子的亲核性比碳原子强，这些亲电试剂会优先与吡啶形成盐，如果再进行亲电取代反应，则会形成一个双正电荷的正离子，这在能量上是很不稳定的，因此反应不易进行。

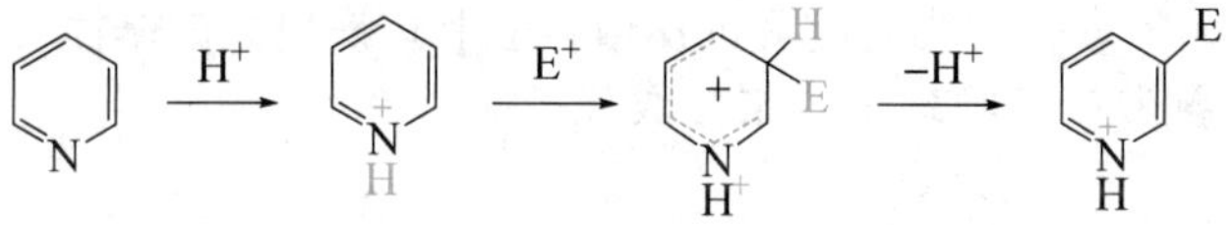

　　吡啶的亲电取代反应都发生在 β-位，α-和 γ-位不发生反应，这也是由中间体正离子的稳定性决定的：

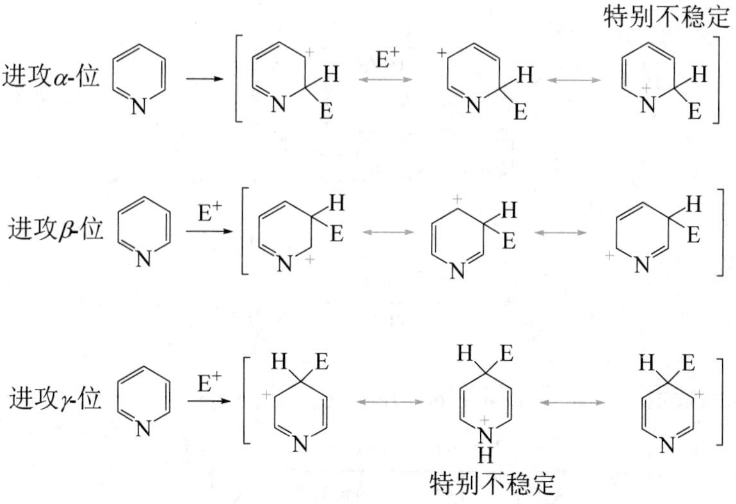

　　由于进攻 α-和 γ-位时形成的中间体正离子存在特别不稳定的极限式，因而不易形成，所以反应发生在 β-位上。

　　如果吡啶环上存在给电子基团，则第二个取代基进入的位置由取代基和吡啶氮原子的定位效应共同决定。如果该取代基在 α-或 γ-位，则第二个取代基进入 β-位，得到 3-取代和 5-取代产物；如果该取代基在 β-位，则第二个取代基进入的位置取决于它与氮原子的定位效应的强弱，如果是强给电子基，则反应发生在α-位，得 2-取代和 6-取代产物，如果是弱给电子基(如烷基)，则反应发生在另一个β位，得到 5-取代产物。

② 与亲核试剂的反应

i. 环上氢原子的取代　吡啶环上的亲电取代很困难，那么反过来，其亲核取代反应则比苯环容易。

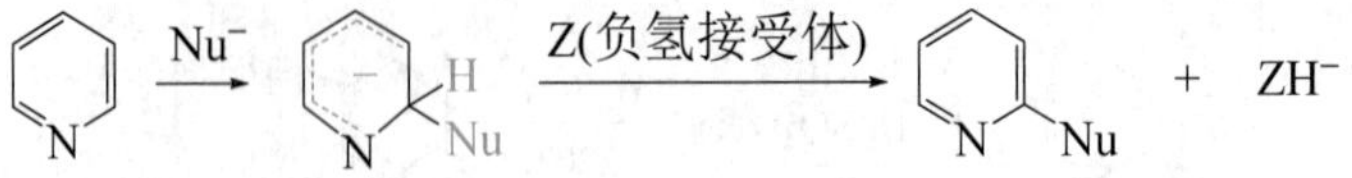

反应主要发生在α-位，如果α-位有取代基，也可以发生在γ-位，但收率很低。常用的亲核试剂有烷基负离子、芳基负离子及氨基负离子等，是制备吡啶衍生物的重要方法之一。例如：

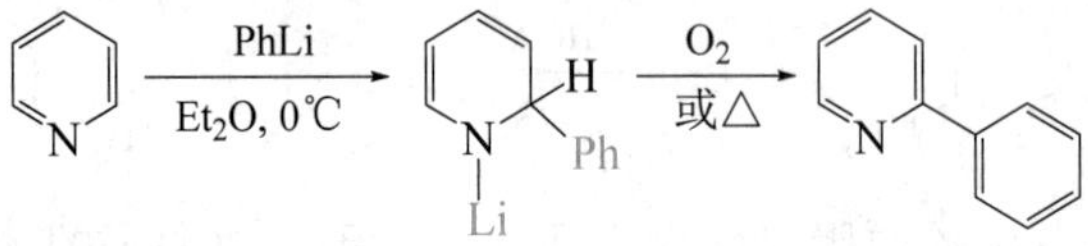

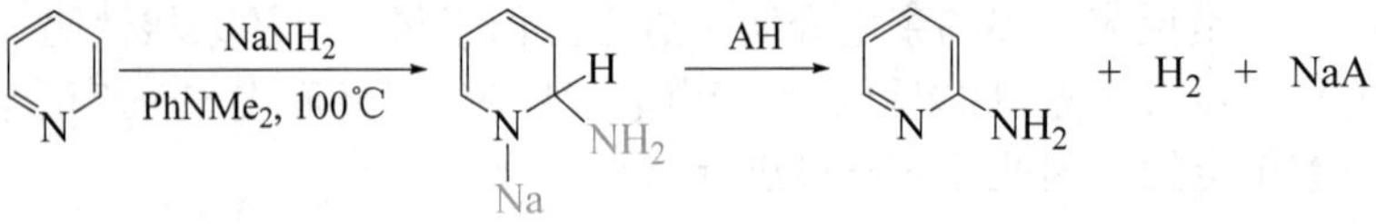

ii. 环上易离去基团的取代　当吡啶环的α-或γ-位上有易离去的基团（如卤素、硝基等）存在时，可以与亲核试剂发生吡啶环上的亲核取代反应。例如：

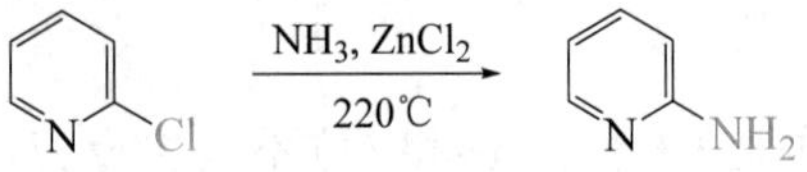

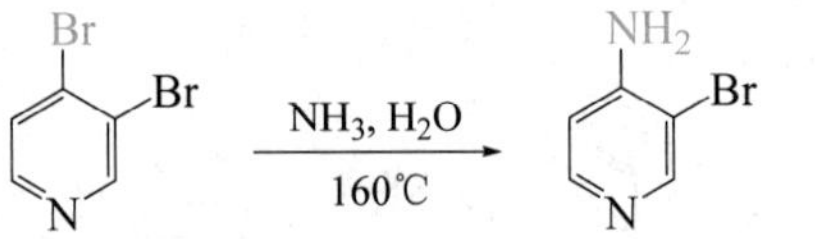

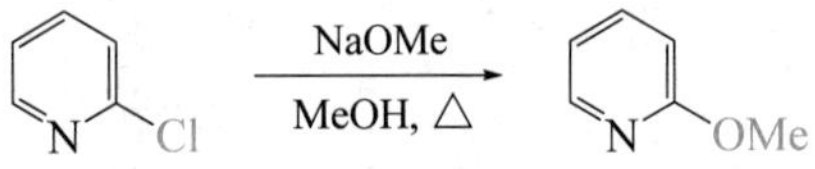

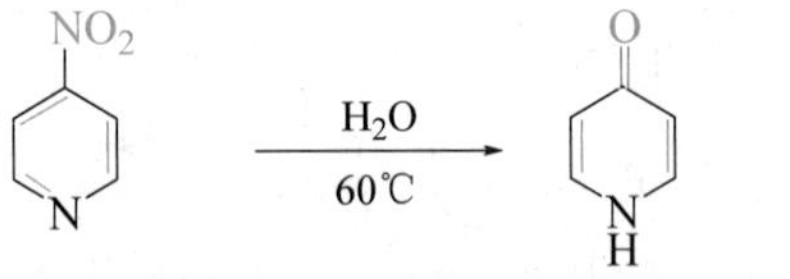

β位的取代比较困难，需要在催化剂作用下进行。例如：

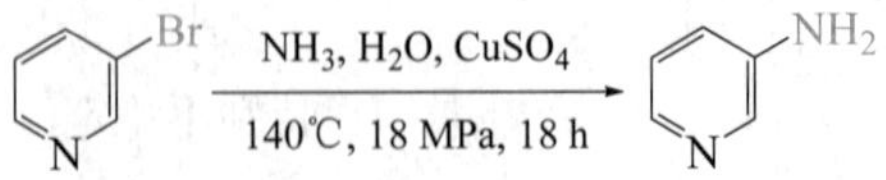

③ 氧化反应　吡啶的氧化反应可分为两种类型，一是吡啶氮原子上的氧化，二是吡啶侧链上的氧化。

i. 吡啶-N-氧化物（N-氧化吡啶）的制备　吡啶在过氧酸（如 H_2O_2、过氧乙酸等）作用下可形成吡啶-N-氧化物：

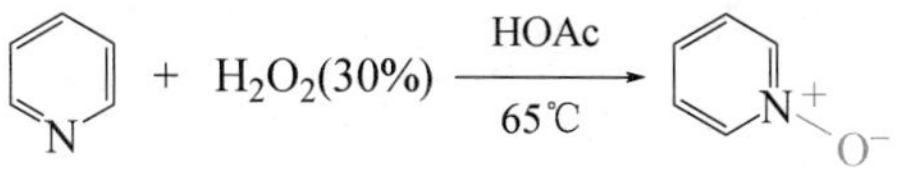

ii. 吡啶侧链的氧化　在强氧化剂作用下，吡啶侧链可被氧化成羧基。例如：

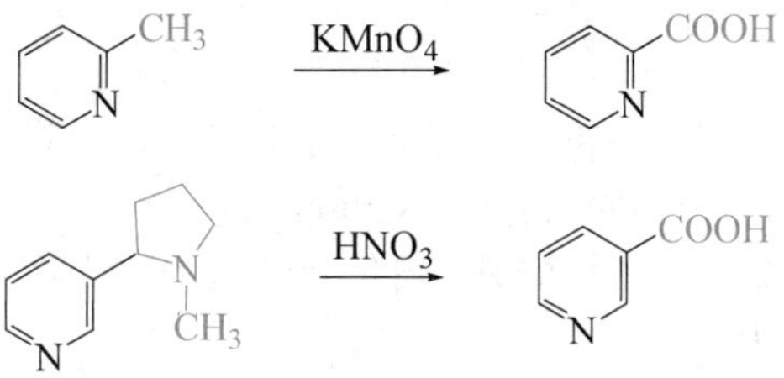

控制反应条件或使用合适的氧化剂可使反应停留在醛这一步。例如：

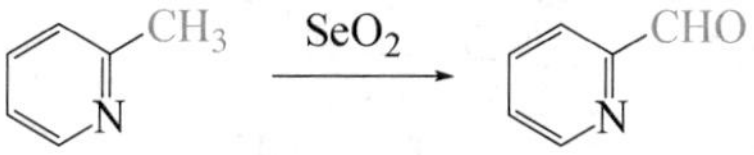

④ 还原反应　吡啶经催化氢化或用化学还原剂(如 $Na+C_2H_5OH$)还原可得到六氢吡啶（哌啶）：

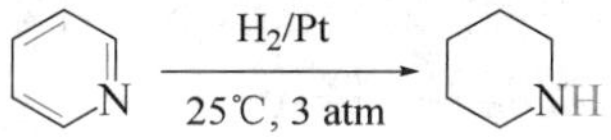

这是一种重要的吡啶下游产品，具有二级胺的特性，碱性比吡啶强，沸点 106℃。六氢吡啶也是自然界广泛存在的一个环系。

（4）吡啶衍生物

① 烟碱和烟酸　烟碱亦称“尼古丁”，是从茄科植物烟草中提取的一种吡啶类生物碱，无色或淡黄色油状物。烟碱对人畜毒力很强，主要作用于神经节，有先兴奋后麻痹的作用。吸烟过量可导致心血管损害，引起呼吸道黏膜炎症，还可诱发肺癌等。

烟碱经硝酸氧化可得到烟酸，为无色针状结晶，易升华。烟酸是 B 族维生素之一，在肝、肾、酵母和米糠中含量丰富，具有促进细胞新陈代谢的功能，也有扩张血管的作用，用于防治糙皮病，也是合成烟酰胺、尼可刹米、烟酸肌醇酯等药物的原料。

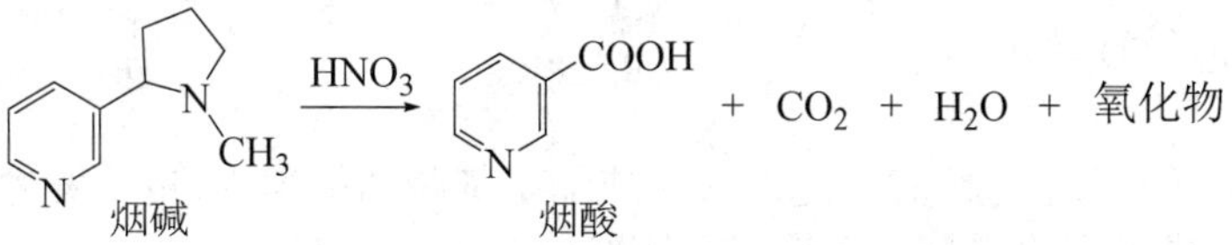

烟碱　　　　烟酸

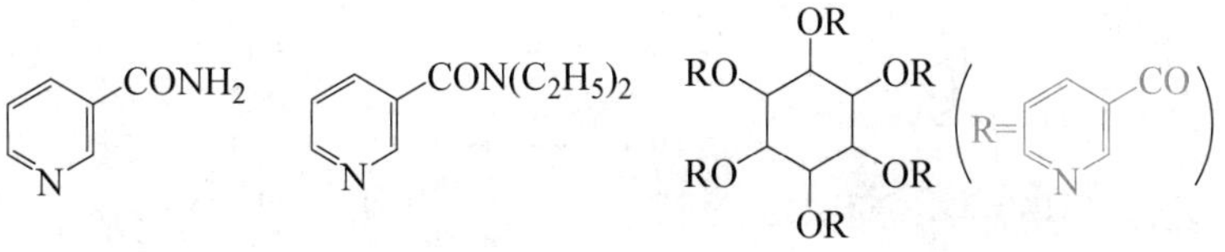

烟酰胺　　尼可刹米　　烟酸肌醇酯

② 维生素 B₆

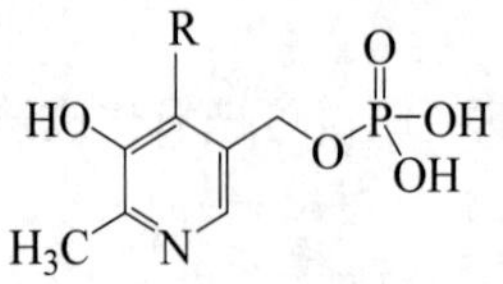

R=CHO,CH₂OH,CH₂NH₂

亦称"抗皮炎维生素"，B 族维生素之一，是吡哆醛、吡哆醇、吡哆胺以及它们的磷酸酯的总称，是氨基酸脱氨基作用和脱羧作用中的辅酶。

③ 其他吡啶环系生物碱　除了烟碱外，自然界还有很多生物碱都含有吡啶或六氢吡啶环系。如毒芹碱、莨菪碱及古柯碱等。

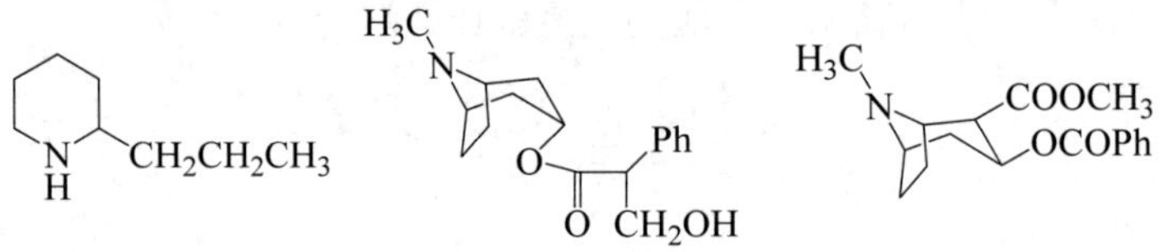

毒芹碱　　　　　莨菪碱（颠茄碱）　　　古柯碱（可卡因）

2. 吡喃环系

吡喃以及它的衍生物都没有芳香性，因为它们不具有 $4n+2$ 个电子的封闭共轭环系。吡喃不如吡啶那么普遍，比较常见的是吡喃酮，例如：

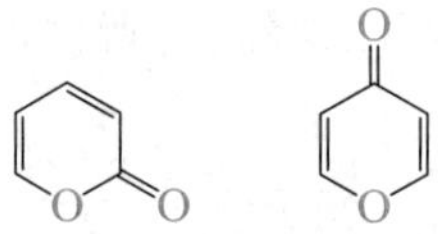

α-吡喃酮　　　γ-吡喃酮

α-吡喃酮实际上是一个内酯，具有酯和共轭双烯的性质，可发生 Diels-Alder 反应，其加成产物经重排脱羧可制得芳烃。

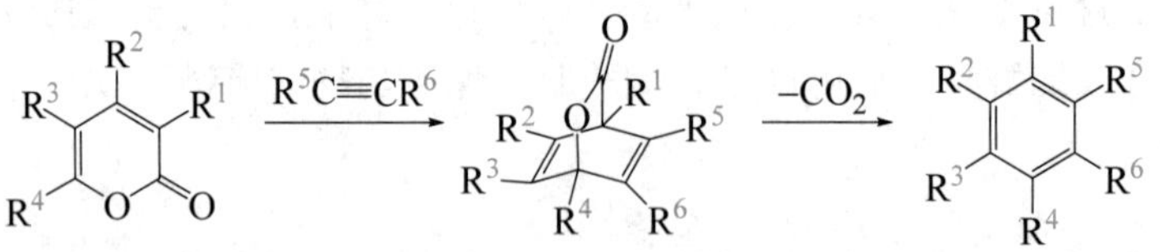

γ-吡喃酮及其衍生物中的羰基不能形成肟或缩氨基脲的衍生物，也不发生 C═C 的反应，但它能与无机酸形成稳定的锌盐，它具有类似酚的结构。

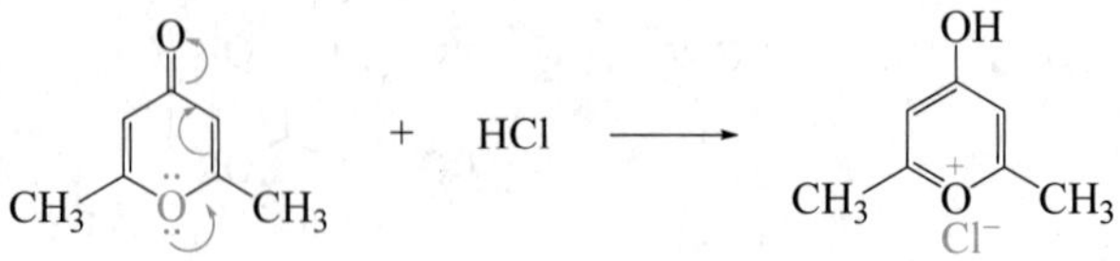

吡喃盐也可用于芳环的构建：

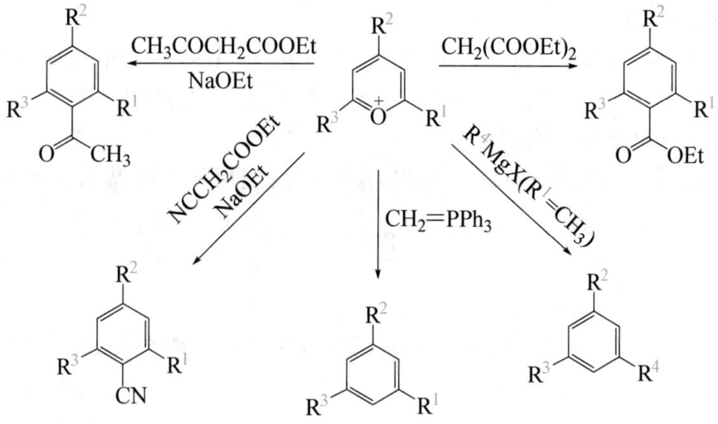

14.3.2 二嗪和三嗪

1. 二嗪

含有两个氮原子的六元杂环称为二嗪，有三个异构体，包括哒嗪、嘧啶和吡嗪，其中嘧啶最为重要。

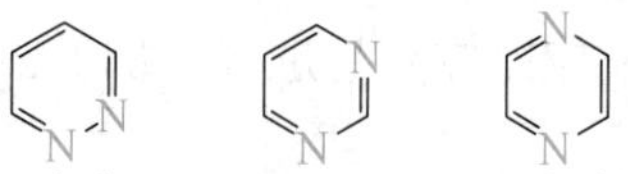

哒嗪　　　嘧啶　　　吡嗪

（1）二嗪化合物的合成　哒嗪一般由 1,4-二羰基化合物与肼缩合，再脱氢芳构化而得：

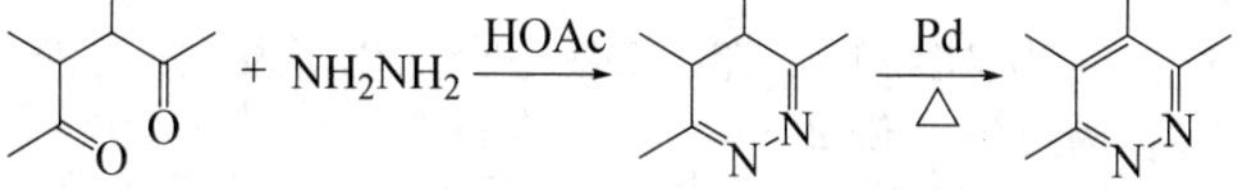

嘧啶可用 1,3-二羰基化合物 [1,3-二醛（酮）、丙二酸酯、β-羰基酸酯和氰乙酸酯等] 与二胺化合物（脲、硫脲、脒、胍等）缩合而得。例如：

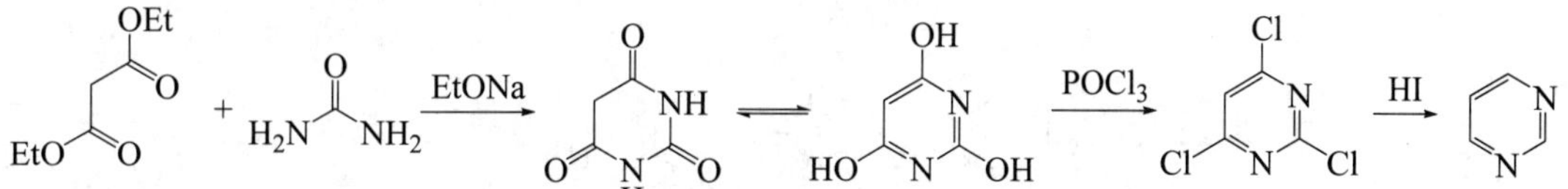

巴比妥酸

吡嗪则可由 α-氨基醛（酮）自身缩合，或由邻二胺与 1,2-二羰基化合物缩合，先得到二氢吡嗪，然后脱氢芳构化而得：

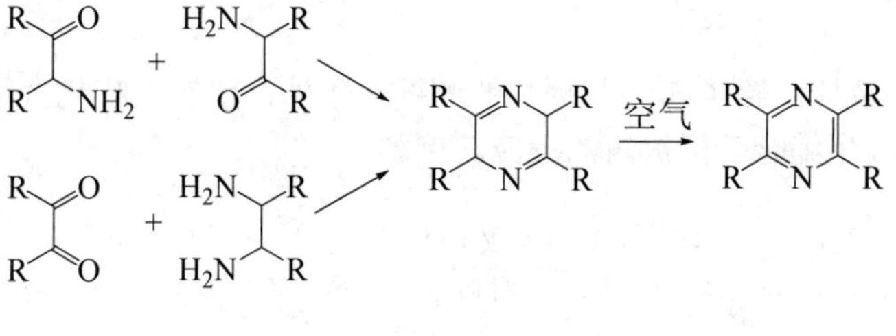

（2）二嗪的化学性质

① **碱性** 二嗪环上的两个氮原子是相同的，其中一个对另一个的影响相当于一个环上硝基的作用，因此使得其碱性减弱，比吡啶的碱性还弱。当其中一个氮原子被质子化后，第二个氮原子就很难再被质子化了。

② **N-烷基化反应** 与吡啶一样，二嗪与卤代烷反应可形成季铵盐。例如：

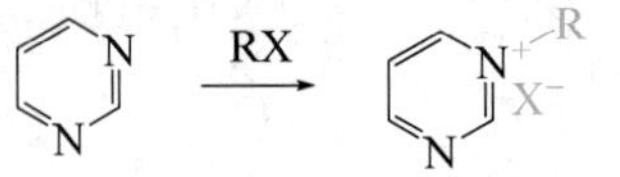

③ **亲电取代反应** 二嗪的亲电取代反应比吡啶更难，一般不能进行硝化和磺化反应，但能进行卤代。例如：

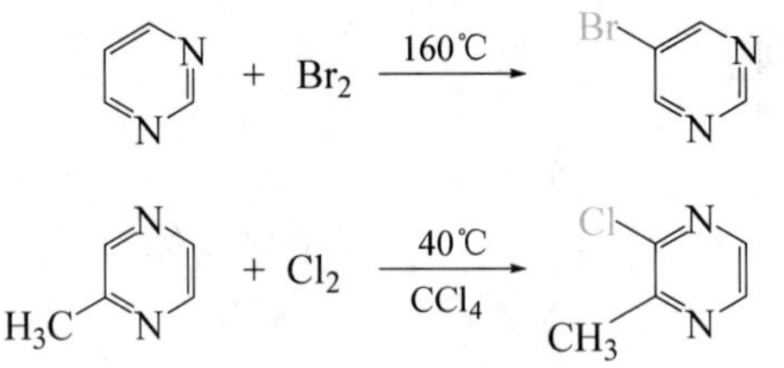

如果环上有给电子基团，则反应比较容易进行。例如：

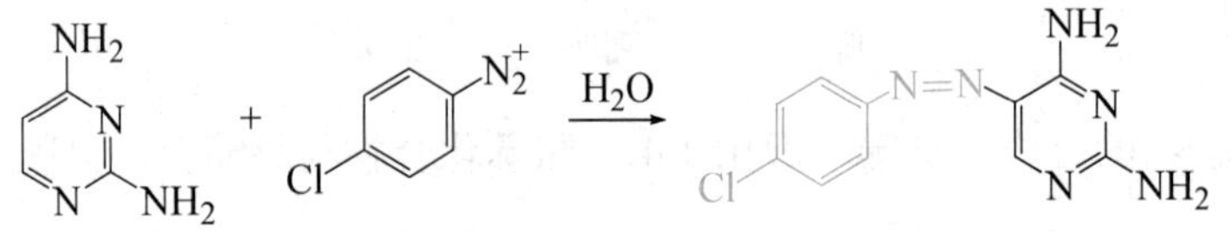

④ **亲核取代反应** 与吡啶化合物一样，二嗪化合物也可发生环上氢原子的取代和易离去基团的取代，都比吡啶容易进行。例如：

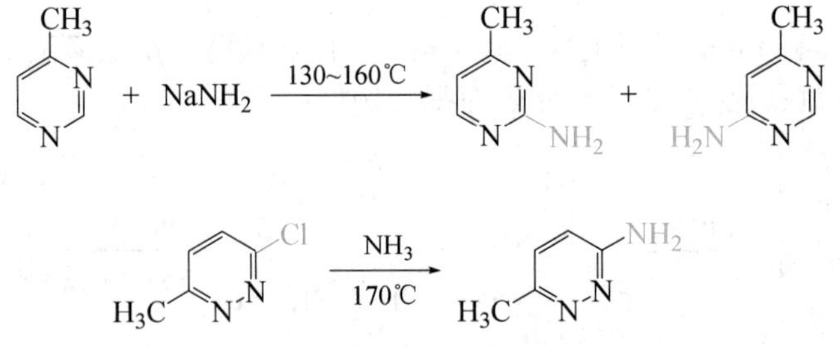

⑤ **氧化反应** 二嗪环对氧化剂比吡啶环更稳定，如吡啶长期放置会颜色加深，二嗪化合物不会。但在过氧酸作用下也可生成 *N*-氧化物。例如：

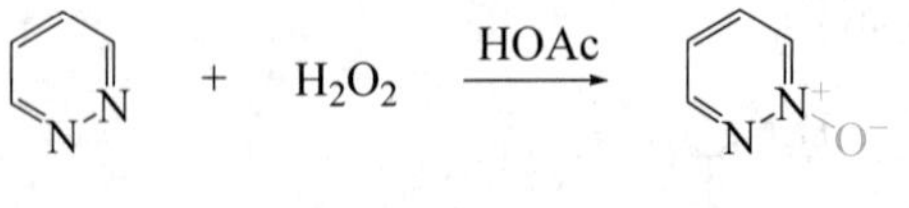

⑥ **侧链 α-H 的反应** 除了 5-烷基嘧啶的侧链 α-H 外，所有二嗪化合物侧链烷基上的 α-H 都是活泼氢，可以发生缩合等活泼氢的反应。例如：

（3）嘧啶衍生物

① 尿嘧啶、胞嘧啶、胸腺嘧啶

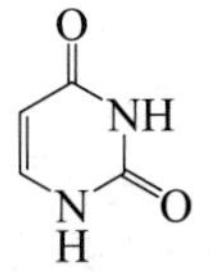

尿嘧啶 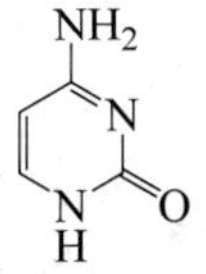　　胞嘧啶 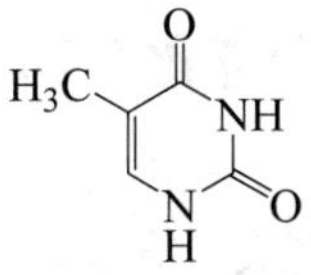　　胸腺嘧啶

这三个化合物都是核酸的重要组成部分之一：碱基。核酸水解生成磷酸、糖和杂环化合物，这些杂环化合物一类为嘌呤，另一类就是嘧啶。其中尿嘧啶是尿苷和尿苷酸的组成部分，胞嘧啶是胞苷、胞苷酸及脱氧胞苷酸的组成部分，而胸腺嘧啶是胸苷、胸苷酸和脱氧核糖核酸的组成部分。它们都对紫外线有很强的吸收。

② 维生素 B_1

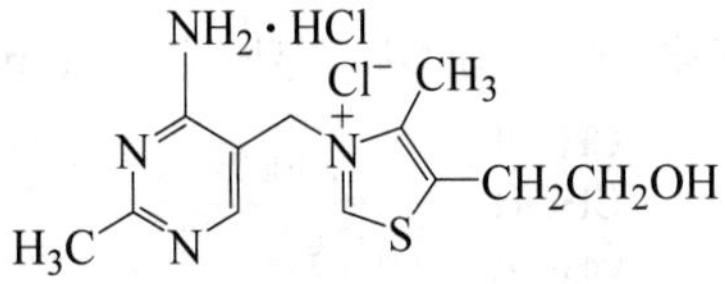

维生素 B_1 又称为"硫胺"或"硫胺素"，其焦磷酸酯是某些脱羧酶的辅基，对维持正常的糖代谢具有重要作用。缺乏维生素 B_1 时，会出现食欲不振、消化不良等症状，严重时会引起多发性神经炎(即脚气病)。维生素 B_1 在米糠、麦芽、豆类及酵母中含量丰富。

2. 三嗪

含有三个氮原子的六元单环称为三嗪，其主要异构体是 1,3,5-三嗪，或称均三嗪，重要代表物是三聚氰胺和三氯均三嗪。

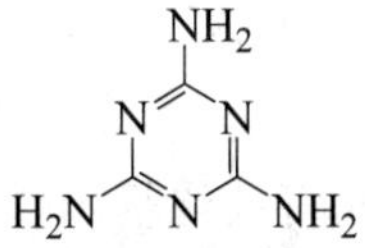

三聚氰胺 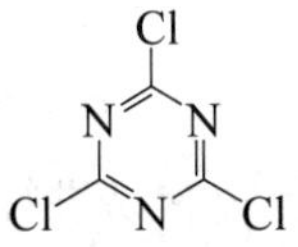　　三氯均三嗪

三聚氰胺是一种用途很广泛的基本化工原料，熔点 347℃，主要用于与甲醛缩合制取三聚氰胺甲醛树脂，用于涂料、木材加工、装饰板、模塑料、纸张、纺织和制革处理剂等。工业上用尿素为原料，氨气为载体，硅胶为催化剂，在 380～400℃下沸腾反应，先分解生成氰酸，再进一步聚合而得。

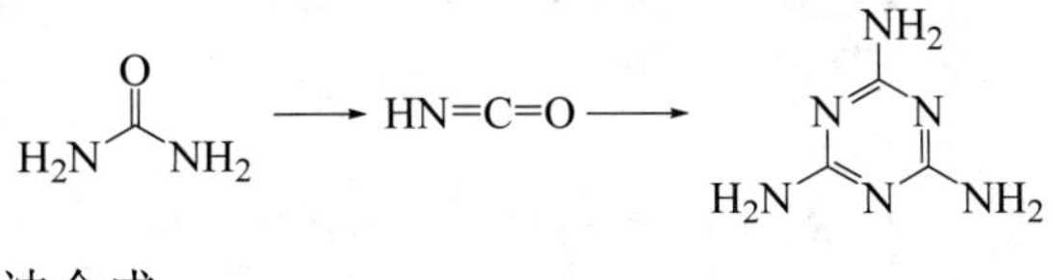

三氯均三嗪可用下法合成：

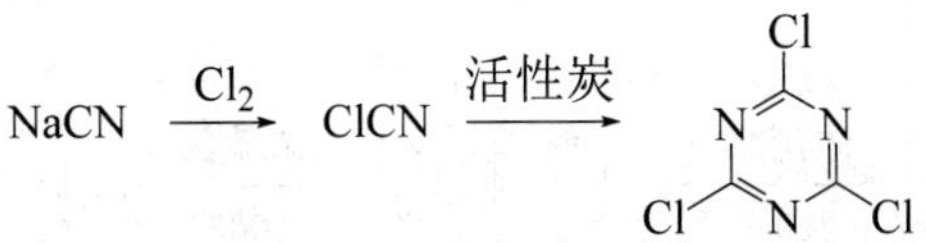

三氯均三嗪为无色结晶，熔点 154℃。这是一种重要的有机化工中间体，可用于合成一系列高效、低毒的均三嗪类除草剂和杀虫剂，也用于生成荧光增白剂、涤纶等多种合成纤维

染色用的活性染料，以及合成树脂、橡胶、聚合物防老剂、炸药、织物防缩水剂、表面活性剂等。

14.3.3　苯并六元杂环化合物

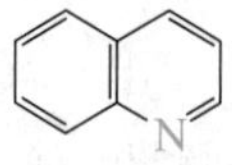

喹啉
沸点238℃

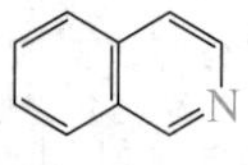

异喹啉
沸点243℃，熔点26.5℃

喹啉为无色有特殊臭味的油状液体，在空气中颜色会浑渐加深。异喹啉则为无色晶体或液体，碱性比喹啉强。

（1）喹啉和异喹啉的合成

喹啉的合成可用 Skraup 法，即将芳胺与甘油、硫酸、硝基苯和五氧化二砷或三氯化铁一起反应，或用芳胺与 1,3-二羰基化合物及硫酸一起反应（Combes 法）来制备：

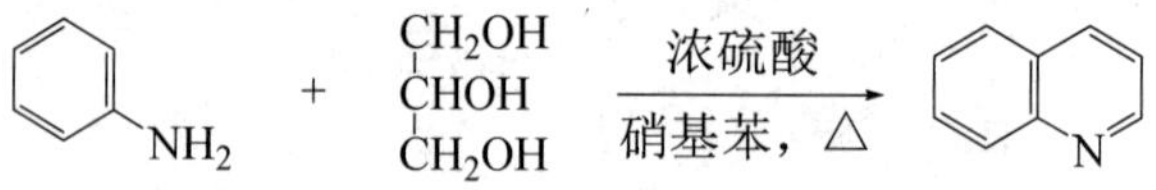

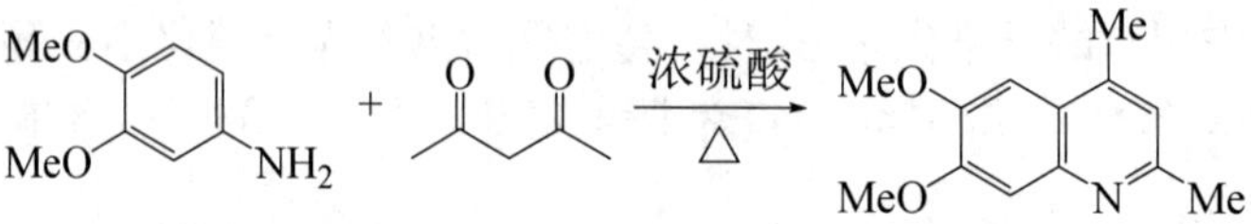

对于 1-取代异喹啉，则可以用 Bscliler-Napieralski 法合成：

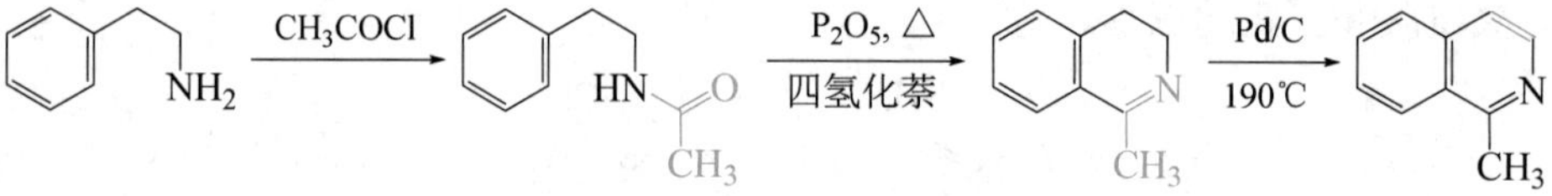

当苯环上有活化基团时，反应容易进行，而有钝化基团时难以进行。

（2）化学性质

① 亲电取代反应　由于吡啶环比苯环难以发生亲电取代反应，所以喹啉和异喹啉的亲电取代反应一般都发生在苯环上，位置为 5-位和 8-位。

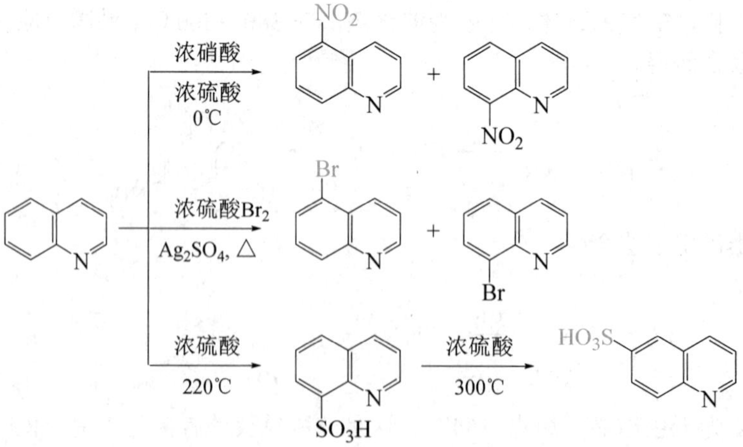

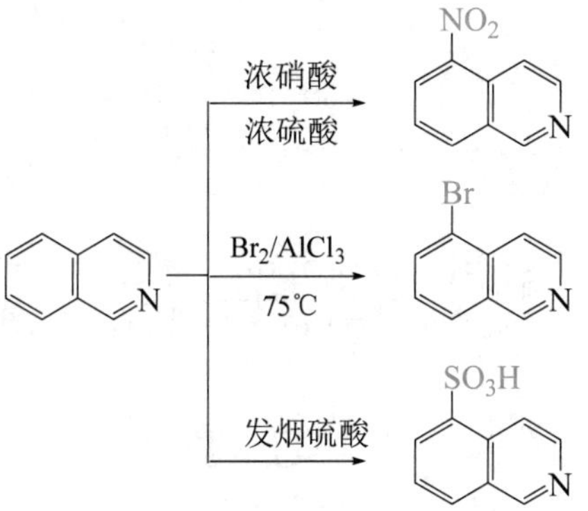

② **亲核取代反应** 喹啉和异喹啉同样可以进行杂环上的 H 或易离去基团的亲核取代反应，喹啉的取代主要发生在 C-2 位上，如果 C-2 位上有其他取代基，则发生在 C-4 位上。异喹啉的亲核取代反应则发生在 C-1 位上。例如：

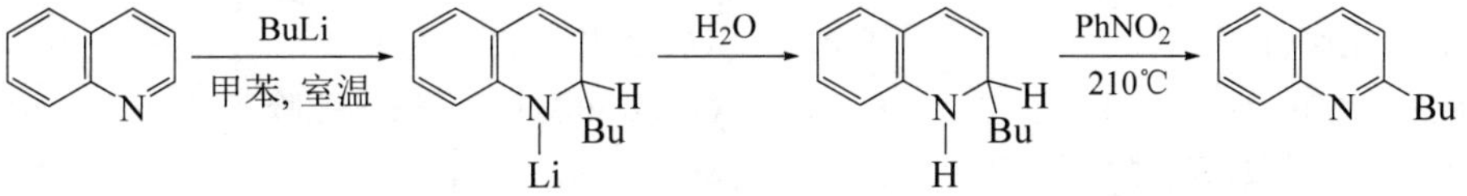

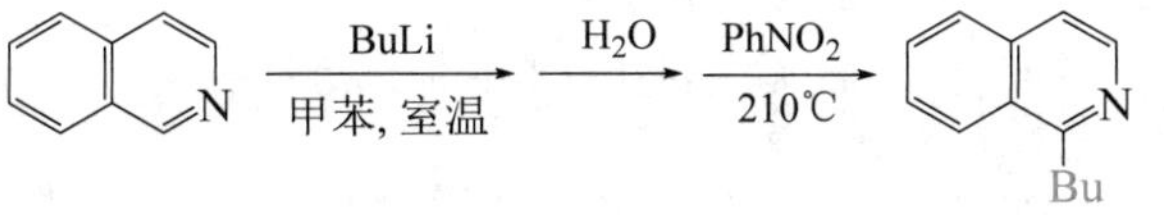

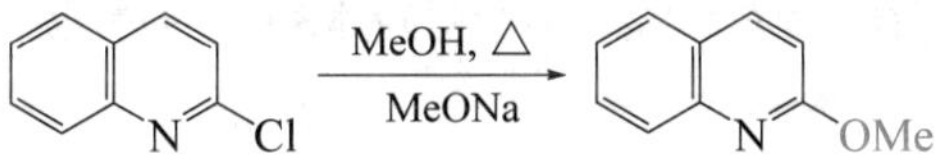

③ **侧链上 α-H 的反应** 2-位或 4-位取代的喹啉和 1-位烷基取代的异喹啉烷基上的 α-H 是活泼氢，可以进行缩合反应，而其他位置上烷基的 α-H 活泼性很差，不易进行缩合反应。例如：

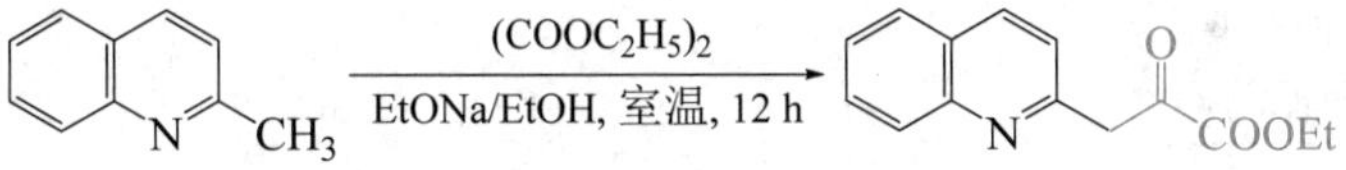

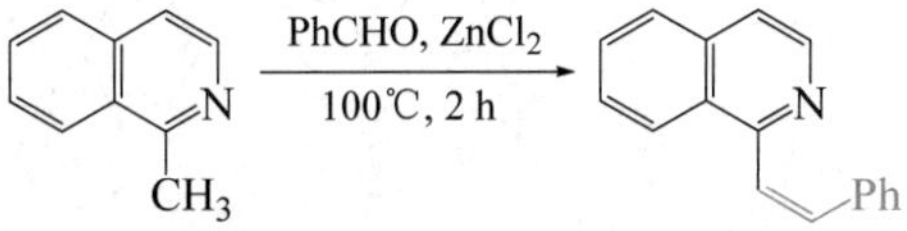

④ **还原反应** 吡啶环比苯环容易被还原，所以喹啉和异喹啉在与还原剂反应时，都是吡啶环优先被还原。例如：

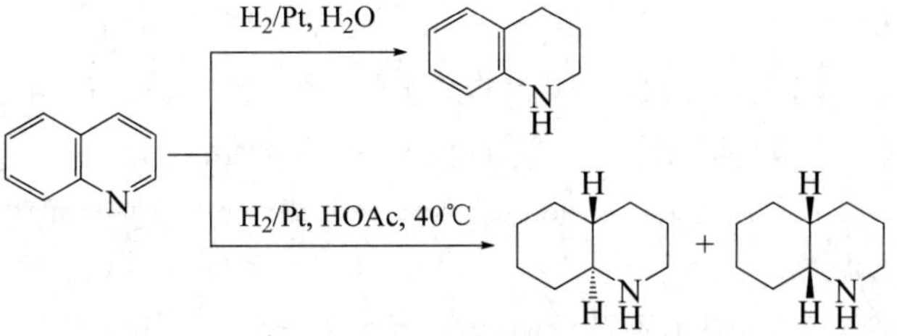

⑤ **氧化反应** 与还原反应相反，当喹啉和异喹啉与强氧化剂如 $KMnO_4$ 等作用时，苯环

优先被氧化。例如：

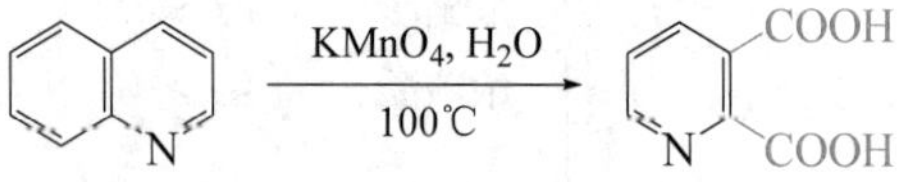

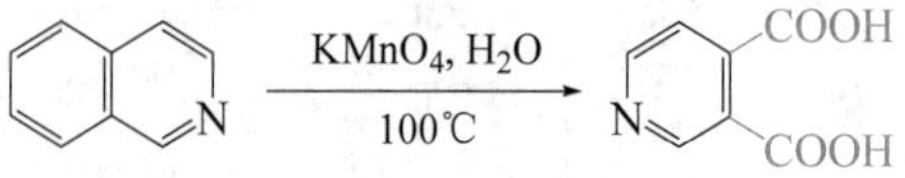

习 题

1. 写出下列化合物的构造式。

（1）α-呋喃甲醇

（2）α,β'-二甲基噻吩

（3）溴化 N,N-二甲基四氢吡咯

（4）2-甲基-5-乙烯基吡啶

（5）2,5-二氢噻吩

（6）N-甲基-2-乙基吡咯

（7）8-羟基喹啉

（8）8-甲基-6-氨基-$9H$-嘌呤

2. 如何鉴别和提纯下列化合物？

（1）区别萘、喹啉和 8-羟基喹啉

（2）区别吡啶和喹啉

（3）除去混在苯中的少量噻吩

（4）除去混在甲苯中的少量吡啶

（5）除去混在吡啶中的少量六氢吡啶

3. 下列各杂环化合物哪些具有芳香性？在具有芳香性的杂环中，指出参与 π 体系的未共用电子对。

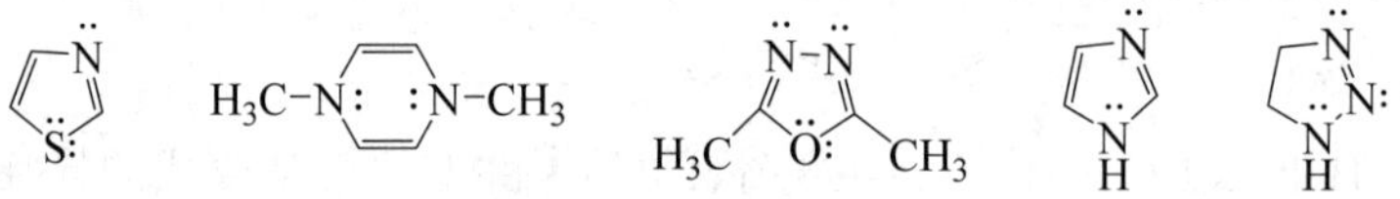

4. 当用盐酸处理吡咯时，如果吡咯能生成正离子，它的结构是怎样的？请用轨道表示。这个吡咯正离子是否具有芳香性？

5. 写出下列反应的主要产物。

6. 怎样从糠醛制备下列化合物？

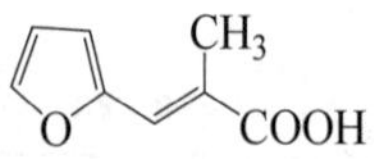

7. 杂环化合物 $C_5H_4O_2$ 经氧化后生成羧酸 $C_5H_4O_3$。把此羧酸的钠盐与碱石灰作用，转变为 C_4H_4O，后者与金属钠不起作用，也不具有醛和酮的性质。试推断该杂环化合物的结构。

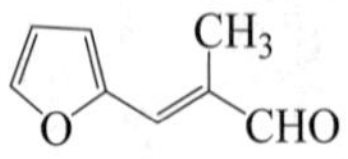

8. 溴代丁二酸乙酯与吡啶作用生成不饱和的反丁烯二酸乙酯。吡啶在这里起什么作用？它比通常使用的氢氧化钾乙醇溶液有什么优点？

9. 为什么吡啶进行亲电溴化反应时不用 Lewis 酸，例如 $FeBr_3$？

10. 奎宁是一种生物碱，存在于南美洲的金鸡纳树皮中，因此也叫金鸡纳碱。奎宁是一种抗疟药，虽然多种抗疟药已人工合成，但奎宁仍被使用。奎宁的结构式如下：

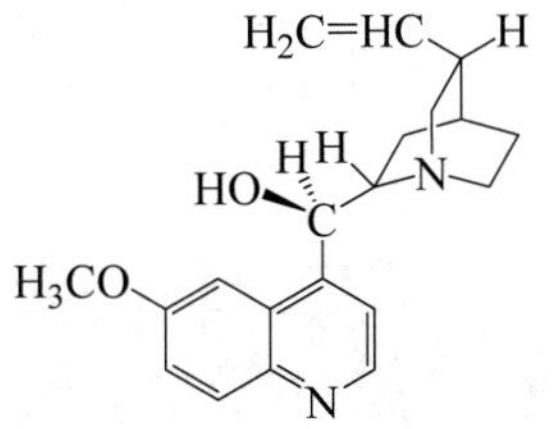

$$H_2C=HC \quad H$$

分子中有两个氮原子，哪一个碱性大些?

11. 用浓硫酸在 220～230℃时使喹啉磺化，得到喹啉磺酸（A）。把（A）与碱共熔，得到喹啉的羟基衍生物（B）。（B）与应用 Skraup 法从邻氨基苯酚制得的喹啉衍生物完全相同。（A）和（B）是什么? 喹啉在进行亲电取代反应时，苯环活泼还是吡啶环活泼?

12. 解释 1-甲基异喹啉甲基上的质子的酸性比 3-甲基异喹啉甲基上的质子的酸性强的原因。

13. 为什么喹啉和异喹啉的亲核取代反应主要分别发生在 C_2 和 C_1 上，而不是发生在 C_4 和 C_3?

14. 2,3-吡啶二甲酸脱羧生成 β-吡啶甲酸，为什么脱羧反应发生在 α 位?

15. 古柯碱 $C_8H_{15}NO$(A)是一种生物碱，存在于古柯植物中。它不溶于氢氧化钠水溶液，但溶于盐酸。它不与苯磺酰氯作用，但与苯肼作用生成相应的苯腙。（A）与 NaOI 作用生成黄色沉淀和一个羧酸 $C_7H_{13}NO_2$（B）。（B）被 CrO_3 氧化后转变成古液酸 $C_6H_{11}NO_2$，即 N-甲基-2-吡咯烷甲酸。写出（A）和（B）的结构式。

第 15 章

碳水化合物

 碳水化合物（Carbohydrate）即通常所称的糖类物质，因为大部分该类化合物的分子式都可用通式 $C_x(H_2O)_y$ 来表示而得名，如葡萄糖为 $C_6(H_2O)_6$，蔗糖为 $C_{12}(H_2O)_{11}$ 等，表面上似乎是"碳的水合物"。但这一名称不是十分贴切的，因为一方面糖类化合物并不是简单的碳的水合体，另一方面这一通式也并不能代表所有的糖类化合物，如鼠李糖为 $C_6H_{12}O_5$。且某些符合这一通式的化合物也不一定是糖类，如乳酸 $C_3H_6O_3$。因此，碳水化合物这一称谓只是习惯叫法而已，专业的称谓应称为糖（saccharides）。

 糖一般定义为多羟基醛和多羟基酮，以及可以水解产生多羟基醛和多羟基酮的物质。虽然这一定义表述出了它的主要官能团，但却并不完全准确。从后文可以知道，由于分子通式中含有亲电的羰基和亲核的羟基，因此它们容易发生分子内的亲核加成，从而更容易以半缩醛或缩醛的形式存在。不能被水解成更简单的糖的糖类化合物称为单糖，如葡萄糖和核糖等；能水解产生两分子单糖的糖类化合物称为双糖，如麦芽糖和蔗糖等；能水解产生 3～10 个单糖分子的糖类化合物称为寡糖；能产生 10 个以上单糖分子的糖类物质称为多糖，如淀粉和纤维素等。

 糖类化合物是植物中最丰富的有机成分，它们不仅是生物体最重要的化学能源，而且在植物，甚至某些动物中也是支撑组织的重要组分，如纤维素在树木、棉花、亚麻等植物中的作用。糖在生物体内的合成是通过光合作用来实现的，植物利用太阳能和空气中的二氧化碳合成糖类：

$$xCO_2+yH_2O+太阳能 \longrightarrow C_x(H_2O)_y+xO_2$$

 在光合作用过程中，有许多独立的酶参与这一反应的进行，尽管现在对这些酶催化反应还没有完全弄清，但已经知道，这个光合过程是从植物重要的绿色素——叶绿素对光的吸收开始的。叶绿素的绿色及在可见光区吸收太阳光的能力是因为其大的共轭体系的存在，当它捕获太阳光子后，所获得的能量就被植物以化学的形式进行反应，还原二氧化碳和水成糖，同时氧化水成氧气。

糖类物质是太阳能的主要储存库，当被动物代谢时就分解生成二氧化碳和水，同时释放出能量：

$$C_x(H_2O)_y + xO_2 \longrightarrow xCO_2 + yH_2O + 能量$$

这一代谢过程也是一系列酶催化反应的结果，每一个能量产生的步骤都是氧化的结果。氧化所产生的能量一部分不可避免地会转化成热量，但大部分还是会被生物以二磷酸腺苷（ADP）与无机磷（Pi）形成三磷酸腺苷（ATP）的方式以化学能的形式储存起来。

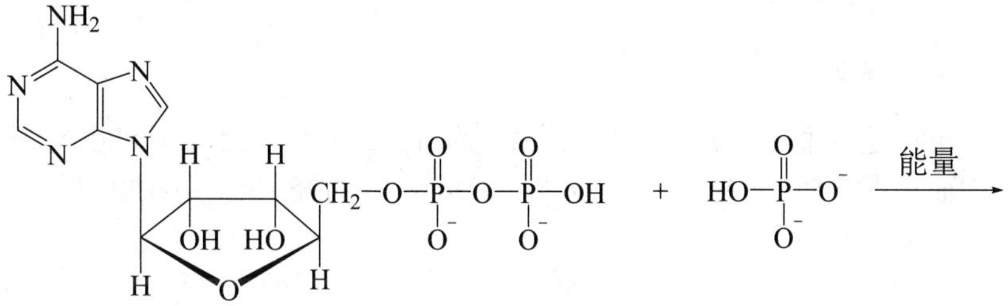

ADP

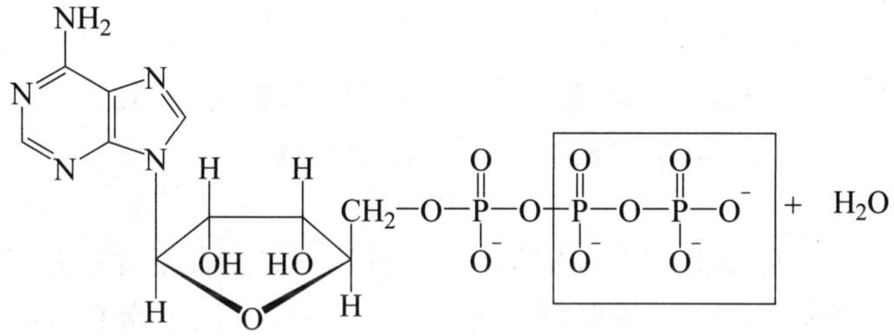

ATP

ADP 末端的磷酸根与磷酸离子形成的新的磷酸酐键（高能磷酸键）成为一个新的化学能源库，动物可以利用 ATP 储存的能量完成他们所有需要能量的活动，如肌肉收缩、生物分子的合成等。当 ATP 中的能量被用掉时，它就会被水解成 ADP 或者是产生一种新的酸酐连接：

$$ATP + H_2O \longrightarrow ADP + Pi + 能量$$

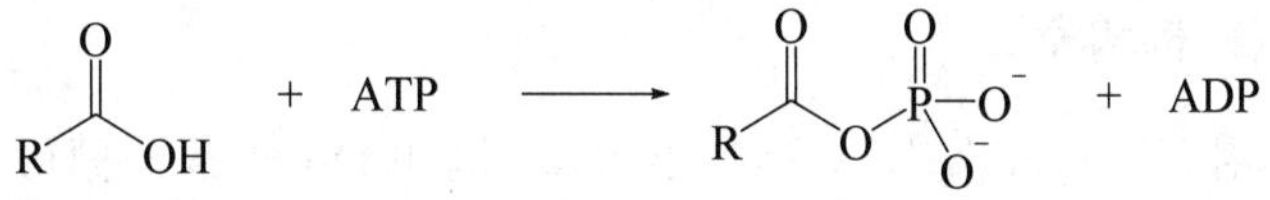

在相当长的一段时间内，糖被简单地认为只是作为能源提供者或结构支撑物，但随着糖的各种生物学功能的发现，糖化学已成为介于有机化学和生物学之间非常活跃的研究领域之一。

15.1 单糖

15.1.1 单糖的分类

根据糖分子中碳原子数目的多少，可将单糖分为三碳糖（丙糖）、四碳糖（丁糖）、五碳糖（戊糖）、六碳糖（己糖）等。根据糖分子中羰基的种类，又可将其分为醛糖和酮糖。

在命名时常将这两种方法合起来用，如四个碳原子的醛糖可命名为丁醛糖。

$$H_2C-\overset{\displaystyle H}{\underset{\displaystyle OH}{C}}-\overset{\displaystyle H}{\underset{\displaystyle OH}{C}}-CHO$$

丁醛糖

15.1.2 单糖的结构和命名

1. D 系列和 L 系列

最简单的单糖是甘油醛（2,3-二羟基丙醛）和 1,3-二羟基丙酮。甘油醛分子中存在一个手性碳原子，因而存在一对对映异构体，分别为 D-(+)-甘油醛和 L-(−)-甘油醛：

D-(+)-甘油醛   L-(−)-甘油醛

R-(+)-甘油醛   *S*-(−)-甘油醛

这两个化合物可以作为所有单糖构型确定的标准。由 D-(+)-甘油醛衍生而来的单糖称为 D 系列单糖，而由 L-(−)-甘油醛衍生而来的单糖称为 L 系列单糖。由于命名时编号是从靠近醛基的一端开始的，所以一个单糖中如果编号最大的不对称中心与 D-(+)-甘油醛具有相同的构型，则此单糖为 D-型糖，反之则为 L-型糖。在此需要再次强调的是，旋光方向与构型之间没有必然的联系，也会遇到 D-(−)或 L-(+)的糖类。

虽然 D/L 命名法事实上只确定了一个碳原子的构型，存在很大缺陷，但在糖化学中仍主要采用这一方法。本书也沿用这一命名体系。

2. 单糖的环状结构和命名

单糖的构型可用楔形式和费歇尔投影式表示。例如 D-(+)-葡萄糖可表示为图 15-1（a）和（b）所示。D-(+)-葡萄糖的许多性质可用此链式结构来解释，但也有很多性质无法用此结构理解。有许多证据表明，在 D-(+)-葡萄糖中存在着链式结构和两种环状结构[见图 15-1（c）和（d）或（e）和（f）]的平衡。这种环状结构是由 C-5 位的羟基与醛基进行分子内亲核加成反应形成的半缩醛（见图 15-2），这种环化在 C-1 位又产生一个新的手性中心，因而有两种环状结构，它们仅在 C-1 位上构型不同，是一对非对映异构体，在糖化学中将这种非对映异构体称为异头物或端基异构体，半缩醛碳原子则称为异头碳。根据异头碳构型的不同，分别将这两种结构命名为 α-D-(+)-葡萄糖和 β-D-(+)-葡萄糖。

对 D-(+)-葡萄糖环状半缩醛结构的 X 射线晶体衍射研究表明，环的真实构型为椅式[见图 15-1（e）和（f）]。在 β 异头物中，所有大的基团均处于平伏键，而在 α-异头物中，仅异头碳上的羟基处于直立键，而其他大的基团也均处于平伏键。由此可知，β 异头物的稳定性强

于 α-异头物。

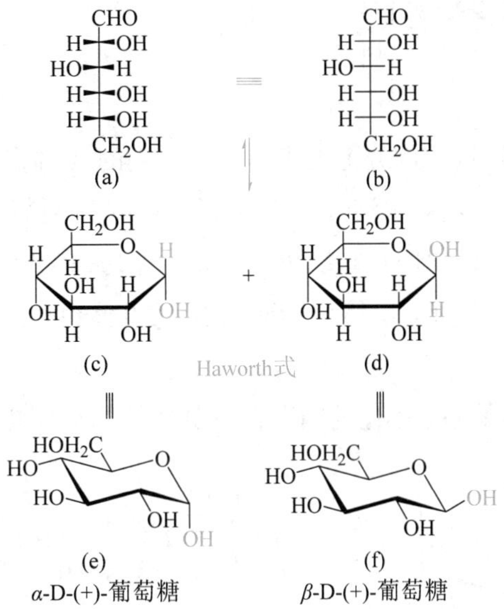

图 15-1　葡萄糖的结构

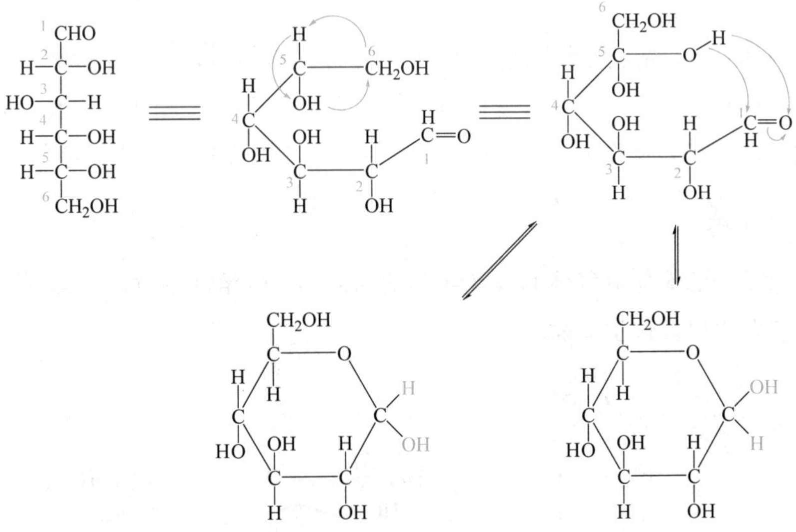

图 15-2　单糖环状结构的形成

　　并不是所有的糖类化合物都存在六元半缩醛环的平衡体系，在有些情况下，形成的是五元环，即使是葡萄糖中也存在少量五元半缩醛结构的平衡。由于这一差别的存在，在命名时就必须加以区分，六元环糖通常称为吡喃糖，而将五元环糖称为呋喃糖。这样，图 15-1中的（c）或（e）的完整命名就是 α-D-(+)-吡喃葡萄糖，而（d）或（f）为 β-D-(+)-吡喃葡萄糖。

15.1.3 单糖的化学性质

1. 变旋现象

D-(+)-葡萄糖的环状结构的部分证据来自分离得到的 α-体和 β-体。α-D-(+)-葡萄糖的熔点为 146℃，当在 98℃以上蒸发其水溶液时，可得到 β-D-(+)-葡萄糖，熔点为 150℃。二者的旋光性质有很大的差别。 α-体的比旋光度为+112°，β-体为+18.7°。当把它们各自的水溶液放置时，它们的比旋光度会发生变化，α-体会逐渐减小，而 β-体会逐渐增大，但最后都达到+52.7°。这种现象称为糖类化合物的变旋现象。

产生变旋现象的原因是 D-(+)-葡萄糖存在有链式结构与环状结构的互变异构现象：

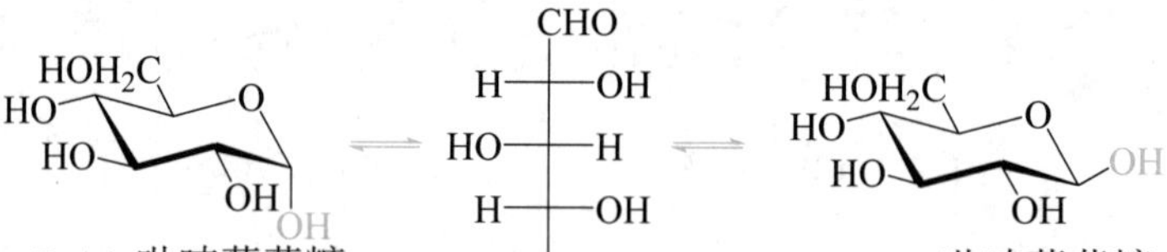

α-D-(+)-吡喃葡萄糖　　　　　　　　　　　　β-D-(+)-吡喃葡萄糖
熔点146℃　　　　　　　　　　　　　　　　　　熔点150℃

在此平衡体系中，链式结构只占约 0.1%，α-体约占 36%，β-体占 64%。虽然链式结构占的比重很少，但它是 α-体和 β-体互变的桥梁。同时也由于这一原因，在 D-(+)-葡萄糖的溶液中观察不到羰基的紫外吸收带和红外特征吸收带，与 Schiff 试剂也不显色。

2. 糖苷的形成

当将少量干燥的氯化氢气体通入 D-(+)-葡萄糖的甲醇溶液中时，在异头碳的羟基（半缩醛羟基）上会发生甲基化生成缩醛：

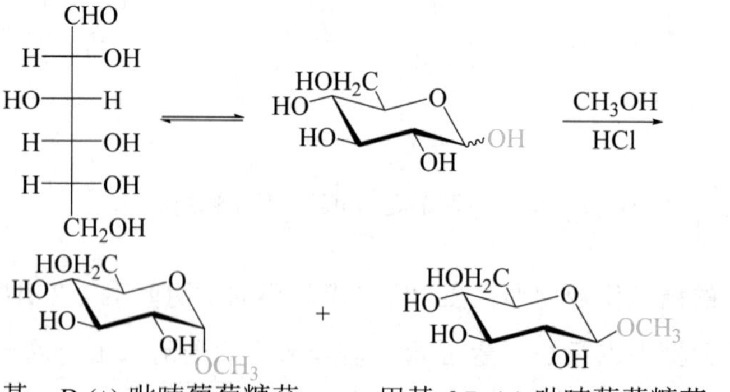

甲基-α-D-(+)-吡喃葡萄糖苷　　　　　　　甲基-β-D-(+)-吡喃葡萄糖苷
熔点165℃　　　　　　　　　　　　　　　　熔点107℃

这种糖的缩醛称为糖苷，葡萄糖的缩醛就称为葡萄糖苷。其形成机理如下：

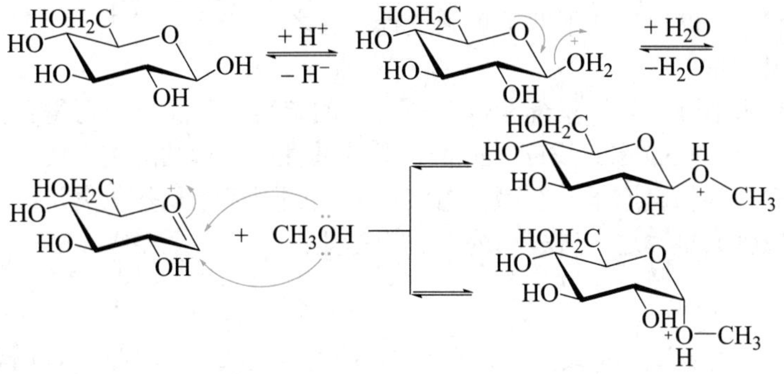

因为糖苷是缩醛，所以它们在碱性水溶液中是稳定的，但在酸性溶液中会水解生成一分子糖和一分子醇，这样得到的醇称为糖苷配基。糖苷配基可以是很简单的基团，也可以是很复杂的基团，糖苷广泛存在于自然界，许多天然产物都是糖苷。如从柳树皮中提取得到的水杨苷：

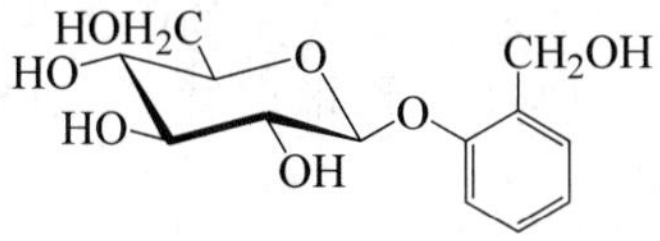

3. 糖的异构化

将单糖溶于碱性水溶液中时会发生烯醇化，以及导致异构化的一系列酮式-烯醇式互变异构现象发生。例如，将含有 $Ca(OH)_2$ 的 D-葡萄糖溶液放置几天，可以分离出好几种物质，包括 D-果糖和 D-甘露糖（见图 15-3）。

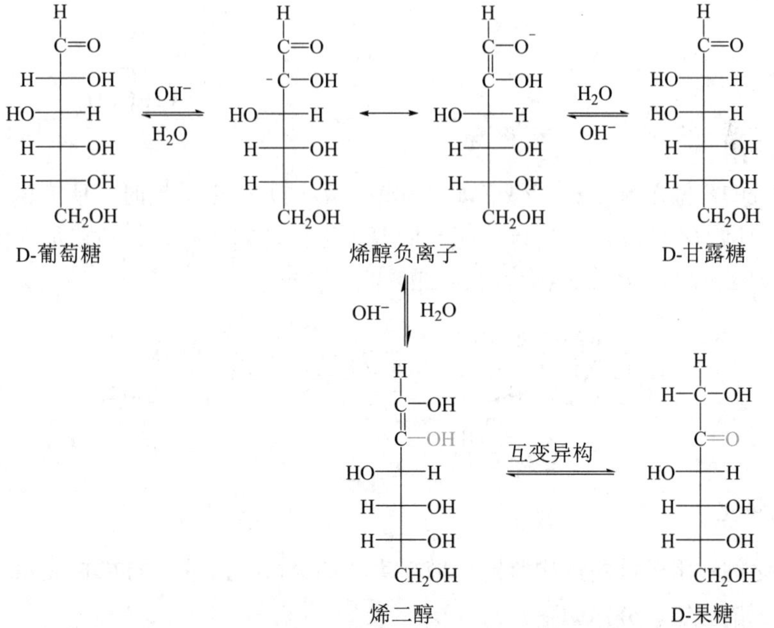

图 15-3　单糖的异构现象

所以在用单糖进行反应时，防止这些异构化反应是非常重要的，一种方法就是将其转化为甲基糖苷，然后在碱性条件下即可顺利进行反应。

4. 糖的醚化

在氢氧化钠水溶液中，甲基葡萄糖苷与过量的硫酸二甲酯反应可得到五甲基衍生物，该反应实际上是一个 Williamson 反应。但糖羟基的酸性比简单的醇类要强得多，因为其分子中含有许多电负性很强的氧原子，在碱性溶液中它们先形成烷氧基负离子，然后再与硫酸二甲酯进行 S_N2 反应生成醚。这一过程称为彻底甲基化：

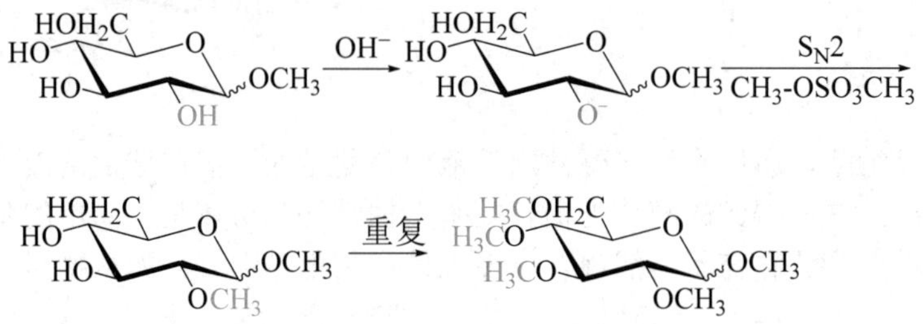

需要注意的是，C-2、C-3、C-4 和 C-6 位上的甲氧基是普通的醚，这些基团在稀酸水溶液中是稳定的。但 C-1 位上的甲氧基是缩醛的甲氧基，在酸性条件下是不稳定的，容易水解生成 2,3,4,6-四-*O*-甲基-D-葡萄糖：

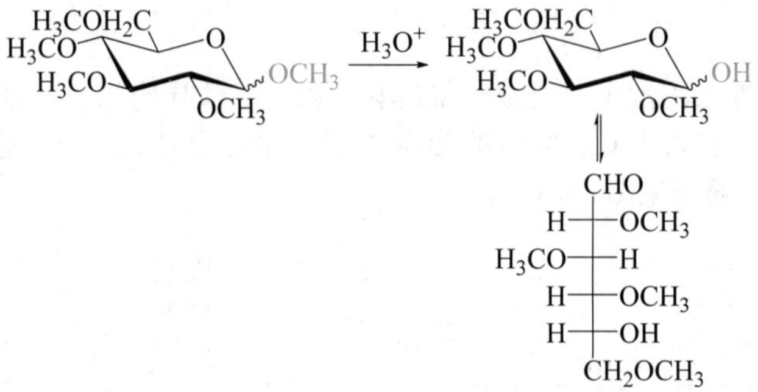

5. 糖的酯化

当用过量的乙酸酐和一种弱碱（如吡啶或乙酸钠）处理单糖时，所有的羟基，包括异头羟基都会被转化为乙酸酯。如果该反应在低温下进行（如 0℃），则它是立体专一性的，α-异头物给出 α-乙酸酯，β-异头物给出 β-乙酸酯。

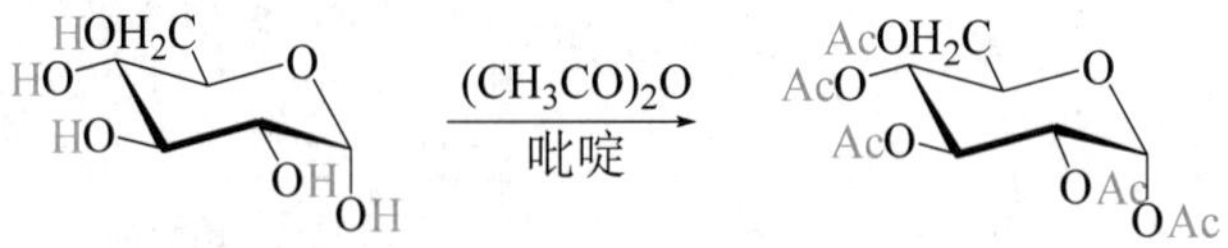

6. 糖的氧化

许多氧化剂被用于糖的结构鉴定和糖衍生物的合成，最重要的有 Benedict 试剂或 Tollens 试剂、溴水、硝酸等。分述如下：

（1）Benedict 试剂和 Tollens 试剂氧化

在前面章节中已讨论过 Tollens 试剂对醛的氧化反应，该试剂同样对糖类有效，工业上保温瓶内胆的镀银就是利用这一原理进行的。

Benedict 试剂是铜离子的柠檬酸配合物的碱性溶液，它氧化醛糖时，本身会被还原生成砖红色的 Cu_2O 沉淀。

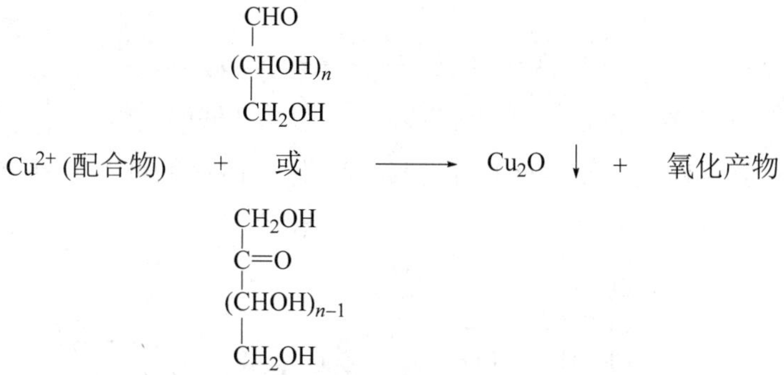

$$Cu^{2+}(配合物) \ + \ \begin{matrix} CHO \\ (CHOH)_n \\ CH_2OH \end{matrix} \ 或 \ \begin{matrix} CH_2OH \\ C=O \\ (CHOH)_{n-1} \\ CH_2OH \end{matrix} \ \longrightarrow \ Cu_2O \downarrow \ + \ 氧化产物$$

能够还原 Benedict 试剂和 Tollens 试剂的糖称为还原性糖，所有含有半缩醛羟基的糖类均可进行该反应。只含有缩醛基团的糖类化合物不能进行该反应，这样的糖称为非还原性糖，因为它们不能完成环状结构和链状结构的转化。

Benedict 试剂和 Tollens 试剂虽然可以用作检测试剂，前者还可用于血液或尿中还原性糖的定量分析。但该方法一般不能用于糖衍生物的制备，因为该反应在碱性条件下进行，容易发生一系列复杂的异构化反应。

（2）溴水氧化

在弱酸条件下单糖不会发生异构化和裂解反应，这样溴水就可用作一个有效的氧化制备试剂，是一个常用的将醛基氧化成羧基的选择性氧化剂，可将醛糖转化为醛糖酸：

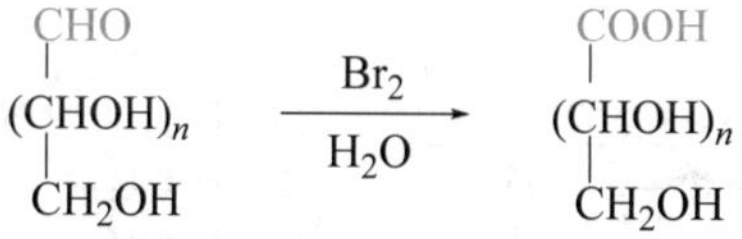

$$\begin{matrix} CHO \\ (CHOH)_n \\ CH_2OH \end{matrix} \ \xrightarrow[H_2O]{Br_2} \ \begin{matrix} COOH \\ (CHOH)_n \\ CH_2OH \end{matrix}$$

用溴水氧化吡喃醛糖的研究表明，这一反应的完成并不那么简单，实际上它是先将 β 异头物氧化成 δ 醛糖酸内酯，后者再水解得到醛糖酸。醛糖酸也可进一步关环形成 γ 醛糖酸内酯。

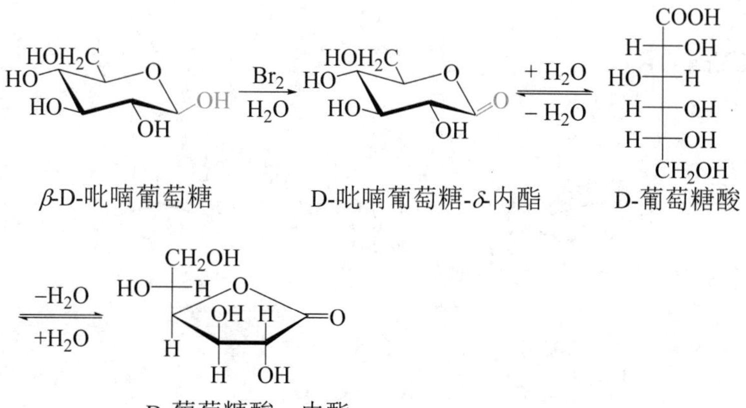

β-D-吡喃葡萄糖　　　　D-吡喃葡萄糖-δ-内酯　　　　D-葡萄糖酸

D-葡萄糖酸-γ-内酯

（3）硝酸氧化

稀硝酸是比溴水强的氧化剂，它能将醛基和末端羟甲基一起氧化成羧基，这种二羧酸称为糖二酸：

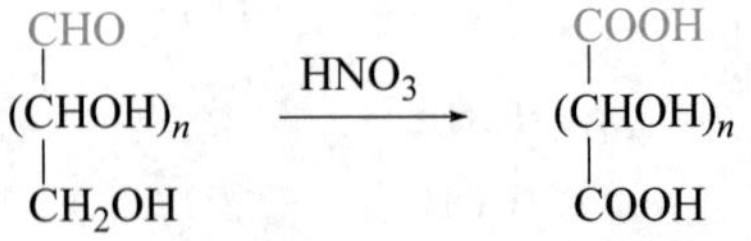

现在还不知道这种氧化是否经历了内酯中间体，但产物糖二酸却很容易形成 γ- 和 δ-内酯，如：

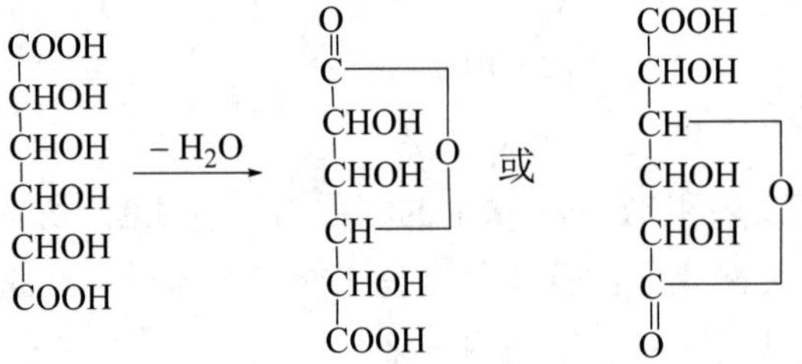

7. 糖的还原

醛糖和酮糖可被硼氢化钠或催化氢化还原成糖醇：

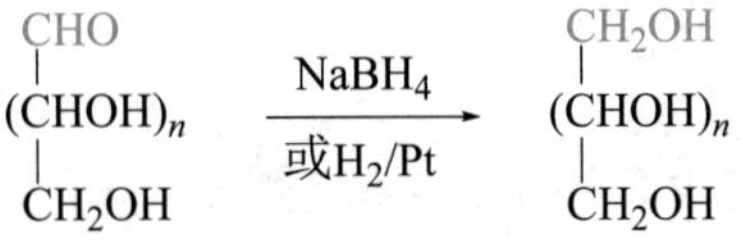

例如：

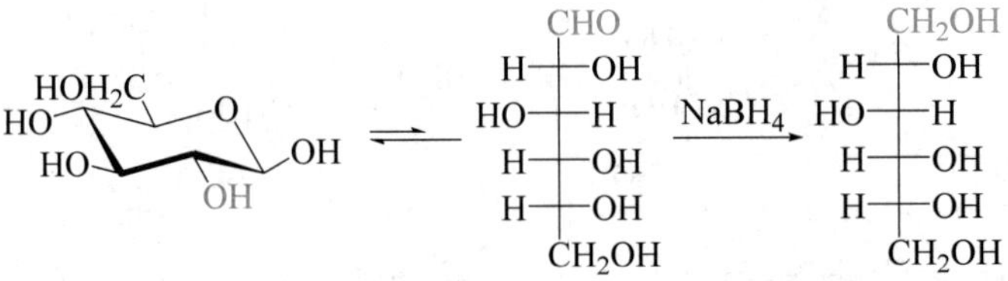

8. 邻二醇的反应

糖分子中含有数个相邻的羟基，因此可以发生一些邻二醇的反应，但反应有时与羟基所处的相对位置有关。

（1）环状缩酮的合成

例如：

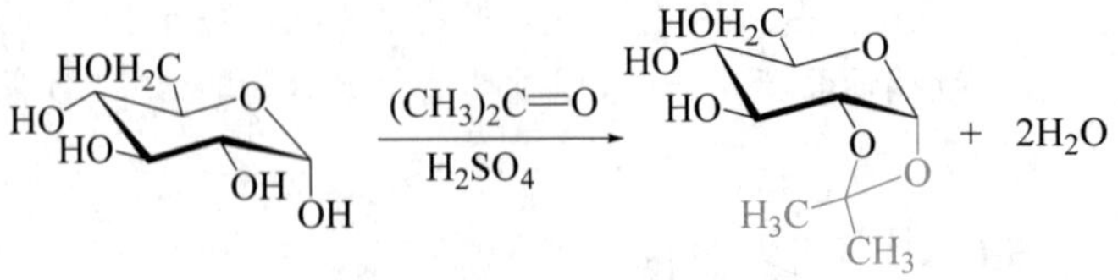

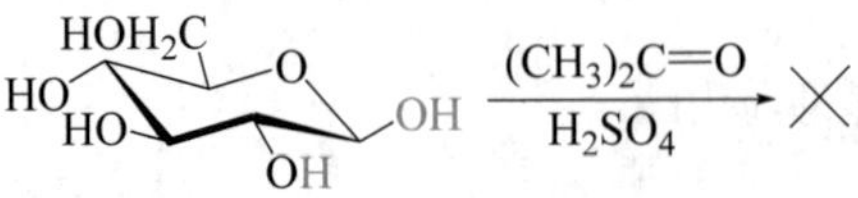

据此可以判断异头碳的构型。该反应也用于糖化学反应中某些羟基的选择性保护。

（2）高碘酸氧化

高碘酸可将邻二醇的 C—C 键打开，形成小分子的醛。糖类化合物均具有邻二醇的结构，因此可被高碘酸分解。没有保护的糖会被氧化成甲酸和甲醛，此反应是定量进行的，所以可用于糖的定量分析。如将糖分子中的某些羟基进行保护，则可用于糖衍生物的制备。例如：

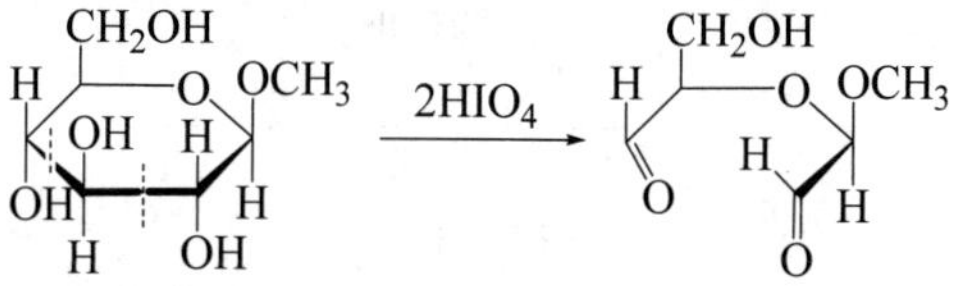

9. 与苯肼的反应——糖脎的形成

单糖的羰基可与羟胺和苯肼这样的化合物反应生成亚胺，与羟胺的产物也是肟，但与足够量的苯肼作用时，会有三分子的苯肼参与反应，而在羰基及羰基的 α-位引入两个脎基，这样的二苯腙化合物称为糖脎。

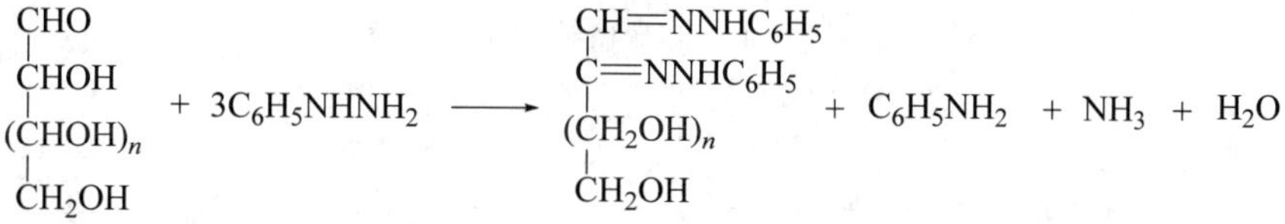

反应机理如下：

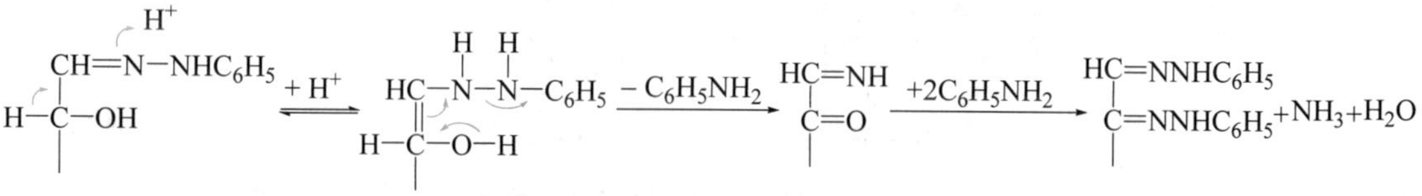

生成的糖脎很容易结晶析出，因此可根据糖脎的晶形及生成时间来鉴定糖类。

在糖脎的析出过程中，C-2 手性中心失去，但不影响其他手性中心，因此某些糖可以生成相同的糖脎。例如葡萄糖和甘露糖能形成相同的糖脎：

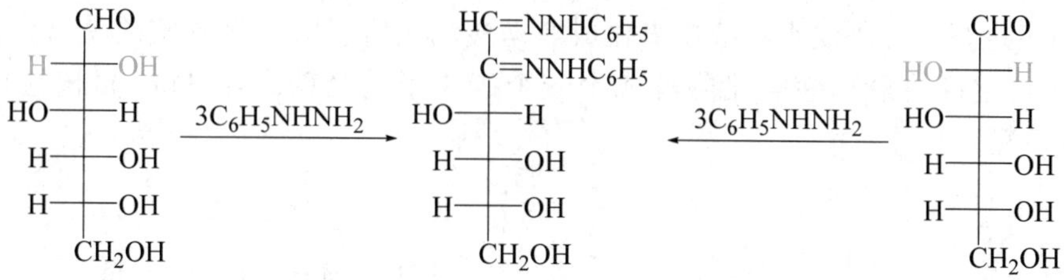

D-葡萄糖   D-甘露糖

像这种只有一个手性碳原子的构型不同，而其他碳原子的构型均相同的非对映异构体称为差向异构体（epimer）。

D-果糖与苯肼的反应也生成同样的糖脎。

10. 醛糖的递升与递降

（1）Kiliani-Fischer 合成法

1885 年，H. Kiliani 发现，将醛糖与 HCN 反应可以得到一对差向异构体氰醇，后者水解可得到一对差向异构体的醛糖酸。Fischer 将这一反应进一步扩展，将醛糖酸形成的醛糖酸内酯还原，即得到增加一个碳原子的醛糖。这种在醛糖中增长碳链的方法就叫 Kiliani-Fischer 合成法。图 15-4 以 D-苏糖和 D-赤藓糖的合成为例来进行说明：

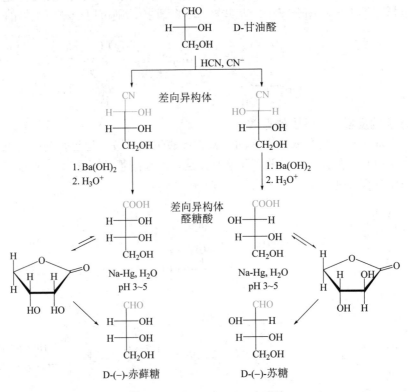

图 15-4　Kiliani-Fischer 合成法

这样，通过同样的方法，可以从低一级的糖合成高一级的糖，这种方法叫递升法。

（2）Ruff 降解

如同 Kiliani-Fischer 合成法用于糖链的增长，Ruff 降解则可用于糖链的逐步缩短。这一方法分两步进行，先用溴水将醛糖氧化成醛糖酸，然后利用 α-羟基酸的易氧化特性，用过氧化氢和硫酸铁将醛糖酸氧化降解成少一个碳原子的醛糖。如 D-(－)-核糖可被降解成 D-(－)-赤藓糖：

$$
\underset{\text{D-(-)-核糖}}{\begin{array}{c}\text{CHO}\\ \text{H}\!-\!\text{OH}\\ \text{H}\!-\!\text{OH}\\ \text{H}\!-\!\text{OH}\\ \text{CH}_2\text{OH}\end{array}}
\xrightarrow[\text{H}_2\text{O}]{\text{Br}_2}
\underset{\text{D-(-)-核糖酸}}{\begin{array}{c}\text{COOH}\\ \text{H}\!-\!\text{OH}\\ \text{H}\!-\!\text{OH}\\ \text{H}\!-\!\text{OH}\\ \text{CH}_2\text{OH}\end{array}}
\xrightarrow[\text{Fe}_2(\text{SO}_4)_3]{\text{H}_2\text{O}_2}
\underset{\text{D-(-)-赤藓糖}}{\begin{array}{c}\text{CHO}\\ \text{H}\!-\!\text{OH}\\ \text{H}\!-\!\text{OH}\\ \text{CH}_2\text{OH}\end{array}} + \text{CO}_2
$$

这样可以将糖链逐个缩短，这种将碳原子逐步递减的方法就叫递降法。

采用递升和递降法，可以实现糖链的合成或降解。图 15-5 列出了 D 系列醛糖的合成及降解过程：

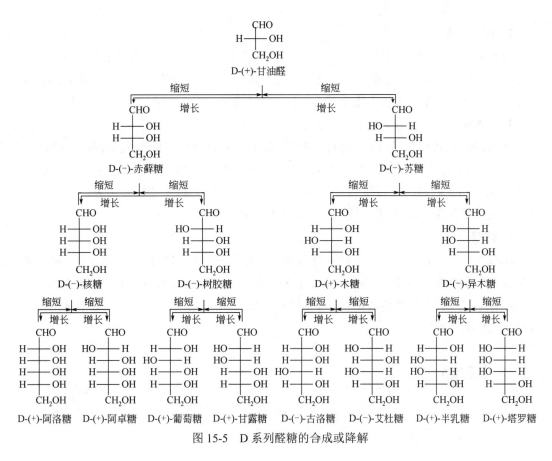

图 15-5　D 系列醛糖的合成或降解

15.1.4　重要的单糖

1. 葡萄糖

葡萄糖是最重要的单糖，是淀粉和纤维素的生物合成单体，淀粉和纤维素经彻底水解即得到葡萄糖。葡萄糖除了大量用于医药外，也是很多重要化工产品的原料，如维生素 C、山梨醇、葡萄糖酸-δ-内酯、衣康酸、曲酸等。

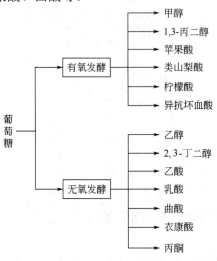

2. D-半乳糖

D-半乳糖是乳糖分子的一部分，另一半是葡萄糖。在β-乳糖酶的催化作用下，乳糖水解即可得到半乳糖，双歧杆菌发酵乳糖也能产生半乳糖。它是构成脑神经系统中脑苷脂的成分，与婴儿出生后脑的迅速生长有密切关系。因它含有热量，也可被用作营养增甜剂。

3. D-木糖

D-木糖为无色至白色结晶或白色结晶性粉末，略有特殊气味和爽口甜味，甜度约为蔗糖的40%。相对密度1.525，熔点114℃，易溶于水和热乙醇，不溶于冷乙醇和乙醚，人体无法消化，不能利用，所以可用作无热量甜味剂使用于肥胖及糖尿病患者。天然木糖存在于多种成熟水果中。D-木糖也是制造木糖醇的原料。

4. 核糖

D-核糖作为生物体内存在于所有细胞中的天然成分，是生物体内遗传物质-核酸的重要组成物质，与腺苷酸的形成和ATP的再生有密切关系，是生命代谢最基本的能量来源之一，在心脏和骨骼肌代谢中起关键作用，能够促进局部组织缺血、缺氧的恢复。也能增强肌体能量，缓解肌肉酸痛。

15.2 双糖

15.2.1 蔗糖

蔗糖是自然界中存在最为广泛的双糖，所有进行光合作用的植物都含有蔗糖，工业上大多由甘蔗和甜菜制取。在酸催化下可水解生成一分子葡萄糖和一分子果糖，其分子式为$C_{12}H_{22}O_{11}$，结构式为：

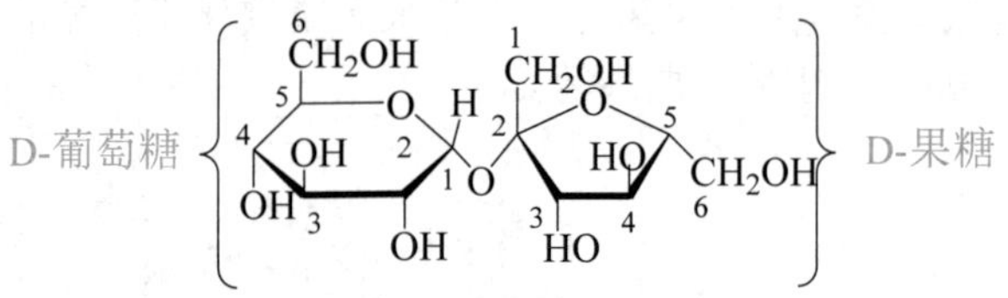

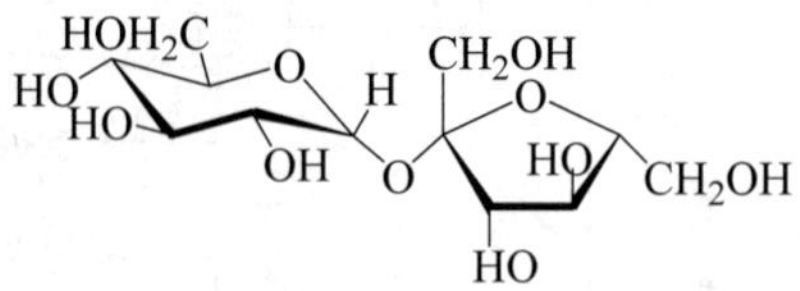

蔗糖是一个非还原性双糖，与Benedict试剂和Tollens试剂均不发生反应，不能与苯肼反应生成脒，也不存在变旋现象。这些事实证明，无论是葡萄糖单元还是果糖单元均不存在半缩醛基团。这样两个单糖单元必然是在葡萄糖的C-1位和果糖的C-2位连接，只有这样才能形成完全的缩醛结构。

蔗糖糖苷键的立体化学可用酶水解试验来证实。它可以被从酵母中得到的α-葡萄糖苷酶所水解，但β-葡萄糖苷酶不能，这表明葡萄糖糖苷部分为α-构型。蔗糖也可被蔗糖酶所水解，这种酶能水解β-呋喃果糖苷，而对α-呋喃果糖苷不起作用，这表明果糖部分的糖苷键构型为β-型。

将蔗糖彻底甲基化可得到八甲基衍生物，将其水解则可得到 2,3,4,6-四-O-甲基-D-葡萄糖和 1,3,4,6-四-O-甲基-D-果糖。说明葡萄糖单元为吡喃糖苷，而果糖部分为呋喃糖苷。

蔗糖是一种应用最为广泛的甜味剂，是少有的全球性使用的化学品之一，但因为其热值高而不适合某些特殊人群使用，从而被其他甜味剂所取代。其衍生物的应用也比较广泛，如其三氯代衍生物三氯蔗糖就是一种新型甜味剂，甜度是蔗糖的 600 倍，低热值、无毒，并且具有抗龋齿功能。

15.2.2 麦芽糖

淀粉在淀粉酶的作用下不完全水解，其中一种二糖产物就是麦芽糖。一分子麦芽糖水解时可得到两分子 D-(+)-葡萄糖，其结构式为：

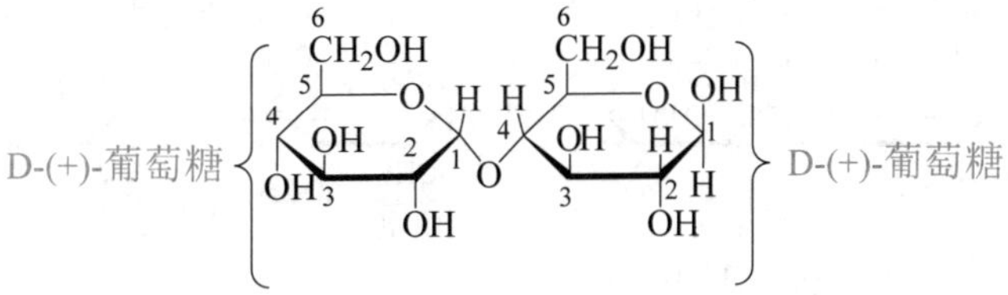

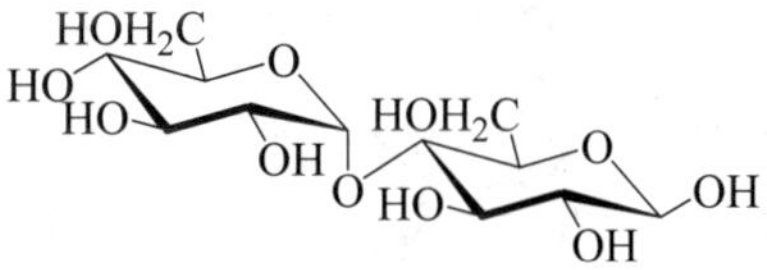

与蔗糖不同的是，麦芽糖是一个还原性双糖，与 Fehling 试剂、Benedict 试剂和 Tollens 试剂均可发生反应，也可与苯肼反应生成单苯脎。麦芽糖存在两种异头物：α-(+)-麦芽糖，$[\alpha]_D^{25} = +168°$；β-(+)-麦芽糖，$[\alpha]_D^{25} = +112°$。两种异头物之间也存在变旋现象，达到平衡时，$[\alpha]_D^{25} = +136°$。

这些事实表明，麦芽糖的一个葡萄糖单元是以半缩醛形式存在的，而另一个必然是糖苷的形式。它能被α-葡萄糖苷酶所水解，但β-葡萄糖苷酶不能，说明其糖苷结构为α-型。

麦芽糖与溴水反应可生成麦芽糖酸，也证明分子中只有一个半缩醛基团。将麦芽糖酸甲基化，然后水解，可得到 2,3,4,6-四-O-甲基-D-葡萄糖和 2,3,5,6-四-O-甲基-D-葡萄糖酸，说明非还原性葡萄糖单元为吡喃糖苷，而还原性葡萄糖单元是在 C-4 位与非还原性葡萄糖单元以糖苷键连接。

将麦芽糖本身甲基化，然后水解，得到 2,3,4,6-四-O-甲基-D-葡萄糖和 2,3,6-三-O-甲基-D-葡萄糖，说明还原性葡萄糖单元也是以吡喃式存在的（见图 15-6）。

麦芽糖在食品工业中的应用十分广泛，用于糖果、糕点、乳制品、冷饮、焙烤食品、蜜饯等食品中作为甜味剂和黏结剂。

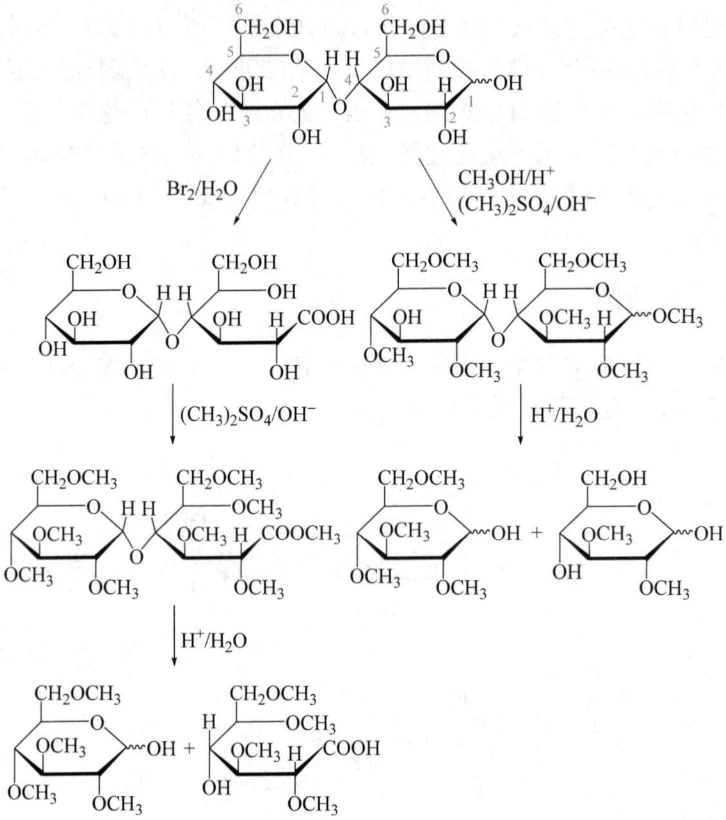

图 15-6　麦芽糖的氧化甲基化水解和甲基化水解

15.2.3　纤维二糖

纤维素部分水解可得到纤维二糖，它与麦芽糖的不同仅在于其糖苷键的连接类型。与麦芽糖一样，纤维二糖也是一个还原性双糖，酸性条件下水解也产生两分子的 D-葡萄糖，也有变旋现象，能生成单苯糖脲。彻底甲基化研究表明，它的一个葡萄糖单元在 C-1 位与另一个葡萄糖的 C-4 位连接。与麦芽糖不同的是，它被 β-葡萄糖苷酶所水解，但 α-葡萄糖苷酶不能，因此其糖苷键的连接方式是 β-型的（见图 15-7）。

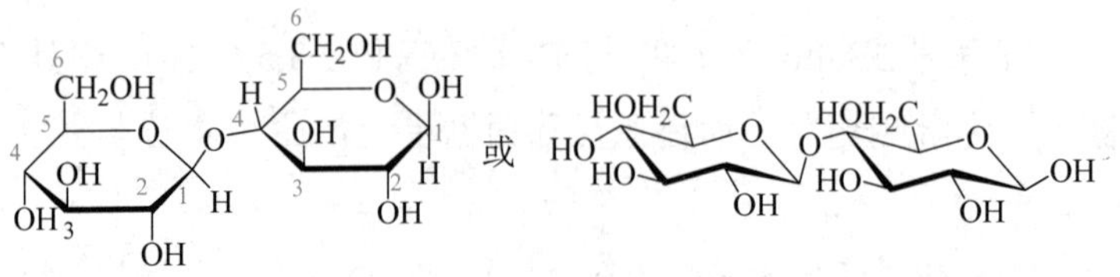

图 15-7　纤维二糖的 β 异头物

15.2.4 乳糖

乳糖是人、奶牛和几乎所有哺乳动物的奶汁中存在的一种双糖，也是一个还原性双糖，水解可产生一分子 D-葡萄糖和一分子 D-半乳糖，两个糖苷键以 β-型糖苷键连接（见图 15-8）。

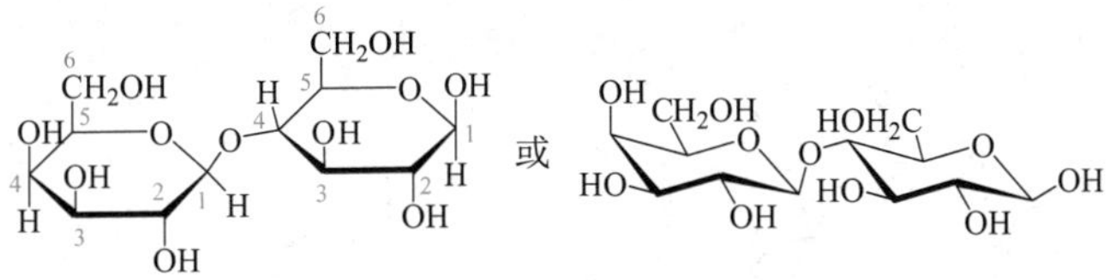

图 15-8　乳糖的 β 异头物

15.3　寡糖和多糖

15.3.1　寡糖

含 3～10 个单糖单元的糖类称为寡糖，它是现代糖化学研究中最活跃的研究领域之一。其中最为著名的是由 6～8 个葡萄糖聚合而成的环糊精，主要有 α-、β-、γ-三种。环糊精具有如空心纸杯的结构（见图 15-9），所有亲水的羟基均位于环外，环内是一个疏水的空腔，可以包合体积适度的有机分子形成超分子化合物。

环糊精在医药、农药、食品，日用化学品及环境保护等领域中的应用十分广泛，在气相色谱柱中可用作手性载体，用于手性化合物的分离，也可用于蛋白质和氨基酸等的分析。

15.3.2　多糖

多糖也叫多聚糖，由单糖通过糖苷键连接而成。由单一单糖聚合而形成的多糖称为单聚糖，由数种单糖聚合而成的多糖称为杂多糖。由单一葡萄糖单体聚合而成的单聚糖也叫作葡聚糖，由半乳糖单体聚合而成的也叫半乳聚糖等。

比较重要的多糖都是葡聚糖，如淀粉、纤维素、甲壳素和糖原。

1. 淀粉

淀粉（starch）以极小的颗粒存在于植物的根、茎和种子中，玉米、马铃薯、小麦和水稻是淀粉的主要来源。将淀粉与水一起加热会使淀粉微粒涨大而形成胶悬体，能够从中分离出两个主要组分：直链淀粉和支链淀粉，大多数淀粉都含有 10%～20% 的直链淀粉和 80%～90% 的支链淀粉。

物理方法测定表明，典型的直链淀粉含有 1000 个以上的 D-吡喃葡萄糖苷单元，它们在 C-1 位和 C-4 位以 α-型连接在一起（见图 15-10）。因此，在葡萄糖单元环的大小及糖苷键的连接方式上与麦芽糖相同。

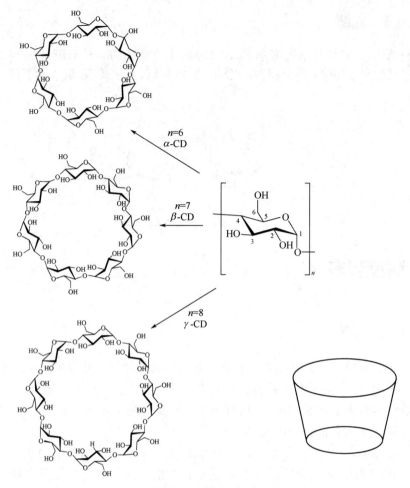

图 15-9　环糊精的结构

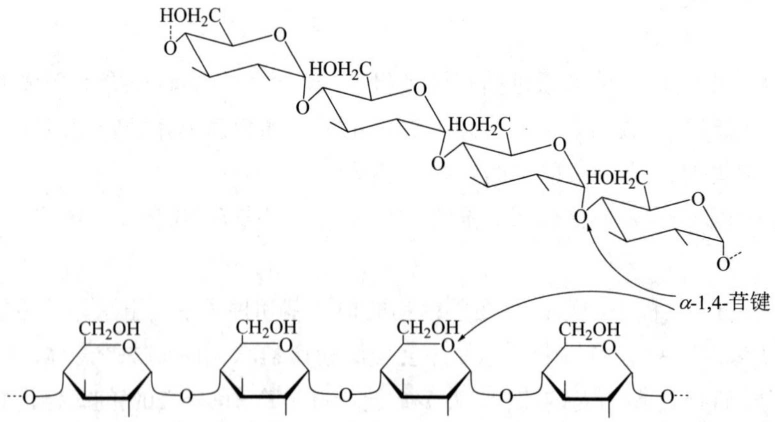

图 15-10　直链淀粉的结构

α-1,4-苷键

直链淀粉的分子量为 15 万～60 万，其 α-型连接的糖苷键使得葡萄糖链倾向于以螺旋形式排列（见图 15-11），导致其分子呈压缩的形状，就像弹簧一样。在这个弹簧的中心也形成一个疏水性空腔，因此可与某些化合物形成包合物。

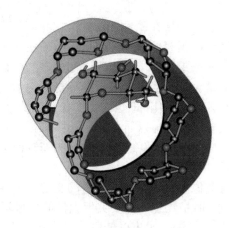

图 15-11　直链淀粉的螺旋结构

支链淀粉的结构与直链淀粉相似，不同的是每隔 20～25 个葡萄糖单元就会出现分支，这种分支是一个葡萄糖单元的 C-6 与另一个葡萄糖单元的 C-1 位以糖苷键形成的。物理方法测定结果表明，支链淀粉是由数百个 20～25 个葡萄糖组成的单元构成的，分子量为 100 万～600 万（见图 15-12）。

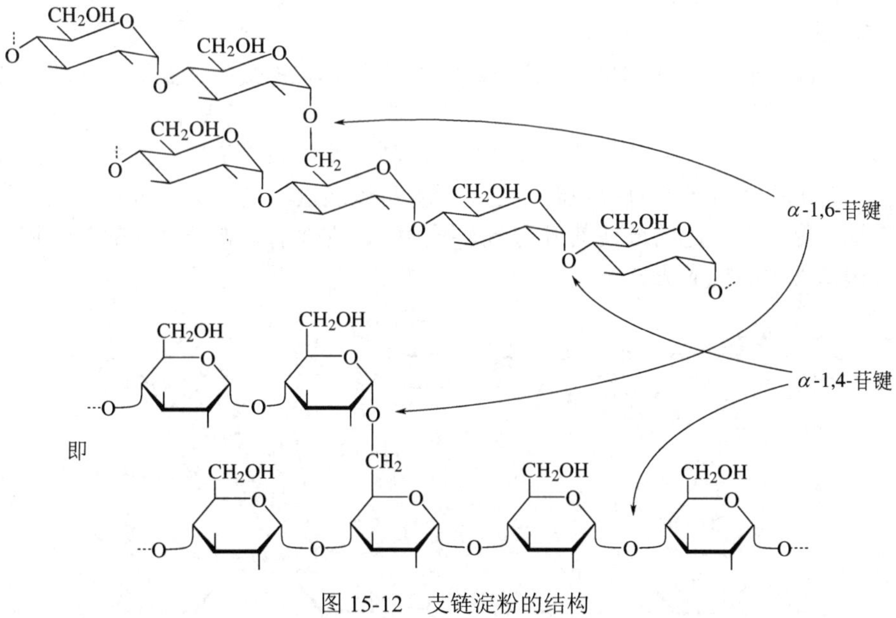

图 15-12　支链淀粉的结构

淀粉是人类的主要食物之一，绝大部分淀粉是以食物的形式被消耗的。除此之外，淀粉也是重要的化工原料，可以用于生产很多重要的化工产品。如酸变性淀粉、氧化淀粉、酯化淀粉、醚化淀粉、交联淀粉、接枝淀粉等，也用于制造燃料乙醇。

2. 糖原

糖原（glycogen）的结构与支链淀粉非常相似，但其支链要多得多。彻底甲基化和水解试验表明，每10~12个葡萄糖单元就有一个端基，因此，每6个单元就可能出现一个支链，其分子量高达10亿。

糖原的结构非常适合动物用于储存能量。首先，它的体积太大，不能通过细胞膜，因此糖原作为能源可以保留在细胞内需要的地方；其次，由于在一个糖原分子中有成千上万个葡萄糖单元，它为细胞解决了一个重要的渗透问题，如此多的葡萄糖作为独立分子存在于细胞中时，细胞内的渗透压是非常大的；最后，一个高度支链化的大分子中的众多葡萄糖单元的存在使得细胞的后勤供应问题得以简化，即当细胞中葡萄糖浓度太低时有现成的葡萄糖来源，而当葡萄糖浓度太高时它又能迅速地加以储存。细胞中存在将葡萄糖从糖原上"取下"或"粘上"的酶，可以催化这一反应，反应发生在链端单元的糖苷键上。由于有众多的支链，因此有大量的端基可供这些酶来进行反应。

支链淀粉在植物中也有类似的作用，支链淀粉的支链数少并不是什么问题，因为植物的代谢速率要比动物慢得多，同时植物也不需要突然大量的能量消耗。

动物以脂肪（三羧酸甘油酯），同时也以糖原的形式储存能量。脂肪因为是高度还原的，因此能够供应更多的能量，例如典型的脂肪酸每个碳原子能够释放的能量是葡萄糖或糖原的两倍多。人们可能会问，为什么自然界会提供两个不同的能量储存库呢？原因很简单，葡萄糖（来自糖原）是很易利用的，且高度溶于水，因此它能迅速通过细胞中的水性介质而作为理想的快速能源。与此相反，长链脂肪酸在水中几乎不溶，它们在细胞中的浓度不可能很高，因此，当细胞处于能量饥荒时它不可能迅速为其进行补充。但脂肪酸具有丰富的热值，是非常好的长期储存能量的储藏库。

3. 纤维素

纤维素（cellulose）是由D-吡喃葡萄糖以C-1和C-4连接的方式聚合成非常长的无支链的聚合物，但与淀粉和糖原不同的是，它的糖苷键是β型的（见图15-13）。这种异头碳的连接方式能使纤维素形成有效的刚性链式结构。这种线性排列使得每条链外面的羟基均呈平行排布，当两条或多条纤维素链靠近时，这些羟基可以通过氢键将这些链理想地"黏合"在一起，许多这样黏合在一起的链使其成为高度不溶的、刚性的、如纤维状的聚合物，因而它们是植物细胞壁理想的构成成分。

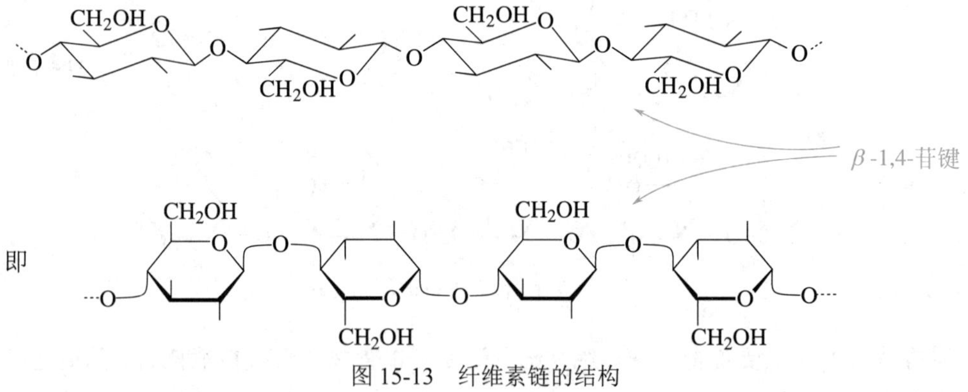

图15-13　纤维素链的结构

应该强调的是，纤维素链的这种特殊性质不仅仅是因为β-1,4-苷键连接，同时也是因为每个立体中心D-葡萄糖的精密结构。D-半乳糖和D-阿洛糖也可以这种方式连接成聚合物，但却不具有纤维素这样的性质。这样也对D-葡萄糖在动植物化学中所占用的特殊位置有了一个新的认识。

另一个有趣的事实是，人类的消化酶不能水解β-1,4-苷键连接，因此纤维素不能像淀粉那样成为人类的食物，但像牛、白蚁等这样的动物却可以草和树木中的纤维素作为它们的食物，这是因为它们消化系统中的共生菌可以提供β葡萄糖苷酶。

人类利用纤维素的历史非常悠久，如造纸等。随着现代化学工业的发展，以纤维素为原料的化工产品已占有很重要的地位。举例如下。

① 硝化纤维　纤维素用硝酸处理可得到纤维素的硝酸酯，称为硝化纤维或硝化棉，有军用和民用两大应用领域。军用部分主要集中在兵器火炸药行业生产，是硝化程度比较高的硝化纤维，实行军品管理。民用部分用于涂料、赛璐珞、人造纤维、电影胶片、油墨、化妆品等，主要是硝化程度比较低的产品。

② 醋酸纤维素（CDA）　用醋酸酐处理纤维素可得纤维素的醋酸酯，称为醋酸纤维素，它是纤维素家族衍生的新的有吸引力的成员，在油漆、塑料、纺织品、胶卷、羊皮纸、滤纸和其他产品上得到广泛应用，并且常常与先进技术领域的发展相联系，包括纤维干燥、纤维制丝、薄膜铸塑、制模和薄片技术等。虽然在某些应用领域已被其他完全人工合成的多聚物所取代，但目前CDA在胶卷、偏光镜、LCD显示和滤纸生产中的利用正在增长。

醋酸纤维素大约80%应用于卷烟过滤嘴的制作，因为它的特性提供了制作卷烟滤嘴的一系列优点，CDA可以选择性地过滤掉烟气中的一些不需要的成分。

③ 羧甲基纤维素（CMC）　CMC是纤维素醚类中产量最大、用途最广、使用最为方便的产品，俗称"工业味精"。CMC的重要特性是形成高黏度的胶体或溶液，有黏着、增稠、流动、乳化分散、赋形、保水、保护胶体、薄膜成型、耐酸、耐盐、悬浊等特性，且无生理危害，因此在食品、医药、日化、石油、造纸、纺织、建筑等领域中得到广泛应用。

④ 人造纤维　人造纤维的制造是将从棉花或木浆中得到的纤维素在碱性条件下用二硫化碳处理，将其转化为纤维素黄原酸盐：

$$\text{Cell—OH} \xrightarrow[\text{NaOH}]{\text{CS}_2} \overset{\overset{\text{S}}{\|}}{\text{Cell—OCSNa}}$$

然后将此溶液通过一个小孔或小缝进入酸性溶液中，使纤维素的羟基游离出来，形成丝状或薄层纤维：

$$\overset{\overset{\text{S}}{\|}}{\text{Cell—OCSNa}} \xrightarrow{\text{H}_3\text{O}^+} \text{Cell—OH}$$

这样得到的人造纤维用甘油软化就得到赛璐玢（cellophane）。

4. 甲壳素

甲壳素（chitin），又名甲壳质，是法国科学家布拉克诺于1811年首先从蘑菇中提取到的一种类似于植物纤维的六碳糖聚合体，把它命名为Fungine（覃素）。1823年，法国科学家欧吉尔在甲壳动物外壳中也提取了这种物质，并命名为chitoin（几丁质）。

自然界中，甲壳素广泛存在于低等植物菌类、藻类的细胞，节肢动物虾、蟹、蝇蛆和昆虫的外壳，贝类、软体动物（如鱿鱼、乌贼）的外壳和软骨，高等植物的细胞壁等，其每年生物合成的资源量高达100亿吨，是地球上仅次于植物纤维的第二大生物资源，其中海洋生物的生成量在10亿吨以上，可以说是一种用之不竭的生物资源。

结构分析表明，甲壳素是自然界中唯一带正电荷的一种天然高分子聚合物，属于直链氨基多糖，化学名为(1,4)-2-乙酰氨基-2-脱氧-β-D-葡萄糖，分子式为$(C_8H_{13}NO_5)_n$，单体之间以β-1,4-糖苷键连接，分子量一般在10^6左右，理论含氮量6.9%。甲壳素分子化学结构与植物中广泛存在的纤维素非常相似，所不同的是，若把组成纤维素的单个分子——葡萄糖分子第二个碳原子上的羟基（—OH）换成乙酰氨基（—NHCOCH₃），这样纤维素就变成了甲壳素，从这个意义上讲，甲壳素可以说是动物性纤维（见图 15-14）。

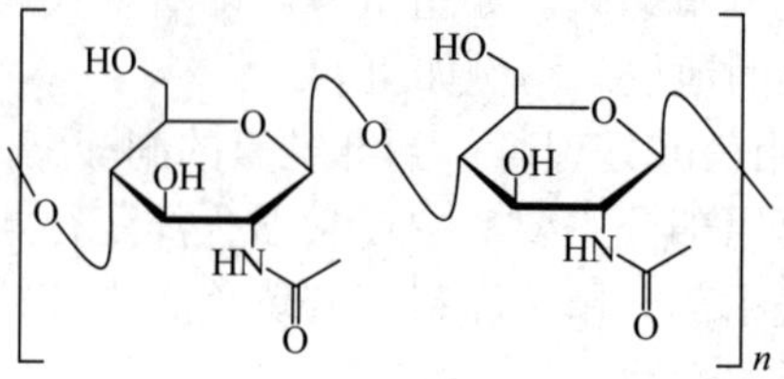

甲壳素

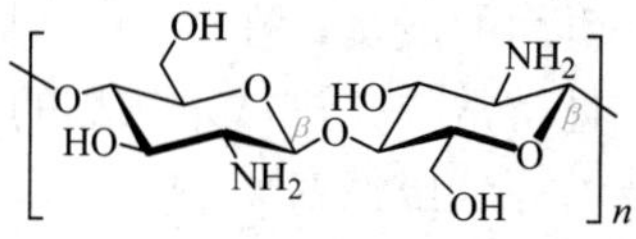

壳聚糖

图 15-14　甲壳素和壳聚糖的结构

甲壳素脱乙酰化的产物即为壳聚糖（chitosan）。又称为可溶性甲壳素，是对甲壳素改性的重要中间体。

15.4　其他重要的糖及其衍生物

15.4.1　其他生物上重要的糖

主要有以下几种：

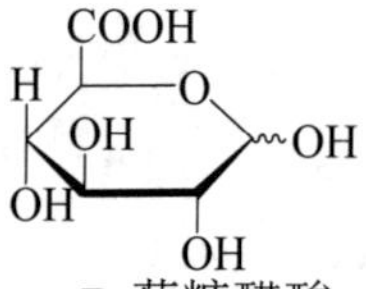

D-葡糖醛酸 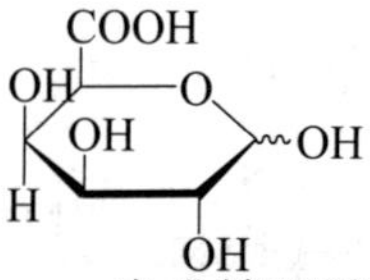　　　　D-半乳糖醛酸 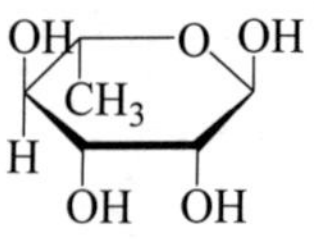　　　　α-L-鼠李糖

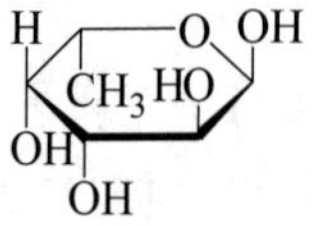

α-L-岩藻糖 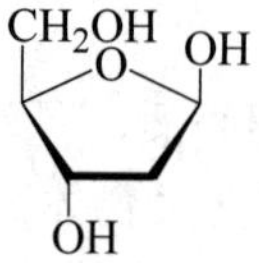　　　　β-2-去氧-D-核糖

15.4.2　含氮糖类

1. 糖基胺

一个糖分子中的异头羟基被氨基取代后的物质称为糖基胺，如 β-D-吡喃葡基胺和腺苷：

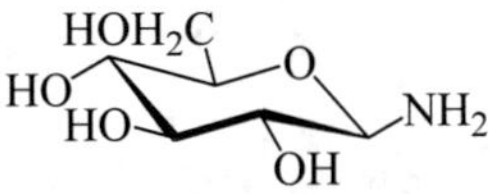

β-D-吡喃葡基胺 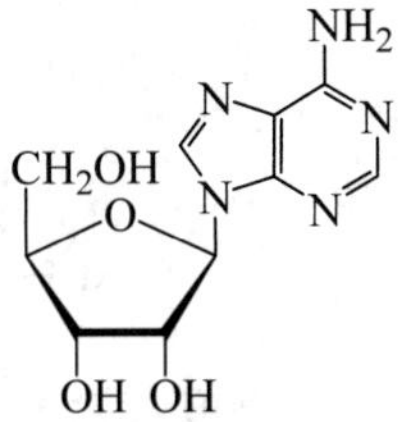　　　　腺苷(Adenosine)

腺苷也叫核苷，是 RNA（核糖核酸）和 DNA（脱氧核糖核酸）的重要组成部分。

2. 氨基糖

氨基取代分子中的非异头碳原子上的羟基后的产物称为氨基糖（如 D-葡糖胺），在许多情况下氨基是被乙酰化的，如 N-乙酰基胞壁酸是细菌细胞壁的重要组分。

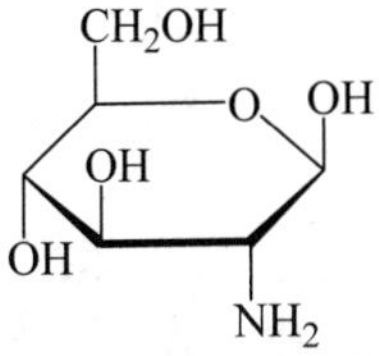

β-D-葡萄胺　　β-N-乙酰基-D-葡萄胺　　β-N-乙酰基胞壁酸

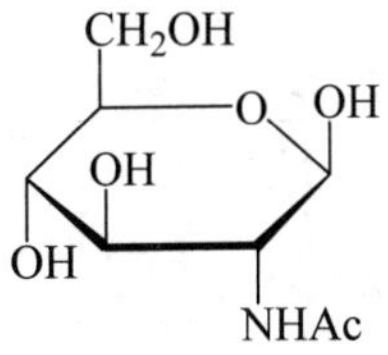

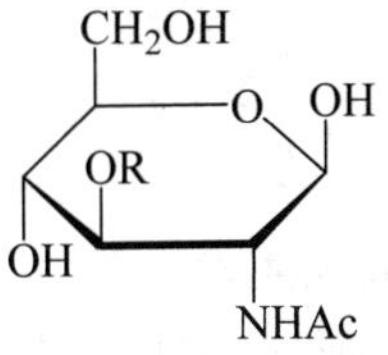

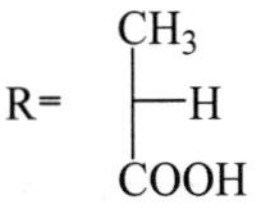

NAG 是构成昆虫与蜘蛛等外壳几丁质的单体。

D-葡糖胺也可从肝素中分离得到。肝素存在于连接动脉壁的柱状细胞的细胞内微粒中，当受到损伤时会释放出来，阻止血液的凝固（见图 15-15）。医药上广泛用于病人手术后期防止血液的凝固。

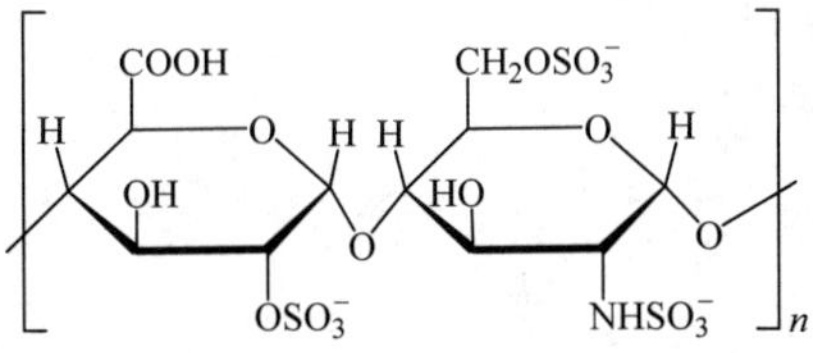

图 15-15　肝素的部分结构

3. 细胞表面的糖脂和糖蛋白

20 世纪 60 年代以前，关于糖的生物学功能被认为是很简单的，除了在细胞内充当一种惰性填充物外，就是充当能源和在植物中充当结构物质。但近半个世纪的研究表明，糖与脂和蛋白质等以糖苷键连接起来形成的糖脂和糖蛋白的功能几乎涵盖了细胞内的所有功能。许多蛋白质都是以糖蛋白的形式存在，其中糖的含量可以少至 1%，多至 90%。

4. 糖类抗生素

糖化学中的一个重要的发现是 1944 年糖类抗生素链霉素的分离，它由三个部分组成，即 2-去氧-2-甲氨基-α-L-吡喃葡萄糖、L-链霉糖和链霉胍，见图 15-16。

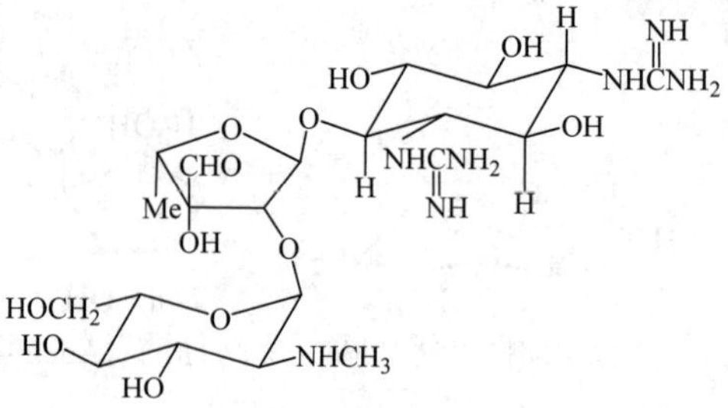

图 15-16 链霉素的结构

其他的糖类抗生素还有卡那霉素、新霉素和庆大霉素等，这些抗生素对那些对青霉素产生抗性的细菌特别有效。

习 题

1. 画出以下化合物的 Haworth 结构式：

（1）α-D-(+)-吡喃葡萄糖（2）β-D-(+)-呋喃果糖

2. 用化学方法区别下列各组化合物。

（1）麦芽糖和蔗糖

（2）D-葡萄糖和 D-果糖

（3）甲基-D-吡喃葡萄糖苷和 D-葡萄糖

（4）葡萄糖和淀粉

（5）淀粉和纤维素

3. 请指出以下化合物在结构上的不同点：

（1）直链淀粉和纤维素

（2）直链淀粉和支链淀粉

（3）支链淀粉和糖原

（4）纤维素和甲壳素

4. 请判断以下楔形结构式中哪一个为 D-甘油醛或 L-甘油醛。

$$\text{(i)} \quad HO-\overset{CH_2OH}{\underset{CHO}{\overset{|}{\underset{|}{C}}}}-H \qquad \text{(ii)} \quad HOH_2C-\overset{H}{\underset{OH}{\overset{|}{\underset{|}{C}}}}-CHO \qquad \text{(ii)} \quad HOH_2C-\overset{CHO}{\underset{OH}{\overset{|}{\underset{|}{C}}}}-H$$

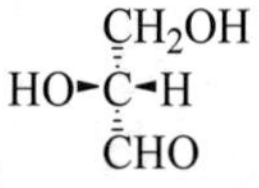

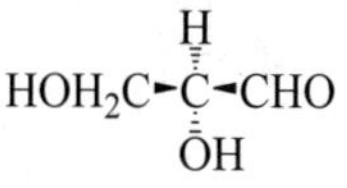

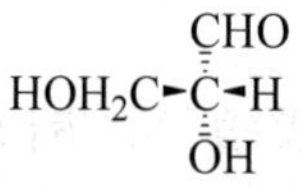

5. 画出 β-L-吡喃葡萄糖的稳定椅式构象。

6. 指出下列糖化合物哪些有还原性？

（1）D-阿拉伯糖（2）D-甘露糖（3）淀粉（4）蔗糖（5）纤维素

（6）苯基-β-D-葡萄糖苷

7. 写出 D-甘露糖与下列试剂作用的主要产物：

（1）Br_2-H_2O （2）HNO_3 （3）C_2H_5OH+无水 HCl

8. 试解释下列现象：

（1）葡萄糖在酸性水溶液中有变旋光现象。

（2）糖苷既不与斐林试剂作用，也不与托伦试剂作用，并且无变旋光现象。

9. 某化合物是具有 A 和 B 两种具有旋光性的丁醛糖，它们与苯肼作用能生成相同的脎。化合物 A 被 HNO_3

氧化生成的四碳二元酸有旋光性，而 B 被 HNO_3 氧化生成的四碳二元酸无旋光性。试写出化合物 A 和 B 的构造式。

10.（1）根据如下一系列反应，推测某单糖的基本结构：

$$某单糖 \xrightarrow{HCN} \xrightarrow{H_3O^+} \xrightarrow{HI/P} CH_3CH_2CH_2CH_2CH(CH_3)COOH$$

（2）写出 D-葡萄糖进行上述一系列反应的方程式。

11. 木聚糖与纤维素一起存在于木材中，它是由 D-木糖通过 β 糖苷键连成的多糖。木聚糖与稀盐酸一起煮沸而后经水蒸气蒸馏得到液体化合物 $A(C_5H_4O_2)$。A 可与苯肼反应生成腙而不生成脎。A 用 $KMnO_4$ 氧化得到 $B(C_5H_4O_3)$，B 加热脱羧生成 $C(C_4H_4O)$。C 可经催化氢化生成较稳定的化合物 $D(C_4H_8O)$。D 不能使 $KMnO_4$ 和 Br_2/CCl_4 退色，当用盐酸处理时可得到 $E(C_4H_8Cl_2)$。E 与 KCN 反应后水解生成己二酸。写出 A～E 的结构式。

第 **16** 章

氨基酸、多肽和蛋白质

蛋白质是生物体内含量最高、功能最重要的生物大分子，存在于几乎所有生物细胞中，约占细胞干质量的 50%以上，它与多糖、脂类和核酸等都是构成生命的基础物质。从最简单的病毒、细菌等微生物至高等动物，一切生命过程都与蛋白质密切相关。生命的基本特征就是蛋白质的不断自我更新。

蛋白质的功能具有多样性，如酶（绝大多数都是蛋白质，新近发现少量核酸也具有酶的功能）和激素可催化和调节生物体内的各种生化反应，肌肉和腱指示身体的运动，皮肤和毛发提供外层的保护，血红蛋白可以把氧气输送到身体内各个角落，抗体可以抵御疾病的侵染等。蛋白质在骨骼中还可与其他物质一起共同提供结构支撑。如此多的功能，对蛋白质大小和形状的千变万化就不会感到惊奇了。大多数蛋白质的分子量都是很大的，即使一个相对较小的蛋白质——溶菌酶的分子量也达到 14600。而蛋白质的形状可从溶菌酶和血红蛋白等的球状到 α-角蛋白（头发、指甲、羊毛等）的螺旋扭曲，丝心蛋白的折叠片等。

蛋白质是聚酰胺，其单体是大约 20 种不同的 α-氨基酸，细胞利用这些 α-氨基酸来合成蛋白质，蛋白质链中不同 α-氨基酸的排列顺序称为蛋白质的一级结构。一级结构是最重要的，每一个蛋白质要产生其独特的功能，其一级结构必须正确，当一级结构正确时，聚酰胺链才可能按其独特的功能要求以一种特殊的方式折叠成各种形状，这种折叠的聚酰胺链就构成了蛋白质的二级和三级结构。

用酸或碱催化水解蛋白质会得到不同氨基酸的混合物，这种混合物中最多可含多达 22 种 α-氨基酸，并且这些氨基酸都有一个共同的特征，即几乎所有的天然氨基酸的 α-碳原子都是 L 构型（甘氨酸除外）的，它们与 L-甘油醛具有相同的构型。

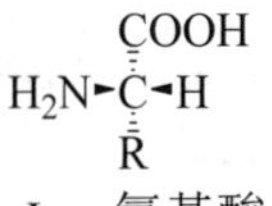

$$
\begin{array}{cc}
\underset{\text{L-}\alpha\text{-氨基酸}}{H_2N-\overset{\displaystyle COOH}{\underset{\displaystyle R}{C}}-H} & \underset{\text{L-甘油醛}}{HO-\overset{\displaystyle CHO}{\underset{\displaystyle CH_2OH}{C}}-H}
\end{array}
$$

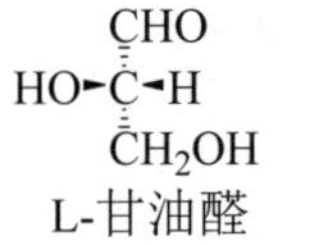

16.1 氨基酸

16.1.1 氨基酸的结构和命名

根据其侧链 R 基团的不同，从蛋白质得到的 22 种 α-氨基酸可分为中性、酸性和碱性三种类型（见表 16-1）。

表 16-1　蛋白质中的 L 氨基酸

$$\begin{array}{c} \text{COOH} \\ \text{H}_2\text{N} \underset{|}{\overset{|}{\text{---}}} \text{H} \\ \text{R} \end{array} \qquad \begin{array}{c} \text{R} \\ \text{H} \text{----} \overset{|}{\underset{|}{\text{C}}} \text{---COOH} \\ \text{H}_2\text{N} \end{array}$$

R	英文名	中文名	缩写	pK_{a1} α-COOH	pK_{a2} α-NH_3^+	pK_{a3} R 基团	pI (等电点)
中性氨基酸							
—H	Glycine	甘氨酸	G 或 Gly(甘)	2.3	9.6		6.0
—CH₃	Alanine	丙氨酸	A 或 Ala(丙)	2.3	9.7		6.0
—CH(CH₃)₂	Valine①	缬氨酸	V 或 Val(缬)	2.3	9.6		6.0
—CH₂CH(CH₃)₂	Leucine①	亮氨酸	L 或 Leu(亮)	2.4	9.6		6.0
—CH(CH₃)CH₂CH₃	Isoleucine①	异亮氨酸	I 或 Ile (异亮)	2.4	9.7		6.1
—CH₂—⌬	Phenylalanine①	苯丙氨酸	F 或 Phe (苯丙)	1.8	9.1		5.5
—CH₂CONH₂	Asparagine	天冬酰胺	N 或 Asn	2.0	8.8		5.4
—CH₂-(吲哚基)	Tryptophan①	色氨酸	W 或 Trp(色)	2.4	9.4		5.9
—CH₂CH₂CONH₂	Glutamine	谷氨酰胺	Q 或 Gln	2.2	9.1		5.7
(HOOC-吡咯烷基)	Proline	脯氨酸	P 或 Pro(脯)	2.0	10.6		6.3
—CH₂OH	Serine	丝氨酸	S 或 Ser(丝)	2.2	9.2		5.7
—CH(CH₃)OH	Threonine①	苏氨酸	T 或 Thr(苏)	2.6	10.4		6.5
—CH₂—⌬—OH	Tyrosine①	酪氨酸	Y 或 Tyr(酪)	2.2	9.1	10.1	5.7
(HOOC-羟基吡咯烷基)	Hydroxyproline	羟脯氨酸	Hyp(羟脯)	1.9	9.7		6.3
—CH₂SH	Cysteine	半胱氨酸	C 或 Cys (半胱)	1.7	10.8	8.3	5.0
—CH₂S— / —CH₂S—	Cystine	胱氨酸	Cys-Cys	1.6 2.3	7.9 9.9		5.1
—CH₂CH₂SCH₃	Methionine①	蛋氨酸 甲硫氨酸	M 或 Met(蛋)	2.3	9.2		5.8
酸性氨基酸							
—CH₂COOH	Aspartic acid	天冬氨酸	D 或 Asp (天冬)	2.1	9.8	3.9	3.0
—CH₂CH₂COOH	Glutamic acid	谷氨酸	E 或 Glu(谷)	2.2	9.7	4.3	3.2
碱性氨基酸							
—CH₂CH₂CH₂CH₂NH₂	Lysine①	赖氨酸	K 或 Lys(赖)	2.2	9.0	10.5②	9.8
—CH₂CH₂CH₂NHCNH₂ (=NH)	Arginine	精氨酸	R 或 Arg(精)	2.2	9.0	12.5②	10.8

R	英文名	中文名	缩写	pK_{a1} $\alpha\text{-COOH}$	pK_{a2} $\alpha\text{-NH}_3^+$	pK_{a3} R 基团	pI （等电点）
$-CH_2\underset{\underset{H}{\big\vert}}{\diagdown}N$	Histidine	组氨酸	H 或 His（组）	1.8	9.2	6.0[②]	7.6

① 必需的氨基酸。

② 为 R 基团上质子化氨基的 pK_a 值。

在表中的 22 种 α-氨基酸中，事实上只有 20 种被细胞用来合成蛋白质，其余 2 种氨基酸是在聚酰胺链完整形成后再合成的，其中羟脯氨酸（主要存在于胶原蛋白中）由脯氨酸合成，而胱氨酸（存在于大多数蛋白质中）由半胱氨酸合成。关于第二个转化还应说明一点，半胱氨酸上的巯基使其具有硫醇的性质，其在温和的氧化剂作用下可被转化为二硫化物，这一反应同样也可被温和的还原剂所逆转：

$$2RSH \underset{[H]}{\overset{[O]}{\rightleftharpoons}} RS-SR$$
硫醇　　　　二硫化物

$$2HOOCCHCH_2SH \underset{[H]}{\overset{[O]}{\rightleftharpoons}} HOOCCHCH_2S-SCH_2CHCOOH$$
$$\underset{NH_2}{\big\vert} \qquad\qquad\qquad \underset{H_2N}{\big\vert} \qquad\qquad\qquad \underset{NH_2}{\big\vert}$$

半胱氨酸　　　　　　　　　　胱氨酸

这一性质在多肽和蛋白质的合成中是非常重要的。

16.1.2　氨基酸的等电点

氨基酸既含有碱性的氨基，也含有酸性的羧基，在固体状态下，它是以偶极离子的形式（即羧基以—COO^-，氨基以—NH_3^+）存在的，也叫作两性离子。而在水溶液中存在有偶极离子与阳离子及阴离子之间的平衡：

$$H_3^+NCHCOOH \underset{+H^+}{\overset{-H^+}{\rightleftharpoons}} H_3^+NCHCOO^- \underset{+H^+}{\overset{-H^+}{\rightleftharpoons}} H_2NCHCOO^-$$
$$\underset{R}{\big\vert} \qquad\qquad\qquad \underset{R}{\big\vert} \qquad\qquad\qquad \underset{R}{\big\vert}$$

在溶液中氨基酸的主要存在形式取决于溶液的 pH 值和氨基酸本身的性质：在强酸性溶液中，所有氨基酸均以正离子形式存在，而在强碱性溶液中以负离子形式存在。当在某些中间的 pH 时，偶极离子的浓度可以达到最大，此时正负离子的浓度是相等的，这时溶液的 pH 就叫作氨基酸的等电点（isoelectric point，pI）。每一个氨基酸都有其等电点（表 16-1），在等电点时氨基酸的溶解度最小，可以利用这一性质分离氨基酸的混合物。

16.1.3　氨基酸的化学性质

氨基酸可发生胺和羧酸的所有反应，本节不作一一说明，仅举部分应用较多的例子。

1. 与亚硝酸的反应

除脯氨酸外，其他所有的 α-氨基酸都能与亚硝酸反应放出氮气，得到 α-羟基酸：

$$R-\underset{\underset{NH_2}{|}}{CH}COOH \ + \ HNO_2 \ \longrightarrow \ R-\underset{\underset{OH}{|}}{CH}COOH \ + \ N_2 \ + \ H_2O$$

这一反应是定量完成的，因此通过测定放出的氮气的体积，就可计算出氨基酸中氨基的含量。这种方法称为范斯莱克（van Slyke）氨基测定法。

2. 与甲醛的反应

除脯氨酸外，其他所有的 α-氨基酸也都能与甲醛反应生成 Schiff 碱：

$$R-\underset{\underset{NH_2}{|}}{CH}COOH \ + \ HCHO \ \longrightarrow \ R-\underset{\underset{N=CH_2}{|}}{CH}COOH \ + \ H_2O$$

用碱滴定游离的羧基，同样可以测定氨基酸的含量。

3. 与金属离子的配合作用

很多金属离子都可与氨基酸形成稳定的配合物，如 Cu^{2+} 可与氨基酸形成蓝色的结晶配合物：

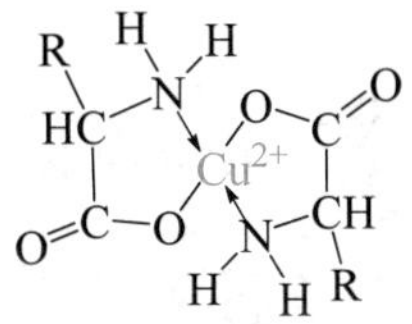

利用这一性质，可以将其用于生物体内某些金属离子的补充，因而可用作食品或饲料添加剂。

4. 氨基酸的受热分解

与羟基酸一样，氨基酸受热时也会产生分解，其分解产物也同样取决于氨基与羧基的相对位置。

α-氨基酸受热时会发生分子间脱水生成内交酰胺（哌嗪二酮）。例如：

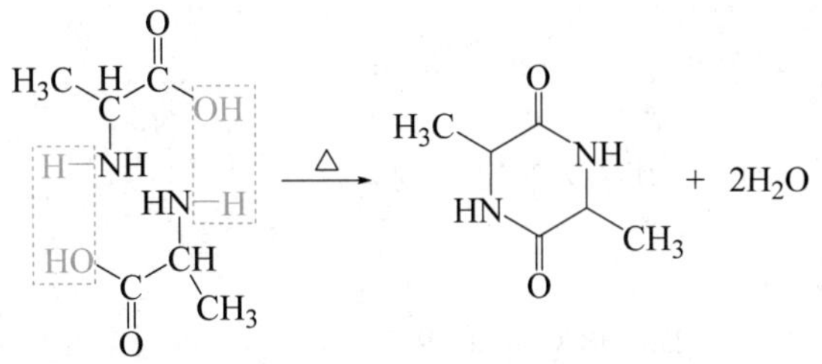

β-氨基酸受热时发生分子内脱氨形成 α, β-不饱和羧酸。

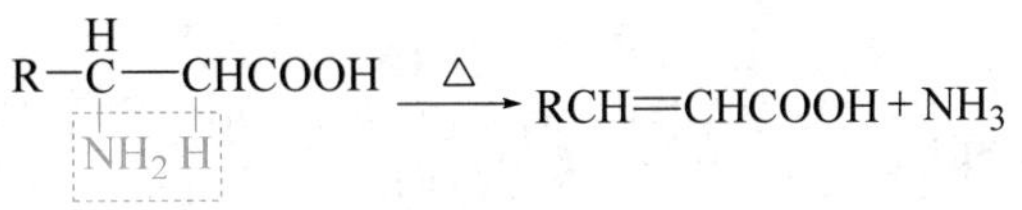

γ-氨基酸、δ-氨基酸受热则发生分子内的酰胺化形成内酰胺。

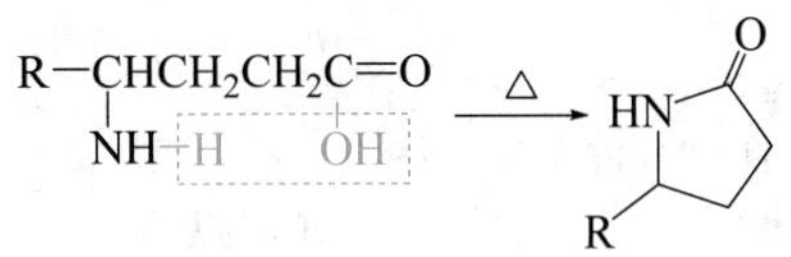

当氨基与羧基相距更远时，则受热形成链状的聚酰胺。

$$nH_2N(CH_2)_mCOOH \xrightarrow{\triangle} H_2N(CH_2)_m\overset{O}{\underset{}{C}}[NH(CH_2)_m\overset{O}{\underset{}{C}}]_{n-2}NH(CH_2)_mCOOH$$

5. 与茚三酮的反应

除脯氨酸外，其他 α-氨基酸均可与茚三酮作用形成有颜色的产物，可用于氨基酸的定性鉴定（见后文多肽和蛋白质的分析）。

16.1.4　氨基酸的制备与应用

由于氨基酸的优良性能，在食品、动物养殖、水产养殖、医药、日用化学品、贵金属提取、电镀、农药及肥料等领域中的应用非常广泛。现代氨基酸工业起始于 1908 年，目前主要采取的生产方法有三种：蛋白质水解抽提法、人工合成法和微生物发酵法，其中第三种方法所生产的品种最多，约占总量的一半。

人工合成 α-氨基酸的方法主要有三种。

（1）α-卤代酸的直接氨解。

$$RCH_2COOH \xrightarrow[\text{2. } H_2O]{\text{1. } X_2, P} \underset{X}{RCHCOOH} \xrightarrow{NH_3(\text{过量})} \underset{NH_3^+}{RCHCOO^-}$$

这一方法因为收率较低，现已很少使用。

（2）用 Gabriel 法合成。

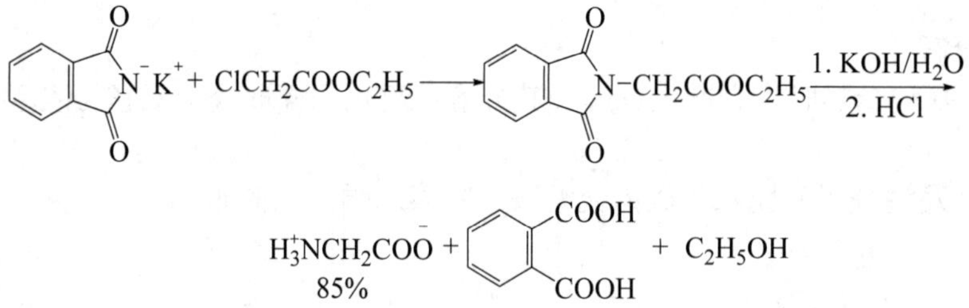

$$H_3^+NCH_2COO^- + \underset{85\%}{\begin{array}{c}COOH\\COOH\end{array}} + C_2H_5OH$$

这一方法收率较高，且产物容易纯化。例如：

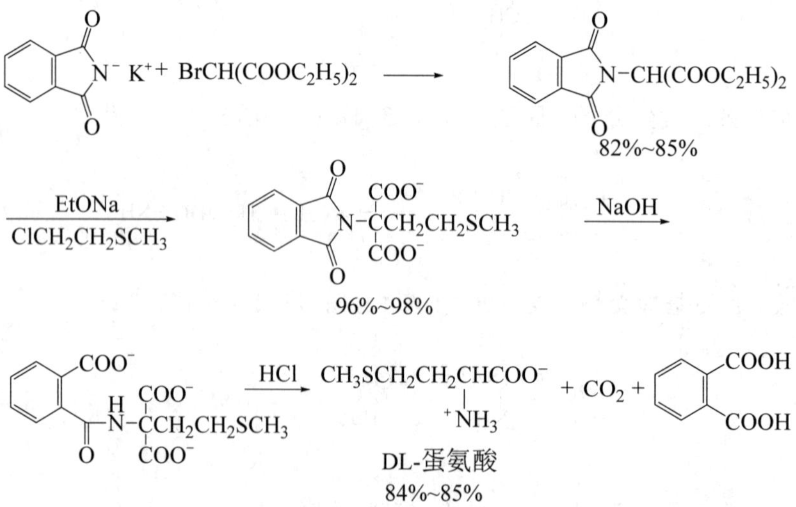

$$\xrightarrow[ClCH_2CH_2SCH_3]{EtONa}$$

$$\xrightarrow{NaOH}$$

$$\xrightarrow{HCl} \underset{\underset{\substack{+\\NH_3}}{}}{CH_3SCH_2CH_2CHCOO^-} + CO_2 + \begin{array}{c}COOH\\COOH\end{array}$$

DL-蛋氨酸
84%~85%

（3）Strecker 合成法。

将醛与氨和氰化氢一起反应可得到 α-羟基腈，后者水解即得到 α-氨基酸，这一方法称为 Strecker 合成法。

$$\underset{RCH}{\overset{O}{\|}} + NH_3 + HCN \longrightarrow \underset{NH_2}{\overset{}{RCHCN}} \xrightarrow[\triangle]{H^+} \underset{^+NH_3}{\overset{}{RCHCOOH}}$$

其反应机理可能为：

$$\underset{RCH}{\overset{O}{\|}} \overset{+}{NH_3} \Longrightarrow \underset{}{RCHNH_3^+} \overset{O^-}{\Longrightarrow} \underset{}{RCHNH_2} \overset{OH}{}$$

$$\xrightarrow{-H_2O} RCH{=}NH \overset{CN^-}{} \underset{CN}{RCH{-}NH^+} \overset{H^+}{\Longrightarrow} \underset{CN}{RCH{-}NH_2}$$

采用人工合成方法得到的 α-氨基酸一般为外消旋体，要得到光活性的氨基酸，还必须对其进行拆分，这包括在前面章节中介绍过的一些方法。

一种非常有效方法就是使用酰基水解酶，这种酶在生物体内催化 N-酰基氨基酸的水解，由于酶的活性中心是手性的，它只能选择性地水解 L-型 N-基氨基酸，因此将其用于外消旋体时，就可很容易地将一对对映异构体分开。

$$\underset{^+NH_3}{D,L\text{-}RCHCOO^-} \xrightarrow{Ac_2O} \underset{NHAc}{D,L\text{-}RCHCOO^-} \xrightarrow{酰基水解酶} CH_3COOH$$

$$\underset{R}{\overset{COO^-}{H_3^+N{-}H}} \quad \underset{R}{\overset{COO^-}{H{-}NHCOCH_3}}$$

16.2 多肽和蛋白质

16.2.1 多肽和蛋白质的组成分析

酶能引起 α-氨基酸之间脱水而形成聚合物：

$$\underset{R}{H_3^+NCHCOO^-} + \underset{R'}{H_3^+NCHCOO^-} \longrightarrow \underset{R}{\overset{}{H_3^+NCH}}\underset{}{\overset{O}{\|}}\underset{R'}{CNHCHCOO^-}$$

$$二肽$$

氨基酸之间的酰胺键称为肽键，以这种方式连接起来的单个氨基酸称为氨基酸残基，由 2～10 个氨基酸残基连接起来的聚合物分别称为二肽，三肽，…，统称为寡肽。10 个以上氨基酸残基称为多肽，蛋白质就是含一条或多条多肽链的分子。多肽和蛋白质在氨基酸残基的数目上并没有严格的区分，这取决于它所表现出来的性质，当其具有蛋白质的性质特征时，这个多肽链就是蛋白质。

多肽多是线型聚合物，在其一端有一个自由的 NH_3^+，而另一端有一个自由的 COO^-，含有这两个基团的氨基酸残基分别叫作 N-端残基和 C-端残基。为了方便，将多肽或蛋白质中的 N-端氨基酸写在链的左边，而把 C-端氨基酸写在链的右边。

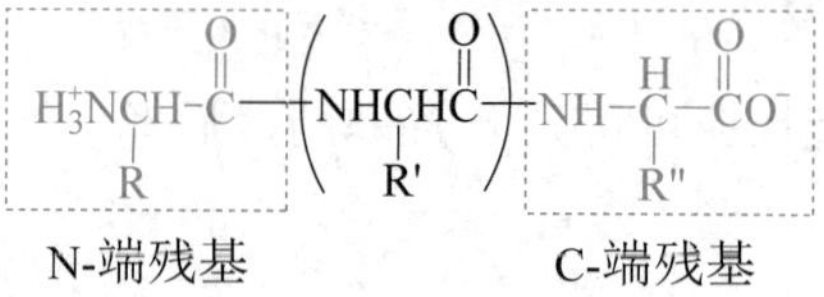

N-端残基　　　　　　　　C-端残基

如由甘氨酸、缬氨酸和苯丙氨酸形成的三肽可以写成：

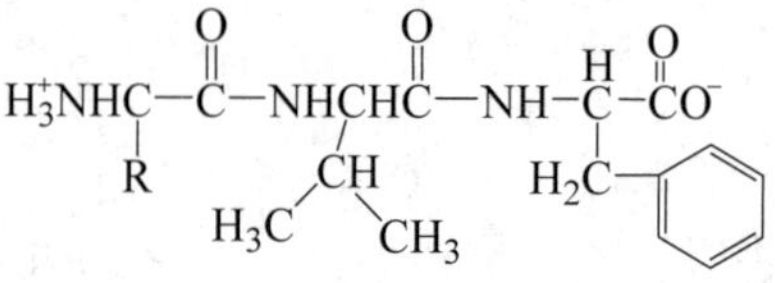

Gly-Val-Phe

当把一条多肽或一种蛋白质与 6mol/L 盐酸一起回流 24h 后，通常所有的肽键都会水解，从而得到氨基酸的混合物。当要确定多肽或蛋白质的结构时，首先要面对的一项工作就是分离和鉴定这个混合物中的每一种氨基酸。由于这些氨基酸可能多达 22 种，如果使用传统方法是难以想象的。所幸的是，现在基于洗脱色谱原理的专门的分析方法已经建立起来了，并已实现自动化，称为氨基酸自动分析仪，使这项工作大大简化了。

如果将含有氨基酸的酸性溶液通过一填充有阳离子交换树脂的色谱柱，由于静电吸引的关系，氨基酸将被吸附在树脂上，其吸附的强度随氨基酸酸碱性的不同而不同，碱性最强的吸附得最紧（见图 16-1）。如果用同一种给定 pH 值的缓冲溶液冲洗，不同的氨基酸将以不同的速度从柱内冲洗出来，最终得以分离。在柱的末端，将洗脱液与水合茚三酮（除了脯氨酸和羧脯氨酸外，能与所有氨基酸反应生成强紫红色的衍生物，$\lambda_{max} = 570nm$）混合进行跟踪检测。氨基酸分析仪就是通过连续测定洗脱液的紫外吸收来进行鉴定的。

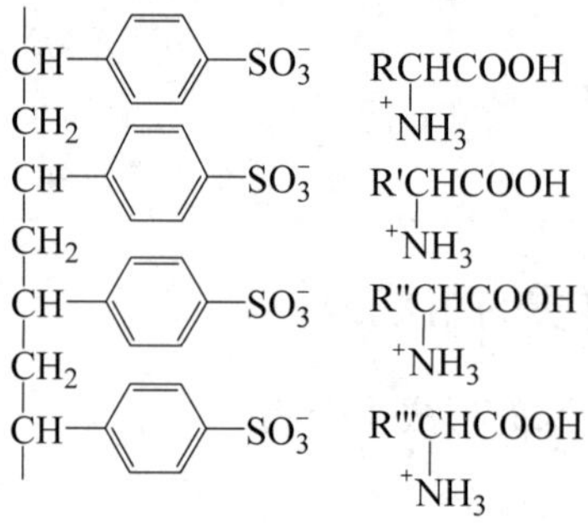

图 16-1　阳离子交换树脂与吸附的氨基酸

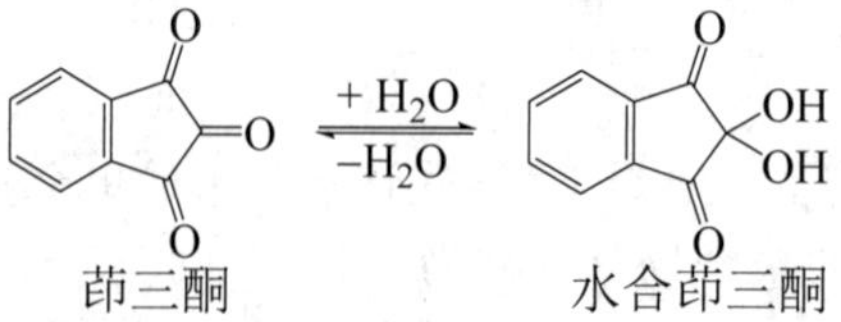

茚三酮　　　　　　　　　水合茚三酮

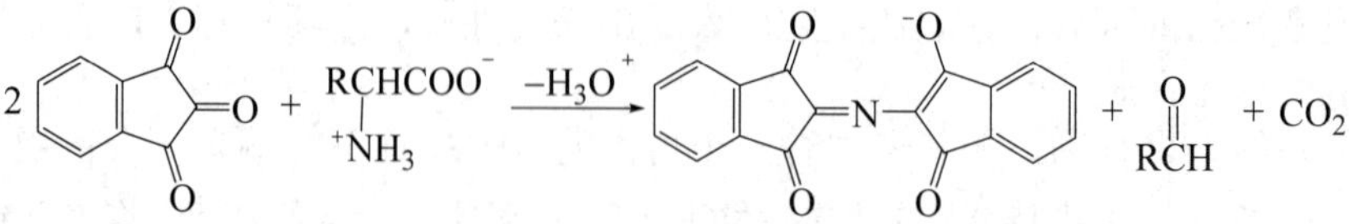

16.2.2　多肽和蛋白质的氨基酸序列分析

当确定了多肽或蛋白质的氨基酸组成后，接下来的工作就是确定其分子量，现已建立了许多方法来完成这项工作，如化学法、超速离心法、光散射法、渗透压法和 X 射线衍射法等。利用分子量和氨基酸的组成，可以计算出多肽或蛋白质的分子式，同时也可知道每个分子中各种氨基酸残基的数目。但这在蛋白质的结构测定中还仅仅是开始，下一步的工作要困难而复杂得多，还必须弄清每个氨基酸在肽链中的排列顺序，也就是必须确定多肽的共价结构或称为一级结构。

一个含有 3 种不同氨基酸的三肽就可以有 6 种不同的排列方式，含有 4 种不同氨基酸的四肽可以有多达 24 种不同的排列，而对于一个含有 100 个氨基酸残基（20 种不同的氨基酸）的蛋白质来说，就有 $20^{100} =1.27\times10^{130}$ 种可能的排列，这一数目非常庞大，如果没有简单有效的方法，要弄清楚蛋白质的结构是不可想象的事情。幸运的是，现在科学家们已经建立起了几种氨基酸序列的分析方法，从而使得人们了解蛋白质的结构不再是一种梦想。下面主要介绍端基分析法和部分水解法。

1. 端基分析法

所谓端基分析法就是专门分析一个多肽链的 N-端或 C-端氨基酸残基的方法。最早用于分析 N-端氨基酸残基的方法是 Sanger 法，发明者 Frederick Sanger 因这方面的成就荣获 1958 年诺贝尔化学奖。这一方法是用 2,4-二硝基氟苯（DNFB）与多肽在弱碱性溶液中发生芳香族亲核取代反应，随后水解得到氨基酸的混合物，在这个混合物中，N-端氨基酸被"标记"上了 2,4-二硝基苯基，将其分离鉴定，就可知道 N-端氨基酸残基的结构了。

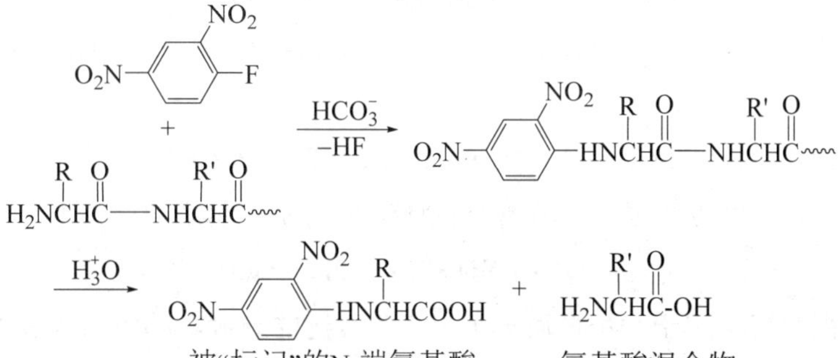

被"标记"的N-端氨基酸　　　　氨基酸混合物

N-端分析的第二种方法是 Edman 降解法。与 Sanger 法相比，这一方法的优点是它的每一次降解都只是移去 N-端的氨基酸残基，而保留余下的多肽链，因而实用性更强。

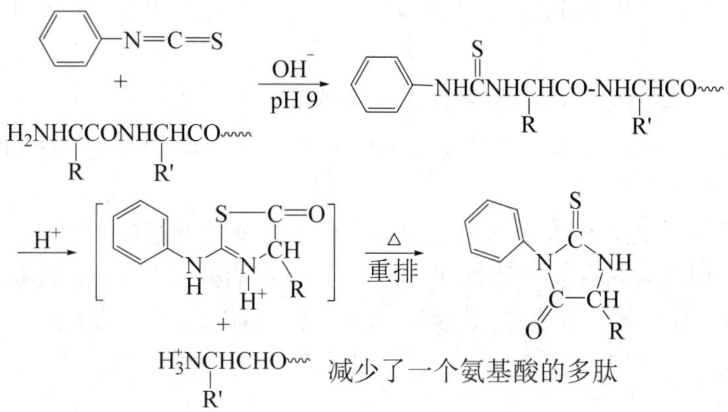

减少了一个氨基酸的多肽

第一次 Edman 降解后的多肽链可以进行第二次降解，以确定下一个氨基酸残基的结构，这一过程甚至已经实现自动化，但遗憾的是，Edman 降解不能无限进行下去，因为随着氨基酸残基的逐步移去，酸处理后水解形成的氨基酸会累积在混合物中产生相互干扰，影响这一过程的彻底完成。尽管如此，Edman 降解法还是被广泛用于自动分析，即氨基酸序列分析仪，已成功用于多达 60 个氨基酸的多肽序列分析，每一个离去的氨基酸残基都可被自动检测。

C-端残基的分析可由羧肽酶（一种消化酶）来完成，这种酶专一催化酰胺链中含有游离羧基的氨基酸残基的酰胺键的水解，释放出游离的氨基酸。但是羧肽酶会继续进攻余下的多肽链，逐步脱去 C-端残基。所以，这一方法只适用于有限的氨基酸序列的分析。

2. 部分水解法

当多肽或蛋白质分子的大到一定程度时，使用 Edman 降解法或羧肽酶来进行序列分析就很困难了，这时可以采用另一种技术，即部分水解法。使用稀酸或酶，可以将多肽链分解成较小的片段，然后对每个片段用 Sanger 法或 Edman 法鉴别，通过分析这项小片段的断裂点，然后将它们拼合在一起，就可得到原来多肽的结构。

以一个简单的五肽为例，经分析它是由 2 个缬氨酸、1 个组氨酸、1 个亮氨酸和 1 个苯丙氨酸组成的，这样可以写出其分子结构组成为：

2Val，His，Leu，Phe

然后用 DNFB 和羧肽酶分别确定出其 N-端残基为缬氨酸，而 C-端残基为亮氨酸，但其他 3 个的排列仍然未知。因此有：

Val（Val，His，Phe）Leu

再用稀酸将其水解，可以得到下面的二肽片段（同时也会得到一些游离的氨基酸和较大的片段，如三肽、四肽）：

Val·His+His·Val+Val·Phe+Phe·Leu

从这些二肽的断裂点，可以容易地推出原来五肽的结构为：

Val·His·Val·Phe·Leu

另有两种酶也经常用于大蛋白质分子中某些肽键的裂解。胰蛋白酶（trypsin）主要用于水解羧基是赖氨酸或精氨酸残基的肽键的水解，而糜蛋白酶（chymotrypsin）主要用于羧基是苯丙氨酸、酪氨酸和色氨酸残基的肽键的水解，但它也能进攻亮氨酸、蛋氨酸、天冬酰胺和谷氨酰胺的羧基。当一个大的蛋白质分子与它们作用时，蛋白质分子就会被裂解成较小的碎片，对这些较小的碎片用 Edman 降解或标记，然后进行部分水解，可得出这个蛋白质分子中的氨基酸序列。

3. 几种多肽和蛋白质的氨基酸序列（一级结构）

（1）催产素和抗利尿激素。催产素（oxytocin）和抗利尿激素（vasopressin）是两种具有很相似结构的多肽（图 16-2）。

从图 16-2 可以看出，两者的区别仅仅在于一个氨基酸残基的不同，但它们的生理效能却是截然不同的：催产素只存在于雌性体中，在生产时刺激子宫收缩；而抗利尿激素在雌、雄体内均有，其功能是引起外周血管的收缩、增加血压，但它的主要功能还是作为抗利尿激素。

从这两个例子中可以看到两个半胱氨酸残基间二硫键的重要性。

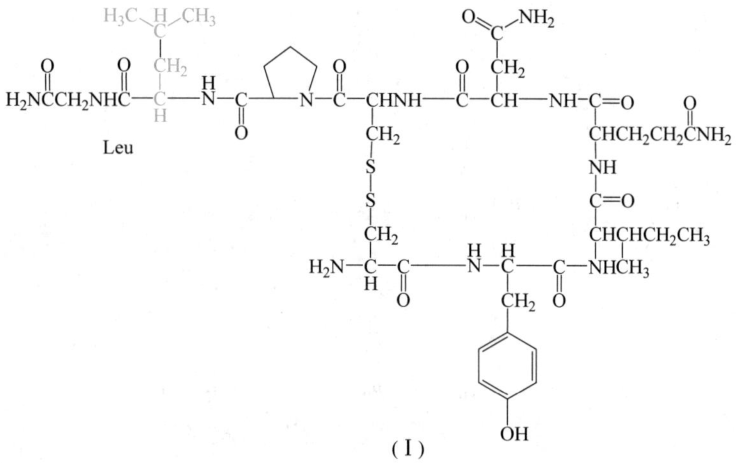

（Ⅰ）

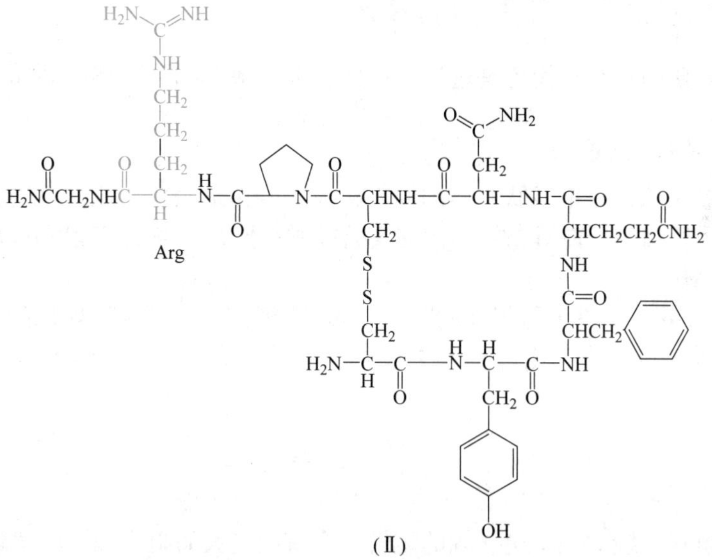

（Ⅱ）

图 16-2　催产素（Ⅰ）和抗利尿激素（Ⅱ）的一级结构

（2）胰岛素。胰岛素（insulin）是由胰脏分泌产生的一种调节葡萄糖代谢的激素，糖尿病人的主要问题就是体内胰岛素的缺乏。

牛胰岛素的氨基酸序列是 Sanger 经过 10 年研究于 1953 年最终确定的（图 16-3），它包括两条肽链（称为 A 链和 B 链），共由 51 个氨基酸残基组成，这两条链通过二硫键连接在一起，而 A 链中的 6 位和 11 位半胱氨酸残基通过另外一个二硫键连接成环。

人胰岛素与牛胰岛素的区别仅在 3 个氨基酸残基的不同：A 链 8 位和 B 链 30 位的丙氨酸（Ala）用苏氨酸（Thr）代替，A 链 10 位的缬氨酸（Val）用异亮氨酸（Ile）代替就成了人胰岛素。大多数哺乳动物的胰岛素均具有相似的结构。

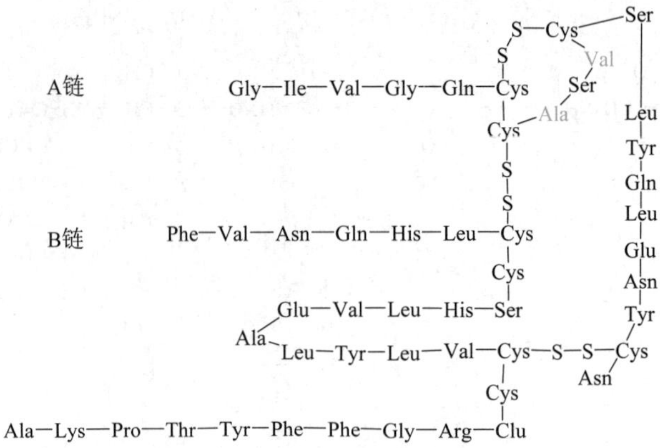

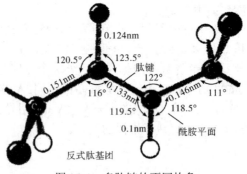

图 16-3　牛胰岛素的氨基酸序列

16.2.3　多肽和蛋白质的高级结构

知道了蛋白质的一级结构还是远远不够的，要了解其功能，还必须知道其在三维空间的结构。

1. 蛋白质的二级结构

蛋白质的二级结构是指多肽主链的局部构象，专指那些有规律折叠的图形，如单环、折叠和回转等，用于阐明蛋白质二级结构的实验技术主要是 X 射线衍射和核磁共振（包括二维核磁共振 2D-NMR）。

已经知道，由于 N 原子与羰基之间可以形成较强的 p-π 共轭，能以酮式和烯醇式两种状态存在，因此酰胺键会表现出部分双键性质（其烯醇式的含量与结构有关，在多肽中大约占 40%）：

由于这一特点，绕 C—N 键键轴的旋转就会有相当大的阻力，与肽键相关的 6 个原子倾向于位于同一平面上。但是其他基团的旋转会自由得多，这些旋转就形成了多肽链的不同构象。围绕相对刚性的酰胺键反向排布的这些基团使得 R 基团在整根肽链中从一边到另一边的交替排布（图 16-4）。

图 16-4　多肽链的不同构象

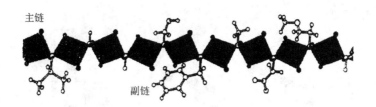

主链

副链

完全扩展开的多肽链之间将会形成一种平面结构，每一个链中交替出现的氨基酸与相邻链中的一个氨基酸形成氢键：

假设的平板结构

但在天然蛋白质中，这种结构并不存在，因为 R 基团之间存在着较大的排斥力，这种排斥力会使得某些键略微旋转，以减小 R 基团之间的范德华斥力，这样在局部就会形成折叠，这种折叠称为β-折叠或β构型（图 16-5）。

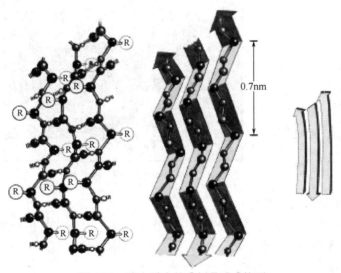

0.7nm

图 16-5　蛋白质中的β-折叠或β构型

在天然蛋白质中更重要的是 α-螺旋（图 16-6）。这是一个右旋螺旋结构，每个螺旋上有3.6 个氨基酸残基，每一个酰胺键都与任一方向上的相距 3 个氨基酸残基的另一个酰胺键形成一个氢键，而 R 基团都排布在螺旋轴的外面。 α-螺旋的重现距离是 0.15nm。

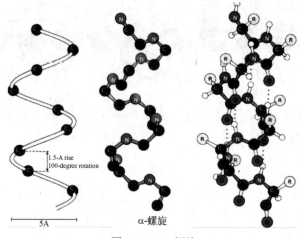

图 16-6 α 螺旋

α-螺旋存在于许多蛋白质中，它是纤维蛋白（如肌球蛋白）和 α-角蛋白（如头发、非延展性羊毛、指甲等）中占支配地位的结构。

除了 α-螺旋和 β-折叠外，蛋白质还具有某些局部的构型，如 β-转角等。如对球状蛋白来说，螺旋和折叠仅只能说明它的一半的结构，余下的多肽片段具有线圈型构象，这些非重复性结构虽然不是全无规则的，但不太好描述。图 16-7 是 RNase 的某些二级结构。

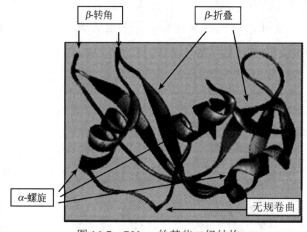

图 16-7 RNase 的某些二级结构

2. 蛋白质的三级结构

多肽链的进一步折叠形成的蛋白质的三维图形称为三级结构，是 α-螺旋的线圈的叠加。这些折叠也不是无规则的，在合适的环境下，它以一种特殊的形式存在，即特殊蛋白质的特性，通常对其功能非常重要。

多种作用力，包括一级结构中的二硫键都与三级结构的稳定性有关，大多数蛋白质的一个特性就是在折叠时总是将尽可能多的极性（亲水性）基团暴露在水性环境中，而将尽可能多的非极性（疏水性）基团深藏在其内部。

可溶性球状蛋白比纤维蛋白的折叠程度要大得多，但纤维蛋白也有三级结构，例如 α-角蛋白的 α-螺旋股结合在一起形成的"超级螺旋"，这个超级螺旋的重现距离为 0.51 nm，表明每一个超级螺旋包含有 35 个 α-螺旋。这种三级结构也不是到此为止，即使超级螺旋也还能够结合在一起形成 7 股的绳状结构。

肌红蛋白和血红蛋白是最早通过 X 射线衍射分析确定其完整结构的蛋白质，分别于 1957 年和 1959 年由剑桥大学的 J. C. Kendrew 和 M. Perutz 完成，他们因此获得 1962 年度诺贝尔化学奖。随后又有许多其他蛋白质，包括溶菌酶（lysozyme）、核糖核酸酶（ribonuclease）和 α-糜蛋白酶等的完整结构被分析出来（图 16-8）。如今，蛋白质结晶学已是结构生物学领域的主要研究方向，也是当前蛋白质研究中很活跃的方向之一，众多重要蛋白质的晶体结构已被解析出来，并建立了蛋白质晶体结构数据库，读者若有兴趣，可免费查取。

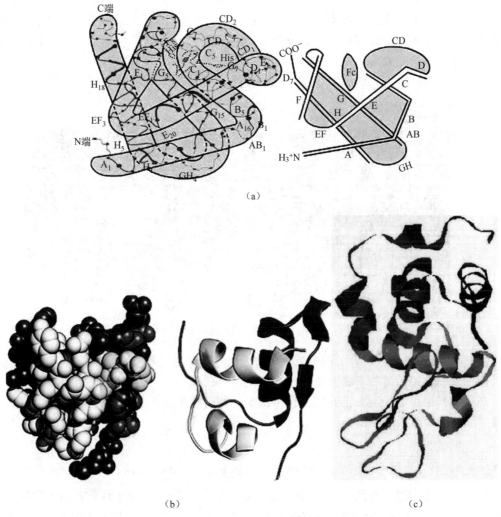

（a）

（b）　　　　　　　　　　（c）

图 16-8　肌红蛋白（a）、胰岛素（b）和溶菌酶（c）的三级结构

3. 蛋白质的四级结构

具有两条或两条以上独立三级结构的多肽链组成的蛋白质，其多肽链间通过次级键相互组合而形成的空间结构称为蛋白质的四级结构（quarternary structure）。其中，每个具有独立三级结构的多肽链单位称为亚基（subunit）。四级结构实际上是指亚基的立体排布、相互作用及接触部位的布局。亚基之间不含共价键，亚基间次级键的结合比二、三级结构疏松，因此在一定的条件下，四级结构的蛋白质可分离为其组成的亚基，而亚基本身构象仍可不变（图

16-9）。

16.2.4 多肽和蛋白质的人工合成

在前文中已经介绍过，酰胺的合成相对是比较简单的，只需将羧基活化，将其转化为酸酐或酰氯，然后氨解即可：

$$RCOOCOR + R'NH_2 \longrightarrow RCONHR' + RCOOH$$

但当在同一分子中同时存在氨基和羧基时，情况就要复杂得多，因为在羧基活化后，本身的氨基也可与其反应而形成自身缩合的产物，因此产物中除了其他氨解的产物外，还有自聚的产物。目标产物的收率很低，而且给分离纯化带来许多困难。所以在多肽或蛋白质的合成中需要做某些技术处理。

下面以一个简单的二肽 Ala·Leu 的合成为例来说明多肽和蛋白质合成的基本过程。

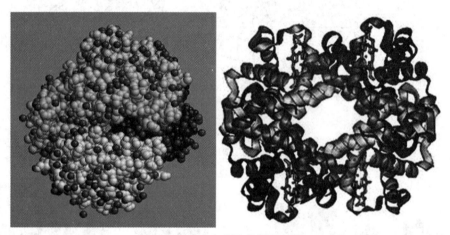

图 16-9 血红蛋白的四级结构

（1）Ala 氨基的保护。为了避免 Ala 羧基活化时自身的氨基参与反应，需要先对其进行保护。由于合成结束后需要再将此氨基游离出来，且在脱去时不能影响新形成的酰胺键，所以保护基的选择很重要。现在已开发了许多试剂，都可满足这一条件，其中最常用的两个是氯甲酸苄酯和碳酸二叔丁酯：

$$C_6H_5CH_2O\overset{\displaystyle O}{\overset{\|}{C}}Cl \qquad (CH_3)_3C\text{-}O\overset{\displaystyle O}{\overset{\|}{C}}O\text{-}C(CH_3)_3$$

这两个化合物都可与氨基形成低活性的酰胺，而这种酰胺在脱去保护基时不会影响肽键，苄氧羰基（简写为 Z）可以用催化氢解或冷的 HBr 醋酸溶液脱去，而叔丁氧羰基（简写为 Boc）可用 HCl 或 F_3CCOOH 的醋酸溶液脱去。

$$C_6H_5CH_2O\overset{O}{\overset{\|}{C}}Cl + H_2N\text{-}R \xrightarrow[25℃]{OH^-} C_6H_5CH_2O\overset{O}{\overset{\|}{C}}NH\text{-}R + Cl^-$$

$$C_6H_5CH_2Br + CO_2 + H_2N\text{-}R \qquad C_6H_5CH_3 + CO_2 + H_2N\text{-}R$$

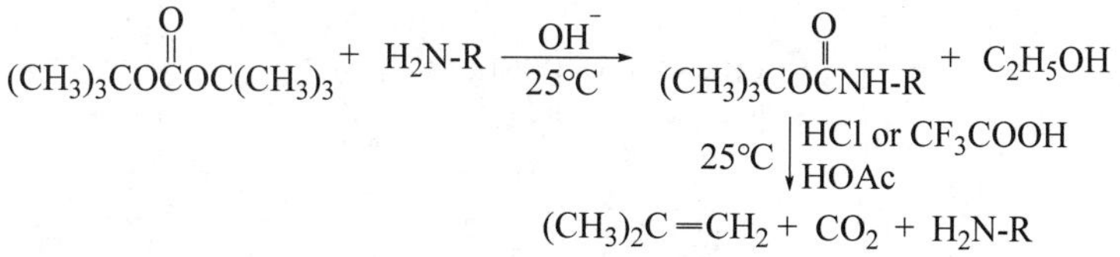

$$(CH_3)_3COCOC(CH_3)_3 + H_2N\text{-}R \xrightarrow[25℃]{OH^-} (CH_3)_3COCNH\text{-}R + C_2H_5OH$$

$$\downarrow_{25℃} \begin{array}{c} HCl \text{ or } CF_3COOH \\ HOAc \end{array}$$

$$(CH_3)_2C{=}CH_2 + CO_2 + H_2N\text{-}R$$

（2）Z-Ala 羧基的活化。可能最容易想到的活化羧基的方法就是将其转化为酰氯，事实上早期肽的合成也曾用过此方法。但在肽的合成中，酰氯太活泼，会导致发生一些复杂的副反应。现在已建立了许多活化羧基的方法，如氯甲酸酯法、DCC（即 N, N'-二环己基碳二亚胺）法、杂环化合物法等，其目的都是将羧酸中的 OH 转化为一个容易离去的基团。例如：

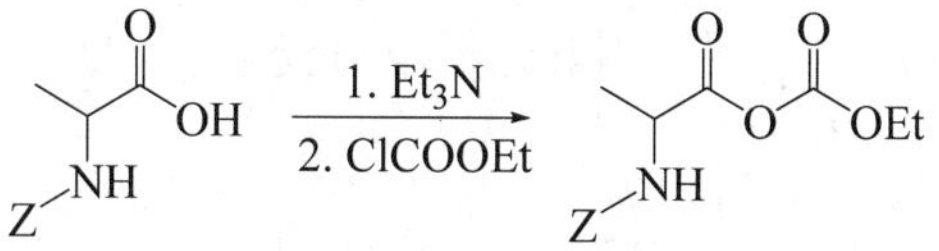

$$\text{（结构式）} \xrightarrow[\text{2. ClCOOEt}]{\text{1. Et}_3\text{N}} \text{（结构式）}$$

（3）肽键的生成。将羧基被活化的氨基酸与第二个氨基酸反应即可形成肽键：

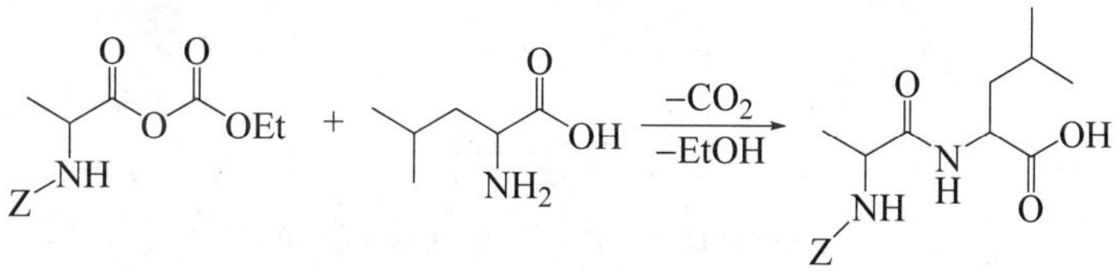

$$\text{（结构式）} + \text{（结构式）} \xrightarrow[-\text{EtOH}]{-CO_2} \text{（结构式）}$$

（4）脱保护。 在适当条件下脱去保护基就可得到肽产物。例如：

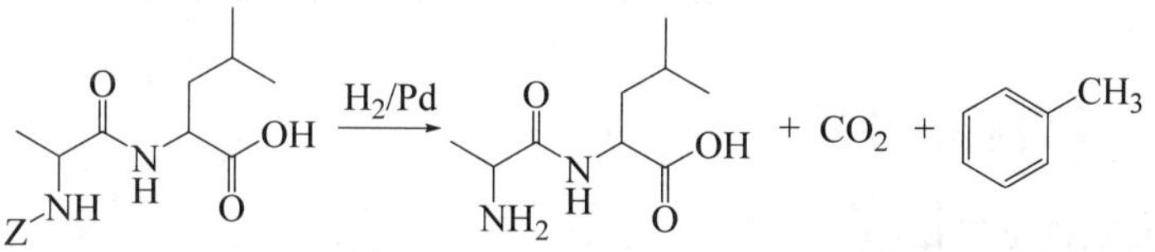

$$\text{（结构式）} \xrightarrow{H_2/Pd} \text{（结构式）} + CO_2 + \text{（甲苯结构式）}CH_3$$

由于每一步的产物都需要进行分离纯化，由此可见，合成一个多肽是一件多么繁琐的事情，也可感受到我国在 20 世纪 60 年代人工合成牛胰岛素时科学家们所付出的艰辛努力。当然，随着科技水平的提高，现在合成多肽已经方便了许多。在多肽和蛋白质合成领域一个意义重大的进步是由 R. B. Merrifield 建立的多肽自动合成法（也叫固相合成法），他因此项成就荣获 1984 年度诺贝尔化学奖。

这一方法是采用含有氯甲基的聚苯乙烯树脂，首先将第一个氨基保护的氨基酸与树脂上的氯甲基反应，将氨基酸"挂"到树脂上，然后脱去保护基；将第二个氨基保护的氨基酸与其一起用 DCC 法缩合，然后再脱去保护基，连接下一个氨基酸，如此依次进行下去。最后将目标多肽从树脂上"切"下来即可，整个过程如图 16-10 所示。

这一方法的最大优点是与多肽连接起来的树脂只需用相应的溶剂洗涤就可得到纯化，使用这种"蛋白合成机器"每 4 h 就可完成一个循环连接上一个氨基酸残基。这个方法已被成功地应用于含有 124 个氨基酸残基的核糖酸酶的合成，合成出来的产物不仅具有与天然酶相同的物理性质，也具有相同的生物活性。这一过程涉及 369 个化学反应，最后总收率 17%，这意味着每一步的平均收率都在 99% 以上。

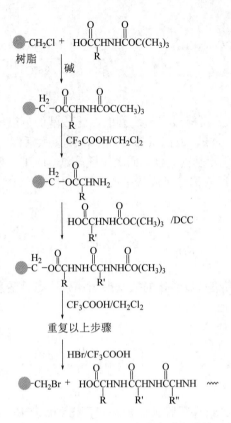

图 16-10　Merrifield 多肽自动合成法

16.2.5　蛋白质的性质

1. 蛋白质的两性及等电点

和氨基酸一样，蛋白质也有游离的氨基和游离的羧基，因而也具有两性，调节溶液的 pH 值，使得偶极离子浓度达到最大，此时溶液的 pH 就是蛋白质的等电点。在等电点时，蛋白质具有如下性质：

（1）不稳定，容易形成聚集体；

（2）不能发生电泳；

（3）溶解度最小；

（4）黏度、渗透压、膨胀性和导电能力最小。

2. 蛋白质的胶体性质

蛋白质分子的大小属于胶体质点的范围（1～100nm）。蛋白质容易形成亲水胶体的主要原因有：

（1）蛋白质分子表面的亲水基，如—NH_2、—COOH、—OH 以及—$CONH_2$ 等，在水溶液中能与水分子起水化作用，使蛋白质分子表面形成一个水化层；

（2）蛋白质分子表面上的可解离基团在适当的 pH 条件下都带有相同的净电荷，与周围的反离子构成稳定的双电层。

蛋白质溶液由于具有水化层与双电层两方面的稳定因素,所以作为胶体系统是相对稳定的。

3. 蛋白质的沉淀

（1）盐析。向蛋白质溶液中加入大量的中性盐（硫酸铵、硫酸钠或氯化钠等），使蛋白质脱去水化层而聚集沉淀。盐析沉淀一般不引起蛋白质变性。

（2）有机溶剂。向蛋白质溶液中加入一定量的极性有机溶剂（甲醇、乙醇或丙酮等），引起蛋白质脱去水化层降低介电常数而增加带电质点间的相互作用，致使蛋白质颗粒容易凝集而沉淀。将 pH 调至等电点，然后再加入有机溶剂破坏水膜，则蛋白质沉淀效果会更好。

（3）重金属盐。当溶液 pH 大于等电点时，蛋白质颗粒带负电荷，这样就容易与重金属离子（Mg^{2+}，Pb^{2+}，Cu^{2+}，Ag^+等）结成不溶性盐而沉淀。

（4）某些酸类。当蛋白质溶液的酸性小于蛋白质等电点时，用苦味酸、单宁酸、三氯乙酸等能和蛋白质形成不溶解的蛋白质盐而沉淀。这类沉淀反应经常被临床检验部门用来除去体液中干扰测定的蛋白质。

4. 蛋白质的变性

因受物理、化学因素的影响，使蛋白质分子的构象发生了异常变化导致生物活性的丧失以及理化性质发生改变，但一级结构未遭破坏，这种现象称为蛋白质的变性。

引起蛋白质变性的主要因素有物理因素和化学因素。物理因素有加热、高压、紫外线照射、X 射线、超声波、剧烈振荡和搅拌等。化学因素有强酸、强碱、脲、去污剂（十二烷基硫酸钠，SDS）、重金属盐、三氯醋酸、浓乙醇等。

变性后的蛋白质性质：

（1）生物活性消失；

（2）溶解度降低，黏度加大，结晶性被破坏；

（3）生物化学性质改变，如容易被蛋白酶水解等。

5. 蛋白质的显色反应

（1）双缩脲反应。双缩脲在碱性溶液中能与硫酸铜反应产生红紫色配合物，此反应称为双缩脲反应。蛋白质分子中含有许多和双缩脲结构相似的肽键，因此也能起双缩脲反应，形成紫色配合物。通常可用此反应来定性鉴定蛋白质，也可根据反应产生的颜色在 540nm 处比色，定量测定蛋白质。

（2）黄色反应。含苯环氨基酸的蛋白质与硝酸反应生成白色沉淀，加热则变黄，称为黄色反应。

（3）米伦反应（Millton reaction）。蛋白质溶液中加入米伦试剂（硝酸和硝酸汞-硝酸和亚硝酸的混合物）后产生白色沉淀，加热后沉淀变成红色。含有酚基的化合物都有这个反应，故酪氨酸及含有酪氨酸的蛋白质都能与米伦试剂反应。

（4）乙醛酸反应。在蛋白质溶液中加入乙醛酸，并沿试管壁慢慢注入浓硫酸，在两液层之间就会出现紫色环，凡含有吲哚基的化合物都有这一反应。色氨酸及含色氨酸的蛋白质有此反应，不含色氨酸的白明胶就无此反应。

（5）坂口反应。精氨酸分子中含有胍基，能与次氯酸钠（或次溴酸钠）及 α-萘酚在 NaOH 溶液中产生红色产物。此反应可以用来鉴定含有精氨酸的蛋白质，也可以用来测定精氨酸的含量。

（6）酚试剂（福林试剂）反应。蛋白质分子一般都含有酪氨酸，而酪氨酸中的酚基能将福林试剂中的磷钼酸及磷钨酸还原成蓝色化合物（即钼蓝和钨蓝的混合物）。这一反应常用来测定蛋白质含量。

（7）水合茚三酮反应。凡含有 α-氨基酸的蛋白质都能与水合茚三酮生成蓝紫色化合物。

6. 蛋白质的水解

蛋白质部分水解可得到多肽和寡肽，完全水解则得到氨基酸。

16.2.6　多肽和蛋白质的应用

1. 多肽

由于多肽价格昂贵，所以人们大都关注的是具有生物活性的多肽。按其来源分，可以分为内源性和外源性生物活性肽，前者存在于生物体内，量少而价高，一般用在医药和科研中。而外源性生物活性肽多以特定的氨基酸序列肽片段存在于蛋白质中，按其原料来源可分成乳肽、大豆肽、玉米肽、蛋白肽、畜产肽、水产肽、丝蛋白肽、复合肽等，按功能大致可分为生理活性肽（包括抗微生物肽、神经活性肽、激素调节肽、免疫活性肽等，如短杆菌肽、L-内啡肽、米谷紧张素等）、调味肽、抗氧化肽、营养肽等。

在饲料工业中，抗微生物肽和抗氧化肽等可以部分替代抗生素，作为理想的天然防腐剂；改善饲料风味，提高饲料适口性；作为矿物元素载体，促进机体对矿物质的吸收；可在日粮中添加优化低蛋白，从而降低集约化畜牧系统动物的氮排泄量。Siemensrna 等提出了肽类营养价值高于游离氨基酸和完整蛋白的几个原因：转运速度快、吸收率高，抗原性小以及有益于动物机体的感觉特点。

在食品工业中的应用更为广阔，如酪蛋白磷酸肽（CPPs）可促进矿物质的吸收；抗疲劳肽可以显著提高血睾酮、血色素水平，显著降低尿素氮和肌酸激酶水平，是理想的运动饮料和食品添加剂；而甜味肽、苦味肽、酸味肽、咸味肽、苦味掩盖肽则是天然的食品调味剂。

在医药上，抗菌肽、降血压肽、降胆固醇肽、抗氧化肽、免疫调节肽、阿片活性肽、类阿片拮抗肽、抗艾滋病及抗癌多肽等已显示出良好的发展前景。如由于使用抗生素导致人类致病菌对抗生素产生越来越强的抗药性，使用抗菌肽代替抗生素被认为是将来生物医学发展的必然。

2. 蛋白质

蛋白质的传统功能是充当食品，这一功能现在仍在进一步深化。如质构化植物蛋白咀嚼咬劲性强，具有适度香味，成本低廉，大小、形状和颜色的适用范围广泛，营养素组成适宜，易于保藏。在早餐谷物、烘焙食品、快餐食品、微波熟化食品、罐装食品、宠物饲料等领域中应用广泛。用于汉堡包、咖啡调味食品、炖制辣味肉制品、油炸鸡块等制品的加工；酰化植物蛋白可提高面筋蛋白的功能性质，拓宽面筋蛋白在食品工业中的应用领域；磷酸化植物蛋白可改善面包内部结构和松软性，使面包蜂窝均匀细腻，面包瓤松软而富有弹性，香软可口等。除了食品外，植物蛋白在日用化学品中的应用也非常受关注，如大豆是一类功能性和生物活性很强的蛋白。大豆蛋白典型的功能有凝胶性、起泡性、乳化性及充当表面活性剂的作用，这些特性是日用化妆品行业非常重视的性质。由于大豆蛋白的高营养性，它不仅对体内营养是很大的补充，对于皮肤及头发也有相当优良的滋养作用。

习　题

微信扫码
获取答案

1. 写出下列各氨基酸在指定的 pH 介质中的主要存在形式。

（1）缬氨酸在 pH 为 8 时   （2）赖氨酸在 pH 为 10 时

（3）丝氨酸在 pH 为 1 时   （4）谷氨酸在 pH 为 3 时

2. 写出下列化合物的结构式。

（1）脯氨酸-亮氨酸   （2）甘氨酸-L-苏氨酸

（3）丝氨酸-甘氨酸-亮氨酸   （4）谷氨酸-苯丙氨酸-苏氨酸

（5）N-乙酰基脯氨酸

3. 写出下列反应的主要产物。

（1）
$$CH_3\underset{\underset{NH_2}{|}}{C}HCO_2C_2H_5 + H_2O \xrightarrow[\triangle]{HCl}$$

（2）
$$CH_3\underset{\underset{NH_2}{|}}{C}HCO_2C_2H_5 + (CH_3CO)_2O \longrightarrow$$

（3）
$$CH_3\underset{\underset{NH_2}{|}}{C}HCONH_2 + HNO_2(过量) \longrightarrow$$

（4）
$$CH_3\underset{\underset{NH_2}{|}}{C}HCONH\underset{\underset{CH_2CH(CH_3)_2}{|}}{C}HCONHCH_2COOH + H_2O \xrightarrow{H^+}$$

（5）
$$CH_3\underset{\underset{NH_2}{|}}{C}HCOOH + CH_3CH_2COCl \longrightarrow$$

（6）亮氨酸 + CH_3OH(过量) $\xrightarrow{HCl}$

（7）异亮氨酸 + CH_3CH_2I(过量) $\longrightarrow$

（8）丙氨酸 $\xrightarrow{\triangle}$

（9）酪氨酸 $\xrightarrow{Br_2-H_2O}$

（10）丙氨酸 + O₂N—（苯环，NO₂，F）$\longrightarrow$

（11）$NH_2CH_2CH_2CH_2CH_2COOH \xrightarrow{\triangle}$

（12）
$$\underset{\underset{NH_2\cdot HCl}{|}}{\overset{CH_2COOH}{|}}CH + SOCl_2 \longrightarrow$$

4. 由 3-甲基丁酸合成缬氨酸，产物是否有旋光性？为什么？

$$CH_3\underset{\underset{CH_3}{|}}{C}HCH_2COOH \xrightarrow{P/Cl_2} CH_3\overset{}{C}H-\underset{\underset{CH_3Cl}{|}}{C}HCOOH \xrightarrow{NH_3} CH_3\overset{}{C}H-\underset{\underset{CH_3NH_2}{|}}{C}HCOOH$$

5. 氨基酸既具有酸性又具有碱性，但等电点都不等于 7，即使含一氨基一羧基的氨基酸其等电点也不等于 7，这是为什么？

6. 从所给原料开始，用指定方法合成以下氨基酸（其他试剂任选）。

$$ClCH_2COOC_2H_5 \xrightarrow[合成法]{Gabriel} NH_2CH_2COOH$$

7. 某多肽以酸水解后，再以碱中和水解液时，有氨气放出。由此可以得出有关此多肽结构的什么信息？

8. 下面的化合物是二肽、三肽还是四肽？指出其中的肽键、N-端及 C-端氨基酸，此肽可被认为是酸性的、碱性的还是中性的？

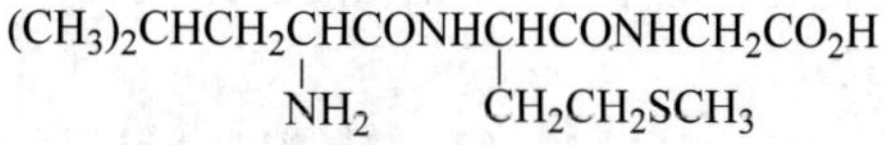

$$(CH_3)_2CHCH_2\underset{\underset{NH_2}{|}}{C}HCONH\underset{\underset{CH_2CH_2SCH_3}{|}}{C}HCONHCH_2CO_2H$$

9. 某九肽经部分水解，得到下列一些三肽：丝氨酸-脯氨酸-苯丙氨酸，甘氨酸-苯丙氨酸-丝氨酸，脯氨酸-苯丙氨酸-精氨酸，精氨酸-脯氨酸-脯氨酸，脯氨酸-甘氨酸-苯丙氨酸，脯氨酸-脯氨酸-甘氨酸及苯丙氨酸-丝氨酸-脯氨酸。以简写方式排出此九肽中氨基酸的顺序。

10. 用简单化学方法鉴别下列各组化合物。

（1）$\underset{\underset{NH_2}{|}}{CH_3CHCOOH}$ $H_2NCH_2CH_2COOH$ ⬡—NH₂

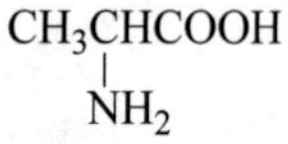

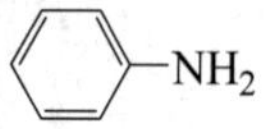

（2）苏氨酸　　丝氨酸

（3）乳酸　　丙氨酸

第17章

萜类和甾体化合物

萜类和甾体化合物是广泛存在于动、植物以及微生物等体内的两类重要天然产物，尽管它们在生物体内的含量远不及糖、蛋白质和核酸等天然产物，但它们同样起着非常重要的生理作用。尽管它们的结构差异很大，但从生源合成的角度来看，它们有着密切的关系，在生物体内都是由相同的原始物质转化而来的产物。

17.1 萜类化合物

萜类化合物（terpenes）在自然界中广泛存在，高等植物、真菌、微生物以及海洋生物中都含有萜类成分。萜类化合物是中草药中一类比较重要的物质，现已发现许多萜类化合物是中草药的有效成分，有许多的生理活性，如祛痰、止咳、镇痛、驱虫、发汗等，同时也是一类重要的天然香料，在化妆品和食品工业中有其独特的应用。含有萜烯及其衍生物的精油是生产香料的主要原材料。一些萜类化合物还是很重要的化工原料，如多萜化合物橡胶是反式连接的异戊二烯长链化合物，被应用于汽车工业和飞机制造业中。

萜类化合物的种类繁多，大约有 1 万多种以上，按一般方法不易分类。但它们在结构上有一个共同的特点。Wallach O.通过细致的研究发现，这些分子可以看作是两个或两个以上的异戊二烯分子，以头尾相连而结合起来的。后来研究了更多的这类化合物，经过进一步的总结和发展，称为萜类化合物的异戊二烯规则。现在已知，绝大多数的萜类分子中的碳原子数目是异戊二烯五个碳原子数的整数倍，仅有个别的例外。例如：

月桂烯　　　对孟二烯　　　α-蒎烯

根据萜分子中所含异戊二烯结构单元的多少，可将其分为单萜、倍半萜、二萜等。

	碳原子数目	异戊二烯单位
单萜	10	2
倍半萜	15	3
二萜	20	4
三萜	30	6
四萜	40	8
多萜	$5n$	n

17.1.1 单萜

单萜是含有 10 个碳原子的萜类，根据两个异戊二烯单元连接方式的不同，可将其分为开链单萜、单环单萜和双环单萜 3 类。

1. 开链单萜

开链单萜是由两个异戊二烯单元连接而成的链状化合物，较重要的有如下几种：

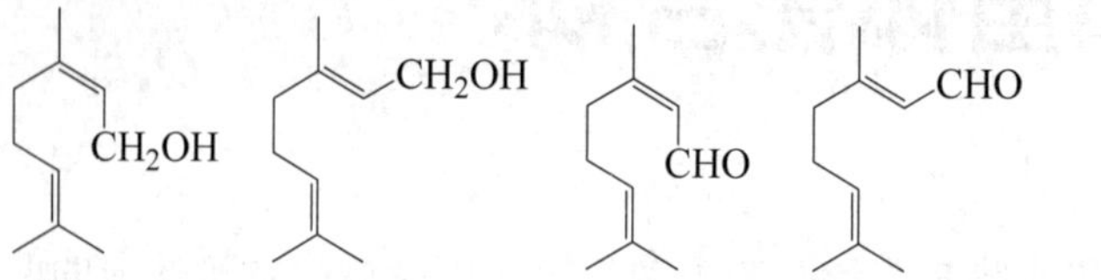

橙花醇 香叶醇 橙花醛 香叶醛
柠檬醛A 柠檬醛B

橙花醇和香叶醇互为几何异构体，存在于玫瑰油、橙花油、香叶油、依兰油、香茅油中，具有玫瑰和橙花香气，它们本身或其甲酸、乙酸酯均可用于香料工业，还可配制皂用香精等。香叶醇也是一种昆虫性外激素，性外激素是同种动物之间借以传递信息而分泌的化学物质。例如，当蜜蜂发现了食物时，它便分泌香叶醇以吸引其他蜜蜂。

柠檬醛是两种 Z/E 异构体柠檬醛 A 和柠檬醛 B 的混合物，为黄色有柠檬香味的油状液体，主要存在于柠檬油及某些香精油中，通常由柠檬油中蒸馏或由香叶醇、橙花醇氧化而得，也可用化学合成的方法获取：

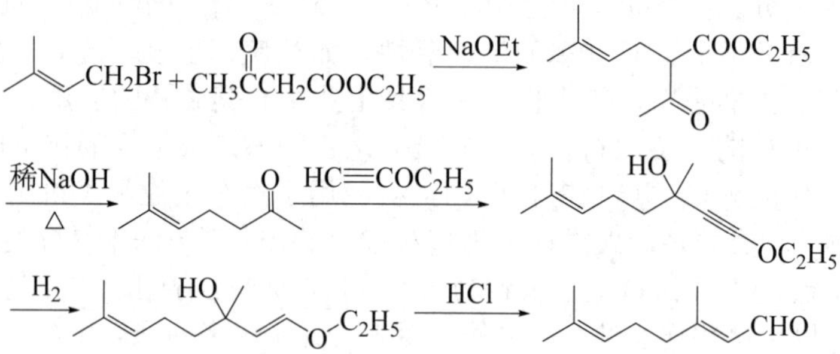

柠檬醛主要用作香料或合成其他香料的原料，也用于合成紫罗兰酮和维生素 A。例如：

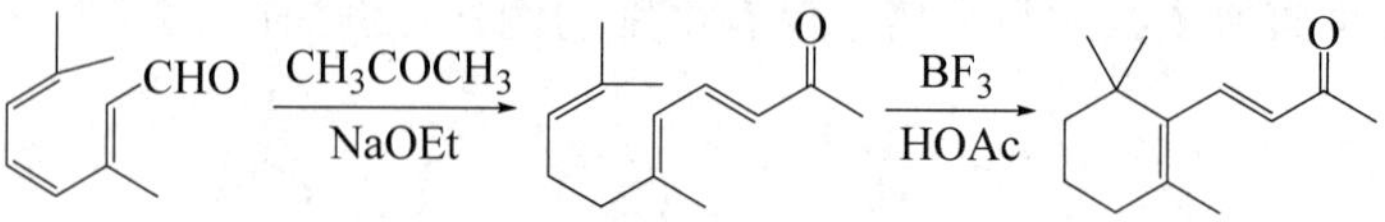

柠檬醛 假紫罗兰酮 β-紫罗兰酮

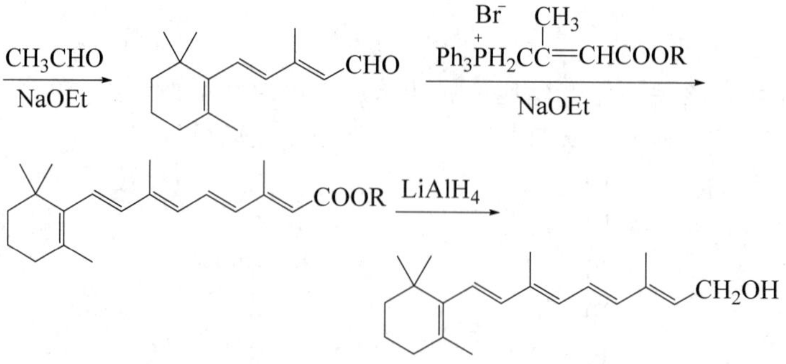

维生素A

2. 单环单萜

单环单萜是由两个异戊二烯单元构成的六元环状化合物，多数可形成苧烷的衍生物，比较重要的有苧烯和薄荷醇。

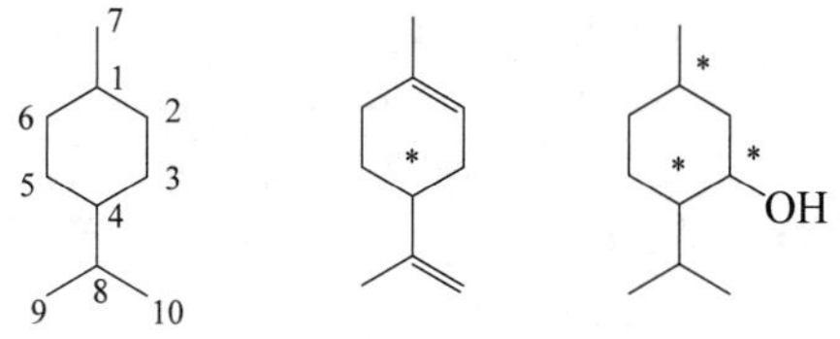

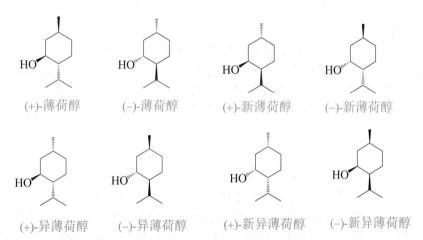

苧烷　　　苧烯　　　薄荷醇

苧烯也叫柠檬烯、1,8-萜二烯，存在着两种对映异构体，左旋体主要存在于松针油、松节油和白千层油等中，右旋体主要存在于柠檬油、橙皮油、柑橘类精油中，均可用作溶剂，也是生产润湿剂、分散剂、橡胶和树脂等的原料，对皮肤有刺激作用并会引起过敏。

薄荷醇又叫薄荷脑、盖醇或3-萜醇，分子中有3个手性碳原子，因此有8种光学异构体，可形成4对外消旋异构体，分别命名为（±）-薄荷醇、（±）-新薄荷醇、（±）-异薄荷醇和（±）-新异薄荷醇：

(+)-薄荷醇　　(−)-薄荷醇　　(+)-新薄荷醇　　(−)-新薄荷醇

(+)-异薄荷醇　　(−)-异薄荷醇　　(+)-新异薄荷醇　　(−)-新异薄荷醇

自然界存在的薄荷醇主要为左旋薄荷醇，为无色透明棒状晶体，由天然薄荷油经冷冻、结晶、分离等步骤制得。它是一种芳香清凉剂，在化妆品、食品工业等中用作香料，尤其是糖果和饮料。在医药上用作兴奋剂，用于治疗皮肤病、鼻炎等症。

薄荷醇的工业生产是以间甲苯酚为起始原料，先烷基化，再还原而得：

百里香酚

3. 双环单萜

双环单萜是由一个六元环与一个五元、四元或三元环共用两个碳原子所形成的桥环化合物。它们的母体主要有莰、蒎、䓬和蒈等几种，其系统命名参见桥环化合物的命名。其中，蒎和莰的衍生物在自然界中较多，也最重要。

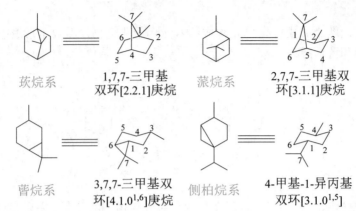

| 莰烷系 | 1,7,7-三甲基双环[2.2.1]庚烷 | 蒎烷系 | 2,7,7-三甲基双环[3.1.1]庚烷 |

| 蒈烷系 | 3,7,7-三甲基双环[4.1.0¹,⁶]庚烷 | 侧柏烷系 | 4-甲基-1-异丙基双环[3.1.0¹,⁵] |

（1）蒎类衍生物　蒎类衍生物中最主要的是蒎烯（pinene），有 α-和 β 两种异构体，共存于松节油中，约占松节油质量的 80%，是天然存在最多的一个萜类化合物。其中，α-异构体占 58%～65%，β-异构体约占 30%，可通过精馏进行分离。α-蒎烯在工业上比较重要，可用于合成莰类香料，如冰片、樟脑等。也用于合成杀虫剂，如毒杀芬，硫氰乙酸、异龙脑酯，以及橡胶等。

α-蒎烯(沸点156℃)　　β-蒎烯(沸点166℃)

（2）莰类衍生物　莰类化合物中最重要的是龙脑和樟脑，龙脑又称冰片或 2-莰醇，为龙脑树树干中提取的白色晶体，具有类似薄荷的气味和发汗、镇痉和止痛作用。随分子中羟基的取向不同有内型和外型两种。其内型异构体被称为冰片，其外型异构体被称为异冰片。冰片和异冰片的结构式如下：

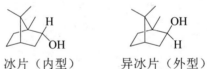

冰片（内型）　　　异冰片（外型）

樟脑又称 2-莰酮、潮脑、韶脑，存在左旋和右旋樟脑。天然樟脑是右旋体，存在于樟树的叶和树干中，分布于我国台湾、福建、浙江和江西等地。右旋体樟脑具有强心性能和愉快香味，为医药和化妆品的重要原料，也是硝化纤维素的增塑剂。

(R)-樟脑　　　(S)-樟脑

在工业上，它是由 α-或β-蒎烯为原料来合成的。首先是将蒎烯在质子催化作用下重排为莰烯，然后在醋酸作用下，变为 2-莰醇乙酸酯，最后水解、氧化，得到樟脑：

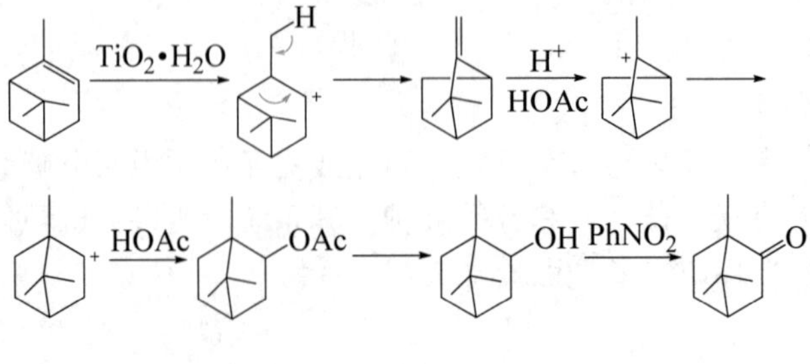

17.1.2　倍半萜

含有三个异戊二烯单元聚合而成的萜类化合物称为倍半萜，其结构也可以是链状或环状。例如：

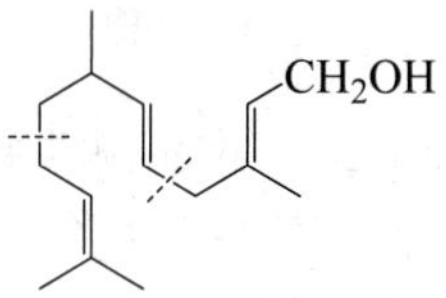

法尼醇 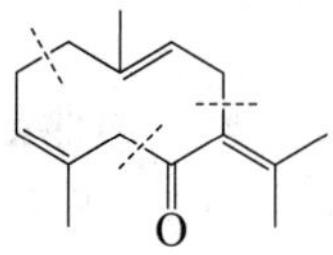　　　　　　杜鹃酮 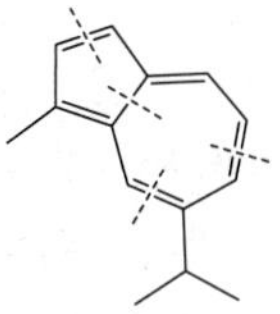　　　　　　愈创木薁

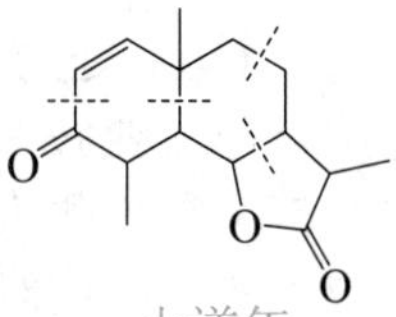

山道年 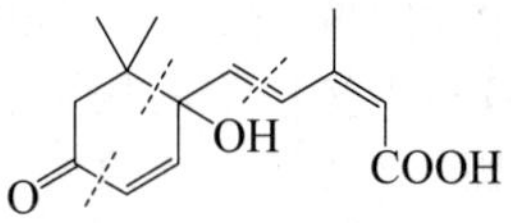　　　　　　　　脱落酸

其代表性的化合物为金合欢醇，又称为法尼醇。主要存在于玫瑰花油、茉莉花油及金合欢油中，为无色黏稠液体，具有铃兰香味，是一种珍贵的香料，可用于配制高级香精。20 世纪 60 年代曾对其进行过广泛而深入的研究，其原因在于其具有的保幼激素活性。保幼激素是昆虫咽侧体分泌的一种激素，是带有环氧基团的萜烯类化合物：

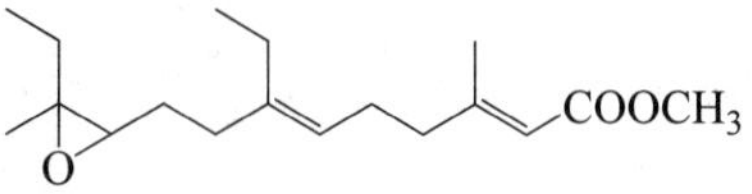

其主要作用是调节发育和生殖，保持昆虫幼虫期的形态特征，阻止幼虫变成蛹，变蛹期时该激素停止分泌。成虫期时该激素具有促进卵巢发育和性外激素分泌的作用，以引诱同种异性昆虫，可用于防治害虫和养蚕业。

天然的保幼激素性质很不稳定，所以人们合成了结构改造的类似物，它们也具有很高的活性，称为合成保幼激素，如法尼酸酯十万分之一的水溶液即可阻止蚊成虫的出现，并能杀死虱子。

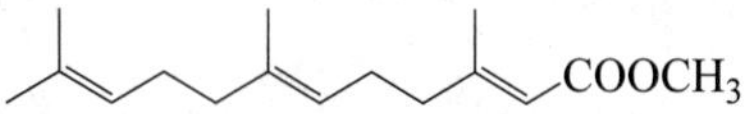

杜鹃酮也叫牻牛儿薁，可从兴安杜鹃或桉叶等的挥发油中提取，具有消炎、促进烫伤或烧伤面愈合的效能，是国内烫伤膏的主要成分。

山道年是由菊科植物蛔蒿或艾属植物的未开的花蕾中提取的一种内酯化合物。无臭、味极苦，在日光下会变成黄色，是一种驱蛔虫药物，使用时需与盐类等泻药同时使用。

脱落酸是一种植物激素，具有抑制或促进生长、维持芽与种子休眠、促进果实与叶的脱落、影响开花和性分化等重要生理功能。更为重要的是，在干旱等不利环境下，能促进气孔快速关闭，启动植物抗逆基因，诱导植物的抗逆免疫系统，被誉为植物的"抗逆诱导因子"。

17.1.3　二萜

二萜是四个异戊二烯单体的聚合物，重要代表物有维生素 A 和松香酸：

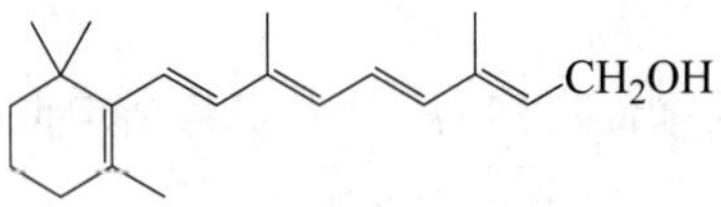

维生素A

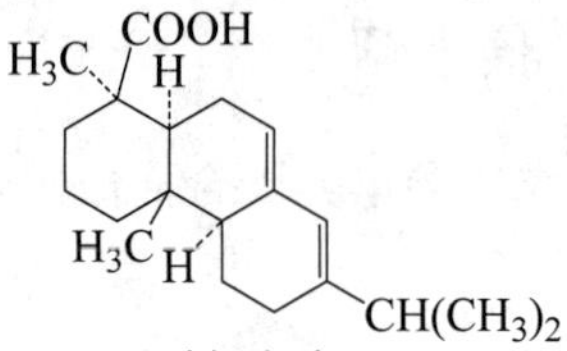

松香酸

维生素 A 也称"抗干眼病维生素"，属脂溶性维生素，在动物肝脏、乳汁以及鱼的肝脏中含量丰富，在胡萝卜、菠菜和番茄中含量也较多。维生素 A 是视色素的组成成分，能促进骨骼的形成。缺少维生素 A 会引起儿童的发育不良、干眼症、夜盲症，以及皮肤表皮、呼吸道上皮、消化道上皮等的角质化等症状。

维生素 A 在生物体内被氧化为醛，在酶的作用下，C-11 处的双键从反式异构化为顺式，形成新视黄醛 b，后者与视蛋白中的赖氨酸的氨基结合形成亚胺，这是视网膜上的主要光敏色素，叫视紫红质或视玫红质。经光照射后，顺式双键又异构化为稳定的反式双键，而全反式双键的亚胺容易进一步分解变回视蛋白和全反式视黄醛，并同时将信号传递给大脑。这一过程如下表示：

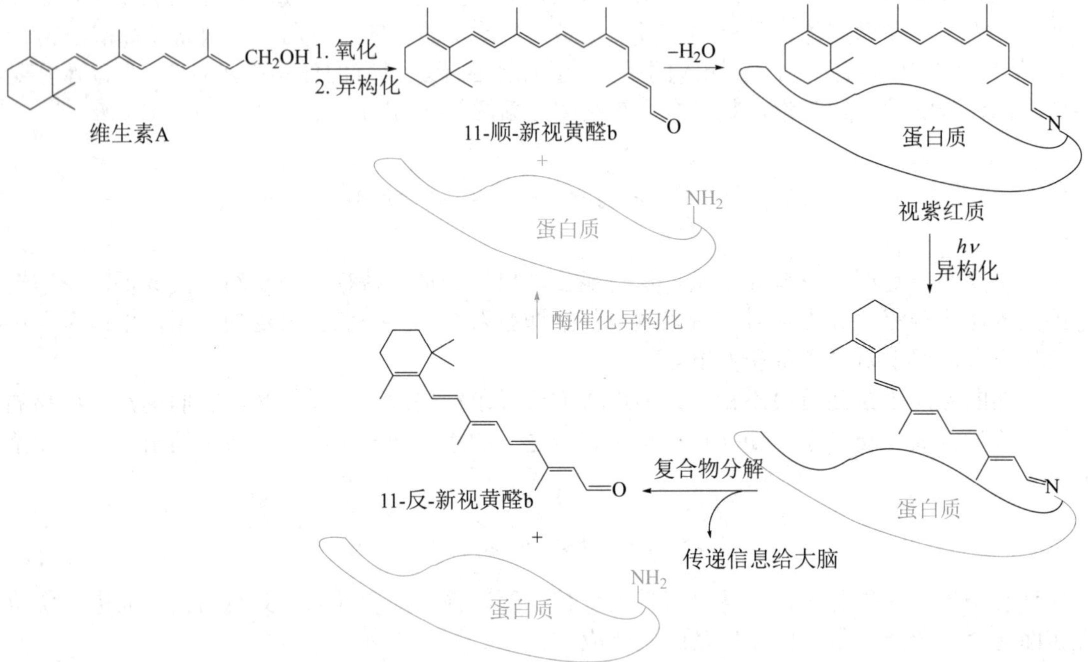

松香酸是松香的主要成分，可由从松木中得到的松脂经异构化、成盐、盐析制得。松香主要用于造纸上胶、制清漆和制药，也用于制备松香酸甲酯、乙烯酯和甘油酯，其钠盐在造纸及合成橡胶工业中用作填充剂、增泡剂和乳化剂。

$$松脂 \xrightarrow[\text{（异构化）}]{\text{盐酸}} 异松脂 \xrightarrow[\text{（成盐）}]{(C_5H_{11})_2NH} 松香酸铵盐 \xrightarrow[\text{（盐析）}]{\text{HOAc}} 松香酸$$

17.1.4　三萜

三萜是由六个异戊二烯单元聚合而成的，其中最重要的是角鲨烯（squalene）。其结构式如下：

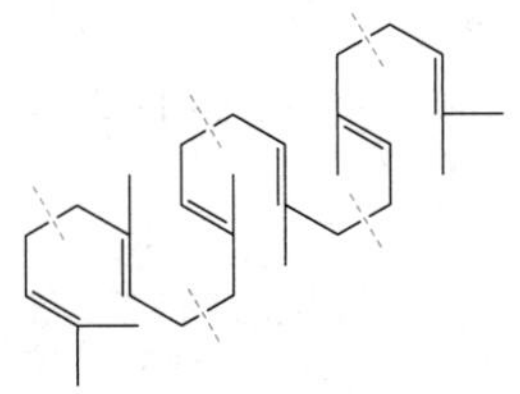

角鲨烯是一种有香味的油状液体，可用作杀菌剂及制备药物、有机色料、橡胶、香料和表面活性剂等。主要存在于鲨鱼的肝脏中，少量存在于橄榄油、麦胚油、酵母及人体的脂肪中。可由鲨鱼肝脏中提取，也可由反式牻牛儿基丙酮为原料制得。

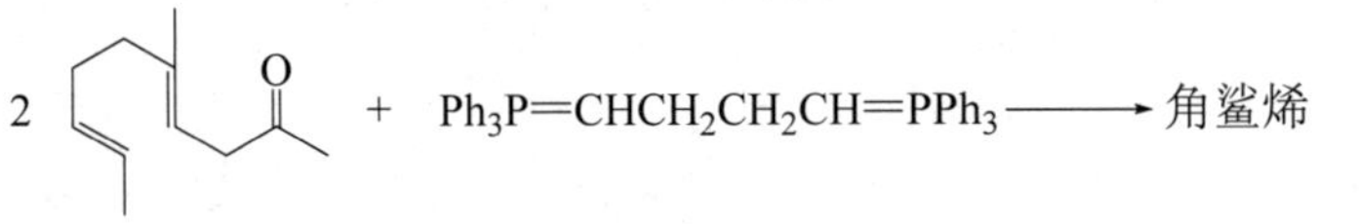

$$2 \quad \text{（结构式）} \quad + \quad Ph_3P=CHCH_2CH_2CH=PPh_3 \longrightarrow 角鲨烯$$

在生物体内，角鲨烯是羊毛甾醇的生物合成前体，羊毛甾醇也是一种甾体化合物，在生物体内可转化为胆甾（固）醇。其生物合成过程可能如下表示：

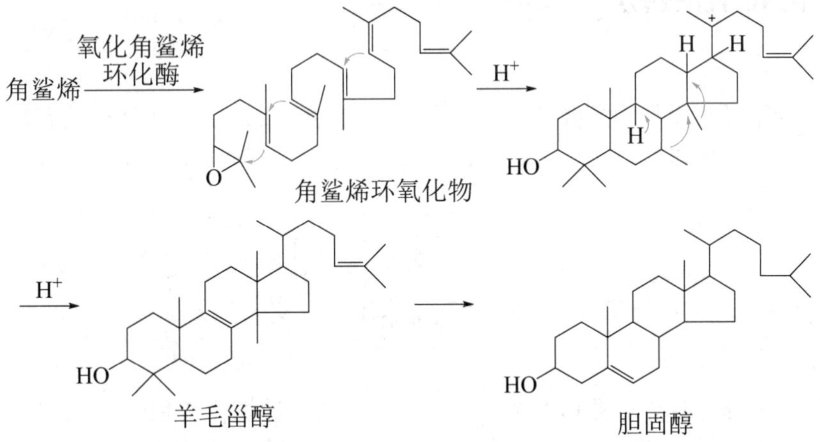

17.1.5 四萜

四萜在自然界分布很广，这类化合物分子中都含有长的 C=C 双键共轭体系，所以多带有黄至红的颜色，常被叫作多烯色素。因为最早发现的四萜类多烯色素是从胡萝卜中提取的，故又常把这类化合物称作类胡萝卜色素。

胡萝卜素又称为"维生素 A 原""前维生素 A"，是类胡萝卜素之一。它有多种异构体，主要是 α、β、γ 和 δ 胡萝卜素四种。其中，以 β 胡萝卜素最为常见，它广泛存在于动物的肝脏、乳汁和植物的叶、花和果实中。因其在人的肝脏或大肠内受酶的作用可分解成维生素 A，所以可作为药物治疗维生素 A 缺乏症，如夜盲症等。它还可用作奶油和人造奶油的食用色素，也可用作其他食品添加剂。

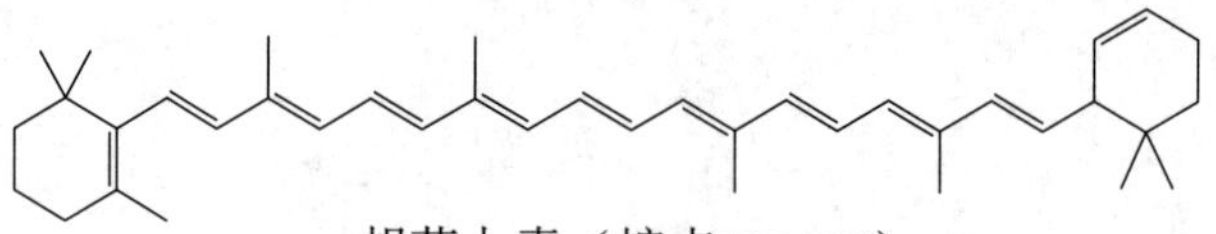

α-胡萝卜素（熔点187.5℃）

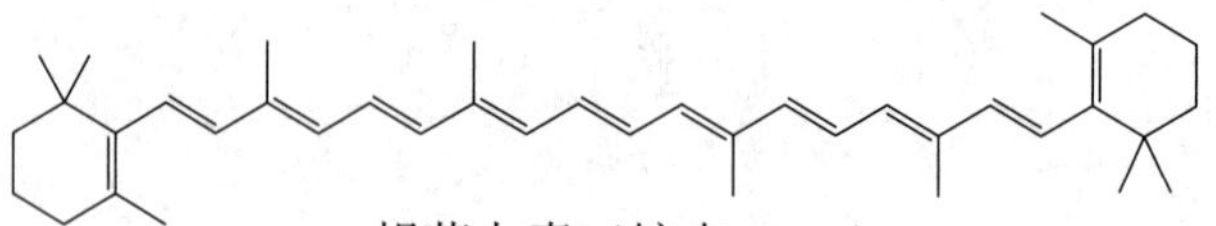

β-胡萝卜素（熔点183℃）

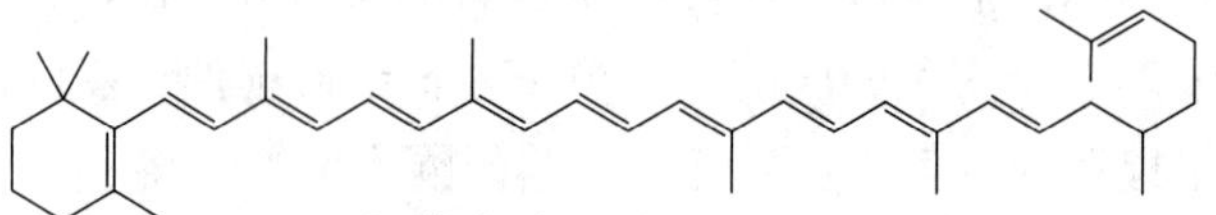

γ-胡萝卜素（熔点177.5℃）

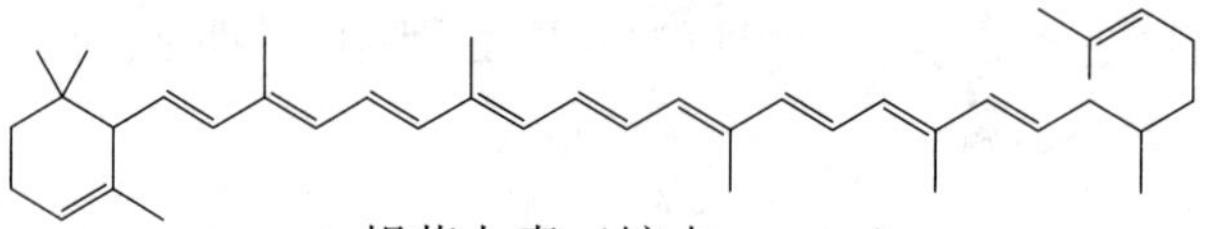

δ-胡萝卜素（熔点140.5℃）

17.2　甾体化合物

甾体化合物又叫作类固醇类化合物，是一类具有环戊烷多氢菲结构的有机化合物。它们广泛存在于动、植物体内，对动、植物的生命活动起着极其重要的调节作用。

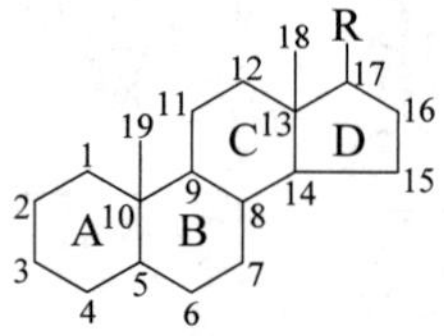

甾体化合物具有四个环系和多个取代基，几乎所有这类化合物的 C-10 和 C-13 位的侧链都是甲基，也被称为角甲基。而在 C-17 位常有一个含氧的功能基或一个碳链。这样的分子中含有多个手性碳原子，立体化学比较复杂。理论上，它应含有许多个立体异构体。但就目前所知，天然甾体化合物都只有两种构型，即在 A 环和 B 环间有顺、反异构现象，而 B 环和 C环，C 环和 D 环之间只以反式相互稠合：

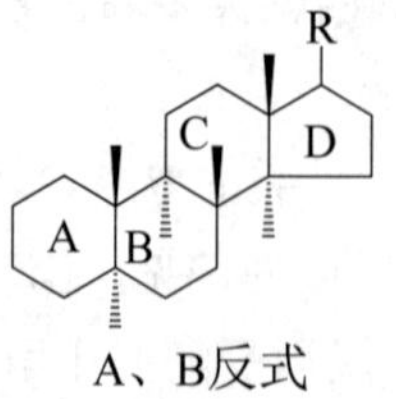

A、B反式

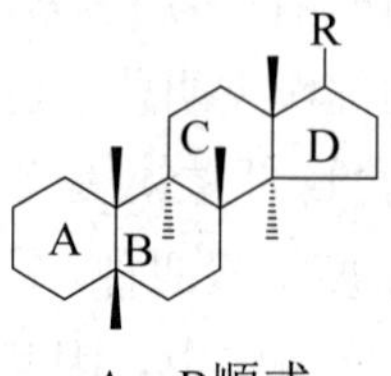

A、B顺式

其构象式为：

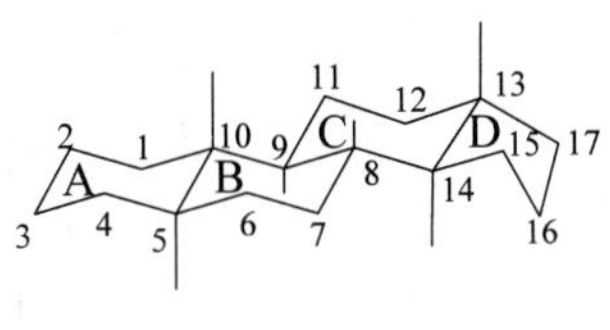

5α系 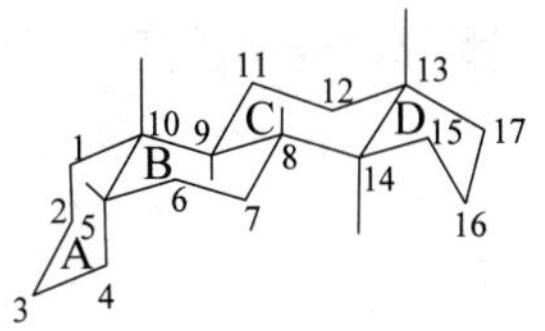   5β系

异构体少的原因可能是多个环并联在一起而相互制约。在顺式和反式两种光学异构体中，只有 C-5 原子的构型不同，因此二者是一对差向异构体。从构型上看，与母核相连的基团可以在环平面之前，也可以在环平面之后，一般将前者称为 β-构型，而将后者称为 α-构型。例如，胆甾烷只有两种构型，为 5α-胆甾烷和 5β-胆甾烷。5α-胆甾烷-3-醇有两种异构体：

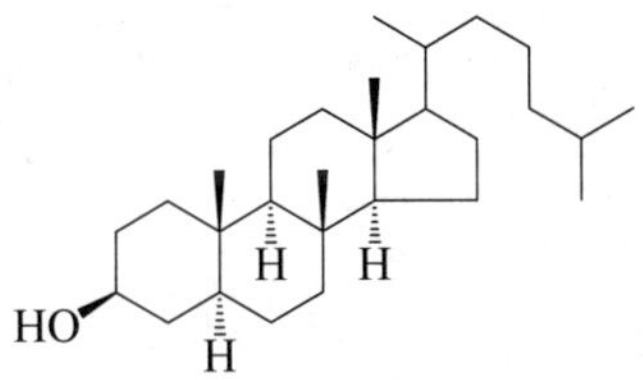

5α-胆甾烷-3β-醇 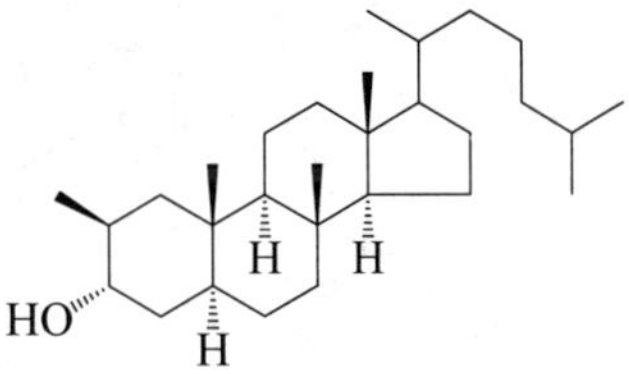   5α-胆甾烷-3α-醇

甾体化合物的命名比较复杂，通常采用与其来源或生理作用有关的俗名。如胆甾醇、胆酸、麦角固醇等。按甾体化合物的来源及生理功能，一般可将其分为甾醇、胆汁酸、甾体激素、甾体生物碱及甾体皂苷等几种类型。

17.2.1 甾醇

甾醇又被称为固醇，是甾体化合物中的一大类。一般以游离状态或高级脂肪酸酯的形式存在于动物体内，如胆固醇。或者以苷的形式存在于植物组织中，如麦角甾醇等。

1. 胆甾醇

胆甾醇亦称胆固醇，是最早发现的一个甾族化合物。其形状为片状结晶，含一分子结晶水，加热至 70～80℃时失去结晶水。胆固醇的结构式为：

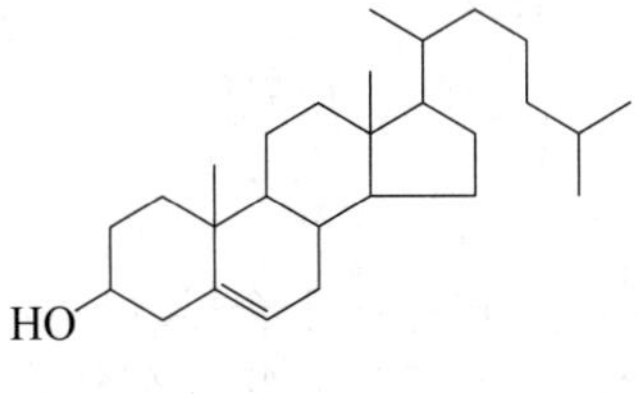

胆固醇以游离态或高级脂肪酸酯的形式存在于动物的血液、脑和脊髓中。一个体重 80 kg 的人体内约含有 240 g 胆固醇，其生理作用还不十分清楚，但可转化为多种类固醇物质，如维生素 D、胆酸及甾体激素等。如人体内胆固醇的代谢发生障碍，或从食物中摄取的胆固醇太多，血液中胆固醇的含量就会超标，而从血液中沉积出来，使血管变细而减少血液的流量，造成高血压，是动脉粥样硬化的病因之一。另外，胆固醇在胆汁中的含量过高也会形成沉淀，堵塞胆汁的正常流动，引起黄疸。

2. 脱氢胆固醇、麦角固醇和维生素 D

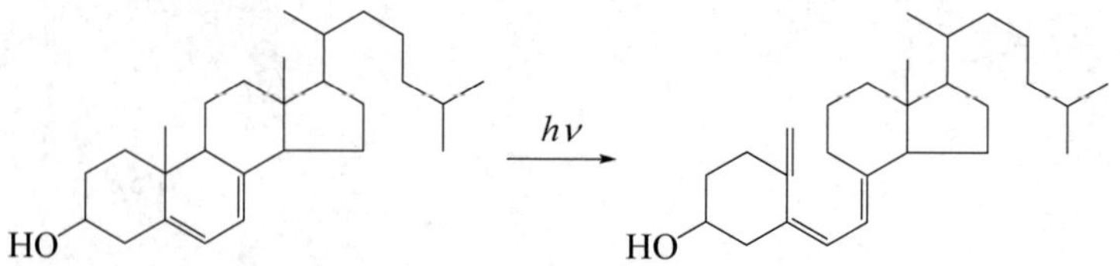

7-脱氢胆固醇 → 维生素D₃

脱氢胆固醇和麦角固醇是与胆固醇结构非常类似的两个化合物。麦角固醇存在于麦角及酵母中，目前工业上主要从酵母中分离提取，是制造维生素 D_2 的原料，它在紫外线作用下即转变为维生素 D_2：

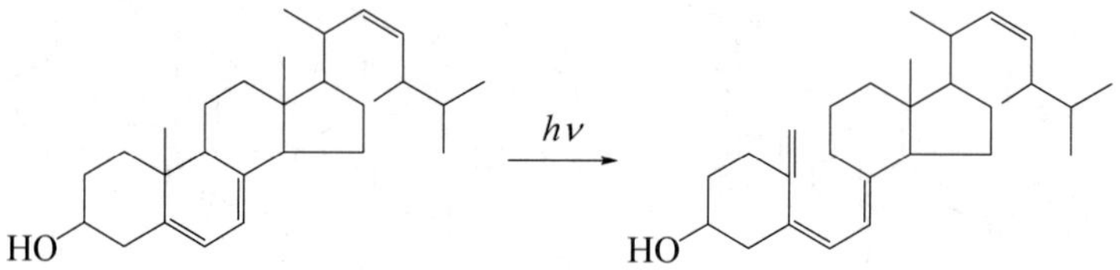

麦角固醇 → 维生素D₂

维生素 D 亦称为"抗佝偻病维生素"，属脂溶性维生素，是一类抗佝偻病物质的总称，主要有维生素 D_2 和维生素 D_3。儿童缺乏维生素 D 时会导致佝偻病，成人缺乏时则患软骨病。食用鱼肝油、肝脏及蛋类等可防治维生素 D 的缺乏症。

17.2.2 胆汁酸

胆汁酸是多种胆酸的总称，主要有胆酸、脱氧胆酸、猪脱氧胆酸和鹅脱氧胆酸等。

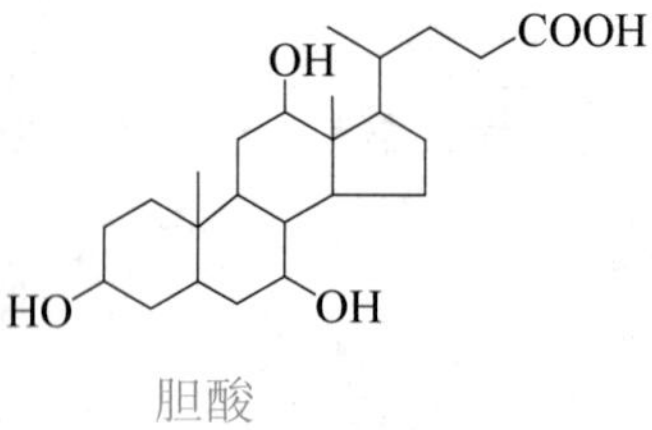

胆酸

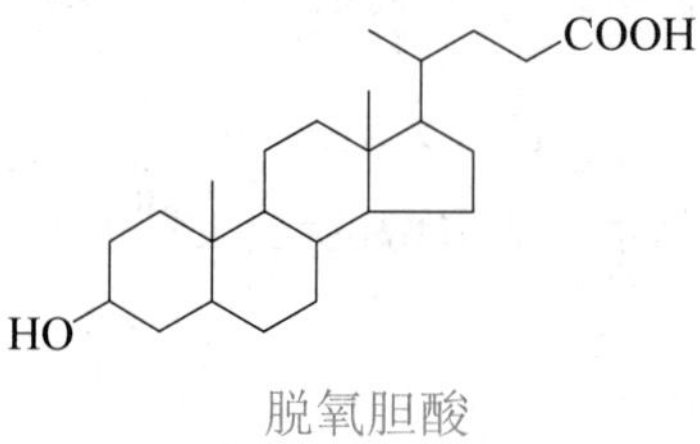

脱氧胆酸

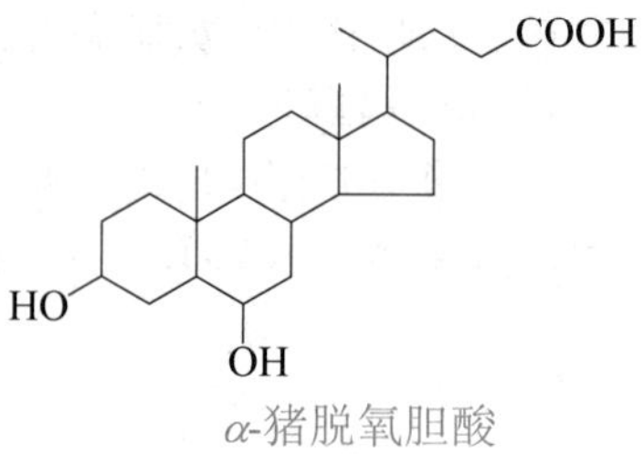

α-猪脱氧胆酸

胆酸以甘氨酸、牛磺酸的酰胺形式存在于脊椎动物的胆汁中，可由牛胆汁提取液经水解制得。其生理作用是使脂肪乳化，从而易于吸收和分解，并使胰酶活化。临床上用于治疗因胆汁分泌不足而引起的疾病，对肝炎也有一定的疗效。胆酸经氧化后生成去氧胆酸，可治疗胆道炎症和胆结石等病症。

17.2.3 甾体激素

激素是动植物体内分泌细胞产生的一类具有高效能信息传递作用的化学物质。激素的种类较多而数量极微，它既非机体的能量来源又非组成机体的结构物质，但在新陈代谢、生长发育等生理过程方面发挥十分重要的调节作用，是维持生命活动所必需的。激素按其化学本质可分为含氮的蛋白类激素（由氨基酸、肽、蛋白衍生而成）和类固醇类激素两大类；而就其生理功能来说可分为三大类：一类是调控机体新陈代谢和维持内环境相对稳定的，如胰岛素、胃肠激素、甲状旁腺激素等；一类是促进细胞增殖分化，控制机体生长发育和生殖机能，并影响其衰老过程的，如生长激素、性激素等；还有一类与神经系统密切配合，增强机体对环境的适应，如肾上腺皮质激素和垂体激素等。

1. 性激素

性激素有雄性激素和雌性激素之分。雄性激素是具有促进雄性器官成熟和第二性特征发育，并维持其正常功能的一类激素。雌性激素是人和动物卵巢分泌的一种激素，有雌激素和孕激素两类。

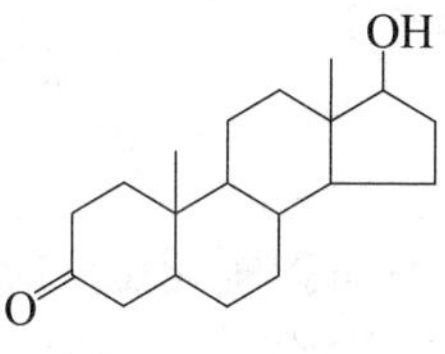

睾酮 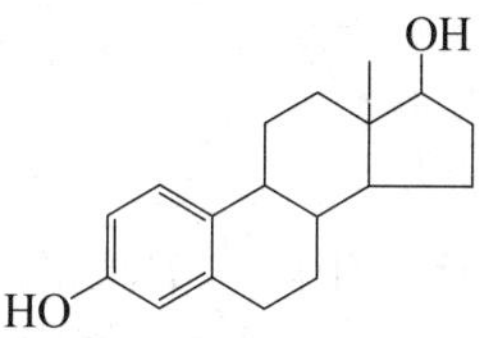　　　　　　雌二醇 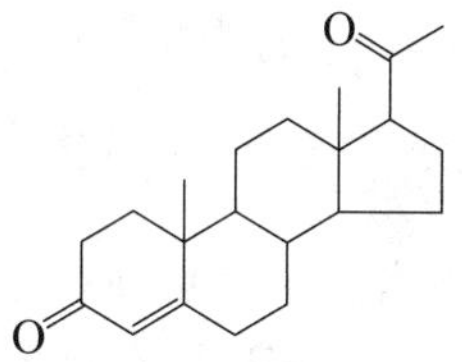　　　　　　黄体酮

睾酮亦称"睾丸素"，是由睾丸间隙细胞分泌的一种雄性激素，能促进人和动物雄性器官和副特征的正常发育、精子成熟，以及促进机体的蛋白质合成和代谢，使肌肉发达。它在体内不稳定，作用不能持久，所以临床上使用它的较稳定的衍生物，如其丙酸酯和庚酸酯的复合制剂可用于肌肉注射。

黄体酮，或称孕甾酮，是雌性激素之一，是卵巢中黄体的分泌物，其生理作用是使受精卵在子宫中发育，临床上用于治疗习惯性流产和月经不调等症。同时它也具有抑制脑垂体促性腺素分泌的作用，使卵巢得不到促性腺素的作用，阻止了排卵，因而可用于避孕。事实上，人工合成的许多性激素类似物都能阻碍或干扰女性的排卵周期，因而用作避孕药。如目前使用的炔雌醇、炔诺酮和甲地孕酮等。

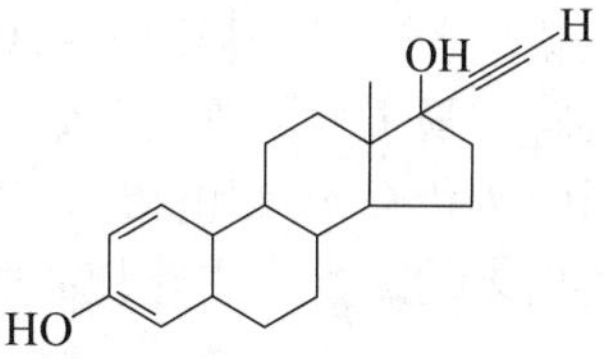

炔雌酮 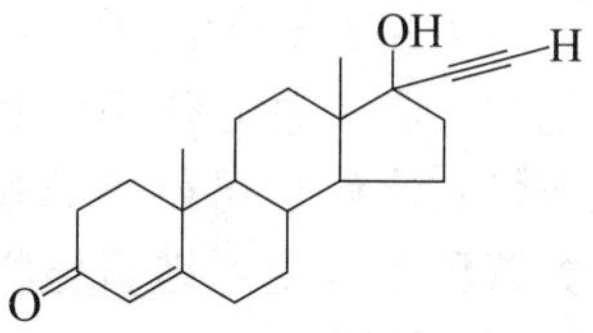　　　　　　炔诺酮 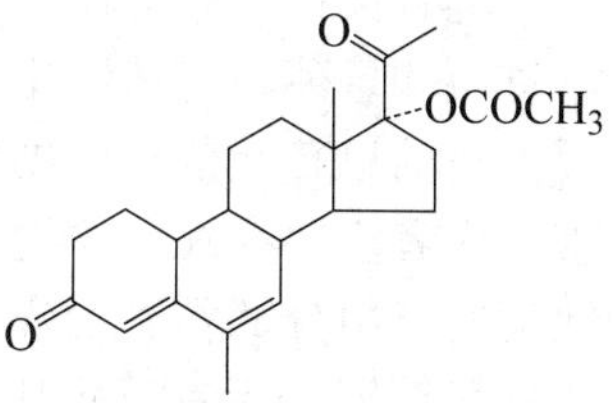　　　　　　甲地孕酮

2. 肾上腺皮质激素

肾上腺皮质激素是肾上腺皮质分泌的激素的总称，主要有皮质醇、皮质酮、醛甾酮、11-β-羟基雄烯二酮和脱氢表雄酮等。它们的分泌受脑垂体前叶的促肾上腺皮质激素的调节，具有调节体内电解质和水分平衡，以及调节糖和蛋白质代谢等作用，为维持生命所必需。还具有抗炎症和抗过敏的作用，医药上常用的可的松、氢化可的松和强的松等由人工合成。这些化合物以及它们的衍生物都具有很强的促进糖代谢或促进电解质代谢的作用。

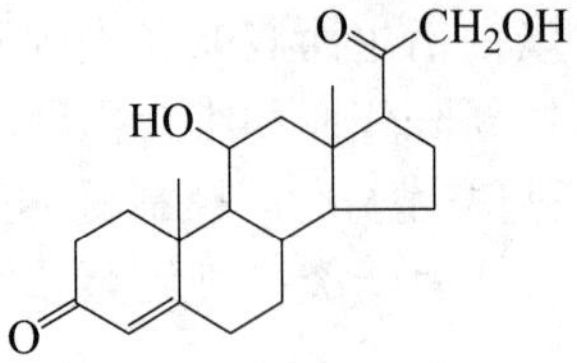

皮质酮 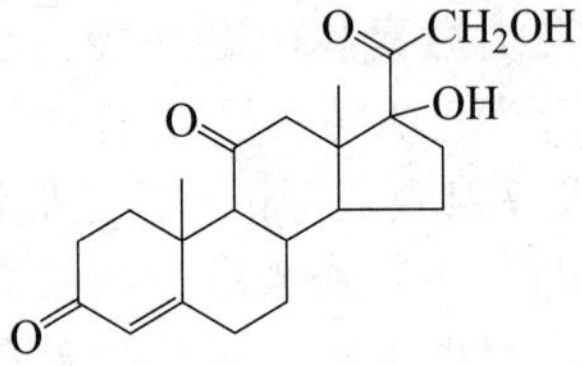 可的松

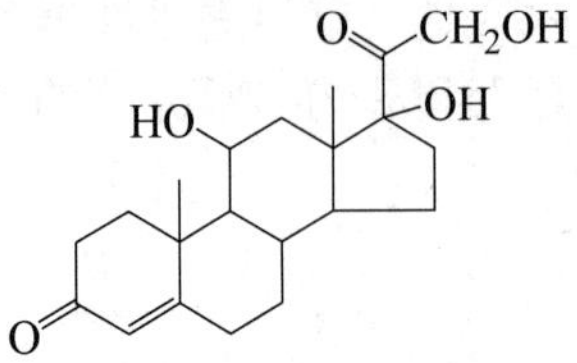

氢化可的松 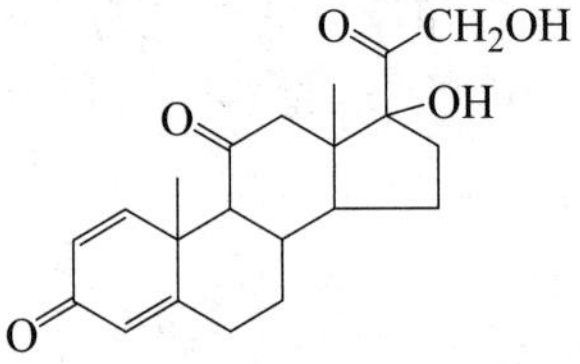 强的松

3. 昆虫蜕皮激素

昆虫蜕皮激素是由昆虫前胸腺所分泌的一类激素，具有控制昆虫变态，促昆虫蜕皮和化蛹的功能。主要有 α-MH 和 β-MH 两种，从家蚕、柞蚕中得到的是 α-MH，而从虾、蟹等甲壳类动物中得到的是产 β-MH。不少植物，如苋科植物、柞桑中都有发现，目前主要从植物中提取，用于养蚕业中使蚕体发育正常。

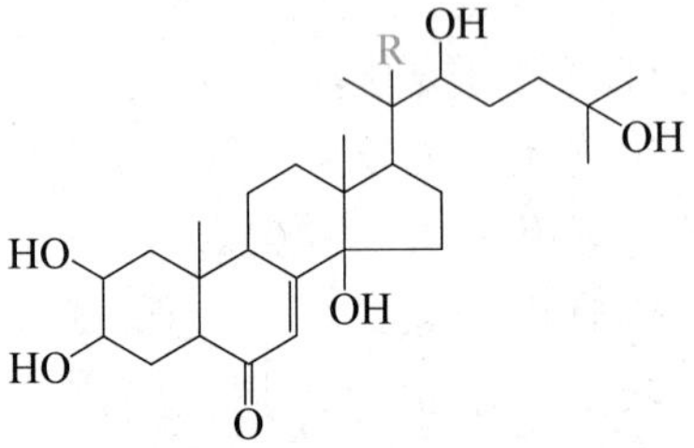

α-MH: R=H
β-MH: R=OH

4. 甾体皂苷

皂苷又称"皂角苷""皂素""苷草苷"等，是一类结构复杂的苷类化合物，在蔷薇科、石竹科和薯蓣科等植物中分布很广。其水溶液能生成持久的类似肥皂液的泡沫。按皂苷分解后生成的皂苷元的化学结构不同，可以将其分为两类。一类是三萜皂苷，另一类即为甾体皂素，后者主要存在于洋地黄族植物中，具有强心作用，故名强心苷。最重要的强心苷是由洋地黄的叶中分离得到的洋地黄毒苷，它水解后可得到糖和几种甾醇类化合物，如洋地黄毒糖和葡萄糖等。后者是配基。毛地黄毒配基是由毛地黄植物内分离出来的毒素，它能使心脏跳动速度减慢，但强度增加，因而可用作强心剂。

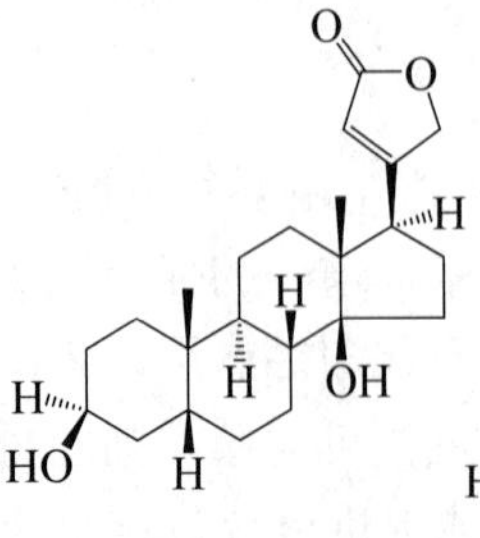

毛地黄毒配基 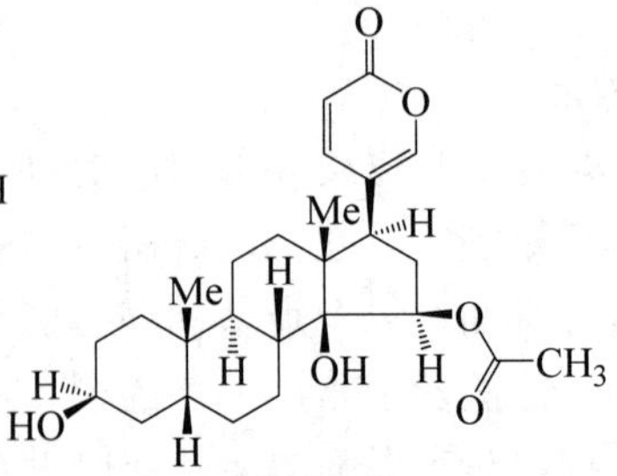 蟾毒配基

17.3　萜类和甾体化合物的生物合成

所谓生物合成是指生物体通过一系列酶的代谢活动将摄入的物质进行"生化反应"，合成自身组织和分泌物的过程。准确阐明生物体内的各种天然产物的形成过程是当前有机化学研究的重要领域之一。目前所获得的这方面的知识主要依赖于同位素跟踪技术。例如，用 $^{14}CH_3COOH$ 注入柠檬桉中，一段时间后发现，在桉树体内生成了香茅醛，其分子中 ^{14}C 和 ^{12}C 是间隔排列的。

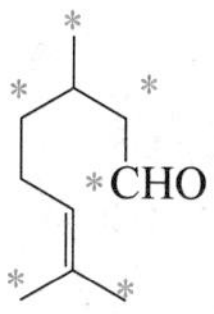

*为 ^{14}C

如果把 $^{14}CH_3COOH$ 注入生物体内，则所得到的油脂（如软脂酸）为：

$$^*CH_3CH_2\ ^*CH_2CH_2\ ^*CH_2CH_2\ ^*CH_2CH_2\ ^*CH_2CH_2\ ^*CH_2CH_2\ ^*CH_2CH_2\ ^*CH_2COOH$$

如用 $CH_3{}^*COOH$，则得到的是：

$$^*CH_3\ ^*CH_2CH_2\ ^*CH_2CH_2\ ^*CH_2CH_2\ ^*CH_2CH_2\ ^*CH_2CH_2\ ^*CH_2CH_2\ ^*CH_2CH_2\ ^*COOH$$

这就证明了萜类和甾体化合物在生物体内确是由醋酸合成的，所以这样的化合物称为"醋源化合物"。下面简单地描述一下萜类和甾体化合物的生物合成过程。

丙酮酸是植物光合作用或动物体内糖代谢生成的中间产物，在生物体内它被氧化脱羧生成醋酸：

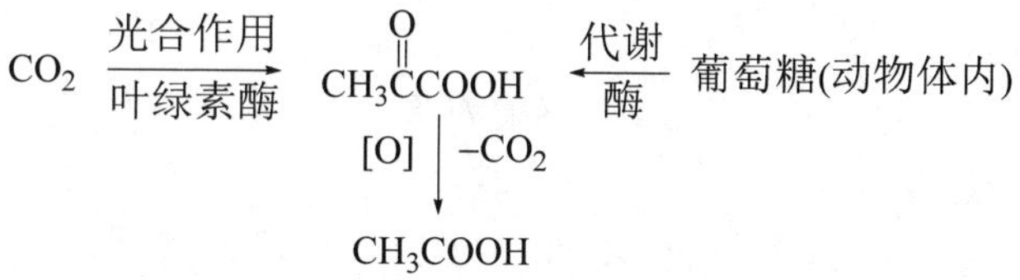

醋酸与辅酶 A 上的巯基酯化得到乙酰辅酶 A，在许多代谢中起着关键的作用。乙酰辅酶 A 是辅酶 A 的乙酰化形式，可以看作是活化了的乙酸。乙酰基与辅酶 A 的半胱氨酸残基的-SH 基团相连，这其实是一种高能的硫酯键。后者在一系列酶的作用下，形成各种醋源化合物：

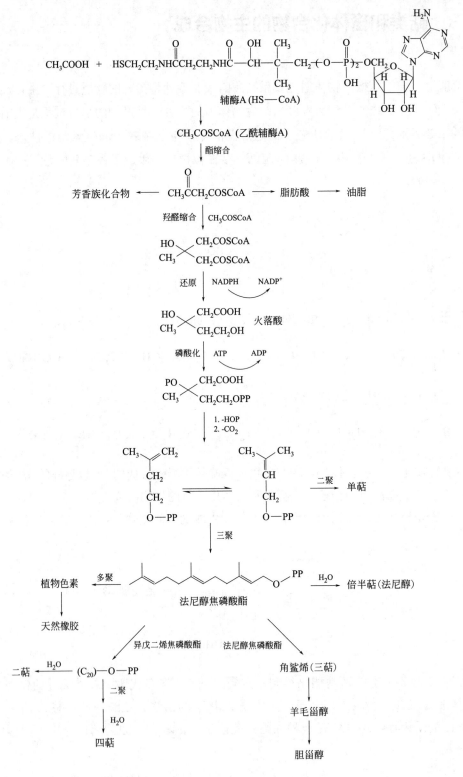

其他醋源化合物还有前列腺素、土霉素、红霉素等。

微信扫码
获取答案

1. 画出下列化合物中的异戊二烯结构单位，并说明属于哪种萜类化合物：

（1）桉叶油醇　　　　　　　（2）檀香醇 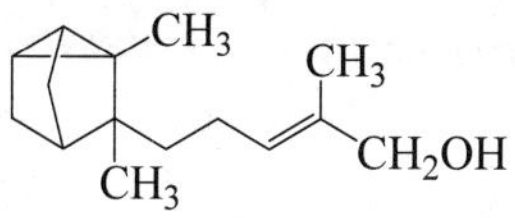　　　　　　　　（3）氢化菜豆酸

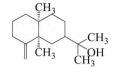

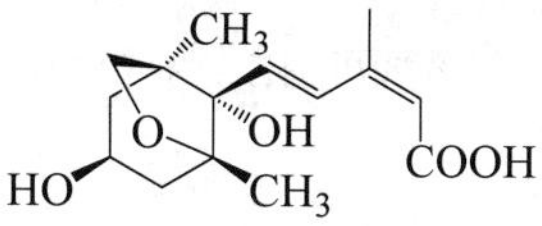

（4）柏木脑 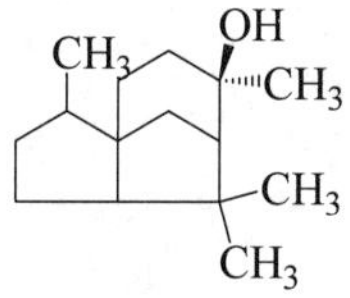　　　　　　　　（5）桉叶素

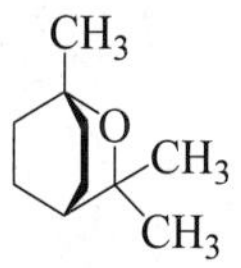

（6）叶醇

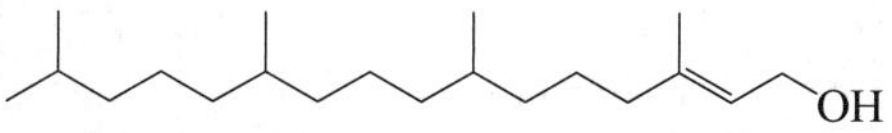

2. 指出下列化合物的碳骼怎样分割成异戊二烯单位。

（1）香茅醛　　　　　　　　　　　　（2）樟脑

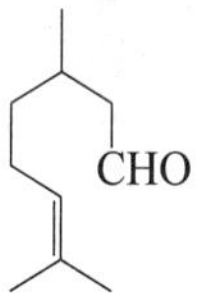

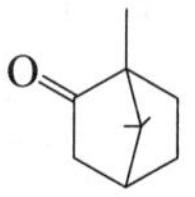

（3）香茄红素

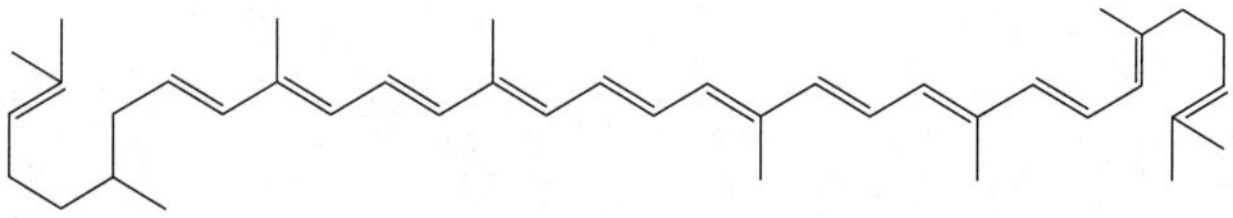

（4）甘草次酸 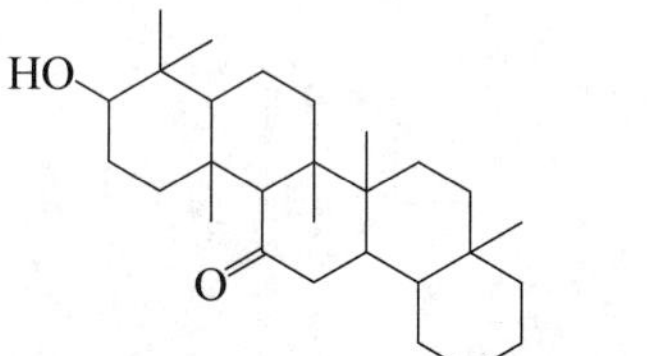　　　　　　　　　（5）α-山道年

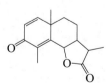

3. 找出下列化合物的手性碳原子，并计算在理论上有多少对映异构体？

（1）α-蒎烯　　（2）2- α-氯茨　　（3）苎　　　（4）薄荷醇

（5）松香酸　　（6）可的松　　　（7）胆酸

4. 用易得的化学试剂合成下列化合物：

（1）异戊二烯　　（2）薄荷醇　　　（3）苎

5. 从取代环戊二烯合成 2- α-氯茨。

6. 写出下列转换的反应条件和反应机理

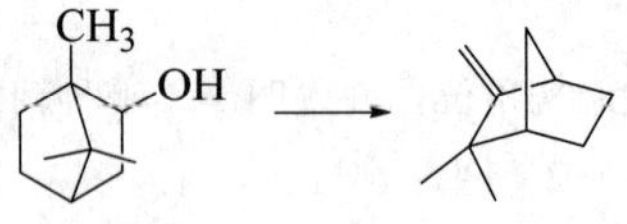

莰醇　　　　　莰烯

7. 松香酸可由左旋海松酸在酸的作用下转变而来

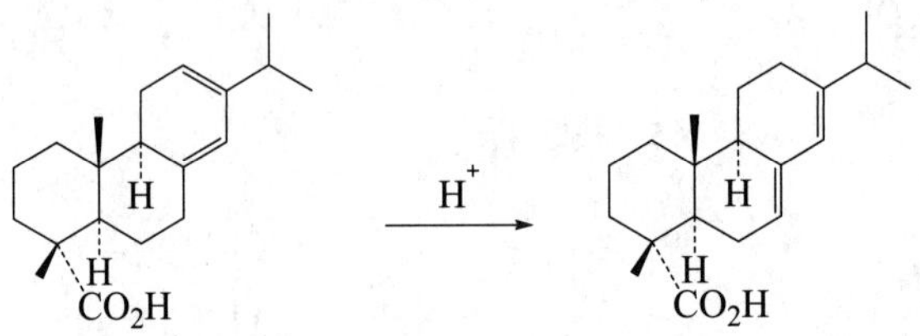

左旋海松酸　　　　　　松香酸

（1）请按异戊二烯规则划分松香酸的结构单位。

（2）写出由左旋海松酸转变成松香酸的反应机理。

8. 在薄荷油中除薄荷脑外，还含有它的氧化产物薄荷酮 $C_{10}H_{18}O$。薄荷酮的结构最初是用下列合成方法来确定的：β-甲基庚二酸二乙酯加乙醇钠，然后加 H_2O 得到 B，分子式分 $C_{10}H_{16}O_3$。B 加乙醇钠，然后加异丙基碘得 C，分子式为 $C_{13}H_{24}O_3$，C 加 OH^-，加热；然后加 H^+ 再加热得薄荷酮 D。

（1）写出上述相关的反应式；

（2）根据异戊二烯规则，哪一个结构与薄荷油中的薄荷酮更符合？

第 **18** 章

周环反应

在之前章节中学习的各种各样的有机化学反应，绝大多数是按照离子型或者自由基型的反应机理进行的。它们有着共同的特点，即在反应过程中都生成稳定的或不稳定的中间体，然后再由这些中间体转化为产物。除了这种形式外，还有一些反应如双烯合成（Diels-Alder 反应），并不生成某个活性中间体，而是通过一个环状的过渡态得到产物。在反应过程中，原有化学键的断裂和新化学键的形成是同步完成的。这种在反应过程中，两个或两个以上的化学键的断裂和形成在同一步骤中完成的反应被称作为协同反应（synergistic reaction），而通过环状过渡态进行的协同反应称作周环反应（pericyclic reaction）。

周环反应具有如下特点：

（1）反应进行时，有两个以上的键同时断裂或形成，不形成自由基或离子等任何活性中间体。

（2）反应进行的动力是加热或光照，反应不受引发剂或抑制剂及溶剂极性的影响，也不被酸或碱所催化。

（3）反应得到的产物具有不同的立体选择性，而且是高度空间定向的反应。

协同反应的机理在相当长的一段时间内都是不清楚的。直到 1965 年美国著名有机化学家 R. B. Woodward 和量子化学家 R. Hoffmann 在系统研究周环反应的基础上提出了分子轨道对称守恒原理，这个问题才逐步得到解释。

分子轨道对称守恒原理认为：反应物与生成物分子的分子轨道若具有同一对称元素，则轨道的对称性在整个反应过程中保持不变。也就是说，在一个协同反应中，分子轨道的对称性是守恒的，由原料到产物，轨道的对称性始终保持不变。因为只有这样，才能用最低的能量形成反应中的过渡态。因此，分子轨道的对称性控制着整个反应的进程。

分子轨道对称守恒原理运用前线轨道理论（frontier orbital theory）和能量相关理论（energy-related theory）来研究周环反应，总结出了周环反应的立体选择性规则，并应用这些规则来判断周环反应能否进行，以及反应中的立体化学进程。休克尔-莫比斯芳香过渡态理论（Hückel-Mobius aromatic state theory）从另一个角度分析协同反应进程，在反应进行的方式和立体选择性规则方面也得出了一致的结论。本章主要介绍前线轨道理论在周环反应中的应用。

18.1 轨道对称性和前线轨道理论

周环反应中原有化学键的断裂和新化学键的形成是通过环状过渡态同步完成的，具有协同反应的特征。并且，反应只按几种可能方式中的一种方式发生，产物也只能是几种可能的立体异构体中的一种，具有高度的立体化学专一性。按照反应特点，可以将周环反应分为电环化反应、环加成反应和σ迁移反应等几种类型。这几种类型的反应都能够通过轨道对称性以及前线轨道理论进行解释。

18.1.1　轨道对称性

原子轨道是有位相之分的，只有在两个原子轨道的位相相同，且能量相差不大的情况下，它们才能形成有效的分子轨道，即成键轨道。如果它们的位相相反，则它们之间不能有效重叠，称为反键轨道。这就是轨道对称性的要求，前者称为轨道对称性一致或相符，后者称为轨道对称性不一致或不相符。

常见的分子轨道有σ轨道和π轨道，从原子轨道组成分子轨道的对称性要求出发，σ成键轨道是以原子核之间连线轴电子云密度最大为特征的，σ反键轨道则电子云密度最小，同时原子核间出现电子云密度为零的节面；而π成键轨道是以参与成键的 p 轨道所在平面的上、下方电子云密度最大为特征的。

18.1.2　前线轨道理论

前线轨道理论最早是由日本化学家福井谦一提出的。1952 年，他以量子力学为理论基础，从化学键理论的发展出发，首先提出了前线分子轨道（frontier molecular orbital，用 FOMO 表示）和前线电子（frontier electron）的概念。他将占有电子能级最高的轨道称作为最高占有轨道，用 HOMO（highest occupied molecular orbital）表示。将未占有电子能级最低的轨道称作为最低空轨道，用 LUMO（lowest unoccupied molecular orbital）表示。HOMO 和 LUMO 统称为前线轨道，处在前线轨道上的电子称为前线电子。原子之间在发生化学反应时，起关键作用的是价电子。前线轨道理论认为，在分子中也存在类似于单个原子中的"价电子"的电子，分子的价电子就是前线电子。分子的 HOMO 对其电子的束缚较为松弛，具有提供电子的性质；而 LUMO 对电子亲和力较强，具有接受电子的性质，这两种轨道最容易相互作用。因此，在分子进行化学反应时，最先作用的分子轨道是前线轨道，起关键作用的电子是前线电子。福井谦一和分子轨道对称守恒原理的创始人之一 R. Hoffmann 共同分享了 1981 年诺贝尔化学奖。

前线轨道理论可简单归结为以下几个要点：

① 分子间反应时首先是前线轨道间的相互作用，即电子在反应分子间由一个分子的 HOMO 转移到另一分子的 LUMO，只有当分子间充分接近时才引起其他轨道间的相互作用，前者对反应起决定性作用。

对分子内反应，则可把分子内部分成两个部分（片段），一部分的 HOMO 与另一部分的 LUMO 相互作用，所考虑的 HOMO 与 LUMO 相互作用的两部分，其界面应横跨新键形成之处。

② 为了使 HOMO 与 LUMO 相互作用最大，两个轨道间应满足对称性条件及能量近似条件，以形成最大正重叠及最大能量降低，相互作用的 HOMO 和 LUMO 轨道能量差应在 6 eV 以内。

③ 轨道若只有一个电子占据，则称作单占轨道 SOMO，它既可充当 HOMO，也可充当

LUMO。

④ 若反应过程中 LUMO 及 HOMO 均属成键轨道，则 HOMO 必对应于键的开裂，而 LUMO 必对应于键的形成。若二者均属反键轨道，则与此相反。

⑤ 在反应过程中，若参与反应的两个分子彼此很接近，则除了考虑 HOMO 与 LUMO 的相互作用外，还应考虑第二最高占有轨道 NHO（next highest occupied MO）与第二最低空轨道 NLU（next lowest unoccupied MO）的相互作用。

符合以上条件（主要是第②和第④条）的反应是容许的，反之则是禁阻的，因为这时需要很高的活化能。当然，严格来说，绝对禁阻是不存在的。

18.2 电环化反应

电环化反应是指在光或热的作用下，共轭烯烃末端两个碳原子的π电子环合成一个σ键，从而形成比原来分子少一个双键的环烯烃，或者它的逆反应，即环烯烃开环变成共轭烯烃。例如：

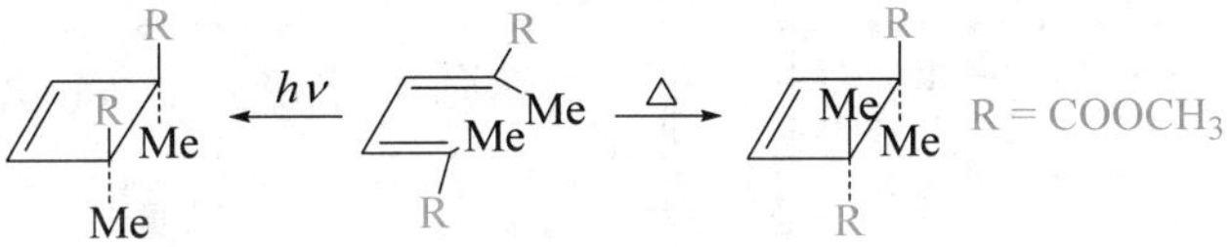

由上例看出，同一反应物在加热和光照下所得产物的立体构型是不相同的。加热下得到的是反式产物，而光照下得到的是顺式产物。如果在反应物的共轭链中再增加一个—CH＝CH—单元，得到的结果正好相反。例如：

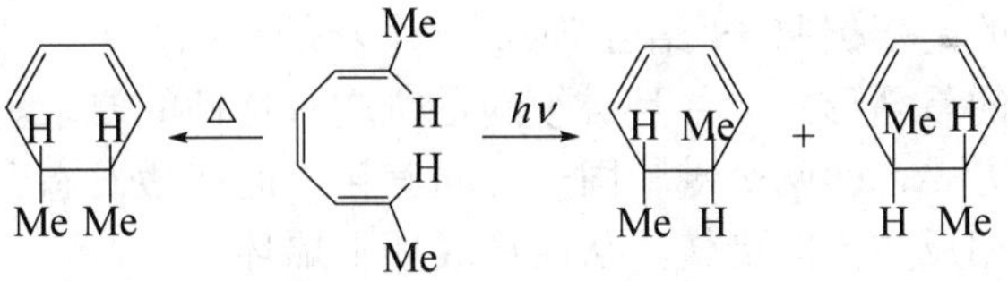

下面介绍前线轨道理论对这一现象的解释。

在一个共轭多烯烃分子中有着许多σ成键轨道、σ*反键轨道、π成键轨道和π*反键轨道。大家知道，δ成键轨道因为是由原子轨道以"头碰头"的方式重叠形成的，重叠程度高，因此能量比以"肩并肩"方式重叠形成的π成键轨道低，其相应的δ*反键轨道的能量又比π*反键轨道的能量高，分子中的所有电子按δ成键轨道、π成键轨道、π*反键轨道、δ*反键轨道的顺序按照电子填充规则进行填充。所以很显然，共轭多烯烃的前线轨道是由π轨道组成的，按照前线轨道理论，只需考察π轨道就可以了。

根据分子轨道理论，共轭多烯烃的π分子轨道的数目等于参与共轭的碳原子数，这些能量不同的分子轨道是由各碳原子上的 p 轨道以不同的方式线性组合而成的，而π电子云在整个分子中的分布情形则由已填充了电子的分子轨道所决定。如上两例的π分子轨道分别为：

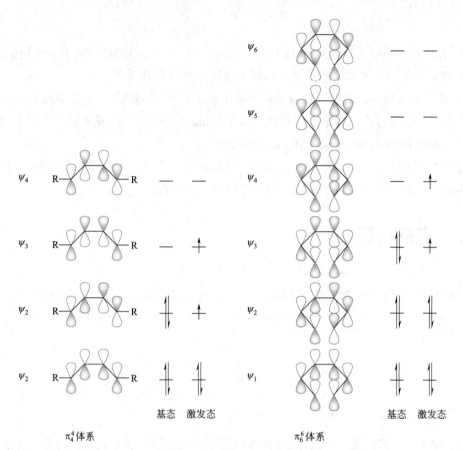

根据前线轨道理论，电环化反应将由它们的 HOMO 所决定，即在基态下，由丁二烯型分子的 ψ_2 和己三烯型分子的 ψ_3 所决定，而在激发态下，由丁二烯型分子的 ψ_3 和己三烯型分子的 ψ_4 所决定。下面分别考察这两组轨道。

当丁二烯型分子的两端碳原子"结合"形成一个新的δ键时，必然要伴随有 p 轨道的旋转，以使其呈"头碰头"的重叠形式，并且必须满足轨道对称性的要求。这样，在基态下，ψ_2 就只能采取"顺旋"的方式，即两个键朝同一方向旋转；而在激发态下，ψ_3 只能采取"对旋"的方式，即两个键朝相反的方向旋转，从而形成环丁烯环。

己三烯型分子的情况正好与此相反，在基态下，ψ_3 采取"对旋"的方式，而在激发态下，ψ_4 采取"顺旋"的方式形成环己二烯环，这是对称性允许的。

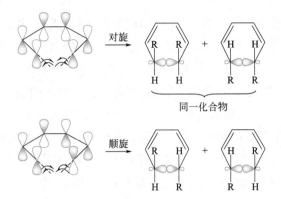

同一化合物

其他情况可依次类推，并由此总结出电环化反应规则（Woodward-Hoffmann 规则）（见表 18-1）。

表 18-1　电环化反应规则

π电子数	旋转方式	热作用	光作用
$4n$	顺旋	允许	禁阻
	对旋	禁阻	允许
$4n+2$	对旋	允许	禁阻
	顺旋	禁阻	允许

18.3　环加成反应

在光或热的作用下，两个或多个带有双键、共轭双键或孤对电子的分子相互作用，形成一个稳定的环状化合物的反应称为环加成反应（cycloaddition reaction）。这是最重要的一类协同反应，其逆过程称为环消除反应。

根据参与反应的烯烃的总π电子数的多少，可将环加成反应分为 $4n$ 环加成反应和 $4n+2$ 环加成反应。前面已学到的 Diels-Alder 反应就是 $4n+2$ 环加成反应中的一种。

根据前线轨道理论，两个烯烃分子之间的环加成反应符合以下几点：

① 两个分子烯烃发生环加成反应时，起决定作用的是一个分子的 HOMO 和另一个分子的 LUMO。反应过程中，电子从一个分子的 HOMO 进入另一个分子的 LUMO。

② 当两个分子烯烃相互作用形成键时，两个起决定作用的轨道必须发生同相重叠，即轨道的对称性要一致。因为同位相重叠使体系能量降低，所以相互吸引；而异位相重叠（即重叠轨道的位相相反）使体系能量升高，产生排斥作用。

③ 相互作用的两个轨道能量必须接近，反应才易进行。

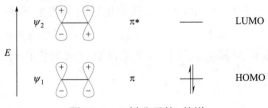

图 18-1　乙烯分子的π轨道

现在应用前线轨道理论解释常见的[2+2]环加成和[4+2]环加成反应规律。

乙烯的二聚反应是一个典型的[2+2]环加成反应，根据前线轨道理论，反应是在一个乙烯分子的 HOMO 和另一个乙烯分子的 LUMO 之间进行的。从位相看，HOMO 与 LUMO 之间的位相（见图 18-1）显然是不相同的。所以在基态下，它们之间的同面-同面加成是禁阻的，故[2+2]环加成反应是一个热禁阻反应。

下面再考虑光照条件下的情形。在光照下，一个 π 成键轨道上的电子被激发到 π^* 反键轨道上，这时的 HOMO 是 ψ_2，它与另一个乙烯分子的 LUMO（也是 ψ_2）的轨道对称性是一致的。因此，它们可以顺利地进行同面-同面加成反应而生成环加成产物环丁烷。所以[2+2]环加成是一个光允许的反应，例如：

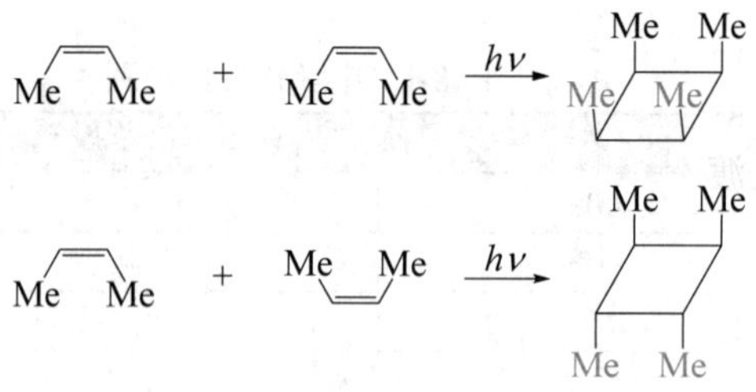

而对于 Diels-Alder 反应来说，情况正好与此相反。图 18-2 是丁二烯在基态下的 HOMO 和 LUMO。

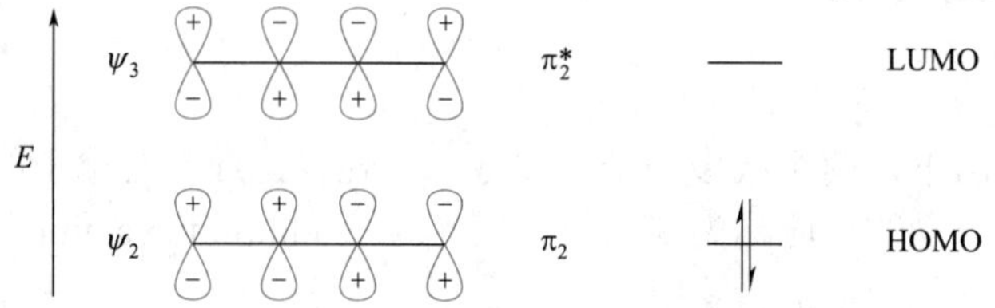

图 18-2　丁二烯在基态下的 HOMO 和 LUMO

在加热条件下，丁二烯的 HOMO 与乙烯的 LUMO，或丁二烯的 LUMO 与乙烯的 HOMO 之间的轨道对称性都是一致的，可以发生同面-同面加成，所以 Diels-Alder 反应在加热条件下即可进行。应该指出的是，根据前文的第③点，能量差愈小的反应愈容易进行，所以，由乙烯提供 LUMO 与丁二烯的 HOMO 进行反应要比由丁二烯提供 LUMO 与乙烯的 HOMO 进行反应要重要得多，因为后两个轨道之间的能量相差较大。

但在光照下，无论是乙烯，还是丁二烯的 HOMO 上的电子激发，新形成的 HOMO 和 LUMO 与另一分子的 LUMO 和 HOMO 之间轨道的对称性肯定是不匹配的，所以在激发态下不能反应。

同样的推论可以应用到其他的环加成体系，这样就可得出环加成反应的选择规则（见表 18-2）。

表 18-2　环加成反应的选择规则

π电子数	4n		4n+2	
同面—同面	△ 禁阻	hν 允许	△ 允许	hν 禁阻
同面—异面	△ 允许	hν 禁阻	△ 禁阻	hν 允许

18.4　σ迁移反应

　　一个σ键沿着共轭体系由一个位置转移到另一个位置，同时伴随着键转移的反应，称为σ迁移反应。这种反应也是一种分子内的重排反应，与一般重排反应不同的是，在σ迁移过程中不存在任何通常的正离子、负离子或自由基等中间体。原有σ键的断裂、新σ键的形成以及π键的转移都是经过环状过渡态协同一步完成的。

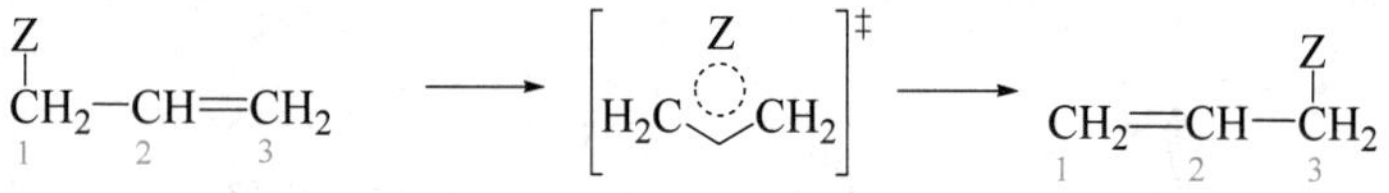

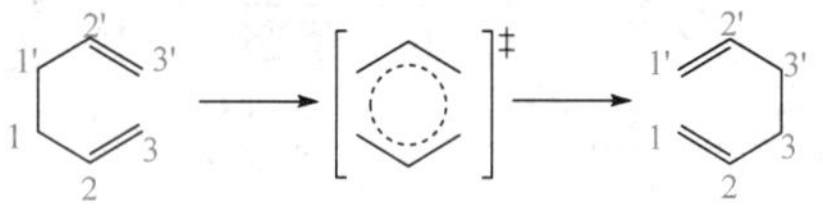

　　σ迁移反应是按迁移基团（迁移基团可以是氢原子或烷基）所处的位置和新生成的σ键所处的位置来进行命名的。从其两端开始编号，把新生成的键所连接的两个原子位置 i、j 放在方括号内称为$[i,j]$σ迁移。在上述的反应中，1,1'之间的键断裂，3,3'之间的键形成，原来在 2,3之间和 2',3'之间的π键分别转移到了 1,2 和 1',2'之间，经过一个规则的六元环过渡态协同一步完成，且命名为[3,3]σ迁移。由于σ迁移反应是沿着共轭体系进行的，为了表达迁移时的立体选择性，按照迁移基团相对于π体系在迁移前后所处的相对位置，可将其分为同面迁移和异面迁移。如果新形成的σ键在π体系的同侧形成新键，称之为同面迁移。反之，则称为异面迁移。

　　前线轨道理论认为：

　　① 假定发生迁移的σ键发生均裂，产生一个氢原子（或碳自由基）和一个奇数碳的共轭体系自由基或产生两个奇数碳的共轭体系自由基，而把σ迁移反应看作是一个自由基体系（氢原子、碳自由基或奇数碳的共轭体系自由基）在一个奇数碳的共轭体系自由基上的移动来完成的。

　　② 在反应过程中，起决定作用的分子轨道是奇数碳的共轭体系自由基的含单电子的HOMO，它的对称性决定着反应的立体选择性。因此，必须弄清楚奇数碳共轭体系在基态和激发态时，其单占电子的前线轨道的对称性。

　　③ 为了满足对称性合适的要求，新σ键形成时必须发生同位相的重叠。

　　根据分子轨道理论，不难得出一个奇数碳的共轭体系自由基的 HOMO 是非键轨道，该轨道上有一个单电子，如图 18-3 所示。

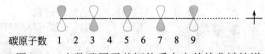

碳原子数 1 2 3 4 5 6 7 8 9

图 18-3 奇数碳原子共轭体系自由基的非键轨道

考虑[1，j]H 迁移的情形，在加热条件下，H 向 3 位、7 位等位置的同面迁移是对称性禁阻的，而异面迁移是对称性允许的，但[1,3]迁移因为张力很大，因而很难实现。H 向 5 位、9 位等位置的同面迁移是对称性允许的，而异面迁移是对称性禁阻的。

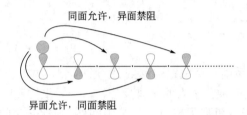

同面允许，异面禁阻

异面允许，同面禁阻

下面的反应表示 H[1，3]σ同面迁移是对称性禁阻的，而 H[1，5]σ同面迁移是对称性允许的。

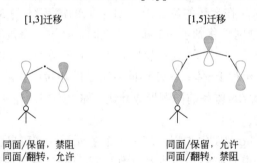

对于[1，j]烷基迁移反应，情况就要复杂一些。既有面的问题，还有迁移碳原子手性构型问题。在 C[1，j] σ迁移时，若迁移碳的构型保持，其立体选择性规则与 H[1，j] σ迁移的立体选择性相同。若迁移碳的构型翻转，其立体选择性规则与 H[1，j] σ迁移的立体选择性规则相反。

[1,3]迁移   [1,5]迁移

同面/保留，禁阻   同面/保留，允许
同面/翻转，允许   同面/翻转，禁阻

例如：构型保持的 C[1,3] σ同面迁移是对称性不允许的，若手性碳构型翻转，则 C[1,3] σ同面迁移是对称性允许的。

120℃   构型翻转

外型

内型

常见的σ迁移反应还有[3,3] σ迁移，例如：Cope 重排和 Claisen 重排。Cope 重排是 1,5-二烯烃及其衍生物在加热条件下，通过[3,3] σ迁移反应发生σ键和π键的重组。例如：

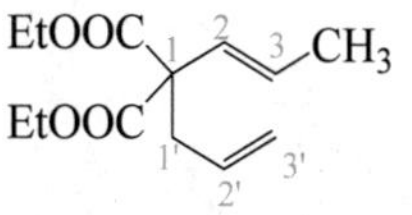

从轨道的对称性来看，3,3'两个碳原子上的 p 轨道最靠近的一半是对称的，可以重叠成键：

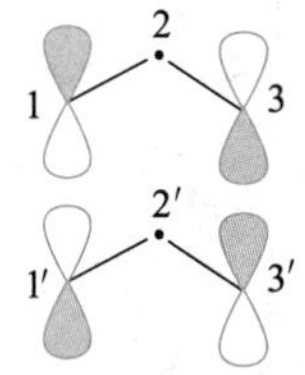

同其他周环反应一样，[3,3] σ迁移反应也具有高度的立体选择性。例如，内消旋体 3,4-二甲基-1,5-己二烯重排后，得到的几乎全部是（Z，E）-2,6-辛二烯：

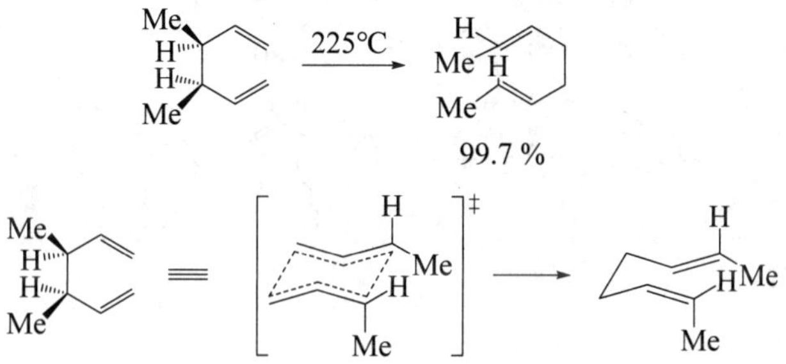

99.7 %

Claisen 重排是烯醇或酚的烯丙基醚在加热条件下，也是通过[3,3] σ迁移异构化的反应。

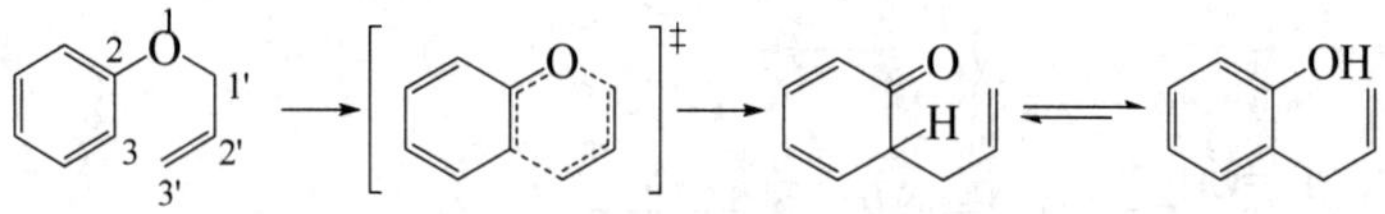

如果苯环邻位上的两个氢原子都被烷基所取代，生成的环己二烯酮可以用马来酸酐捕获。这个过渡态再经过一个相当于 Cope 重排的过程，可以将烯丙基转移到对位上。这一过程可通过同位素标记实验加以证实。

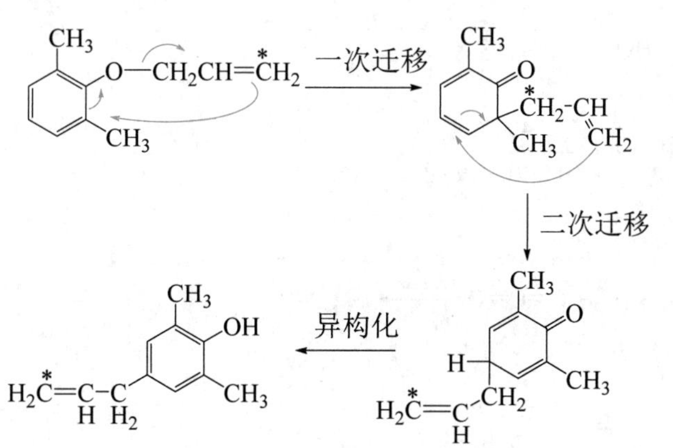

习 题

1. 推测下列化合物电环化反应产物的结构。

（1）

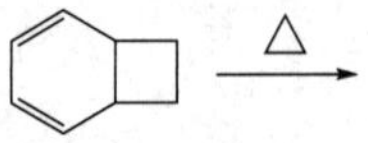

（2）

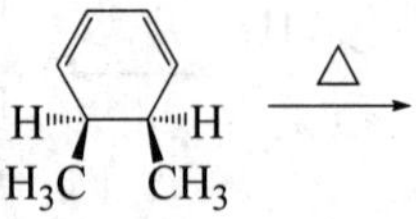

（3）

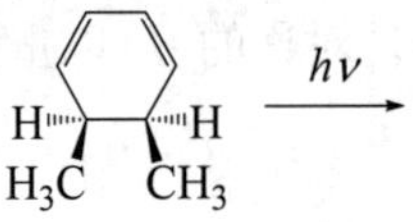

（4）

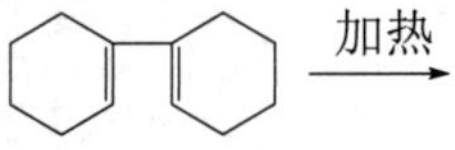

（5）

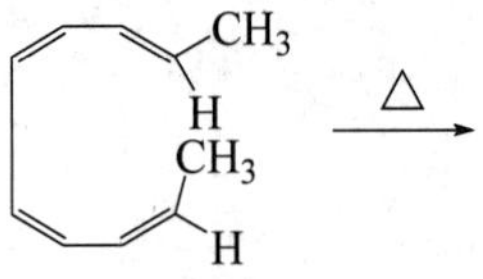

2. 指出下列反应所需的条件。

（1）

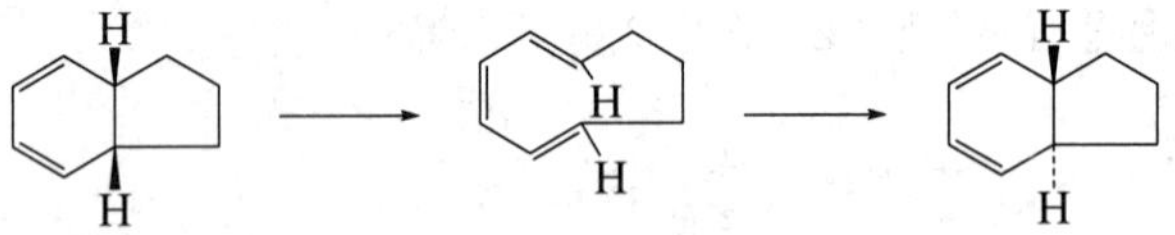

（2）

3. 完成下列反应式。

（1）

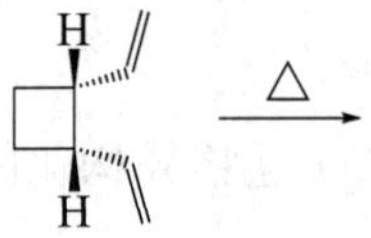

（2）

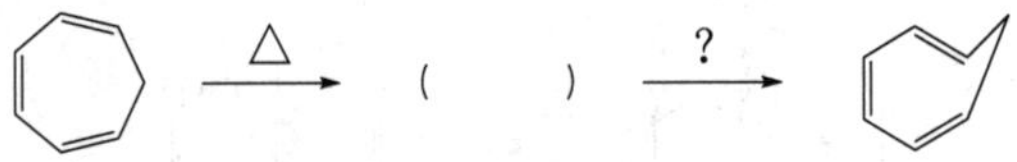

（3）

$$H_2C=C-CH=CH_2 + H_2C=CHCHO \xrightarrow{\triangle}$$
$$\quad\quad OCH_3$$

（4）

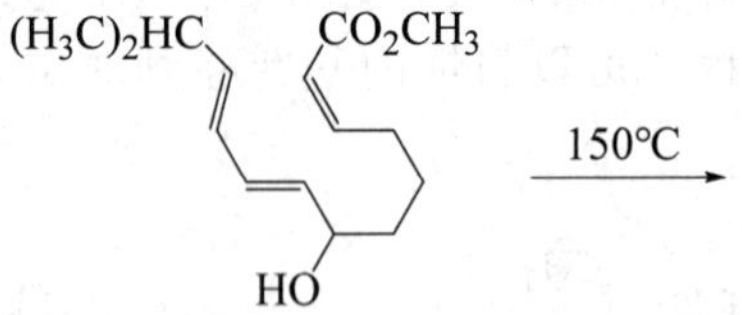

$$\xrightarrow{150\,{}^\circ\!C}$$

（5）

$$\xrightarrow[{[4+2]逆反应}]{400\,{}^\circ\!C}$$

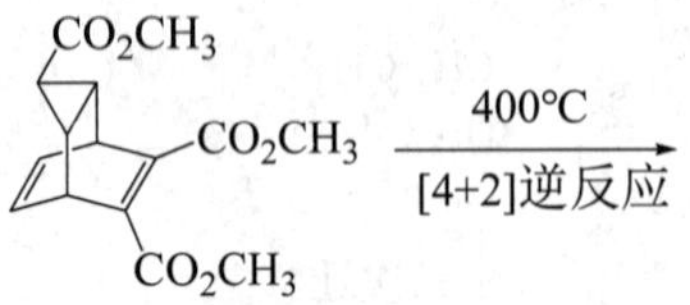

（6）$H_3COC\equiv CH + H_2C=C=O \xrightarrow{\triangle}$

（7）

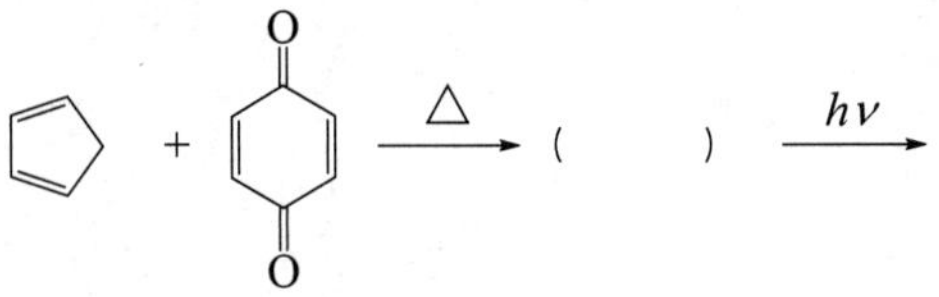

（8）

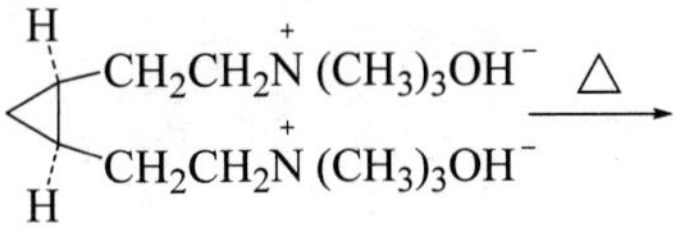

（9）

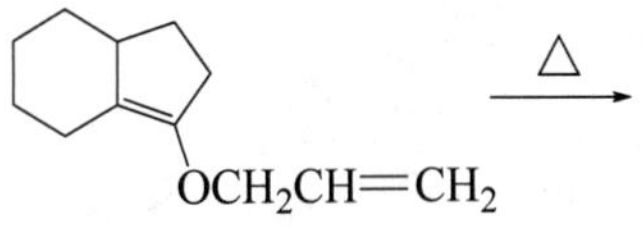

（10）

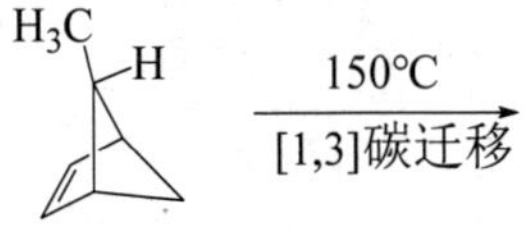

4. 马来酸酐与环庚三烯的反应结果如下，请说明产物的合理性。

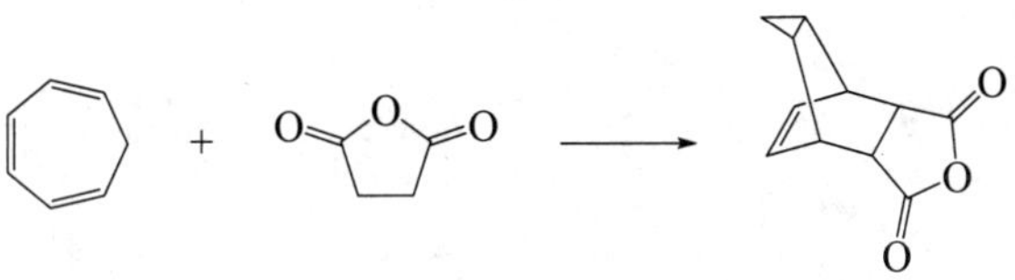

5. 如何使反-9,10-二氢化萘转化成顺-9,10-二氢化萘？

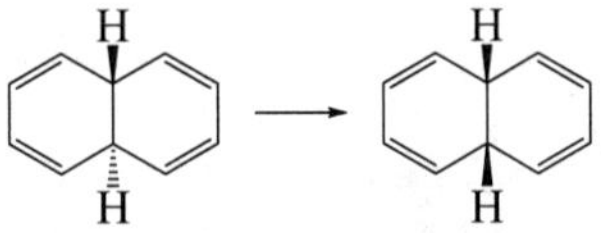

6. 说明下列反应从反应物到产物过程。

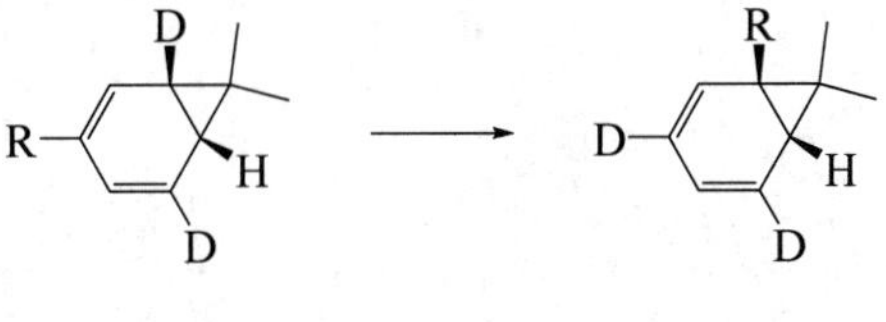

7. 为什么下列环加成反应中（1）比较容易进行？

（1） 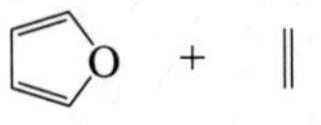   （2）

8. 通过什么反应和条件，完成下列反应。

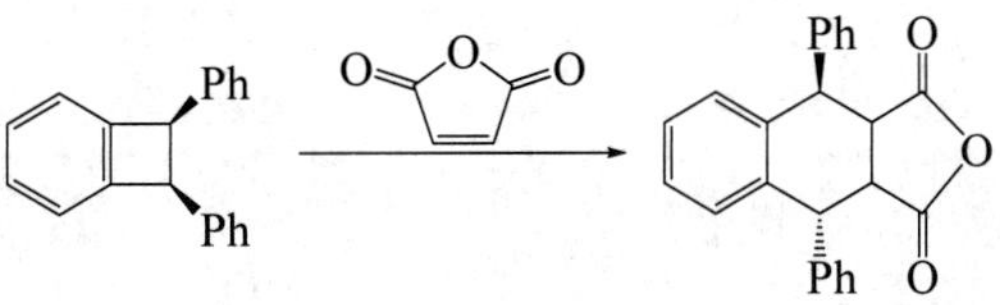

9. 加热下列化合物会发生什么样的变化？

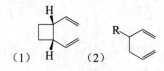

（1）　　　（2）

10. 由指定原料合成下列化合物：

（1）由丙烯腈和其他开链化合物合成环己胺。

（2）由苯、丙烯和其他必要试剂合成下列化合物。

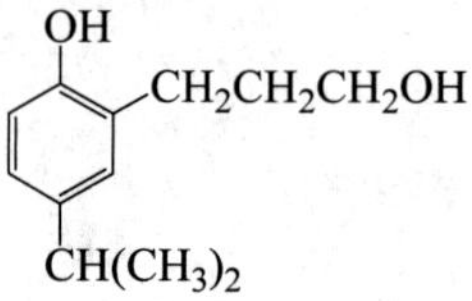

$$\text{(见结构式)}$$

OH
CH$_2$CH$_2$CH$_2$OH

CH(CH$_3$)$_2$

参考文献

[1] 邢其毅，裴伟伟，徐瑞秋，裴坚. 基础有机化学. 第四版. 北京：北京大学出版社，2017.

[2] 汪小兰. 有机化学. 第五版. 北京：高等教育出版社，2016.

[3] 王彦广，吕萍，傅春玲，马成. 有机化学. 第四版. 北京：化学工业出版社，2020.

[4] 曾昭琼，李景宁. 有机化学. 第四版. 北京：高等教育出版社，2005.

[5] 胡宏纹. 有机化学. 第五版. 北京：高等教育出版社，2021.

[6] 徐寿昌. 有机化学. 第二版. 北京：高等教育出版社，2012.

[7] 李艳梅，赵圣印，王兰英. 有机化学. 第二版. 北京：科学出版社，2014.

[8] 陆阳，美明，李柱来，等. 有机化学. 第九版. 北京：人民卫生出版社，2018.

[9] 胡思前. 有机化学. 第一版. 上海：同济大学出版社，2015.

[10] Jie Jack Li 著，荣国斌译. 有机人名反应-机理及合成应用，第五版. 北京：科学出版社，2020.

[11] Michael B Smith 著，李艳梅，黄志平译. March 高等有机化学——反应、机理与结构. 第七版. 北京：化学工业出版社，2018.

[12] 黄培强. 有机人名反应、试剂与规则. 第二版. 北京：化学工业出版社，2019.